改訂 化学物質管理者 専門的講習 テキスト

リスクアセスメント対象物製造事業場・
取扱い事業場向け

総合版

関連法令・資料等収録

編著／城内 博

著／山本 健也
　　奈良 志ほり
　　中原 浩彦
　　角田 博代
　　田中 通洋
　　島田 行恭
　　小野 真理子
　　伊藤 昭好

日本規格協会

はじめに

　化学物質数は増加の一途をたどり、米国化学会の登録番号（CAS RN®）制度によると 2023 年 4 月時点で約 2 億に上る。またその用途も多岐にわたり、使用形態も多様化している。現在、日本で工業的に使用されている物質数は約 7 万といわれるが、労働者へのばく露を少なくするために管理濃度が定められている物質数は 97、容器・包装等のラベルへの危険性・有害性の記載、安全データシート（SDS）の交付及びリスクアセスメントの実施が義務付けられている物質数は 674（労働安全衛生法 2023 年 4 月時点）にとどまる。我が国では化学物質による事故が跡を絶たないが、原因の一つとして、労働災害防止を目的とした様々な措置が定められている物質の数が限られ、事業者はこれらの物質の対策に注力し、それ以外の物質への対策がおろそかになったこと、あるいは危険性・有害性が不明で措置等が定まっていない物質へ切替え使用が行われていること等が指摘されている。

　このような現状に鑑みて、労働者の健康を確保、維持するために職場の化学物質管理を広範な物質に拡大し、より合理的に実施するための政省令改正が行われた。これは従来の「法令順守型」から「自律的な管理」への移行を促進するものである。そのための制度改革の重要な柱として、化学物質を扱う職場では事業場規模にかかわらず「化学物質管理者」を選任することが義務付けられた。化学物質管理者は、事業場における化学物質の管理に係る技術的事項を管理するものとして位置付けられており、表示及び通知に関する事項、リスクアセスメントの実施及び記録の保存、ばく露低減対策、労働災害発生時の対応、労働者の教育等の職務がある。

　「自律的な管理」においては、特に労働者に対する取扱い物質の危険性・有害性に関する情報伝達及びリスクアセスメントに係る事項が重要であるが、これらは「法令順守型」においては十分に整備・活用されてこなかった。「自律的な管理」においてはこれらについて改正が行われ、より広範・柔軟に活用されることが期待されている。本書は、これらの新たな内容を十分に取り入れ、真の「自律的な管理」を遂行できる化学物質管理者を育成するために開発された。

　本書は、労働者健康安全機構 労働安全衛生総合研究所 化学物質情報管理研究センターによってまとめられ、化学物質管理者講習テキスト作成委員会（厚生労働省）で検討・修正のうえ公開された「化学物質管理者講習テキスト*」の草案がもとになっており、本編（第 1 章～第 11 章）と付録からなる。今回の政省令改正では化学物質管理のあり

＊「化学物質管理者講習テキスト～リスクアセスメント対象物製造事業場向け～第 1 版」、2023 年 3 月、厚生労働省ウェブサイト（https://www.mhlw.go.jp/content/11300000/001083281.pdf）で閲覧・利用可能。

4

方が抜本的に変更されたことから、その背景や関連事項（法令含む）についても追加し付録も充実させた。これは受講者には自律的な管理に対する理解が深まるように、また専門的講習の講師には講義の参考となるようにとの思いからである。

　　本書は厚生労働省の公開版と異なる内容や表現も含むが、これは専門的講習を実施するための便宜や草案執筆者の考えを尊重したこと等による。
　　本書が化学物質管理者の育成に広く活用されることを願う。

草案執筆者：
伊藤昭好、小野真理子、島田行恭、城内博、田中通洋、角田博代、中原浩彦、山本健也

独立行政法人労働者健康安全機構
労働安全衛生総合研究所
化学物質情報管理研究センター
城内　博

2023 年 5 月

■ 本書ご利用にあたって ■
―本書では、法令に基づき義務とされている事項については「〜しなければならない」、努力義務については「〜するよう努めなければならない」と記載しています。それ以外に実施することが望ましい事項については「〜を推奨する」、「〜必要がある」、「〜べきである」と記載しています。
―化学物質管理者に関連する主な法令・告示・指針・通達等は、本書中に掲げたほかや、新たに制定、発出等される場合がありますので、随時最新情報をご確認ください。
―本書中、参考・出典として示しているウェブサイト、各種情報・資料等のＵＲＬは、変更又は配信停止になる場合がありますのでご了承ください。
―本書中、「別冊資料」と記載した箇所は、日本規格協会より発行予定の資料をご参照ください。

改訂版に寄せて

　本テキスト第1版が発売されて約半年が経過した。化学物質管理者講習が多くの機関で実施され、すでに数万人が化学物質管理者の有資格者になったと思われる。一方、この間に重要ないくつかの規則、告示、通達、指針等が出された。この改訂版はこれらの改正規則等に対応し、さらに新しい化学物質管理に関する周知活動や化学物質管理者講習で得られた経験を生かして作成された。2024年4月1日から「化学物質の自律的な管理」に関する改正規則等がほぼすべて施行され、化学物質管理者の選任義務も始まる。本テキストが化学物質管理者の育成に少しでも役に立つことを願う。

執筆者：
山本健也、奈良志ほり、中原浩彦、角田博代、田中通洋、城内博、島田行恭、
小野真理子、伊藤昭好

独立行政法人労働者健康安全機構
労働安全衛生総合研究所
化学物質情報管理研究センター
城内　博

2024年4月

目　次

1章

化学物質管理者

本章では、化学物質を扱う職場で事業場規模にかかわらず選任が義務付けられる「化学物質管理者」の法的な位置付け及び職務について解説する。

　「化学物質管理者」は労働安全衛生法（以下、"法"という）第 57 条の 3 第 1 項に規定されるリスクアセスメントを行うにあたって適用される「化学物質等による危険性又は有害性等の調査等に関する指針」（令和 5 年危険性又は有害性等の調査等に関する指針公示第 4 号、以下、"リスクアセスメント指針"という）の中に定められ、事業場の化学物質管理の技術的事項の管理を行うよう位置付けられた（労働安全衛生規則（以下、"則"という）第 12 条の 5：☞**A2.5**）。また、通達［基発 0531 第 9 号令和 4 年 5 月 31 日、第 4 細部事項 1 化学物質管理者の選任、管理すべき事項等（1）ア：☞**A2.6**］には化学物質管理者の選任について以下のように記されている。

> 化学物質管理者は、ラベル・SDS 等の作成の管理、リスクアセスメント実施等、化学物質の管理に関わる者で、リスクアセスメント対象物に対する対策を適切に進める上で不可欠な職務を管理する者であることから、事業場の労働者数によらず、リスクアセスメント対象物を製造し、又は取り扱う全ての事業場において選任することを義務付けたこと。

　化学物質管理者の法的な位置付け及び教育は **1.1** に、またその役割（職務）は **1.2** に記した。

　化学物質管理者の業務は多岐にわたり、またそれぞれの職務遂行には専門的な知識を必要とする。化学物質管理者に選任される者の教育・経験の背景にもよるが、省令で定められている化学物質管理者の業務を全て自らが遂行するのは容易ではない。化学物質管理者の役割は、比較的大規模の事業場にあっては、化学物質の自律的な管理をさらに推進・充実化させることになるであろう。化学物質管理者の職務を複数の部署の人材が分担して担当することもあるかもしれない。また小規模事業場であれば、化学物質管理者の役割を、一人で担わなければならないような事業場もあるであろう。またこれまでリスクアセスメントの実施が十分でなかった事業場にあっては、まず化学物質の危険性・有害性を労働者に伝え、労働者とともに作業場に合ったリスクアセスメント及び対策について考えることから始めることになるであろう。つまり化学物質管理者の役割は事業場規模によっても業種、業態によっても異なるものになると思われる。いずれにしても自律的な管理の促進には必要に応じて外部の専門家の活用が求められるであろうが、これについて的確な判断ができる化学物質管理者が自律的な管理において重要になる。

1.1　化学物質管理者とは

　化学物質管理者は、事業場における化学物質の管理に係る技術的事項を管理する者として位置付けられており、表示及び通知に関する事項、リスクアセスメントの実施及び記録の保存、ばく露低減対策、労働災害発生時の対応、労働者の教育等に携わる。化学物質管理者は、リスクアセスメント等が義務付けられる危険性・有害性のある化学物質（法第57条の3第1項でリスクアセスメントの実施が義務付けられている危険性・有害性のある物質：☞**別冊資料**）（以下、"リスクアセスメント対象物"という）を製造し、又は取り扱う事業場ごとに（事業場の規模にかかわらず）選任されなければならない。

　ただし、一般消費者の生活の用に供される製品［☞**4.1.1 (2)**］のみを扱う事業場は選任の対象外である。

- ●事業者は、化学物質管理者を選任したときは、当該化学物質管理者の氏名を事業場の見やすい箇所に掲示すること等により関係労働者に周知させなければならない［労働安全衛生規則（以下、"則"という）第12条の5第5項：☞**A2.5**］。

- ●事業者は、化学物質管理者を選任したときは、当該化学物質管理者に対し、以下の職務（**1.2**における①～⑦）をなし得る権限を与えなければならない（則第12条の5第4項一部表現を修正：☞**A2.5**）。

- ●化学物質管理者の選任は、選任すべき事由が発生した日から14日以内に行い、リスクアセスメント対象物を製造する事業場においては、厚生労働大臣が定める化学物質の管理に関する講習を修了した者等のうちから選任しなければならない（則第12条の5第3項一部表現を修正：☞**A2.5**）。

> ┌ ワンポイント解説 　"化学物質の管理に係る技術的事項を管理"とは ─
> 　事業場においては、事業者が化学物質の危険性・有害性を把握し、適切に取り扱うことが求められるが、その際におけるラベル・SDS等の作成、リスクアセスメントの実施、ばく露防止措置の実施、さらにそれらの記録・保存、労働者への周知・教育等が適切に行われるようにすること。

　化学物質管理者の選任要件は「化学物質の管理に係る技術的事項（**1.2**に記載する事項）を担当するために必要な能力を有すると認められる者」であり、事業者の裁量による。ただし、リスクアセスメント対象物を製造する事業場においては、化学物質管理者に選任される者は厚生労働大臣が示す内容（**表1.1**）（則第12条の5第3項第2号のイ）に従った専門的講習を受けていなければならない。講義は**表1.1**の科目及びその範囲について右欄に掲げる時間以上行う。また**表1.2**の資格を有する者は、当該科

表 1.1　化学物質管理者講習（リスクアセスメント対象物製造事業場）（☞**A2.7**）

科目	範囲	時間
【講義】化学物質の危険性及び有害性並びに表示等	化学物質の危険性及び有害性 化学物質による健康障害の病理及び症状 化学物質の危険性又は有害性等の表示、文書及び通知	2時間30分
【講義】化学物質の危険性又は有害性等の調査	化学物質の危険性又は有害性等の調査（リスクアセスメント）の時期及び方法並びにその結果の記録	3時間
【講義】化学物質の危険性又は有害性等の調査の結果に基づく措置等その他の必要な記録等	化学物質のばく露の濃度の基準 化学物質の濃度の測定方法 化学物質の危険性又は有害性等の調査の結果に基づく労働者の危険又は健康障害を防止するための措置等及び当該措置等の記録 がん原性物質等の製造等業務従事者の記録 保護具の種類、性能、使用方法及び管理 労働者に対する化学物質管理に必要な教育の方法	2時間
【講義】化学物質を原因とする災害発生時の対応	災害発生時の措置	30分
【講義】関係法令	労働安全衛生法（昭和四十七年法律第五十七号）、労働安全衛生法施行令（昭和四十七年政令第三百十八号）及び労働安全衛生規則中の関係条項	1時間
【実習】化学物質の危険性又は有害性等の調査及びその結果に基づく措置等	化学物質の危険性又は有害性等の調査及びその結果に基づく労働者の危険又は健康障害を防止するための措置並びに当該調査の結果及び措置の記録 保護具の選択及び使用	3時間

目の受講の免除を受けることができる。

　選任した化学物質管理者が要件を満たしていることを第三者が確認できるよう、当該化学物質管理者が受講した講習の日時、実施者、科目、内容、時間数等について記録し、保存しておく必要がある。

> ワンポイント解説　**化学物質管理者講習を受けることが求められる"リスクアセスメント対象物製造事業場"とは**
>
> 　法第57条で規定する譲渡・提供者が該当する。なお譲渡とは有償、無償を問わず所有権が移転する行為を意味し、提供とは、所有権等を留保したまま相手に渡して利用させる場合をいう[*1]。一方、事業場内で混合・調合してそのまま消費する場合には製造事業場には該当しない（☞**A2.11**、**2-1-3**）。

＊1　https://mhlw-grants.niph.go.jp/system/files/report_pdf/202023008A-buntan1-8.pdf

表1.2　化学物質管理者講習の免除を受けることができる者及び免除科目（☞**A2.7**）

免除を受けることができる者	科目
有機溶剤作業主任者技能講習、鉛作業主任者技能講習及び特定化学物質及び四アルキル鉛等作業主任者技能講習を全て修了した者	化学物質の危険性及び有害性並びに表示等
第一種衛生管理者の免許を有する者	化学物質の危険性又は有害性等の調査
衛生工学衛生管理者の免許を有する者	化学物質の危険性又は有害性等の調査　化学物質の危険性又は有害性等の調査の結果に基づく措置等その他必要な記録等

ワンポイント解説　**化学物質管理者の選任要件における必要な能力を有すると認められるもの（則第12条の5第3項2号イ）とは**

・化学物質管理者講習を受講したのもの
・労働衛生コンサルタント（労働衛生工学）
・化学物質管理専門家
・産業医科大学産業保健学部産業衛生科学科を卒業し、産業医大認定ハイジニスト制度において資格を保持している者
（基発0714第8号令和5年7月14日：☞**A2.8**）

化学物質管理者は、その職務を適切に遂行するために必要な権限が付与される必要がある。また事業場内の労働者から選任する必要がある［ただし、表示等に係る業務や教育管理を当該事業場以外の事業場（以下、"他の事業場"という）において行っている場合は、表示等及び教育管理に係る技術的事項は、他の事業場において選任した化学物質管理者に管理させなければならない（則第12条の5第2項：☞**A2.5**）］。

また、同じ事業場で化学物質管理者を複数人選任し、職務を分担することもできる。その場合には、職務に抜け落ちが発生しないよう、職務を分担する化学物質管理者や実務を担う者との間で十分な連携を図る必要がある（基発0531第9号第4、1(1)ウ☞**A2.6**）。

新たに制定される化学物質管理者講習のカリキュラムにおいては、従来の専門的な知識に加え、自律的な管理において重要な役割を果たすGHSに基づいた危険性・有害性の情報伝達（科目【講義】化学物質の危険性及び有害性並びに表示等：☞**第4章**）及びリスクアセスメントに関する内容（科目【講義】化学物質の危険性又は有害性等の調査：☞**第5章〜第7章**）が含まれており、リスクアセスメント対象物を製造する事業場のみならず、全ての化学物質取扱い事業場における化学物質管理者の受講が推奨されている。本書はこの専門的講習の教材として開発されたものである。

表 1.3　化学物質管理者講習に準ずる講習（リスクアセスメント対象物製造事業場以外）（☞**A2.8**）

科目	範囲	時間
【講義】化学物質の危険性及び有害性並びに表示等	化学物質の危険性及び有害性 化学物質による健康障害の病理及び症状 化学物質の危険性又は有害性等の表示、文書及び通知	1 時間30 分
【講義】化学物質の危険性又は有害性等の調査	化学物質の危険性又は有害性等の調査の時期及び方法並びにその結果の記録	2 時間
【講義】化学物質の危険性又は有害性等の調査の結果に基づく措置等その他の必要な記録等	化学物質のばく露の濃度の基準 化学物質の濃度の測定方法 化学物質の危険性又は有害性等の調査の結果に基づく労働者の危険又は健康障害を防止するための措置等及び当該措置等の記録 がん原性物質等の製造等業務従事者の記録 保護具の種類、性能、使用方法及び管理 労働者に対する化学物質管理に必要な教育の方法	1 時間30 分
【講義】化学物質を原因とする災害の発生時の対応	災害発生時の措置	30 分
【講義】関係法令	労働安全衛生法（昭和四十七年法律第五十七号）、労働安全衛生法施行令（昭和四十七年政令第三百十八号）及び労働安全衛生規則（昭和四十七年労働省令第三十二号）中の関係条項	30 分

　さらに、リスクアセスメント対象物製造事業場以外の事業場においては、則第 12 条の 5 第 3 項第 2 号ロの規定に基づき、必要な能力を有する者と認められる者から化学物質管理者を選任することとされているが、化学物質管理者講習修了者、同等の能力を有すると認められる者、又は化学物質管理者講習に準ずる講習を受講している者から選任することが望ましい。また、この化学物質管理者講習に準ずる講習については、**表 1.3**の科目、範囲、時間の講義によるものであることが望ましいこと、とされている。

　なお、化学物質管理者講習又はそれに準ずる講習はリスクアセスメント対象物製造事業場又はリスクアセスメント対象物製造事業場以外の事業場において、それぞれの該当科目にしたがって事業場内教育も可能である（基発 0531 第 9 号第 4、1(2) ア☞**A2.6**）。

> ワンポイント解説　**化学物質管理者の選任義務化の背景**
>
> 　危険有害な化学物質数が増大していく中で、①危険性・有害性に関する情報伝達及びリスクアセスメントに関して十分な教育がされた資格者を育てて来なかった、②特に小規模事業場において化学物質管理を担う資格者を規定していなかった。

1.2　化学物質管理者の職務

　化学物質管理者の職務は、事業場における化学物質の管理に係る技術的事項を管理することである。職務には、大きく分けて以下の二つがある。

- 自社製品の譲渡・提供先への危険有害性の情報伝達に関する職務
- 自社の労働者の安全衛生確保に関する職務

職務［則第 12 条の 5（一部表現を修正）］を具体的に記載すると以下のようになる。

1.2.1　リスクアセスメント対象物を製造し又は取り扱う事業場（則第 12 条の 5 第 1 項：☞A2.5）

自社製品の譲渡・提供先への危険有害性の情報伝達に関する職務

(1) ラベル表示及び安全データシート（SDS）交付に関すること：

　　事業者はリスクアセスメント対象物質を含む製品を GHS に従って分類し、ラベル表示及び SDS 交付をしなければならないが、事業者に選任された化学物質管理者はその作業を管理（ラベル表示及び SDS の内容の適切性の確認等）する。化学物質管理者に GHS 分類の知識・経験が乏しければ内部の担当者又は外部の事業者に委託する等により実施することでもよい。分類結果が正しく、それに従ったラベル表示及び SDS の内容に間違いがないかどうかは製品を製造（譲渡・提供）する事業者が判断する必要がある。詳細（SDS に関する規則の改正内容を含む）は、**4.1** で説明する。

自社の労働者の安全衛生確保に関する職務

(2) リスクアセスメントの実施に関すること：

　　事業者はリスクアセスメントを実施しなければならないが、化学物質管理者は、リスクアセスメントの推進並びに実施状況を管理する。具体的には①リスクアセスメントを実施すべき物質の確認、取扱い作業場の状況確認（当該物質の取扱量、作業者数、作業方法、作業場の状況等）、②リスクアセスメント手法（測定、推定、業界・作業別リスクアセスメント・マニュアルの参照など）の決定及び評価、③労働者へのリスクアセスメントの実施及びその結果の周知等を行わなければならない。リスクアセスメントの技術的な部分については、内部又は外部専門家・

機関等を活用し、相談・助言・指導を受けてもよい。詳細は、**第 6 章**で説明する。

(3) リスクアセスメント結果に基づくばく露防止措置の内容及び実施に関すること：

　　事業者は、リスクアセスメント結果に基づくばく露防止措置を実施しなければならないが、化学物質管理者はばく露防止措置（代替物の使用、装置等の密閉化、局所排気装置又は全体換気装置の設置、作業方法の改善、保護具の使用など）の選択及び実施について管理する。

　　事業者は、リスクアセスメントの結果、作業場あるいは作業について改善が必要と判断された場合には、当該物質の労働者へのばく露を最小限度にするために対策を講じなければならない。また、全ての労働者のばく露が濃度基準値以下となるような措置を取らなければならない。これは労働者の個人ばく露濃度に関する規定であり、工学的な対策等が直ちにできない場合には、個人用保護具の着用が必要になる。

　　この職務に関しては内部又は外部専門家の相談・助言・指導を受けることが有効であろう。詳細は、**第 7 章**で説明する。

(4) リスクアセスメント対象物を原因とする労働災害が発生した場合の対応：

　　化学物質管理者は、実際にリスクアセスメント対象物を原因とする労働災害が発生した場合に適切に対応しなければならない。そこで、実際に労働災害が発生した場合の対応、労働災害が発生した場合を想定した応急措置等の訓練の内容及び計画を定めることを管理する。

　　労働災害が発生した場合又は発生が懸念される場合（死傷病者の発生、有害物質への高濃度ばく露あるいは汚染など）の対応（避難経路確保、救急措置及び担当者の手配、危険有害物の除去及び除染作業、連絡網の整備、搬送先病院との連携、労働基準監督署長による指示が出された場合など）をマニュアル化し、化学物質管理者及び他の担当者の職務分担を明確にする。またマニュアル化した内容について、適切に訓練を行うことが望ましい。詳細は、**第 8 章**で説明する。

(5) リスクアセスメントの結果等の記録の作成及び保存並びに労働者への周知に関すること：

　　化学物質管理者が行う記録・保存のための様式（例）（**表 1.5**）などを参考に、前項までの事項等を記録し保存する。また、リスクアセスメント結果の労働者への周知（詳細は **6.5**）を管理する。

(6) リスクアセスメントの結果に基づくばく露防止措置が適切に施されていることの確認、労働者のばく露状況、労働者の作業の記録、ばく露防止措置に関する労働者の意見聴取に関する記録・保存並びに労働者への周知に関すること：

　　1 年を超えない期間ごとに定期に記録を作成し 3 年間（リスクアセスメント対象物であり、かつがん原性物質の場合には 30 年間）保存する（則第 577 条

の 2 第 11 項)。詳細は**第 9 章**で説明する。

(7)　労働者への周知、教育に関すること：

　　(1)～(4)を実施するにあたっての労働者に対する必要な教育（雇入れ時教育を含む）の実施における計画の策定や教育効果の確認等を管理する。教育の実施においては、外部の教育機関等を活用することもできる。

　表 1.4 に化学物質管理者の職務、記録作成・保存、周知に関する根拠条文とその内容をまとめた。特に項目 7 ～項目 10 の記録作成・保存・周知については重要かつ複雑なので太字にした。また**表 1.5** は記録保存のための様式を参考のために作成した。

表 1.4　化学物質管理者の職務、記録作成・保存、周知に関する根拠条文とその内容

職務	根拠条文	内容
1　表示、文書の交付に関すること	則 12 条の 5 第 1 項第 1 号（職務） 法 57 条第 1 項、第 2 項及び法 57 条の 2 第 1 項（情報伝達）	表示等情報伝達に係る技術的事項の管理
2　リスクアセスメントの実施に関すること	則 12 条の 5 第 1 項第 2 号（職務） 法 57 条の 3（リスクアセスメント）	リスクアセスメントの実施に関する技術的事項の管理
3　リスクアセスメント対象物に労働者がばく露される程度を最小限度にすること	則 12 条の 5 第 1 項第 3 号（職務） 則 577 条の 2 第 1 項（措置）	ばく露の程度を最小限度にする技術的事項の管理
4　労働者のばく露の程度を濃度基準値以下とすること	則 12 条の 5 第 1 項第 3 号（職務） 則 577 条の 2 第 2 項（措置）	ばく露の程度を濃度基準値以下にする技術的事項の管理
5　労働者の危険又は健康障害を防止するための措置	則 12 条の 5 第 1 項第 3 号（職務） 法 57 条の 3 第 2 項（措置）	リスクアセスメントの結果に基づく措置に関する技術的事項の管理
6　労働災害が発生した場合の対応	則 12 条の 5 第 1 項第 4 号（職務）	マニュアル等の作成も含む（通達）
7　リスクアセスメントの結果の記録作成・保存、周知	則 12 条の 5 第 1 項第 5 号（職務） ➡ 則 34 条の 2 の 8 第 1 項（記録・保存、周知）	**リスクアセスメントに関する以下の記録作成・3 年間保存；①対象物の名称、②業務の内容、③結果、④必要な措置の内容 ①～④を労働者へ周知：掲示、書面交付、電子情報でも可**

（表 1.4　続き）

職務	根拠条文	内容
8　ばく露の程度低減等に関する記録作成・保存、周知	則 12 条の 5 第 1 項第 6 号（職務） ➡ 則 577 条の 2 第 11 項（記録・保存、周知） ➡ 通達（基発 0531 第 9 号）第 3、5(3)	【1 年を超えない期間ごとに記録を作成し 3 年間保存】：①ばく露低減措置、②ばく露を濃度基準値以下とする措置、③健康診断結果による措置、④ばく露の状況（がん原性物質については 30 年間）保存、⑤がん原性物質に係る労働者氏名・作業の概要・従事期間及び汚染事態の際の応急措置（30 年間保存）、⑥労働者の意見の聴取の状況 ●法 57 条の 3 に基づくリスクアセスメントの結果に基づいて措置を講じた場合は、則 34 条の 2 の 8 第 1 項の記録で可 【労働者への周知】 ①、②、③及び⑥を労働者に周知
9　関係労働者の意見の聴取	則 577 条の 2 第 10 項（意見聴取） ➡ 通達（基発 0531 第 9 号）第 3、5(2)	関係労働者の意見の聴取：①ばく露低減措置、②ばく露を濃度基準値以下とする措置、③健康診断結果による措置 ●衛生委員会の記録保存で足りる―関係労働者やその代表者の意見、意見聴取をした際は都度、概要を記録
10　労働者に対する必要な教育	則 12 条の 5 第 1 項第 7 号（職務） ➡ 通達（基発 0531 第 9 号）第 4、1(1)ク	情報伝達（ラベル、SDS）、リスクアセスメントの実施、リスクアセスメントに基づく対策（ばく露低減措置、健康診断）、労働災害が発生した場合の対応に関する管理を実施するための労働者への教育 ●外部教育機関等での受講も可能、雇入れ時教育で実施している場合には不要）

1.2.2　リスクアセスメント対象物の譲渡又は提供を行う事業場（上記のリスクアセスメント対象物を製造し、又は取り扱う事業場を除く）（則第 12 条の 5 第 2 項）

ラベル表示及び SDS 交付、労働者への教育の管理に関すること：

　リスクアセスメント対象物の譲渡又は提供を行う事業場（上記のリスクアセスメント対象物を製造し、又は取り扱う事業場を除く）においては、化学物質管理者はラベル表示及び SDS 交付、労働者への教育の管理に関する技術的事項を管理する。労働安全衛生法においては製品のラベル表示及び SDS 交付は譲渡又は提供を行う事業者の責任で行う。製品を製造（譲渡・提供）する事業者からの製品に貼付されたラベル表示及び

表 1.5 化学物質管理者が行う記録・保存のための様式（例）（則第 12 条の 5）

① **事業場名：**	② **業種：**	③ **代表者名：**
④ **化学物質管理者名：**		⑤ **記録作成日：**

⑥ **リスクアセスメント対象物質数：** 　　　　　　（義務対象物質数：　　　　）

⑦ **リスクアセスメント対象物質について収集した SDS の数：**

⑧ **事業場で作成・交付しなければならないラベル・SDS の数：**

⑨ **リスクの見積りの方法及び適用作業場数又は対象者数：**

クリエイトシンプル：	マニュアル準拠：	ばく露測定：	作業環境測定：	その他：

⑩ **リスクの見積りの結果に基づき対策が求められた作業場又は労働者の数；**

作業場数：	労働者数：

⑪ **リスクの見積りの結果に基づきばく露低減のために検討した対策の種類及びその数；**

代替物：	密閉化：	換気・排気装置：	作業改善：	保護具：	その他：

⑫ **リスクの見積りの結果に基づき爆発・火災防止のために検討した対策の種類及びその数；**

代替物：	密閉化：	換気・排気装置：	着火源除去	作業改善：	保護具：	その他：

⑬ **皮膚障害等化学物質への直接接触の防止：** 　　　**対象物質数：** 　　　**対象労働者数：**

⑭ **濃度基準値を超えたばく露を受けた労働者の有無： 有り（人数：　　）　無し**

取られた対策（措置）の種類：

⑮ **労働者に対する取扱い物質の危険性・有害性等の周知；**

実施日：　　　人数：	実施日：　　　人数：	実施日：　　　人数：

⑯ **労働者に対するリスクアセスメントの方法、結果、対策等の周知；**

実施日：　　　人数：	実施日：　　　人数：	実施日：　　　人数：

⑰ **労働災害発生時対応マニュアルの有無：　　有り　　無し**

⑱ **労働災害発生時対応を想定した訓練の実施：　　有り　　無し**

⑲ **労働災害発生時等の労働基準監督署長による指示の有無： 有り（回数：　　）　　　無し**

⑳ **（安全）衛生委員会の開催又は労働者からの意見の聴取：（日時）**

SDS は、製品を取り扱う事業者が、リスクアセスメント及びその結果に基づく措置の実施や、当該製品を安全に取り扱うための労働者教育の参考となる。さらに当該製品を詰め替えなどをして他の事業者に譲渡又は提供する場合には、製造（譲渡・提供）する事業者から提供されたラベル表示や SDS を作成し直さなければならない場合もあり、化学物質管理者はこれらの職務の実施について判断を求められる可能性がある。ラベル表示や SDS の見直しには外部の専門家等を活用してもよい（ラベル表示及び SDS の詳細は**第 4 章**を参照）。

1.3 **外部専門家の活用**

　1.2 で GHS 分類に基づく表示や SDS の作成、リスクアセスメントに関する技術的な部分、リスクアセスメントに基づく対策等において外部事業者、専門家及び機関等の活用について記したが、化学物質管理者は上記業務を「管理」することであり、必ずしも自らこれらを行う必要はない（☞**A2.11**、**2-1-1**）。これらについて専門的な知識及び経験が乏しい化学物質管理者においては、外部の事業者等に職務を委託することを推奨する。リスクアセスメント対象物の GHS 分類については、政府による GHS 分類結果が NITE（独立行政法人製品評価基盤機構）のウェブサイトに掲載されている。また、混合物についても NITE が公表している NITE-Gmiccs*2 を使用すればある程度は分類が可能であるが、最終的な分類結果については専門家に相談することを推奨する。GHS 分類、それに基づいたラベル及び SDS の作成を代行する事業者が少なからずある。

　また、リスクアセスメントの手法は、一部の物質について 2016 年にリスクアセスメントが義務化されて以降、様々に開発されてきた。自律的な管理におけるリスクアセスメントの手法はこれらを基礎にしてさらに広範に対応できるようになっている。リスクアセスメントの手法は、**第6章**（リスクの見積り）、**第7章**（リスク低減対策）及び実習においても学習するが、特に物質の作業環境濃度及びばく露濃度の測定が必要なリスクアセスメントについては作業環境測定士等の専門家を活用したほうがよいであろう。

　リスクの見積りに基づいたリスク低減対策には工学的な手法が必要になる場合があり、これについても外部事業者及び機関を活用することができる。

　ただし、外部専門家を活用する場合であっても、リスクアセスメントの手法及びリスク低減対策の選択等は、最終的に事業者の責任で実施しなければならない。

　このほか、作業環境測定結果が特化則、有機則等における第三管理区分である事業場に対して、工学的対策や保護具の使用等ばく露防止対策が強化されるが、その際には外部の作業環境管理専門家の意見を聴かなければならない。

　労働災害発生事業場等への労働基準監督署長による指示が定められており、この際に事業者は化学物質管理専門家の助言を求めなければならないが、これについては **7.4** を参照のこと。

---

*2　https://www.ghs.nite.go.jp/

化学物質管理に関する法令

本章では、主に労働安全衛生法における化学物質管理に関する改正事項・経緯等について解説する。

2.1　日本の化学物質に関する法令

　日本の化学物質管理（健康障害対策）に関する法令は1950年代に始まった高度経済成長期に起きた多くの公害や職業病のような化学物質による健康影響の経験が生かされている。さらに現在では地球環境も含めた国際的な化学物質管理の動きも急で、これらに対応した法令も制定されている。**図2.1**に化学物質に関する法令をまとめた。

> **ワンポイント解説**　**国際的な化学物質管理の動き**
>
> 　近年、人への健康障害防止のみならず地球環境問題への対策も含め、化学物質管理は国際的な枠組みで実行され、各国及び事業者はこれへの対応が求められている。地球温暖化対策、オゾン層破壊物質対策、廃棄物対策、GHSの導入、SDGsの実行等々多くの対応すべき課題がある。

図2.1　日本の化学物質に関する法令

2.2　労働安全衛生法—化学物質管理に関して

2.2.1　これまでの規定（法令順守型）

　労働に関する基本的な条件は「労働基準法」で決められているが、その第1条（労働条件の原則）は以下のように記述されている。

2

化学物質管理に関する法令

　労働条件は、労働者が人たるに値する生活を営むための必要を充たすべきものでなければならない。この法律で定める労働条件の基準は最低のものであるから、労働関係の当事者は、この基準を理由として労働条件を低下させてはならないことはもとより、その向上を図るように努めなければならない。

　労働安全衛生法は1972年（昭和47年）に労働基準法第5章（安全及び衛生）、労働災害防止団体等に関する法律第2章（労働災害防止計画）及び第4章（特別規制）を母体として新規事項を加え制定された。この法の目的はその第1条に以下のように記述されている。労働安全衛生法は基本的に事業者が労働者の安全と健康を確保するために行うべきことについて規定している（☞**A2.2**）。

　この法律は、労働基準法と相まつて、労働災害の防止のための危害防止基準の確立、責任体制の明確化及び自主的活動の促進の措置を講ずる等その防止に関する総合的計画的な対策を推進することにより職場における労働者の安全と健康を確保するとともに、快適な職場環境の形成を促進することを目的とする。

　化学物質管理については、いわゆる特別規則（特化則、有機則等）により、これら規則の対象物質による健康障害を防ぐために、管理体制の構築、危険性・有害性の確認、作業環境測定による作業環境中の有害物濃度の評価、取扱方法、局所排気装置の設置、個人用保護具の備え・使用・管理、健康診断等の措置について規定しており（☞**A2.3**）、事業者はこれらの規則を順守することで化学物質による事故や病気の予防に取り組んできた。つまり日本の化学物質管理の基本は「法令順守型」であり、これが50年あまり続いてきた。これら規則の対象物質は少しずつ追加されてきたが、現在でも123物質に限られている（2024年2月時点、☞**A2.3**）。

　化学物質の危険性・有害性に関する情報はこれを扱う労働者にとっては必要不可欠であるが、この情報伝達に関するシステムが日本では整備されてこなかった。危険性・有害性に関する情報伝達の手段として労働者向けにはラベル表示（法第57条、☞**A2.4**）、事業者が製品に付けて他の事業者に伝達（交付）する詳細な危険性・有害性情報は安全データシート（SDS）（法第57条の2、☞**A2.4**）で行うように定められている。ラベル表示及びSDS交付が義務付けられている物質数は667（2024年2月時点）である。また、危険性・有害性が認められているこれら以外の物質についてはラベル表示（則第24条の14、☞**A2.5**）及びSDS交付（則第24条の15、☞**A2.5**）は努力義務となっている。なお労働安全衛生法において危険性・有害性があるか否かの判断はGHS分類によって判断される（☞**第4章**）。

　危険性・有害性が特定され、ラベル表示及び SDS 交付が義務化されている 667 物質（2024 年 2 月時点）はリスクアセスメントも義務化（法第 57 条の 3、☞A2.4）されている。その他の危険性・有害性が特定されラベル表示及び SDS 交付が努力義務となっている物質のリスクアセスメントは努力義務（法第 28 条の 2、☞A2.4）である。

　2024 年 2 月時点のいわゆる法令順守型の体系について図2.2 に示した。

図2.2　法令順守型における化学物質管理の体系

2.2.2　新しい規定（自律的な管理）の概要

　欧米においても化学物質の管理は長きにわたって法令を順守することで行われてきたが、1972 年に英国で労働安全衛生に関する委員会の報告書、いわゆるローベンスレポートが議会に提出され、その後の化学物質管理の方向を大きく変えることになった。このローベンスレポートは、当時の労働安全衛生における行政組織（八つ）と関係法令（八つの法律及び 500 以上の規則類）の弊害、すなわち法令の依拠による事業者の責任や自主性／自発的な取組みの軽視、技術革新への対応の遅れを指摘し、独立した行政組織の設立、自主的対応への転換、法律の簡素化（原則のみの記述）等の改革案を提示した。これを受けて英国政府は 1974 年に「職場における保健安全法」を制定し、改革案に従って、法律は原則のみとして規則、指針、承認実施準則などで補完する体系を作った。事業者が安全衛生に取り組むべき態度として、「合理的に実行可能な限りにおいて」を基本としたが、それは「訴訟等が起きたときには、事業者は十分な防止対策を講じていたことを証明できなければ罰則が適用される」ということでもあった。これは事業者が法令に従っていればよいとする「法令順守型」から、自らが選択し対応しなければならない「自主対応型」への転換を意味していた。この施策はその後の危険性・有害性情報の労働者への伝達を前提とした、リスクアセスメントに基づいた労働災害防止施策に結び

付いていった。

　厚生労働省では 2019 年 9 月から 2021 年 7 月までの計 15 回にわたり「職場における化学物質等の管理のあり方に関する検討会」において化学物質管理のあり方についての検討を行い、報告書を公表した。

　行政が 50 年にわたる「法令順守型」から「自主対応型」（以下、報告書で使用している「自律的な管理」という）に大きく舵を切ったのは、①化学物質による労働災害が跡を絶たずその原因の多くが未規制物質であること、②化学物質数が増大しその用途も多様化しており、特定の化学物質をリストアップして管理する方法が困難であること、③さらに地球規模の化学品管理の潮流から国際基準を受け入れる必要性があること、などの理由による。

　「自律的な管理」は、労働者との化学物質の危険性・有害性に関する情報共有に基づき、事業者自らが選択する方法に従って化学物質管理を推進するための施策である。事業者は自らの判断でリスクアセスメントの方法を選択し、またリスクアセスメントの結果に基づいた対策も選択することが可能になる。これは労働安全衛生に関する資源をより有効に活用できるようになることを意味している。

　政省令改正は、特別規則の対象となっていない物質への対策の強化を主眼とし、国によるばく露の上限となる基準等の設定、危険性・有害性に関する情報の伝達の仕組みの整備・拡充を前提として、事業者が、リスクアセスメントの結果に基づき、国の定める基準等の範囲内で、ばく露防止のために講ずべき措置を適切に実施する制度を導入するものである。

　今回の改正内容は多岐にわたるので、「リスクアセスメント関連」、「情報伝達の強化」、「実施体制の確立」、「健康診断関連」、「特別規則（特化則、有機則等）関連」に分けて概要を示す。関連の改正法令については表 2.1 に示した。さらにこれらについての詳細［特別規則（特化則、有機則等）関連は概要のみ］はそれぞれ関連の各章に記載した。

　なお、特別規則（特化則、有機則等）に関しては様々な措置が規定されており、これらが対象とする物質を扱う事業者にはそれぞれ該当する作業主任者（有機溶剤作業主任者、特定化学物質作業主任者、鉛作業主任者、四アルキル鉛作業主任者、石綿作業主任者）の選任が義務付けられている。これら特別規則（特化則、有機則等）が対象とする物質管理については化学物質管理者の職務の中に特段の記載はない。特別規則（特化則、有機則等）が対象とする物質の管理に経験のない化学物質管理者は、特化則等に従った措置については作業主任者等に相談する必要があろう。

（1）リスクアセスメントに基づく自律的な化学物質管理の強化（図 2.3）

　2024 年 2 月時点における、リスクアセスメント対象物は、667 物質であるが、約 2900 物質［令和 3 年 3 月 31 日までに、国による GHS 分類が行われた全ての物質（環

表2.1　政省令改正項目及び当該項目記載の章

項目及び根拠法令		当該項目記載章
リスクアセスメント関連	ばく露を最小限度にすること（則第577条の2第1項、同第577条の3）	6.4.2.3(2) ①
	ばく露を濃度基準値以下にすること（則第577条の2第2項）	6.4.2.3(2) ②
	ばく露低減措置等の意見聴取、記録作成・保存、周知 （則第577条の2第10項～第12項）	1.2.1 ⑤、⑥、⑦ 6.5
	皮膚等障害化学物質への直接接触の防止（努力義務）（則第594条の3）	6.4.2.4
	皮膚等障害化学物質への直接接触の防止（義務）（則第594条の2）	6.4.2.4
	リスクアセスメント結果等に係る記録作成・保存、周知（則第34条の2の8）	1.2.1 ⑤、⑥、⑦ 6.5
	リスクアセスメントの実施時期（則第34条の2の7第1項）	（本書には記載なし）
	リスクアセスメントの方法（則第34条の2の7第2項）	（本書には記載なし）
	化学物質労災発生事業場等への労働基準監督署長による指示 （則第34条の2の10）	7.4
情報伝達の強化	名称等の表示・通知をしなければならない化学物質の追加 （法第57条、法第57条の2、令別表第9）	2.2.2(1)
	SDS等による通知方法の柔軟化（則第24条の15第1項、同第24条の15第2項、 同第34条の2の3、同第34条の2の5第3項）	4.1.2(4) ①
	「人体に及ぼす作用」の定期確認及び更新 （則第24条の15第2項、同第34条の2の5第2項）	4.1.2(4) ②
	通知事項の追加及び含有量表示の適正化（則第34条の2の4、同34条の2の6）	4.1.2(4) ③
	事業場内別容器保管時の措置の強化（則第33条の2）	4.1.1(3)
	注文者が必要な措置を講じなければならない設備の範囲の拡大 （令第9条の3第2号）	（本書には記載なし）
実施体制の確立	化学物質管理者の選任義務化（則第12条の5）	1.1
	保護具着用管理責任者の選任義務化（則第12条の6）	2.2.2(3)
	雇入れ時等教育の拡充（則第35条）	2.2.2(3) 7.3
	職長等に対する安全衛生教育が必要となる業種の拡大（令第19条）	2.2.2(3)
	衛生委員会付議事項の追加（則第22条第11号）	（本書には記載なし）
健康診断関連	リスクアセスメント等に基づく健康診断の実施・記録作成等 （則第577条の2第3項～第10項）	9.3
	がん原性物質の作業記録の保存、周知（則第577条の2第11項）	9.4.1
	化学物質によるがんの把握強化（則第97条の2）	9.4.2
特別規則関連	管理水準良好事業場の特別規則（特化則、有機則等）適用除外 （特化則第2条の3、有機則第4条の2、鉛則第3条の2、粉じん則第3条の2）	2.2.2(5)
	特殊健康診断の実施頻度の緩和（特化則第39条第4項、有機則第29条第6項、 鉛則第53条第4項、四アルキル鉛則第22条第4項）	2.2.2(5)
	第三管理区分事業場の措置強化 （特化則第36条の3の2、同第36条の3の3、有機則第28条の3の2、同第28 条の3の3、鉛則第52条の3の2、同第52条の3の3、粉じん則第26条の3の2、 同第26条の3の3、石綿則第38条第3項、同第39条第2項）	2.2.2(5)

法：労働安全衛生法、令：労働安全衛生法施行令、則：労働安全衛生規則

図2.3 新たな化学物質管理の体系

境影響のみのもの等を除く。）〕に拡大していく予定である。約2900物質はCAS番号に基づいた物質数であり、労働安全衛生法令での整理に基づくと約2300物質となる（法令では化合物等による括りがあるため）。これらの物質が順次リスクアセスメント対象物となり、ラベル、SDS、リスクアセスメントの義務がかかる（☞**6.3**）。リスクアセスメント対象物のうち約700物質には今後数年のうちに濃度基準値が定められる予定である（☞**表6.9**）。**図2.3**における右側の未分類の物質は今後継続的に政府による分類が行われる。分類が終了しモデルラベル及びモデルSDSが公表されたのち、リスクアセスメント対象物となり義務がかかる。

さらに皮膚腐食性、眼に対する重篤な損傷性、感作性などの健康影響のおそれがあることが明らかな物質を取り扱う場合には保護具の着用が義務付けられる（☞**6.4.2.4**）。皮膚等障害化学物質等がリスクアセスメント対象物に限られていないことに注意が必要である。

リスクアセスメントは取扱い物質の危険性・有害性の調査、ばく露濃度の調査等（作業環境測定、個人ばく露測定、推定、記述的方法等）により行うが、これらの方法は化学物質リスクアセスメント指針に記載されているリスク見積方法の中から、事業者が選択できる。またリスクアセスメントに基づいたリスク低減措置は、リスクアセスメント指針に基づく対策の優先順位に従い、事業者が自らの判断により適切に実施しなければならない。

　また、リスクアセスメント対象物のうち濃度基準値設定物質においては、<u>屋内作業場における労働者のばく露を濃度基準値以下としなければならず、濃度基準値が設定されていない物質を含め、労働者のばく露の程度を最小限度としなければならない</u>（☞**第6章**）。濃度基準値が設定されていない物質のばく露濃度の程度を評価するためのばく露の指標としては、日本産業衛生学会の許容濃度等の活用が推奨される。リスクアセスメントにおけるばく露の程度の評価の方法については、行政の定める「化学物質による健康障害防止のための濃度の基準の適用等に関する技術上の指針」（☞**A6.3**）において考え方が示されている。同指針では、初期調査として、危険性・有害性を特定した上で、数理モデル（CREATE-SIMPLE 等）等を活用したばく露の推定を行う。この結果、<u>濃度基準値を上回るおそれがある作業や、一定以上のリスクのある作業がある場合には、適切な測定によってばく露を評価することが必要となる</u>。

　また、建設作業等、毎回異なる環境で作業を行う場合については、典型的な作業を洗い出し、あらかじめ当該作業において労働者がばく露される物質の濃度を測定し、その結果に基づく換気措置や十分な余裕をもった指定防護係数を有する呼吸用保護具の使用等を行うことを定めたマニュアルを定め、それに基づく措置を適切に実施することで、リスクアセスメント及びその結果に基づくリスク低減措置を実施することができる。今後業界等から様々な業種・作業別のリスクアセスメントのマニュアルが開発され、公表される予定であり、各業界傘下の事業場はこれを活用できるようになるであろう。

　<u>事業者は労働者に取扱い物質の危険性・有害性に関する教育を行い、さらにリスクアセスメントに労働者を参画（意見の聴取等）させなければならない</u>。これにより労働者における物質の危険性・有害性に関する認識が一段と進み、リスクアセスメントのみならずリスクマネジメントも作業現場の状況をより的確に捉えたものになることが期待される。

　<u>事業者は、リスクアセスメントの方法、その結果、及びリスクアセスメントに基づく措置の実施状況等は記録し保存しなければならない</u>。事業場内での化学物質管理状況をモニタリングするために、衛生委員会での実施状況の共有及び調査審議（50 人以上）（則第 23 条）又は全ての労働者との実施状況の共有及び労働者からの意見聴取（50 人未満）（則第 23 条の 2）を行わなければならない。

　従来から労働災害は労働基準監督署に届け出ることになっており、特に今回の改正では、<u>化学物質による労働災害を発生させた、又はそのおそれがある事業場は、労働基準監督署長が必要と認めた場合は、化学物質管理専門家により自律的な管理の実施状況に関して確認・指導を受けることが義務付けられる</u>（☞**7.4**）。

（2）情報伝達の強化

化学物質管理において、その関係者間での物質のもつ危険性・有害性に関する情報の

共有は最上位に位置する、すなわち、まず初めに行うべきものである。物質の開発者あるいは製造者であればその事業場内労働者の健康維持のために、また供給者（譲渡・提供者）であれば供給先の労働者の健康維持のために、ラベル表示及び SDS 交付によって物質の危険性・有害性を伝える義務がある。物質の危険性・有害性はその情報をもっている製造者又は供給者が発信しない限り、物質を受け取る者は知るすべがない。これが物質の危険性・有害性に関する情報発信が義務化される理由である。欧米では基本的に GHS に基づいた分類で危険性・有害性があると判断された全物質について、情報提供が義務化されているが、日本ではラベル表示及び SDS による情報提供が義務化されている物質が限定されていることから、徐々に政府 GHS 分類結果及びモデルラベル・SDS の公表を行い、当該物質について義務化することとした。

　SDS 交付対象物質の大幅な増加及び情報技術の多様化を鑑み、情報の通知方法を柔軟化した。また「人体に及ぼす作用」の定期的な確認、通知事項に新たに「（譲渡提供時に）想定される用途及び当該用途における使用上の注意」の追加、SDS 等における成分の含有率表示の適正化、事業場内で別容器に保管する際の表示、保護具の種類の記載義務化などについても改正を行った〔☞**4.1.2(4)**〕。

（3）自律的な管理のための実施体制の確立

　事業場においては、労働者との化学物質の危険性・有害性に関する情報共有を基盤として、リスクアセスメントを促進するシステムが必要であり、これを担当する化学物質管理者の選任義務が決定された（職務内容については**第 1 章**参照）。

　また労働者のばく露防止措置の方法として、保護具の使用を選択する場合は、呼吸用保護具、保護衣、保護手袋等の保護具の選択、管理（保管、交換等）等を行う責任者として、保護具着用管理責任者の選任の義務が決定され、またその教育実施要領も公表されている（☞**A2.10**）。

　化学物質管理者と保護具着用管理責任者、職長等との関係など、事業場内における化学物質管理体制を、**図 2.4** に示す。

　さらに、雇入れ時・作業内容変更時の危険有害業務に関する教育が全業種に拡大される。また職長教育が食品製造業及び印刷業等に拡大される。

　以上、化学物質管理体制の確立、労働者に対する教育及び保護の拡大により、労働者が健康に働く権利がより確実に担保されるであろう。

（4）健康診断関連（健康診断の詳細は**第 9 章**を参照）

　化学物質の自律的な管理に基づく健康診断は、従来のように特定の業務に常時従事する労働者に対して一律に実施した健康診断とは異なり、基本的に事業者が行うリスクアセスメントの結果に基づき医師等と相談して実施するものであり、実施時期や健康診断

図2.4 新たな化学物質管理における事業場内の体制

項目も事業者が定めなければならない。詳細はリスクアセスメント対象物健康診断に関するガイドライン（☞**A9.2**）を参照のこと。

　同一事業場で複数の労働者が同種のがんに罹患した場合、所轄労働局長に報告しなければならない（☞**9.4**）。

（5）特別規則（特化則、有機則等）関連
▶管理水準良好事業場の特別規則（特化則、有機則等）適用除外

　特別規則（特化則、有機則等）で規制されている123物質（2023年4月時点）の管理について、一定の要件を満たせば、特別規則による規制（保護具、健康診断に関する事項を除く）の適用が除外される。この場合、化学物質管理者は特別規則の適用対象以外の物質と同様に自律的な管理の原則に従って管理をすればよい。

▶特殊健康診断実施頻度の緩和

　特別規則（特化則、有機則等）に基づく6月以内ごとの健康診断を、一定の要件を満たせば、1年以内ごとに1回とすることが可能となる。

▶第三管理区分場所の措置強化

　作業環境測定結果が第三管理区分である事業場に対しては、作業環境管理専門家からの助言を受け、作業環境の改善を図らなければならない。これによってもなお、第三管理区分となっている作業場所については、個人サンプリング法等による測定を行い、その測定結果に応じて適切な呼吸用保護具を選択、使用するとともに、１年以内に１回、呼吸用保護具の装着が適切に行われているかをフィットテストによって確認することが義務付けられる。

2

化学物質管理に関する法令

化学物質による労働災害事例

本章では、日本における化学物質による労働災害の傾向及び危険性（爆発・火災）、
健康有害性に起因する労働災害事例について解説する。

　日本では化学物質による休業 4 日以上の労働災害のうち、特別則等による規制の対象外物質を原因とするものは約 8 割（20 年前は 5 割）を占める。規制物質の使用をやめて、危険性・有害性を十分確認・評価せずに規制対象外物質を代替品として使用し、その結果十分な対策がとられずに労働災害が発生している。

3.1　労働者死傷病報告による化学物質関連の災害の傾向

　労働者死傷病報告（以下、"死傷病報告"という）とは、事業場で作業者のけがや疾病を伴う労働災害が発生した場合（休業 4 日以上）に、事業者が労働基準監督署に届出を行う制度である。被災者一人について 1 件の報告がなされる。したがって、派遣先・派遣元からの報告の重複を整理した後では、報告の件数は被災者数に一致する。以下は、令和元年 1 月〜12 月の災害について災害の内容を整理したものである。災害件数を事故の型で分けて整理したのが**表 3.1** である。事故の型によらず、労働者数が 30 人未満の事業場で災害件数が多いことがわかる。

　次に、災害件数と事業場の労働者数と、事故の型の関係について**図 3.1** にまとめる。爆発・火災・破裂については特に 30 人未満の小規模事業場で件数が多いが、有害物等との接触（吸入や皮膚・眼への直接的な接触）では小規模の事業場で多い傾向はあるが、100 〜 499 人規模の事業場で件数が増えている。取り扱う化学物質の種類が増えることや作業者の数が増えることが原因として推測される。

　また、特別規則（特化則、有機則等）の対象である化学物質については、特化則、有

表 3.1　事業場の労働者数と災害発生の割合

労働者数（人）	事故の型	
	爆発・火災・破裂	有害物等との接触
1 〜 9	29.8%	20.4%
10 〜 29	41.0%	26.2%
30 〜 49	10.1%	13.3%
50 〜 99	6.7%	12.0%
100 〜 499	9.6%	23.3%
500 以上	2.8%	4.8%
計	100.0%	100.0%

出典：労働者死傷病報告

図 3.1 事故の型と事業場の従業員数（出典：労働者死傷病報告）

表 3.2 特別規則（特化則、有機則等）及び特別規則以外の有害物による障害別災害件数

		災害件数	吸入による神経障害等	眼に対する障害	皮膚に対する障害
特別規則（特化則、有機則等）の有害物	有害物計	73	33	14	27
	特化則	50	18	8	25
	有機則	18	10	6	2
	鉛	5	5	0	0
特別規則以外の有害物	通知・表示対象	129	13	32	90
	通知・表示対象外	3	0	1	2
	原因物質不明	188	28	60	104
	一酸化炭素	32	32	0	0
	酸欠	2	1	0	0
	有害光線	6	0	6	0
記載なし		12			
合計※		445	107	113	223

※ 最下行の災害件数と各障害件数の和が一致しないのは、障害について複数回答の場合があるため。
出典：労働者死傷病報告

機則、鉛則の対象物質を原因とする場合に起因物を「特別規則（特化則、有機則等）の
有害物」とし、それ以外の起因物を「特別規則（特化則、有機則等）以外の有害物」と
して災害件数を整理したものが**表 3.2**である。死傷病報告に記入されている「災害発

図 3.2　洗剤等に起因する災害（出典：労働者死傷病報告）

生状況・原因」等の記載事項及び収集可能であった SDS の内容から原因物質を特定できたのは約半数であり、アルカリ洗剤、漂白剤、リムーバー等の分類のみが記載されている事例が残りの半数程度であった。

　有害物による災害 445 件のうち 182 件は、酸・アルカリ等の洗剤と洗浄や殺菌に使用する製品を起因としていた。その内訳は**図 3.2** のとおりである。洗浄に使用する水酸化ナトリウムや水酸化カリウム溶液等、強アルカリの洗剤への接触による災害事例が98 件と洗剤等全体の約半数を占めた。アルカリは皮膚を深く冒すため、アルカリとの接触では休業期間が長い傾向があった。アルカリ洗剤の使用業種は食品製造業と飲食業、商業施設内の厨房に偏っており、油やタンパク汚れの清掃時に災害が発生していた。

　特別規則（特化則、有機則等）対象物質による健康障害も 73 件の事例があった。吸入によるめまいや吐き気、昏倒の事例は塗装や剥離作業での有機溶剤使用作業でみられたが、特化物では皮膚障害が多かった。

> ┌─ ワンポイント解説　**日本の労働災害統計** ─┐
>
> 　過去 5 年間の休業 4 日以上の死傷者数は年間約 13 万人（死亡者は約 800 人）である。また労災保険新規受給者数は年間約 60 万人に上る。死傷病者数は、第三次産業で約 5 割、製造業、陸上貨物運送業、建設業の 3 業種で 4 割を占める。事故の型で多いのは、転倒、動作の反動・無理な動作、墜落・転落、はさまれ・巻き込まれで、これらの 4 種類で全体の 7 割近くを占める（令和 5 年度安全の指標）。

3.2　危険性（爆発・火災）に起因する労働災害事例

3.2.1　集合住宅の室内改装工事で、接着剤に含まれていた有機溶剤の蒸気に引火し、爆発[*1]

業種	建築設備工事業
事業場規模	16 ～ 29 人
機械設備・有害物質の種類（起因物）	引火性の物
災害の種類（事故の型）	火災

3

化学物質による労働災害事例

（1）発生状況

　災害発生当日、作業者 3 人により壁下地材設置工事のうち結露防止用ボードの貼り付け作業が行われていた。全ての壁面への接着剤の塗布が完了したため、接着剤の乾燥を待つことになった。その間に傷をつけた台所床面の補修を行うことになり、作業者の 1 人が補修用パテを軟らかくするために加熱しようとして、ライターに火をつけたところ、突然爆発して火災となり、作業者 3 人が火傷を負った。

　当日は、気温が低く、玄関を除き全ての窓を締め切った状態で作業を行っており、換気も行っていなかった。

（2）原因

▶直接原因

　有機溶剤の蒸気が充満した室内で、ライターの火をつけたため爆発した。

▶背景要因

　有機溶剤を含有する接着剤を使用する作業の実施にあたり、火災、爆発及び中毒の危

危険

用　途：接着剤

主成分：n-ヘキサン 65～75 %

法令（危険性）：第 4 類引火性液体，第一石油類 非水溶性 危険等級Ⅱ

GHS 分類：
　引火性の高い液体及び蒸気
　皮膚刺激
　強い眼刺激
　生殖能又は胎児への悪影響のおそれの疑い
　呼吸器への刺激のおそれ
　眠気やめまいのおそれ
　長期にわたる、又は反復ばく露により神経系の障害
　飲み込んで気道に侵入すると生命に危険のおそれ
　水生生物に毒性

図 3.3　接着剤の GHS ラベルの例

[*1]　職場のあんぜんサイト 労働災害事例「集合住宅の室内改装工事で、接着剤に含まれていた有機溶剤の蒸気に引火し、爆発」をもとに作成
　（https://anzeninfo.mhlw.go.jp/anzen_pg/SAI_DET.aspx?joho_no=101077）

険に配慮した作業計画を作成していなかったこと。また、有機溶剤作業主任者も選任されず、作業者任せで作業が行われていたこと。作業者に対し、安全衛生教育を実施していなかったこと。

(3) 対策

図3.3 に接着剤の GHS ラベルの例を示す。「引火性の高い液体及び蒸気」などに気を付けることとされている。

- n–ヘキサンは有機則における第2種有機溶剤にあたるため、換気設備設置等、有機則に定められた事項を実施する。
- 屋内で有機溶剤を含有する物を取り扱う場合は、十分な換気を行うとともに、火気は使用しない。特に、室内で接着剤等を使用する場合には、含まれる有機溶剤の量と危険有害性を事前に調査し、水溶性のもの等できるだけ危険有害成分の少ない接着剤を使用することが重要である。
- 接着剤に含有されている有機溶剤は、爆発の危険があるほか、人体に有害なものであり、有機溶剤の性状と危険性・有害性、換気の実施、着火源となる火気の排除、防毒マスク等個人用保護具の使用等について関係作業者に十分な安全衛生教育を実施する。

3.2.2　カセットコンロ用使用済みガスボンベの廃棄作業中に火災が発生し、火傷を負う*2

業種	その他の接客娯楽業
事業場規模	16 ～ 29 人
機械設備・有害物質の種類（起因物）	可燃性のガス
災害の種類（事故の型）	火災

(1) 発生状況

カラオケボックスの厨房において、カセットコンロ用の使用済みガスボンベ（ブタンガス使用）を廃棄するために穴を開ける作業中に発生した。

災害発生当日、従業員 A は厨房内の棚にカセットコンロの使用済みガスボンベが多数乱雑に置かれているのに気付き、部下の従業員 B にこれを廃棄するよう指示した。指示を受けた B はガスボンベを点検したところ、ガスボンベにガスが残留しているものがいくつかあることがわかったので、B は A に厨房内で作業を行ってよいか確認し、

＊2　職場のあんぜんサイト 労働災害事例「カセットコンロ用使用済みガスボンベの廃棄作業中に火災が発生し、火傷を負う」をもとに作成
（https://anzeninfo.mhlw.go.jp/anzen_pg/SAI_DET.aspx?joho_no=101146）

厨房内の床上に置いて、金槌の尖った方でガスボンベに穴を開けるガス抜き作業を同僚のCと始めた。

　ガス抜き作業中、Bがガスボンベに穴を開けるとシューとガスが噴出したのが確認されたがBはそれに構わず作業を続行した。Bが4本目のガスボンベに穴を開けたとき、突然、火炎が生じ、その火によりBとCは火傷を負った。また、その火炎は床を這うように厨房の出入り口方向に走り、外で開店準備をしていた同僚Dの足元まで達したため、Dも火傷を負った。ガスレンジ等の火気を使用する機械をガス抜き作業中に使用していないことから、着火源はガス抜き作業をしていた近くの床上に設置されていたサーモスタット機能が付いた製氷機と断定された。

（2）原因

▶直接原因

　サーモスタットなど、可燃性ガスの着火源となるものが存在し、また換気、自然通風の不十分な狭い厨房内で、可燃性ガスが残留したガスボンベの廃棄処理のためのガス抜きを行ったこと。

▶背景要因

　ガスボンベの廃棄処理方法について、安全に作業を行うためのマニュアルを作成していなかったこと。また、従業員に対する安全衛生教育を行っていなかったこと。

（3）対策

　図3.4にカセットコンロ用ガスボンベのGHSラベルの例を示す。「極めて可燃性の高いガス」及び「高圧ガス：熱すると爆発のおそれ」などに気を付けることとされている。

- カセットコンロ用ガスボンベの廃棄処理作業（ガス抜き作業）は、換気、自然通風が十分な場所で行うこと。
- ガス抜き作業は、火気、サーモスタットその他の着火源となるもののない場所で行うこと。
- カセットコンロ用ガスボンベの廃棄処理方法について、安全に作業が行えるようマニュアルを作成すること。
- 従業員に対して、安全に厨房内での作業を行うために必要な安全衛生教育を実施すること。

危険

用　途：カセットコンロ用ガスボンベ

主成分：n-ブタン、イソブタン

法令（危険性）：高圧ガス保安法：液化ガス
　　　　　　　　一般高圧ガス保安規則：可燃性ガス

GHS分類：

　極めて可燃性の高いガス

　高圧ガス：熱すると爆発のおそれ

　循環器系の障害

　眠気又はめまいのおそれ

　長期にわたる、又は反復ばく露による中枢神経系の障害

図3.4　カセットコンロ用ガスボンベのGHS
ラベルの例

3.2.3　外国人労働者がエタノールによる洗浄作業中に、ストーブ の火が引火して全身重度熱傷で死亡した事例[3]

業種	金属製品製造業
事業場規模	16 〜 29 人
機械設備・有害物質の種類（起因物）	引火性の物
災害の種類（事故の型）	火災

（1）発生状況

　金属加工の工場で、椅子に座りながらエアスプレーを用いて部品に付着したエタノールを吹き飛ばす等の洗浄作業を行っていたところ、近くに置いてあったストーブの火が被災者に引火し、全身に燃え広がった。被災者はドクターヘリで病院に搬送されたが、約 2 か月後に死亡した。

　被災者は単独で作業していたが、作業途中、危険に気付いた同僚が被災者の椅子とストーブの間隔を開けて、口頭で注意をしていた。災害発生時に作業箇所は周囲の作業者から死角になっていたため、ストーブの火が燃え移る瞬間を目撃した人はいなかった。

（2）原因

▶直接原因

　ストーブ（火源）の近くで、引火性の物質であるエタノールを取り扱ったこと。

▶背景要因

　作業指揮者を定め、指導させていなかったこと。また、安全衛生に関する教育訓練が不十分であり、特に外国人労働者に対する教育訓練が実施されていなかったこと。

危険

用　途：洗浄作業
主成分：エタノール
法令（危険性）：第 4 類引火性液体、アルコール類、危険等級 Ⅱ

GHS 分類：
　引火性の高い液体及び蒸気
　眼刺激
　発がんのおそれ
　生殖能又は胎児への悪影響のおそれ
　呼吸器への刺激のおそれ
　眠気又はめまいのおそれ
　長期にわたる、又は反復ばく露による肝臓の障害
　長期にわたる、又は反復ばく露による中枢神経系の障害のおそれ

図 3.5　洗浄作業用エタノールの GHS ラベルの例

＊3　職場のあんぜんサイト 労働災害事例「外国人労働者がエタノールによる洗浄作業中に、ストーブの火が引火して全身重度熱傷で死亡した」をもとに作成
（https://anzeninfo.mhlw.go.jp/anzen_pg/SAI_DET.aspx?joho_no=101604）

（3）対策

　図3.5に洗浄作業用エタノールのGHSラベルの例を示す。「引火性の高い液体及び蒸気」などに気を付けることとされている。

- ●引火性の物質を取り扱う作業をする場合は、暖房器具等の火源となる機器等の使用を禁止すること。
- ●引火性の物質を取り扱う作業をする場合は、作業指揮者を定め指導させること。危険物の取扱い状況は、随時点検等の法定事項を行うこと。安全衛生推進者を選任し、事業場内の安全衛生管理を担当させること。
- ●所属労働者に対して、危険物の取扱いを含めた安全衛生に関する教育訓練を実施すること。

3.2.4　グラインダーで金属板製缶を切断時に気化したシンナーへ火花が飛び爆発*4

業種	その他の事業
事業場規模	30〜99人
機械設備・有害物質の種類（起因物）	引火性の物
災害の種類（事故の型）	爆発

（1）発生状況

　海上に停泊中の船のデッキ上で、手持ち式グラインダーで塗料シンナー（エチルベンゼン15％、キシレン79％など）が入っていた空の金属板製一斗缶を二分割しようと、缶にグラインダーの刃を当てたところ、「ボン」という音がして缶が爆発し、缶の上面が外れて海へ飛んで行き、下面（底面）がめくれ上がって変形した。爆発により被災者の作業服の胸部に引火し、鼻、顎、首の一部に火傷を負った。缶の中に残っていたシンナーが気化して一斗缶内に充満していたところに、グラインダーの刃を当てた際に火花が発生し、気化したシンナーに引火して爆発が生じたものと推定される。

（2）原因

▶**直接原因**

　塗料シンナーが入っていた容器をグラインダーで切断したこと。

▶**背景要因**

　リスクアセスメント等の実施不十分、安全衛生教育未実施、不十分な作業環境管理、

---

*4　職場のあんぜんサイト　労働災害事例「グラインダーで金属板性缶を切断時に気化したシンナーへ火花が飛び爆発」をもとに作成
　（https://anzeninfo.mhlw.go.jp/anzen_pg/SAI_DET.aspx?joho_no=101589）

作業主任者・管理責任者等の指示内容の検討不足、作業主任者・管理責任者等による危険有害性認識不足。

（3）対策

図**3.6** に塗料シンナーの GHS ラベルの例を示す。「引火性の高い液体及び蒸気」などに気を付けることとされている。

- 塗料を小分けする際は、専用の容器を使用することとし、一斗缶を切断して小分け容器に代用させるといった方法は行わせないこと。なお、やむを得ず一斗缶を切断する場合は、一斗缶内の残留物が気化していないか蓋（キャップ）を外して換気することにより確認する。火気が生じない切断方法により行わせる等の爆発災害の防止対策を講じたうえで行わせること。
- 塗料等の一斗缶の保管方法及び廃棄方法を定め、関係労働者に周知すること。特に、使用済みの一斗缶の廃棄については蓋（キャップ）を取り外す、洗浄する等により残留物が気化することがないような措置を講ずること。
- 爆発の危険がある場所には「火気使用禁止」の表示及び必要でない者の立入りを禁止すること。
- 一斗缶の内容物に応じた取扱い方法及び注意事項について、安全データシート（SDS）の情報を参考に関係労働者に対して安全衛生教育を行うこと。

危険

用　途：塗料シンナー

主成分：キシレン（79%）， エチルベンゼン（15%）， トルエン

法令（危険性）：第 4 類引火性液体，第一石油類 非水溶性 危険等級 Ⅱ

GHS 分類：

引火性の高い液体及び蒸気
吸入すると有害
皮膚に接触すると有害
皮膚刺激
強い眼刺激
生殖能又は胎児への悪影響のおそれ
授乳中の子に害を及ぼすおそれ
中枢神経系、呼吸器、肝臓、腎臓の障害
眠気又はめまいのおそれ
長期にわたる、又は反復ばく露による神経系、呼吸器の障害
飲み込んで気道に侵入すると生命に危険のおそれ
水生生物に毒性
長期継続的影響によって水生生物に毒性長期にわたる、又は反復ばく露による中枢神経系の障害のおそれ

図**3.6**　塗料シンナーの GHS ラベルの例

3.2.5 橋梁の型枠製作中、漏れたアセチレンガスが爆発[*5]

業種	その他の金属製品製造業
事業場規模	—
機械設備・有害物質の種類（起因物）	可燃性のガス
災害の種類（事故の型）	爆発

3

化学物質による労働災害事例

（1）発生状況

工場内で橋梁のプレストレストコンクリート（PC）桁のコンクリート打設用鋼製型枠の製作作業中、床に置いてあったアセチレン溶断装置の吹管のバルブが緩んでいたため、漏えいしたアセチレンガスで付近が高濃度になっており、被災者が手持ち式のグラインダーで、はつり作業を開始した際に、その火花が着火源となって爆発した。

まず、被災者は鋼製型枠の表面の突出した部分をアセチレン溶断装置を用いて溶断し、作業が終わると吹管の酸素とアセチレンのバルブを閉めて床に置いた。次に、溶断後の仕上げのため鋼製型枠の間に入り、しゃがんで手持ち式グラインダーを使用してバリ取り作業を開始したところ、H型鋼の台付近が爆発した。被災者は7日間休業した。

工場長と安全衛生推進者である製造部長は、直ちにアセチレンガス溶断装置の点検を行ったが、アセチレンガスボンベ、酸素ボンベ、圧力調整器、導管、吹管のバルブ等に漏れ等の異常は認められなかった。また、吹管は逆火防止の機能が付いていた。

（2）原因

▶直接原因

アセチレンガス溶断装置から漏れ出た可燃性ガスが存在しているところで、グラインダーによるバリ取り作業を行ったこと。

▶背景要因

リスクアセスメント等の実施不十分。作業者がアセチレンガス溶断装置の吹管を床に置いた際、吹管のバルブを確実に閉めなかった可能性があること。吹管を床に置いた際にバルブが床面に接触したために緩んでいたこと。なお、作業者はガス溶接技能講習を修了した後、約27年の経験を有していたが、安全作業遂行のための確認作業を行わなかった。

（3）対策

図3.7にアセチレンガスのGHSラベルの例を示す。「極めて可燃性の高いガス」、「高圧ガス：熱すると爆発のおそれ」などに気を付けることとされている。

＊5 職場のあんぜんサイト 労働災害事例「橋梁の型枠製作中、漏れたアセチレンガスが爆発」をもとに作成（https://anzeninfo.mhlw.go.jp/anzen_pg/SAI_DET.aspx?joho_no=000794）

- アセチレンガス溶断装置の吹管のバルブは、使用後はガス漏れのないよう確実に閉めること
- 狭く通風のよくない場所でアセチレンガスによる溶断作業を行った後は、アセチレンガス溶断装置の吹管はそのまま置かず、通風のよい場所に移しておくこと
- ガス溶接の作業標準を作成し、それを関係作業者に周知徹底すること

危険

用 途：アセチレン溶断装置

主成分：アセチレンガス

法令（危険性）：高圧ガス保安法：圧縮アセチレンガス
一般高圧ガス保安規則：可燃性ガス

GHS分類：
極めて可燃性の高いガス
高圧ガス：熱すると爆発のおそれ
眠気又はめまいのおそれ

図3.7 アセチレンガスの GHS ラベルの例

3.3 健康有害性に起因する労働災害事例

3.3.1 床清掃時にパーツクリーナーを用いたことによる中毒[*6]

業種	食料品製造業
事業場規模	33〜99人
機械設備・有害物質の種類（起因物）	有害物
災害の種類（事故の型）	有害物等との接触

（1）発生状況

　工場において、工場床面に付着しているテープ糊痕を落とす作業で、たまたま作業場に置いてあったスプレー式のパーツクリーナーを糊痕に吹き付けながら手作業で剥ぎ取り作業を行っていたところ気分が悪くなった。救急車で病院へ搬送され、「四肢しびれ」、「呼吸困難」があり検査の結果「急性薬物中毒」と診断された。なお、剥ぎ取り作業時、工場常設の換気扇は稼働していたが、防毒マスク等の保護具は着用していなかった。

（2）原因

▶直接原因

　クリーナーを本来の使用目的ではないラベル剥がしのために狭い室内で使用し、スプレー後に溶剤蒸気が滞留している床付近に顔を近付けて作業したことから、高濃度の有機溶剤を吸い込んだと考えられる。定常的な作業ではなく、追加の作業のために手近にあるクリーナーを呼吸用保護具なし、十分な換気なしで使用したこと。

[*6] 職場のあんぜんサイト 労働災害事例「床清掃時にパーツクリーナーを用いたことによる中毒」をもとに作成（https://anzeninfo.mhlw.go.jp/anzen_pg/SAI_DET.aspx?joho_no=101624）

▶背景要因

リスクアセスメント等の実施不十分。噴霧することで、空気中に揮発する有機溶剤の濃度が高くなることに対する認識が不足していたこと。用途の異なる薬品を安易に使用したこと。

（3）対策

図3.8 にクリーナーの GHS ラベルの例を示す。「吸入すると有害」、「呼吸器や皮膚に刺激」、「遺伝性疾患のおそれ」などがあり、急性毒性や皮膚・眼への刺激性のような短時間の接触でも注意すべきであること、呼吸器感作性や生殖細胞変異原性・発がん性を含め、長期影響を考慮すべき化学物質があることを示している。

危険

用　途：金属パーツや金型、鋳型の脱脂・洗浄；治具、工具の保守管理

主成分：石油系溶剤、アルコール類、LP ガス

法令：第 4 類引火性液体，第一石油類 危険等級 Ⅱ

危険有害性情報：

　引火性の高いエアゾール
　熱すると破裂おそれ
　吸入すると有害
　呼吸器や皮膚に刺激
　遺伝性疾患のおそれ
　生物、環境への影響のおそれ

注意書き：

　換気すること

図3.8　製品（クリーナー）の GHS ラベルの例

有機溶剤を取り扱う場合は、有機則の対象物質かを SDS 等で確認し、有機則で定められた事項を実施する。

有機則にあたらない有機溶剤も、多くはリスクアセスメント対象物質であるため、以下のような対策を実施する。

- 換気扇は通常、天井近くの高い位置に設置されている。有機溶剤は空気よりも密度が大きく、低いところに滞留しやすいので、換気扇は床付近に滞留している有機溶剤の排気に有効でないことに注意が必要である。使用するときには十分な換気が行われるようにドアや窓を開放する。
- やむを得ず換気の悪い場所で有機溶剤が含まれているスプレーを使用するときは、有機ガス用吸収缶を取り付けた防毒マスクを着用する。
- 有機溶剤の刺激や経皮吸収を防ぐ不浸透性の化学防護手袋、眼への飛沫の接触を防ぐゴグル形の保護眼鏡を着用する。
- 生物、環境への影響のおそれがあることから、排気後の大気への放出や排水への排出に留意する。

3

化学物質による労働災害事例

3.3.2　塗装工場の清掃時における水酸化ナトリウムによる皮膚障害*7

業種	その他の廃棄物処理業
事業場規模	―
機械設備・有害物質の種類（起因物）	有害物
災害の種類（事故の型）	有害物等との接触

（1）発生状況

　塗装工場（A工場）における上塗ブースの槽内において、槽内の沈殿物を取り除く作業をしていた作業者（C業者からB請負業者へ派遣された労働者）が槽内の水酸化ナトリウムが溶解している水溶液を浴び、化学熱傷を負った。

　なお、災害発生当日、作業前に作業者全員にビニール手袋が配布されたが、皮膚障害防止用の個人用保護具は全く備えられておらず、また、作業者も作業衣、ビニール製のヤッケ、ゴム長靴以外は身に付けていなかった。

（2）原因

▶直接原因

　当該業務に従事する作業者に使用させるための、全身を防護する不浸透性の保護具を備えていなかったこと。

▶背景要因

　リスクアセスメント等の実施不十分。作業開始前に、塗装ブース内の物質の有害性に関し、A工場からの説明がなく、B請負業者も確認しなかったこと。B請負業者及び現場責任者は、1人の作業者が水溶液を浴びた部位に痛みを訴えた後も、皮膚の洗浄をせず、保護具を着用させることなく作業を継続させたこと。

（3）対策

　図3.9 に水酸化ナトリウムのGHSラベルの例を示す。「重篤な皮膚の薬傷・

危険

用　途： 化学繊維・紙・パルプ製造用，有機薬品・無機薬品・医薬・農薬・染料中間体製造用，グルタミン酸ソーダ原料，食品製造用

主成分： 水酸化ナトリウム

法令： 腐食性液体、劇物

危険有害性情報：
　　重篤な皮膚の薬傷・眼の損傷
　　重篤な眼の損傷
　　呼吸器の障害
　　水生生物に有害

注意書き：
　　皮膚又は髪に付着した場合、直ちに、汚染された衣類を全て脱ぐこと、取り除くこと。皮膚を流水、シャワーで洗うこと。

図3.9　水酸化ナトリウムのGHSラベルの例

---

*7　職場のあんぜんサイト　労働災害事例「塗装工場の清掃時における水酸化ナトリウムによる皮膚障害」をもとに作成（https://anzeninfo.mhlw.go.jp/anzen_pg/SAI_DET.aspx?joho_no=764）

眼の損傷」、「重篤な眼の損傷」、「呼吸器の障害」などがあり、急性毒性及び皮膚・眼への腐食性のような短時間の接触でも重篤な影響があることを示している。水酸化ナトリウムの GHS 分類では皮膚腐食性／刺激性と眼に対する重篤な損傷性／眼刺激性がどちらも区分 1 となっている。本例のような皮膚接触以外にも、ミストの急性吸入ばく露により粘膜刺激に続き、咳・呼吸困難などが引き起こされ、さらにばく露が強いと肺水腫が起こる可能性がある。**図 3.9** のような「腐食性」と「健康有害性」の絵表示が示される。

- 産業廃棄物、有害物を取り扱う業務を発注する場合は、発注者は施工業者に対して事前に取り扱う物質の有害性等を通知する。
- 槽内の水溶液が槽外に出るのを防ぐため、蓋を被せる等を行い、槽の開口を必要最低限にする。
- 作業者に対して取り扱う物質の有害性、講ずべき対策等について教育を実施する。
- 水酸化ナトリウムとの接触を防ぐために、不浸透性の手袋、ゴグル形の保護眼鏡、取扱量が多いときは全身を防護できる不浸透性の保護衣を着用する。

3.3.3　次亜塩素酸ナトリウムを加湿器に誤って投入したことによる中毒[*8]

業種	社会福祉施設
事業場規模	16 ～ 29 人
機械設備・有害物質の種類（起因物）	有害物
災害の種類（事故の型）	有害物等との接触

（1）発生状況

福祉施設内のエントランスホール及び談話室において、加湿器に誤って次亜塩素酸ナトリウムが補充されていたことにより、施設内に次亜塩素酸ナトリウムを含む水蒸気が飛散したため、入所者にお茶を提供していた作業者が吐き気や咳込み等の症状を発し、救急車で病院に搬送された。加湿器に加えられた次亜塩素酸ナトリウムと酸性物質の反応による塩素ガスの発生によるものか、次亜塩素酸ナトリウム自体の皮膚や粘膜への刺激性によるものか、症状の原因は明確ではない。

（2）原因

▶直接原因

[*8]　職場のあんぜんサイト　労働災害事例「次亜塩素酸ナトリウムを加湿器に誤って投入したことによる中毒」をもとに作成（https://anzeninfo.mhlw.go.jp/anzen_pg/SAI_DET.aspx?joho_no=101623）

次亜塩素酸水と次亜塩素酸ナトリウム
の容器の外観や名称が類似していたた
め、商品を取り違えて加湿器に投入した
こと。

▶背景要因

リスクアセスメント等の実施不十分。
薬品の使用方法についての情報共有が不
足していたこと。異臭がする際の対策が
検討されていなかったこと。

（3）対策

次亜塩素酸や次亜塩素酸ナトリウムは
表示義務対象物質ではなく、基本的にラ
ベルが表示されていないため、特に注意
が必要である。GHS ラベルが表示され
る場合の例を**図 3.10** に示す。「重篤な
皮膚の薬傷及び眼の損傷」、「呼吸器への
刺激のおそれ」などがあり、急性毒性及

危険

用　途：繊維・パルプの漂白、水処理、医薬、食品添加
　　　　物、殺菌剤（失効農薬）

主成分：次亜塩素酸ナトリウム（有効塩素濃度：6〜
　　　　15%の水溶液）

法令　：　危険物・酸化性の物

危険有害性情報：
　　重篤な皮膚の薬傷及び眼の損傷
　　呼吸器への刺激のおそれ
　　水生生物に非常に強い毒性
　　長期継続的影響によって水生生物に非常に強い毒性

注意書き：
　　換気のよい場所で保管すること。容器を密閉しておくこ
　　と。

図 3.10　次亜塩素酸ナトリウム（水溶液）の
　　　　　　GHS ラベルの例

び皮膚・眼への損傷性のような短時間の接触でも重篤な影響があることを示している。
なお、次亜塩素酸ナトリウムの GHS 分類では皮膚腐食性／刺激性と眼に対する重篤な
損傷性／眼刺激性がどちらも区分 1 である。

- 使用する噴霧液を低濃度のものとする。
- 外観や名称が似た化学物質の取り違えが起こらないように、容器の収納場所を別に
  し、容器の目立つ場所にラベルを貼る。こぼれた薬品や時間経過によりラベルが色
  褪せた場合は速やかに貼り替え、取り違えを防止する。噴霧器への移し替えを行う
  場合は、容器内に入っている物質の名称を明示する。
- 次亜塩素酸水と次亜塩素酸ナトリウムのような、名称が似ているが異なる物質につ
  いて、使用時の注意事項を明確に掲示し、手順書を作業者で共有して作業を行う。
- 次亜塩素酸と次亜塩素酸ナトリウムは違うものであり、次亜塩素酸ナトリウム溶液
  はアルカリ性であるため、必ず耐アルカリ溶液の手袋を使用する。
- 福祉施設や病院等の交代勤務のある職場では、マニュアルを定める等、特に注意し
  て情報共有を行う。
- 希釈液の作成マニュアルを定め、どの器具を使用して、水を何リットル使用するか
  明示する。
- 生物、環境への影響のおそれがあることから、排気後の大気への放出や排水への排
  出に留意する。

3.3.4 道路舗装工事における半剛性舗装材による薬傷[*9]

業種	その他の土木工事業
事業場規模	—
機械設備・有害物質の種類（起因物）	有害物
災害の種類（事故の型）	有害物等との接触

3 化学物質による労働災害事例

（1）発生状況

道路上において、路面強化のためのアスファルト舗装工事中、セメントを含む半剛性舗装材と水との混練作業を行っていたところ、かゆみを伴う体の炎症を発した。炎症を発した作業者は混練作業のほか、半剛性舗装材の手渡し作業や道路への舗装材混練液の注入作業等を交替して行っていた。舗装材と水の混練作業はグラウトミキサーの蓋を開けて行っており、作業者は不浸透性の保護手袋、保護衣等を着用していなかった。

（2）原因

▶直接原因

工法に用いられた半剛性舗装材には、ポルトランドセメント60％と速硬材20％が含まれていた。セメントを含む舗装材と水との混練作業において、不浸透性の保護手袋、保護衣等を着用しておらず、作業服にセメントを含む舗装材が付着してしまったこと。

▶背景要因

作業者が半剛性舗装材の有害性について十分に知らなかったこと。グラウトミキサーの蓋を開けたまま作業を続けたこと。

（3）対策

図3.11に製品（セメント）のGHSラベルの例を示す。「重篤な皮膚の薬傷・眼の損傷」や「呼吸器への刺激のおそれ」があり、急性毒性及び皮膚・眼への損傷

危険

用　途：コンクリート、モルタル、セメントペースト等の原料
主成分：けい酸カルシウム、アルミン酸カルシウム、
法令：粉じん障害防止規則

危険有害性情報：
　重篤な皮膚の薬傷・眼の損傷
　呼吸器への刺激のおそれ
　長期にわたる、又は反復ばく露による臓器の障害
　（呼吸器）

注意書き：
　保護手袋、保護衣、保護長靴、保護眼鏡、保護面、
　防じんマスクを着用
　粉じんを吸入しないこと。

図3.11　製品（セメント）のGHSラベルの例

[*9] 職場のあんぜんサイト　労働災害事例「道路舗装工事における半剛性舗装材による薬傷」をもとに作成（https://anzeninfo.mhlw.go.jp/anzen_pg/SAI_DET.aspx?joho_no=1011）

性のような短時間の接触でも重篤な影響があることを示している。また、そのほか「長期にわたる、又は反復ばく露による臓器の障害（呼吸器）」もあり、慢性ばく露の影響があることを示している。セメントは水に触れると強いアルカリ性（pH ≧ 11.5）のスラリーになる。強アルカリは GHS 分類では皮膚腐食性／刺激性と眼に対する重篤な損傷性／眼刺激性がどちらも区分 1 であり、絵表示は「腐食性」が示されるべきであるが、粉体の場合には「腐食性」の絵表示がないことがあるので注意が必要である。

- 半剛性舗装材の混練作業においてグラウトミキサーからの飛散を極力抑える措置を講じる。
- 粉体を使用するときは、防じんマスク、ゴグル形保護眼鏡、防じん性と耐久性を有する手袋を着用する。取扱量が多いときは防じん防護服を着用して、作業着を汚染するのを防ぐ。作業着に大量のセメントなどが付着すると、着替えの際に更衣場所を汚染するなど汚染の範囲を広げてしまい、家庭まで持ち込むことがあるので注意する。
- 水を加えて練る作業やコンクリートを使用する作業では、ゴグル形保護眼鏡、不浸透性の手袋、長靴を着用する。
- 靴の履き口や手袋の口から粉やコンクリートが入らないようにする。内部に入ったときにはすぐに脱いで、皮膚を大量の水で洗浄し、すぐに病院に行く。

3.3.5　同一事業場内別作業のラッカー塗装による有機溶剤中毒[10]

業種	製造業
事業場規模	300 ～ 999 人
機械設備・有害物質の種類（起因物）	有害物
災害の種類（事故の型）	有害物等との接触

（1）発生状況

　工場の部品置場において、被災者は金属製の部品の仕分け作業を行っていたところ、シンナー臭を感じ、次第に頭痛を催し嘔吐した。災害発生当時、別の部署の作業者が被災者の近くでラッカースプレーを使用して臨時に部品の塗装作業をしていた。このラッカースプレーにはトルエン、キシレン等の有機溶剤、エチルベンゼン等の特別有機溶剤が含まれていた。仕分けを行っていた作業者は防毒マスク等を着用していなかった。

＊10　職場のあんぜんサイト 労働災害事例「同一事業場内別作業のラッカー塗装による有機溶剤中毒」をもとに作成（https://anzeninfo.mhlw.go.jp/anzen_pg/SAI_DET.aspx?joho_no=101633）

（2）原因

▶直接原因

個人用保護具を着用しておらず、有機溶剤の揮発成分を吸入してしまったこと。

▶背景要因

有害物質を使用しない仕分け作業と同一空間で、他の作業者が有機溶剤を使用する作業を実施したこと。

（3）対策

図3.12に製品（ラッカー塗料）のGHSラベルの例を示す。「吸入すると有害」、「呼吸器への刺激のおそれ」、「眠気やめまいのおそれ」、「飲み込んで気道に侵入すると生命に危険のおそれ」などがあり、急性毒性及び皮膚・眼への損傷性のような短時間の接触でも影響があることを示している。また、「発がんのおそれの疑い」や「生殖能又は胎児への悪影響のおそれ」などがあり、長期影響を考慮すべき化学物質があることを示している。

危険

用　途：建設用等の塗料
主成分：トルエン、キシレン、エチルベンゼン
法令：危険物、第2種有機溶剤

危険有害性情報：
　引火性の高い液体及び蒸気
　吸入すると有害　　皮膚刺激
　強い眼刺激　　　　発がんのおそれの疑い
　生殖能又は胎児への悪影響のおそれ
　臓器の障害　　　　呼吸器への刺激のおそれ
　眠気やめまいのおそれ
　長期にわたる、又は反復ばく露による臓器の障害
　飲み込んで気道に侵入すると生命に危険のおそれ
　水生生物に毒性
注意書き：
　容器を密閉しておくこと
　保護手袋／保護眼鏡／保護マスクを着用すること。
　屋外又は換気のよい場所のみで使用すること。

図3.12 製品（ラッカー塗料）のGHSラベルの例

トルエンやキシレンは有機則における第2種有機溶剤にあたるため、換気設備設置等、規則に定められた事項を実施する。有機則にあたらない有機溶剤も、多くはリスクアセスメント対象物質であるため、以下のような対策を実施する。

- 有機溶剤を使用しない他の作業者の近くで有機溶剤を使用する作業を実施する必要があれば、他の作業者に影響が及ばないように根本的な作業環境の設計を行う。
- 有機溶剤を使用する際は、換気設備を整備し、屋外の場合でも風下に人がいないか確認する。
- やむを得ず作業が発生する場合は、有機溶剤用防毒マスク、不浸透性の化学防護手袋を使用する。
- 作業時にはマスクを漏れのないように着用し、マスクの吸収缶は数時間〜半日程度で新しいものに交換する。翌日は前日のものを使用しない。
- スプレー塗装の際にはミストが発生するので、ミストを除去するために、防じん機能付き防毒マスクを使用する。フィルターに付着したミストから有機溶剤が発生するため、吸収缶の除毒能力が短時間で失われることに注意する。

3

化学物質による労働災害事例

3.3.6　イソシアネート系硬化剤の吸入によるアレルギー[*11]

業種	建築工事業
事業場規模	1〜4人
機械設備・有害物質の種類（起因物）	有害物
災害の種類（事故の型）	有害物等との接触

（1）発生状況

　塗装工事現場において、硬化剤を入れた塗料で雨戸に吹付け塗装を行った。作業中に喉に違和感を覚えたが、当日はそのまま作業を続けた。翌日の朝に起床したときに首や喉が腫れて呼吸困難となり病院を受診した。耐候性を高めるウレタンコーティング塗料の硬化剤に含まれていたイソシアネート類を吸入したことによるアレルギーと診断された。作業においては防毒マスク未着用であった。

（2）原因

▶直接原因

　有機ガス用吸収缶を有する防毒マスクをはじめとした個人用保護具を着用していなかったこと。

▶背景要因

　感作性のある物質を扱うことに対するリスクアセスメントが不足していたこと。化学物質の有害性に関する教育が行われず、知識が不十分であったこと。

（3）対策

　図3.13にトリレンジイソシアネートを含む硬化剤のGHSラベルの例を示す。「吸入すると生命に危険（粉じん）」、

危険

用　途：ポリウレタン原料(軟質フォーム、硬質フォーム、塗料、接着剤、繊維処理剤、ゴムなど)

主成分：トリレンジイソシアネート

法令：特定化学物質第2類物質

危険有害性情報：
　飲み込むと有害のおそれ（経口）
　吸入すると生命に危険（粉じん）
　重篤な皮膚の薬傷・眼の損傷
　強い眼刺激
　吸入するとアレルギー、喘息又は、呼吸困難を起こすおそれ
　アレルギー性皮膚反応を起こすおそれ
　発がんのおそれの疑い
　呼吸器、中枢神経系の障害
　長期又は反復ばく露による呼吸器の障害
　長期又は反復ばく露による肝臓の障害のおそれ
　水生生物に非常に強い毒性
　長期的影響により水生生物に非常に強い毒性

注意書き：
　個人用保護具や換気装置を使用し、ばく露を避けること。
　呼吸用保護具、保護手袋、保護衣、保護眼鏡、保護面を着用すること。
　屋外又は換気のよい区域でのみ使用すること。

図3.13　トリレンジイソシアネートのGHSラベルの例

*11　職場のあんぜんサイト　労働災害事例「イソシアネート系硬化剤の吸入によるアレルギー」をもとに作成（https://anzeninfo.mhlw.go.jp/anzen_pg/SAI_DET.aspx?joho_no=101632）

「吸入するとアレルギー、喘息又は、呼吸困難を起こすおそれ」、「アレルギー性皮膚反応を起こすおそれ」などがあり、急性毒性及び感作性のような短時間の接触でも影響があることを示している。また、「発がんのおそれの疑い」などがあり、長期影響を考慮すべき化学物質があることを示している。

- トリレンジイソシアネートは特定化学物質第2類物質にあたるため、換気設備設置等、特化則で定められた事項を実施する。
- ウレタン系の硬化剤はイソシアネート類を含有している。イソシアネート類はアレルギーを発症しやすいためリスクアセスメント対象物質であり、当該物質にアレルギーを有する作業者は、特に注意を要する。
- 化学物質の危険有害性（今回の場合は「呼吸器感作性」）を把握できるよう、ラベルやSDSを用いた教育を行う。
- 手袋は毎作業後に交換すべきであるが、その際に素手に付着しないように手袋外面が内側になるようにする脱ぎ方のルールを決め、一定のトレーニングを実施する。
- 有機ガス用防毒マスク、ゴグル形保護眼鏡、不透過性・不浸透性の化学防護手袋を使用する。
- 本事例のようなスプレー塗装では、防じん機能付き防毒マスクを使用する。

3.3.7　水系剥離剤を用いた橋梁塗装の剥離作業中の中毒[*12]

業種	建設業
事業場規模	1〜4人
機械設備・有害物質の種類（起因物）	その他
災害の種類（事故の型）	有害物等との接触

（1）発生状況

橋梁の塗替え塗装のため、吊り足場上において電動ファン付き呼吸用保護具（防じん機能付き防毒マスク）を着用して剥離剤（ベンジルアルコール30〜40％含有）の吹付け作業を単独で行っていた作業者が倒れていたところを発見された。当日は、夏季で気温が高かったほか、作業場所は剥離対象の塗料に含まれるPCB及び鉛の飛散防止のため隔離措置が施された狭い空間であり、通風はなく、排気装置の設置等の措置は講じられていなかった。

（2）原因

▶直接原因

---

*12　職場のあんぜんサイト　労働災害事例「水系剥離剤を用いた橋梁塗装の剥離作業中の中毒」をもとに作成（https://anzeninfo.mhlw.go.jp/anzen_pg/SAI_DET.aspx?joho_no=101634）

狭い空間にもかかわらず、十分な換気のための措置がなされていなかったこと。

▶背景要因

暑さや息苦しさにより不意に呼吸用保護具をずらしてしまうなどした可能性があること。高温下では有機溶剤濃度が上昇し、呼吸用保護具の防護能力を超えた可能性があること。単独作業のため意識を失ったときに発見が遅れたこと。塗料で濡れた保護衣などから経皮吸収があった可能性が否定できない。

（3）対策

図3.14 にベンジルアルコールのGHSラベルの例を示す。「吸入すると生命に危険（粉じん）」、「呼吸器、中枢神経系の障害」、「発がんのおそれの疑い」などがあり、急性毒性のような短時間の接触でも影響があること、長期影響を考慮すべき化学物質があることを示している。

危険

用　途：香料、塗料・インキ・エポキシ樹脂溶剤、合成繊維染色助剤、医薬・化粧品防腐剤

主成分：ベンジルアルコール

法令：名称等を表示すべき危険物及び有害物、第4類引火性液体 第三石油類

危険有害性情報：
　飲み込むと有害のおそれ（経口）
　吸入すると生命に危険（粉じん）
　重篤な皮膚の薬傷・眼の損傷
　強い眼刺激
　吸入するとアレルギー、喘息又は、呼吸困難を起こすおそれ
　アレルギー性皮膚反応を起こすおそれ
　発がんのおそれの疑い
　呼吸器、中枢神経系の障害
　長期又は反復ばく露による呼吸器の障害
　長期又は反復ばく露による肝臓の障害のおそれ
　水生生物に非常に強い毒性
　長期的影響により水生生物に非常に強い毒性

注意書き：
　粉じん／煙／ガス／ミスト／蒸気／スプレーの吸入を避けること。
　屋外又は換気のよい場所でだけ使用すること。
　汚染された作業衣は作業場から出さないこと。

図3.14　ベンジルアルコールのGHSラベルの例

- 剥離作業は狭い空間での作業が多く高濃度ばく露になりやすいため、橋梁作業のリスクアセスメントに関する文書に従って、個人用保護具の選択、メンテナンス、作業条件（短時間、保護具の着用状況の確認）の設定に十分留意する。

- 呼吸用保護具は送気式のものを選択する。剥離剤のミストが飛散する場合は、防じん機能付き有機溶剤用防毒マスクを使用することもできるが、吸収缶を短時間で交換する。保護衣・保護手袋は不浸透性のものを着用する。しかし、不浸透性保護具の着用は暑熱対策が一層必要である。

- その他の対策については、基安化発0518第1号「剥離剤を使用した塗膜の剥離作業における労働災害防止について」[13]を参照のこと。

---

[13]　橋梁等における塗装剥離に関連するガイドライン「剥離剤を使用した塗膜の剥離作業における労働災害防止について」（令和2年8月17日付け基安化発0817第1号；最終一部改正令和4年5月18日付け基安化発0518第1号）

3.3.8 慢性影響による労働災害事例

化学物質の健康有害性に起因する労働災害の事例は、**3.3.1 ~ 3.3.7** のような急性影響のみならず、がんのような長期ばく露による慢性影響も存在する。慢性影響は症状がすぐにはみられないため作業者や事業者が気付きにくく、発がん等の影響がみられて初めて因果関係が明らかになる例も存在する。影響がみられてからでは遅いため、リスクアセスメントの実施や結果に基づいた対策が重要となる。

表 3.3 に、業務上疾病と認定されているもののうち、慢性影響に関する主な事例について、原因となった物質、作業内容、ばく露形態、症状を示す。3,3'-ジクロロ-4,4'-ジアミノジフェニルメタン（MOCA）の事例[14] やオルト-トルイジンの事例[15]、ジクロロメタン又は 1,2-ジクロロプロパンの事例[16] のような発がん性影響のほか、架橋型アクリル酸系水溶性高分子化合物の事例[17] のような呼吸器疾患を引き起こしたものが存在する。

労働災害事例を受けて、MOCA やオルト-トルイジン、ジクロロメタン、1,2-ジクロロプロパンは特化則における特定化学物質の第 2 類物質に指定されている。なお、

表 3.3 慢性影響に関する労働災害事例

No.	原因物質等	作業内容	主なばく露形態	症状
1	3,3'-ジクロロ-4,4'-ジアミノジフェニルメタン（MOCA）	MOCA の製造、MOCA を含む複数種類の芳香族アミンを原料とした化成品の製造	経皮ばく露	膀胱がん
2	オルト-トルイジン	オルト-トルイジンを含む複数種類の芳香族アミンを原料とした染料・顔料の中間体の製造	経皮ばく露	膀胱がん
3	ジクロロメタン又は 1,2-ジクロロプロパン	校正印刷業務における洗浄作業	経気道ばく露	胆管がん
4	架橋型アクリル酸系水溶性高分子化合物	アクリル酸系ポリマーの粉体を包装する作業	経気道ばく露	呼吸器疾患

---

[14] 厚生労働省 報道発表資料「芳香族アミン取扱事業場で発生した膀胱がんの業務上外に関する検討会」報告書（https://www.mhlw.go.jp/content/11201000/000707991.pdf）
[15] 厚生労働省 報道発表資料「芳香族アミン取扱事業場で発生した膀胱がんの業務上外に関する検討会」報告書（https://www.mhlw.go.jp/file/04-Houdouhappyou-11402000-Roudoukijunkyokuroudouhoshoubu-Hoshouka/0000146647.pdf）
[16] 厚生労働省 報道発表資料「印刷事業場で発生した胆管がんの業務上外に関する検討会」報告書（https://www.mhlw.go.jp/stf/houdou/2r9852000002x6at-att/2r9852000002x6zy.pdf）
[17] 厚生労働省 報道発表資料「架橋型アクリル酸系水溶性高分子化合物の吸入性粉じんの製造事業場で発生した肺障害の業務上外に関する検討会」報告書（https://www.mhlw.go.jp/content/11402000/000502982.pdf）

特化則に指定されている物質を使用する場合は、排気装置の設置等の対応が義務付けられている。

　また、オルト-トルイジンは基発 0704 第 1 号（令和 5 年 7 月 4 日）により皮膚等障害化学物質等に該当し、皮膚接触による経皮呼吸についても注意が必要であることから、不浸透性の保護衣等の着用が義務づけられている（☞**別冊資料**）。

3.4 化学物質による危険性及び健康影響の種類

　化学物質管理において、化学物質がもともともっている性質である危険性及び有害性をまとめてハザードともいうが、この中には爆発や可燃性などの物理化学的危険性、急性毒性や発がん性などの健康有害性、さらに環境有害性などが含まれる。以下、物理化学的危険性及び健康有害性について例をあげる。

3.4.1　物理化学的危険性の種類

　爆発、火災などにより災害を起こす。

（1）爆発性：衝撃、摩擦あるいは火により爆発を起こす。爆発は衝撃波や爆風を生じる。また高い温度に達することもある。

例：ピクリン酸アンモニウム、黒色火薬、ジアゾジニトロフェノール、ニトログリコール、ジニトロフェノール、アジ化鉛、六硝酸マンニトール（水 > 40％）、ニトログリセリン、硝酸でん粉、ニトロ尿素、ピクリン酸、トリニトロベンゼン、硝酸アンモニウム、ニトロセルロース、過塩素酸アンモニウムなど

（2）可燃性／引火性：燃えやすく引火すると火災等を引き起こす。可燃性ガスは通常酸素濃度の空気中で燃える。引火性の液体は液体上部の蒸気空間に発火源があると火災や爆発の原因となる。特定の条件下では、ほとんどの金属が大気中で燃焼する。

例：ガス：ブチレン、メチルアミン、圧縮水素、プロパン、シラン、フッ化メチル、硫化水素、トリフルオロクロロエチレン、アルシン、硫化カルボニルなど

　　液体：二硫化炭素、エチルイソシアネート、アセトン、ジエチルアミン、塩化アセチル、メタノール、ニトロベンゼンなど

　　固体：ゴムくず、デカボラン、アルミニウム粉末、金属綿、水素化チタン、ヘキサメチレンテトラミン、パラホルムアルデヒドなど。一般にプラスチックやゴムは可燃性であり、燃えると有毒ガス（塩化水素、ホスゲン、一酸化炭素、シアン化水素、窒素酸化物など）が発生する。

(3) 高圧ガス：ボンベに充填されている高圧ガスで、圧縮ガス、液化ガス、深冷液化
　　ガス、溶解ガスなどの種類がある。圧縮ガス、液化ガス、溶解ガスの場合には、
　　熱すると容器の破裂や爆発のおそれがあり、深冷液化ガスが漏れた場合には凍傷
　　のおそれがある。さらにボンベ内の化学物質が漏れた場合には、それがもつ有害
　　性（窒息、急性毒性など）も考慮する必要がある。

例：圧縮ガス：水素、一酸化炭素、酸素、窒素、ヘリウム、アルゴンなど
　　液化ガス：エタン、エチレン、プロパン、ブタン、酸化エチレン、メチルエーテル、
　　塩化ビニル、シアン化水素、硫化水素、アンモニアなど
　　深冷液化ガス：液化酸素、液化窒素など
　　溶解ガス：アセチレンなど

(4) 自然発火性：空気に触れると発火し、火災等の危険性のある物質。

例：液体：ジエチル亜鉛、アルキルリチウム、水素化ホウ素アルミニウム、次亜塩素酸
　　ターシャルブチルなど
　　固体：アルカリ金属（リチウム、ナトリウム、カリウム）やアルカリ土類金属（カ
　　ルシウム、マグネシウム、亜鉛）の有機金属、ジルコニウム、ハフニウム、チタン
　　の粉末などは極めて容易に発火する。

(5) 自己反応性：熱的に不安定な物質で、酸素がなくても熱を発生する物質。熱や酸、
　　塩基、重金属などの不純物、摩擦あるいは衝撃などで反応が起きる。

例：脂肪族アゾ化合物（–C–N=N–C–）、有機アジ化合物（–C–N₃）、ジアゾニウム塩
　　（–CN₂⁺Z⁻）、N–ニトロソ化合物（–N–N=O）、芳香族スルホヒドラジド（–SO₂–
　　NH–NH₂）などが含まれる。具体的には、2,2'–アゾジ（エチル–2–メチルプロピオ
　　ネイト）、ベンゼンスルフォニルヒドラジン、4–ニトロソフェノールなど。

(6) 水反応可燃性：水と反応して発熱し、引火性あるいは爆発性のガスを生じる物質。

例：アルカリ金属及びその合金、水素化物（ナトリウム、水素化リチウムなど）、アル
　　カリ土類金属及び金属炭化物、ケイ素（カルシウム、アルミニウムカーバイド、ケ
　　イ素化マグネシウムなど）

(7) 酸化性：それ自体は不燃性であっても、酸素の供給源となり、それによって燃焼
　　を持続させて火炎を激しくする物質。

例：液体：過塩素酸溶液、五フッ化ヨウ素、過酸化水素水溶液など
　　固体：過酸化ナトリウム、重クロム酸ナトリウム、三酸化クロム（無水物）、硝酸銀、
　　亜塩素酸ナトリウム、臭素酸バリウムなど

(8) 有機過酸化物：酸素同士の結合（–O–O–構造）を有し、反応性に富み、急速に燃
　　焼したり、発熱したりする。

例：ターシャリ–アミルパーオキシ–3,5,5–トリメチルヘキサノエート、ジイソブチル
　　パーオキサイド、アセチルアセトンパーオキサイドなど

3.4.2　化学物質による健康影響の種類

　生物は自己を他と分ける境界をもつことから始まった。このことは生物が生きるためには自己の生体内環境を維持する（恒常性）必要が生じたということでもある。そして生物は海から誕生したといわれるように、特に動物の生体内環境は海の環境（元素成分）に似ている。周辺環境が生体内環境と大きく異なると恒常性が維持できずに生物は弱り、時には死に至る。このような生物に悪い影響を与える環境要因として温度や圧力などのいわゆる物理的要因や、金属やガスなどの化学的要因があげられる。生物はその進化の過程で様々な環境要因に対処できるようになったが、文明の発達とともに人間の手で濃縮した金属や新たに発明した化学物質はあまりにも生物の体内環境からかけ離れているので、それらに生物がばく露した場合には恒常性が維持できなくなり悪影響となってあらわれる。また人類は自己と非自己を認識するシステム（免疫）が他の生物よりも発達したが、これは化学物質などの影響から身を守ると同時に病気の原因ともなった。

　化学物質が体内に取り込まれ、代謝され、排泄あるいは蓄積されていく過程は生物の進化を表しているといえるが、あまりに急激に多くの化学物質に対処しなければならなくなったのはわずか100年以内のことであり、今後、さらに慎重な観察が必要であろう。

　化学物質は主に経気道、経皮又は経口によって体内に侵入するが、その健康影響には、①一回若しくは短期間に化学物質をばく露することにより起こる急性中毒、②皮膚又は粘膜（眼、呼吸器、消化器）などへの直接接触による障害（皮膚障害等）、③長期にわたるばく露による障害（発がんなど）に分類すると理解しやすい。

3.4.3　健康障害の起こり方及び症状の例

（1）急性毒性

　急性中毒は、一時的に高濃度の化学物質を吸入したときに生じやすい。有機溶剤であれば、吸入によって血液とともに体内を循環し、中枢神経に作用し、意識を消失させる場合がある。また化学物質の作用による窒息もあり、例として硫化水素（高濃度では中枢性の呼吸麻痺が生じる）、シアン化水素（細胞内呼吸を阻害する）、ホスゲン（肺水腫や肺線維症を通じて呼吸困難を生じさせる）などがある。

　GHSでは、致死性の影響については「急性毒性」、非致死性の影響については「特定標的臓器毒性（単回ばく露）」に対応する。

（2）皮膚又は粘膜（眼、呼吸器、消化器）への接触
▶刺激性・腐食性

　主に皮膚、眼、消化器系、呼吸器系が一般的に影響を受ける部位である。酸やアルカリ、リン化合物などの腐食性物質によって、接触部位において組織破壊が生じる。酸、

アルカリ、溶剤、鉱油などによって湿疹や皮膚炎などが生じる。アルデヒド、アンモニア、二酸化窒素、ホスゲン、塩素、臭素、オゾン等で呼吸器の刺激症状（炎症反応、呼吸器困難等）が生じる。

　GHS では、「皮膚腐食性／刺激性」、「眼に対する重篤な損傷性／眼刺激性」に分類する。

▶**感作性（アレルギー）**

　感作性物質によって、皮膚又は呼吸のアレルギー反応が生じる。皮膚感作性物質の例として、クロムやニッケルのような金属、エポキシ硬化剤、松やに（ロジン）などがあり、接触により接触性皮膚炎が生じることがある。また呼吸器感作性物質の例として、イソシアネート類、ホルムアルデヒドなどがあり、吸入により職業性ぜん息の原因となる。

　GHS では、「呼吸器感作性又は皮膚感作性」に分類する。

（3）慢性毒性

▶**発がん性**

　正常な細胞は、遺伝子の働きで細胞の増殖がうまくコントロールできるが、細胞の遺伝子が何らかの理由で突然変異を起こすと、細胞増殖のコントロールができなくなり無秩序な増殖が起こる。この変異した細胞が増殖を繰り返した結果、周囲の組織や他の組織にまで侵入し、自分の組織や他の組織を破壊する悪性化した性質をもつ腫瘍ができ、それが"がん"と呼ばれる。

　発がん性物質は、細胞の DNA に直接作用して、遺伝子の突然変異をもたらすが、これらの発がんを起こす物質を「遺伝毒性発がん物質」という。化学物質によるがんは様々な臓器、部位にでき、それらは化学物質の侵入経路や化学物質又は代謝物の標的臓器などによる。

　発がん性物質の例として、ベンゼン（急性骨髄性白血病）、塩化ビニル（肝臓血管肉腫）、1,2-ジクロロプロパン（胆管がん）、ベンジジン（膀胱がん）、オルト-トルイジン（膀胱がん）などがある。

　GHS では、「発がん性」に分類する。

▶**生殖毒性**

　生殖毒性には、主に生殖影響［性行動の変化、受胎可能性の減退（精子数の減少、月経変化、卵巣の萎縮など）、妊娠・出産への影響（流産、早産など）］及び発生影響［死亡（後期胎児死亡、新生児死亡など）、奇形、低体重、機能障害（発達異常、異常行動）］がある。

　生殖毒性の物質の例として、マンガン、エチレングリコールモノメチルエーテル、水銀、有機水銀化合物、一酸化炭素、鉛、サリドマイド、カドミウム化合物などがある。

　GHS では、「生殖毒性」に分類する。

3

化学物質による労働災害事例

▶神経障害

　神経障害には、中枢神経系（頭痛、めまい、記憶力低下、視力低下、手指の震え、精神神経症状など）、末梢神経系（手足のしびれ、痛み、筋肉の萎縮、筋力低下など）、自律神経系（冷え性、便秘、悪心、食欲不振など）の障害がある。

　神経障害を起こす物質の例として、ジクロロメタン（中枢神経系）、トルエン、鉛（末梢神経系）、キシレン、二硫化炭素、ノルマルヘキサン（末梢神経系）など、数多くの物質がある。

　GHS では、「特定標的臓器毒性（反復ばく露）」に分類する。

▶肝臓障害

　肝臓障害が起こると、血液の肝酵素 [AST（GOT）、ALT（GPT）、γ-GTP] の上昇、尿の変色（茶褐色）、黄疸がみられることがある。

　肝臓障害を起こす物質の例として、クロロホルム、四塩化炭素、エチレングリコールモノメチルエーテル（メチルセロソルブ）、エピクロルヒドリンなどがある。

　GHS では、「特定標的臓器毒性（反復ばく露）」に分類する。

▶腎臓障害

　腎臓障害が起こると、尿中蛋白が陽性となり、むくみなどが起こることがある。

　腎臓障害を起こす物質の例として、カドミウム化合物、水銀、二硫化炭素、エチレングリコールモノメチルエーテル（メチルセロソルブ）、ジニトロフェノールなどがある。

　GHS では、「特定標的臓器毒性（反復ばく露）」に分類する。

▶血液系障害

　血液系の障害には、骨髄に対する作用による再生不良性貧血、血管の中を流れる赤血球が破壊されることにより起こる溶血性貧血、ヘモグロビンとの結合により全身に酸素不足を引き起こすメトヘモグロビン血症などがある。

　血液障害を起こす物質の例として、ベンゼン（再生不良性貧血）、アニリン（溶血性貧血又はメトヘモグロビン血症）、ジニトロベンゼン（溶血性貧血）などがある。

　GHS では、「特定標的臓器毒性（反復ばく露）」に分類する。

化学物質又は混合物の危険性・有害性

本章では、危険性・有害性に関する情報伝達の手段、化学物質による健康障害の病理及び症状、GHS について解説する。

> 　化学物質の自律的な管理において、取扱い物質の危険性・有害性に関する情報の労働者への伝達は最も重要なポイントである。化学物質管理者は、化学物質の危険性・有害性に関してよく理解しなければならないと同時に、労働者にこれを正確に伝えることが重要な職務の一つであることを認識する必要がある。

4.1　危険性・有害性に関する情報伝達の手段

　化学物質の危険性・有害性は五感では感知できない場合が多く、これが化学物質による災害の大きな原因の一つになっている。化学物質を取り扱う人に直接的にその危険性・有害性を知らせることが災害防止対策に重要であるが、その情報伝達手段としてラベルや文書交付［SDS：Safety Data Sheet（安全データシート）］が開発されてきた。ラベルは直接的に労働者等にわかりやすく危険性・有害性を伝えるために、また SDS は事業者間でのさらに詳しい情報伝達のための手段と位置付けられている。

　現在、化学物質の危険性・有害性に関する情報伝達は国連文書である「化学品の分類および表示に関する世界調和システム（GHS）」（☞**A4.1**）によって国際的に調和されており、日本もこれを日本産業規格（JIS）に導入し、GHS に従った情報伝達が浸透している。情報伝達は「GHS に基づく化学品の危険有害性情報の伝達方法—ラベル、作業場内の表示及び安全データシート（SDS）（JIS Z 7253：2019）」、分類は「GHS に基づく化学品の分類方法（JIS Z 7252：2019)」として発行されている。2023 年 4 月での JIS 最新版は 2019 年発行で、GHS 改訂 6 版に準拠したものである。

　ラベル及び SDS に関して厚生労働省が公表している Q&A[1] において、様々な疑問に対する回答が法解釈も含めて記述されているので参考になる（☞**A4.6**）。

　以下、GHS（JIS）に基づいたラベル、SDS 及び危険性・有害性に関する分類基準について概説する。本章で取り扱う「化学物質」については法令及び GHS 等で定義や使用方法が異なるが、これらを統一することが困難であったために、法令や GHS で使用されている用語はそのまま使用している。

> **化学物質**：元素又は化合物。混合物の対の概念として、純粋な物質を指す。
> **混合物**[2]：互いに反応を起こさない二つ以上の化学物質を混合したもの。

---

[1]　https://www.mhlw.go.jp/stf/newpage_11237.html
[2]　UVCB（不明な物質、多くの物質を含む組成物、化学反応による複雑な生成物、又は生物由来の物質）は混合物とみなすが化学物質として扱われる場合もある。

> **化学物質等**：化学物質又は混合物。安衛法等の法律に沿った解説の中で使用する。
> **化学品**：化学物質又は混合物。GHS 文書や JIS に沿った解説の中で使用する。
> **成分**：混合物を構成する化学物質の意味で使う場合、及び、JIS で「成分」と記載されている箇所を引用する場合。JIS における成分の定義は「化学品を構成する化学物質、又は（同定が難しい場合は）起源若しくは製法によって特定できる要素」である。

4.1.1　ラベル

（1）GHS に従ったラベル

GHS で定められるラベルに記載すべき項目は以下のとおりである（**図 4.1**）。

① **製品の特定名**

製品には化学品の特定名が示されている。成分が営業秘密情報にあたる場合は、その特定名がラベルに示されていないこともあるが、これらの成分が示す危険性・有害性情報は記載される。

② **注意喚起語**

化学品を使用する人の注意を喚起するための言葉であり、「危険」と「警告」がある。「危険」はより重大な、「警告」は重大性の低い危険性・有害性及び区分に用いられる。両方が該当する場合には「危険」のみ記載されている。

③ **絵表示（ピクトグラム）**

絵表示は危険性・有害性の種類とその程度が一目でわかるように工夫されたものであり、危険性・有害性を表すシンボルを赤枠で囲む。それぞれ該当する危険性・有害性の種類及び危険有害性情報は**表 4.2**（74 ページ）に示した。

④ **危険有害性情報**

製品の危険性・有害性の種類とその程度を短い文言で表したものである（例；引火性液体区分 3：引火性液体及び蒸気、急性毒性区分 1：飲み込むと生命に危険）。使用すべき危険有害性情報は GHS 文書に危険性・有害性の種類、区分ごとに決められている。すなわち危険有害性情報を見れば当該物質の危険性・有害性の種類、重大性がわかるようになっている。

⑤ **注意書き**

「注意書き」は、被害を防止するために取るべき対応についての文言をいい、「安全対

① ●●●●●●●●●● （和名）
　△△△△△△△△△△△ （英名）

成分：■■■■■■■■■■■■■■■■
NET Wt.　15L

② 危険

③

④ ・引火性液体及び蒸気　　　・重篤な眼の損傷
　・飲み込むと有害　　　　　・皮膚刺激
　・生殖能又は胎児への悪影響のおそれの疑い

⑤ 【安全対策】
　・使用前に取扱説明書を入手し、全ての安全注意を読み理解するまで取り扱わないこと。
　・容器を密閉しておくこと。
　【応急処置】
　・火災の場合：粉末消火剤、二酸化炭素又は水を用いて消火
　・飲み込んだ場合：直ちに医師に連絡すること。
　【保管】
　・涼しく換気のよい場所で、施錠して保管すること。
　【廃棄】
　・内容物や容器を都道府県知事の許可を受けた専門の廃棄物処理業者に業務委託する。
　【使用上の注意】
　・貯蔵条件（低温）により全体又は一部が固化することがある。

⑥ 第4類引火性液体 第2石油類 危険等級Ⅲ 水溶性　火気厳禁

⑦ ○○ 株式会社　▲▲県××市・・・　電話番号・・・

図4.1　GHS ラベル例*3

> **ワンポイント解説**　**GHS に基づいたラベル**
>
> 　ラベルで危険性・有害性を包括的（危険性及び有害性を同時に）にわかりやすい言葉（GHS の危険有害性情報のように）で伝えることを規定している法律は労働安全衛生法のみである。労働安全衛生法や関連規則では GHS を導入したが、これは基本的に事業場で使用する物質に対する規制であり、一般消費者用の製品は対象外となっている。一般消費者用製品の容器・包装にも危険性・有害性に関係する情報が記載されているがこれらは GHS の注意書きに相当するものである。また、一般消費者製品でも自主対応で GHS ラベルの貼付を推奨している業界もある。

*3　厚生労働省、GHS ラベルの読み方の基本、社内安全衛生教育用資料（GHS ラベルの読み方の基本）
　　https://www.mhlw.go.jp/stf/seisakunitsuite/bunya/0000161231_00002.html

策」、「応急措置」、「保管」、「廃棄」に分かれている。「注意書き」の文言は GHS 文書の附属書に危険性・有害性の種類、区分ごとに決められている。

（例）発がん性 区分 2
安全対策 　使用前に取扱説明書を入手すること。
　　　　　全ての安全注意を読み理解するまで取り扱わないこと。
　　　　　保護手袋、保護衣、保護眼鏡、保護面を着用すること。
応急措置 　ばく露又はばく露の懸念がある場合、医師の診察、手当を受けること。
保管 　　　施錠して保管すること。
廃棄 　　　内容物及び容器を〇〇に廃棄すること。※〇〇には適切な言葉を記載する。

---

⑥ **補足情報**
危険性・有害性に関する新たな情報や国内関連法令などが記載される。
⑦ **供給者の特定**
物質又は混合物の製造業者又は供給者の名前、住所及び電話番号が示される。

GHS では基本的に既存のデータを用いて分類するようになっており、データのない危険性・有害性については分類されていない。すなわちラベルに記載されている危険有害性情報がその物質のもつ全ての危険性・有害性を反映しているとは限らないことに留意しておく必要がある。

（2）労働安全衛生法令によるラベル表示

法第 57 条（表示等）ではラベル表示が規定（義務）されており、ここでその対象となる物質（以下、"ラベル表示対象物"という）は労働安全衛生法施行令（以下、"令"という）別表第 3 第 1 号（製造許可物質：特定化学物質第一類物質）、及び令別表第 9 に記載されている物質で、667 物質（2024 年 2 月時点）である。さらに、この規定に違反した場合には「6 月以下の懲役又は 50 万円以下の罰金に処する」という罰則（法第 119 条 3 号：☞**A2.4**）がある。

法第 57 条及び則第 33 条でラベルに記載すべき事項として以下の項目があげられている（☞**A4.3**、Ⅰ、第 1）。

・名称
・人体に及ぼす作用
・貯蔵又は取扱い上の注意
・標章（GHS の絵表示）

・表示をする者の氏名（法人にあつては、その名称）、住所及び電話番号

・注意喚起語

・安定性及び反応性

・当該物を取り扱う労働者に注意を喚起するための標章で厚生労働大臣が定めるもの

上記の法第 57 条のほかに、則第 24 条の 14 （☞A2.5）でもラベル表示が規定されており、こちらはラベル表示対象物以外の危険性又は有害性を有する化学物質に対する規定で、上記と同じ項目についてラベル表示することが努力義務となっている。

ワンポイント解説　義務と努力義務物質

ラベル表示、SDS の義務対象物質はそれぞれ法第 57 条、第 57 条の 2 で規定され、努力義務対象物質はそれぞれ則 24 条の 14、則 24 条の 15 で規定されている。法の義務対象物質は令や則の別表で名称を特定しており、則の努力義務対象物質は「危険性・有害性のあるもの」となっている。

これは国際的には GHS で危険性・有害性のある物質はすべてラベルや SDS の対象となっている現状に対応するための策でもあった。

法及び則で定められる、ラベル表示に記載すべき項目は **4.1.1**(1) の GHS ラベル項目とは異なるが、GHS に基づいたラベルを作成すれば、法及び則で定められているラベルに記載すべき項目は満足するとされている（☞**A4.3**、第 2、2）。

法第 57 条及び則第 24 条の 14 で規定されるラベルは以下に示す一般消費者の生活の用に供するためのものは除かれる[*4]。

・医薬品、医療機器等の品質、有効性及び安全性の確保等に関する法律（昭和 35 年法律第 145 号）に定められている医薬品、医薬部外品及び化粧品

・農薬取締法（昭和 23 年法律第 85 号）に定められている農薬

・労働者による取扱いの過程において固体以外の状態にならず、かつ、粉状又は粒状にならない製品（工具、部品等いわゆる成形品）

・表示対象物が密封された状態で取り扱われる製品（電池など）

[*4]　化学物質等の危険性又は有害性等の表示又は通知等の促進に関する指針（平成二十四年三月十六日）（厚生労働省告示第百三十三号）
https://www.mhlw.go.jp/web/t_doc?dataId=00008010&dataType=0&pageNo=1

・一般消費者のもとに提供される段階の食品（ただし、労働者が表示対象物にばく露するおそれのある作業が予定されるものを除く）
・家庭用品品質表示法に基づく表示がなされている製品、その他一般消費者が家庭等において私的に使用することを目的として製造又は輸入された製品（ただし、いわゆる業務用洗剤等の業務に使用することが想定されている製品は、一般消費者も入手可能な方法で譲渡・提供されているものであっても適応除外とはならない）

(3) 事業場内別容器保管時の措置

　事業場の中で小分けするときに、何のラベル表示もしないまま別の容器に移し替えて、内容がわからずに使用して災害が起きたという事例から、今回の則（第33条の2 ☞**A2.5**）の改正により、法第57条に基づくラベル表示対象物について、譲渡・提供時以外も、以下のように事業場内で保管する場合はラベル表示・文書の交付やその他の方法により、内容物の名称やその危険性・有害性情報を伝達しなければならないこととした。「その他の方法」としては、使用場所への掲示、必要事項を記載した一覧表の備え付け、内容を常時確認できる機器を設置、作業手順書・作業指示書によって伝達する方法等によることも可能である。

- ●ラベル表示対象物を、他の容器に移し替えて保管する場合（対象物の取扱い作業中に一時的に小分けした際の容器や、作業場所に運ぶために移し替えた容器で保管を伴わない場合は対象外）
- ●自ら製造したラベル表示対象物を、容器に入れて保管する場合

容器が非常に小さい場合には、例えば番号のみの表示を行い、その番号の意味・内容がわかるようにしておけばよい（☞**A2.11** 3-4-1）。

4
化学物質又は混合物の危険性・有害性

化学物質等の危険性又は有害性等の表示又は通知等の促進に関する指針（平成24年厚生労働省告示第133号）の改正
・事業者が容器等に入った化学物質を労働者に取り扱わせる際、容器等に表示事項を全て表示することが困難な場合においても、最低限必要な表示事項として、「人体に及ぼす作用」を追加する。
・労働者に対する表示事項等の表示の方法として、光ディスクその他の記録媒体を用いる方法を新たに認める。

(4) ラベルに関する労働者教育

　化学物質管理者は、労働者がラベルに記載されている危険性・有害性情報を正しく理解するように教育をしなければならない。ラベルに記載されているそれぞれ七つの項目の意味［☞**4.1.1**(1)］についてしっかり教育する必要がある。

　GHSラベルにおいて最も重要な項目は「危険有害性情報」である。危険有害性情報は、後述するGHSの分類基準による判定結果を反映しており、当該物質がもつ既知の危険性・有害性の種類及びそれらの重大性が全て網羅されているといえる。そして、危険有害性情報（すなわち区分）が決定されれば、注意喚起語、絵表示、注意書きも自動的に決定される。

　労働者は自らリスクの削減を担うことができる。これには危険有害性情報を正しく理解し、注意書きに従って適切に行動する必要がある。労働者にラベルの教育をすることがリスク削減の第一歩である。

　教育の手段としては、厚生労働省作成のパンフレット、労働安全衛生総合研究所 化学物質情報管理研究センターに比較的短い動画等もある。また外国人労働者に対しては、多くの国でGHSの専用サイトが開設されていることから、自国語のGHSで使用している絵表示の意味は理解できるであろう。これらの学習は実際に事業場で使用している、ラベルの例を用いながら行うと効果的である。

　目標例：労働者がラベルからは次のことを読み取り、対策を行うことができる。

・その化学品にはどんな危険性や有害性があるか？　それはどの程度の重大性か？
・重要な対策は何か？（静電気対策は？　換気は？　保護具は？　等）
・事故が起こった場合、どうすればよいか？（避難は？　皮膚に付いたときの対応は？　等）
・どのような保管をすればよいか？

4.1.2　安全データシート（SDS）

（1）GHS に従った SDS

JIS Z 7253：2019 より、GHS で定められる SDS に記載すべき 16 項目は**表 4.1**のとおりである。

表 4.1　GHS に従った SDS に記載されている内容

1　化学品及び会社情報 ・化学品の名称 ・製品コード ・供給者の会社名称、住所及び電話番号 ・供給者のファクシミリ番号又は電子メールアドレス ・緊急連絡電話番号 ・推奨用途 ・使用上の制限 ・国内製造事業者等の情報（了解を得た上で） **2　危険有害性の要約** ・化学品の GHS 分類 ・GHS ラベル要素（絵表示又はシンボル、注意喚起語、危険有害性情報及び注意書き） ・GHS 分類に関係しない又は GHS で扱われない他の危険有害性 ・重要な徴候及び想定される非常事態の概要 **3　組成及び成分情報** ・化学物質・混合物の区別 ・化学名又は一般名 ・慣用名又は別名 ・化学物質を特定できる一般的な番号 ・成分及び濃度又は濃度範囲（混合物の場合、各成分の化学名又は一般名及び濃度又は濃度範囲） 　注記　国内法令において記載が求められる場合は、化学物質名及び濃度の記載が必須である。 ・官報公示整理番号（化学物質の審査及び製造等の規制に関する法律・労働安全衛生法） ・GHS 分類に寄与する成分（不純物及び安定化添加物も含む） **4　応急措置** ・吸入した場合 ・皮膚に付着した場合 ・眼に入った場合	・飲み込んだ場合 ・急性症状及び遅発性症状の最も重要な徴候症状 ・応急措置をする者の保護に必要な注意事項 ・医師に対する特別な注意事項 **5　火災時の措置** ・適切な消火剤 ・使ってはならない消火剤 ・火災時の特有の危険有害性 ・特有の消火方法 ・消火活動を行う者の特別な保護具及び予防措置 **6　漏出時の措置** ・人体に対する注意事項、保護具及び緊急時措置 ・環境に対する注意事項 ・封じ込め及び浄化の方法及び機材 ・二次災害の防止策 **7　取扱い及び保管上の注意** ・取扱い（技術的対策、安全取扱注意事項、接触回避などを記載する。また、必要に応じて衛生対策を記載することが望ましい） ・保管（安全な保管条件、安全な容器包装材料を記載する） **8　ばく露防止及び保護措置** ・許容濃度等 ・設備対策 ・保護具（呼吸用保護具、手の保護具、眼、顔面の保護具、皮膚及び身体の保護具） ・特別な注意事項 **9　物理的及び化学的性質** ・物理的状態 ・色 ・臭い

・融点／凝固点 *(混合物の場合は、記載省略可)*
・沸点又は初留点及び沸点範囲
・可燃性
・爆発下限界及び爆発上限界／可燃限界
・引火点
・自然発火点
・分解温度
・pH
・動粘性率
・溶解度（混合物の場合は、記載省略可）
・n-オクタノール／水分配係数（log 値）*(混合物の場合は、記載省略可)*
・蒸気圧
・密度及び／又は相対密度
・相対ガス密度
・粒子特性
・その他データ *(放射性、かさ密度、燃焼持続性)*

10　安定性及び反応性
・反応性
・化学安定性
・危険有害反応可能性
・避けるべき条件 *[熱（特定温度以上の加熱など）、圧力、衝撃、静電放電、振動などの物理的応力]*
・混触危険物質
・危険有害な分解生成物

11　有害性情報
・急性毒性
・皮膚腐食性／刺激性
・眼に対する重篤な損傷性／眼刺激性
・呼吸器感作性又は皮膚感作性
・生殖細胞変異原性
・発がん性
・生殖毒性
・特定標的臓器毒性（単回ばく露）
・特定標的臓器毒性（反復ばく露）
・誤えん有害性

12　環境影響情報
・生態毒性
・残留性、分解性

・生態蓄積性
・土壌中の移動性
・オゾン層への有害性

13　廃棄上の注意
・化学品（残余廃棄物）当該化学品が付着している汚染容器及び包装の安全で、かつ、環境上望ましい廃棄、又はリサイクルに関する情報

14　輸送上の注意
・国連番号
・品名（国連輸送名）
・国連分類 *(輸送における危険有害性クラス)*
・容器等級
・海洋汚染物質 *(該当・非該当)*
・MARPOL73/78 附属書 II 及び IBC コードによるばら積み輸送される液体物質*(該当・非該当)*
・輸送又は輸送手段に関する特別の安全対策
・国内規制がある場合の規制情報

15　適用法令
・安衛法※
・毒劇法※
・化管法※
・消防法
・火薬類取締法
・高圧ガス保安法
・水質汚濁防止法　など
・該当法令の名称及びその法令に基づく規制に関する情報
(※化学品に SDS の提供が求められる特定化学物質の環境への排出量の把握等及び管理の改善の促進に関する法律、労働安全衛生法、毒物及び劇物取締法に該当する化学品の場合、化学品の名称と共に記載する)
・その他の適用される法令の名称及びその法令に基づく規制に関する情報 *(化学品の名称と共に記載する)*

16　その他の情報
・安全上重要であるがこれまでの項目名に直接関係しない情報

詳細は JIS Z 7253:2019 の D.18 の表 D.1 を参照。

(2) SDS からわかること

　危険性・有害性及び安全対策等について、以下の事項を SDS から読み取る。なお、化学物質の危険性・有害性については、新たな知見が得られ、SDS が更新されている場合もあるので、最新の SDS を入手し、関連する情報を確認すること（☞**A4.2**）。

項目	わかること
2　危険有害性の要約	・ラベルと同じように読み取ればよい（☞**4.1.1**） ・SDS において、GHS 分類は、区分も明確に記載されている
3　組成及び成分情報	・GHS 分類の要約が記載されていない場合には、リスクアセスメントが困難になる場合がある ・化学物質の種類、又は混合物の場合、成分及び含有率 ・影響の大きい成分の確認など
4　応急措置	・経路（吸入、皮膚、眼、経口）別に、初歩的な応急措置対応を確認（吸入、皮膚接触、眼接触、経口摂取が起こる状況や場面も想定する） ・医療機関へ連れていくべき緊急度合い ・重要な症状、遅発性の症状 ・応急措置を行う者への二次被害の可能性と予防策 ・解毒剤や医薬品の有無
5　火災時の措置	・適切な消火剤、使ってはいけない消火剤 ・消火剤として水の使用の可否 ・火災時に爆発や有毒ガスの発生等の可能性と予防策 ・保護具やその他必要な対策
6　漏出時の措置	・漏出時の重要な危険性 ・有害性（火災爆発、労働者や近隣住民への影響等） ・被害を大きくしないための必要な対応及び注意事項 ・漏出物の回収方法
7　取扱い及び保管上の注意	・火災爆発を防止する対策 ・健康被害を防止する対策
8　ばく露防止及び保護措置	・濃度基準値、管理濃度、許容濃度 ・換気設備、保護具
9　物理的及び化学的性質	・火災爆発につながる可能性（引火点、自然発火点、爆発範囲など） ・取扱い中に物質の状態が変わり得るかどうか（融点、沸点） ・蒸発しやすさ ・蒸気密度（空気より下方に滞留するかどうか） ・粒子径（粒子径が小さいと、粉じん爆発の可能性や吸入による健康影響が大きい） 　注）混合物の SDS には、主要成分の引火点や燃焼下限界のみ掲載されている場合がある ・混合物になると個々の物質の成分の引火点よりも低い引火点を示す場合もある

4

化学物質又は混合物の危険性・有害性

項目	わかること
10 安定性及び反応性	・火災爆発につながる可能性 ・条件によって起こり得る特有の危険な反応 ・避けるべき条件 ・混触危険物 ・火災時等の分解生成物
11 有害性情報	・各成分の毒性値、有害性情報の詳細 ・健康への悪影響（発がん性、生殖毒性など）を起こし得る経路（吸入、経口、経皮のいずれであるか） 　注）混合物の SDS には、成分ごとの健康有害性情報が記載されていないものもある
15 適用法令	・火災爆発等につながる法令（消防法、高圧ガス保安法、火薬類取締法）の有無 ・健康への悪影響が推定できる法令（安衛法、毒劇法、農薬取締法など）の有無

（3）労働安全衛生法令による SDS

　法第 57 条の 2（文書の交付等）では SDS の交付が義務となっており、その対象となる物質（通知対象物という）は、**4.1.1** で示したラベル表示対象物と同様 667 物質（2024 年 2 月時点）である。SDS 交付に関してはラベル表示のような罰則規定はない（行政指導はあり得る）。

　法第 57 条の 2 及び則第 34 条の 2 の 4 で SDS に記載すべき事項として以下の項目があげられている（☞**A4.3**、Ⅱ、第 1）。

・名称

・成分及びその含有量

・物理的及び化学的性質

・人体に及ぼす作用

・貯蔵又は取扱い上の注意

・流出その他の事故が発生した場合において講ずべき応急の措置

・通知を行う者の氏名（法人にあつては、その名称）、住所及び電話番号

・危険性又は有害性の要約

・安定性及び反応性

・想定される用途及び当該用途における使用上の注意（令和 6 年 4 月 1 日から記載義務化）

・適用される法令

・その他参考となる事項

　上記の法 57 条の 2 のほかに、<u>則第 24 条の 15 でも SDS が規定</u>されており、こちらは通知対象物以外の危険性又は有害性を有する化学物質に対する規定で、上記と同じ項目について SDS の交付をすることが<u>努力義務</u>となっている。

　法及び則で定められる、SDS に記載すべき項目は、**4.1.2**(1)の GHS に従った SDS とは異なるが、GHS（実際には GHS に準拠した JIS Z 7253）に基づいた SDS を作成すれば、法及び則で定められている SDS に記載すべき項目は満足するとされている（☞ **A4.3** 第 3 その他 1）。

　法第 57 条の 2 及び則第 24 条の 15 で規定される SDS は一般消費者の生活の用に供するためのもの（ラベルと同様、☞66 ページ）は除かれる。

(4) SDS に関する規則の改正（☞**A2.5**）

　今回の則改正では、SDS の運用について以下の 3 点が変更になった。

① **SDS 等による通知方法の柔軟化（則第 24 条の 15 及び第 34 条の 2 の 5）**

SDS 情報の通知手段として以下の方法が可能になった。

- 文書の交付，磁気ディスク・光ディスクその他の記録媒体の交付
- FAX 送信、電子メール送信
- 通知事項が記録されたホームページアドレス、二次元コード等を伝達し、閲覧を求める。

② **「人体に及ぼす作用」の定期確認及び更新（則第 24 条の 15 及び第 34 条の 2 の 5）**

- 通知対象物を譲渡・提供する者は「人体に及ぼす作用」について、<u>定期的（5 年以内ごと）に確認し、変更があるときは確認後 1 年以内に更新しなければならない。更新した場合は、変更内容の通知をする。</u>

③ **SDS 等による通知事項の追加及び含有率表示の適正化**

- 通知事項に新たに「想定される用途及び当該用途における使用上の注意」が追加される（則第 34 条の 2 の 4）。
- 「成分及びその含有量」における、成分の含有量の記載について：基本的に重量 % を通知しなければならない。特化則、有機則、鉛則等の対象物質以外については、重量%の通知を 10%未満の端数を切り捨てた数値と当該端数を切り上げた数値との範囲をもって行うことができる（則第 34 条の 2 の 6）。

　また、「貯蔵又は取扱い上の注意」の項目に<u>想定される用途での使用において吸入又は皮膚や眼との接触を保護具で防止することを想定した場合に必要とされる保護具の種類を必ず記載</u>すること、となった（☞**A4.3** 第 1、3）。

(5) SDS の利用

　表 4.1 で示したように、SDS は多くの項目からなり、かなり専門的なので、全てを

理解することは簡単ではないが、この中には危険性・有害性に関する詳細な情報、事故時の対応、必要な保護具及び関連法令等についても記載されており、必要に応じて情報を抽出し、労働者に伝えるべきである。GHS の分類結果には反映されなくても（すなわちラベルの危険有害性情報としてはなくても）注意すべき危険性・有害性が SDS には記載されていることもあり得る。

4.2　GHS による危険性・有害性の分類

4.2.1　GHS による危険性・有害性の項目、定義及び区分（改訂9 版に準拠）（☞A4.4）

　GHS による危険性・有害性の項目、定義及び区分（重大性）を以下にまとめる。国内法と用語は同じでも定義が異なるので注意が必要である。

　「区分」は、数字が小さい方ほど重大性（発がん性などでは「証拠の確からしさ」）が大きい。「タイプ」は、A に近い方ほど重大性が大きい。

　GHS の分類に関しては日本産業規格（JIS Z 7252）があり、政府で行っている分類はこれに従っている。また多くの事業場で行っている国内向け GHS 分類もこれに従っているものと思われる。

　表 4.2 に GHS における危険性および有害性の種類（クラス）及び区分、**表 4.3** に絵表示からまとめた GHS の危険性・有害性の種類と危険有害性情報の例、を示した。

表 4.2　GHS における危険性および有害性の種類（クラス）及び区分

（1）物理化学的危険性

1. 爆発物	
それ自体の化学反応により、周囲環境に損害を及ぼすような温度および圧力ならびに速度でガスを発生する能力のある固体または液体（ガス爆発は含まれない）。火工品に使用される物質はたとえガスを発生しない場合でも爆発性物質とされる。	区分 1、区分 2A、区分 2B、区分 2C

2. 可燃性ガス	
可燃性ガス 標準気圧 101.3 kPa で 20℃ において、空気との混合気が燃焼範囲を有するガス。	区分 1A、区分 1B、区分 2
自然発火性ガス 54℃ 以下の空気中で自然発火しやすいような可燃性ガス。	区分 1A

化学的に不安定なガス 空気や酸素が無い状態でも爆発的に反応しうる可燃性ガス。	区分 1A、A 又は B
3.　エアゾールおよび加圧下化学品	
エアゾール 圧縮ガス、液化ガスまたは溶解ガスを内蔵する金属製、ガラス製またはプラスチック製の再充填不能な容器に、内容物をガス中に浮遊する固体もしくは液体の粒子として、または液体中またはガス中に泡状、ペースト状もしくは粉状として噴霧する噴射装置を取り付けたもの。	区分 1、区分 2、区分 3
加圧下化学品 加圧下化学品とは、エアゾール噴霧器ではなく、かつ高圧ガスとは分類されない、圧力容器中で 20℃ において 200 kPa 以上（ゲージ圧）の圧力でガスにより加圧された液体または固体（例えばペーストまたは粉体）をいう。	区分 1、区分 2、区分 3
4.　酸化性ガス	
空気以上に燃焼を引き起こす、または燃焼を助けるガス。	区分 1
5.　高圧ガス	
20℃、200 kPa（ゲージ圧）以上の圧力の下で容器に充填されているガスまたは液化または深冷液化されているガス。 ※圧縮ガス、液化ガス、深冷液化ガス、溶解ガスの区別は、重大性を示すものではなく、ガスのグループ分けである。	圧縮ガス、 液化ガス、 深冷液化ガス、 溶解ガス
6.　引火性液体	
引火点が 93℃ 以下の液体。	区分 1、区分 2、区分 3、区分 4
7.　可燃性固体	
易燃性を有する、または摩擦により発火あるいは発火を助長するおそれのある固体。	区分 1、区分 2
8.　自己反応性物質および混合物	
熱的に不安定で、酸素（空気）がなくとも強い発熱分解を起こしやすい液体または固体あるいはそれら混合物。	タイプ A、タイプ B、タイプ C、タイプ D、タイプ E、タイプ F、タイプ G
9.　自然発火性液体	
空気と接触すると 5 分以内に発火しやすい液体。	区分 1
10.　自然発火性固体	
空気と接触すると 5 分以内に発火しやすい固体。	区分 1
11.　自己発熱性物質および混合物	
自然発火性液体または自然発火性固体以外の固体物質または混合物で、空気との接触によりエネルギー供給がなくとも、自己発熱しやすいもの。それが大量（キログラム単位）にあり、かつ長期間（数時間または数日間）経過後に限って発火する。	区分 1、区分 2

化学物質又は混合物の危険性・有害性

12. 水反応可燃性物質および混合物	
水との相互作用により、自然発火性となるか、または危険となる量の可燃性ガスを発生する固体または液体あるいはそれら混合物。	区分1、区分2、区分3
13. 酸化性液体	
他の物質を燃焼させ、または助長するおそれのある液体。	区分1、区分2、区分3
14. 酸化性固体	
他の物質を燃焼させ、または助長するおそれのある固体。	区分1、区分2、区分3
15. 有機過酸化物	
2価の-O-O-構造を有し、1あるいは2個の水素原子が有機ラジカルによって置換されている過酸化水素の誘導体と考えられる、液体または固体有機物質。	タイプA、タイプB、タイプC、タイプD、タイプE、タイプF、タイプG
16. 金属腐食性物質	
化学反応によって金属を著しく損傷し、または破壊する物質または混合物。	区分1
17. 鈍性化爆発物	
大量爆発や非常に急速な燃焼をしないように、爆発性を抑制するために鈍性化したもの。	区分1、区分2、区分3、区分4

出典：国連 GHS 改訂 9 版を参考に作成 （☞**A4.4**）

(2) 健康有害性

1. 急性毒性	
単回または短時間の経口、経皮または吸入ばく露後に生じる健康への重篤な有害影響（すなわち致死作用）。	区分1、区分2、区分3、区分4、区分5※
2. 皮膚腐食性／刺激性	
皮膚腐食性 皮膚に対する不可逆的な損傷（腐食性）。ばく露後に起こる、表皮を貫通して真皮に至る明らかに認められる壊死。	区分1、1A、1B、1C
皮膚刺激性 ばく露後に起こる、皮膚に対する可逆的な損傷。	区分2、区分3※
3. 眼に対する重篤な損傷性／眼刺激性	
眼に対する重篤な損傷性 ばく露後に起こる、眼の組織損傷を生じさせること。視力の重篤な機能低下で、完全には治癒しないもの。	区分1
眼刺激性 ばく露後に起こる、眼に変化を生じさせることで、完全に治癒するもの。	区分2/2A、2B

4. 呼吸器感作性または皮膚感作性	
呼吸器感作性 吸入後に起こる、気道の過敏症。 皮膚感作性 皮膚接触した後に起こる、アレルギー性反応。	区分 1、1A、1B
5. 生殖細胞変異原性	
ばく露後に起こる、生殖細胞における構造的および数的な染色体の異常を含む、遺伝性の遺伝子変異。	区分 1、1A、1B、区分 2
6. 発がん性	
ばく露後に起こる、がんの誘発またはその発生率の増加。	区分 1、1A、1B、区分 2
7. 生殖毒性	
ばく露後に起こる、雌雄の成体の性機能および生殖能に対する悪影響、子世代における発生毒性。授乳に対する、または授乳を介した影響を含む。	区分 1、1A、1B、区分 2
8. 特定標的臓器毒性（単回ばく露）	
単回のばく露後に起こる、特異的な非致死性の標的臓器への影響。	区分 1、区分 2 区分 3
9. 特定標的臓器毒性（反復ばく露）	
反復ばく露後に起こる、特異的な標的臓器への影響。	区分 1、区分 2
10. 誤えん有害性	
誤えん後に起こる、化学肺炎、肺損傷あるいは死のような重篤な急性影響。	区分 1 区分 2※

※　区分の後ろに※が付いたものは、GHS では採用されているが、日本では採用されていない。
出典：国連 GHS 改訂 9 版を参考に作成（☞**A4.4**）

（3）環境有害性

1. 水生環境有害性	
短期（急性） 短期の水生ばく露の間に、その急性毒性によって生物に引き起こされる有害性。	区分 1、区分 2、区分 3
長期（慢性） 水生環境における長期間のばく露を受けた後に、その慢性毒性によって引き起こされる有害性。	区分 1、区分 2、区分 3、区分 4
2. オゾン層への有害性	
ハロカーボンによって見込まれる成層圏オゾンの破壊。モントリオール議定書の附属書に列記された規制物質の含有で判断する。	区分 1

出典：国連 GHS 改訂 9 版を参考に作成（☞**A4.4**）

4

化学物質又は混合物の危険性・有害性

表 4.3　絵表示からまとめた GHS の危険性・有害性の種類と危険有害性情報の例

① 火災爆発の危険性に関連するもの

絵表示	危険性・有害性の種類	危険有害性情報の例[*5]
炎	可燃性ガス（区分 1）	極めて可燃性の高いガス
	自然発火性ガス	空気に触れると自然発火するおそれ
	化学的に不安定なガス（区分 A、B）	空気がなくても爆発的に反応するおそれ
	エアゾール（区分 1 ～ 2）	可燃性エアゾール 高圧容器：熱すると破裂のおそれ
	加圧下化学品（区分 1 ～ 2）	可燃性の加圧下化学品：熱すると爆発のおそれ
	引火性液体（区分 1 ～ 3）	引火性の高い液体及び蒸気
	可燃性固体（区分 1 ～ 2）	可燃性固体
	自己反応性物質及び混合物（タイプ B ～ F）	熱すると火災又は爆発のおそれ
	自然発火性液体（区分 1）	空気に触れると自然発火
	自然発火性固体（区分 1）	空気に触れると自然発火
	自己発熱性物質及び混合物（区分 1 ～ 2）	自己発熱：火災のおそれ
	水反応可燃性物質及び混合物（区分 1 ～ 3）	水に触れると可燃性ガスを発生
	有機過酸化物（タイプ B ～ F）	熱すると火災のおそれ
	鈍性化爆発物（区分 1 ～ 4）	火災又は飛散危険性：鈍感化剤が減少した場合には爆発の危険性が増加
円上の炎	酸化性ガス（区分 1）	発火又は火災助長のおそれ：酸化性物質
	酸化性液体（区分 1 ～ 3）	火災又は爆発のおそれ：強酸化性物質
	酸化性固体（区分 1 ～ 3）	火災助長のおそれ：酸化性物質
爆弾の爆発	爆発物（区分 1、区分 2 A、2 B）	爆発物 火災又は飛散危険性
	自己反応性物質及び混合物（タイプ A、B）	熱すると火災又は爆発のおそれ
	有機過酸化物（タイプ A、B）	熱すると爆発のおそれ
ガスボンベ	加圧下化学品（区分 1 ～ 3）	加圧下化学品：熱すると爆発のおそれ
	高圧ガス（圧縮ガス、液化ガス、深冷液化ガス、溶解ガス）	高圧ガス：熱すると爆発のおそれ 深冷液化ガス：凍傷又は傷害のおそれ

[*5]　国連 GHS 改訂 9 版及び令和 3 年度の厚生労働省のポスター「ラベルでアクション運動実施中」、「化学物質取り扱い時には絵表示を確認！（2021.9）」などをもとに作成。

絵表示	危険性・有害性の種類	危険有害性情報の例[5]
感嘆符	爆発物（区分 2C）	火災又は飛散危険性

② 健康有害性に関連するもの

絵表示	危険性・有害性の種類	危険有害性情報の例
どくろ	急性毒性（区分 1～3）	（経口）飲み込むと生命に危険、飲み込むと有害 （経皮）皮膚に接触すると生命に危険、皮膚に接触すると有害 （吸入）吸入すると生命に危険、吸入すると有害
腐食性	皮膚腐食性（区分 1A、1B、1C） 眼に対する重篤な損傷性（区分 1）	重篤な皮膚の薬傷・眼の損傷 重篤な眼の損傷
健康有害性	呼吸器感作性（区分 1、1A、1B）	吸入するとアレルギー、喘息又は呼吸困難を起こすおそれ
	生殖細胞変異原性（区分 1～2）	遺伝性疾患のおそれ
	発がん性（区分 1～2）	発がんのおそれ、発がんのおそれの疑い
	生殖毒性（区分 1～2）	生殖能又は胎児への悪影響のおそれ、生殖能又は胎児への悪影響のおそれの疑い
	特定標的臓器毒性（単回ばく露）（区分 1、2）	臓器の障害、臓器の障害のおそれ
	特定標的臓器毒性（反復ばく露）（区分 1、2）	長期にわたる、又は反復ばく露による臓器の障害 長期にわたる、又は反復ばく露による臓器の障害のおそれ
	誤えん有害性（区分 1）	飲み込んで気道に侵入すると生命に危険のおそれ
感嘆符	急性毒性（区分 4）	（経口）飲み込むと有害 （経皮）皮膚に接触すると有害 （吸入）吸入すると有害
	皮膚刺激性（区分 2）	皮膚刺激
	眼刺激性（区分 2A）	強い眼刺激
	皮膚感作性（区分 1、1A、1B）	アレルギー性皮膚反応を起こすおそれ
	特定標的臓器毒性（単回ばく露）（区分 3：気道刺激性、麻酔作用）	（気道刺激性）呼吸器への刺激のおそれ （麻酔作用）眠気やめまいのおそれ

4

化学物質又は混合物の危険性・有害性

③　環境有害性に関連するもの

絵表示	危険性・有害性の種類	危険有害性情報の例
環境	水生環境有害性　短期間（急性）（区分1）	水生生物に非常に強い毒性
	水生環境有害性　長期間（慢性）（区分1、2）	長期継続的影響により水生生物に毒性
感嘆符	オゾン層への有害性（区分1）	オゾン層を破壊し、健康及び環境に有害

注：絵表示が割り当てられていない区分は表示していない。

4.2.2　分類のための判定基準及び分類結果

　危険性については、物質であれ混合物であれ、基本的に試験データに基づき分類する（推定が可能なものもある）。物質の有害性については、GHS 分類のために試験を行うことは求められていないので、該当する有害性に関して既存のデータがない場合には、基本的に分類の必要はない。混合物の分類においては、有害性を示す成分の含有量によってカットオフ値が与えられている。感作性、生殖細胞変異原性（区分1）、発がん性及び生殖毒性については、これらの有害性をもつ成分が 0.1％を超える成分を含む全ての混合物、他の有害性については 1％を超える成分をもつ全ての混合物について、該当する有害性を考慮して分類し、その結果をラベルや SDS に反映させる必要がある（詳細は GHS 改訂 9 版[*6] を参照）。

　一方、法におけるラベル表示対象物及び通知対象物（SDS 交付義務物質）においても、同様に裾切り値（カットオフ値）（則 34 条の 2 別表 2）（☞**別冊資料**）が設定されているが、GHS と異なるものがあるので、分類作業を行う場合等必要に応じて事業場での取扱い物質について確認したほうがよい。

> ┌─ ワンポイント解説　**裾切り値（カットオフ値）** ─
> │
> │　"裾切り値とは、製剤（混合物）中の対象物質の含有量（重量％）がその値未満の場合、ラベル表示又は SDS 交付の対象とならない値"とされている。発がん性

---

*6　GHS 改訂 9 版原文
　（https://unece.org/transport/standards/transport/dangerous-goods/ghs-rev9-2021）
　GHS 改訂 9 版（仮訳）（https://www.mhlw.go.jp/bunya/roudoukijun/anzeneisei55/index.html）

や生殖毒性などでは 0.1 %、急性毒性や皮膚腐食性／刺激性などでは 1 %であるが、ラベル表示と SDS 交付で異なる場合がある。

　さらにリスクアセスメントの裾切り値は SDS 交付と同じ値、皮膚等障害化学物質等の裾切り値は原則ラベル表示と同じ値となっている。裾切り値は、原則からずれて定められている場合があるので、物質ごと、健康影響ごと、用途ごとに確認する必要がある（☞**別冊資料**）。

4.3　化学物質の GHS 分類結果の入手及び更新

4.3.1　化学物質の分類結果の入手

　事業者が新規化学物質を開発製造した場合、事業者は労働安全衛生法や化学物質審査規制法等に則った試験を行う必要があるが、さらに、それらの化学構造や試験結果をみながら GHS 分類を行うことになる。

　既存の化学物質については、各国や国際機関等が試験データを集めて公表しているものが多数存在する。また、事業者が試験データを用いて危険性・有害性の判定をすでに済ませ、GHS 分類結果として公表されている化学物質も多数存在する。事業者は、これらの無料公開されている試験データを用いて GHS 分類を実施したり、公表済みの GHS 分類結果を事業者の責任において使用したりすることができる。

　日本では、厚生労働省、経済産業省、環境省の 3 省が GHS 分類を実施し、その分類結果を NITE（独立行政法人 製品評価技術基盤機構）で公表している。3 300 種類強の化学物質の GHS 分類結果が公表（2024 年 2 月時点）されている。これらの GHS 分類結果に強制力はなく、その採否は事業者に委ねられている。すなわち、これらの分類結果に基づいたラベル及び SDS は事業者の責任として貼付あるいは交付することになる。

　また、GHS 分類は国・地域によって異なる場合があるので、輸出する場合には注意が必要である。例えば欧州では、ECHA（European CHemicals Agency：欧州化学品庁）によって、分類結果が公表されている。欧州圏内で「調和された分類（CLP 分類）」[7] として採用義務のある分類結果が閲覧できる。日本の事業者が欧州圏内に輸出する化学物質は、原則としてこの「調和された分類」を採用しなければならない。

---

[7]　欧州における化学品規制の一つである CLP 規則による GHS 分類を指す。CLP とは Classification, Labelling and Packaging of substances and mixtures の略。

4.3.2　化学物質の GHS 分類結果の更新

日本においても、他の国においても、同一の化学物質の GHS 分類結果が見直しされ、変更されることがある。それは、危険性・有害性に関する新しい知見が出てきたり、GHS の判定基準が変わったりすることがあるためである。NITE のウェブサイトにおいては、最新版の GHS 分類結果が整理されている[*8]。また、**4.1.2** (4) ②に示したように 5 年以内に一度は化学物質の GHS 分類に更新がないかチェックが必要である[*9]。

NITE が公表している混合物の分類ツール NITE-Gmiccs (ナイト -ジーミックス) は、随時更新が行われ、最新の GHS 分類結果が搭載されるシステムになっている。したがって、NITE-Gmiccs を使って混合物の GHS 分類を実施すれば、最新情報に基づいた GHS 分類ができるといえよう。

化学物質等の GHS 分類の変更が確認されれば、化学物質管理者を中心として、労働者との情報共有、リスクアセスメントの再実施及びばく露対策の見直し等を行わなければならない場合もあり得る。また譲渡・提供者であれば、ラベルや SDS の変更、譲渡・提供先への情報提供をしなければならない。

4.3.3　令・則等の改正による情報伝達物質の追加

過去及び将来のラベル貼付、SDS 交付及びリスクアセスメント実施の対象物質の推移を**表 4.4** にまとめた。

2008 年 GHS 導入に備え、政府は事業場支援の一環として SDS 交付義務対象約 1 400 物質 (労働安全衛生法、化管法 SDS 制度、毒物劇物取締法) について 2006 年に GHS 分類を開始し、2008 年にはこれを NITE のウェブサイトで公開した。これは強制力のない分類結果、つまり分類結果の使用は事業者に委ねることとした。その後政府は危険性・有害性及び使用量等を勘案して分類を継続しており、2021 年までに約 3 200 物質 (環境有害性のみを有する物質もあるために労働安全衛生法上は約 2 900 物質) が NITE ウェブサイト[*10] に公開されている。

[*8]　NITE 統合版 GHS 分類結果　https://www.chem-info.nite.go.jp/chem/ghs/ghs_nite_download.html

[*9]　NITE では、「NITE ケミマガ」と呼ばれる定期メールを週 1 回発信している。GHS 分類の更新や修正があれば、そのケミマガで報告される。登録は無料。 (https://www.nite.go.jp/chem/chemimaga/chemimaga_index.html)

[*10]　https://www.chem-info.nite.go.jp/chem/ghs/ghs_download.html

表 4.4　情報伝達等対象物質数（義務・努力義務）

項目	義務又は努力義務	2006 年	2022 年	2026 年	遠い未来？
ラベル表示	義務	99 物質	674 物質	約 2300 物質	危険性・有害性のある全物質
	努力義務	―	危険性・有害性のある全物質	危険性・有害性のある全物質	―
SDS 交付	義務	640 物質	674 物質	約 2300 物質	危険性・有害性のある全物質
	努力義務	―	危険性・有害性のある全物質	危険性・有害性のある全物質	―
リスクアセスメント	義務	―	674 物質	約 2300 物質	危険性・有害性のある全物質
	努力義務	危険性・有害性のある全物質	危険性・有害性のある全物質	危険性・有害性のある全物質	―

　2021 年 3 月 31 日までに政府による GHS 分類が終了した物質は**表 4.5** のようなスケジュールでラベル表示、SDS 交付及びリスクアセスメントが義務化される予定である。

表 4.5　当面の情報伝達物質（義務）追加のスケジュール

施行年	2024	2025	2026	2027	2028
政府による GHS 分類モデルラベル・SDS 作成	50〜100 物質	50〜100 物質	50〜100 物質	50〜100 物質	50〜100 物質
ラベル表示・SDS 交付・リスクアセスメント義務化	234 物質	641 物質	779 物質	150〜300 物質	50〜100 物質

　　　　：既存 GHS 分類済み物質

　2024 年度の 234 物質は急性毒性、生殖細胞変異原性、発がん性、生殖毒性のいずれかが区分 1 のもの、2025 年度の 641 物質は前記以外の健康有害性のいずれかが区分 1 のもの、2026 年度の 779 物質は健康有害性が区分 1 以外の区分又は危険性区分があるものである。

> **ワンポイント解説**　**政府による GHS 分類結果**
>
> 　事業者がラベルや SDS を作成する際の参考として、厚生労働省、経済産業省、環境省の 3 省が GHS 分類を実施・公表しているもの。同じ内容を日本国内向けのラベルや SDS に記載しなければならないという義務はなく、ラベルや SDS に政府による GHS 分類結果と異なる内容を記載することを妨げるものではない。ラベル

4

化学物質又は混合物の危険性・有害性

やSDSに対する責任は、ラベルやSDSを作成する事業者にある。一方、不浸透性の保護衣等の着用が義務付けられる物質や作業記録30年間の記録保存が義務付けられるがん原性物質もあり、事業者の分類結果と異なることも想定される。情報伝達における責任と法令上の措置義務で悩む事業者もあろう。

　NITEのウェブサイトに公開されているGHS分類物質数は3000を超えているが、労働安全衛生法でのリスクアセスメント対象物は約2300にとどまっている。これはGHSの分類対象はCAS番号に基づいた物質名であるのに対し、労働安全衛生法での物質名は化合物や異性体で括ったものもあり、また環境有害性のみの物質名は除かれているためである。

　2024年2月時点ではリスクアセスメント対象物は令別表第3第1号及び別表第9に列挙されていたが、2025年4月以降これの所在が以下のように変更される。すなわち令別表第9には33化合物のみ残り、他は規則の別表第2に移動する。2026年以降に追加されるGHS分類済み物質は規則別表第2に記載される。なお令別表第3の7物質はそのままである。

令和3年3月31日迄に分類され危険・有害性があるとされたもの

- ●労働安全衛生法施行令
  別表第3（製造許可7物質）
  別表第9
  - （R5.10.01）　660物質（8月時点667物質から7物質削除）
  - （R6.04.01）　234物質追加　➡　（R7.04.01）規則に移行
  - （R7.04.01）　33化合物のみ記載
- ●労働安全衛生規則
  別表第2
  - （R7.04.01）　641物質追加　計1497物質
  - （R8.04.01）　779物質追加　計2276物質
  　　　　　　　（令和5年厚生労働省令第121号に一覧あり）

　また2024年2月時点で則別表第2にあるラベル表示、SDS交付の裾切値は告示（令和5年告示第304号）で示された。

　これらの物質一覧及び裾切り値は**別冊資料**に収載した。

　関係機関等に対してラベル表示及びSDSに関する質問が多く寄せられていることから、化学物質対策に関するQ&A（ラベル・SDS）（厚生労働省ウェブサイト）を**A4.6**に収載した。

4.4 他の国内法令と GHS の違い

　日本において危険性に関する主な国内法令として、消防法、高圧ガス保安法、火薬類取締法があげられる。これら三法は GHS を導入していない。したがって、GHS の物理化学的危険性と危険性に関する国内法令を比較すると、用語は同じであっても、危険性の定義や試験方法は同一ではない（**表 4.6 ～ 表 4.8**）。

　毒劇法においても、GHS 準拠の SDS で、急性毒性の区分 1 ～ 3 という分類等が記載されていたとしても毒劇物に指定されているとは限らない。

　化学物質管理者は、国内法で危険物等に該当しても GHS では該当しない、あるいは、その逆の場合もあり得ることを理解し、危険性・有害性の用語を用いるとき、GHS 上のものか、国内法令のものか注意すべきである。

表 4.6　消防法と GHS の違いの例

物質名	消防法	GHS
グリセリン	第 4 類引火性液体、第 3 石油類	引火性液体：分類基準に該当しない
マンネブ	非危険物	自己発熱性化学品：区分 2 水反応可燃性化学品：区分 3

表 4.7　毒劇法と GHS の違いの例

物質名	毒劇法	GHS
キシレン	劇物	急性毒性（経口）区分に該当しない 急性毒性（経皮）区分 4 ではなく

表 4.8　可燃性ガスの定義

GHS	標準気圧 101.3 kPa で 20℃ において 【区分 1】 ・空気中の容積で 13% 以下の混合気が可燃性であるもの、又は ・燃焼下限に関係なく空気との混合気の燃焼範囲が 12% 以上のもの 【区分 2】 ・区分 1 以外のガスで、空気との混合気が燃焼範囲を有するもの
高圧ガス保安法	可燃性ガスの名称で指定されている。名称指定以外のガスとして、下記のガスも可燃性ガスとされる。 ・爆発限界の下限が 10% 以下のもの ・爆発限界の上限と下限の差が 20% 以上のもの

5章

ばく露の指標

本章では、リスクアセスメントを実施する際に重要となるばく露の指標について
解説する。

5.1　無害と有害の境界

　化学物質が「有害である」とはどういうことか。一般には「生体にとって好ましくない変化を生じさせる能力」といってよいであろう。しかしこれは概念としてはなんとなく理解できるが、実際に化学物質を管理する立場からはもっと論理的、具体的に考える必要がある。

　ルネサンス期の有名な科学者（医師）パラケルススは、「全ての物質は毒である。毒でない物質は存在しない。それが毒となるか薬となるかは用いる量に依存する」といっており、有害性を服用量（ばく露量）でとらえている。彼は医師であったことから、治療薬として使われていた水銀化合物などがある量を超えると毒になるという診療体験から得られた知見と思われる。

　ある化学物質の有害性を調べる場合、量–影響関係及び量–反応関係に着目する。

5.1.1　量–影響関係

　量–影響関係とは、個体レベルでの用量（ばく露量）と影響の間の関係である。ばく露量の増加は影響の強さを増大させたり、別の重大な影響を生じさせたりする。量–影響関係は個体、細胞、分子レベルにおいてそれぞれ得られるが、人への影響を考える場合には一般に人あるいは動物の個体に関するデータを用いる。

　例として、**表 5.1** に硫化水素の量–影響関係を示した。人は硫化水素の濃度が非常に低くても臭いを感じるが、逆に高濃度になると臭いを感じなくなる。そしてこの臭いを感じなくなる濃度以上では呼吸困難となり死亡する。毎年のように廃棄物処理などの作業で事故が起きている。

表 5.1　硫化水素の量–影響関係

濃度（ppm）	影響
0.03	「卵の腐った臭い」を感じる
5.0	不快臭
50 〜 100	気道刺激
100 〜 200	嗅覚麻痺
200 〜 300	1 時間で亜急性麻痺
600	1 時間で致命的麻痺
1 000 〜 2 000	即死

5.1.2　量-反応関係、閾値

　ある特定の生体影響（硫化水素の例では「気道刺激」、「即死」など）に着目した場合、ばく露量が増加するとばく露を受ける集団のなかで徐々に多数の個体（実験動物あるいは人）が影響を受けるようになる。このばく露量と影響が観察された個体の百分率（反応）の関係を量-反応関係という。

　一般にこの関係は、**図 5.1** のようにS字状の曲線となることが知られている。ばく露量が少ない場合には反応が検出されず、ばく露量が増加するにつれて反応は急上昇し、さらに量が増加すると反応は 100%の個体にみられる。

　動物実験での死を例にとると、ばく露濃度ゼロでは 1 匹の動物も死なないが、ある濃度を超えると死ぬ動物が現れ、濃度が上昇するに従ってその割合が多くなり、さらに半数の動物が死ぬ濃度（半数致死濃度、50% Lethal Concentration：LC_{50}）、（吸入）を通り過ぎ、ついには全ての実験動物が死ぬ濃度に達する。半数致死濃度あるいは半数致死量（50% Lethal Dose：LD_{50}）、（経口）は急性毒性の強さを表す指標として使用されている。日本では毒物及び劇物取締法がこの半数致死量を目安として、毒物（経口、≦50 mg/kg 体重）あるいは劇物（経口、≦300 mg/kg 体重）を指定している。

　量-影響関係と量-反応関係の発見は化学物質を管理する手法を大きく前進させた。すなわち、「量-影響関係から重篤な疾病や機能障害などに結び付かない影響に目標を定め、この影響について量-反応関係を求め、この関係から環境濃度やばく露量を設定して化学物質を管理すれば健康障害を防ぐことができる」という理論的な基礎が確立された。

　この考え方は現在、化学物質管理の基礎となっている。反応率がゼロになるばく露量、すなわちそれより低い量では検出可能な影響は起こらないと思われる数値（閾値：いきち又はしきいち）を超えなければ、指標とした健康障害は起きないはずである。そしてこの値について、動物とヒトとの種差と、ヒトにおける個体差を考慮し、ばく露量を抑

図 5.1　用量-反応関係（一般毒性）

図5.2　閾値のない物質の指標

制するための理論的な指標値（ばく露限界値）とすればよい。しかし実際のばく露限界値は、試験方法、分析技術、工学的管理技術、社会的な要請等、様々な要因がからみ、必ずしも閾値だけで決定されるわけではない。

　一方、遺伝毒性発がん物質には閾値がないとの考え方が現在のところ主流である。遺伝毒性発がん物質は、遺伝子に直接作用してがんを引き起こし、そのばく露量がゼロにならない限り、発がんの可能性もゼロにはならないと仮定されるためである。

　閾値がないと考えられている遺伝子毒性のある発がん性に関する量−反応関係には、数学的なモデルにより、人で想定される摂取量又はばく露量におけるリスクを推定する定量的外挿などの手法が用いられており、その際の指標として、VSD（Virtually Safe Dose：実質安全量）が用いられる。VSD は、あるリスクレベル（1 万分の 1 あるいは 10 万分の 1 というような低い確率）でがんを増加させる用量であり、通常の生活で遭遇する稀なリスクと同程度の非常に低い確率となるようなばく露量と解釈される（**図5.2**）。

ワンポイント解説　**ユニットリスク／スロープファクター**

　ユニットリスク、スロープファクターも、起点（POD: Point of Departure）より低用量域の毒性頻度を推測する際の評価指標として用いられる。

　ユニットリスクは、ある有害物質の単位ばく露量（吸入ばく露では $1\mu g/m^3$）にヒトが生涯にわたってばく露されたときに予測される過剰発がんリスクである。

　スロープファクターとは、体重 1 kg あたり 1 mg の化学物質を毎日生涯にわたって経口摂取した場合の過剰発がんリスク推定値であり、発がん物質のように閾値なしの毒性物質について使用できる。起点（POD）からゼロへ引いた直線の傾きによって示される。

　※起点（POD）は、実際には信頼限界を考慮して算出される。

5.2　作業環境モニタリング、ばく露モニタリング

モニタリングとはある状態を調査・監視することであるが、ここでは物質の濃度を測定、評価する意味で用いる。作業環境の物質濃度に対しては作業環境モニタリング、個人ばく露に関しては個人ばく露モニタリングと呼ぶ。

5.2.1　作業環境モニタリング

有害な物質の作業者へのばく露量を少なくするための方策は様々あるが、物質の作業環境中濃度をできるだけ低くすることが対策の大きな柱の一つである。日本では作業環境中の物質濃度を測定・評価して対策に結び付けるために、有害な業務を行う屋内作業場その他の作業場で、政令で定めるものについて、作業環境測定を行うように定められている（法第65条）。

作業環境測定

作業環境測定とは作業環境の実態を把握するため空気環境その他の作業環境について行うデザイン、サンプリング及び分析（解析を含む）をいう。作業環境測定が義務付けられているのは2023年4月時点で107物質（放射性物質は除いた数）である。

作業環境測定を行うべき作業場と測定回数（令第21条）

1. 土石、岩石、鉱物、金属又は炭素の紛じんを著しく発散する屋内作業場（6月以内ごとに1回）
2. 暑熱、寒冷又は多湿の屋内作業場（半月以内ごとに1回）
3. 著しい騒音を発する屋内作業場（6月以内ごとに1回）
4. 坑内作業場―炭酸ガス、通気設備のある坑内、28℃を超える場所（それぞれ1月、半月、半月以内ごとに1回）
5. 中央管理方式の空気調和設備を設けている建築物の室で、事務所の用に供されるもの（2月以内ごとに1回）
6. 放射線業務を行う作業場
   (1) 放射線業務を行う管理区域（1月以内ごとに1回）
   (2) 放射性物質取扱作業室（1月以内ごとに1回）
   (3) 事故由来廃棄物等取扱施設（1月以内ごとに1回）
   (4) 坑内核原料物質掘採場所（1月以内ごとに1回）

7. 第1類（製造設備の密閉化、作業規定の作成などの措置を条件とした製造の許可を必要とするもの、ジクロルベンジジンなど8種）若しくは第2類（製造若しくは取扱い設備の密閉化又は局所排気装置などの措置を必要とするもの、アクリルアミドなど60種）の特定化学物質を製造し、又は取り扱う屋内作業場（6月以内ごとに1回）

   特定有機溶剤混合物を製造し、又は取り扱う屋内作業場

   石綿を取り扱い、又は試験研究のため製造する屋内作業場（6月以内ごとに1回）

8. 一定の鉛業務を行う屋内作業場（1年以内ごとに1回）

9. 酸素欠乏危険場所において作業を行う場合の当該作業場（その日の作業開始前）

10. 有機溶剤を製造し、又は取り扱う屋内作業場（6月以内ごとに1回）

1、6(2)、6(3)、7、8、10の作業場の測定は作業環境測定士又は作業環境測定機関が行わなければならない

9の作業場の測定は酸素欠乏危険作業主任者に行わせること

　作業環境中の物質の濃度変動は非常に大きく（ゼロから数千あるいは数万ppmまで）、一般に対数正規分布（各濃度の対数をとってヒストグラムを見ると正規分布となる）に従うことが知られている。物質の測定方法や分析さらに結果の評価には専門的な知識が必要なことから、作業環境測定の専門家として作業環境測定士の資格が定められている（作業環境測定法）。図5.3に示すように、作業環境の測定結果は管理濃度と比較、評価され、それによって対策が取られる。

　　管理濃度：作業環境測定結果を評価するために、学会などのばく露限界や技術的な可能性などを考慮して行政的に決められた値で、2023年4月時点97物質（放射性物質は除いた数）について定められている。特定化学物質障害防止規則の10物質（インジウム化合物など）については管理濃度が示されていない。

　作業環境測定にかかわる技術的な指針は「作業環境測定基準」に示されている。

図 5.3 作業環境測定結果の評価及び措置

作業環境測定における管理区分の考え方（法 65 条に基づく作業環境評価基準参照）

　実測された気中ばく露濃度は、通常、対数正規分布に従うことが広く知られており、分布のほとんどがその値以下となる上側 5% 値（X_{95}）と、幾何平均（GM）と平均（M）の関係式から求めた平均の推定値（AM）が分布の指標として作業環境測定基準では使用されている。

　気中ばく露濃度が対数正規分布に従うと仮定すると、実測値の幾何平均を GM、幾何標準偏差を GSD とすると、上側 5% 値（X_{95}）の推定値は

$$\log(X_{95}) = \log(GM) + 1.645 \times \log(GSD)$$

で表される。これは作業環境評価基準では第 1 評価値とされるものである。

　また平均の推定では、対数正規分布の場合、平均（M）と幾何平均（GM）の間に、

$$\log(M) = \log(GM) + 1.151 \times \log^2(GSD)$$

という関係があるため、この式で求めた M の値を平均の推定値（AM）とする。これは作業環境評価基準では第 2 評価値とされるものである。ただし、実測値のサンプル数（n）が 5 より小さい場合は、誤差が大きくなるため、n 個のデータから直接算出する算術平均を AM として用いるほうがよい。

　基本的な考え方として、作業環境評価基準では、この二つの指標（AM及びX_{95}）と管理濃度の大小を比較して、以下の三つの区分に分類している（**表5.2**）。

表5.2　作業環境評価基準における管理区分の考え方

管理区分	定義	内容
第1管理区分	AM＜X_{95}＜管理濃度	気中ばく露濃度は管理濃度を下回っていると考えられ、良好である。
第2管理区分	AM≦管理濃度≦X_{95}	気中ばく露濃度は管理濃度を上回るおそれがある。ばく露低減対策の実施が強く推奨される。
第3管理区分	管理濃度＜AM＜X_{95}	気中ばく露濃度は管理濃度を上回っている。直ちにばく露低減対策を実施する。

5.2.2　個人ばく露モニタリング

　有害な物質が生体内に取り込まれる経路として、経気道、経口、経皮があるが、これらを通して体内に取り込まれる物質量を推定・評価する方法を個人ばく露モニタリングという。労働環境においては多くの場合、作業者が体内に取り込む化学物質は気道からであり、有害性に関する情報の蓄積も多い。この経気道からのばく露量を測定するために、個人ばく露測定を行う。具体的には呼吸域の空気（気体）を捕集し、対象物質の分析を行い、さらに濃度基準値等と比較して評価を行う。

　濃度基準値は、法第22条（則第577条の2第2項）に基づく健康障害を防止するための最低基準であることから、全ての労働者のばく露が、濃度基準値以下である必要がある。濃度基準値は、法令上、労働者のばく露がそれを上回ってはならない基準であるため、労働者の呼吸域の濃度が濃度基準値を上回っていても、有効な呼吸用保護具の使用により、労働者のばく露を濃度基準値以下とすることが許容される。

　濃度基準値には、八時間濃度基準値及び短時間濃度基準値（天井値を含む。）が設定される。物質によって、両方が設定される物質、いずれか一方が設定される物質がある。**表5.3** に定義を示す。また、**表5.4** に濃度基準値の例を示した。

　個人ばく露測定における試料採取方法、分析方法等については、「化学物質による健康障害防止のための濃度の基準の適用等に関する技術上の指針」（☞**A6.3**）に詳細な記載があるので、参照のこと。

表 5.3 濃度基準値の定義

定義	説明
八時間濃度基準値	長期的な健康障害を防止するために、1日（8時間）の時間加重平均値が超えてはならない基準。
短時間濃度基準値	急性中毒等の健康障害を防止するために、作業中のいかなる15分間の時間平均値も超えてはならない基準。短時間濃度基準値が設定されていない物質についても、作業期間のいかなる15分間の時間加重平均値が八時間濃度基準値の3倍を超えないように努めなければならない。
短時間濃度基準値（天井値）	作業中のばく露のいかなる部分（いかなる短時間のピーク）においても超えないように努めなければならない基準。

表 5.4 濃度基準値の例

物質名	八時間濃度基準値	短時間濃度基準値
アクリル酸エチル	2 ppm	—
アクリル酸メチル	2 ppm	—
アクロレイン	—	0.1 ppm [1]
アセチルサリチル酸（別名アスピリン）	5 mg/m³	—
アセトアルデヒド	—	10 ppm

※1 天井値
「—」には該当する値が設定されていない。

ワンポイント解説 **濃度基準値と管理濃度**

濃度基準値の定義は**表 5.3** に示されているように、個人ばく露測定を評価するための指標である。一方、長年日本では作業環境測定が実施され、これの評価指標として管理濃度が使用されてきた。これらはどちらも健康障害防止のための指標であり、その源は ACGIH 等のばく露限界値（TLV）である。測定手法が異なると評価手法も異なるので、その指標の名称も異なっている。

濃度基準値は、令和5年4月に67物質に対して設定され（☞**A6.2**）、今後、さらに設定されていく予定である。濃度基準値が設定されていない物質については、ACGIH（米国産業衛生専門家会議）の定める TLV や、ドイツ（DFG）や英国衛生庁（HSE）が定めるばく露限界値などを活用することが望ましい。例として、ACGIH の基準値の定義を**表 5.5** に示す[1]。ACGIH のばく露限界は約750物質について示されている。**表 5.6** にこれらの例を示した。

---

*1 https://www.acgih.org/

表5.5　ACGIH の定義

種類	定義
許容限界値 時間加重平均値 （TLV-TWA）	1日8時間、1週40時間の正規の労働時間中の時間加重平均濃度として表され、大多数の労働者がその条件に連日繰り返しばく露されても健康に悪影響を受けないと考えられている。
許容限界値 短時間ばく露限界 （TLV-STEL）	たとえ8時間の1労働日中の時間加重平均濃度が時間加重平均値を超えない場合であっても、その中のどの15分間についても超えてはならない15分間の時間加重平均濃度。TLV-STEL は短時間継続的にばく露されても、（1）刺激、（2）慢性的又は非可逆的な生体組織の変化、（3）量に依存する毒作用、（4）麻酔作用による障害事故発生の危険性増加、自制心の喪失、又は著しい作業能率の低下が起こらない濃度の限度と考えられている。時間加重平均値を超え短時間ばく露限界以下の高濃度は1回に15分を超えて継続してはならず、1労働日中に4回以上繰り返されてはならない。また、1回の高濃度と次の高濃度のあいだに少なくとも60分間濃度の低い時間がなくてはならない。
許容限界値 天井値（TLV-C）	たとえ瞬間的にでも超えてはならないピーク濃度。

表5.6　ばく露限界の例

物質名	時間加重平均値 （TLV-TWA）	短時間ばく露限界 （TLV-STEL）	天井値 （TLV-C）
アセトアルデヒド	—	—	25 ppm
ベンゼン	0.5 ppm	2.5 ppm	—
ホルムアルデヒド	—	—	0.3 ppm
トルエン	20 ppm	—	—
トリクロロエチレン	10 ppm	25 ppm	—

「−」には該当する値が設定されていない。

　作業環境中では有害な物質の作業者へのばく露が、これら TLV-TWA、TLV-STEL、TLV-C などの値を超えないような管理を目指す。
　個人ばく露測定に関しては日本産業衛生学会から「化学物質の個人ばく露測定のガイドライン」（平成27年1月）*2 が出されており、日本産業衛生学会のウェブサイトからダウンロードできるので、活用を勧める。

---

*2　https://www.sanei.or.jp/files/topics/recommendation/J57_2_09_guideline.pdf

5.2.3 生物学的モニタリング

血液や尿などの生体試料を用いて、物質へのばく露量や生体影響の程度を調べる目的で行われる測定を生物学的モニタリングという。これにより個人のばく露程度をより正確に知ることができる。現在の物質に関する生物学的モニタリングは全てばく露の程度を調べる目的で使用されている。この判断基準となっているのが、日本産業衛生学会では生物学的許容値、ACGIH では BEIs（Biological Exposure Indices: 生物学的ばく露指標）と呼ばれるものである。作業環境の改善の要否を判断する指標として利用するものであり、生体が受ける有害性の強度を評価するために使用するものではないことに注意が必要である。日本産業衛生学会では、23 種類［許容濃度等の勧告（2021 年度）］、ACGIH では 54 種類（2023 年 4 月時点）の物質について BEIs を発表している。BEIs は、当該物質の作業環境気中の許容限界値（時間加重平均値）と同程度のばく露を受けたのと同程度の値となるように定められている。しかし生体内に実際に取り込まれる物質量は個々の体質の違いや、労働強度などによっても異なることから、**5.2.2** の個人ばく露モニタリングにおける測定値とは多少異なる。

表 5.7 に日本で特化則、有機則、又は鉛則に基づき生体試料の測定が義務付けられている化学物質及びその関連生体試料を示す。前述のようにこれらの数値は、ばく露の程度（生体内取込量）を示すものであり、健康の影響を示すものではない。分布 1 であれば当該物質の生体への取り込みは少なく、作業環境の現状維持が望ましく、分布 2 の場合は取り込みが比較的多いので職場改善が望まれ、分布 3 では取り込みが相当量に達しているので職場改善の措置が必要になる。分布は生体影響と直接的に関係はしていないが、取込量が多い場合には、健康影響についての検査も注意深く行う必要がある。

5.2.4 各測定・モニタリングの関係

日本では労働衛生管理について①作業環境管理、②作業管理、③健康管理の三つを柱として、これらを定期的に実施し、その結果を総合的に判断することにより、化学物質を取り扱う労働者の健康確保を図ってきた。

これをモニタリングの視点で見ると、作業環境モニタリング（作業環境測定）は作業環境管理の一つの手法としての役割を担ってきたといえる。健康モニタリングは特別規則（有機則、特化則等）の対象物質を取り扱う労働者に対する特殊健康診断という形で健康管理の一部として確立している。そしてこれらは労働安全衛生関連法令の中で規定されている。

一方、作業環境気中の有害物質に対する個人ばく露モニタリングは長年にわたり法令で制度化されたことはなかった。労働安全衛生法令の中で個人ばく露モニタリングが初

表 5.7　日本で義務付けられている生物学的モニタリング

対象物質の検査区目					
対象物質名	検査項目	単位	分布		
			1	2	3
キシレン	尿中メチル馬尿酸	g/l	≦0.5	0.5<、≦1.5	>1.5
スチレン	尿中マンデル酸 尿中フェニルグリオキシル酸	g/l			
トルエン	尿中馬尿酸	g/l	≦1	1<、≦2.5	>2.5
エチルベンゼン	尿中マンデル酸	g/l			
N,N-ジメチルホルムアミド	尿中 N-メチルホルムアミド	mg/l	≦10	10<、≦40	>40
ノルマルヘキサン	尿中 2,5-ヘキサンジオン	mg/l	≦2	5<、≦5	>5
1,1,1-トリクロロエタン	総三塩化物	mg/l	≦10	10<、≦40	>40
	尿中トリクロロ酢酸	mg/l	≦3	3<、≦10	>10
トリクロロエチレン	総三塩化物	mg/l			
	尿中トリクロロ酢酸	mg/l			
テトラクロルエチレン	総三塩化物	mg/l			
	尿中トリクロロ酢酸	mg/l			
鉛	血中鉛	μg/dl	≦20	20<、≦40	>40
	尿中デルタアミノレブリン酸	mg/l	≦5	5<、≦10	>10
	赤血球プロトポルフィリン	μg/dl 全血	≦40	40<、≦100	>100

めて登場したのは、「屋外作業場等における作業環境管理に関するガイドライン」（平成17年3月31日付け基発第0331017号）である。このガイドラインでは、「屋外作業場等については個人サンプラーを用いて作業環境の測定を行い、その結果を管理濃度の値を用いて評価する」とある。令和4年5月の則等の改正による新たな化学物質管理の導入に伴い、屋内作業場における作業について濃度基準値が定められ、労働者のばく露の程度が濃度基準値以下であることを確認するために、個人ばく露測定が導入された。また、個人ばく露モニタリングの一つとして、前項で述べたように、数種類の物質に対して生物学的モニタリングが行われている。

　それぞれの管理には、状況を把握するための測定（あるいは検査）があり、その結果を評価する判断基準があり、それに基づいて対策を行うようになっている。それぞれの測定・判断基準は単独でも機能するが、これらを総合的に評価・判断することでより効果的なリスクアセスメントの見積りとなるようにしたい。

6章

化学物質等のリスクアセスメント（リスクの見積り・評価）

本章では、化学物質等のリスクアセスメントの具体的な方法、手順等について解説する。

> 　リスクアセスメントを行うにあたり、「リスク」について理解する必要がある。リスクとは化学物質の危険性・有害性による「危害が起きる可能性」である。化学物質の危険性及び有害性に関しては基本的に GHS に基づいて分類され（☞**第4章**）、それらの重大性が区分として示されている。危害を未然に防ぐためにはリスクの見積り（危害が起きる可能性の評価）が必要となるが、爆発や火災など危険性の場合にはその重大性と起こり得る頻度の組合せ等で、また健康有害性の場合には有害性の重大性とばく露の程度の組合せで、総合的に評価される。

6.1　リスクアセスメントとは

（1）化学物質リスクアセスメント指針

　法第 57 条の 3 第 1 項（義務）及び同第 28 条の 2 第 1 項（努力義務）でいう（事業者が行うべき調査等）「化学物質等による危険性又は有害性等の調査」を「リスクアセスメント」と呼び、リスクアセスメントの内容について厚生労働省のウェブサイトでは「事業場にある危険性や有害性の特定、リスクの見積り、優先度の設定、リスク低減措置の決定の一連の手順」（「リスクアセスメント」を「リスクの見積り」と同義で使用している場合もあるので注意が必要である）としている。さらに同第 57 条の 3 第 3 項及び第 28 条の 2 第 2 項ではこのリスクアセスメントを実施するために、厚生労働大臣は指針を公表するとしており、「化学物質等による危険性又は有害性等の調査等に関する指針」（☞**A6.1**）（平成 28 年 6 月 1 日施行、令和 5 年 4 月 27 日改正）[1] が公表されている。

　この指針は、法第 57 条の 3 第 1 項の規定に基づき行う「第 57 条第 1 項の政令で定める物及び通知対象物」（以下「化学物質等」という）に係るリスクアセスメントについて適用し、労働者の就業に係る全てのものを対象とする、とある。この「化学物質等」には、製造中間体（製品の製造工程中において生成し、同一事業場内で他の化学物質に変化する化学物質をいう）が含まれる。リスクアセスメントにはいろいろな方法があり、事業場によっても、作業工程によっても、さらに担当者によっても異なるであろう。また政令で定めるリスクアセスメント対象物以外の物質についても、法第 28 条の 2 及び則第 577 条の 3 に基づき、本指針を適用することが推奨されている（☞**A6.1**、12 その他）。

＊1　https://www.mhlw.go.jp/content/11300000/001091557.pdf

　リスクアセスメントの実施方法は事業者が自ら選択すべきものであり、すでにリスクアセスメントを導入している事業場においては、より適切な方法があるか、改めて考えることが望ましい。リスクアセスメントを行うべき物質、その結果に関する措置（結果の記録及び保存、労働者への通知、ばく露の程度の低減、健康診断等）等に関して改正された項目（☞**第2章**、**表2.1**）があるので確認が必要である。

6.2 リスクアセスメントの準備

6.2.1 適用事業場

　GHS 分類により危険性・有害性があると判断された物質を製造又は取り扱う事業場ではリスクアセスメントを実施する必要がある。ただしリスクアセスメント対象物は義務、その他の物質は努力義務である。

6.2.2 実施内容

　リスクアセスメントは、化学物質等による危険性又は有害性の特定、リスクの見積り及びリスク低減措置の検討、リスク低減措置の実施及びリスクアセスメント結果の労働者への周知という手順で進める（**図6.1**）。

図6.1 リスクアセスメント実施の流れ

6

化学物質等のリスクアセスメント（リスクの見積り・評価）

6.2.3　実施体制

　事業者は**表6.1**に示した事業場内の担当者にそれぞれの役割を担わせてリスクアセスメントを実施する。事業者は、表中のリスクアセスメントの実施を管理する者、技術的業務を遂行する者等（外部の専門家を除く）に対し、リスクアセスメント等を実施するために必要な教育を実施するものとする。

　通達（☞**A2.6**、第4、1、(1)ア）には衛生管理者、作業主任者及び化学物質管理者の関係について以下のように記されている。

　なお、衛生管理者の職務は、事業場の衛生全般に関する技術的事項を管理することであり、また有機溶剤作業主任者といった作業主任者の職務は、個別の化学物質に関わる作業に従事する労働者の指揮等を行うことであり、それぞれ選任の趣旨が異なるが、化学物質管理者が、化学物質管理者の職務の遂行に影響のない範囲で、これらの他の法令等に基づく職務等と兼務することは差し支えないこと。

6.2.4　実施時期 [☞**A6.1**、5(1)及び(2)]

　次に示すように実施時期として、(1) 法令上の実施義務及び (2) 指針による実施努力義務が示されているが、事業場内の取扱い物質全てについて一度はリスクアセスメン

表6.1 リスクアセスメントの担当者とその役割

担当者	該当する職位又は能力	役割
総括安全衛生管理者など	事業の実施を統括管理する人（事業場のトップ）	リスクアセスメント等の実施を統括管理
化学物質管理者	化学物質などの適切な管理について必要な能力がある人の中から指名	事業場における化学物質の管理に係る技術的事項を管理(☞**第1章**)
保護具着用管理責任者	保護具の適切な管理について必要な能力がある人の中から指名	呼吸用保護具、保護衣、保護手袋等の保護具の選択、管理（保管、交換等）等
専門的知識のある人	必要に応じ、化学物質の危険性と有害性や、化学物質等に係る機械設備や生産設備等についての専門的知識のある人	対象となる化学物質、機械設備のリスクアセスメント等への参画
化学物質管理専門家、作業環境管理専門家	労働衛生コンサルタント、労働安全コンサルタント、作業環境測定士、インダストリアル・ハイジニストなど	より詳細なリスクアセスメント手法の導入又はリスク低減措置の実施等、技術的な助言を得るために活用

6

化学物質等のリスクアセスメント（リスクの見積り・評価）

トを実施するべきであろう。

(1) 法令上の実施義務

● 化学物質等を原材料等として新規に採用し、又は変更するとき

● 化学物質等を製造し、又は取り扱う業務に係る作業の方法又は手順を新規に採用し、又は変更するとき

● 化学物質等による危険性又は有害性等についての情報に変化が生じ、又は生ずるおそれがあるとき

(2) リスクアセスメント指針による実施努力義務

● 化学物質等に係る労働災害が発生した場合であって、過去のリスクアセスメント等の内容に問題がある場合

● 前回のリスクアセスメント等から一定の期間が経過し、化学物質等に係る機械設備等の経年による劣化、労働者の入れ替わり等に伴う労働者の安全衛生に係る知識経験の変化、新たな安全衛生に係る知見の集積等があった場合

● すでに製造し、又は取り扱っていた物質がリスクアセスメントの対象物質として新たに追加された場合など、当該化学物質等を製造し、又は取り扱う業務について過去にリスクアセスメント等を実施したことがない場合

　従来から取り扱っている物質を従来の方法で取り扱う場合は、リスクアセスメント実施義務対象にはならない。しかし、過去にリスクアセスメントを行ったことがない場合等には、事業場における化学物質のリスクを把握するためにも、計画的に

リスクアセスメントを実施するように務める（☞**A6.5**、Q6-4、☞**A6.1**、12)。

6.2.5　化学物質のリストアップ、危険性・有害性情報及びその他の情報収集

　事業場内で製造あるいは取り扱っている化学物質を全てリストアップし、それらの危険性・有害性について調査する。自社で新規に製造した物質であれば法令等に基づいて自ら採取したデータから、また外部から取得した物質であれば交付されたSDSの記載から危険性・有害性を特定する。基本的に危険性・有害性に関する情報はGHSの判定基準に従って分類された結果を使用する。すなわち譲渡又は提供される化学物質に添付されているSDSはGHSに従ったものであることが求められる。自社で採取したデータもGHSに従って分類するべきである（GHS分類については**4.3**を参照)。

　リスクアセスメントの対象となる業務や作業工程の作業標準、作業手順書、機械設備等に関する情報、さらに当該化学物質に関する災害事例、災害統計なども必要である。GHS分類物質以外で、負傷又は疾病の原因になるおそれのある危険性・有害性をもつ物質についても情報を収集しておくことが必要である。これらには過去の労働災害の事例、ヒヤリハットのあった作業、労働者が日常不安を感じている作業、過去に事故のあった設備等を使用する作業、操作が複雑な化学物質にかかわる機械設備等の操作などがある。

　リスクアセスメントは事業場内の全ての物質を考慮し優先順位を付けて実行することが原則であるが、「義務対象の物質及び重大なリスクが懸念される何らかの情報がある物質」については、直ちに実施すべきである。

6.3　リスクアセスメント対象物（義務対象物質、努力義務対象物質）

　リスクアセスメント対象物は、令第18条各号に掲げる物及び法第57条の2第1項に規定する通知対象物をいう（令和7年4月1日以降)（☞**A 6.1**、2)。
●令第18条
第十八条　法第五十七条第一項の政令で定める物は、次のとおりとする。
一　別表第九に掲げる物（アルミニウム、イットリウム、インジウム、カドミウム、銀、クロム、コバルト、すず、タリウム、タングステン、タンタル、銅、鉛、ニッケル、ハフニウム、マンガン又はロジウムにあつては、粉状のものに限る。）

二　国が行う化学品の分類（産業標準化法（昭和二十四年法律第百八十五号）に基づく日本産業規格Ｚ七二五二（GHSに基づく化学品の分類方法）に定める方法による化学物質の危険性及び有害性の分類をいう。）の結果、危険性又は有害性があるものと令和三年三月三十一日までに区分された物（次条第二号において「特定危険性有害性区分物質」という。）のうち、次に掲げる物以外のもので厚生労働省令で定めるもの

　　イ　別表第三第一号１から７までに掲げる物

　　ロ　前号に掲げる物

　　ハ　危険性があるものと区分されていない物であつて、粉じんの吸入によりじん肺その他の呼吸器の健康障害を生ずる有害性のみがあるものと区分されたもの

三　前二号に掲げる物を含有する製剤その他の物（前二号に掲げる物の含有量が厚生労働大臣の定める基準未満であるものを除く。）

四　別表第三第一号１から７までに掲げる物を含有する製剤その他の物（同号８に掲げる物を除く。）で、厚生労働省令で定めるもの

●法第57条の２第１項に規定する通知対象物

法第56条第１項（製造許可物質）

令第18条の２

一　別表第九に掲げる物

二　特定危険性有害性区分物質のうち、次に掲げる物以外のもので厚生労働省令で定めるもの

　　イ　別表第三第一号１から７までに掲げる物

　　ロ　前号に掲げる物

　　ハ　危険性があるものと区分されていない物であつて、粉じんの吸入によりじん肺その他の呼吸器の健康障害を生ずる有害性のみがあるものと区分されたもの

三　前二号に掲げる物を含有する製剤その他の物（前二号に掲げる物の含有量が厚生労働大臣の定める基準未満であるものを除く。）

四　別表第三第一号１から７までに掲げる物を含有する製剤その他の物（同号８に掲げる物を除く。）で、厚生労働省令で定めるもの

　上記のリスクアセスメント対象物は令和７年４月１日以降の所在を示している。令和６年４月１日、令和７年４月１日および令和８年４月１日以降、リスクアセスメント対象物として追加される物質（**表4.5**）が、どの年度に追加されるか判別できるように**別冊資料**に記載した。

　リスクアセスメント対象物を裾切り値以上含む混合物（労働安全衛生法令では"混合

物”は使用されず上記令第 18 条のように“製剤”となっている）もリスクアセスメント対象物となる。

　リスクアセスメント対象物以外の物質で、GHS 分類により危険性・有害性が認められる物質に対するリスクアセスメントは努力義務である（法第 28 条の 2 第 1 項：☞ **A2.4**）。

ワンポイント解説　リスクアセスメント対象物リスト所在変更

　今後以下のようにリストの所在が変更されるので注意が必要である。なお厚生労働省のサイトで法、施行令、規則等を検索する場合には施行日にしたがった改正法令が閲覧できるのでそれらを参照するとよい。

令和 3 年 3 月 31 日迄に分類され危険・有害性があるとされたもの

◆労働安全衛生法施行令

　　別表第 3（製造許可 7 物質）

　　別表第 9

　　（R5.10.01）　660 物質（8 月時点 667 物質から 7 物質削除）

　　（R6.04.01）　234 物質追加 ➡ （R7.04.01）規則に移行

　　（R7.04.01）　33 化合物のみ記載

◆労働安全衛生規則

　　別表第 2

　　（R7.04.01）　641 物質追加　計 1 497 物質

　　（R8.04.01）　779 物質追加　計 2 276 物質

　　　　　　　　（令和 5 年厚生労働省令第 121 号に一覧あり）

今後 CASRN® をもつ物質の分類結果は則別表 2 に追加されることになろう。

　また令和 6 年 1 月時点で則別表第 2 にあるラベル表示、SDS 交付の裾切値は、令和 7 年 4 月 1 日からは告示（厚生労働省告示第 304 号令和 5 年 11 月 9 日）で示される。

6.4　リスクアセスメント手法（リスクの見積り）

　リスクの見積りは危険性及び健康有害性の両者について行う（労働安全衛生法令では環境有害性は対象としていないので、このリスクアセスメントについては記載しない）。

　リスクの見積り方法は一つではない。事業場内における作業形態・方法等に従ってリスクの見積りの方法を変えてもよい。

　リスクの見積り及びリスクアセスメントの方法は、労働災害発生を防止するために、事業者自らの責任で選択・実行するものであり、化学物質管理者はその技術的部分の遂行に責任がある。

　「主として一般消費者の生活の用に供される製品」についてはリスクアセスメントの実施対象から除外される。ただし、業務用洗剤のように業務に使用することが想定されている製品はリスクアセスメントの対象となる。リスクアセスメント対象物以外で危険性・有害性が明らかな物質は、リスクアセスメントは努力義務である（☞**A6.5**、Q4-1）。

6.4.1　化学物質の危険性に対するリスクアセスメント

(1) 化学物質の危険性に対するリスクアセスメントを実施しなければならない理由

　通常、化学物質が存在するだけでは、火災・爆発・破裂（以下、"火災・爆発等"という）が発生することはないが、化学物質を取り扱っている設備や装置が故障した場合や、作業者が不適切な作業を行った場合には、化学物質に潜在する危険性が顕在化し、火災・爆発等を発生させることがある。このとき、作業者が近くにいれば、火災・爆発等の発生に巻き込まれたり（労働災害発生）、事業場内の設備や施設の損壊、周辺地域へのダメージ、さらに社会的なサプライチェーンへの影響と、被害が拡大することもある。そのため、事前に化学物質の危険性に対するリスクアセスメントを実施することにより、化学物質取扱作業にどのような危険性があるのかを明らかにするとともに、必要なリスク低減措置を検討・実施する必要がある。

　GHS ラベルや SDS には、その化学物質の取扱い上の注意点や対策などの一般的な情報が記載されているが、化学物質の危険性については、これらの情報だけでは、実際に行う作業における火災・爆発等発生の可能性（頻度）や被害の大きさを推定することができず、また、具体的なリスク低減措置を検討・実施することができない。化学物質の危険性に対する自律的管理のためには、化学物質取扱作業をどのような条件で行っているかなどを明らかにしたうえで、GHS ラベルや SDS の情報を参照しながらリスクアセスメントを実施し、必要な対策を検討・実施する必要がある。

(2) 化学物質の危険性に対するリスクアセスメント手法・ツール

　化学物質の危険性に対するリスクアセスメントを実施するための手法・ツールは大きく、①簡易的な手法・ツールと、②詳細な解析手法に分けることができる。**表6.2**にそれぞれに分類される手法・ツールと、長所（適用する目的）及び短所（気に留めておくべき点）を示す*2。

---

*2　各手法の詳細については、厚生労働省　職場のあんぜんサイト、化学物質のリスクアセスメント実施支援（https://anzeninfo.mhlw.go.jp/user/anzen/kag/ankgc07.htm）を参照。

　簡易的な手法・ツールは、厚生労働省より 2 種類のツールが提供されており、化学物質に何らかの危険性があることに気付くためのツールとして活用することができる。一方、作業方法などの固有の情報は考慮されていないため、具体的なリスク低減措置を検討・実施するために必要な情報を得ることは難しい。

表 6.2　化学物質の危険性に対するリスクアセスメント等を実施するための手法・ツール

分類	手法・ツール	長所（適用する目的）	短所（気に留めておくべき点）
簡易的な手法・ツール	・スクリーニング支援ツール ・CREATE-SIMPLE	・何らかの危険性があることを把握することができる ・GHS や SDS の情報を基に実施することができる	・具体的な作業条件などを考慮していない （具体的にどのような対策を実施すればよいか決めることができない）
詳細な解析手法	・安衛研手法[*3] ・労働省方式[*4] ・JISHA 方式[*5] ・HAZOP[*6] など	・危険源を網羅的に洗い出し、できるかぎり想定外をなくすことができる ・具体的なリスク低減措置を検討・実施することができる	・化学に関する知識や情報が必要となる （難しい） ・膨大な作業となる （時間と労力がかかる）

　詳細な解析手法は、実際に事業場で行っている作業での化学物質の取扱条件なども考慮して、火災・爆発等発生に至る道筋（シナリオ）を調査することで、具体的なリスク低減措置を検討・実施することができる。このことは、「事前にできるかぎり危険性を洗い出し（想定し）、具体的な対策を検討・実施する」という事業場の安全配慮義務への対応そのものであり、自律的管理の最も有用な手段の一つである。一方、詳細な解析を行うためには化学反応やリスク低減措置に関する知識や情報を必要とし、専門家による指導がなければ、最適な判断を行うことが難しい場合もある。また、多くの時間と労力が必要となる。

　図 6.2 に危険性に関するリスクアセスメント手法・ツールの活用フローを示す。最初に簡易的な手法・ツールを用いて対象とする化学物質取扱作業に何らかの危険性があるかどうかを確認し、危険性があり、具体的なリスク低減措置を検討する必要があると判断された場合（例えば、CREATE-SIMPLE によりリスクレベル IV と判定された場合など）には、詳細な解析手法を用いて、火災・爆発等が発生する危険性について調査し、具体的にどこにどのようなリスク低減措置を実施すればよいのかを検討するとよい。

*3　労働安全衛生総合研究所技術資料、プロセスプラントのプロセス災害防止のためのリスクアセスメント等の進め方、JNIOSH-TD-No.5（2016）
*4　化学プラントにかかるセーフティ・アセスメントに関する指針（平成 12 年 3 月 21 日付け基発第 149 号）
*5　中央労働災害防止協会、化学物質による爆発・火災を防ぐ、第 2 編 第 4 章（2018）
*6　高圧ガス保安協会、リスクアセスメント・ガイドライン（Ver.2）（2016）

図6.2　危険性に関するリスクアセスメント手法・ツールの活用フロー

（3）リスクアセスメント実施の流れ

　具体的なリスク低減措置の検討・実施につながる詳細なリスクアセスメントを実施する際のポイントを示す*7。

1）化学物質取扱作業に潜在する危険性（火災・爆発等の発生）を顕在化させる事象の想定*8

　通常、化学物質が存在するだけでは、火災・爆発等が発生することはないが、何らか

---

*7　労働安全衛生総合研究所技術資料、化学物質の危険性に対するリスクアセスメント等実施のための参考資料—開放系作業における火災・爆発を防止するために—、JNIOSH-TD-No.7（2021）
*8　ここでは、安衛研手法で示された方法を示すが、化学物質等による危険性又は有害性等の調査等に関する指針の第9項（1）ア（オ）「化学プラント等の化学反応のプロセス等による災害のシナリオを仮定して、その事象の発生可能性と重篤度を考慮する方法」について説明する。詳しくは脚注*3のJNIOSH-TD-No.5（2016）を参照。

の不具合事象（ここでは、"引き金事象"という）の発生をきっかけとして不安全状態[*9]を引き起こし、さらに条件が成立すれば火災・爆発等の発生に至る。

> **ポイント！**
>
> 　「すでに対策を実施しているからそんなことは起こらない」と決め付け、解析しない場合もあるが、対策を実施していても、何らかの不具合により対策が機能しない（無効化される）こともある。そのため、「想定外の不具合が発生したらどのような不安全状態となるのか」、「火災・爆発等が発生するのか、あるいは全く影響がないのか」、「他の対策が機能して火災・爆発等発生による被害を軽減することができるのか」などを確認することもリスクアセスメントを実施する目的の一つである。

　化学物質の危険性に対するリスクアセスメントでは、それまで想像もしなかった引き金事象の発生を想定し、火災・爆発等を発生させる可能性について調査する必要がある。引き金事象は**表6.3**に示すように3種類に分けることができる。

①設備・装置・道具の不具合は"機械は壊れることがある"という前提条件の下、作業に用いる設備や装置などが故障などにより予定どおりに動作しなかった場合を想定する。

表6.3　引き金事象（不具合事象）の分類

引き金事象の分類	引き金事象想定の前提条件と検討すべきシナリオの例
①設備・装置・道具の不具合	・機械は壊れることがある 　例）局所排気装置が故障して作動しなかったらどうなるか？ 　　　可燃性の化学物質を保管している容器の蓋が破損していたらどうなるか？
②不適切な作業・操作	・人（作業者）はミスをすることがある 　例）局所排気装置のスイッチを入れ忘れたらどうなるか？ 　　　化学物質を容器に移している途中であふれさせたらどうなるか？
③外部要因[*10]	・停電で装置等が止まることがある。また、地震・台風・洪水などの自然災害による大規模災害が頻繁に発生している 　例）大規模停電が発生し、装置が止まったらどうなるか？ 　　　洪水が発生し、工場が浸水したらどうなるか？

出典：JNIOSH-TD-No.7（労働安全衛生総合研究所技術資料）表1.11[*11]をもとに作成

---

*9　不安全状態とは、爆発性雰囲気（ガス、蒸気又は粉じんの状態の可燃性物質が大気条件において空気と混合したものであって、点火すれば自己伝播が維持されるもの）が形成されている状態や溶断作業による火花などの着火源が発現している状態を指す。

*10　労働安全衛生総合研究所技術資料 JNIOSH-TD-No.7 では、外部要因の想定については省略しているが、事業継続計画（BCP: Business Continuity Plan）策定に合わせて、検討しておくとよい（同資料の 1.5 節参照）。

*11　https://www.jniosh.johas.go.jp/publication/doc/td/TD-No7.pdf

表 6.4 ヒューマンエラーの分類

種類	説明
①省略エラー （Omission Error）	必要な作業を実施しなかった。 　例）塗料カップの蓋をしない
やり間違い （Commission Error）	作業は実施したが、異なることを実施した。
②選択エラー （Selection Error）	間違った道具を選択した。作業する箇所を間違えた。 間違った命令または情報を出した（設定ミス）。 　例）スプレーブース以外の場所で作業する
③手順エラー （Sequential Error）	作業の順番を間違えた。 　例）局所排気装置を起動する前に塗料を取り扱う
④タイミングエラー （Time Error）	作業のタイミングが適切でなかった（早すぎた、遅すぎた）。 　例）局所排気装置の稼働が遅れた
⑤質的エラー （Qualitative Error）	作業の強度（質）が定められた基準・標準と異なる。 　例）塗料の吐出量が多すぎる／少なすぎる 　例）塗料の調合で均一になるまで撹拌しない 　例）塗料缶の蓋がきちんと閉められていなかった
⑥量的エラー （Quantitative Error）	作業量（充填量や作業継続時間など）が定められた基準・標準と異なる。 　例）塗料をカップからあふれさせる 　例）塗料とラッカーシンナーの割合を間違える
⑦その他のエラー （Other Error）	その他、上記に分類されないもの。 　例）塗料をこぼす 　例）非防爆構造の照明を持ち込む 　例）床の上に汚れ防止用ビニールシートを敷く

出典：JNIOSH-TD-No.7（労働安全衛生総合研究所技術資料）表 1.12 をもとに作成

②不適切な作業・操作は“人（作業者）はミスをすることがある（ヒューマンエラー）”という前提条件の下、作業者が作業手順書に記載されたとおりに実施しなかった場合を想定する。一般的にヒューマンエラーは**表 6.4** に示す 7 種類（一つの省略エラーと六つのやり間違い）に分類することができ[12]、対象とする作業ごとに 7 種類のエラーを想定するとよい[13]。

③外部要因は“近年、大規模停電や自然災害が多発している”という前提条件の下、

[12] A. D. Swain, H. E. Guttmann, *Handbook of Human Reliability Analysis with Emphasis on Nuclear Power Plant Applications, Final Report* (1983).

[13] ヒューマンエラーの背景要因を考慮すると、大きく、（A）「うっかりミス」によるものと、（B）「意図的なルール違反」によるものに分類することができるが、あくまで潜在する危険を顕在化させる引き金事象として、結果的にやってしまうだろうと思われることは全て想定する。この段階では、（A）「うっかりミス」によるものか、（B）「意図的なルール違反」によるものかを区別する必要はない。労働安全衛生総合研究所技術資料 JNIOSH-TD-No.7 の 1.2 節ではヒューマンエラーの想定方法を、3.3 節ではヒューマンエラー対策について提案している。

事業場全体に同時に影響を与えるような事象を想定する。

2）火災・爆発等発生に至るシナリオの同定

　想定された引き金事象が発生した際に火災・爆発等の発生に至るかどうかを確認する（ここでは、引き金事象の発生による不安全状態から火災・爆発等の発生に至る過程を"シナリオ"という）。火災・爆発等発生に至るシナリオを同定するためには、①燃焼の3要素が揃う場合と、②化学物質による異常反応（暴走反応、混合危険）が起こる場合を考えるとよい。

①　燃焼の3要素が揃う場合

　火災・爆発等の発生に至るシナリオを同定するためには、燃焼の3要素（**図6.3**）が揃う条件が成立するかどうかを確認する。つまり、<u>可燃性や引火性を有する化学物質（可燃物）が酸素（空気）と接触又は混合することで爆発性雰囲気が形成され</u>（不安全状態となり）[*14]、同時に<u>着火源（点火源）が発現</u>することにより火災・爆発等が発生するというシナリオを考えることができる。

> **ポイント！**
>
> 　燃焼とは熱と光の発生を伴う酸化反応のことで、三つの要素『可燃物（可燃性物質）』、『酸素供給源（支燃物）』、『着火源』のうち、どれか一つでも欠ければ、燃焼は起こらない。燃焼の未然防止のためにはこの3要素のうち、少なくとも一つを存在しない状態にすることがポイントとなる。

図6.3　燃焼の3要素

　図6.4〜図6.6に塗装作業などの開放系作業に対して、引き金事象発生から火災・爆発等発生に至る流れ（シナリオ検討のイメージ）を示す。開放系作業において化学物質を取り扱う場合、酸素（空気）は常に存在すると考えることができるので、空気と触

[*14]　塗装作業のような反応を伴わない化学物質取扱い作業では、化学物質は常に酸素（空気）と触れている（開放系作業において、何も対策が実施されていない場合には、常に爆発性雰囲気が形成されていると考える）。

図6.4　不安全状態となるのを防ぐためのリスク低減措置を実施していない場合

れて形成されている「爆発性雰囲気形成」と「着火源発現」の2種類の不安全状態が
同時に発生するかどうかに着目すればよい[15]。ここでは不安全状態となるのを防ぐた
めの対策（リスク低減措置）を実施している場合と実施していない場合に分けて考える。

　図6.4は不安全状態となるのを防ぐための対策を実施していない場合を示す。この
場合、すでに爆発性雰囲気が形成されている可能性があり、また、いつ着火源が発現し
てもおかしくない状況となっている。このため、燃焼の3要素が揃い、火災・爆発等
の発生に至る可能性がある。さらに、火災・爆発等の発生が労働災害や周辺地域への被
害拡大につながるというシナリオを同定することができる[16]。

　図6.5は不安全状態となるのを防ぐためのリスク低減措置を実施している場合を示
す。例えば、爆発性雰囲気形成防止対策として「局所排気装置の設置」、着火源発現防
止対策として「静電気対策（帯電防止作業服の着用など）」を行っている。この場合、
不安全状態となることは避けられ、燃焼の3要素が揃うこともないため、火災・爆発
等は発生しない。

　図6.6は何らかの引き金事象発生によりリスク低減措置が無効化され、不安全状態
となる場合を示す。この場合、爆発性雰囲気が形成され、また、着火源が発現する可能
性もあり、燃焼の3要素が揃うことから、火災・爆発等の発生に至るシナリオを同定
することができる。

　一方、化学プラントなどの密閉系の設備（例えば反応器など）では、原料となる化学

---

[15]　労働安全衛生総合研究所技術資料 JNIOSH-TD-No.7 の 1.2 節には、燃焼の3要素に着目したシ
　　　ナリオ検討方法を提案している。
[16]　労働安全衛生総合研究所技術資料 JNIOSH-TD-No.7 では、この場合、すでに危険な状態である
　　　ため、リスクアセスメントを実施する前に、何らかのリスク低減措置を実施することを推奨し
　　　ている。

図6.5　不安全状態となるのを防ぐためのリスク低減措置を実施している場合

図6.6　引き金事象発生により不安全状態となり、燃焼の3要素が揃う場合

物質などは、酸素が存在しない（例えば窒素置換されている）状態で、化学物質を反応させることにより製品を得ている。このとき、化学物質の漏えい管理や着火源の管理などを厳しく実施しているが、設備の老朽化による内容物の漏えいや酸素の混入、塔槽類上部からの可燃性粉体原料を投入する際の静電気発生などにより燃焼の3要素が揃い、火災・爆発等が発生する場合もある。

　表6.5に安衛研手法を用いた金属塗装作業に対するリスクアセスメント等実施例を示す[*17]。塗装作業中の引き金事象として「局所排気装置の故障」を想定した場合、ス

---

*17　**表6.5**には、安衛研手法で用いているリスクアセスメントシートに一つの引き金事象の想定からシナリオ同定、及びリスク低減措置の提案までを示している。詳細な解析の流れは、労働安全衛生総合研究所技術資料 JNIOSH-TD-No.7 の 1.2 節を参照。また、化学物質の危険性に対するリスク低減措置の具体例については、**7.1**を参照。

表 6.5 安衛研手法によるリスクアセスメント実施例[*18]

実施日	○年○月○日
実施者（記載者）	○○○○

STEP 1 取扱い物質及びプロセスに係る危険源の把握

取扱い物質及びプロセスに係る危険源の把握結果	【使用する化学物質】ラッカープライマーサーフェーサー ・ラッカープライマーサーフェーサーをスプレーガンに入れて使用、室温、200 mL ・危険物第4類（引火性液体）（第1石油類）（引火点：0℃）（爆発範囲：1〜15%） 【Q1〜Q17への回答】1. リスクアセスメント義務、2. GHS、3. 可燃性・引火性、13. 高圧

STEP 2 リスクアセスメント等の実施

作業・操作、設備・装置とその目的	【作業・操作】作業手順9：スプレーガンで下塗り塗装を行う。 【設備・装置・道具】噴霧塗装設備、作業台、ポリ容器、ゴミ箱、蓋つき廃液容器（金属製） 【目的】塗料の乗りをよくする

①引き金事象特定とシナリオ同定	引き金事象（初期事象）	【引き金事象】局所排気装置の故障⇒防爆構造照明が故障の順番で発生
	プロセス異常（中間事象）	【爆発性雰囲気の形成】塗装中にスプレーブースに爆発性雰囲気を形成する可能性あり 【着火源の発現】防爆構造照明が故障し、照明の絶縁不良のため、電気火花が発生する可能性あり
	プロセス災害（結果事象）	【火災？爆発？】スプレーブースの蒸気に着火して、火災又は爆発 【その他の影響】火炎での火傷、周辺の可燃物への延焼など

②既存のリスク低減措置の確認	▷スプレーブース付属の局所排気装置〈B-a〉 ▷スプレーガンの塗料カップの蓋〈R-a〉 ▷蓋つき廃液容器（金属製）への廃液の廃棄〈C-a〉 ▶防爆構造の照明使用〈B-b〉 ▶非防爆機器（スマートフォン等）の持ち込み禁止〈C-b〉 ▶導電性床の使用〈B-b〉 ▶金属製品の接地〈B-b〉〈C-b〉 ▶帯電防止ホースの使用〈B-b〉 ▶帯電防止作業服・帯電防止靴の着用〈C-b〉 ▶火気使用・持ち込みの管理〈C-b〉	●リスク低減措置実施（実装）の種類 A）本質的安全対策 B）工学的対策 C）管理的対策 D）保護具の着用 ●リスク低減措置の目的 a）異常発生防止 b）事故発生防止 c）被害の局限化 d）異常発生検知

②リスク見積りと評価（その1）既存のリスク低減措置がないと仮定した場合	重篤度	頻度	リスクレベル	
	×	×	III	

②リスク見積りと評価（その2）既存のリスク低減措置の有効性確認	重篤度	頻度	リスクレベル	
	×	○	II	

		重	頻	リ
③追加のリスク低減措置の検討＆リスク見積りと評価（その3）追加のリスク低減措置の有効性確認	イ）作業前に局所排気装置の前面風速の測定を行い〈C-d〉、基準に達していなければ作業しないことを義務付ける〈C-b〉	×	○	II
	ロ）2年に1回程度、電気設備の点検整備を行い〈B-d〉、防爆性能を維持することを義務付ける〈C-b〉	×	○	II

③追加のリスク低減措置の実装可否	イ）ロ）とも実装可能
③リスク低減措置の機能を維持するための現場作業者への注意事項等	イ）定期的なガス濃度計の動作確認、局所排気装置の動作確認 （その他）静電発生防止対策を確実に実施すること
③その他、生産開始後の現場作業者に特に伝えておくべき事項	残留リスクの有無の確認：有 残留リスクへの対応方法：火災・爆発を防止するための爆発性雰囲気形成防止対策及び着火源発現防止対策としてリスク低減措置が実装されていることを1年に1回教育する。また、現場での実装状況のパトロール、点検記録等の確認を1か月に1回実施する。
備考	

[*18] 本書では説明していない項目もある。詳しくは労働安全衛生総合研究所技術資料 JNIOSH-TD-No.7 を参照。

プレーブース内で爆発性雰囲気を形成する可能性がある（不安全状態となる）。このとき、さらに「防爆構造照明の故障」が発生すると、照明の絶縁不良のため電気火花が発生する可能性があり（これにより燃焼の3要素が揃う）、スプレーブース内の蒸気に着火して、火災又は爆発が発生する。さらに火災による作業者の火傷、周辺の可燃物への延焼など、被害が拡大するというシナリオを同定している。

② **化学物質による異常反応（暴走反応、混合危険）が起こる場合**[19]

　化学プラントのような密閉系の設備で燃焼の3要素が揃わないように管理を行っている場合でも、化学反応の温度や圧力制御の失敗により暴走反応となったり、複数の化学物質が偶発的に混合したりするなどして、火災・爆発等の発生に至ることもある。

3）リスクの見積りと評価

　火災・爆発等発生に至るシナリオに対する発生頻度（可能性）と火災・爆発等発生による重篤度（影響の大きさ）を見積もり、リスクレベルを決定することで、リスクを評価する[20]。

---

　a）危害発生の頻度　⇒　火災・爆発等発生に至るシナリオ発生頻度（可能性）

　b）危害の重篤度　⇒　火災・爆発等発生による重篤度（影響の大きさ）

　火災・爆発等発生に至るシナリオ発生頻度（可能性）は化学物質を取り扱う作業の頻度、使用する装置等の不具合（故障）の頻度、作業失敗の頻度[21]などを考慮して決定する。火災・爆発等発生による重篤度（影響の大きさ）は作業者の作業とのかかわり方（手作業で化学物質を直接取り扱っている場合と装置等を用いて間接的に取り扱っている場合では、作業者の被災の程度が異なる）、作業環境（作業場周辺の整理整頓状況、避難のしやすさなど）、工場の立地条件（近隣施設、住宅地の有無など）、生産する製品

---

*19　異常反応についての解析はさらに詳しい情報や知識を必要とするため、本書では省略する。労働安全衛生総合研究所では、異常反応（暴走反応、混合反応）に対するリスクアセスメントを実施するための情報等を技術資料にまとめている。労働安全衛生総合研究所技術資料、化学物質の危険性に対するリスクアセスメント等実施のための参考資料―異常反応による火災・爆発を防止するために―、JNIOSH-TD-No.8（2022）

*20　化学物質等による危険性又は有害性等に関する指針の9(1)ア（オ）に示されている「化学プラント等の化学反応のプロセス等による災害のシナリオを仮定して、その事象の発生可能性と重篤度を考慮する方法」として、ここでは、「危害」を「火災・爆発等発生」として説明している。

*21　ヒューマンエラー発生頻度について、本来、その作業を繰り返し行い、作業ミスの回数や誤判断の回数などのデータを収集し、発生頻度の大小等を決めることが望ましいが、このようなデータがない場合には、関係者（安全管理者、リスクアセスメント担当者、作業者など）での話し合いなどによる合意形成の下でおおよその数値（基準）等を仮定するとよい。一方、重篤度についても同様に、そのシナリオが発生した場合の最悪の影響を基準として、より軽微な範囲で収まるかどうかなどを、関係者で相談して決めるとよい。リスク見積りの目的は、正確な発生頻度や重篤度を求めることではなく、その大小の比較により、どのシナリオが発生しやすいか、どのシナリオによる影響がより大きいかという順番を把握することである。

の社会的な位置付け（サプライチェーン）などを考慮して決定する。

　リスク評価方法については数値法（加算、乗算）、リスクマトリクス法、枝分かれ法などがあるが、いずれを用いてもよい[22]。リスク見積り及びリスク評価の目的は「リスク低減措置の検討・実施の優先順位を決めること」であり、複数のシナリオが存在する場合には、それぞれのリスクレベルを相対的に比較し、リスクレベルが高いシナリオから順番にリスク低減措置を検討する。目標とするリスクレベルを達成するまで、追加のリスク低減措置を検討する。目標とするリスクレベルに達していない場合や、検討されたリスク低減措置をすぐに実施することができない場合には、残留リスクとして明示しておき、当面の現場での対応などを考えるとともに、計画的にリスクを低減する方針で取組みを続ける。また、すでにリスク低減措置が実施されている場合にも、その機能を維持するための取組み（例えば、局所排気装置のメンテナンス、マニュアルに沿って作業を行うことの重要性や緊急時の対応などに関する教育・訓練など）を続ける必要がある。

> **ポイント！**
>
> 　化学物質を用いて作業を行っている以上、リスクはゼロにはならない。このため、常にリスクレベルが高いものから順番にリスク低減措置を検討・実施していく必要がある。また、リスクレベルが低いと評価された場合でも、何らかのリスクは残っていると考え、さらなる努力によりリスクレベルを下げる取組みを続けていくことが求められる。

6.4.2　化学物質の健康有害性に対するリスクアセスメント

6.4.2.1　健康有害性に関するリスクの考え方

　化学物質によるリスクは、「危害発生の確率（又は可能性）と、その危害の度合との組合せ」（JIS Z 7252：2019）のように定義されるが、健康障害のリスクに関しては以下の式が示されることも多い。

$$「有害性」×「ばく露」＝リスク$$

---

[22]　労働安全衛生総合研究所技術資料 JNIOSH-TD-No.7 の第 2 章には、リスク見積り及びリスク評価に関する参考情報を掲載している。

　この式は、健康障害リスクは、当該化学物質の有害性の程度とばく露の程度の双方に依存することを示したもので、健康障害リスクの評価では、有害性の評価とばく露の評価が必要なことを示す。

　有害性の評価では、対象とする化学物質の有害性の種類を特定し（健康影響の種類とどのような経路のばく露で生じるか）、それがどの程度のばく露量から影響が生じるか（健康影響発現閾値・有害性の指標）を把握することが重要である。一般に、労働者がばく露される経路としては、経口（誤飲など）による健康障害、吸入ばく露による健康障害、皮膚からの吸収による健康障害、皮膚や眼に直接接触することで生じる薬傷などが想定される（**図 6.7**）。

　吸入や経皮吸収による健康障害では、ばく露量と健康影響発現の閾値を基に設定された基準値との比較でリスクの評価を行う。ばく露量がこの基準値に比して十分に低い場合はリスクを低いと判断できる。通常、有害性又はばく露の程度が大きいほどそのリスクは大きくなる。逆にこれらが小さいほどリスクも小さくなる。有害性が高ければ、それに応じてばく露を低くしない限りリスクは小さくならない。

　また、皮膚腐食性／刺激性及び皮膚吸収による健康影響のおそれのある化学物質に対しては保護具の着用が義務又は努力義務となる。

　事業者はリスクアセスメントの手法を自ら選択・実行しなければならない。リスクアセスメントの手法は様々あるが、労働災害の実情を考慮し、ばく露経路としては吸入及び皮膚接触を想定したものがほとんどである。**表 6.6** にリスクアセスメントの手法とそれらの長所及び短所をまとめた。便宜上、濃度の測定を伴うあるいは測定を伴わないリスクアセスメントに分けてまとめたが、それぞれの手法において測定の要否はばく露等の状況を判断して合理的に決められるべきである。

図 6.7　労働者がばく露される経路

表 6.6 リスクアセスメントの手法とそれらの長所及び短所の比較

手法		長所（適用する目的）	短所（気に留めておくべき点）
濃度の測定を伴わないリスクアセスメント	数理モデル（CREATE-SIMPLE 等）	・数多くの物質を簡易に評価でき、リスクが十分低いことが確認できれば実測せずにリスクアセスメントを終了することができる。 ・リスクアセスメント結果を電子化された共通様式で保存可能。 ・付随して経皮吸収や皮膚、眼への有害性が認められる物質の皮膚接触や経皮吸収によるリスクの評価ができる。	・リスクが過大評価となることも多い。 ・入力因子に関係しない職場の特別な状況やその変化に対応できない。 ・常温でガス状の物質（塩素，硫化水素等）及び溶接作業や研磨作業等で発生する粉じんについては評価ができない。
	コントロール・バンディング	・有害性情報、取扱い物質の揮発性・飛散性、取扱量からリスクの見積りが可能。	・精緻な評価はできない。 ・がん等の重大な健康障害に関しては専門家の判断が必要。
	マトリクス法、数値化法等	・職場のあんぜんサイトに掲載されているパターン化した作業に関しては簡単にリスクの見積りが可能。	・局所排気装置や保護具等の対策の効果に関して確認する必要がある。
	業界等のマニュアルに従って作業方法等を確認する方法	・マニュアルに沿って作業を行えば安全な作業となり得る。	・マニュアルから逸脱した作業あるいは行動がある場合には、確認・検証が必要になる。
	特別規則で規定されている具体的な措置に準じた方法	・行うべき措置が決められている。 ・よく管理されている特別規則対象物質は現状でよい。	・特別規則対象以外の物質に対して適用する場合には実行すべき措置に関して検討が必要。
濃度の測定を伴うリスクアセスメント	簡易測定(検知管)	・特別な測定技術が不要。 ・現場での校正が不要。 ・現場で濃度がわかる。	・共存ガスによる影響を受ける。 ・測定可能な物質は 220 物質程度。 ・短時間（1時間以内）の作業にのみ適用。
	簡易測定(リアルタイムモニター)	・特別な測定技術が不要。 ・現場で濃度がわかる。 ・データロギング機能があり、ばく露状況の時間的推移を把握できる。	・共存ガスによる影響を受ける。 ・測定可能な物質は 270 物質程度。 ・測定機器の導入コストがかかる（本体が検知管よりも高価）。 ・メーカー等の推奨に従った点検・校正が必要。
	個人ばく露測定	・ばく露測定として最終的な方法であり結果の確実性が高い。	・測定のコストがかかる。 ・専門家（作業環境測定士等）の関与が望ましい。 ・測定可能な物質は 600 物質程度。

(表 6.6　続き)

	手法	長所（適用する目的）	短所（気に留めておくべき点）
	作業環境測定	・個人サンプリング法による作業環境測定（C・D測定）は、個人ばく露測定とその結果の統計的な評価を兼ねることができる。 ・工学的対策の設計と評価を実施する場合には、試料採取箇所は、よくデザインされた場の測定が活用できる。	・測定のコストがかかる。 ・専門家（作業環境測定士等）の関与が望ましい。 ・場の測定（A・B測定）の場合には、労働者のばく露を評価できない。 ・測定可能な物質は 100 物質程度。

職場のあんぜんサイト[23]等を参考に作成

6.4.2.2　リスクアセスメントに必要な情報

（1）ばく露の管理に関する指標

リスクアセスメントに用いるばく露限界値は以下の優先順位に基づいて設定する（**表6.7**）。なお、濃度基準値が設定されている物質について、濃度基準値よりも厳しい（値が低い）ばく露限界値が公表されているなど新しい知見が得られた場合には、当該値を使用してもよい。

表 6.7　リスクアセスメントに用いるばく露限界値の優先順位

優先順位	説明
①濃度基準値 （厚生労働省）	行政が定める濃度基準値（2024 年 4 月 1 日以降）が設定済みの物質については、濃度基準値を採用する。
②学会等が勧告しているばく露限界値	ACGIH TLV-TWA、日本産業衛生学会 許容濃度、ドイツ DFG MAK などのばく露限界値のうち、信頼性が高く、最も低い（有害性の高い）値を採用する。
③管理目標濃度 （CREATE-SIMPLE）	GHS 分類に基づいた健康有害性の情報からばく露管理を行う目安としての管理目標濃度を採用する。

濃度基準値は、則第 577 条の 2 第 2 項で以下のように規定されている。

　　事業者は、リスクアセスメント対象物のうち、一定程度のばく露に抑えることにより、労働者に健康障害を生ずるおそれがない物として厚生労働大臣が定めるものを製造し、又は取り扱う業務（主として一般消費者の生活の用に供される製品に係

---

[23]　https://anzeninfo.mhlw.go.jp/

るものを除く。）を行う屋内作業場においては、当該業務に従事する労働者がこれ
らの物にばく露される程度を、厚生労働大臣が定める濃度の基準以下としなければ
ならない。

① **濃度基準値**

濃度基準値は、法第22条に基づく健康障害を防止するための最低基準であることか
ら、全ての労働者のばく露が、濃度基準値以下である必要がある。ただし、測定値の平
均値の上限信頼限界が、濃度基準値以下であることを維持することまでは求められない。

なお、濃度基準値は、法令上、労働者のばく露がそれを上回ってはならない基準であ
るため、労働者の呼吸域の濃度が濃度基準値を上回っていても、有効な呼吸用保護具の
使用により、労働者のばく露を濃度基準値以下とすることが許容される[*24]。仮に、事
業者が実施した確認測定の結果、労働者のばく露が濃度基準値を上回っていた場合は、
直ちにばく露低減措置を講じなければならない。

なお濃度基準値には、八時間濃度基準値及び短時間濃度基準値が設定される（**表
6.8**）。物質によって、両方が設定される物質、いずれか一方が設定される物質がある。

濃度基準値の設定においては、ヒトに対する発がん性が明確な物質については、発が
んが確率的影響であることから、長期的な健康影響が発生しない安全な閾値である濃度
基準値を設定することは困難であるため、当該物質には、濃度基準値の設定がなされて
いない。しかし、これら物質について、有害性の低い物質への代替、工学的対策、管理
的対策、有効な保護具の使用等により、労働者がこれら物質にばく露される程度を最小
限度としなければならない。

表6.8　濃度基準値の定義（**表5.3**の再掲）

定義	説明
八時間濃度基準値	長期的な健康障害を防止するために、1日（8時間）の時間加重平均値が超えてはならない基準。
短時間濃度基準値	急性中毒等の健康障害を防止するために、作業中のいかなる15分間の時間平均値も超えてはならない基準。短時間濃度基準値が設定されていない物質についても、作業期間のいかなる15分間の時間加重平均値が八時間濃度基準値の3倍を超えないように努めなければならない。
短時間濃度基準値（天井値）	作業中のばく露のいかなる部分（いかなる短時間のピーク）においても超えないように努めなければならない基準。

[*24]　実際に呼吸用保護具の内側の濃度の測定を行うことは困難であるため、労働者の呼吸域の濃度
　　　を呼吸用保護具の指定防護係数で除して、呼吸用保護具の内側の濃度を算定する。

時間加重平均値とは

● 複数の測定値がある場合に、それぞれの測定を実施した時間（測定時間）に応じた重み付けを行って算出される平均値

$$C_{TWA} = \frac{(C_1 \cdot T_1 + C_2 \cdot T_2 + \cdots + C_n \cdot T_n)}{(T_1 + T_2 + \cdots + T_n)}$$

C_{TWA}：時間加重平均値

T_1、T_2、…、T_n：濃度測定における測定時間

C_1、C_2、…、C_n：それぞれの測定時間に対する測定値

$T_1 + T_2 + \cdots + T_n = 8$ 時間 →

　　　　　　　8 時間時間加重平均値

$T_1 + T_2 + \cdots + T_n = 15$ 分間 →

　　　　　　　15 分間時間加重平均値

計算例

● 1日8時間の労働時間のうち、化学物質にばく露する作業を行う時間（ばく露作業時間）が4時間、ばく露作業時間以外の時間が4時間の場合で、濃度測定の結果、2時間の濃度が 0.1 mg/m³、残り2時間の濃度が 0.21 mg/m³、4時間の濃度が 0 mg/m³ であった場合

$$C_{TWA} = \frac{0.1\,\text{mg/m}^3 \times 2\,\text{時間} + 0.21\,\text{mg/m}^3 \times 2\,\text{時間} + 0\,\text{mg/m}^3 \times 4\,\text{時間}}{2\,\text{時間} + 2\,\text{時間} + 4\,\text{時間}}$$

$$= 0.078\,\text{mg/m}^3$$

濃度基準値の設定の優先順位は、**表6.9** のとおり（2024年2月時点）。

八時間濃度基準値の趣旨

　八時間濃度基準値は、長期間ばく露することにより健康障害が生ずることが知られている物質について、当該障害を防止するため、八時間時間加重平均値が超えてはならない濃度基準値として設定されたものであり、この濃度以下のばく露においては、おおむね全ての労働者に健康障害を生じないと考えられている。

　短時間作業が断続的に行われる場合や、一労働日における化学物質にばく露する作業

表 6.9　濃度基準値の設定物質の選定基準

年　　度	検討物質数	選定基準
令和 4 年度 （令和 6 年 4 月 施行）	118	リスク評価対象物質（特別則への物質追加を念頭に、国が行ってきた化学物質のリスク評価の対象物質をいう）。うち 67 物質（☞**A6.2、6.3**）について濃度基準値と測定方法を設定。
令和 5 年度	約 160	リスク評価対象物質以外の物質であって、吸入に関する ACGIH TLV-TWA があり、かつ、測定・分析方法があるもの
令和 6 年度	約 180	リスク評価対象物質以外の物質であって、吸入に関する職業ばく露限度があり、かつ、測定・分析方法があるもの
令和 7 年度 以降	約 390	リスク評価対象物質以外の物質であって、吸入に関する職業ばく露限度があり、かつ、測定・分析方法がないもの

を行う時間の合計が 8 時間未満の場合は、ばく露する作業を行う時間以外の時間（8 時間からばく露作業時間を引いた時間。以下、"非ばく露作業時間"という）について、ばく露における物質の濃度をゼロとみなして、ばく露作業時間及び非ばく露作業時間における物質の濃度をそれぞれの測定時間で加重平均して八時間時間加重平均値を算出するか、非ばく露作業時間を含めて 8 時間の測定を行い、当該濃度を 8 時間で加重平均して八時間時間加重平均値を算出する。

　この場合において、八時間時間加重平均値と八時間濃度基準値を単純に比較するだけでは、短時間作業の作業中に八時間濃度基準値をはるかに上回る高い濃度のばく露が許容されるおそれがあるため、事業者は、十五分間時間加重平均値を測定し、短時間濃度基準値を満たさなければならないとともに、努力義務に定める事項を行うように努める必要がある。

短時間濃度基準値の趣旨

　短時間濃度基準値は、短時間でのばく露により急性健康障害が生ずることが知られている物質について、当該障害を防止するため、作業中のいかなるばく露においても、十五分間時間加重平均値が超えてはならない濃度基準値として設定されたものである。さらに、十五分間時間加重平均値が八時間濃度基準値を超え、かつ、短時間濃度基準値以下の場合にあっては、複数の高い濃度のばく露による急性健康障害を防止する観点から、十五分間時間加重平均値が八時間濃度基準値を超える最大の回数を 4 回とし、最短の間隔を 1 時間とするよう努めなければならない。

　八時間濃度基準値が設定されているが、短時間濃度基準値が設定されていない物質についても、八時間濃度基準値が均等なばく露を想定して設定されていることを踏まえ、毒性学の見地から、短期間に高濃度のばく露を受けることは避けるべきである。このため、たとえば、8 時間中ばく露作業時間が 1 時間、非ばく露作業時間が 7 時間の場合に、

1 時間のばく露作業時間において八時間濃度基準値の 8 倍の濃度のばく露を許容するようなことがないよう、作業中のいかなるばく露においても、十五分間時間加重平均値が、八時間濃度基準値の 3 倍を超えないように努めなければならない。

天井値の趣旨

　天井値については、眼への刺激性等、非常に短い時間で急性影響が生ずることが疫学調査等により明らかな物質について規定されており、いかなる短時間のばく露においても超えてはならない基準値である。事業者は、濃度の連続測定によってばく露が天井値を超えないように管理することが望ましいが、現時点における連続測定手法の技術的限界を踏まえ、その実施については努力義務とされている。

　事業者は、連続測定が実施できない場合は、当該物質の十五分間時間加重平均値が短時間濃度基準値を超えないようにしなければならない。また、事業者は、天井値の趣旨を踏まえ、当該物質への労働者のばく露が天井値を超えないよう、十五分間時間加重平均値が余裕をもって天井値を下回るように管理する等の措置を講ずることが望ましい。

② 　ばく露限界値

　リスクアセスメントの対象となる物質について、個人ばく露濃度等の実測値を用いてばく露量の評価を行う場合には、行政が定める濃度基準値（2024 年 4 月 1 日以降）、日本産業衛生学会の許容濃度及び生物学的許容値、米国産業衛生専門家会議（ACGIH）のばく露限界値（時間加重平均ばく露限界値・TLV-TWA）及び生物学的ばく露指標（BEIs）等を調べる。また、作業環境測定の結果を利用する場合には、当該物質の管理濃度も調べておく。許容濃度、TLV-TWA、BEIs 及び管理濃度などが設定されている物質については、SDS にそれらが記載されている。また、ばく露限界値には、1 日 8 時間ばく露を想定した場合と、15 分程度の短時間のばく露を想定したものの 2 種類がある。

③ 　管理目標濃度（**表 6.10**）

　CREATE-SIMPLE[25] では、ばく露限界値がない場合において、GHS 分類に基づいた健康有害性の情報からばく露管理を行う目安として「管理目標濃度」が設定[26] されている（☞**A6.4**）。

---

[25]　https://anzeninfo.mhlw.go.jp/user/anzen/kag/ankgc07_3.htm
[26]　UK COSHH essentials における "Target airborne exposure range" について、H コードについて GHS 区分を対応させ、低濃度側に拡張したもの。"Target airborne exposure range" は Brooke（1988）によって、EU のリスクフレーズに基づき、毒性学的根拠をもって提案されており、約 100 物質について職業性ばく露限界値との比較・検証が行われている。

表 **6.10**　管理目標濃度（☞**A6.4**）[27]

HL	GHS 有害性分類と区分	管理目標濃度	
		液体〔ppm〕	粉体〔mg/m^3〕
5	急性毒性（経口）：区分 1（吸入の GHS 区分がない場合） 急性毒性（吸入）：区分 1 生殖細胞変異原性：区分 1 発がん性：区分 1	〜 0.05	〜 0.001
4	急性毒性（経口）：区分 2（吸入の GHS 区分がない場合） 急性毒性（吸入）：区分 2 皮膚腐食性／刺激性：区分 1A 呼吸器感作性：区分 1 生殖細胞変異原性：区分 2 発がん性：区分 2 生殖毒性：区分 1 特定標的臓器毒性（反復ばく露）：区分 1	0.05 〜 0.5	0.001 〜 0.01
3	急性毒性（経口）：区分 3（吸入の GHS 区分がない場合） 急性毒性（吸入）：区分 3 皮膚腐食性／刺激性：区分 1B または 1C または区分 1 眼に対する重篤な損傷性／眼刺激性：区分 1 皮膚感作性：区分 1 生殖毒性：区分 2 特定標的臓器毒性（単回ばく露）：区分 1 特定標的臓器毒性（反復ばく露）：区分 2	0.5 〜 5	0.01 〜 0.1
2	急性毒性（経口）：区分 4（吸入の GHS 区分がない場合） 急性毒性（吸入）：区分 4 皮膚腐食性／刺激性：区分 2 眼に対する重篤な損傷性／眼刺激性：区分 2 特定標的臓器毒性（単回ばく露）：区分 2 または 3	5 〜 50	0.1 〜 1
1	誤えん有害性：区分 1 他の有害性ランク（区分 1 〜 5）に分類されない粉体と液体	50 〜 500	1 〜 10

※ 1　区分 2A のように区分が細分化されている場合、表に細区分の記載がない場合には、区分 2 として取り扱う。

※ 2　複数の GHS 区分が当てはまる場合には、一番ハザードレベル（HL）の高いに基づき設定する。

※ 3　追加区分授乳影響のみが該当する物質は 4 物質（2024 年 2 月現在）であり、他の GHS 分類項目で HL3 以上となることから、対象としていない。

出典：CREATE-SYMPLE の設計基準　**図表 5**（☞**A6.4**）

---

*27　混合物の場合、混合物の GHS 区分情報を活用する方法がある。また、混合物の GHS 区分情報がない場合、含有成分のうち最も大きな有害性レベルを示した物質の HL をその混合物の HL と見なす方法がある。なお、両者とも取扱量、揮発性・飛散性等は混合物として考慮する。

（2）ばく露レベルに関する情報

　リスクの見積りにおいては、ばく露濃度又はばく露レベルに関する情報は重要である。個人ばく露測定、作業環境測定、検知管等によるスポット測定、リアルタイムモニターによる測定等による実測値のほか、シミュレーションによる作業環境における物質濃度の推定、CREATE-SIMPLE による推定、コントロール・バンディングにみられるような粉じんやガスの取扱い状況などからそのばく露レベルを決定するものまで、様々ある。

（3）リスクの見積りに関連する情報

　リスクの見積りは危険性・有害性のある物質を製造し又は取り扱う業務ごとに行う（則第34条の2の7第2項、法第28条の2）。

　見積りを行う際には、次に掲げる事項等が必要になる（☞**A6.1**の7、8、9）。
- 当該化学物質等の性状
- 当該化学物質等の製造量又は取扱量
- 当該化学物質等の製造又は取扱い（以下、"製造等"という）に係る作業の内容
- 当該化学物質等の製造等に係る作業の条件及び関連設備の状況
- 当該化学物質等の製造等に係る作業への人員配置の状況
- 作業時間及び作業の頻度
- 換気設備の設置状況
- 保護具の使用状況
- 当該化学物質等に係る既存の作業環境中の濃度若しくはばく露濃度の測定結果又は生物学的モニタリング結果

また、事業者は、一定の安全衛生対策が講じられた状態でリスクを見積る場合には、用いるリスクの見積り方法における必要性に応じて、次に掲げる事項を考慮する必要がある。
- 安全装置の設置、立入禁止措置、排気・換気装置の設置その他の労働災害防止のための機能又は方策（以下、"安全衛生機能等"という）の信頼性及び維持能力
- 安全衛生機能等を無効化する又は無視する可能性
- 作業手順の逸脱、操作ミスその他の予見可能な意図的・非意図的な誤使用又は危険行動の可能性
- 有害性が立証されていないが、一定の根拠がある場合における当該根拠に基づく有害性

6.4.2.3　リスクの見積りの方法

　リスクの見積りの方法は事業者に委ねられる。健康有害性に関するリスクの見積りを

行う際、対象物質の有害性の程度（濃度基準値等又は GHS 分類結果）及び実測値（作業環境測定結果、個人ばく露測定結果等）の有無により、どのようなリスクの見積りが適当か検討する必要がある（☞**表6.6**）。

(1) 数理モデル（CREATE-SIMPLE 等）による方法

　数理モデルには、CREATE-SIMPLE や欧州 ECETOC TRA（European Centre for Ecotoxicology and Toxicology of Chemicals, Target Risk Assessment：欧州化学物質生態毒性・毒性センター、リスク評価）などがある。また揮発量と換気量等から計算してもよい。

　CREATE-SIMPLE では、対象物質の作業条件（取扱量、飛散性、揮発性、含有率、換気状況、作業方法、呼吸用保護具の着用状況、作業時間、作業頻度、接触面積・時間等）からばく露濃度を推定し、これとばく露限界値又は GHS 分類区分情報から得られる管理目標濃度を比較することでリスクの見積り[28] を行っている。さらに CREATE-SIMPLE では、リスク低減対策を検討し、これらの低減対策を行ったと仮定した場合のリスクの再見積りが可能となっている（**図6.8**）。

　CREATE-SIMPLE は「実習」を行うので、本項での詳細な説明は省略する。

図6.8　CREATE-SIMPLE におけるリスクの見積り方法

---

[28]　CREATE-SIMPLE では、長時間（8 時間）の評価が原則であるが、短時間の評価も実施できるような改修が計画されている。

（2）実測値を濃度基準値等と比較する方法

①　リスクアセスメントにおける測定

基本的考え方

　事業者は、リスクアセスメントの結果に基づくリスク低減措置として、労働者のばく露の程度を濃度基準値以下とすることのみならず、危険性又は有害性の低い物質への代替、工学的対策、管理的対策、有効な保護具の使用等を駆使し、労働者のばく露の程度を最小限度とすることを含めた措置を実施する必要がある。事業者は、工学的対策の設定及び評価を実施する場合には、個人ばく露測定のみならず、よくデザインされた場の測定を行う。

試料の採取場所及び評価

　事業場における全ての労働者のばく露の程度を最小限度とすることを含めたリスク低減措置の実施のために、ばく露状況の評価は、事業場のばく露状況を包括的に評価できるものであることが望ましい。このため、事業者は、労働者がばく露される濃度が最も高いと想定される均等ばく露作業（労働者がばく露する物質の量がほぼ均一であると見込まれる作業であって、屋内作業場におけるものに限る。以下同じ）のみならず、幅広い作業を対象として、当該作業に従事する労働者の呼吸域における物質の濃度の測定を行い、その測定結果を統計的に分析し、統計上の上側信頼限界（95％）を活用した評価や物質の濃度が最も高い時間帯に行う測定の結果を活用した評価を行うことが望ましい。

　対象者の選定、実施時期、試料採取方法及び分析方法については、次項②に定める確認測定に関する事項に準じて行うことが望ましい。

個人ばく露測定

　個人ばく露測定の方法については、技術上の指針を参照すること。

作業環境測定

　作業環境測定の測定と評価（法65条の規定に基づくもの）は従来どおり、作業環境測定基準、作業環境評価基準の方法に従い、第1～第3の管理区分が決定される（「A・B測定」又は「C・D測定」の各組合せで行う）。同様の方法を管理濃度のないものに応用する場合、評価に使われる基準値（管理濃度相当値）については、ばく露限界値をあてる。

リアルタイムモニターを用いた測定

　リアルタイムモニターを用いて測定することが可能な物質（約270物質）の場合、「リ

アルタイムモニターを用いた化学物質のリスクアセスメントガイドブック」[*29] に基づいた手順で評価することができる。なお、粉じんや粒子状物質のリスクアセスメントはできない。

　なお、リアルタイムモニターは、ばく露履歴が把握できるという長所があるので、リスクアセスメントの手段として直接使用しない場合であっても、高濃度ばく露のタイミングを把握するために適宜活用することができる。

検知管を用いた測定

　検知管を用いて測定することが可能な物質（約 220 物質）の場合、「検知管を用いた化学物質のリスクアセスメントガイドブック」[*30] に基づいた手順で短時間評価を行うことができる。なお、粉じんや粒子状物質のリスクアセスメントはできない。

　その他の留意事項

　様々な測定（作業環境測定、検知管等によるスポット測定、リアルタイムモニターによる測定等による実測値）によるリスクの見積り方法の例については「化学物質の自律的管理におけるリスクアセスメントのためのばく露モニタリングに関する検討会報告書」（労働安全衛生総合研究所）[*31] に記載されている。

　ばく露濃度測定（検知管・リアルタイムモニターによる簡易測定と個人ばく露測定）は、第一種作業環境測定士、作業環境測定機関等、当該測定について十分な知識及び経験を有する者により実施されることが適切である。作業環境測定は、作業環境測定士によって実施されることが適切である。

●吸入ばく露に関するリスクアセスメント（リスクアセスメント対象物か否か及び濃度基準値の有無による場合分け）

　吸入ばく露の場合、ばく露の程度とばく露限界値を比較することでリスクを判定する。ばく露限界値が設定されている場合、この値は健康影響発現閾値をヒトや実験動物から得られた毒性データから推定し、不確実性などを考慮して設定されるものなので、リスク評価の基準値として使用できる。ばく露量がばく露限界値を超えていなければリスクは高くないと考える。これが健康影響リスクの見積りの基本である（**図 6.9**）。

[*29]　https://anzeninfo.mhlw.go.jp/user/anzen/kag/pdf/realtimemonitor-guidebook.pdf
[*30]　https://anzeninfo.mhlw.go.jp/user/anzen/kag/pdf/kenchi-guidebook.pdf
[*31]　https://www.mhlw.go.jp/content/11300000/000945998.pdf

図6.9　吸入ばく露におけるリスクの考え方

> ワンポイント解説　**ばく露濃度と濃度基準値等の比較**
>
> 　ばく露濃度が濃度基準値等から離れたばく露値（例えば濃度基準値の10倍あるいは10分の1など）であれば評価はそれほど難しくはないであろう。一方、ばく露濃度が濃度基準値等に近い値の場合にはその評価は簡単ではない。このような場合には数値のみで判断するのではなく、作業者の行動や作業状況を観察して、対応を進める必要がある。同じ作業でもそれぞれの労働者の行動によってばく露が大きく異なる場合がある。

　ただし、ばく露量の把握では、個人ばく露濃度の測定、作業環境という「場」の測定、実測をせず数理モデルで推定する方法等があり、推定の精度について配慮が必要である。また、化学物質取扱い作業の内容や作業時間により個々の労働者のばく露が変動すること、実測でも測定法により精度が異なることなども考慮して、評価に用いるばく露濃度の算出においては適切な統計学的処理を含んだ対応も求められる。

　また、上記の原則に則り、リスクアセスメントを実施するとともに適切な労働者のばく露低減措置を実施するためには、対象となる化学物質（法令上どのような規制があるか）によって異なったアプローチが求められる場合がある。以下にポイントを示す。

（ア）リスクアセスメント対象物質については、リスクアセスメント指針に準拠してリスクアセスメントを実施することが求められるが、リスクの見積りについては複数の方法が提示されており、上述の原則を考慮しつつ事業者が適切と考える方法を選択する必要がある。リスクアセスメントが努力義務の物質についても同様の対応が望まれる。

（イ）リスクアセスメント対象物質で濃度基準値が設定されている物質については、個々の労働者のばく露を濃度基準値以下としなければならない。「化学物質による健康障害防止のため濃度の基準の適用等に関する技術上の指針」（以下、“技術上の指針”という）の記載に従った対応が求められる。最初に上記（ア）と同様、適切な方法でばく露レベルを把握する（初期調査）。初期調査で高いばく露が想定された場合（濃度基準値の1/2以上を基準に評価）は、技術上の指針に従った確認測定が

必要である。

（ウ）リスクアセスメント対象物質で<u>濃度基準値が設定されていない物質</u>については、<u>個々の労働者のばく露をできるだけ低くしなければならない</u>。最初に上記（ア）と同様、適切な方法でばく露レベルを把握する（初期調査）。濃度基準値の設定がない場合も、各種機関からばく露限界値が提示されている場合があるので参考になるものと考えられる。<u>初期調査で高いばく露が想定された場合、詳細調査としてより精度が高いと考えられる方法でリスクを見積もるとともに、ばく露防止措置を検討する。</u>

（エ）<u>リスクアセスメント対象で特別規則の対象物質</u>については、同規則で定められた措置（局所排気装置等工学的対策・環境測定等）が詳細に定められているので、

●詳細調査の方法（ばく露限界値とばく露濃度を比較する方法）

図 6.10 吸入ばく露のリスクアセスメントのフロー

これらが適切に実施されているかどうかを確認することでリスクアセスメントが実施できる。作業環境測定の結果から管理濃度を基準に判定した管理区分でリスクの程度を判断できる（第一管理区分であればリスクは低い等）。

以下、吸入ばく露の健康有害性に関するリスクの見積りを行う際の手順を例示する（図6.10）。

自律的な管理におけるリスクアセスメント対象物に関する測定

法第57条の3においてリスクアセスメントが事業者に義務付けられている。

則第577条の2第1項で労働者がばく露される濃度を最小限にすることを事業者に義務付けている。さらに同条第2項では労働者のばく露の程度が濃度基準値を上回らないことを事業者に義務付けている。則第577条の2第1項及び同条第2項は法第22条を受けているので法第119条の罰則が適用される。一方、規定には、測定の実施は義務付けられておらず、ばく露を最小化し、濃度基準値以下とするという結果のみが求められていることに留意する必要がある。また、これらの規定には優劣はなく、これらの規定に基づく措置を等しく実施することが必要なものである。

---

②　ばく露が濃度基準値以下であることを確認するための測定

これまで述べてきたように自律的な管理においては、事業者はリスクアセスメントの実施及びその結果に基づく対策が求められる（法第57条の3）。

一方、リスクアセスメントとは別に労働者の健康を守るための措置義務（法第22条）があり、全ての労働者のばく露は濃度基準値以下としなければならないとされている（則第577条の2）。

数理モデル（CREATE-SIMPLE等）の活用を含めた適切な方法により、事業場の全てのリスクアセスメント対象物に対してリスクアセスメントを実施し、その結果に基づきばく露低減措置を実施する。この結果、労働者のばく露が濃度基準値を超えるおそれのある作業を把握した場合は、労働者のばく露が濃度基準値以下であることを確認するための測定（確認測定）を実施し、その結果を踏まえて必要なばく露低減措置を実施しなければならない。

ここで、労働者のばく露が濃度基準値を超えるおそれのある作業とは、労働者のばく露の程度が、八時間濃度基準値の2分の1程度を超えると評価された場合で、確認測定を実施する。

●均等ばく露作業の分類

リスクアセスメントの結果や数理モデルによる解析の結果等を踏まえ、有害物質へのばく露がほぼ均一であると見込まれる作業均等ばく露作業を特定する。均等ばく露作業

図 6.11 均等ばく露作業における確認測定の対象者選定の考え方

の特定にあたっては、ばく露測定結果が全員の平均の 50% から 2 倍の間に収まらない
場合は、均等ばく露作業を細分化することが望ましい。

●確認測定の対象者の選定（**図 6.11**）

　最も高いばく露を受ける均等ばく露作業において、最も高いばく露を受ける労働者の
呼吸域の測定を行う。全ての労働者に対して一律の厳しいばく露低減措置を行うのであ
れば、それ以外の労働者の測定を行う必要はない。ただし、ばく露濃度に応じてばく露
低減措置を最適化するためには、均等ばく露作業ごとに最大ばく露労働者を選び、測定
を実施することが望ましい。測定結果のばらつきや測定の失敗等を考慮し、八時間濃度
基準値との比較を行うための測定については、均等ばく露作業ごとに、最低限 2 人の測
定対象者を選定することが望ましい。

●確認測定の実施時期

　労働者の呼吸域の濃度が、濃度基準値を超えている作業場については、少なくとも 6
月に 1 回、個人ばく露測定等を実施し、呼吸用保護具等のばく露低減措置が適切である
かを確認する必要がある。

　最初の測定は要求防護係数を算出するため個人ばく露測定が必要であるが、定期的に
行う測定は、ばく露状況に大きな変動がないことを確認する趣旨であるため、固定式の
連続モニタリングや場の測定といった方法も考えらえる。

　労働者の呼吸域の濃度が濃度基準値の 2 分の 1 程度を上回り、濃度基準値を超えない
作業場所については、一定の頻度で確認測定を実施することが望ましい。リスクアセス
メント指針に規定されるリスクアセスメントの実施時期（☞**6.2.4**）を踏まえつつ、
リスクアセスメントの結果、固定式のばく露モニタリングの結果、工学的対策の信頼性、
製造し又は取り扱う化学物質の有害性の程度等を勘案し、労働者の呼吸域の濃度に応じ
た頻度となるように事業者が判断する。

　全ての場合について定期的な測定が望ましいということではなく、局所排気装置等を

6

化学物質等のリスクアセスメント（リスクの見積り・評価）

整備し、作業環境を安定的に管理している場合や、固定式のばく露モニタリングによってばく露を監視している場合は、作業の方法や排気装置等の変更がない限り、呼吸域の測定を再度実施する必要はない。

● 測定の実施

八時間濃度基準値と比較するための試料空気の採取（長時間測定）

　確認測定は、労働者のばく露の測定であることから、空気試料の採取は労働者の呼吸域で行う。

　空気試料の採取の時間については、8時間の一つの試料か8時間の複数の連続した試料とすることが望ましい。8時間未満の連続した試料や短時間ランダムサンプリングは望ましくないが、例外として作業日を通じて労働者のばく露が比較的均一である自動化・密閉化された作業という限定的な場面等には適用できる。ただし測定されていない時間帯のばく露状況が測定されている時間帯と均一であることを、過去の測定結果や作業工程の観察等によって立証する必要がある。この場合であっても、試料採取時間は、ばく露が高い時間帯を含めて、少なくとも2時間（8時間の25%）以上とする。

　化学物質へのばく露を伴う作業が1日8時間を超える場合は、八時間濃度基準値より低い値で労働者のばく露を管理する必要がある。このような作業のばく露管理には、専門家の関与が必要である。

自社の作業環境測定士の活用

　八時間濃度基準値との比較をするための労働者の呼吸域の測定にあたっては、自社の作業環境測定士（第二種でもよい）が試料採取を行い、その試料の分析を作業環境測定機関に委託する方法がある。この場合、作業内容や労働者をよく知る者が試料採取を行うことができるため、試料採取の適切な実施が担保できるとともに、試料採取の外部委託の費用を低減することが可能となる。

短時間濃度基準値と比較するための試料空気の採取（短時間測定）

　長時間測定と同様に、空気試料の採取は労働者の呼吸域で行う。

　空気試料の採取の時間については、最もばく露が高いと推定される労働者（1人）について、最もばく露が高いと推定される作業時間の15分間に測定を実施する。

　測定については、測定結果のばらつきや測定の失敗等を防ぐ観点から、同一作業シフト中に少なくとも3回程度実施し、最も高い測定値で評価を行うことが望ましい。ただし、同一作業シフト中の作業時間が15分程度以下である場合は、1回でよい。

短時間作業の場合の試料空気の採取

　短時間作業が断続的に行われる場合や、同一労働日で化学物質を取り扱う時間が短い場合には、8時間の試料を採取することが困難である。この場合は、作業の全時間の試料を断続的に採取し、作業実施時間外のばく露がゼロの時間を加えて八時間時間加重平均値を算出するか、作業を実施しない時間を含めて8時間の測定を行って、八時間時間加重平均値を算出する。

　この場合、八時間時間加重平均値と八時間濃度基準値を単純に比較するだけでは、短時間作業の作業中に八時間濃度基準値をはるかに上回る高いばく露が許容されるおそれがある。それを防ぐため、短時間濃度基準値が設定されている場合は、15分間の時間加重平均値を測定することで急性毒性の影響を評価する必要がある。短時間濃度基準値が設定されていない場合は、別途15分間の試料を採取し、15分間の時間加重平均値が八時間濃度基準値の3倍を超えないように努めなければならない。

　なお、一日の作業時間が8時間の3分の1より短い場合は、溶接ヒューム測定等告示のように、測定した時間に応じて時間加重平均値を算出し、その値と八時間濃度基準値を比較する方法も考えられる。

混合物への濃度基準値の適用の留意事項

　混合物に含まれる複数の化学物質が、同一の毒性作用機序によって同一の標的臓器に作用する場合、それらの物質の相互作用によって、相加効果や相乗効果によって毒性が増大するおそれがある。しかし、複数の化学物質による相互作用は、個別の化学物質の組合せに依存し、かつ、相互作用も様々である。

　これを踏まえ、混合物への濃度基準値の適用においては、混合物に含まれる複数の化学物質が、同一の毒性作用機序によって同一の標的臓器に作用することが明らかな場合には、それら物質による相互作用を考慮すべきであるため、相加式を活用してばく露管理を行うことが努力義務とされている。

混合物への濃度基準値への適用

　混合物に含まれる複数の化学物質が、同一の毒性作用機序によって同一の標的臓器に作用することが明らかな場合には、それら物質による相互作用を考慮する必要がある。次に掲げる相加式を活用してばく露管理を行うことに努めなければならない。短時間濃度基準値について準用される。なお、有機溶剤の作業環境測定においては、「作業環境測定基準」（昭和63年労働省告示第79号）第2条第4項において、相加式を用いることとしている。

$$C_1/L_1 + C_2/L_2 + \cdots + C_n/L_n \leqq 1$$

※ここで、C_1, C_2, $\cdots$, C_n は、それぞれ物質1, 2, $\cdots$, n のばく露濃度であり、L_1, L_2, $\cdots$, L_n は、それぞれ物質1, 2, $\cdots$, n の濃度基準値である。

労働日の労働時間が８時間を超える場合の適用の留意事項

　一労働日における化学物質にばく露する作業を行う時間の合計が８時間を超える作業がある場合には、作業時間が８時間を超えないように管理することが原則である。

　やむを得ず化学物質にばく露する作業が８時間を超える場合、八時間時間加重平均値は、当該作業のうち、最も濃度が高いと思われる時間を含めた８時間のばく露における濃度の測定により求める。この場合において、事業者は、当該八時間時間加重平均値が八時間濃度基準値を下回るのみならず、化学物質にばく露する全ての作業時間におけるばく露量が、八時間濃度基準値で８時間ばく露したばく露量を超えないように管理する等、適切な管理を行う。また、八時間濃度基準値を当該時間用に換算した基準値（八時間濃度基準値×８時間／実作業時間）により、労働者のばく露を管理する方法や、毒性学に基づく代謝メカニズムを用いた数理モデルを用いたばく露管理の方法も提唱されていることから、ばく露作業の時間が８時間を超える場合の措置については、化学物質管理専門家等の専門家の意見を踏まえ、必要な管理を実施する。

（3）　健康障害の発生可能性とその重大性から見積もる方法（例：マトリクス法）

　厚生労働省から「業種別のリスクアセスメントシート」（化学物質のリスクアセスメント実施支援）[32] が公表されている。ここでは工業塗装の例を基に紹介する。

【工業塗装等】

　① 　化学物質等による有害性のレベル分け

　化学物質等について、SDS のデータを用いて、GHS の有害性レベル（HL）を割り当てる。レベル分けは、**表6.11** のように有害性を A から E の５段階、及び S に分けて行う。例えば GHS 分類で急性毒性区分３とされた化学物質は、有害性レベル C となる。

　② 　ばく露レベルの推定

　作業環境レベルを推定し、それに作業時間等作業の状況を組み合せてばく露レベルを推定する。アからウの３段階を経て作業環境レベルを推定する具体例を次に示す。

ア　ML（作業環境レベル）の推定

　化学物質等の製造等の量、揮発性・飛散性の性状、作業場の換気の状況等に応じて点数を付し、その点数を加減した合計数を**表6.12** に当てはめ作業環境レベルを推定する。労働者の衣服、手足、保護具に対象化学物質等による汚れが見られる場合には、１点を加える修正を加え、次の式で総合点数を算定する。

---

*32 　https://anzeninfo.mhlw.go.jp/user/anzen/kag/ankgc07.htm

表6.11　GHS分類における健康有害性クラスと区分の有害性レベル（重篤性）

有害性のレベル	GHS分類における健康有害性クラス及び区分
A	・皮膚刺激性 区分2 ・眼刺激性 区分2 ・吸引性呼吸器有害性 区分1 ・他のグループに割り当てられない粉体・蒸気
B	・急性毒性 区分4 ・特定標的臓器毒性（単回ばく露）区分2
C	・急性毒性 区分3 ・皮膚腐食性 区分1（細区分1A、1B、1C） ・眼に対する重篤な損傷性 区分1 ・皮膚感作性 区分1 ・特定標的臓器毒性（単回ばく露）区分1、3（麻酔作用、気道刺激） ・特定標的臓器毒性（反復ばく露）区分2
D	・急性毒性 区分1、2 ・発がん性 区分2 ・特定標的臓器毒性（反復ばく露）区分1 ・生殖毒性 区分1、2
E	・生殖細胞変異原性 区分1、2 ・発がん性 区分1 ・呼吸器感作性 区分1
S （皮膚又は眼への接触）	・急性毒性（経皮）区分1、2、3、4 ・皮膚腐食性 区分1（細区分1A、1B、1C） ・皮膚刺激性 区分2 ・眼刺激性 区分1、2 ・皮膚感作性 区分1 ・特定標的臓器毒性（単回ばく露）（経皮）区分1、2 ・特定標的臓器毒性（反復ばく露）（経皮）区分1、2

出典：基発0918第3号化学物質等による危険性又は有害性等の調査等に関する指針について[33]（一部改変）

ML（作業環境レベル）
＝ A（取扱量点数）＋B（揮発性・飛散性点数）－C（換気設備点数）＋D（修正点数）

ここで、AからDの点数の付け方は次のとおりである。

A：一日の取扱量

　　3点　大量（トン、kL単位で計る程度の量）

　　2点　中量（kg、L単位で計る程度の量）

---

[33]　https://www.mhlw.go.jp/file/06-Seisakujouhou-11200000-Roudoukijunkyoku/0000098259.pdf

　　　1 点　少量（g、mL 単位で計る程度の量）

B：揮発性・飛散性

　　　3 点　高揮発性（沸点 50℃未満）、高飛散性（微細で軽い粉じんの発生する物）

　　　2 点　中揮発性（沸点 50-150℃）、中飛散性（結晶質、粒状、すぐに沈降する物）

　　　1 点　低揮発性（沸点 150℃超過）、低飛散性（小球状、薄片状、小塊状）

C：換気設備

　　　4 点　全自動化・遠隔操作・完全密閉

　　　3 点　局所排気（プッシュプル等）

　　　2 点　局所排気（外付け）

　　　1 点　全体換気

　　　0 点　換気なし

D：修正点数

　　　1 点　労働者の衣服、手足、保護具が調査対象となっている化学物質等による汚れが見られる場合

　　　0 点　労働者の衣服、手足、保護具が調査対象となっている化学物質等による汚れが見られない場合

表 6.12　作業環境レベルの区分（例）

作業環境レベル（ML）	a	b	c	d	e
A+B−C+D	7〜5	4	3	2	1〜（−2）

出典：基発 0918 第 3 号 化学物質等による危険性又は有害性等の調査等に関する指針について[33]（一部改変）

イ　作業時間・作業頻度のレベル（FL）の推定

　労働者の当該作業場での当該化学物質等にばく露される年間作業時間を**表 6.13** に当てはめ作業頻度を推定する。

表 6.13　作業時間・作業頻度レベルの区分（例）

作業時間・作業頻度レベル（FL）	i	ii	iii	iv	v
年間作業時間	400 時間超過	100〜400 時間	25〜100 時間	10〜25 時間	10 時間未満

出典：基発 0918 第 3 号 化学物質等による危険性又は有害性等の調査等に関する指針について[33]

ウ　ばく露レベル（EL）の推定

　アで推定した作業環境レベル（ML）及びイで推定した作業時間・作業頻度レベル（FL）を**表 6.14** に当てはめて、ばく露レベル（EL：I〜V）を推定する。

表6.14 ばく露レベル（EL）の区分の決定（例）

(FL) ＼ (ML)	a	b	c	d	e
i	V	V	IV	IV	III
ii	V	IV	IV	III	II
iii	IV	IV	III	III	II
iv	IV	III	III	II	II
v	III	II	II	II	I

出典：基発 0918 第 3 号 化学物質等による危険性又は有害性等の調査等に関する指針について[33]

③ リスクの見積り

①で分類した有害性レベル（HL）及び②で推定したばく露レベル（EL）を組み合わせ、リスクを見積もる。数字の値が大きいほどリスク低減措置の優先度が高いことを示す。リスクアセスメントではリスクレベルを 2 以下にすることを目標とする。

表6.15 リスクの見積り（例）

HL ＼ EL	V	IV	III	II	I
E	5	5	4	4	3
D	5	4	4	3	2
C	4	4	3	3	2
B	4	3	3	2	2
A	3	2	2	2	1

出典：基発 0918 第 3 号 化学物質等による危険性又は有害性等の調査等に関する指針について[33]

リスク低減の優先順位

（4）業界等マニュアルに基づく方法

リスクアセスメントは危険性・有害性を有する化学物質に対して例外なく実施することが求められる。化学物質を使用する作業は多岐にわたり、またその方法は多種多様である。それぞれの化学物質及び作業に対して実測等により精密なリスクアセスメントを実施することが理想であるが、これが技術的あるいは資源（費用）的に困難である場合が少なくない。このようなことから作業方法を熟知している事業者団体等が特定の作業に特化した安全衛生マニュアルを作成し、これに従って作業を行えばリスクアセスメントの義務を果たしたとするものである。この前提として同様の作業におけるリスクアセスメントが実施されていなければならない。また労働者のばく露に懸念がある場合には各事業場においてリスクアセスメントを実施する必要がある。具体的なマニュアルは今後、業界及び／又は行政から公表が予定されている。

職場のあんぜんサイト[*34] には業種・作業別リスクアセスメントの実施支援システム[*35] や作業別モデル対策シート[*36] が公表されており、有効活用が期待される。

（5）特別規則（特化則、有機則等）で規定されている具体的な措置に準じた方法

危険又は健康障害を防止するための具体的な措置が労働安全衛生法関係法令の各条項に規定されている場合に、これらの規定を確認する方法がある。すなわちリスクアセスメント対象物でもある特別規則対象物に関するリスクアセスメントである。

6.4.2.4　皮膚等障害化学物質等への直接接触の防止

事業者は、皮膚若しくは眼に障害を与えるおそれ又は皮膚から吸収され、若しくは皮膚に侵入して、健康障害を生ずるおそれがある物質又は混合物（皮膚等障害化学物質等という）を製造し又は取り扱う業務に労働者を従事させるときは、労働者に適切な保護具を使用させなければならない。（則第 594 条の 2：☞**A2.5**）。

皮膚等障害化学物質等は、「皮膚腐食性・刺激性」、「眼に対する重篤な損傷性・眼刺激性」及び「呼吸器感作性又は皮膚感作性」のいずれかで区分 1 に分類されている物質及び別途告示等で示される物質（皮膚吸収性有害物質）が対象となる［☞**A2.6**、第 4、8（2）］。

2024 年 4 月 1 日に不浸透性保護具の使用が義務になる物質は、

① 「皮膚腐食性・刺激性」、「眼に対する重篤な損傷性・眼刺激性」及び「呼吸器感作性又は皮膚感作性」のいずれかで区分 1 に分類されている物質ー744

② 皮膚吸収性有害物質—196（基発 0704 第 1 号令和 5 年 7 月 1 日）

③ ①かつ②を満たす物質—124

④ 特別規則対象物質—85　である。

これらは "皮膚等障害化学物質等（労働安全衛生則第 594 条の 2）（令和 6 年 4 月 1 日施行）及び特別規則に基づく不浸透性の保護具等の使用義務物質リスト"（令和 5 年 11 月 9 日）として公表されている。

これらの物質は**別冊資料**にリスクアセスメント対象物と共に示した（☞**別冊資料**）。

＊34　https://anzeninfo.mhlw.go.jp/
＊35　https://anzeninfo.mhlw.go.jp/risk/risk_index.html
＊36　https://anzeninfo.mhlw.go.jp/user/anzen/kag/ankgc07_6.htm

> **ワンポイント解説　健康障害を起こすおそれがないことが明らかなものとは**
>
> 　政府 GHS 分類結果及び譲渡提供された SDS 等に記載された有害性情報のうち「皮膚腐食性・刺激性」、「眼に対する重篤な損傷性・眼刺激性」及び「呼吸器感作性又は皮膚感作性」のいずれも「区分に該当しない」と記載され、かつ、「皮膚腐食性・刺激性」、「眼に対する重篤な損傷性・眼刺激性」及び「呼吸器感作性又は皮膚感作性」を除くいずれにおいても、経皮による健康有害性のおそれに関する記載がないものが含まれる（☞**A2.6**　第 3、6）。

　皮膚等障害化学物質等などへの保護具の対応を**表 6.16** に示した。

表 6.16　皮膚等障害化学物質等などへの対応方法

分　　　類	対　　　応
健康障害を起こすおそれのあることが明らかな物質（皮膚等障害化学物質等）を製造し、又は取り扱う業務に従事する労働者（則 594 条の 2：☞**A2.5**）	保護眼鏡、不浸透性の保護衣、保護手袋又は履物等適切な保護具の使用の義務※（2024 年 4 月 1 日施行）
健康障害を起こすおそれがないことが明らかなもの以外の物質を製造し、又は取り扱う業務に従事する労働者（上段の労働者を除く）（則 594 条の 3：☞**A2.5**）	保護眼鏡、不浸透性の保護衣、保護手袋又は履物等適切な保護具の使用の努力義務
健康障害を起こすおそれがないことが明らかなもの	皮膚障害等防止用保護具の着用は不要

6.5　リスクアセスメント結果の労働者への周知

①　事業者は、則第 34 条の 2 の 8（☞**A2.5**）に基づき次に掲げる事項を、化学物質等を製造し、又は取り扱う業務に従事する労働者に周知するものとする。

　ア　対象の化学物質等の名称
　イ　対象業務の内容
　ウ　リスクアセスメントの結果
　　（ア）特定した危険性又は有害性
　　（イ）見積もったリスク
　エ　実施するリスク低減措置の内容

②　①の内容を周知する方法は、次に掲げるいずれかの方法によること。

> ア　各作業場の見やすい場所に常時掲示し、又は備え付けること
> イ　書面を労働者に交付すること
> ウ　磁気ディスク、光ディスクその他の記録媒体に記録し、かつ、各作業場に労働者が当該記録の内容を常時確認できる機器を設置すること

③　法第 59 条第 1 項に基づく雇入れ時教育及び同条第 2 項に基づく作業変更時教育においては、則第 35 条第 1 項第 1 号、第 2 号及び第 5 号（☞ **A2.5**）に掲げる事項として、①に掲げる事項を含めること。

　なお、**6.2.4**（1）に掲げるリスクアセスメント等の実施時期については、法第 59 条第 2 項の「作業内容を変更したとき」に該当するものであること。

④　リスクアセスメントの対象の業務が継続し①の労働者への周知等を行っている間は、事業者は①に掲げる事項を記録し、保存しておくことが望ましい。

7章

リスクアセスメント
（リスク低減対策）

本章では、化学物質の危険性及び有害性のリスクを低減する具体的な対策の全体像について解説する。

7.1　危険性に対するリスク低減措置検討・実施の順番

　事業者は、化学物質リスクアセスメント指針[*1]に規定されているように、危険性又は有害性の低い物質への代替、工学的対策、管理的対策（作業手順の改善等）、有効な保護具の使用という優先順位に従い、対策を検討し、労働者のばく露の程度を濃度基準値以下とすることを含めたリスク低減措置を実施する必要がある。

　化学物質の危険性に対するリスク低減措置検討・実施の順番としては、次の二つの考え方を組み合せて検討するとよい。

- ●多重防護の考え方
- ●「化学物質リスクアセスメント指針」に示された対策検討の優先順位

以下、それぞれの考え方について説明する。

（1）多重防護の考え方

　多重防護の考え方の基本は、<u>火災・爆発等発生に至るシナリオの進展をできるだけ早い（影響が小さい）段階で止める</u>ことであり、次の四つからなる。**表 7.1** にそれぞれの対策の目的と説明を示す。

- （a）異常発生防止対策
- （b）事故発生防止対策
- （c）被害の局限化対策
- （d）異常発生検知手段

　最初に「(a)異常（不安全状態）を発生させないこと」、次に「(b)事故（火災・爆発等）を発生させないこと」、最後に「(c)事故が発生してもできる限り被害を局限化すること」の順番で考えることで、火災・爆発等発生に至るシナリオの発生頻度を下げるとともに、火災・爆発等発生による重篤度を下げることができる。これにより、なぜそのリスク低減措置を実施するのかという目的を明確にすることもできる。

　(d)の異常発生検知手段は、(a)～(c)のリスク低減措置が、その機能を果たすために、不安全状態となっていることを検知するためのセンサー（温度計、圧力計、濃度計など）や警報装置（センサーによりそれぞれの値を検知し、設定値を超えた場合にはアラームで知らせる）を設置することを意味する。例えば、濃度計を設置し、作業場に形成されている爆発性雰囲気の濃度が設定値以上となっていることを検知したらアラームを鳴らし、作業の中断を促す（工学的に連動させる場合もある）。

[*1]　https://www.mhlw.go.jp/content/11300000/001091755.pdf

表7.1　多重防護の考え方

リスク低減措置の目的	説明
(a)異常発生防止対策	主に原因系（引き金事象）の発生を防ぐための対策であり、設備・装置・道具に不具合を生じさせない、あるいは作業者がミスをしても正常な状態に保つ（爆発性雰囲気を形成させない、着火源を発現させないなど）。
(b)事故発生防止対策	爆発性雰囲気が形成される作業場で着火源が発現しないようにする。着火源が発現している作業場に爆発性雰囲気が流れ込まないようにする。
(c)被害の局限化対策	たとえ火災・爆発等が発生しても、それによる影響をできる限り小さくする（建屋や設備の被害や周辺住民への被害を軽減する、又は避難などにより作業員が被災するのを防ぐ）。
(d)異常発生検知手段	爆発性雰囲気の形成や着火源の発現を検知する。検知した結果を基に、(a)異常発生防止対策、(b)事故発生防止対策、又は(c)被害の局限化対策でどのように対応するかをセットで考える。

> ワンポイント解説　**多重防護とは？**
>
> 　米国化学工学会（AIChE）の化学プロセス安全センター（CCPS）は多重防護の考え方をより具体的に区分した独立防護層（Independent Protection Layer）の概念による安全設計を提唱している。独立防護層は多重の独立した防護システムによりプラントを包み込むことで、潜在的な危険が事故や災害につながることを未然に防ごうとするもので、たとえ内側の防護層が損なわれたとしても、その外側の防護層が機能することにより、事故を未然に防ぎ、被害（災害）を最小限に食い止めることを目的としている。

（2）化学物質リスクアセスメント指針の第10項

　化学物質リスクアセスメント指針の第10項には、次の順番でリスク低減措置を検討することとされている。

　（A）本質的安全対策

　（B）工学的対策

　（C）管理的対策

　（D）保護具の着用

7

リスクアセスメント（リスク低減対策）

　表7.2 にそれぞれの対策の説明を示すが、(A)→(B)→(C)→(D)の順番は、より信頼性が高いリスク低減措置から順番に実施するとよいことを意味している。(A)本質的安全対策は本来、危険性が低い状態で作業することができる条件（環境）の構築を目的としている。(B)の工学的対策と(C)管理的対策では、機械的に（自動的：作業者の判断を要しないで）動作する方策は、作業者（人）が実施する方策よりも信頼性が高いということを意味している。(D)は火災・爆発等の発生を防ぐための方策ではなく、あくまで作業者を保護する（火災・爆発等の災害から身を守る）ことを目的としている。

表7.2　リスク低減措置の種類（優先順位）

優先順位	リスク低減措置の種類	説明
1	(A)本質的安全対策	・危険性又は有害性のより低い物質への代替、化学反応のプロセス等の運転条件の変更、取り扱うリスクアセスメント対象物の形状の変更等又はこれらの併用によるリスクの低減など
2	(B)工学的対策	・リスクアセスメント対象物に係る機械設備等の防爆構造化、安全装置の二重化等の工学的対策又はリスクアセスメント対象物に係る機械設備等の密閉化、局所排気装置の設置等の衛生工学的対策など
3	(C)管理的対策	・作業手順の改善、立入禁止等の管理的対策など
4	(D)保護具の着用[*2]	・リスクアセスメント対象物の有害性に応じた有効な保護具の選択及び使用など

> **ワンポイント解説　保護具について**
>
> 　「(D)保護具の着用」は最も低い優先順位となっているが、作業場では非定常なトラブル（漏えい等）が起こる可能性もあることから、労働者保護（労働災害防止）のために保護具を着用することは、極めて重要な方策といえる。

(3) 化学物質の危険性に対するリスク低減措置検討・実施の基本

　リスクアセスメントを実施した結果、火災・爆発等発生に至るシナリオのリスクレベルが高ければ、追加のリスク低減措置を検討・実施する。最初に、SDSに記載されている対策などを確認し、化学物質取扱作業の内容や作業条件（作業環境）に合わせた対策を実施する。次に、リスクアセスメントにより得られた火災・爆発等の発生につながるシナリオの進展を防ぐ（リスクレベルを下げる）ためのリスク低減措置について検討

[*2]　静電気発生対策のための作業着等の着用は、本質安全対策に含まれる。ヘルメットなどの保護具の着用は労働災害防止のために利用されるが、実際の作業場等へ入る際には必須のことである。

する。火災・爆発等が発生する条件[*3]は、主に次の2点が考えられ、これらを防止するためのリスク低減措置を検討し、実施する。

- ●燃焼の3要素が揃う（2種類の不安全状態が同時に発生する）こと
- ●異常反応（暴走反応、混合危険）が起こること

▶燃焼の3要素が揃うことを防ぐ（不安全状態となるのを防ぐ）

塗装作業などの開放系作業では空気（酸素）を除去することはできないため、可燃物（爆発性雰囲気）の除去と着火源の除去について考えるとよい[*4]。

表7.3 に爆発性雰囲気形成防止対策の例を示す。可燃性の粉じんを取り扱っている場合には粉じん爆発の発生防止策の検討も必要となる。また、化学プラントなどの密閉系の装置に対しては、「不活性ガスによる置換・シール」などを行う。これらは化学物質取扱作業において、不安全状態となることを避けることを目的としている。

表7.4 に火災・爆発の着火源となり得る要因と対策の例を示す。(a)～(h)の8種類のリスク低減措置に分類することができ、作業条件に合わせて全ての対策を検討する。表7.5 に静電気発生防止対策の例を示す。

爆発性雰囲気が形成されていても、着火源を発現させなければ燃焼の3要素が揃うことはなく、火災・爆発等の発生を防ぐことができる。一方、火気取扱作業（例えば、溶断作業）を行っている場所には常に着火源が存在しており、この場所に爆発性雰囲気が流れ込み、燃焼の3要素が揃う場合もある。このため、爆発性雰囲気形成防止対策と着火源防止対策の両方を実施することが望ましい。つまり、火気取扱作業に際しては、同じ作業場で行われている別の作業などにおいて可燃性・引火性の物質が取り扱われていないか、注意を払う必要がある。

▶異常反応（暴走反応、混合危険）を防ぐ

化学プラントでの異常反応が起こることを防ぐためには、反応温度・圧力の適切な制御、設備のメンテナンス（配管の腐食対策なども含む）、化学物質の適切な保管などが考えられるが、ここでは省略する。詳しくは文献[*5, *6]を参照されたい。

7
リスクアセスメント（リスク低減対策）

---

*3　**6.4.1**「化学物質の危険性に対するリスクアセスメント」を参照。
*4　労働安全衛生総合研究所技術資料、化学物質の危険性に対するリスクアセスメント等実施のための参考資料―開放系作業における火災・爆発を防止するために―、JNIOSH-TD-No.7（2021）
*5　AIChE/CCPS, *Guidelines for Engineering Design for Process Safety*, Wiley（1993）
*6　労働安全衛生総合研究所技術資料、化学物質の危険性に対するリスクアセスメント等実施のための参考資料―異常反応による火災・爆発を防止するために―、JNIOSH-TD-No.8（2022）

表 7.3　爆発性雰囲気形成防止対策の例*7

対策	対策例
ガス・蒸気爆発性雰囲気の抑制	・不要な可燃性ガス・液体の残留を除去する ・可燃性ガス・液体の漏えいを防止する ・可燃性ガス・蒸気の放出を管理する ・換気によって可燃性ガス・蒸気の滞留を防止する 【換気設備の例】外付け式フード［下方吸引（換気作業台など）、側方吸引］、プッシュプル型換気装置、囲い式フード（ドラフトチャンバーなど） 【異常発生検知手段の例】濃度計・ガス検知器 ※爆発性雰囲気の形成を確実に検知することができる場所に適切に設置していること ※爆発下限濃度（LEL）の 4 分の 1 未満の濃度に制御すること
粉じん爆発性雰囲気の抑制	・適切な粉体の粒径を選定する ・粉体の微細化を防止する ・粉体の滞留・堆積を防止する（排気／換気装置内への堆積を含む） ・取り扱いの規模を制限する ・設備を区画化する ・設備内の不要な突起物を除去する ・可燃性粉体の漏えいを防止する ・可燃性粉体の飛散・堆積を防止する 【換気設備の例】外付け式フード［下方吸引（換気作業台など）、側方吸引］、プッシュプル型換気装置、囲い式フード（ドラフトチャンバーなど）
不活性ガスによる置換・シール	【不活性ガスの種類】 ・窒素ガス、炭酸ガス、水蒸気等の適切な不活性ガスを使用する 【酸素濃度管理】 ・酸素濃度の連続監視を行う場合、限界酸素濃度（LOC）が 5vol% 以下でないならば、LOC より少なくとも 2vol% 低い安全マージンを確保する、LOC が 5vol% 以下ならば、LOC の 60% を超えないように管理する ・酸素濃度の連続監視をしない場合、LOC が 5vol% 以下でないならば、LOC の 60% 以下で管理する、LOC が 5vol% 以下ならば、LOC の 40% を超えないように管理する 【置換・シールの方法】 ・対象となる設備・操作の種類に応じて、バッチ式（作業・操作のつど不活性ガスを供給して置換・シールをする方法）又は連続式（常時、連続的に不活性ガスを供給して置換・シールをする方法）を実施する 【不活性ガスの供給設備】 ・供給設備は適切な位置を選定し、設置する ・供給設備における不活性ガスは適切な量を保有する ・供給設備におけるガスは適切な圧力を確保する ・商用電源の停電が生じた場合でも保安用不活性ガスを供給し続けることができるように、非常用電源を具備する

---

*7　労働安全衛生総合研究所技術資料 JNIOSH-TD-No.7 の表 1.8 をもとに作成。

（表7.3　続き）

対策	対策例
不活性ガスによる置換・シール	【爆発上限による管理】 ・以下を満たすようにして、少なくとも 25vol% の天然ガス又はメタンを供給し、爆発上限以上の濃度にする ・ベントヘッド周辺の気圧は大気圧程度である ・爆発上限（UFL）が水素–空気の UFL（75vol%）以上となる蒸気を含まないこと ・空気より高い濃度の酸素が供給されないようにする 【爆発下限による管理】 ・爆発下限（LFL）の 25% 以下にする。このとき、工程の温度と圧力を考慮しなければならない。ただし自動のインターロック設備がある場合は LEL の 60% 以下でもよい ※酸素濃度。爆発上限、爆発下限による管理を行う際は、酸素濃度、爆発上限、爆発下限を測定できる検知器を設置し、検知すべきパラメータを設定するとともに、検知した際の警報システムを構築し、異常発生防止対策や事故発生防止対策につなげる

表7.4　火災・爆発発生の着火源となり得る要因と対策の例[8]

種類		着火源となる要因	対策の例
電気的着火源	(a)電気火花	・加熱装置・自動温度調節器等のリレー接点に飛ぶ電気火花 ・照明用機器の破壊の際のアーク ・電気溶接用ノズルのアーク非防爆型の電気機器や漏電している電気機器の火花 ・非防爆機器（携帯電話、スマートフォンなど）の使用	・防爆構造の電気機器類の使用
	(b)静電気火花	・物体に電荷が蓄積し帯電が起こり、その電荷によって形成された電界強度がある程度以上になると、絶縁破壊を起こし、静電気火花（放電）が発生する。	・全ての導体の接地 ・作業者の接地と帯電防止 ・不導体の排除 ・電荷発生の抑制 ・除電 ・静電気に関連した測定
高温着火源	(c)高温表面	・電熱器、加熱導管、高温金属などの露出した高温表面 ・溶接・ガス切断等のときに飛び散る火の粉 ・溶接・切断を行っている鋼板の裏側表面　など	・高温装置の保守点検、過負荷の有無の監視（センサー） ・設備・装置における機械的摩擦による高温部の有無の監視 ・溶接・ガス切断等の作業の適切な制限

＊8　労働安全衛生総合研究所技術資料 JNIOSH-TD-No.7 の表 1.9 をもとに作成。

（表7.4　続き）

種類		着火源となる要因	対策の例
高温着火源	(d)熱輻射	・物質が燃焼している近く ・電熱器やボイラの近く ・焦点を結んだ太陽光線　など	・周囲からの高温物の除去 ・遮熱材の使用
衝撃的着火源	(e)衝撃・摩擦	・金属（特に軽金属合金製）同士の打撃・衝撃 ・運動部への異物の混入による摩擦　など ・流動摩擦	・軽金属合金製品の使用の禁止 ・設備・装置内の可燃物・異物の除去 ・流動摩擦対策「バルブをゆっくり操作」、「系内の可燃物の除去（清掃）」など
	(f)断熱圧縮	・配管などの閉空間への高圧ガスの急激な流入による断熱圧縮など	・バルブをゆっくり操作 ・可燃物の除去（清掃）
物理化学的着火源	(g)裸火	・厨房のコンロ ・暖房用のストーブ ・灯明 ・マッチ・ライター ・タバコの火 ・酸素アセチレン炎やトーチランプの炎 ・ボイラ ・各種の炉の中の燃料の燃焼炎 ・分析機器内の小火炎　など	・作業環境に応じた火気使用の制限 ・火気持ち込み等に関する十分な管理
	(h)自然発火	・空気や水に触れると直ちに発火するもの ・可燃性物質自体の内部に化学反応熱が蓄積することによって着火する場合　など	・小分けによる蓄熱の防止 ・適切な温度管理（センサー） ・強制的な冷却の実施

表7.5　静電気発生防止対策の例[*9]

対策	説明、対策例
全ての導体の接地	導体は帯電すると静電気災害の原因となる火花放電等を発生するので、全ての導体と導電性材料を接地しなければならない。 　接地は導体と大地間を電気的に接続することにより導体の帯電を防止する対策である。ボンディングは導体同士を電気的に接続することであり、直接の接地が容易でない導体と接地した導体をボンディングすることにより接地する方法である。ボンディングの結果として導体間の電位は同電位になる。 ・装置、設備等設置された導体構造物の接地 ・絶縁された金属の排除：不導体上の金属（プラスチックパイプや容器のフランジ、絶縁性床上の金属ドラムなど）の接地

[*9]　労働安全衛生総合研究所技術資料 JNIOSH-TD-No.7 の表1.10より。

（表 7.5　続き）

対策	説明、対策例
作業者の接地と帯電防止	作業者も静電気放電の原因となるので、帯電防止作業靴、導電性床の使用により作業者の帯電（電荷の蓄積）を抑制する。 ・帯電防止作業靴・導電性床の利用による人体の接地 ・帯電防止作業服の着用
不導体の排除	不導体は接地をしても電荷緩和がほとんどないので接地の効果がない、不導体に発生した電荷は蓄積され静電気災害の原因となる。不導体は導電性材料に代えて、これを接地して不導体の使用は避ける、あるいは不導体（例えば、絶縁性液体）に帯電防止剤を添加するなどして導電性を向上させることにより、静電気に起因するリスクを低減できる。 　不導体を接地導体で覆うことにより、又は、接地導体により区画化することにより、不導体の帯電の影響を小さくして静電気に起因するリスクを抑制する。例えば、絶縁ホースにスパイラル状に巻かれた接地導線もこれにあたる。 ・導電性材料の容器・パイプ・フィルタなどを利用し、これらを接地 ・静電遮へい ・絶縁性液体の帯電防止剤や導電性液体を添加
電荷発生の抑制	一般に、電荷の発生は接触の面積、摩擦の速度に依存して多くなるので、速度を遅くするなど作業工程を見直すことにより電荷発生を抑制できる。 ・作業の運転速度や液体・粉体の輸送の流速の制限 ・帯電しやすい液体では乱流や噴出を避ける
除電	除電器を利用した電荷の抑制である。除電器で発生したイオンにより帯電物体の電荷を中和する。帯電物体の周辺の媒質の導電率を高く（電荷緩和を促進）するのと等価である。不導体の除電に有効である。ただし、除電器単独でのリスク低減措置とはせず、必ず他の対策と併用すること。
静電気に関連した測定	上記の対策の指標となる導電性、帯電電位、漏えい抵抗について、以下の測定により確認する。防爆型の測定器を用いている場合でも着火源となる可能性があるため、作業場に可燃性ガスや溶剤蒸気及び粉じんが立ち込めているようなときには、絶対に測定を行わないこと。 ・全ての導体が接地されているか、テスターなどで確認 ・原料などが入った袋や作業者などの帯電電位を静電電位測定器で測定 ・床や作業台、台車等の漏えい抵抗を絶縁抵抗計で測定

7.2　健康有害性に対するリスク低減措置の検討・実施の順番（衛生工学的対策）

　リスク評価の結果、許容できないリスクレベルと評価された場合には、次の優先順位に従ってリスク低減措置を検討し、具体的に実施する必要がある（☞ **表 7.2**）。

　①有害性のより低い物質への代替、取り扱う化学物質の形状の変更等又はこれらの併

　用によるリスクの低減

②化学物質等に係る機械設備等の密閉化、局所排気装置の設置等の衛生工学的対策

③作業手順の改善、立入禁止等の管理的対策

④化学物質等の有害性に応じた有効な保護具の使用

　いくつかの低減措置が考えられる場合には、措置を講ずることを求めることが著しく合理性を欠くと考えられる場合を除き、可能な限り高い優先順位のリスク低減措置を実施する必要がある。また、死亡、後遺障害、重篤な疾病をもたらすおそれのあるリスクについては、暫定的な措置を直ちに講ずるほか、検討したリスク低減措置を速やかに実施するよう努める。

　現実には、優先順位の高いリスク低減措置単独で目的を達成することは難しく、有害性の低い化学物質への代替、あるいは衛生工学的対策を施したとしても、管理的対策（例えば、ラベルを教材にした危険有害性の教育、あるいは急所を押さえた設備の操作マニュアルの整備、そしてマニュアルに沿った訓練の実施など）、また個人用保護具の使用（例えば、間欠的に行う飛散が著しい作業においては、呼吸用保護具を使用するなど）を補完的措置として施さなければならない作業場は多い。本質安全化、衛生工学的対策を選択した場合にも、作業内容をよく検討し、補完的に施さなければならない事柄があるのかどうかを確認し、必要に応じてそれらを実行しなければならない。

7.2.1　有害性の低い物質への代替化

　自律的な管理に移行することによって、「特別規則（特化則、有機則等）の対象となっていない化学物質は、有害性が低い（あるいは有害性がない）」と安易に判断する場面は徐々に少なくなっていくものと思われるが、改めて、代替を検討している化学物質のSDS の内容をよく読み取ったうえで、慎重に代替を検討することが求められる。有害性が確定していない化学物質（GHS 分類の結果、「分類できない」とされているものなど）に代替するという選択肢以外に、有害性のわかっている化学物質を注意深く使っていく選択肢もあることを、忘れないようにする。

> ポイント！
>
> 　現場の作業者は、「規制がかかっている化学物質」＝「特別規則（特化則、有機則等）で規制がかかっている化学物質」という理解をしていることがある。教育・指導担当者は、規制がかかっている化学物質には、特別規則（特化則、有機則等）で対象となっている化学物質だけではなく、「表示・通知をしなければいけない化学物質（ラベルと SDS に書かれている事柄に沿って、現場もきちんと管理しなければならない）」も含まれていることをよく説明する。法令順守型に慣れ親しんで

きた我が国においては、この説明を、ひとつ一つの場面で丁寧に行っていくことが重要である。

　また、規制がかかっていない化学物質であっても、危険性・有害性のある全ての化学物質は、取り扱う際にリスクアセスメントを実施し、リスク低減措置を施すことが努力義務になっている。作業者の安全を第一に考えて実行してほしい。

7.2.2　有害な化学物質の拡散を抑える、若しくは作業者が取り扱わないようにする

　代替化が困難な場合に、次に検討すべきことは、有害な化学物質の拡散をできる限り抑える工夫を考えてみることである。機械設備等を密閉化する、あるいは取り扱う場所をパーティションなどで囲って内部を負圧に保ち、作業者が通常作業を行っている区域と隔離するなどの方法をとれば、有害な化学物質の作業場への拡散を抑えることができる。また、前述したような方策を実施することが困難な場合でも、例えば常温で固体の化学物質では、作業上支障がなければ湿らせて取り扱うことで発じんをおさえる、あるいは作業で使用する化学物質を必要最小限に抑制するなどの工夫をすることによって、できる限り拡散を抑えた上で、後述する衛生工学的対策を実施することが大切である。

　また、ロボットを利用して作業の自動化を図り、人による作業自体をなくしてしまう方策を実施すれば、本質安全化が図れる。化学物質管理者は、常に新しい関連技術情報の入手を心掛けたい。

7.2.3　衛生工学的対策（機械設備等の密閉化、局所排気装置の設置等）（☞A7.1）

　リスクアセスメントを行う際に、作業者の士気、あるいは作業者の雇用形態（正社員、パート社員、アルバイト社員等）、また外国人労働者、高齢労働者の存在といった事柄も考慮したうえで、災害発生の可能性を見積もり、評価に反映させなければならない。具体的には、作業手順の徹底が難しい、保護具の着用徹底が難しいという事情があれば、そのことをきちんとリスク評価に反映させ、安易に管理的対策、保護具の着用といった低減措置を選択することなく、前述したような本質安全化対策、あるいはこれから述べる衛生工学的対策を選択することが大切となる。

　また、化学物質の作業環境濃度を把握し、その濃度をあるレベル以下に保つことによって、作業者の有害な化学物質に対するばく露を間接的に許容濃度等以下にコントロールするという、我が国が独自に培ってきた「作業環境管理」の手法は今後も活用可能であ

る。どのような場面でもばく露濃度を把握し、直接的なばく露防止対策（保護具の使用）のみを実施するといった間違った流れにしないように留意する必要がある。

（1）局所排気装置、プッシュプル型換気装置（拡散した有害な化学物質を作業場から取り除く）

　機械設備等の密閉化は、限られた工程、作業場でのみ対応できる措置であるが、特別規則（特化則、有機則等）の規定に沿って、屋内作業場の多くの現場で採用されてきた局所排気装置及びプッシュプル型換気装置は、自律的な管理においても、幅広く有効に活用されるべき基本的な衛生工学的対策であることに変わりはない。化学物質管理者自身が、これらの設備を設計する場面は限られているものと思われるので、ここでは計画に参画時や具体的な設計資料などの確認時、運用時に知っておきたい最低限の事柄について解説する。

局所排気装置

　発散源において、有害な化学物質が作業場に拡散する前に吸引して排気する「局所排気」は、衛生工学的対策の基本となる方法である。ここでは、計画、運用時に特に大切となる点を解説する。

① フード（図7.1）

　有害な化学物質を気流の力で吸引しようとする（捕捉フードを利用する）場合には、囲い式フード（フードの中で有害な化学物質を取り扱う）が基本となる。外付け式フード（フードから離れた場所で有害な化学物質を取り扱う）は、作業性を考えたときに、

図7.1 局所排気装置

囲い式フードの利用が困難な場面のみで採用するフードであることをよく理解しておく。そして、外付け式フードを採用した場合には、フードにできる限り近い位置で作業を行うことを徹底させる。フードから離れた位置で作業を行っている様子は、局所排気装置が有効に機能していない原因として、数多くの作業場でみられる。有効な設備であっても、適切な使い方をしなければ効果は得られないことを、化学物質管理者は十分に認識すべきである。

　捕捉フードかレシーバー式フード（有害な化学物質のほうからフードに飛び込んでくる場合に採用するフード）かの選択、フードの形状の選択、吸引方向の決定などについては、対象となる化学物質の拡散の仕方、挙動などの特性をよく踏まえて（例えば、有機溶剤は空気より比重が大きい、溶接ヒュームは熱を伴うため、一定の高さまでは上昇するなど）決める必要がある。

② **制御風速**

　設計に際しては、過去に培ってきたノウハウに沿ってまず制御風速の目安を立て、それをベースに必要排風量を見積もり、さらに全体設計を進めていくこととなる。運用においては、特別規則（特化則、有機則等）の規制の対象となっていないリスクアセスメント対象物はもとより、特別規則においても、一定の要件を満たし、都道府県労働局長の認定を受けた事業場は現行の基準を必ずしも一律に満たす必要はなくなり、ファンの回転数などで調整して必要最小限の気流が得られればよいこととなる。今後は、制御風速の基準を確保するために要していた過剰なエネルギー消費を最小限に抑えることができる、というメリットも得られる。

③ **ダクトと排風機（ファン）**

　ダクトに空気が流れるときには、圧力損失が生じ、排風機（ファン）の風量が低下する。このことを考慮して適切な設計を行わないと、想定した制御風速が得られない。また、ダクトの圧力損失によって低下した風量を補うためには、電気エネルギーを多く消費する必要が生じ、稼働させるためのコストも上昇する。したがって、まずは配管設計時にできる限り圧力損失が小さくなるように（ダクトはできる限り短く、ダクトの曲がりはできる限り少なく、ダクトの断面積は汚染物質がダクト内に滞留しない範囲でできる限り大きくなど）設計することを心掛けるとともに、ダクトの圧力損失を補うために適切な排風機を選定することが大切となる。

④ **給気**

　RC 構造（鉄筋コンクリート構造）の建物などは、特に密閉度が高い。したがって、新たに局所排気装置を設置する場合には、建屋全体及び設置してある区画内への給気は、必ず検討すべきである。

7

リスクアセスメント（リスク低減対策）

> ┌ **ワンポイント解説　制御風速とは？**
>
> 　制御風速とは、有害物質を吸引するために必要となる風速のことをいい、囲い式フードにおいてはフード開口面上、外付け式フードにおいては、フードの開口面から最も離れた作業位置の風速を表す。特別規則（特化則、有機則等）においては、外付け式フードや囲い式フード等のフードの形状に応じて制御風速が定められていて、制御風速を守れば有害物質が作業環境中に漏えいしないとされている。
>
> 　囲い式フードの制御風速は 0.5〜1 m/sec 前後であるが、これは人がゆっくり歩いて感じる風の速さに近い。風速を体感しておくことも有用である。
>
> 　有機溶剤中毒予防規則（第16条）では以下のように局所排気装置の性能を求めている。
>
> | 型式 | | 制御風速（メートル／秒） |
> |---|---|---|
> | 囲い式フード | | 0.4 |
> | 外付け式フード | 側方吸引型 | 0.5 |
> | | 下方吸引型 | 0.5 |
> | | 上方吸引型 | 1.0 |
>
> 備考
> 一　この表における制御風速は、局所排気装置の全てのフードを開放した場合の制御風速をいう。
> 二　この表における制御風速は、フードの型式に応じて、それぞれ次に掲げる風速をいう。
> 　イ　囲い式フードにあつては、フードの開口面における最小風速
> 　ロ　外付け式フードにあつては、当該フードにより有機溶剤の蒸気を吸引しようとする範囲内における当該フードの開口面から最も離れた作業位置の風速

⑤　空気清浄装置、屋外排気、排液処理

　特別規則（特化則、有機則等）においては、一定の取り決めがなされているが、リスクアセスメント対象物も含めた有害な化学物質の用後処理は、労働安全衛生法令だけではなく、大気汚染防止法、水質汚濁防止法などの環境に係る法律、並びに地方自治体ごとの条例もよく学び、関係法令を全て満たした形で必要な設備を整えることが、事業者には求められている。

プッシュプル型換気装置

　化学物質が作業場に拡散する前に吸引して排気するという意味では、局所排気装置と同様の効果が得られる設備である。局所排気装置と異なるのは、吸い込む（プル）だけではなく、空気を吹き出す（プッシュ）設備も付随している点である。吹出し側の給気量と、吸込み側の排気量のバランスをきちんと図って適切に設計すると、**図7.2**のよ

図 7.2　プッシュプル型換気装置

うな一様な気流の流れができる。このことによって得られる最大のメリットは、外付け
式フードを採用した局所排気装置を利用して作業を行う場合よりも、作業を行える範囲
（装置が有害な化学物質を吸い込む範囲）が広がることである。また、局所排気装置よ
りも緩やかな風速でコントロールできるため、稼働に要するエネルギーの節約、過剰な
原材料の消費、加工物の品質低下を抑えるなどの効果も得られる。

　計画、運用時に知っておきたい事項の多くは、局所排気装置と重なるが、特に重要な
点は、作業ができる範囲が広がり、外付け式フードを利用した局所排気装置以上に、風
下側に別の作業者が入ってしまい十分な換気ができない可能性が高くなること、また風
下にいる作業者が、有害な化学物質を吸入する可能性が高くなることである。この問題
への対応として、下降流型のプッシュプル型換気装置（天井から空気が吹き出し、床で
吸い込む型式）、あるいは斜降流型のプッシュプル型換気装置（斜め上から空気が吹き
出し、低い位置で吸い込む型式）を採用することも考えられる。このような型式を採用
すれば、別の作業者が、風下の換気範囲に入ってしまうことを避けることができる。

　また、局所排気装置にも共通する事柄であるが、**図 7.2** のように、水平方向に気流
が流れる場合に、吸込み側フードに相対する形で作業者が立つと、作業者が壁となり、
作業位置の一様な空気の流れが乱れることがある。このため、化学物質によっては、呼
吸域に化学物質が滞留することがある。可能であれば、一様流が作業位置でも確実に確
保できるように、90°立ち位置を変えて（左側に吸込みフード、右側に吹出しフードが
配置されている形となる）作業を行うことが望ましい。

図 7.3　全体換気装置

（2）全体換気装置（拡散した有害な化学物質を新鮮な空気で薄める）

　作業場を全体的に換気する方法である。局所排気装置、プッシュプル型換気装置と異なる点は、作業場に拡散する前に吸引してしまうわけではなく、有害な化学物質を希釈しているにすぎないということである。しかしながら、決して無駄な方法というわけではなく、作業環境濃度をできる限り低く保ち、作業者の有害な化学物質に対するばく露を間接的に低くしたうえで保護具を活用するという、我が国が独自に培ってきた「作業環境管理」の大切さを踏まえた対策である。

　例えば、濃度基準値が設定されていない化学物質の管理を行うために実施する作業環境モニタリング（特別規則においてはＡ測定と称しているもの）の結果の評価において、各測定点の数値の大きなばらつきが原因で、評価結果が悪くなっている場合に、全体換気による環境気中濃度の均一化が改善に寄与する可能性もある。導入にあたっては、対象の化学物質の有害性の程度をよく検討したうえで採用する必要がある。判断が難しい場合には、専門家の助言を求めるべきである。また、この方法を採用した場合には、補完的な措置として保護具の着用の要否を必ず検討しなければならない。

　図 7.3 は、屋内作業場において、全体換気を行っている様子である。給気の位置、排気の位置については、対象の化学物質の特性（例えば、有機溶剤は空気より重い、溶接ヒュームは熱を伴っているので、ある程度の高さまでは上昇していくなど）、並びに空気の流れが短絡しないことを考慮して決定する必要がある。また、全体換気装置は、局所排気装置などで捕捉しきれずに作業場に拡散した有害な化学物質を希釈するために、局所排気装置などと併用して利用することもある。

　局所排気装置、プッシュプル型換気装置は、屋内作業場で、かつ定常作業が行われる作業場への設置が前提となる。したがって、製造業における非定常作業、また日々作業

図7.4　可搬型の換気装置及びフレキシブルダクト

場が異なる作業（建設、設備工事など）においては、利用することが難しい。このような局所排気装置、プッシュプル型換気装置の利用が難しい作業場では、そのつど作業場の構造、気流の状態、対象の化学物質の特性をきちんと把握し、自然換気では滞留する可能性があると判断した場合には、必ず機械換気を行い、そのうえで呼吸用保護具を使うことを心掛けなければならない。化学物質による急性中毒は、非定常作業時、並びに建設、設備工事の作業中に多く発生していることに留意しておきたい。

　非定常作業、建設、設備工事などの作業場では、**図7.4**のような可搬型の換気装置、並びにフレキシブルダクトが広く活用されている。

　もし、一定の箇所だけで有害な化学物質を取り扱うのであれば、可搬型の換気装置とフレキシブルダクトを利用して、局所排気装置として利用することもできる。

（3）多様な発散防止抑制措置

　2012年（平成24年）に、特別規則（特化則、有機則等）の改正により、局所排気装置等の設置が義務付けられている作業場において、一定の要件を満たし、かつ所轄労働基準監督署長の許可を受けた場合に、多様な発散防止抑制措置（密閉設備、局所排気装置、プッシュプル型換気装置以外の衛生工学的対策）を導入することが可能となった。当然ながら、リスクアセスメント対象物のリスク低減措置においても、この選択枝でリスク低減措置を検討することは何ら問題ない。例えば、作業場の空気を屋外に排気する（特別規則上の局所排気装置等は、屋外排気を前提にした設備）ことによって、作業場内の温湿度を制御するための費用負担が大きい場合に、技術的に可能な方法で屋内排気に改善することは合理的な方策といえよう。

　ただし、継続して作業場内を汚染しないように運用するために、局所排気装置等以上の、様々な工夫、例えば化学物質をフィルターなどで吸着して屋内に排気する方法を採用した場合には、センサーなどを利用して予めフィルターの交換時期を把握し、かつ適切なフィルター交換を行うための管理の仕組みを構築することが必要となる。したがって、多様な発散防止抑制措置を採用する場合には、安易に採用することなく、必ず専門

7

リスクアセスメント（リスク低減対策）

家の助言を求める必要がある。また、今後新たな発想の衛生工学的対策が開発、実用化される可能性があるので、化学物質管理者は、多様な発散防止抑制措置についても常に新しい関連技術情報の入手を心掛けたい。

7.3　個人用保護具

　個人用保護具（以下、"保護具" という）とは、英語では Personal Protective Equipment であり、PPE と略称される。有害化学物質にばく露する作業では、呼吸用保護具、保護手袋、防護服、保護眼鏡等の労働衛生保護具が頻繁に使用される。それぞれの保護具あるいは保護具を構成する部品等について、工業的な国際規格や国内規格があり、呼吸用保護具の一部については厚生労働省による検定が実施されている。

　今回の法令改正において、新しく則 577 条の 2 第 2 項が設けられ、濃度基準値が設定されているものについては当該化学物質へのばく露が濃度基準値以下としなければならず、濃度基準値のない化学物質については当該化学物質へのばく露を最小限にしなければならないとされた。ばく露防止措置における呼吸用保護具の優先順位は低いが、今回の則では、呼吸用保護具を適切に選択・使用して、労働者の呼吸域の化学物質濃度を濃度基準値以下にすることも対応策として認められている。

　これまでは、リスクアセスメントの結果を考慮して、まず使用する化学物質をより安全なものへの変更（有害性の低いものへの代替）、工学的対策や作業改善（管理的対策）を検討するが、それらの検討で十分なばく露低減が達成できない場合には、作業者の吸入ばく露を低減するために呼吸用保護具を使用することとする、段階的なアプローチが原則であった。今回の改正では、「呼吸域のばく露濃度が濃度基準値以下であること」が求められており、その判断の過程においては呼吸用保護具を適切に選択・使用することにより達成することも可能としている。ただし、呼吸用保護具を適切に使用するためには訓練が必要であり、本質安全化、化学物質対策等の信頼性と比較して、呼吸用保護具は最も低い優先順位であることを、化学物質管理者は理解しておく必要がある。

　作業者が化学物質に接触するのは吸入の経路だけではなく、皮膚や眼への接触が多い。皮膚や眼への刺激性、又は皮膚感作性がある化学物質を取り扱う場合には、適切な化学防護手袋・化学防護服や保護眼鏡が必要になる。皮膚を保護することは、皮膚を通して化学物質が体内に入ることを防ぐ目的もある。基発 0704 第 1 号により「皮膚等障害化学物質等」が設定されたため、皮膚に対する障害ばかりでなく、皮膚接触してから経皮吸収されることによる有害性についても対策が求められ、不浸透性の保護衣等の着用が義務付けられた。このような直接的な接触の場合に化学防護手袋が重要であることは明らかであるが、使用する化学物質や接触の程度に応じた手袋の材質の選定は難しい。

ここでは化学防護手袋選定の基本的な考え方と、呼吸用保護具の選定に際しての定量的な考え方等について記載する。

7.3.1　保護具選定に際して考慮すべき点

障害防止対策として保護具を使用するには、事前に**表 7.6** の事項を確認する必要がある。

表 7.6　保護具選定の際に考慮すべき事項

確認事項	説　明
①使用する化学物質の確認	使用する化学製品について、ラベルや SDS を確認して、危険・有害性や事故時の対応等について情報を収集・整理する。SDS には保護具について記載があるが、情報が古いことや具体的な情報が不足することが多いので注意が必要である。
②取扱い製品の状態の確認	化学製品を取り扱う際に、化学物質が粒子状物質として飛散するか、塗料のように液体であって、成分の有機溶剤が揮発して蒸気になっているか、シンナーのような液体をそのまま使用するか、スプレー塗装のように霧状の細かい液滴と蒸気の混合物であるか、など詳細な状況を確認する。
③作業場の環境の確認	気温が高ければ、塗料などの液体からより多くの有機溶剤が揮発する。環境中の温度は作業者のばく露濃度が上昇する重要な因子である。また、狭い部屋や囲い込みの中での作業では濃度が高くなる。局所排気設備がある場合には有効に作動していることを確認する。
④作業内容の確認	作業内容に応じて必要な保護具の形状や必要な性能が変わるため、作業に伴う活動の状況を把握する。
⑤保護具メーカー等の情報や助言の確認	不明点があれば保護具メーカーや保護具アドバイザーの資格を有する者に相談のうえ、適切な保護具に関する情報や助言を受ける。

7.3.2　保護眼鏡等眼や顔面の保護具

眼の保護具には、遮光保護具、レーザー用保護眼鏡、保護眼鏡がある。遮光保護具とレーザー用保護眼鏡は、有害光線やレーザー光から眼を保護するために使用する。浮遊する粒子状物質や液体の飛沫から眼を保護するためには保護眼鏡を使用する。保護眼鏡にはゴグル形とスペクタクル（普通の眼鏡のような）形のものがあるが、顔の横からの飛沫を避けるためにはゴグル形やサイドシールドありのスペクタクル形を使用するのが望ましい。視力矯正用の一般的な眼鏡については、サイドシールドのないスペクタクル形と同様に顔との密着性がよくないため、保護眼鏡の代わりにならない。視力矯正用の

眼鏡の上から着用できるタイプのゴグル形やサイドシールド付きの保護眼鏡を併用する。刺激性のガスから眼を保護するためには、顔全体を覆う全面形の呼吸用保護具が必要である。

　顔面を保護するものとして、保護面がある。保護面としては溶接作業の際に発生する紫外線から眼を保護する溶接面があるが、眼、顔面や呼吸域へのヒュームの飛び込みを低減することが可能である。飛散する物質の性状や形状を理解して、適切な保護眼鏡や保護面を選択する必要がある。

　また、保護眼鏡や保護面を選択する際には、液滴等が付着した場合に曇らない材質を選定すべきである。

7.3.3　保護手袋

　労働災害事例では、アルカリ性の洗剤や化学物質への接触によるものが多い。薬品によるやけど（薬傷）は急性であるため災害として認識されやすいが、原因としては軍手で液体に触れた、手袋に孔が空いていた、腕と手袋の口の間から液体や粒子状物質が入り込んだ、という初歩的なミスが多い。また、化学物質の中には皮膚から吸収（経皮ばく露）されて健康障害を起こす可能性の高いものが知られており、基発 0704 第 1 号により保護手袋や保護衣の着用が必須である化学物質が示されている。使用する化学物質に対して劣化しにくく（耐劣化性）、透過しにくく（耐透過性）、浸透しにくい（不浸透性）保護手袋、すなわち耐化学物質を考慮して製造されている化学防護手袋を着用する必要がある。SDS を確認し、SDS の「8．ばく露防止及び保護措置」で「皮膚」、「skin」、「皮膚等障害化学物質等」の記載のあるものは、特に皮膚に影響を与え、皮膚から体内に吸収される可能性が高く、体内に入ると吸入と同様に有害性を表す化学物質であるため、使用する化学物質から防護できる性質をもった皮膚障害等防止用保護具を選定する。

　「皮膚障害等防止用保護具の選定マニュアル」（以下、"保護具選定マニュアル"という：☞**別冊資料**）が厚生労働省から 2024 年 2 月に公表された。防護手袋を科学的知見に基づいて選択する一助となる。皮膚障害等防止用保護具には、不浸透性の保護衣、保護手袋、履物又は保護眼鏡等の保護具が含まれているが、ここでは保護手袋について記載する。

　化学物質を取り扱う際に使用する手袋は、一般的な軍手や薄手のポリエチレン手袋のような液体がしみ込んだり、溶剤でふやけたりすぐに破れたりするものではない、化学防護手袋でなければならない。

　化学防護手袋については JIS T 8116 で「酸、アルカリ、有機薬品、その他気体及び液体又は粒子状の有害化学物質を取り扱う作業に従事するときに着用し、化学物質の透過及び／又は浸透の防止を目的として使用する手袋」と規定されている。化学防護手袋

には素材がいろいろあることから、素材についての透過性（化学物質が分子レベルで通り抜ける程度）試験（JIS T 8030）のデータが公表されているものがある。実際の手袋は、素材の厚さが異なるもの、複層にして耐透過性を向上させたものなどがあるが、化学防護手袋を使用する際の作業条件も共存する化学物質も異なるため、化学防護手袋の選択は極めて難しい。

　保護具選定マニュアルには、対象物質に対する典型的な手袋の材質の耐透過性の程度をわかりやすくまとめた耐透過性能一覧表が付録として、PDF と Excel で示されている。Excel 版を使用すれば、使用する化学物質や使用する製品に含まれる物質を検索して適切な手袋の材質を選定することができる。**表7.7** には厚生労働省のホームページからダウンロードできる Excel 形式の透過性能一覧表から、確認したい物質を選定した場合の出力を示す。手袋の材質の性能はセルの色で判断できる。黒は不適合、赤は60 分以下で漏れ、黄色は 60 〜 240 分で漏れが認められず、緑は 240 分を超えて漏れが検出されないものとなる。灰色はデータがない。現在は、混合物についての一覧データは存在しない。

表 7.7　耐透過性能一覧表（抜粋）[10]

種類			CAS登録番号	物質名称	材料	ニトリルゴム	ニトリルゴム	ニトリルゴム	天然ゴム（ラテックス）	ブチルゴム	ネオプレンゴム	ポリビニルアルコール(PVA)	バイトン/ブチル	多層フィルム(LLDPE)	多層フィルム(EVOH)
皮膚刺激性有害物質	皮膚吸収性有害物質	特化則等			厚さ(mm)	0.2	0.3 *0.38	0.45 *0.46	0.23	0.35	0.18 *0.45	-	0.3	0.062	0.06
●			75-07-0	アセトアルデヒド		×	×	×		○		×	△	△	
●			84-74-2	フタル酸ジ－n－ブチル		○			△	○	○	△	△	△	△
●	●		96-29-7	ブタン－2－オン＝オキシム		○			×	○	○	△		-	-
●			149-57-5	2－エチルヘキサン酸		○			○		○		○	-	-
●			1308-38-9	酸化クロム（Ⅲ）											
●	●		1330-20-7	キシレン		×	△	△*	×	△	○	○	○	△

　素材の厚みや使用の条件によって透過性は変化する。また、アルカリや酸類は溶液濃度が高くなると透過が速くなるので注意が必要である。

　使用の時間や液体に触れる面積により求められる耐透過性能も変わるが、保護具選定マニュアルでは、作業分類 1（接触面積が大きい作業）、作業分類 2（接触面積が限られている作業）、作業分類 3（接触しないと想定される作業）に大まかに分類して、各作業分類で求められる手袋の性能を、**表 7.7** を使用して判断できるように提案している。このマニュアルにより手袋の選定の道筋が示されたが、手袋の材質が提案されるだけなので、ここから製品を選ぶためにはカタログを見て選定することになる。

　化学防護手袋はサイズの違い、腕まで防護するものなど、多種にわたっているので、各作業者の手の大きさに合うもので、作業の妨げになりにくく、かつ防護に適したものを選ぶ。メーカーによってサイズや厚さや硬さが違うのでサンプルを試してから購入するのが望ましい。作業が短時間で終了する場合でも、手袋の素材中を化学物質が移動し

***

*10　「皮膚障害等防止用保護具の選定マニュアル」（厚生労働省）表 3-5
　　（https://www.mhlw.go.jp/content/11300000/001216985.pdf）

て手袋内部に化学物質が透過する可能性があるため、透過時間が長い手袋であっても、長期にわたって使用することはしない。外部を洗っても手袋の素材に残っているものは除去できないので、再使用しない。使用している洗剤や溶剤等で内部を洗浄するのは、手袋内部に汚染物質を入れることになるので、厳禁である。

【化学防護手袋を使用する際の留意点】

①使用前に息を吹き込んで、孔空きがないことを確認する。

②実際に使用する際には、着脱の手順を決めておく。手袋の外部には有害物質が付着する可能性が高いので、手袋の外側を触って有害物質にばく露しないように手袋のはずし方について作業者全員で手順を共有しておく。手順を動画や写真で見えるようにしておくことが、災害を防ぐポイントになる。

③孔が空いたらすぐにはずし、手を洗ってから新しいものに交換する。

④汚染した手袋はすぐに廃棄する。廃棄したものを他の作業者が触らないように袋や容器に入れて密封して捨てる。

なお、SDS「貯蔵又は取扱い上の注意」の項目に「想定される用途での使用において吸入又は皮膚や眼との接触を保護具で防止することを想定した場合に必要とされる保護具の種類を必ず記載すること」、となった（基安化発 0531 第 1 号令和 4 年 5 月 31 日）（☞**A4.3**、II、第 1、5）。

7.3.4　防護服と保護靴

　一般の作業着は布製であり、粉じんや化学物質の蒸気や液体が透過して、作業着の内側に入り込む。作業者の身体を覆うことで化学物質等の危険因子の入り込みを防ぐものが防護服である。防護服には、電気や放射線から労働者を守るものや、切り傷などから守るもの、高熱や炎から守るものや防水服などがある。特に液体や蒸気の化学物質や粉じんから作業者を守る服は化学防護服と呼ばれる。透過性・浸透性が低く気密性の高い防護服は防護性能が高いが、厚みがあり重量の負担が大きいものがあり、暑熱作業や重労働のときには負担が大きい。さらに皮膚からの吸収が心配される化学物質に対して透過性・浸透性の高い防護服を使用すると、内側に入り込んだ化学物質が皮膚の広い面積から体内に吸収されるため、高性能の防毒マスクを使用して呼吸からの取り込みを防いでも、皮膚から化学物質を体内に取り込むことになるので、注意が必要である。

　化学防護服は、皮膚が酸、アルカリ、有機溶剤等の有機化合物、粉じん等の有害化学物質に接触することから身体を防護するために使用する。使用する化学物質等に応じて、カタログやメーカーに相談して適切なものを選定する。例えば、スプレー塗装のような場合には、飛沫等の液状のものとそれらが揮発した蒸気の透過が同時に存在することに注意が必要である。なお、透過は分子レベルで素材を通り抜けるかどうかであり、浸透

はファスナや肩の縫い目からの化学物質の通り抜けを指す。粉じん等を取り扱う作業では耐粉じん用の化学防護服がよく知られているが、耐水性がない場合もある。スプレー塗装では全身が濡れて皮膚に化学物質が付着することがあるので注意する。

　化学防護手袋と同様に作業により防護服表面が有害化学物質で汚染されるため、呼吸用保護具を着用した状態で防護服を脱ぐ必要があるが、脱ぐときの手順と廃棄の方法などを明示したり訓練を行うようにしたりして、二次的なばく露が起こらないように注意が必要である。

　一般の作業靴や布製のスニーカーは化学物質の溶液が入り込んだり、全体が濡れたりする。アルカリ性の液体洗剤や生コンクリートのような強アルカリ溶液を使用する作業では、耐油・耐薬品仕様の化学防護長靴を着用する。長靴の履き口から液体が入り込む場合もあるので、口を縛ることができるタイプのものが望ましい。誤って液体が靴の中に入った場合には、必ず新しいものに履き替え、足もきれいに水洗する。

7.3.5　呼吸用保護具

（1）呼吸用保護具の種類

　作業場の空気中には、粉じん（固体を研磨・切削したときや、粉砕などの機械的な作用を加えて発生したもの）、ヒューム（主に金属を溶融する、又は、溶接する際に発生する金属蒸気が空気中で凝固して微小な粒子となって空気中に浮遊しているもの）、ミスト（液体の微細な粒子が空気中に浮遊しているもの）に分類される粒子状物質と、蒸気［常温、常圧（25℃、1気圧）で液体又は固体のものが蒸気圧に応じて揮発又は昇華して気体となっているもの］やガス（常温、常圧で気体のもの）、それらが混合して存在している場合がある。それらを作業者が吸入して障害を受けないように保護するのが呼吸用保護具である。呼吸用保護具には**図7.5**のような種類がある。呼吸用保護具は酸素濃度18％以上のみで使用できるろ過式と、酸素濃度18％未満でも使用できる給気式に大別される。給気式呼吸用保護具は酸素若しくは空気が圧縮されているボンベや有害物質のない場所からホースを用いて面体内に清浄空気が供給されるため、有害化学物質濃度が高い場所や酸素濃度が18％未満の場所でも使用可能である。点線から下に分類されているろ過式呼吸用保護具は、フィルターや吸収缶で有害物質をろ過した作業場所の空気を吸い込むため、酸素濃度18％以上の場所で使用しなくてはならない。呼吸用保護具を選択する際は、酸素濃度と有害物質の種類と濃度を勘案して選択する。厚生労働省の職場のあんぜんサイトには労働衛生保護具（呼吸用保護具、保護手袋、保護眼鏡）について説明[11]が示されている。

---

[11]　https://anzeninfo.mhlw.go.jp/user/anzen/kag/pdf/taisaku/common_PPE.pdf

図 **7.5**　呼吸用保護具の種類（出典：労働衛生のしおり平成 3 年度版をもとに作成）

　災害事例のうちには、呼吸用保護具の誤った使用、特に防毒マスクを使用すべき作業において防じんマスクを使用していた事例がある。空気中の有害物質には、粉じん、ヒューム、蒸気、ガス、ミストがあり、また、これらが混在する場合があるため、ろ過式呼吸用保護具は有害物質の形状に適した原理のものを使用しなくてはならない。粉じん、ヒュームやミストに対しては「防じんマスク」を使用し、蒸気、ガス状の有害物質については、「防毒マスク」を使用する。防じんマスクと防毒マスクとは、有害化学物質を除去する機序が

図 **7.6**　防じんマスクと防毒マスクの形状
（職場のあんぜんサイト）

全く異なるため、どちらか一方の種類のマスクでもう一方のマスクの効果を期待することはできない。粒子状物質とガス、蒸気が混在する場合には、粒子状物質をろ過するフィルターとガスや蒸気をろ過する吸収缶の両方を備えた「防じん機能付き吸収缶」を取り付けることのできる防毒マスクを使用する。防じんマスクと防毒マスクの外観は**図 7.6**に示すとおりである。防じんマスクはフィルターが交換できる取替え式と、使い捨て式がある。取替え式防じんマスクと防毒マスクの面体には、顔全体を覆う形式の全面型面体と、顎から鼻にかけて覆う半面型面体がある。また、フィルターや吸収缶には、隔離

式、直結式があり、吸収缶には直結式小型もある。

　ろ過式呼吸用保護具には、電動ファンにより呼吸域の空気を
フィルターや吸収缶を通して面体内に送り込み、面体内を陽圧
にすることで面体内への漏れ込みを防ぐことができる PAPR
（Powered Air Purifying Respirators：電動ファン付き呼吸
用保護具）がある。防じん機能を有する電動ファン付き呼吸用
保護具 P-PAPR と、有害ガスに対する防毒機能を有する電動
ファン付き呼吸用保護具 G-PAPR がある。これら PAPR には、
全面形面体、半面形面体、フード又はフェイスシールド型（☞
図 7.7）がある。PAPR は指定防護係数が高いため、石綿除去
作業（S 級、PL3、PS3、国家検定合格品のみ）やトンネル建
設工事作業などでは PAPR の使用が義務付けられている。防
じんマスク、防毒マスク、PAPR は国家検定があるため、有害
化学物質を取り扱う作業場でこれらの呼吸用保護具を使用する
際には、国家検定合格品を使用する必要がある。

図 7.7　フェイスシー
ルド型 PAPR（職場の
あんぜんサイト）

　また、防爆が求められる作業場所においては、非防爆タイプの PAPR を使用しては
ならない。

ワンポイント解説　**母性保護のための「女性労働基準規則」**

　女性労働基準規則では、妊娠や出産・授乳機能に影響のある化学物質については、
作業環境測定の結果の評価により、第三管理区分に区分された屋内作業場における
業務及び局所排気装置等のない作業場所で、呼吸用保護具の使用が義務付けられて
いる業務が就業禁止の対象となっている。

　これは高濃度の有害な環境のもとでは、顔面とマスク面体等との間からの漏れに
より、妊娠・出産・授乳機能に影響が生じるおそれがあること、また妊娠中の女性
労働者は、平常時より呼吸量が増大し、必要な酸素量が増加しており、呼吸用保護
具の着用により呼吸の負担が増加することから、呼吸用保護具を着用しても就業を
禁止するものである。

（2）呼吸用保護具の選択方法

　酸素濃度による選択を行った後、有害物質の状態と種類を考慮して選択を行う（**表
7.8**）。なお、酸素濃度が 18％未満では必ず給気式呼吸用保護具を使用しなければなら
ない。

表7.8　環境空気中の有害物質の状態と有効な呼吸用保護具の種類

有害物質の状態	選択可能で有効な呼吸用保護具の種類
粒子状物質・ミスト	・防じんマスク ・P-PAPR ・給気式呼吸用保護具
ガス・蒸気	・防毒マスク ・G-PAPR ・給気式呼吸用保護具
粒子状物質・ミストとガス・蒸気が混在	・防じん機能付き防毒マスク ・G-PAPR ・給気式呼吸用保護具
酸素濃度＜18% 又は濃度不明	・給気式呼吸用保護具

表7.9　防じんマスクの種類

取替え式（R）Replaceable			使い捨て式（D）Disposable		
液体粒子用 （L）Liquid	固体粒子用 （S）Solid	捕集効率	液体粒子用 （L）Liquid	固体粒子用 （S）Solid	捕集効率
RL1	RS1	80.0%以上	DL1	DS1	80.0%以上
RL2	RS2	95.0%以上	DL2	DS2	95.0%以上
RL3	RS3	99.9%以上	DL3	DS3	99.9%以上

▶粒子状物質（ミストを含む）

　粒子状物質に対しては、防じんマスクを選択しなければならない。特に有害性の高い粒子状物質や粉じんが高濃度の環境では、給気式呼吸用保護具が必要となる場合がある。

　防じんマスクの種類を**表7.9**に示す。防じんマスクには、面体とろ過材が分離していて、ろ過材を交換するタイプの取替え式（R）と、マスク全体がろ過材からなる使い捨て式（D）がある。防じんマスクには、固体粒子（粒子状物質）用（S）と液体粒子（ミスト）用（L）の2種類があり、それぞれのろ過材は粉じんの捕集効率により3段階のものがある。作業場に飛散する化学物質の性状を見極めて、オイルや切削剤を使用するときや、スプレー塗装でミストが存在するときは液体粒子用を使用する。ミストが存在しないときは固体粒子用・液体粒子用のどちらでも使用できる。マスクの種類の表記は、例えば使い捨て式で、固体粒子用、ろ過材の捕集効率が95%以上のときには DS2 のように示される。呼吸用保護具の選択等については、令和5年に発出された通達「防じんマスク、防毒マスク及び電動ファン付き呼吸用保護具の選択、使用等について」（基発0525 第3号、令和5年5月25日）に詳しく説明されている（☞**A7.2**）。

表7.10 防毒マスクの種類[*12]

対応ガス	隔離式	直結式	直結式小型	規格	
				国家検定	JIS
ハロゲンガス用	◎	◎	◎	あり	あり
酸性ガス用	○	○	○		あり
有機ガス用	◎	◎	◎	あり	あり
一酸化炭素用	◎	○	—	あり	あり
一酸化炭素及び有機ガス用	◎	—	—		あり
アンモニア用	◎	◎	◎	あり	あり
二酸化硫黄（亜硫酸ガス）用	◎	◎	◎	あり	あり
シアン化水素用	○	○	—		あり
硫化水素用	○	○	—		あり
臭化メチル用	○	○	○		あり
水銀用	—	—	○		あり
ホルムアルデヒド用					あり
リン化水素用	○	○	○		あり
エチレンオキシド用	—	—	—		あり
メタノール用		○	○		あり

▶有毒ガス

　有毒ガスに対しては、防毒マスクを選択することができる。防毒マスクには除害対象となる有害ガスに対応する吸収缶を取り付けて使用する。現在 JIS や厚生労働省の国家検定品があるのは**表7.10**のとおりである。隔離式では吸収缶が面体とホースでつながれており、吸収缶は腰に付けて使用する。大容量の吸収缶を使用することができる。直結式では吸収缶を直接面体に取り付けて使用する（**図7.6**）。吸収缶の大きさにより、直結式と直結式小型の2種類がある。

　作業環境にある有害ガスを除去できる吸収缶を選定する。吸収缶は一定量の有害ガスを除去すると除去する能力がなくなる。除去できなくなると、有害ガスがマスクの内側に漏れる（これを破過という）。作業者は吸収缶を破過時間（吸収缶の使用できる時間）の前に交換しなければならないが、目安の破過時間が取扱説明書に記載されている。有機ガス用吸収缶は、有機溶剤の種類によって破過時間が異なる。一般的に、沸点の低い有機溶剤は破過時間が短い。高温・高湿度の場合には破過時間が短くなるので、早めの交換を行う。作業の強度が高いとき（重労働のとき）も破過時間が短くなる（☞

---

*12　出典：国家検定及び JIS T 8152：2012 をもとに作成

A7.2）。

　吸収缶は防毒マスクの規格第 2 条で規定する使用の範囲内で選択する。ただし、防毒マスクの面体が使用者の顔にフィットしていない場合（漏れがある場合）には、防毒マスクとして有効に使用できる濃度はこれより低くなることがある。そのため、特定された有毒ガスの環境中の濃度及び濃度基準値から、(3) を参考に要求防護係数を算出し、**表 7.11** の指定防護係数と比較し、要求防護係数よりも大きい指定防護係数をもつ呼吸用保護具を使用する。

　対応する吸収缶の種類がない場合には、給気式呼吸用保護具を選択する。

▶**粒子状物質と有毒ガスが混在**

　粒子状物質と有毒ガスが混在する場合は、防じん機能付き防毒マスクを選択するのが一般的である。

(3) 指定防護係数を考慮した呼吸用保護具の選定

　各呼吸用保護具の指定防護係数の最新版（JIS T 8150：2021）をもとにばく露低減する考え方は次のとおりである。作業環境の空気中に存在する有害物質の濃度を濃度基準値以下に低減するために必要となる呼吸用保護具の防護係数が要求防護係数であり、次式によって表される。

$$PF_r = CC_{out}/PC_{in}$$

　　　　PF_r：要求防護係数、CC_{out}：呼吸用保護具の外部の有害物質濃度、PC_{in}：呼吸用インタフェース（面体）の内部で許容される濃度、すなわち、濃度基準値、一般的にはばく露限界濃度（OEL）

　防護係数が高いとは、マスク内への有害物質の漏れ込みが少ないことを示し、作業者のばく露をより低減できることになる。防護係数は呼吸用保護具の漏れ率[*13] の逆数と考えることができる。例えば、全漏れ率が 5％であるということは、防護係数として 20 に相当する。

　法令改正で新たに許容されたのは、マスクの着用により、環境中の有害物質の濃度を低減して、面体内部の濃度を濃度基準値以下にすることである。例えば、ある有害物質の濃度基準値が 0.5 mg/m³ で、外部の有害物質濃度が 3 mg/m³ であるときの要求防護係数は 3÷0.5 で 6 となり、防護係数が 6 よりも大きい防じんマスクを使用することで作業着の吸入する有害物質濃度を 0.5 mg/m³ 以下にすることが計算上可能になる。ろ過式呼吸用保護具の防護性能を示す指定防護係数（**表 7.11**）を参照すると、この場合、取替え式防じんマスクの RL3/RS3 又は RL2/RS2 を使用できることがわかる。指定防護係数とは呼吸用保護具が正常に機能している場合、かつ、呼吸用保護具について

　[*13]　漏れ率＝面体等の内側の粉じん濃度/面体等の外側の粉じん濃度

表7.11 ろ過式呼吸用保護具の指定防護係数[*14]

当該呼吸用保護具の種類					指定防護係数
防じんマスク	取替え式	全面形面体		RS3 又は RL3	50
				RS2 又は RL2	14
				RS1 又は RL1	4
		半面形面体		RS3 又は RL3	10
				RS2 又は RL2	10
				RS1 又は RL1	4
	使い捨て式			DS3 又は DL3	10
				DS2 又は DL2	10
				DS1 又は DL1	4
防毒マスク[a)]	全面形面体				50
	半面形面体				10
防じん機能を有する電動ファン付き呼吸用保護具（P-PAPR）	面体形	全面形面体	S級	PS3 又は PL3	1,000
			A級	PS2 又は PL2	90
			A級又はB級	PS1 又は PL1	19
		半面形面体	S級	PS3 又は PL3	50
			A級	PS2 又は PL2	33
			A級又はB級	PS1 又は PL1	14
	ルーズフィット形	フード又はフェイスシールド	S級	PS3 又は PL3	25
			A級	PS3 又は PL3	20
			S級又はA級	PS2 又は PL2	20
			S級、A級又はB級	PS1 又は PL1	11
防毒機能を有する電動ファン付き呼吸用保護具（G-PAPR）[b)]	防じん機能を有しないもの	面体形	全面形面体		1,000
			半面形面体		50
		ルーズフィット形	フード又はフェイスシールド		25
	防じん機能を有するもの	面体形	全面形面体	PS3 又は PL3	1,000
				PS2 又は PL2	90
				PS1 又は PL1	19
			半面形面体	PS3 又は PL3	50
				PS2 又は PL2	33
				PS1 又は PL1	14
		ルーズフィット形	フード又はフェイスシールド	PS3 又は PL3	25
				PS2 又は PL2	20
				PS1 又は PL1	11

注[a)] 防じん機能を有する防毒マスクの粉じん等に対する指定防護係数は、防じんマスクの指定防護係数を適用する。
　　有毒ガス等と粉じん等が混在する環境に対しては、それぞれにおいて有効とされるものについて、面体の種類が共通のものが選択の対象となる。

注[b)] 防毒機能を有する電動ファン付き呼吸用保護具の指定防護係数の適用は、次による。なお、有毒ガス等と粉じん等が混在する環境に対しては、①と②のそれぞれにおいて有効とされるものについて、呼吸用インタフェースの種類が共通のものが選択の対象となる。
　　①有毒ガス等に対する場合：防じん機能を有しないものの欄に記載されている数値を適用。
　　②粉じん等に対する場合：防じん機能を有するものの欄に記載されている数値を適用。

[*14] 出典：「基発0525第3号　防じんマスク、防毒マスク及び電動ファン付き呼吸用保護具の選択、使用等について」（厚生労働省）（☞**A7.2**）

十分にトレーニングされた着用者が正しく使用した場合に期待される最低の防護係数を指している。

　しかしながら、呼吸用保護具の着用が正しく行われていない場合、正しいメンテナンスが行われない場合には、濃度を低く保つことができなくなる。半面型マスクのように面体をもつ呼吸用保護具では、顔と面体の間の漏れが防護性能に大きく影響することから、フィットテストによる装着訓練と、着用時に必ずシールチェック（フィットチェック）を行って漏れがないことを確認する。

（4）フィットテスト

　事業者は、次に掲げるところにより、呼吸用保護具の適切な装着を1年に1回、定期的に確認する必要がある。

①呼吸用保護具（面体を有するものに限る）を使用する労働者について、JIS T 8150（呼吸用保護具の選択、使用及び保守管理方法）に定める方法又はこれと同等の方法により当該労働者の顔面と当該呼吸用保護具の面体との密着の程度を示す係数（以下、"フィットファクタ"という）を求め、当該フィットファクタが要求フィットファクタを上回っていることを確認する方法とすること。

②フィットファクタは、次の式により計算するものとする。

$$FF = C_{out}/C_{in}$$

（この式において FF、C_{out} 及び C_{in} は、それぞれ次の値を表すものとする。

　　FF　　フィットファクタ

　　C_{out}　呼吸用保護具の外側の測定対象物の濃度

　　C_{in}　呼吸用保護具の内側の測定対象物の濃度）

③①の要求フィットファクタは、呼吸用保護具の種類に応じ、次に掲げる値とする。

　　全面形面体を有する呼吸用保護具　　500

　　半面形面体を有する呼吸用保護具　　100

7.4　労働災害発生事業場への労働基準監督署長による指示

　化学物質による労働災害が発生又はそのおそれのある事業場について、労働基準監督署長が、当該事業場における化学物質の管理が適切に行われていない疑いがあると判断した場合は、当該事業者に対し、改善を指示することができる。改善の指示を受けた事業者は、遅滞なく化学物質管理専門家（化学物質管理者とは異なるので注意）から、リスクアセスメントの結果に基づき講じた措置の有効性の確認及び望ましい改善措置に関

する助言を書面にて受けたうえで、1月以内に改善計画を作成し、労働基準監督署長に報告し、当該計画に従い改善措置を実施しなければならない。また、計画に基づき実施した改善措置の記録を作成し、化学物質管理専門家からの通知及び当該計画とともに3年間保存しなければならない（則第34条の2の10）（**図7.8**）。

　このような事態に至った場合に重要な証拠（書類）として提出を求められるのは化学物質管理者が作成・保存している文書であろう。日頃の化学物質管理者の活動が問われるともいえる。

　「労働安全衛生規則等の一部を改正する省令等の施行について」において下記のとおり告示されている［☞**A2.6**、第4、6(1)］。

　「化学物質による労働災害が発生した、又はそのおそれがある事業場」とは、過去1年間程度で、

①化学物質等による重篤な労働災害が発生、又は休業4日以上の労働災害が複数発生していること

②作業環境測定の結果、第三管理区分が継続しており、改善が見込まれないこと

③特殊健康診断の結果、同業種の平均と比較して有所見率の割合が相当程度高いこと

④化学物質等に係る法令違反があり、改善が見込まれないこと

等の状況について、労働基準監督署長が総合的に判断して決定するものであること。

　化学物質管理専門家は、次のイ〜ニのいずれかに該当する者[15, 16]とする（☞**A2.9**）。

> イ　安衛法第83条第1項の労働衛生コンサルタント試験（その試験の区分が労働衛生工学であるものに限る。）に合格し、安衛法第84条第1項の登録を受けた者で、5年以上化学物質の管理に係る業務に従事した経験を有するもの
>
> ロ　安衛法第12条第1項の規定による衛生管理者のうち、衛生工学衛生管理者免許を受けた者で、その後8年以上安衛法第10条第1項各号の業務のうち衛生に係る技術的事項で衛生工学に関するものの管理の業務に従事した経験を有するもの
>
> ハ　作業環境測定法（昭和50年法律第28号）第7条の登録を受けた者（以下「作業環境測定士」という。）で、その後6年以上作業環境測定士としてその業務

---

[15]　労働安全衛生規則第三十四条の二の十第二項等の規定に基づき厚生労働大臣が定める者（令和4年厚生労働省告示第274号）

[16]　労働安全衛生規則第12条の5第3項第2号イの規定に基づき厚生労働大臣が定める化学物質の管理に関する講習等の適用等について（令和4年9月7日付け基発0907第1号）

に従事した経験を有し、かつ厚生労働省労働基準局長が定める講習を修了したもの

ニ　イからニまでに掲げる者と同等以上の能力を有すると認められる者

化学物質管理専門家に確認を受けるべき事項

1．リスクアセスメントの実施状況

2．リスクアセスメントの結果に基づく必要な措置の実施状況

3．作業環境測定又は個人ばく露測定の実施状況

4．特別則に規定するばく露防止措置の実施状況

5．事業場内の化学物質の管理、容器への表示、労働者への周知の状況

6．化学物質等に係る教育の実施状況

［☞**A2.6**、第4、6(2)]

図7.8　労働災害発生事業場等への労働基準監督署長による指示

> ワンポイント解説　**安全配慮義務**
>
> 　労働契約法第5条において安全配慮義務とは「使用者は、労働契約に伴い、労働者がその生命、身体等の安全を確保しつつ労働することができるよう、必要な配慮をするものとする」と定められている。
>
> 　「必要な配慮」について、労働安全衛生法の義務事項は最低基準を定めたものであり、事業場の特性に応じた管理が求められる。万が一（労働災害の顕在化）の場合、管理状況等を踏まえたうえで事業者や管理者の責任が問われることもあり得ることから、自律的に管理に取り組み、化学物質による労働災害の防止に努めることが望まれる。

事業場の特性に応じた自主的な管理

労働安全衛生法（努力義務）

労働安全衛生法
（最低基準である義務）

自律的な管理
（事業者自らが決定）

7

リスクアセスメント（リスク低減対策）

8章

職場の見回り、教育、
緊急時対策

本章では、職場の化学物質管理の実施において重要な職場の見回り、教育、緊急時対策について解説する。

8.1 　職場の見回り

　化学物質管理の最初は、作業場にどういう危険・有害な化学物質があるかを把握することから始まる。そのために、最初に行うのが職場の見回りである。例えば、作業場に入った瞬間に、有機溶剤臭を感じれば、その有機溶剤が原因で健康障害が起きる可能性を予想できる。このように、常識的に考えて、安全・健康上問題があると予想される化学物質を探すのが第一歩である。

　見回り時、職場の整理整頓がされていない、定期的な点検を実施していない等の直接的には化学物質管理と関係しないような点にも気が付くことがあるが、化学物質管理の問題は、このような管理の不徹底に垣間見ることができるので、チェックしておきたいポイントである（☞ **A8.1**）。

8.1.1 　化学物質の特定

　安全・健康上リスクが高い可能性のある化学物質を特定する方法の例を以下にまとめる。

（1）現場での観察

　自分の五感を働かせて、"感じる" ことは、実はとても有効な方法である。上記のような有機溶剤臭以外にも、床面の滑り（粉じんが舞って床に落ちているなど）、眼の刺激（眼に刺激のあるガスが出ている）、異常な音（容器内部の化学物質が外に噴出している）などが例としてあげられる。

　その作業場で働いている作業者やその上長に意見を聞いてみるのはよい方法である。臭気など、作業者が日常的に健康面で気になっていることがあるか、ヒアリングで聞き出すことで、気が付きにくい化学物質のばく露を発見することがある。毎日行う作業以外に、1か月に一度のように、頻度が低い作業の有無も確認しておくとよい。

（2）ラベル・SDS の活用

　化学物質が危険・有害であるかどうかは、その容器や包装に貼付されているラベルや職場の SDS により確認できる。有害性の高い以下の絵表示が付いているものは、漏れのないように確実にリストアップし、優先的に対応する必要があろう。

（3）過去の労働災害記録

過去の労働災害と疾病の記録を事前に調べたうえで職場の見回りをすると、気が付きにくい化学物質のばく露状況の特定に役立つことがある。

（4）外部情報の活用

厚生労働省が情報発信をしている職場のあんぜんサイトには、25種類の作業別モデル対策シート[*1]が公開されているので、同種の作業が職場にあれば、見回り前に目を通して、注意ポイントを確認しておくとよい。

多くの事業者団体が非常に有益なガイダンスを作成していることがあるため、事業者団体に加盟している場合には、問い合わせると有益な情報が得られる場合がある。

また、厚生労働省の「化学物質による災害発生事例について」[*2]には、化学物質の労働災害情報が集まっている。自分の事業場と類似の状況で、労働災害が起きているか確認しておくことも有効である。

8.1.2　ばく露状況の把握

安全・健康上問題があると予想される化学物質を把握したら、その化学物質に、だれがどういう状況でばく露する可能性があるかを確認する。使用時間、使用量、作業頻度、使用時の状況（蒸発、飛散の有無など）といった情報が、次に行うリスクアセスメントの基本的な情報になるからである。

把握し難い状況として、協力会社が行っている作業があげられる。委託した協力会社に丸投げで、自分の事業場内でどのような化学物質がどのように使われているか把握していない事業場は多いと思われる。本来リスクアセスメントは、その作業を請け負った協力会社が行う。しかし、注文者も、事業場構内のすべての作業を把握できる立場にあるので、作業場における監督者として、事業場内の共通安全ルール、協力会社が使用する設備情報、委託作業に用いる原材料の危険性・有害性等の情報を提供するとともに、作業場全体のリスクアセスメントを行う必要がある。その理由は、協力会社は、他の協力会社が使用する化学物質等による危険性・有害性を把握できないため、同じ作業場所で、複数の協力会社が作業する場合、他社が使用する化学物質のばく露が起き得るからである。例えば、極端な状況では、防毒マスク着用者と未着用者が同じ場所で作業をしていることもあり得る。そのため、注文者は、協力会社が行う個々のリスクアセスメントに参画・支援し、職場の見回りも、発注者、協力会社双方で行い、結果を共有することが重要である（☞**A6.5**、実施主体 Q5-1 ～ Q5-6）。

---

*1　https://anzeninfo.mhlw.go.jp/user/anzen/kag/ankgc07_6.htm
*2　https://www.mhlw.go.jp/bunya/roudoukijun/anzeneisei10/index.html

　その他、出産後の女性や妊婦、アレルギーをもっている人など、特別な配慮の必要な一部の労働者は、それぞれに該当するリスクにさらされる可能性がないかも、見回りのときに確認しておくべき項目である。

　最後に、事業場内に限らず、事業場周辺に危害を受ける可能性はないかも確認しておく。有害な化学物質を屋外に排出した結果、その排出された物質が近隣住民の健康被害や悪臭による問題などを起こす懸念があるからである。

8.1.3　ばく露対策状況の確認

　見回りでは、作業場で行われているばく露対策も確認しておく。現在の対策としての、換気状況、保護具の使用状況に加えて、その際に、さらなる対策改善ができないか、想定しながら見回りを行うのがよい。対策の基本は、代替物使用、工学的対策（発散源密閉、排気装置等）、作業方法改善、保護具の順で考えるのが重要である。

　根本対策としての代替物使用という視点であれば、例えば、「そもそも、その化学物質を扱う作業自体が過去からの惰性で継続している業務であり本当に必要なのか？」、「より有害性の低い化学物質に切り替えることはできないか？」という見方で見回りをするのがよい。

　工学的対策としての視点であれば、「密閉化や囲い込みで蒸発した化学物質のばく露を低くできないか？」、「温度を下げて蒸発を抑えることはできないか？」などがあげられる。

　作業方法改善であれば、「作業位置を化学物質から離れた位置に移せないか？」という視点があげられる。例えば、監視業務であれば、ばく露リスクがある近接場所で直接監視しなくても、ビデオカメラ等で離れた場所で確認することもできる。自動化して人がばく露する可能性をなくすこともアイデアとしてあり得る。

　保護具を用いた対策であれば、保護具着用による作業性の課題や他のリスクが問題になるかを確認する。例えば、加熱炉の近くでの作業等、高温な場所では、熱中症リスクもあるために、化学物質対策としてカバーオールを着て作業することに制約が生じる。送気マスクであれば、空気源からホースを引く必要があるが、作業場所によっては物理的にホースを引くことが困難な場合もある。

　加えて、緊急事態が発生したときに対応できる設備が準備できるかも確認しておく。例えば、アルカリのように眼に損傷を与える化学物質を取り扱う場合、万一眼に入った場合、可及的速やかに洗眼する必要があるので、作業場所に洗眼できる設備が必要となる。

所属	製品	主な化学物質	作業内容	作業場所	取扱量	作業時間	作業頻度	囲い	換気状況	保護具	特記事項
製造1課 1班	製品A	トルエン、エチルベンゼン、シリカ	塗装	製造棟 1階	1L	30分	毎日	無	換気扇	無	刷毛塗
	製品B	ジクロロメタン	塗膜剥離	製造棟 2階	0.5L	1時間	月1回	無	全体換気	無	容器内

職場名 ＿＿＿＿＿＿＿＿＿＿＿
調査日 ＿＿＿＿＿＿＿＿＿＿＿
調査者 ＿＿＿＿＿＿＿＿＿
気温＿＿　風向＿＿＿＿＿　風速＿＿＿＿＿＿

図 8.1　記録シートの例

8.1.4　見回りの記録

　職場の見回りが完了したら、最後に記録を残しておく。記録した情報は、リスクアセスメントや対策に活用する基本情報となる。そのため、記録は事業場内で共有化するのが望ましい。記録シートの例を**図 8.1**に示す。

8.2　労働者教育

　化学物質管理における教育は、知識教育に偏っている場面が多い。ヒヤリハット事例、あるいは過去の災害事例などの内容をよく読み取り、まずは「知らなかった」ことが問題だったのか、「できなかった」ことが問題だったのか、「やらなかった」ことが問題だったのか、あるいはいくつかの問題が重なりあっているのかをよく見極める必要がある。そのうえで、事業場、あるいは自らの職場の弱い点を踏まえて、適切な教育計画を立て、教育を実施する、又は日々の指導、指示を行うことが大切となる（**表 8.1**）。

8.2.1　知識教育

　特に、化学物質の有害性は、直感で認識しづらい。また安全管理が対象としている災害の型のように、体感させることで有害性の認識を促すというような工夫をすることが難しい。したがって、正しい知識を、きちんと、わかりやすく、言葉で伝えることが何よりも大切となる。有害性、そして取り扱う際の注意点が、知識教育によってきちんと作業者に伝わってさえいれば防げた（知らなかった）災害例が多いことを、教育・指導を行う担当者はよく認識しておく必要がある。

表8.1　労働者教育

不安全行動の原因	行うべき教育	教育内容
知らなかった	知識教育を行う	取り扱う装置、設備の構造、機能など
		化学物質の危険有害性
		作業に必要な法規、社内基準など
できなかった	技能教育（訓練）を行う	作業のやり方、設備の操作の仕方
		緊急時対応にかかわる事柄の定期的な訓練
		技能の更なる向上につながる事柄
やらなかった	態度教育を行う	化学物質を取り扱うことによる利益と不利益
		感情、本能に訴えるメッセージの伝達
		危険性の場合は、五感での体感
		適正配置のことも念頭に置いておく※

※　知識、技能、態度には問題がなく、ヒューマンエラーが原因である場合には、教育で改善は図れない。その場合は、本質安全化を基本においた対策を考える。

　教育・指導担当者は、化学物質の基礎知識（例えば、有機溶剤であれば「揮発性が大きい」、「比重が空気より大きい」、「引火性がある」といった事柄）を学び、さらにSDSで、具体的に取り扱う化学物質特有の性質、並びに取扱い時の注意点等をよく学んでおく必要がある。

　実際に知識教育を行うにあたっては、SDSよりも、ラベルの記載内容を教材に使うことが望ましい。詳細な情報が書き込まれているSDSは、主に教育・指導を行う担当者が参考にする資料ととらえておくべきであろう。簡潔に注意点等がまとめられているラベルを教材に活用した方が、作業者が内容を受け入れやすい。また、ラベルだけで不十分であれば、SDSそのものを教材に使うのではなく、化学物質管理者がSDSから読み取った大事な事柄を、ラベルにプラスして説明することが効果的である。ラベル、SDSには、「化学品の分類および表示に関する世界調和システム（GHS）」の国連文書を踏まえて、化学物質の名称、人体への影響などが絵表示も交えて記載されている。教育・指導担当者は、記載内容が国際的に統一された判断基準であることをよく理解したうえで、危険性・有害性の情報伝達に努める。国内においても、様々な国籍の人々が一緒に働く場面が増えていく中、国際的なルールに沿った知識を学んで作業にあたることが、今後ますます大切になってくることを作業者に伝えることも必要である。GHSに関するサイトはほとんどの国（政府）にあるので、自国の言葉でGHS（絵表示の意味など）を理解することが可能である。

8.2.2 技能教育（災害発生時の行動に関する訓練も含む）

「できなかった」をなくすためには、化学物質を装置、設備で取り扱う、あるいは手作業で取り扱う、いずれの場合においても必ず作業手順書をきちんと整えておくことが前提となる。工学的な対策を実施したとしても、正しい設備の操作手順、日常点検の方法などを、作業手順書を基にして作業者に教育する必要がある。そして、作業手順書を作成する（あるいは見直す）ときには、管理側だけでなく、必ず作業者を参画させて作成する必要がある。また、できあがった作業手順書は必ず現場で試行する必要がある。安全衛生だけを考慮して、品質、効率を全く無視した作業手順は、本来の姿ではない。作業手順書が完成したときには、安全衛生、品質、効率、それぞれの要因を踏まえたバランスの取れた手順書であるかどうかを確認する必要がある。

作業者の技能教育は、この作業手順書をもとに、前記した危険有害性を正しく理解したのかを現場で確認しながら行う。化学物質の労働者教育が、座学だけに留まっていないか、改めて振り返ってもらいたい。放言したままではなく、正しく危険有害性を理解したのか、正しい手順を適切に行えるのかどうかを、現場できちんと確認することを忘れてはならない。習慣などの違いで、よく理解していないにもかかわらず「わかりました」と返答しがちな外国人労働者の皆さんとともに働く折には、特に留意しなければならない。

教育効果の確認

1. その化学物質にはどのような危険性・有害性があるのか、また、その危険性・有害性はどの程度の度合いなのか？
2. その化学物質を取り扱うときにはどのようなことに注意すべきか、また、取り扱うときに必要な措置は？
3. その化学物質が眼、皮膚に付着したとき、あるいはその化学物質を吸い込んだり、飲み込んだときに、どのような応急措置をとればよいのか？
4. 大量に取り扱っている場合、その化学物質が漏れたときに緊急に対応すべきことは？
5. その化学物質はどのように保管をすればよいのか？

ワンポイント解説 「わかりました」と返答する理由とは？

儀礼上、教えてくださった人に「わかりません」と返答すると失礼にあたるので、わかっていなくても「わかりました」と返答する例、「わかりません」と返答すると仕事を失ってしまうので、わかっていなくても「わかりました」と返答する例などがある。

8

職場の見回り、教育、緊急時対策

　化学物質が眼、あるいは皮膚へ付着した場合の処置、あるいは大量に化学物質を取り扱っている事業場にあっては、大量漏えいの際の緊急時対応（避難、緊急時の給気式呼吸用保護具の使用等）などについて、<u>一回の訓練（技能教育）で終わらせずに、継続して定期的に行っていく必要</u>がある。また、大量漏えい時に高濃度の化学物質が拡散し、作業者が急性中毒に至る可能性もある事業場にあっては、作業者全員が一次救命措置を施せるように訓練しておくことが欠かせない。

8.3　災害時応急対策

　リスクアセスメントの実施や、その後のリスク低減対策により防ぐことができる化学物質による事故災害であるが、それでも災害が発生した場合には、その被害を最小限にするための応急措置が必要となる。

　特に災害時に応急措置が必要となるのは、
- 飲み込んで消化器に障害をもたらす場合
- 吸い込んで呼吸器に障害をもたらす場合
- 皮膚や粘膜に付着した場合に刺激性・腐食性がある場合
- 上記のばく露経路により体内に侵入後、急性期または亜急性期に全身中毒症状を呈する可能性がある場合

等がある。なお、<u>必ずしも受傷直後に特徴的な症状を呈するとは限らず、ばく露後数時間から時には数日後に発症する場合があることを念頭に置き</u>、対応をする必要がある。

　そのためには、まずは化学物質のばく露を過小評価せずに、ばく露部位の原因物質をできる限り速やかに除去したのち、SDS 等の有害性情報等を参考に、当該化学物質により発生するおそれがある症状・所見を観察し、その変化がみられる場合やその可能性が懸念される場合には、速やかに医療機関での対応を図る必要がある。

　なお、<u>医療機関受診とする際には、ばく露した化学物質等の SDS を医療機関に提示</u>することを忘れてはならない。

表 8.2　救命救急センターに伝える原因物質の SDS 情報

1　製品及び会社情報 　　化学物質等（化学品／製品）	8　ばく露防止及び保護措置 9　物理的及び化学的性質
2　危険有害性の要約 　　GHS 分類結果、ラベルの要素	10　安定性及び反応性 11　有害性情報
3　組成及び成分情報	12　環境影響情報
4　応急措置	13　廃棄上の注意
5　火災時の措置	14　輸送上の注意
6　漏出時の措置	15　適用法令
7　取扱い及び保管上の注意	16　その他の情報

8.3.1　職場における応急措置の原則

化学物質ばく露全般に共通する主な応急措置対応としては、以下があげられる。

（1）飲み込んだ場合（経口）

口をすすぐ。医師の診断又は手当てを受ける。刺激性・腐食性が強い物質を飲み込んだ場合は無理に吐かせると上部消化管及び呼吸器への影響に拡大することから、無理には吐かせずに直ちに救急処置を受ける必要がある。当該物質に適切な応急措置がある場合はそれに従う（詳細は製品のラベル及び SDS に記載がある）。

（2）皮膚等に付着をした場合

直ちに汚染された衣類を可能な限り脱衣し、多量の水又は洗浄剤等で洗い、医師の診断又は手当てを受ける。刺激性・腐食性が強い物質は直ちに救急処置を受ける必要がある。なお、皮膚感作性がある物質の場合で、皮膚の刺激や湿疹が出た場合は医師の診断又は手当てを受ける。

洗浄に際して、明らかに水が不適切な場合には洗浄の際には水は使用せず、また当該物質に適切な洗浄剤がある場合にはそれを使用する（詳細は製品のラベル及び SDS に記載がある）。

（3）吸い込んだ場合（吸入）

空気の新鮮な場所に移し、呼吸しやすい姿勢で休息させる。医師の診断又は手当てを受ける。刺激性・腐食性が強い物質を吸入した場合は直ちに救急処置を受ける必要がある。なお、呼吸器感作性がある物質の場合で、呼吸器に係る症状が出た場合は直ちに救急処置を受ける必要がある。

（4）眼に入った場合

すぐに水で数分間注意深く洗う。次にコンタクトレンズを着用していて容易に外せる場合は外す。その後も洗浄を続ける。眼の刺激が続く場合は、医師の診断又は手当てを受ける。

8.3.2　局所影響

（1）吸入ばく露により呼吸器に重篤な障害をもたらすおそれがある場合

▶化学性肺炎（肺水腫）

　各種の酸やアルカリ、一部の金属など皮膚粘膜への刺激性・腐食性が強い物質をガス・蒸気又は粉じんとして吸入した際、肺胞粘膜上皮での炎症が発生する。広範囲に及ぶ場合にはいわゆる肺水腫の状態となり、肺を介した酸素等のガス交換（＝呼吸）ができなくなることから、低酸素血症によるチアノーゼ（手指末端の蒼白）や顔面の蒼白、呼吸困難等の症状を呈し、重篤になると死に至る。なお、これらの反応はばく露後数時間経過してから発生することもある。

【応急措置】

　●肺胞表面に発生した炎症自体に対しては、現場での応急措置では改善を期待できないため、速やかに救急車を呼び医療機関を受診させる。なお、残存する呼吸機能に対して、気道の確保等による酸素の安定供給を図ることが望ましいが、この際、口対口による人工呼吸は呼気を介した救護者へのばく露の可能性があることから禁忌である。

▶過敏性・喘息

　原因となる化学物質への少量のばく露であっても、ヒトの側でのアレルギー性免疫反応により症状が発生することがある。主に吸入ばく露により発生する疾患として重要なものには喘息発作があり、ニッケル化合物やイソシアネート等のいわゆる「呼吸器感作性」のある化学物質により発生する。喘息はその原因物質により気道が狭窄をする病態であり、呼吸に際して「息を吐き出す」ときに抵抗を感じる呼吸困難や咳、喘鳴（ヒューヒューという呼吸音）を呈し、重篤になると死に至る。

【応急措置】

　●気道狭窄に対して、現場での応急措置では改善を期待できないため、喘息の呼吸器症状がみられた際には救急車を要請し速やかに医療機関を受診させる。

（2）皮膚粘膜への刺激性・腐食性が強い場合

▶接触皮膚炎

　化学物質が皮膚・粘膜に一次性に接触した際に、それが刺激やアレルギー反応となって炎症を起こしたもの。いわゆる「かぶれ」と呼ばれるものである。揮発性が高い場合や皮膚粘膜細胞との化学反応を示さない物質等で発生する一過性の炎症反応であることから深達性も低く、原因物質の除去により比較的早期に改善する。

▶化学熱傷

　化学物質が皮膚・粘膜に一次性に接触した際、その物質固有の化学反応等によって引

き起こされる急性の組織反応である。作業場で起きる化学熱傷の多くは硫酸などの酸や水酸化カルシウムなどのアルカリによるものであるが、その他にも灯油などの炭化水素系化合物、金属やその水溶液などで発生する。その症状や重篤度は、ばく露される物質の物性や濃度、被災した皮膚面積等により違いがある。例えば酸は皮膚粘膜細胞の凝固作用が、アルカリは融解作用があり、アルカリのほうが皮膚の深達度が深い傾向にある。

　また、「熱傷」と呼ばれるように、その重篤度は高熱ばく露による熱傷と同様であり、障害を受けた体表面積と皮膚深達性が関与している。すなわちばく露された体表面積が一見狭いと思われても症状は重篤化することがあり、過小評価すべきではない。

【応急措置】

- ●皮膚粘膜に付着後、できるだけ速やかに、かつ大量の流水で洗浄する。なおその際、可能であればばく露された箇所の脱衣を行う。
- ●水との化学反応により発熱等が発生する物質（一部の金属等）では先に物理的にそれらを除去したうえで流水洗浄を行う。
- ●流水の際には、ばく露されていない身体部位に洗浄液が流れることで新たなばく露とならないように留意する。
- ●適切な洗浄剤等がある場合はその利用を検討する。なお一部の化学物質については、その残留により生命の危機を引き起こすおそれがあるので、当該物質に有効な中和剤（例：フッ化水素酸などに対するグルコン酸カルシウムゼリー）の外用措置をする。
- ●ばく露面積が比較的広い場合や、水疱（みずぶくれ）や深部組織が露出している場合は、速やかに医療機関で受診する。

(3) 誤飲

　化学物質の誤飲は、職業ばく露としてはまれであるが、ペットボトル等の容器に小分けされていた化学物質を誤って飲み込むことなどにより発生する。その症状は物性により様々であるが、消化管粘膜の損傷は穿孔性腹膜炎に至ると致命的になることがある。また、刺激性や腐食性の強い物質等を飲み込んだ場合に、無理に内容物の嘔吐を促すと、上部消化管粘膜の損傷や、気道への誤嚥による化学性肺炎を併発する可能性がある。

【応急措置】

- ●速やかに救急車を呼び、医療機関を受診させる。その際、SDS を必ず持参する。
- ●気道に流れ込むとそのことによる化学性肺炎を引き起こす可能性があることから、催吐は禁忌である。
- ●化学物質の種類によっては、飲水による希釈や牛乳による中和効果が期待できる場合もあるが、防虫剤、石油製品（灯油、ガソリン、シンナー、ベンジンなど）など

を誤飲した場合は、それらの吸収量を逆に増加させるため、注意が必要である。

8.3.3　急性・亜急性の全身影響

当該化学物質が経気道ばく露や経皮吸収に引き続き血行性に移行し、標的臓器へ到達したのちに中毒症状を呈する場合がある。例えば有機溶剤蒸気の吸入ばく露による急性の中枢神経障害やシアンを含むガスによる呼吸障害等では比較的早期にその症状が発現するが、臭化メチルのように体内で代謝・分解された物質による中枢神経症状等が数時間から半日程度経過して症状が発現することもある。したがって、全身影響の可能性がある場合には、やや長時間の経過観察が必要である。

【応急措置】

- 標的臓器等へ到達した化学物質を低減することは応急措置では困難であるため、全身影響の可能性がある場合は比較的長時間の経過観察が必要である。「気分が悪い」等の訴えや、当該物質に特有の訴えが発生した場合には、医療機関等を受診させる。

8.3.4　救命措置

（1）急性中毒による意識消失

化学物質にばく露した従業員を速やかに新鮮な空気のもとに搬出するのは重要な応急措置であるが、酸欠や、高濃度の化学物質による中毒により意識を消失している可能性が疑われる場合は、無防備のまま救助に向かうと救助者自身も被災をするため、必ず救助の段階で周囲の応援を要請し、救急車を要請したうえで、送気マスクなどを着用し、救助に向かうことが重要である。また引火の危険性があるため、決して火気を使用してはならず、事故現場の換気を十分に行う。

（2）一次救命措置

被災者の意識がない場合や意識が混濁をしている場合は、すぐに救急車を要請し、到着までの間に一次救命措置を実施する。一次救命措置は、心肺蘇生法、及び用意ができればAEDを用いた方法で実施する。その手順は日本医師会が心肺蘇生法[3]の手順を公表しているほか、消防署、日本赤十字社、日本医師会、日本ACLS協会、日本蘇生協議会、日本心臓財団等、各種の団体が研修を行っているため、定期的に、職場で救命措置講習の実施や受講、職場防災隊の整備などが望ましい。

---

*3　救急蘇生法　心肺蘇生法の手順（日本医師会）https://www.med.or.jp/99/cpr.html

9章

健康管理、健康診断

本章では、化学物質による健康障害を早期に発見、防止するための健康管理、健康診断について解説する。

　　本章では、化学物質による健康障害を早期に発見、防止するための健康管理、健康診断について解説する。

　　職場における化学物質管理の最終的な目標の一つは、労働者に当該化学物質による健康障害を起こさせないことにある。化学物質による健康障害は、急性中毒といった比較的わかりやすいものだけではなく、悪性腫瘍（がん）や間質性肺炎など、他人あるいは本人にも早期に気付きにくい慢性疾患もあげられる。したがって、取り扱う化学物質へのばく露により起こり得る健康障害をあらかじめ把握し、それに準じたスクリーニング（健康診断）を行い、当該疾患の兆候が認められないことを確認することや早期発見により病態の重篤化を防ぐことが必要である。

9.1　化学物質管理者が健康診断で担う役割

　　健康診断・健康モニタリングの実施やその結果の判定・事後措置については、労働者の医療情報を取り扱うことから、産業医や守秘義務規定のある衛生管理者等が担当することが原則である。そのような中、化学物質管理者においては、以下のような役割が期待される。

①化学物質の種類とそれを取り扱う作業者の把握

　　どのような化学物質を「だれが」、「どのように」使用しているのか、を把握することは、化学物質による健康障害予防の出発点であり、その観点で、現場において化学物質管理を担う化学物質管理者等から提供される情報は重要である。特別規則（特化則、有機則等）で規定されている化学物質については、その使用が常時であれば特殊健康診断実施の対象となる。リスクアセスメント対象物質については、リスクアセスメントの結果に基づく健康診断の実施の要否及びその方法を判断する必要がある。

②作業者が使用する化学物質による健康障害を知る

　　作業者の不調に気付くことは、健康障害発生を把握する重要な糸口になることがある。その際、使用する化学物質によりどのような健康障害が発生するのかを適切に把握しないと、作業者の不調が当該化学物質により引き起こされていることに気がつくことができない。健康障害に伴い発生する可能性がある自覚症状などを把握し、自覚症状の訴えがみられた際には、当該化学物質のばく露との関連性を検証することが望まれる。特に、同様の訴えが複数名に集積して発生している場合には注意が必要である。

③健康診断結果のフィードバック

　　上記の②では把握ができない健康影響やその兆候は、健康診断・健康モニタリング

という方法で把握することとなる。個人情報を多く含む健康診断等の情報を医療職以外が直接把握することはできないが、自身が所属する事業場での異常の有無等を確認することは可能である。すなわち医療職と連携をとり、所属する事業場の従業員の健康診断結果に異常が認められる場合には、その原因に作業環境管理対策や作業管理対策の不備などによる化学物質のばく露がないか検証することが必要である。なお、産業医や衛生管理者が選定されていない小規模事業場では、健康診断の実施やその結果に基づく事後措置などについて、産業保健総合支援センターや地域産業保健センターに相談をすることができる。

9.2　化学物質に係る健康診断とその仕組み

　化学物質の健康診断の基本的な考え方を理解するために、まずは現在の特別規則（特化則、有機則等）における特殊健康診断の考え方を知っておきたい（☞A9.1）。
　「特殊健康診断」とは、法第66条第2項及び第3項と令第22条に基づき実施する健康診断、じん肺法による健康診断並びに行政指導による健康診断の総称であり、取り扱う有害物質又は有害な作業環境のもとにおける業務による健康の異常を早期発見することができるように、特別の健診項目について実施するものである。

①標的健康影響
　特別規則（特化則、有機則等）で規定されている物質は、その有害性が明確なものがほとんどであり、すなわち、検出の標的となる健康影響も明確である。

②対象者
　特殊健康診断の対象者は、各規則が定めている有害な業務に常時従事する労働者とされており、当該業務に係るリスクアセスメントの結果のいかんにかかわらず、健康診断実施が必要である。

③実施頻度
　特殊健康診断は、当該業務に従事する前の「配置前健康診断」、「業務従事期間中の健康診断」があり、また発がん性がある物質等の一部の物質については、「配置転換後健康診断」の実施が定められている。その実施頻度は、原則として「6月以内に1回」（じん肺健診は管理区分に応じて1～3年以内ごとに1回）である。
　なお、令和5年4月1日からは、有機溶剤、特定化学物質（特別管理物質等を除く）、鉛、四アルキル鉛に関する特殊健康診断について、作業環境管理やばく露防止対策等が適切に実施されている場合には頻度を1年以内ごとに1回に緩和することが可能となった。

④検査項目の構成

　特殊健康診断の検査項目は、大きく「健康影響指標」と「ばく露評価指標」に分けることができる。また、前者は「早期健康影響指標」と「標的健康影響指標」に分けることもできる（**図9.1**）。健康診断の目的の一つは、標的となる健康影響やその兆候をできるだけ早期に把握することであるため、「早期健康影響

1）	業務歴の調査
2）	作業条件の簡易な調査
3）	作業条件の調査（二次検診のみ）
4）	当該有害要因による健康影響・ばく露の既往
5）	当該有害要因による自他覚症状の有無
6）	早期健康影響指標に関する臨床検査
7）	生物学的ばく露モニタリング（一部の物質）
8）	標的健康影響に関する臨床検査

赤字：健康影響の評価　青字：ばく露の評価

図9.1　特殊健康診断の検査項目

指標」の把握が重要であり、特化則の健康診断では早期健康影響指標を一次健康診断項目（特化則別表3）に設定している。なお、スチレンの健康診断項目を**表9.1**に示す。

⑤健康診断結果の判定と医師の意見

　特殊健康診断にかかわらず、労働安全衛生法令に基づき職域健康診断の結果は医師

表9.1　スチレンの標的健康影響と健康影響指標

分類		健康影響指標	ばく露評価指標
業務歴等		―	• 業務歴の調査 • 作業条件の簡易な調査 • 作業条件の調査
標的健康影響	中枢神経障害	• 頭重、頭痛、めまい、悪心、嘔吐	
	末梢神経障害	• 聴力低下の検査等の耳鼻科学的検査 • 色覚検査等の眼科学的検査 • 神経学的検査	
	悪性リンパ腫	• 頸部等のリンパ節の腫大の有無等 • 白血球数及び白血球分画 • 血液像その他の血液に関する精密検査 • 特殊なX線撮影による検査又はMRIによる画像検査	
	皮膚粘膜障害	• 眼の刺激症状、皮膚又は粘膜の異常	
	肝機能障害	• AST/ALT/γ-GTP • 肝機能検査（AST/ALT/γ-GTPを除く）	
ばく露モニタリング		―	• 尿中のマンデル酸及びフェニルグリオキシル酸の総量

赤字：早期健康影響指標は一次健診で実施

により判定がされ、事業者は、当該結果に基づく就業上の措置に係る意見を医師から聴かなければならない。原則として、医師の意見は「就業可能」、「要就業制限」、「要休業」の3区分で提示される。特殊健康診断の検査項目の多くは非特異的であり、みられた所見が化学物質による健康影響と即断することは避けるべきであるが、ばく露の可能性がないかを検証することが必要である。

⑥医師の意見に基づく事後措置

前述のように特殊健康診断で異常の所見が認められた場合には、医師の意見が「就業可能」であった場合でも、その原因に職場での化学物質によるばく露が関与していないかどうかを確認することが望ましい。有所見となる背景には、作業環境管理や作業管理におけるばく露防止対策のどこかにエラーが発生している可能性があると考え、設備や作業状況の確認など、作業者へのばく露の有無を再評価する必要がある。再評価の結果によりばく露の可能性が低いと判断されたのちに、作業要因以外の原因の検証へと進むことが望ましい。なお、症状の訴えや所見が集積をしている場合には、作業との関連性を慎重に判断することが必要である（☞**A9.2**）。

9.3 リスクアセスメント対象物の健康診断の仕組み

特別規則（特化則、有機則等）に規定されていない化学物質のうち、リスクアセスメントの対象物質については、リスクアセスメントの結果に基づき「リスクアセスメント対象物健康診断」の実施が必要となる場合がある（則第577条の2第3項、第4項）。

リスクアセスメントの結果に基づき関係労働者の意見を聴き、リスクが許容範囲を超えていると判断された場合には、医師又は歯科医師が必要と認める項目（当該化学物質に係る有害性情報をもとにしたスクリーニング項目等を含む）について「リスクアセスメント対象物健康診断」の実施が必要となる（第3項健診）。また、濃度基準値設定物質について、労働者が「濃度基準値を超えてばく露したおそれ」があるときは、速やかに、医師等による「リスクアセスメント対象物健康診断」の実施が必要となる（第4項健診）。

なお、リスクが許容範囲内と判断された場合には、必ずしもリスクアセスメント対象物健康診断を実施することは求められないが、一般定期健康診断等の際に、化学物質を取り扱う業務による所見等の有無について留意することが推奨され、その際の所見により健康影響が疑われた場合は、当該労働者への医療的対応のほか、リスクアセスメントの再実施、及びその結果に基づき、同様の作業をしていた従業員の「リスクアセスメント対象物健康診断の実施の要否」について、検討することが望まれる。

なお、リスクアセスメント対象物健康診断の「要否の判断」や「実施頻度」、「検査項

目の設定方法」等については「リスクアセスメント対象物健康診断に関するガイドライン」（☞**A9.2**）を参照のこと。また、医師又は歯科医師による健診項目選定の具体的な方法等については、今後ガイダンスが出される予定である。

リスクアセスメント対象物健康診断を実施した場合は、その結果に基づき必要な事後措置を実施しなければならない。また、当該記録を作成し、5 年間（がん原性のある物質として厚生労働大臣が定めるもの^(注)に係る健康診断については 30 年間）保存しなければならない（則第 577 条の 2 第 5 項：☞**A2.5**）。リスクアセスメント対象物健康診断を受診した労働者に対しては、遅滞なく健康診断結果を通知しなければならない（則第 577 条の 2 第 9 項：☞**A2.5**）。詳細は"リスクアセスメント対象物健康診断に関するガイドライン"を参照のこと（☞**A9.2**）。

（注）がん原性のある物質として厚生労働大臣が告示[*1]で定めるものは、政府 GHS 分類結果で発がん性区分 1（1A、1B）のもの（エタノールを除く）である。

9.4　省令改正によるがん原性物質に関する対応

9.4.1　がん原性物質の作業記録の保存

リスクアセスメント対象物のうち、がん原性のある物質（告示☞**A9.3**、物質☞**別冊資料**）として厚生労働大臣が定めるものを製造し、又は取り扱う業務を行う場合は、1 年以内ごとに 1 回、定期に、当該業務の作業歴について記録をし、当該記録を 30 年間保存しなければならない（則第 577 条の 2 第 11 項：☞**A2.5**）。

30 年間の作業記録を保存しなければならない物質には、上記告示で定めるもの（https://www.mhlw.go.jp/content/11305000/001033355.pdf）のほかに特別管理物質がある。これらはリスクアセスメント対象物と共に**別冊資料**に示した。

9.4.2　がん等の遅発性疾病の把握の強化

化学物質を製造し、又は取り扱う同一事業場において、1 年に複数の労働者が同種のがんに罹患したことを把握したときは、医師に当該がんへの罹患が業務に起因する可能性についての意見を聴き、医師が、当該罹患が業務に起因するものと疑われると判断した場合は、遅滞なく、当該労働者の従事業務の内容等について、所轄労働局長に報告し

---

*1　労働安全衛生規則第五百七十七条の二第三項の規定に基づきがん原性がある物として厚生労働大臣が定めるもの（令和 4 年厚生労働省告示第 371 号）

なければならない［則第 97 条の 2：☞**A2.5**、☞**A2.6**、第 3、4(1) エ（個人情報）］。

　なお、上記のうち「当該罹患が業務に起因するものと疑われると判断した場合」については、「その時点では明確な因果関係が解明されていないため確実なエビデンスがなくとも、同種の作業を行っていた場合や、別の作業であっても同一の化学物質にばく露した可能性がある場合等、化学物質に起因することが否定できないと判断されれば対象とすべきであること」とされていることに留意が必要である［「労働安全衛生規則等の一部を改正する省令等の施行について」基発 0531 第 9 号（施行通達）：☞**A2.6**、第 3、4、(2)］。

┌─ ワンポイント解説　**がん原性物質に関する対応** ─

　表 3.3 に示されているように、近年日本では化学物質により多数の職業性がんが発生している。同一事業場で複数の職業がんが発生していること等から上記 **9.4.1** 及び **9.4.2** のような対応を取ることになった。欧米諸国では日本の約 10 倍の職業がんが報告されており、日本では実際に事業場で発生している職業がんを把握していないのではないかという懸念が今回の対応につながった。

　因みに日本では年間約 1000 件が職業がんと認定されているが、これらのほとんどは石綿を原因としており、化学物質によるものは約 20 件程度である。

9

健康管理、健康診断

10章

受講者の作業場に合わせたリスクアセスメント実習（実習の進め方）

本章に示す実習項目は、講師が受講者の人数、会場の大きさ・IT設備等を勘案し選択して実行する。限られた時間の中で全ての項目を実行するのは不可能であろう。また、受講者の求めに応じて項目を選択してもよい。

> 　本実習では、①リスクアセスメントに必要な危険性・有害性等に関する情報検索、モデルラベル・モデル SDS の検索、② CREATE-SIMPLE 等によるリスクアセスメントの実習、③検知管の使い方、④保護具の使用方法、⑤リスクアセスメント結果の記録、自律的な管理チェックリストの活用、等の中からいくつか選択する。

10.1　作業別リスクアセスメントに必要な情報の収集

10.1.1　受講者による対象作業及び物質の決定

　あらかじめ受講者に対象作業の種類及びリスクアセスメント対象物に関する情報の準備を求める。

10.1.2　政府による GHS 分類結果（NITE 公表）へのアクセス（データの取得、内容の確認）

　政府による GHS 分類結果（以下、"GHS 分類結果"という）が掲載されているサイトへのアプローチ及びそれぞれのデータベースの特徴などを説明する。受講者が扱っている物質に関して受講者自身が検索できるようになることを目的とする。
- NITE（独立行政法人製品評価技術基盤機構）GHS 総合情報提供サイト[1]
  GHS 分類結果のほか、GHS 分類方法、GHS 混合物分類判定ラベル /SDS 作成支援システム（NITE-Gmiccs）、国連 GHS 文書、学習コンテンツなど、GHS に関する幅広い情報が集約されている。
- NITE-CHRIP[2]（NITE 化学物質総合情報提供システム）
  物質名称、CAS RN®、分子式、法規制情報から、物質情報を検索できる。得られる情報は、政府 GHS 分類結果のほか、構造式、国内外の主な該当法令、GHS 対応モデルラベル／モデル SDS、有害性評価書等である。
- 物質固有情報（物質名称、CAS RN® など）に基づく検索による GHS 分類結果の閲覧
  GHS 総合情報提供サイト、NITE-CHRIP のどちらからでも、同じ NITE 統合版

---

[1]　https://www.chem-info.nite.go.jp/chem/ghs/ghs_index.html
[2]　https://www.chem-info.nite.go.jp/chem/chrip/chrip_search/systemTop

GHS 分類結果が得られる。HTML 版と Excel 版の 2 種類がある。NITE-CHRIP では、再分類・見直しが行われた物質については過去の分類結果も掲載されているので、リスクアセスメントにおいては最新の分類結果（NITE 統合版：画像の赤枠で囲まれた部分）を参照することが望ましい。

例：キシレン

GHS 総合情報提供サイト[3]

※編集部注　CAS 登録番号は本書では省略する。

---

*3　https://www.chem-info.nite.go.jp/chem/ghs/ghs_index.html

NITE-CHRIP

HTML 版

Excel 版

NITE統合版　政府によるGHS分類結果							
ID:　m-nite-1330-20-7							
CAS:　■■■■■				分類実施年度：各項目に記載のとおり			
名称:　キシレン				使用マニュアル各項目に記載のとおり			
物理化学的危険性							
危険有害性項目	分類結果	シンボル	注意喚起語	危険有害性情報	注意書き	分類根拠	分類実施年度
1　爆発物	区分に該当しない（分類対象外）	-	-	-	-	本物質はエチルベンゼンを含む異性体混合物として分類した。爆発性に関連する原子団を含んでいない。	平成26年度(2014年度)
健康に対する有害性							
危険有害性項目	分類結果	シンボル	注意喚起語	危険有害性情報	注意書き	分類根拠	分類実施年度
1　急性毒性（経口）	区分に該当しない	-	-	-	-	本物質はエチルベンゼンを含む異性体混合物として分類した。ラットのLD50値として、3,500-8,800 mg/kgの範囲内での複数の報告（NITE有害性評価書（2008）、ATSDR（2007）、EPA Pesticide（2005）、環境省リスク評価第1巻（2002）、ACGIH（7th, 2001）、OEPA（1993）、DFGOT vol. 5（1993）、ECETOC JACC（1986））に基づき、区分外（国連分類基準の区分5又は区分外）とした。新たな情報源（NITE有害性評価書（2008）、ATSDR（2007）、EPA	平成26年度(2014年度)

10.1.3　職場のあんぜんサイト（物質ごとモデルラベル、モデルSDS の検索及び記載項目の確認）

受講者が扱っている物質に関して、厚生労働省で公表しているモデルラベル、モデルSDS を検索し、それらの内容及び活用方法について確認する。

● 職場のあんぜんサイト　GHS 対応モデルラベル・モデル SDS 情報 [*4]

＊4　https://anzeninfo.mhlw.go.jp/anzen_pg/GHS_MSD_FND.aspx

受講者の作業場に合わせたリスクアセスメント実習（実習の進め方）

10

GHS対応モデルラベル・モデルSDS情報　検索結果

検索結果は1件ありました。
1件～1件を表示しています。

検索結果

1／1　ページ

検索結果ページ：1

番号	名称(データシート)	モデル ラベル	英文名称	CAS番号
1	キシレン		Xylene	
	キシレン	○	Xylene	
	o-キシレン	○	o-Xylene	
	m-キシレン	○	m-Xylene	
	p-キシレン	○	p-Xylene	

検索結果ページ：1

検索条件

CAS番号での検索	

キシレン
（Xylene）

成分：キシレン   CAS番号：

危険

危険有害性情報
　　引火性液体及び蒸気
　　飲み込んで気道に侵入すると生命に危険のおそれ
　　皮膚に接触すると有害
　　皮膚刺激
　　強い眼刺激
　　吸入すると有害
　　眠気又はめまいのおそれ
　　生殖能又は胎児への悪影響のおそれ
　　中枢神経系、呼吸器、肝臓、腎臓の障害
　　長期にわたる、又は反復ばく露による神経系、呼吸器の障害
　　水生生物に毒性
　　長期継続的影響によって水生生物に毒性

```
┌─────────────────────────────────────────────────────────┐
│  ┌───────────────────────────────────────────────────┐  │
│  │                   安全データシート                   │  │
│  └───────────────────────────────────────────────────┘  │
│                                                           │
│                        キシレン                           │
│                                                           │
│  1. 化学品等及び会社情報                                   │
│       化学品等の名称              キシレン(Xylene)        │
│       製品コード                  H26-B-135 ( 製品コードなし)│
│                                                           │
│  2. 危険有害性の要約                                       │
│     GHS 分類                                              │
│       分類実施日          H25.8.22、政府向け GHS 分類ガイダンス(H25.7版)を使用 │
│                           GHS 改訂 4 版を使用              │
│       物理化学的危険性     引火性液体           区分 3      │
│       健康に対する有害性   急性毒性(経皮)        区分 4      │
│                           急性毒性(吸入:蒸気)   区分 4      │
│                           皮膚腐食性及び皮膚刺激性 区分 2    │
└─────────────────────────────────────────────────────────┘
```

10.1.2 で示した NITE-CHRIP 「厚労省：GHS 対応モデルラベル・モデル SDS 情報」の項目中「職場のあんぜんサイトへ」に進めば、本ページと同じモデルラベル・モデル SDS が得られる。

10.1.4　職場のあんぜんサイト（業種別、物質別災害事例の検索、作業別モデル対策シート等）

リスクアセスメントマニュアル等が掲載されているサイトへのアプローチ、使用方法に関する説明を行う。受講者が携わる業種に関連するサイト及び情報へ受講者自身がたどり着けるようになることを目的とする。

●**職場のあんぜんサイト：化学物質情報の内容確認**

労働安全衛生法で何らかの規制がかかる物質は以下のサイトで検索可能である。ただし則第 24 条の 14（ラベル貼付努力義務）、及び同条の 15（SDS 交付努力義務）の対象物質（GHS 分類で危険性・有害性があると判断されたもの）は含まれない。

【化学物質情報の更新情報】

●安衛法名称公表化学物質情報[5]（71 670 物質、令和 5 年 11 月 20 日現在）

●化学物質検索サイト[6]〈化学物質：安衛法名称公表化学物質等〉

●GHS モデル SDS 情報（3 315 物質、令和 5 年 8 月 16 日現在）

●GHS 対応モデルラベル一覧表（2 713 物質、令和 3 年 1 月 29 日現在）

●GHS とは（平成 28 年 3 月 25 日）

●強い変異原性が認められた化学物質（令和 4 年 12 月 19 日）

---

[5]　https://anzeninfo.mhlw.go.jp/user/anzen/kag/ankgc01.htm

[6]　https://anzeninfo.mhlw.go.jp/anzen_pg/KAG_FND.aspx

- がん原性に係る指針対象物質（40 物質、令和 2 年 2 月 7 日）
- リスク評価実施物質（145 物質、令和 5 年 8 月 29 日）
- 化学物質による災害事例（令和 2 年 6 月 30 日）
- がん原性試験実施結果（62 物質、令和 5 年 5 月 10 日）

【新規化学物質関連手続きの方法】

労働安全衛生法に基づく新規化学物質関連手続きについて[7]（厚生労働省）

【化学物質のリスクアセスメント実施支援】

職場のあんぜんサイト[8]

「リスクアセスメント支援ツール」には以下のツールが記載されている。

- 厚生労働省版コントロールバンディング
- 爆発・火災等のリスクアセスメントのためのスクリーニング支援ツール
- 作業別モデル対策シート
- CREATE-SIMPLE
- 検知管を用いた化学物質のリスクアセスメントガイドブック
- リアルタイムモニターを用いた化学物質のリスクアセスメントガイドブック

---

*7　https://www.mhlw.go.jp/stf/seisakunitsuite/bunya/koyou_roudou/roudoukijun/anzen/
anzeneisei06/index.html

*8　https://anzeninfo.mhlw.go.jp/user/anzen/kag/ankgc07.htm

- 業種別のリスクアセスメントシート
- 安衛研リスクアセスメント等実施支援ツール
- ECETOC TRA
- 独 EMKG 定量式リスクアセスメントツール

例えば、作業別対策シートの項目には以下の内容が含まれている。受講者の事業場で該当する作業対策シートがあるかどうかを確認し、それを参考に受講者の作業場の状況について検討する。

【作業別対策シート】
- 印刷（オフセット印刷）
- 印刷（グラビア印刷）
- 印刷（スクリーン印刷）
- 試験研究
- 成形・加工・発泡（樹脂の発泡）
- 成形・加工・発泡（ゴムの成形・加工）
- 清掃・廃棄物処理（廃棄物処理）
- 接着（ラミネートフィルム）
- 接着（家具類）
- 洗浄、払しょく、浸漬又は脱脂
- 塗装（スプレーでの屋外塗装）
- 塗装（ローラー、刷毛での屋外塗装）
- 鋳造
- 溶融
- 吹き付け（工場内の溶剤塗装）
- 吹き付け（工場内の粉体塗装）
- めっき
- 化学品製造（バッチプロセス）
- 溶接、溶断
- 研削、研磨
- 粉砕、破砕、ふるい分け
- 粉体の投入、混合、袋詰め
- 液体の小分け、移し替え等
- ネイル
- ビルメンテナンス

【共通シート】
- 換気（局所排気装置、プッシュプル型排気装置、全体換気）、空気清浄

- 労働衛生保護具（呼吸用保護具、保護具手袋、保護眼鏡）
- 管理的対策
- 清掃・廃棄

10.2 使用物質を対象とした CREATE-SIMPLE 等によるリスクアセスメントのシミュレーション

　リスクアセスメントの基本的な考え方を習得するうえで、また講習後に実際に事業場でリスクアセスメントを実施してみるうえでも、CREATE-SIMPLE の実習は有意義である。

10.2.1　CREATE-SIMPLE の活用

実習の前に

- 最新版の SDS やばく露限界値の情報、作業の実態を入手しておくこと。
- 適切な選択肢を入力するために理解しておくべき項目がある。別途公開されている「クリエイト・シンプルを用いた化学物質のリスクアセスメントマニュアル」のシートで理解しておくこと。

> - Q4　作業場の換気…全体換気とは？　局所排気装置（外付け式）とは？　等
> - リスクアセスメント実施レポート　リスク低減対策の検討［オプション］
>   　　　呼吸器保護具…防毒マスクとは？　フィットテストとは？　等
> - Q10　手袋の教育……基礎教育とは？　十分な教育とは？
> - Q12　着火源…………火気だけではない。それ以外にどのようなものがあるか？

- 「吸入」「経皮吸収」「危険性」のどれにチェックを入れるかによって、入力項目が変化する。どの項目を判定するか決めておくこと。
- 本ツールは従来、1 物質ごとに評価が必要であったが、Ver.3.0 で、混合物中の成分（最大 10 物質）の一斉評価機能が追加された。

実習

- データ入力の方法は後述の〈CREATE-SIMPLE マニュアル〉を参照する。

1.　危険性又は有害性の特定

　「CAS RN®で検索」、「物質一覧から選択」等の方法で登録されている物質の情報が自動入力できれば、GHS 分類やばく露限界値等は自動で出力される。最新版の SDS 等で情報に間違いがないか確認する。最新版でない場合、あるいは、自動で入力されていない場合には、手動で入力する。

※リスクアセスメント対象を「経皮吸収」のみにした場合、STEP 2 の物理化学的性状が全て入力されていないと判定できない。

2.　リスクの見積り

　STEP 3 で質問に答えながら作業状況を入力し、リスクレベルを判定する。

　リスクレベルの意味は下記のとおり。

IV	大きなリスク。作業中止。最優先でリスク低減措置を講じる必要がある。
III	中程度のリスク。優先的にリスク低減措置を講じる必要がある。
II※	小さなリスク。リスク低減措置を講じることが推奨される。
I	必要に応じてリスク低減措置を講じる。
S	局所的な影響（皮膚腐食性や眼刺激性など）がある場合に判定される。

※CREATE-SIMPLE Ver.3.0 において、「化学物質による健康障害防止のための濃度の基準の適用等に関する技術上の指針」を踏まえ、八時間濃度基準値の 2 分の 1 程度を超えると評価された場合は、確認測定等を実施する必要があることから、吸入（8 時間）のリスクレベル II が II-A、II-B に細分化された。リスクレベル II-B は、八時間濃度基準値の 2 分の 1 程度を超えると評価された場合を表しており、リスクレベル II-B 以上の場合には、確認測定等が必要となる。なお、「確認測定等」には、簡易測定（検知管、リアルタイムモニター）やより精緻な数理モデルによる計算等が含まれる。

　判定結果を実施レポートに出力し、記録されていることを確認する。

3.　リスク低減措置の内容の検討

　リスク低減のために、STEP 3 の回答の選択肢を変え、再度リスクを判定する。

　様々な選択肢のパターンを検討し、それぞれ実施レポートに出力しておく。

　実施レポートに、コメントを残すとなおよい。例えば

●ツールの選択項目以外のリスク低減措置がないか

●どのような残留リスクがあるか等

リスク低減措置の優先順位に基づいて、結果一覧を見ながら対応可能な措置を決定する。

リスク低減措置の優先順位

・本質安全対策（化学物質の代替や運転条件の変更等）
・工学的対策（局所排気装置の設置等）
・管理的対策（作業手順の改善等）
・有効な保護具の使用

注意点

●リスクレベルが低く判定されても安心してはならない。様々な理由でリスクが増大する可能性はある。以下に例をあげる。

設備や装置等の不具合	局所排気装置が故障で作動しなかったらどうなるか？ 容器の蓋が破損したらどうなるか？
不適切な作業や操作	作業者が局所排気装置のスイッチを入れ忘れたらどうなるか？ 作業者が作業手順を間違えたらどうなるか？
外部要因	大規模停電が発生したらどうなるか？ 洪水が発生し、工場が浸水したらどうなるか？

労働安全衛生総合研究所技術資料 JNIOSH-TD-No.7（2021）より一部改変[9]

　　したがって、リスクアセスメントでは幅広い観点から何度でも考え抜くことが大切である。

CREATE-SIMPLE マニュアル[10]

＊9　https://www.jniosh.johas.go.jp/publication/doc/td/TD-No7.pdf#zoom=100
＊10　出典：職場のあんぜんサイト「CREATE-SIMPLE　マニュアル」
　　　（https://anzeninfo.mhlw.go.jp/user/anzen/kag/ankgc07_3.htm）
　　　（随時最新版が公開されるため、サイトにて最新版を確認すること。）

マニュアル目次

1．ツールの説明	**CREATE-SIMPLEの概要**	P4
	CREATE-SIMPLEの位置付け	P5
2．ツールの操作方法	**操作マニュアル**	P7
	旧バージョンのデータの再評価	P29
3．リスクの見積り方法	**リスクの見積り方法**	P32
4．旧バージョンからの変更点	**旧バージョン（ver.2.5.1）からの変更点**	P40
5．その他	**よくある質問**	P56

更新履歴
- 2018年3月　マニュアル公開
- 2019年3月　マニュアル改訂（CREATE-SIMPLE ver.2.0対応）
- 2022年3月　マニュアル改訂（3．5　データの移行手順を追記）
- 2023年3月　マニュアル改訂（よくある質問を追記）
- 2024年2月　マニュアル改訂（CREATE-SIMPLE ver.3.0対応）
- 2024年3月　マニュアル改訂（誤記の修正）

2

受講者の作業場に合わせたリスクアセスメント実習（実習の進め方）

10

1．CREATE-SIMPLEの概要

CREATE-SIMPLEの概要

● 本マニュアルは、厚生労働省が開発したリスクアセスメントの一つであるCREATE－SIMPLE（クリエイト・シンプル）を用いて、労働者のリスクアセスメントを実施するための方法を説明したものです。

ツールの名称	CREATE-SIMPLE（ver.3.0）		
開発者	○厚生労働省 ○検討：（平成29年度）第3次産業に向けた簡易リスクアセスメント手法検討委員会 　　　　（平成30年度）簡易リスクアセスメント手法開発検討委員会 　　　　（令和3～5年度）簡易リスクアセスメント手法開発検討委員会 ○開発：みずほリサーチ＆テクノロジーズ株式会社		
入手方法	職場のあんぜんサイト（http://anzeninfo.mhlw.go.jp/user/anzen/kag/ankgc07.htm）より無償で入手可能		
ツールの概要	・ サービス業など幅広い業種にむけた簡単な化学物質リスクアセスメントツール（Chemical Risk Easy Assessment Tool, Edited for Service Industry and MultiPLE workplaces）。 ・ 化学物質の吸入ばく露、経皮ばく露による健康リスクや爆発物や引火性などの危険性リスクを対象としたリスクアセスメント支援ツール。 ・ 簡単な質問に答えていくだけで、リスクを見積もることが可能。		
	吸入ばく露	・ 英国HSE COSHH essentialsに基づく、リスクアセスメント手法における考え方を踏まえた、推定ばく露濃度とばく露限界値の比較によりリスクレベルを推定。 ・ ばく露限界値（またはGHS区分情報に基づく管理目標濃度）と化学物質の取扱い条件等から推定したばく露濃度（吸入経路、8時間加重平均値、短時間（15分）の最大濃度）を比較する方法を採用。	
	経皮ばく露	・ 米国NIOSH「A Strategy for Assigning New NIOSH Skin Notations」に基づく、経皮吸収のモデルを踏まえた、経皮吸収量と経皮ばく露限界値の比較によりリスクレベルを推定。 ・ ばく露限界値、肺内保持係数、呼吸量から推定した「経皮ばく露限界値」と、皮膚透過係数（オクタノール・水分配係数、分子量から算出）、水溶解度、接触面積・時間から推定した「経皮吸収量」を比較する方法を採用。 ・ これまでハザード管理がなされていた経皮吸収について、十分な情報が得られた場合にリスクに基づいた判断（スクリーニング）が可能。	
	危険性	・ 化学物質のGHS区分情報と取扱状況（取扱量など）を踏まえたリスクレベルを推定し、取扱物質そのものが潜在的に有している危険性をユーザーが「知ること」、「気付くこと」を目的とする。 ・ 危険性項目ごとに決定したハザードレベルと取扱量から設定した「暫定リスクレベル」と、取扱状況（換気状況、着火源の有無など）を踏まえリスクレベルを決定する方法を採用。	
ばく露経路	吸入、接触（定性・定量）		

4

CREATE-SIMPLEの位置付け（有害性）

● 新たな化学物質管理規制では、事業場で使用する全てのリスクアセスメント対象物について、危険性又は有害性を特定し、労働者が当該物にばく露される程度を把握した上で、リスクを見積もります。

● その結果に基づき、リスクアセスメント対象物に労働者がばく露される程度を最小限度としなければならず（安衛則第577条の2第1項）、また濃度基準値が設定されている物質については、屋内作業場については、当該物質にばく露される程度を濃度基準値以下としなければならない（同2項）ことが規定されました。

● CREATE-SIMPLEは、以下のフローの「初期調査」における「数理モデルを活用したばく露の推定」に活用できるツールとなっています。

出所：化学物質による健康障害防止のための濃度の基準の適用等に関する技術上の指針（令和5年4月27日技術上の指針公示第24号）

5

CREATE-SIMPLEの位置付け（危険性）

- 化学物質の危険性に対するリスクアセスメントを実施するための手法・ツールは大きく①簡易的な手法・ツールと②詳細な解析手法に分けることができ、**CREATE-SIMPLEは①簡易的な手法・ツールの１つとして活用**できます。

- 簡易的な手法・ツールは、化学物質に何らかの危険性があることに気付くためのツールとして活用することができます。一方、当該作業に固有の情報は考慮されていないため、具体的なリスク低減措置を検討・実施するために必要な情報を得ることは難しいです。

- 詳細な解析手法は、実際に事業場で行っている作業での化学物質の取扱条件なども考慮して、火災・爆発等発生に至る道筋（シナリオ）を調査することで、具体的なリスク低減措置を検討・実施することができます。一方、詳細な解析を行うためには化学反応やリスク低減措置に関する知識や情報を必要とし、専門家による指導が無ければ、最適な判断を行うことが難しい場合もあります。また、多くの時間と労力が必要となります。

※1 労働安全衛生総合研究所技術資料、プロセスプラントのプロセス災害防止のためのリスクアセスメント等の進め方、JNIOSH-TD-No.5 (2015)
※2 化学プラントにかかるセーフティ・アセスメントに関する指針（平成12年3月21日付け基発第149号）
※3 中央労働災害防止協会、化学物質による爆発・火災を防ぐ、第2編第4章、pp.108-152 (2018)
※4 高圧ガス保安協会、リスクアセスメント・ガイドライン（Ver.2）(2016)

出所：厚生労働省「化学物質管理者テキスト」

6

2．操作マニュアル

ツールの起動

- CREATE-SIMPLEはExcel ファイルです。ダブルクリックしてファイルを開いてください。このとき、「セキュリティの警告」が表示される場合があるため、「コンテンツの有効化」または「マクロを有効にする」というボタンを押してください。

> ⚠ セキュリティの警告　一部のアクティブ コンテンツが無効にされました。クリックすると詳細が表示されます。　　コンテンツの有効化

- Microsoftのセキュリティ強化によりExcelのバージョン2203以降から、インターネットから取得したエクセルのマクロが実行できなくなる事象が発生しております。詳細は以下をご確認ください。
  https://learn.microsoft.com/ja-jp/deployoffice/security/internet-macros-blocked

> 🛡 セキュリティ リスク　このファイルのソースが信頼できないため、Microsoft によりマクロの実行がブロックされました。　　詳細を表示

- 「セキュリティ リスク」の表示がでた場合は、以下の手順でマクロの実行のブロックの解除することが可能です。
  ✓ 保存場所においてファイルを右クリック→プロパティ（R）→全般タブの下部におけるセキュリティで「許可する」にチェック→OK

- EXCELは「2019」以降のバージョンをお使い下さい。バージョンが古いEXCELの場合、誤作動を起こす場合があります。

8

ツールの構成

- CREATE-SIMPLEでは 5 種類のシートから構成されており、左下のシート名をクリックすることで切り替えが可能です。

シート名	内容
トップ	・ ツールのトップページであり、各シートの説明を記載しています。 ・ 注意事項が記載されています。使用前に必ず確認してください。 ・ 使用言語（日・英）の選択が可能です。
リスクアセスメントシート	・ リスクアセスメントを実施するためのシートです。
実施レポート	・ リスクアセスメントの実施レポートが表示されるシートです。このシートを用いてリスク低減対策を検討することができます ・ 実施レポートを印刷や電子メール等で従業員に周知することも可能です。
結果一覧	・ リスクアセスメントを実施した結果の一覧が表示されます。 ・ このシートから各シートに過去の実施結果を呼び出すことも可能です。
製品DB	・ 事業場の取扱製品のデータベースです。 ・ 事業場内の取扱製品・化学物質の整理に活用することができます。 ・ データベースに登録した内容をリスクアセスメントシートから呼び出すことができます。

9

リスクアセスメントの事前準備

- まず事業場内で取り扱っている化学物質をリストアップし、作業内容、ラベルやSDSの有無、法規制状況、リスクアセスメントの実施状況、有害性情報などを確認の上、作業ごと、対象物質ごとにリスクアセスメントを実施します。
- SDSなどを確認し、リスクアセスメントに必要な情報を入手しましょう。
※青字：確認必須の項目

製品安全データシート（SDS）
○○溶剤

1．化学物質等及び会社情報
製品名　　　：○○溶剤
製品コード　：○○○
会社名　　　：○○○○株式会社

GHS分類情報

2．危険有害性の要約
GHS分類
物理化学的危険性　　　　　　・：
　引火性液体　　　　　　　　区分3

健康に対する有害性
　急性毒性（経口）　　　　　区分3
　急性毒性（経皮）　　　　　区分3
　急性毒性（吸入：蒸気）　　区分2
　皮膚腐食性・刺激性　　　　区分2
　眼に対する重篤な損傷・眼刺激性　　区分2A
　発がん性　　　　　　　　　区分2
　特定標的臓器・全身毒性（単回ばく露）　区分1（呼吸器、肝臓）
　特定標的臓器・全身毒性（反復ばく露）　区分1（中枢神経系、肝臓）

3．組成、成分情報
単一製品・混合物の区別：単体

（※混合物の場合：下記のような成分表を用いて含有率を選択）　**CAS番号**

成分名	含有量(%)	CAS No.
物質A	5～20	98-01-1
物質B	1～5	1330-○○-○
物質C	3～6	非公開
…	…	…

含有率

ばく露限界値
（記載がない場合もある）

8．ばく露防止及び保護措置
管理濃度
許容濃度（ばく露限界値、生物学的ばく露指標）
　日本産業衛生学会　　　　25 ppm
　ACGIH　　TLV-TWA　0.2ppm

主な物理化学的物性値
（記載がない場合もある）

9．物理的及び化学的性質
物理的状態、形状、色など：　無色の液体
融点、凝固点　　-36.5℃ (ICSC (J) (2012))
沸点、初留点及び沸騰範囲　162℃ (ICSC (J) (2012))
引火点　　　60℃ (c.c.) (ICSC (J) (2012))
蒸気圧　　　2.21 mmHg(25℃) (HSDB (2017))
溶解度　　　水：8.3 g/100 mL (20℃) (ICSC (J) (2012))
n-オクタノール／水分配係数　0.41 (HSDB (2017))

ポイント：混合物としての物化性状やばく露限界値が記載されている場合には、対象物質の情報を厚生労働省「GHS対応モデルSDS情報」などから調べましょう。

10

製品データベースの活用

- 製品データベースに、事業場で取り扱う製品を登録することができます。
- 皮膚等障害化学物質、濃度基準値設定物質、がん原性物質への該当可否が判定されるため、多くの製品の中から優先順位をつけてリスクアセスメントを実施することができます。

必須　　任意項目

製品データベース

No	登録日	更新日	製品ID等	製品名等	サプライヤー名	性状	備考	含有物質情報 CASRN|物質名|含有率(wt%)	製品のGHS分類	法規制情報 [自動入力]
1	2024/2/29	2024/3/1	P005-001	XX洗浄剤	XX商会	液体	XX事業場で利用	67-64-1|アセトン|50	引火性液体：区分2 眼に対する重篤な損傷性／眼刺激性：区分2B 生殖毒性：区分2 特定標的臓器毒性（単回暴露）：区分2 特定標的臓器毒性（反復暴露）：区分2	
2	2024/2/16		P005-002	製品●●	●●	液体		98-00-0|フルフリルアルコール|90 98-01-1|フルフラール|10		皮膚等障害化学物質 濃度基準値設定物質
3										
4										

入力した内容は、リスクアセスメントシートから呼び出すことが可能

皮膚等障害化学物質、濃度基準値設定物質、がん原性物質への該当可否が確認可能

受講者の作業場に合わせたリスクアセスメント実習（実習の進め方）

10

STEP 2 成分に関する情報の入力

● ばく露限界値及びGHS分類情報等の情報を手動で入力（確認）することも可能です。

【性状・揮発性（選択）】
✓ 成分単体の性状を入力する。
✓ 水酸化ナトリウム水溶液であれば、溶質の溶解前の性状である「粉体」を入力する。
✓ 成分の沸点／揮発性を選択する。
✓ 液体の場合で、取り扱い温度が室温と異なる場合には、取扱温度を入力し、自動的に揮発性が補正される。

【ばく露限界値の確認（入力）】
✓ SDSを確認しばく露限界値を入力（確認）する。
✓ 使用するばく露限界値を自分で決める場合には、「使用するばく露限界値」から選択する。
※デフォルトを選択した場合の選定基準は設計基準参照

【GHS分類情報の確認（入力）】
✓ SDSを確認しGHS分類情報を入力（確認）する。

※リスクの判定には、ばく露限界値またはGHS分類情報のいずれかの入力が必須
（優先順位：ばく露限界値＞GHS分類情報）

【物理化学的性状の確認（入力）】
✓ 自動で入力されている場合には、手元にあるSDSを確認し、物理化学的性状が正しく入力されているか確認する。
✓ 自動で入力されていない場合には、SDSを確認しGHS分類情報を入力する。
✓ 複数データが得られている場合、試験方法等を確認し、信頼性などが高いと考えられる方を選択する。

【経皮吸収によるリスクの見積もりの必須項目】
✓ 分子量、水／オクタノール分配係数、水溶解度、蒸気圧は経皮吸収によるリスクを見積もる際に必要となるデータ。
✓ 当該データがない場合、経皮吸収によるリスクを見積もることはできず、結果が「-」として表示される。

14

STEP 3 物質情報、作業条件等の入力

● Q1〜Q15までの質問に答えます。

【Q1. 取扱量】
・1回あたり（連続する作業では1日あたり）の製品の取扱量を入力する。

【Q2. スプレー作業】
・スプレー作業やミストが発生する作業、粉体塗装作業やグラインダーを用いた研磨作業など、化学物質が空気中に散布されるような作業がある場合には、選択する。

【Q3. 塗布作業】
・化学物質を塗布する作業（塗装や接着作業など）における塗布面積が1m²超の場合には、選択する。

【Q4-1. 換気条件】
・作業場に応じた換気条件について、以下の選択肢から換気レベルを選択する。
-換気レベルA（特に換気のない部屋）
-換気レベルB（全体換気）
-換気レベルC（工業的な全体換気）
-換気レベルD（外付け式局所排気装置）
-換気レベルE（囲い式局所排気装置）
-換気レベルF（密閉容器内での取扱い）

・換気レベルの判断が付かない場合には、より安全側（レベルの低い）の換気条件を選択する。

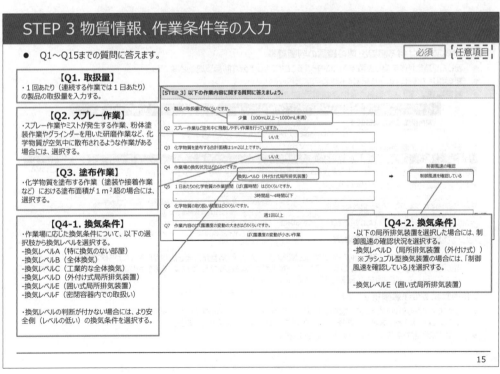

【Q4-2. 換気条件】
・以下の局所排気装置を選択した場合には、制御風速の確認状況を選択する。
-換気レベルD（局所排気装置（外付け式））
※プッシュプル型換気装置の場合には、「制御風速を確認している」を選択する。
-換気レベルE（囲い式局所排気装置）

15

STEP 3 物質情報、作業条件等の入力

● 換気条件の説明、事例は以下を参考に選択してください。

換気状況	補足説明、事例
特に換気がない部屋	・換気のない密閉された部屋でも、通常人がいる環境であれば最低限の自然換気はあると考えられる。
全体換気	・窓やドアが開いている部屋。 ・一般的な換気扇のある部屋（例：台所用小型換気扇）。 ・ビル内で全体空調がある場合（例：中央管理区分式の空調）。一般に一定程度の外気取入れがある。 ・大空間の屋内の一部（例：ショッピングセンターや大きな作業場の一隅など）。
工業的な全体換気、屋外作業	・工業的な全体換気装置のある部屋（換気扇や排風機）。 ・屋外作業。
外付け式局所排気装置	・化学物質の発散源近くで上方向や横方向から吸引する場合（例：調理場の上部吸引フード） ・プッシュプル型換気装置
囲い式局所排気装置	・実験室のドラフトチャンバーの中に化学物質を置いて作業する場合など
密閉容器内での取扱い	・密閉設備（漏れがないこと） ・グローブボックス（密閉型作業箱）の中に化学物質を置いて作業する場合など

局所排気（外付け式）の例

プッシュプル型換気装置の例

局所排気（囲い式フード）の例

出典：厚生労働省「特定化学物質障害予防規則等の改正に係るパンフレット」　16

STEP 3 物質情報、作業条件等の入力

局所排気装置における制御風速の確認の判断基準

● 粉じんや蒸気が作業場に拡散する前に捕らえることができる十分な制御風速が必要です。
● 制御風速の確認は以下に記載の例を参考に選択してください。
● 制御風速は、粉じんや蒸気の発生源の捕捉点で測定する必要があります。

	液体	粉体
局所排気装置の制御風速	0.4～1.0 m/s	0.7～1.2 m/s

（出所）厚生労働省「リスクアセスメント実施支援システム（コントロール・バンディング）により出力される対策シートの一覧」

● その他、以下の制御風速の説明も参考にしてください。

補足説明、事例	例	制御風速（m/s）
静かな大気中に、実際上ほとんど速度がない状態で発散する場合	液面から発生するガス、蒸気、ヒューム等	0.25～0.5
比較的静かな大気中に、低速度で飛散する場合	ブース式フードにおける吹付塗装作業、断続的容器づめ作業、低速コンベヤー、溶接作業、メッキ作業、酸洗作業	0.5～1.0
速い気流のある作業場所に、活発に飛散する場合	奥行の小さなブース式フードの吹付塗装作業、樽づめ作業、コンベヤーの落とし口、破砕機	1.0～2.5
非常に速い気流のある作業場所または高初速度で飛散する場合	研磨作業、ブラスト作業、タンブリング作業	2.5～10

（出所）沼野 雄志「新やさしい局排設計教室：作業環境改善技術と換気の知識」、中央労働災害防止協会

プッシュプル型換気装置の注意事項

● プッシュプル型換気装置では、作業者が換気区域内に立ち入り、作業者が気流を背後から受けながら作業を行う場合、作業者の下流に渦巻き状の逆流が生じることによって作業者がばく露されることになります。そのため作業者は一様流を体の側方から受けるようにして、このようなばく露を防止してください。

全体換気装置の注意事項

● 壁や天井に取り付けられたファンにより作業場内の汚染された空気を排出するために、新鮮な空気を取り込む開口部を確保すること。これを怠ると作業場内が負圧になり、所要の風量を確保することができません。
● 作業者の周囲で空気が滞留しないようにしてください。

17

受講者の作業場に合わせたリスクアセスメント実習〔実習の進め方〕

10

STEP 3 物質情報、作業条件等の入力

教育・訓練の実施状況の判断基準例

教育・訓練の状況		種類	補足説明、事例
基本的	十分		
○		体制	作業場ごとに化学防護手袋を管理する保護具着用管理責任者を指名し、化学防護手袋の適正な選択、着用及び取扱方法について労働者に対し必要な指導を行いましょう。
○		選択	化学防護手袋には、素材がいろいろあり、また素材の厚さ、手袋の大きさ、腕まで防護するものなど、多種にわたっているので、作業にあったものを選ぶようにしましょう。
○		選択	使用する化学物質に対して、劣化しにくい（耐劣化性）、透過しにくい（耐透過性）素材のものを選定するようにしましょう。
○		選択	自分の手にあった使いやすいものを使用しましょう。
○		選択	作業者に対して皮膚アレルギーの無いことを確認しましょう。
	○	使用	取扱説明書に記載されている耐透過性クラス等を参考として、作業に対して余裕のある使用時間を設定し、その時間の範囲内で化学防護手袋を使用しましょう。
	○	使用	化学防護手袋に付着した化学物質は透過が進行し続けるので、作業を中断しても使用可能時間は延長しないようにしましょう。
○		使用	使用前に、傷、孔あき、亀裂等の外観上の問題が無いことを確認すると共に、手袋の内側に空気を吹き込んで空気が抜けないことを確認しましょう
○		使用	使用中に、ひっかけ、突き刺し、引き裂きなどを生じたときは、すぐに交換しましょう。
	○	使用	化学防護手袋を脱ぐときは、付着している化学物質が、身体に付着しないよう、できるだけ化学物質の付着面が内側になるように外しましょう。
	○	使用	強度の向上等の目的で、化学防護手袋とその他の手袋を二重装着した場合でも、化学防護手袋は使用可能時間の範囲で使用しましょう
	○	保管・廃棄	取り扱った化学物質の安全データシート(SDS)、法令等に従って適切に廃棄しましょう。
	○	保管・廃棄	化学物質に触れることで、成分が抜けて硬くなったゴムは、組成の変化により物性が変化していると考えられるので、再利用せず廃棄しましょう。
	○	保管・廃棄	直射日光、高温多湿を避け、冷暗所に保管して下さい。またオゾンを発生する機器（モーター類、殺菌灯等）の近くに保管しないようにしましょう。

20

STEP 3 物質情報、作業条件等の入力

● Q1～Q15までの質問に答えます。

必須　任意項目

Q11 化学物質の取扱温度はどのくらいですか。
室温

Q12 着火源を取り除く対策は講じていますか。
いいえ

Q13 爆発性雰囲気形成防止対策を実施していますか。
いいえ

Q14 近傍で有機物や金属の取扱いがありますか。
いいえ

Q15 取扱物質が空気又は水に接触する可能性がありますか。
いいえ

【取扱温度】
・化学物質を取扱う作業時の温度を選択する。
室温よりも高い温度で作業する場合、「室温以上」を選択し、右側に取扱温度を入力する。

【着火源の有無】
・着火源となりうる裸火や静電気などを取り除く対策が取れている場合（着火源がない場合）、「はい」を選択する。
着火源を取り除く対策は次ページ参照。

新設 **【爆発性雰囲気形成防止対策】**
・爆発性雰囲気形成防止対策（漏洩防止、放出の管理、換気等）がとられている場合、「はい」を選択する。
爆発性雰囲気形成防止対策は次々ページ参照。

【有機物・金属の取扱状況】
・化学物質を取扱う作業時に、近傍で有機物や金属を取扱っている場合、「はい」を選択する。

【空気や水との接触状況】
・化学物質を、開放状態で取扱う、近傍で水を用いた作業を行っている場合「はい」を選択する。

21

STEP 3　物質情報、作業条件等の入力

着火源の有無の判断基準

- 下記のような静電気対策が講じられている（詳細は労働安全衛生総合研究所「静電気安全指針 2007」を参照のこと）
  - ✓ 化学物質の配管内などでの流速（移送速度）は大きくし過ぎていない
  - ✓ 化学物質が流動・移動（混合や混練を含む）する箇所はアースをとっている
  - ✓ 帯電防止の衣服・靴などを着用している
  - ✓ 作業場の湿度は低くし過ぎていない（30%以下は危険）
  - ✓ 床の伝導性は確保している（絶縁シート上で作業は行っていない、など）
- 近傍に裸火や高温部は存在しない
- 金属同士の接触など火花が生じるおそれのある作業は行っていない
- 取扱う化学物質に摩擦や強い衝撃を与えるおそれはない

- 着火源の対策の詳細は、以下の文献 p.8〜9（表6、表7）を参照。
  - ✓ 労働安全衛生総合研究所「技術資料 JNIOSH-TD-No.7 化学物質の危険性に対するリスクアセスメント等実施のための参考資料—開放系作業における火災・爆発を防止するために—
    https://www.jniosh.johas.go.jp/publication/doc/td/TD-No7.pdf#zoom=100

22

10

STEP 3　物質情報、作業条件等の入力

爆発性雰囲気形成防止対策の判断基準

- 常に酸素が存在する開放系の作業現場では、可燃性や引火性を有する化学物質が空気と混合することで爆発性雰囲気が形成される（不安全状態となる）。
- 爆発性雰囲気形成防止対策の例は以下のとおり。対策の詳細は、以下の文献 p. 7（表5）を参照。
  - ✓ 労働安全衛生総合研究所「技術資料 JNIOSH-TD-No.7 化学物質の危険性に対するリスクアセスメント等実施のための参考資料—開放系作業における火災・爆発を防止するために—
    https://www.jniosh.johas.go.jp/publication/doc/td/TD-No7.pdf#zoom=100

対策	対策例
ガス・蒸気爆発性雰囲気の抑制対策	・不要な可燃性ガス・液体の残留を除去する ・可燃性ガス・液体の漏洩を防止する ・可燃性ガス・蒸気の放出を管理する ・換気によって可燃性ガス・蒸気の滞留を防止する ・爆発性雰囲気の形成を検知するための異常発生検知手段（センサー等）の設置
粉じん爆発性雰囲気の抑制対策	・適切な粉体の粒径を選定する ・粉体の微細化を防止する ・粉体の滞留・堆積を防止する（排気／換気装置内への堆積を含む） ・取り扱いの規模を制限する ・設備を区画化する ・設備内の不要な突起物を除去する ・可燃性粉体の漏洩を防止する ・可燃性粉体の飛散・堆積を防止する

（出所）労働安全衛生総合研究所（2022）「技術資料 JNIOSH-TD-No.7 化学物質の危険性に対するリスクアセスメント等実施のための参考資料—開放系作業における火災・爆発を防止するために—」

23

STEP 4 リスクの判定

● STEP1～STEP3までの項目を入力後、「リスクを判定」をクリックします。
● リスクが判定されたら、「実施レポートに出力」をクリックし、STEP 5のリスク低減対策の検討に進みましょう。

法規制情報
皮膚等障害化学物質、濃度基準値設定物質、がん原性物質への該当可否が判定される。
（※法令への該当可否は、最新の情報を確認すること）
また皮膚刺激性や眼刺激性など局所的な影響がある場合の「リスクレベルS」が表示される。

リスクレベルの判定結果（危険性）
危険性のリスクも同時に見積もられる。ただし、化学プラント等の運転条件（反応、加圧・減圧、昇温・冷却等）は考慮していないため、基本的に物質が潜在的に保有している危険性を対象としていることに注意する。

リスクレベルの判定結果（有害性）
吸入ばく露、経皮ばく露それぞれで見積もられると同時に、合算のリスクレベル（Ⅰ～Ⅳ）も見積もられる。
吸入（8時間）は、ばく露限界値の2分の1を基準として、リスクレベルⅡ-A、Ⅱ-Bに再区分している。リスクレベルⅡ-Bに該当する場合には、確認測定等を実施すること。
吸入（短時間）は、リスクレベルⅢ以上の場合には、確認測定等を実施すること。

ポイント！
ばく露限界値（または管理目標濃度）よりも、推定ばく露濃度が小さい場合には、リスクが小さいと判定されます。
ばく露限界値（管理目標濃度）＞推定ばく露濃度
となるようにリスク低減対策を検討しましょう！

24

STEP 5 リスク低減措置の内容検討支援

● 「実施レポートに出力」をクリックすることで、各質問項目やばく露濃度、経皮吸収量の推定値、リスクレベルなどが転記されます。
● Q1～Q15の選択肢を変更し、【再度リスクを判定】をクリックすることによって、リスク低減対策後の結果が表示されます。

防毒マスクの例（左：半面型、右：全面型）
※一般的なマスク（サージカルマスク）は該当しない。

ポイント！
ツールの選択項目以外にリスク低減対策についても検討しましょう。
（例：廃ウエスは蓋付きのごみ箱に捨てる、など）

25

受講者の作業場に合わせたリスクアセスメント実習（実習の進め方）

10

STEP 5 リスク低減措置の内容検討支援

- 「実施レポートに出力」をクリックすることで、各質問項目やばく露濃度、経皮吸収量の推定値、リスクレベルなどが転記されます。
- Q1〜Q15の選択肢を変更し、【再度リスクを判定】をクリックすることによって、リスク低減対策後の結果が表示されます。

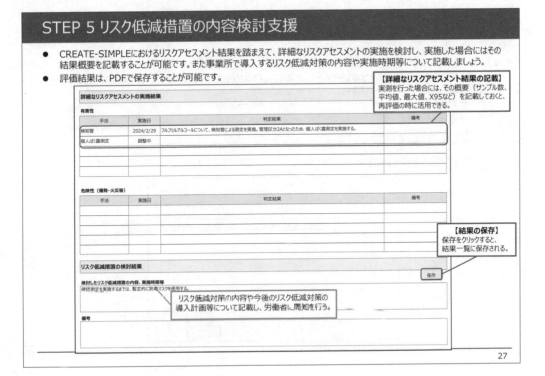

リスクの再判定結果

		ばく露限界値（管理目標濃度）			推定ばく露濃度			リスクレベル				
		吸入 (8時間)	吸入 (短時間)	経皮吸収	吸入 (8時間)	吸入 (短時間)	経皮吸収	吸入 (8時間)	吸入 (短時間)	経皮吸収	合計 (吸入＋経皮)	危険性 (爆発・火災等)
1	98-00-0 フルフリルアルコール						皮膚等障害化学物質、濃度基準値設定物質、リスクレベルS					
現状		0.2 ppm	0.6 ppm	6.015 mg/day	0.05〜0.5 ppm	2 ppm	3610 mg/day	Ⅲ	Ⅲ	Ⅳ	Ⅳ	Ⅱ
対策後		0.2 ppm	0.6 ppm	6.015 mg/day	0.005〜0.05 ppm	0.2 ppm	3.76 mg/day	Ⅱ-A	Ⅱ	Ⅱ	Ⅱ	Ⅰ
2	98-01-1 フルフラール						濃度基準値設定物質、リスクレベルS					
現状		0.2 ppm	0.6 ppm	5.892 mg/day	0.03〜0.3 ppm	1.2 ppm	278 mg/day	Ⅲ	Ⅲ	Ⅳ	Ⅳ	Ⅱ
対策後		0.2 ppm	0.6 ppm	5.892 mg/day	0.003〜0.03 ppm	0.12 ppm	0.29 mg/day	Ⅱ-A	Ⅱ	Ⅰ	Ⅱ	Ⅰ

有害性	濃度基準値設定物質の長時間（8時間）ばく露の評価結果は良好です。換気、機器や器具、作業手順などの管理に努めましょう。 濃度基準値設定物質の短時間の評価結果は良好です。換気、機器や器具、作業手順などの管理に努めましょう。 皮膚障害等防止用保護具の選定マニュアルに従い、適切な皮膚障害等防止用保護具を着用しましょう。
危険性 (爆発・火災等)	引火するおそれがあるため、着火源の除去、爆発性雰囲気の形成防止対策の管理を引き続き実施しましょう。

【リスクの低減効果の確認】
検討した対策によって、リスクが下がることを確認する。

26

STEP 5 リスク低減措置の内容検討支援

- CREATE-SIMPLEにおけるリスクアセスメント結果を踏まえて、詳細なリスクアセスメントの実施を検討し、実施した場合にはその結果概要を記載することが可能です。また事業所で導入するリスク低減対策の内容や実施時期等について記載しましょう。
- 評価結果は、PDFで保存することが可能です。

【詳細なリスクアセスメント結果の記載】
実測を行った場合には、その概要（サンプル数、平均値、最大値、X95など）を記載しておくと、再評価の時に活用できる。

詳細なリスクアセスメントの実施結果

有害性

手法	実施日	判定結果	備考
検知管	2024/2/29	フルフリルアルコールについて、検知管による測定を実施。管理区分2Aとなったため、個人ばく露測定を実施する。	
個人ばく露測定	調整中		

危険性（爆発・火災等）

手法	実施日	判定結果	備考

【結果の保存】
保存をクリックすると、結果一覧に保存される。

リスク低減措置の検討結果 　　　　　　　保存

検討したリスク低減措置の内容、実施時期等
継続測定を実施するまでは、暫定的に防毒マスクを使用する。

リスク低減対策の内容や今後のリスク低減対策の導入計画等について記載し、労働者に周知を行う。

備考

27

結果の閲覧と出力

- 「結果一覧」のシートから過去に実施したリスクアセスメント結果を確認することができます。
- また出力したいリスクアセスメント結果を選択し、「リスクアセスメントシート」または「実施レポート」に出力することができます。（各シートからもリスクアセスメント結果を呼び出すことが可能です。）
- 複数成分でリスクアセスメントを実施した場合には、**各リスクアセスメントに対して、成分数だけ行**が作成されます。

- リスクアセスメント結果を別のファイル（最新バージョン等）にコピーしたい場合には、リスクアセスメント結果（複数成分の場合には、該当成分の行）を選択し、右クリックを押してコピーし、別バージョンの実施レポートに張り付けを行ってください。
- リスクアセスメント結果を削除したい場合には、リスクアセスメント結果（複数成分の場合には、該当成分の行）を選択し、右クリックを押して削除することで、過去のリスクアセスメント結果を削除することができます。

28

旧バージョンのデータの再評価

- 旧バージョンであるCREATE-SIMPLE ver2.xからデータの移行を行うことができます。
- 「トップ」→「データ移行」から旧バージョンを開くことで、自動的にデータが「結果一覧」に転記されます。
- 設問、評価方法が旧バージョンとは異なりますので、必要に応じてリスクアセスメント結果を読み込み、必要な項目を選択の上、再度リスクアセスメントを実施してください。

○旧バージョンからのデータ移行

・右のボタンをクリックし、旧バージョン（ver.2.5.1）を選択することでデータを移行することができます。
・データ移行にあたっての注意事項は、「クリエイト・シンプルを用いた化学物質のリスクアセスメントマニュアル」を参照してください。

29

旧バージョンのデータの再評価

- 旧バージョンから移行したデータは、「結果一覧」シートに追記されます。
- ただし、ver3.0から評価方法を大きく見直したことを踏まえ、データが移行されるのは、**基本情報、化学物質、設問への回答内容のみ**であり、リスクの判定結果は引き継がれません。

> ☀ ポイント　リスクアセスメント指針における実施時期を踏まえ、作業の方法や手順が変更になった場合や危険有害性情報が更新された場合（濃度基準値の設定、GHS分類の変更等）に、新しいバージョンでのリスクアセスメントを実施しましょう。

- 移行したデータについて、新バージョンでリスクの判定を実施する場合には、再評価したいデータを選択し、「リスクアセスメントシートに出力」をクリックします。

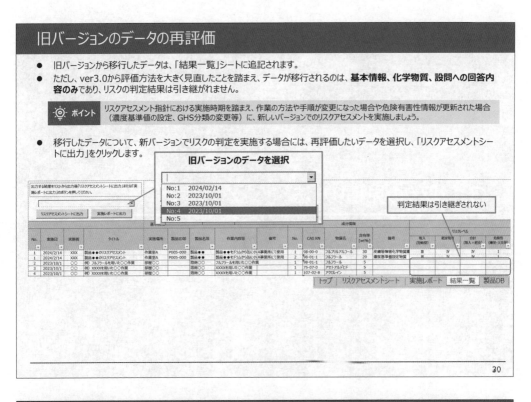

30

旧バージョンのデータの再評価

- 旧バージョンの評価から有害性情報に変化がある可能性があるため、最新の情報を読み込みます。

- 新バージョンから、追加された設問（Q4 制御風速の確認、Q7、Q13）を選択し、「リスクを判定」を押して再評価します。

受講者の作業場に合わせたリスクアセスメント実習（実習の進め方）

10

3．リスクの見積り方法

基本的な考え方

- CREATE-SIMPLEの基本的なリスクレベルの見積もり方法は下記のとおりです（詳細は設計基準を参照）。
- 危険有害性情報と作業条件からリスクの程度（リスクレベル）を見積もります。なお、見積もられたリスクレベルを踏まえ、別途リスクレベルに応じたリスク低減措置の内容を検討してください。

吸入ばく露

- CREATE-SIMPLEでは、有害性の程度（ばく露限界値または管理目標濃度）とばく露の程度（推定ばく露濃度）を比較して、リスクを判定します。

ばく露限界値
濃度基準値、日本産業衛生学会の許容濃度やACGIH※のTLV－TWAなどを用いる
ばく露限界値以下であれば、リスクは許容範囲内
※アメリカ合衆国産業衛生専門官会議

管理目標濃度
「ばく露限界値」が得られない場合に、GHS区分情報をもとに設定する値
管理目標濃度の範囲内または下回れば、リスクは許容範囲内

推定ばく露濃度
化学物質の状態や作業条件等から推定されたばく露濃度

作業者（労働者）の
推定ばく露濃度

化学物質や作業内容よる
揮発・飛散のしやすさ
- （液体）揮発性 ⇒沸点、蒸気圧
- （粉体）飛散性 ⇒粉体の形状
- 取扱量
- 含有率
- スプレー作業の有無
- 化学物質をぬり伸ばす作業の有無（塗装作業や接着作業など）

化学物質の
ばく露を抑える条件
- 換気レベル
- 作業時間・作業頻度
- 呼吸用保護具

34

受講者の作業場に合わせたリスクアセスメント実習（実習の進め方）

10

吸入ばく露

- CREATE-SIMPLEでは、以下の項目を選択することによって、ばく露の程度（ばく露濃度）を推定します。

化学物質・作業内容による揮発・飛散のしやすさ

項目		大 ← ばく露の程度 → 小				
揮発性・飛散性	（液体）沸点	50℃未満		50℃～150℃	150℃以上	
	（粉体）形状	微細な軽い粉体 （セメント、カーボンブラックなど）		結晶状・顆粒状 （衣類用洗剤など）	壊れないペレット （錠剤、PVCペレットなど）	
1回の取扱量 （連続作業では1日の取扱量）	液体	1kL以上	1L以上～1kL未満	100mL以上～1L未満	10mL以上～100mL未満	10mL未満
	粉体	1ton以上	1kg以上～1ton未満	100g以上～1kg未満	10g以上～100g未満	10g未満
含有率		25%以上		5%以上～25%未満	1%以上～5%未満	1%未満
スプレー作業		はい			いいえ	
化学物質の塗布面積が1m²超 （塗装作業、接着作業など）		はい			いいえ	

化学物質のばく露を抑える条件

項目	大 ← ばく露の程度 → 小					
換気レベル	A.特に換気が ない部屋	B.全体換気	C.工業的な 全体換気	D.局所排気 （外付け式フード）	E.局所排気 （囲い式フード）	F.密閉容器での取扱い
作業時間	8時間以上／日	（作業時間に応じて補正）				30分未満／日
作業頻度	5日以上／週	（作業頻度に応じて補正）				1回未満／月
呼吸用保護具	なし	使い捨て式		半面型	全面型	電動ファン付き

経皮ばく露

- CREATE-SIMPLEでは、有害性の程度（経皮ばく露限界値）とばく露の程度（推定経皮吸収量）を比較して、リスクを判定します。

経皮ばく露限界値
化学物質の気中濃度が、ばく露限界値（許容濃度など）に相当する作業環境中で、8時間の軽作業（呼吸量を10m³と仮定）を行ったと仮定し、その際の値を経皮ばく露限界値とする。
ばく露限界値（経皮）＝ばく露限界値（mg/m³）×肺内保持係数×1日8時間の呼吸量（10m³）
肺内保持係数（RF： Retention Factor）は75％と仮定する。(NIOSH 2009)
経皮ばく露限界値以下であれば、リスクは許容範囲内

推定経皮吸収量
透過係数、濃度、接触面積、接触時間から経皮吸収量を算出する。（NIOSH 2009）
経皮吸収量（mg）＝皮膚透過係数（cm/hr）×水溶解度（mg/cm³）×接触面積（cm2）×接触時間（hr）
皮膚透過係数は、Robinson修正式から物質ごとに算出する（詳細は、設計基準参照）。
前提条件として、付着した化学物質の蒸発及び気体からの皮膚吸収は考慮しない。

化学物質や**作業内容**による吸収量の算出

推定経皮吸収量

化学物質の揮発性による補正

- 物理化学的物性（分子量、オクタノール・水分配係数、水溶解度、蒸気圧）
- 接触面積
- 接触時間（揮発性と作業時間より算出）

経皮ばく露

- CREATE-SIMPLEでは、以下の項目を選択することによって、ばく露の程度（ばく露濃度）を推定します。
- また蒸気圧が低い物質（揮発しにくい物質）については、皮膚に付着した物質が吸収又は蒸発により消失する時間を見積もり、接触時間を補正しています。

化学物質や作業内容による吸収量の算出

項目	大　　　　　　　　ばく露の程度　　　　　　　　小					
接触面積	両手の肘から下全体に付着	両手及び手首に付着	両手全体に付着	両手の手のひらに付着	片手の手のひらに付着	大きなコインのサイズ、小さな飛沫
手袋着用状況	手袋を着用していない 取扱う化学物質に関する情報のない手袋を使用している			耐透過性・耐浸透性の手袋を着用している		
	教育や訓練を行っていない		基本的な教育や訓練を行っている		十分な教育や訓練を行っている	

危険性

- CREATE-SIMPLEでは、危険性項目（火薬類、引火性液体など）ごとにGHS区分情報（区分1、タイプAなど）と、取扱量から決定した暫定リスクレベルと取扱状況（飛散性、着火源の有無、爆発性雰囲気形成防止対策など）を踏まえて、リスクを判定します。

38

危険性

- CREATE-SIMPLEでは、危険性項目ごとにGHS区分情報から危険性の程度（ハザードレベル、危害の重篤度）を設定し、取扱量に基づき決定した暫定リスクレベル（暫定RL）を付与します。さらに、取扱状況（着火源の有無、換気状況など、危害の発生頻度）を踏まえて暫定リスクレベルを補正してリスクレベルを算出します（※危険性項目によっては補正していません）。

【STEP 1】暫定リスクレベルの決定

	【例】ある危険性項目のGHS区分が3の物質を500mL使用する場合、暫定RLは「3」	GHS区分情報（ハザードレベル）				
		区分1	区分2	区分3	区分4	区分5
取扱量	kL, ton	5	5		4	3
	≧1L、≧1kg	5	4	4	3	2
	1000mL〜100mL、1000g〜100g			3	2	2
	100mL〜10mL、100g〜10g	4	3	2	2	1
	≦10mL、≦10g	3	2	2	1	1

- ✓ ただし、一部の危険性項目（爆発性、自然発火性液体など）においては、取扱量によらず、「専門家または購入元に取り扱い方等を確認・相談すること」などと表示する。

【STEP 2】取扱状況の考慮

- 上記で設定した暫定RLと取扱状況（着火点の有無など）を踏まえて暫定リスクレベルを補正します（引き下げています）。
  - ✓ 可燃性・引火性ガス、エアゾール：着火源の有無、爆発性雰囲気形成防止対策
  - ✓ 支燃性・酸化性ガス、酸化性液体、酸化性固体：有機物・金属の取扱の有無
  - ✓ 引火性液体：着火源の有無、爆発性雰囲気形成防止対策
  - ✓ 自己発熱性化学品、水反応可燃性化学品：空気、水との接触の有無（閉鎖系か否か）
  - ✓ 可燃性固体：着火源の有無
  - ✓ 上記以外は、取扱状況を考慮した補正は行わない。

39

受講者の作業場に合わせたリスクアセスメント実習《実習の進め方》

10

４．旧バージョンからの変更点

旧バージョン（ver.2.5.1）からの変更点

- 新たな化学物質管理規制における省令改正に対応し、CREATE-SIMPLEをバージョンアップしました。

 Point **1** 自社の取り扱い化学物質の情報整理への活用でき、また一斉評価機能により、評価の効率が上がります。　**2** 最新の知見や評価手法を反映し、これまで以上に正確にリスクを見積もることができます。

- CREATE-SIMPLE（ver 3.x）では、以下の点を旧バージョンから変更しています。

項目	ver 3.x
（1）ツールの機能	① 混合物中の成分（最大10物質）の一斉評価機能の追加
	② 取扱製品に関するユーザーデータを入力できるデータベース（製品DB）を追加
	③ STEP 1における「製品ID等」「備考」、STEP 3における「備考」欄の追加
	④ 詳細なリスクアセスメント結果の入力欄の追加
（2）リスクアセスメント手法の見直し	① ばく露限界値の入力対象の見直し（濃度基準値、DFG MAK、その他のばく露限界値の入力欄の追加）
	② 「化学物質による健康障害防止のための濃度の基準の適用等に関する技術上の指針」を踏まえた、リスクレベルの細分化
	③ GHS分類に基づく管理目標濃度について、最新の知見を踏まえて設定方法の見直し
	④ 短時間濃度基準値への対応のため、短時間ばく露の評価機能を追加
	⑤ 揮発性における蒸気圧を用いた判定（「極低揮発性」の新区分の追加）
	⑥ 換気状況の局所排気装置の設問について、制御風速の確認に関する設問を追加
	⑦ 呼吸用保護具の設問及び補正係数の見直し
	⑧ 改訂JISへ対応して、鈍性化爆発物の区分を追加
	⑨ 危険性評価の設問追記（Q13.爆発性雰囲気形成防止対策を実施していますか？）
	⑩ 皮膚等障害化学物質、濃度基準値設定物質、がん原性物質の表示
（3）その他	① 旧バージョンからのデータ移行機能を追加（詳細）

（1）①混合物中の成分の一斉評価機能の追加

- 旧バージョンでは、1物質ごとに評価が必要でしたが、ユーザーからの要望を反映し、混合物中の成分（最大10物質）の一斉評価機能の追加しました。

（1）②製品DB

- 取り扱い製品に関するユーザーデータを入力できるデータベース（製品DB）を追加しました。
- 事業場における製品、化学物質の含有状況の整理に活用することができます。
- また、自動的に法規制情報、GHS分類情報に基づく有害性ランクが表示されます。

製品データベース

No	登録日	更新日	製品ID等	製品名等	サプライヤー名	性状	備考	含有物質情報 CASRN|物質名|含有率（wt%）	製品のGHS分類	法規制情報 [自動入力]
1	2024/2/29	2024/3/1	P005-001	XX洗浄剤	XX商会	液体	XX事業場で利用	67-64-1|アセトン|50	引火性液体: 区分2 眼に対する重篤な損傷性／眼刺激性: 区分2B 生殖毒性: 区分2 特定標的臓器毒性（単回暴露）: 区分2 特定標的臓器毒性（反復暴露）: 区分2	
2	2024/2/16		P005-002	製品●●	●●	液体		98-00-0|フルフリルアルコール|90 98-01-1|フルフラール|10		皮膚等障害化学物質 濃度基準値設定物質
3										
4										

- 製品の登録や修正を行う際には、必ず「登録・修正」ボタンを使用してください。
- 製品を削除する場合は、削除したい製品が記載された行を選択し、その製品を削除してください。その後、番号（No）を再度採番（番号付け）し直してください。

受講者の作業場に合わせたリスクアセスメント実習〈実習の進め方〉

10

（1）③基本情報等の入力項目の見直し

- ユーザーからの要望を反映し、事前調査の項目や作業内容の詳細等を記載するために、STEP 1における「製品ID等」「備考」、STEP 3における「備考」欄の追加しました。

【STEP 1】対象製品の基本情報を入力しましょう。

製品DBから入力

タイトル	
実施場所	
製品ID等	
製品名等	
作業内容等	
備考	

リスクアセスメント対象　☑ 吸入　☑ 経皮吸収　☑ 危険性（爆発・火災等）　　性状　◉ 液体　☐ 粉体　☐ 気体　　成分数　2

【STEP 3】以下の作業内容に関する質問に答えましょう。

Q15 取扱物質が空気又は水に接触する可能性がありますか。
いいえ

備考（任意）
外付け式の制御風速は、0.8 m/s

44

（1）④詳細なリスクアセスメント結果の入力欄の追加

- 新たな化学物質管理規制では、リスクアセスメントの結果リスクが大きい場合には、詳細なリスクアセスメント（実測等）が求められ、またリスクアセスメント結果の記録と保存が求められます。
- 詳細なリスクアセスメントは、CREATE-SIMPLE以外の手法（有害性：簡易測定、実測法等、危険性：安衛研手法等）による評価となるため、その結果概要をCREATE-SIMPLEで一元管理できるようにしました。

詳細なリスクアセスメントの実施結果

有害性

手法	実施日	判定結果	備考
検知管	2024/2/29	フルフリルアルコールについて、検知管による測定を実施。管理区分2Aとなったため、個人ばく露測定を実施する。	
個人ばく露測定	調整中		

危険性（爆発・火災等）

手法	実施日	判定結果	備考

45

（2）①ばく露限界値の入力対象の見直し

- 旧バージョンでは、ばく露限界値として、日本産業衛生学会及びACGIHが公表しているばく露限界値が利用可能となっていました。
- 新たな化学物質管理規制では、一部の物質に対して厚生労働大臣が定める濃度の基準（濃度基準値）が定められたこと、また濃度基準値の設定にあたっては、ドイツ研究振興協会（DFG）のMAK（最大職業濃度値）が利用されていることから、濃度基準値及びDFG MAKを自動入力で利用可能としました。
- また、上記以外にも各国で設定されたばく露限界値や事業者自身で設定したばく露限界値も利用可能にするため、「その他のばく露限界値」を入力欄を新設しました。
- 評価に用いるばく露限界値は、原則として濃度基準値設定物質については濃度基準値を、濃度基準値設定物質以外については最小の値を採用しますが、信頼性の高い値やより低い値で評価が実施できるように、**使用するばく露限界値を事業者自身で選択**できるようにしました。

（2）②リスクレベルの細分化

- 「化学物質による健康障害防止のための濃度の基準の適用等に関する技術上の指針」を踏まえ、8時間濃度基準値の2分の1程度を超えると評価された場合は、確認測定等を実施する必要があることから、吸入（8時間）のリスクレベルⅡを**Ⅱ-A、Ⅱ-Bに細分化**しました。
- **リスクレベルⅡ-Bは、8時間濃度基準値の2分の1程度を超えると評価された場合**を表しており、リスクレベルⅡ-B以上の場合には、確認測定等が必要となります。
- なお、「確認測定等」には、簡易測定（検知管、リアルタイムモニター）やより精緻な数理モデルによる計算等が含まれます。

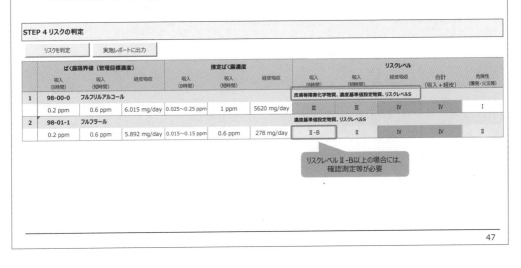

（2）③GHS分類に基づく管理目標濃度の見直し

- 最新の知見であるArnone ら(2015)*が提案する一貫性のある統一的ハザードレベル割付の手法（Unified Hazard Banding）を採用しました。これは、欧州のCLP規則の導入に伴い、GHS分類において従来のRフレーズからHフレーズに修正されるにあたって、HSE COSHH essentialのハザードバンドの定義を再考したものとなっており、EU REACH規則における標準的なリスクアセスメントツール（GESTIS-Stoffenmanager）においても採用されています。

　*Mario Arnone, Dorothea Koppisch, Thomas Smola, Stefan Gabriel, Koen Verbist, Remco Visser. (2015) "Hazard banding in compliance with the new Globally Harmonised System (GHS) for use in control banding tools" Regulatory Toxicology and Pharmacology, Volume 73, Issue 1, October 2015, 287-295

※色文字はランクに変更のあった区分

HL	GHS有害性分類と区分	Unified Hazard Banding（吸入）	管理目標濃度 [ppm]（液体）	管理目標濃度 [mg/m³]（粉体）
5	呼吸器感作性：区分1 生殖細胞変異原性：区分1または区分2 発がん性：区分1	急性毒性（経口）：区分1（吸入のGHS区分がない場合） 急性毒性（吸入）：区分1 生殖細胞変異原性：区分1 発がん性：区分1	0.05未満	0.001未満
4	急性毒性：区分1または区分2 発がん性：区分2 生殖毒性：区分1または区分2 特定標的臓器毒性（反復ばく露）：区分1	急性毒性（経口）：区分2（吸入のGHS区分がない場合） 急性毒性（吸入）：区分2 皮膚腐食性／刺激性：区分1A 呼吸器感作性：区分1 生殖細胞変異原性：区分2 発がん性：区分2 生殖毒性：区分1 特定標的臓器毒性（反復ばく露）：区分1	0.5〜0.05	0.01〜0.001
3	急性毒性：区分3 皮膚腐食性／刺激性：区分1 眼に対する重篤な損傷／眼の刺激性：区分1 皮膚感作性：区分1 特定標記臓器毒性（単回ばく露）：区分1 特定標記臓器毒性（反復ばく露）：区分2	急性毒性（経口）：区分3（吸入のGHS区分がない場合） 急性毒性（吸入）：区分3 皮膚腐食性／刺激性：区分1Bまたは 1Cまたは区分1 眼に対する重篤な損傷性／眼刺激性：区分1 皮膚感作性：区分1 生殖毒性：区分2 特定標的臓器毒性（単回ばく露）：区分1 特定標的臓器毒性（反復ばく露）：区分2	5〜0.5	0.1〜0.01
2	急性毒性：区分4 特定標記臓器毒性（単回ばく露）：区分2	急性毒性（経口）：区分4（吸入のGHS区分がない場合） 急性毒性（吸入）：区分4 皮膚腐食性／刺激性：区分2 眼に対する重篤な損傷性／眼刺激性：区分2 特定標的臓器毒性（単回ばく露）：区分2または3	50〜5	1〜0.1
1	皮膚腐食性／刺激性：区分2 眼に対する重篤な損傷／眼の刺激性：区分2 特定標記臓器毒性（単回ばく露）：区分3 誤えん有害性：区分1 他の有害性ランク（区分1〜4）に分類されない粉体と液体	誤えん有害性：区分1 他の有害性ランク（区分1〜4）に分類されない粉体と液体	500〜50	10〜1

※ 日本のビルディングブロックに採用されていない区分は省略。また皮膚腐食性／刺激性において、区分1の細区分が行われていない場合には、従来通りとした。

48

（2）④短時間ばく露評価機能の追加

- 短時間濃度基準値が設定された物質の評価を目的として、短時間のばく露評価機能を追加しました。
- 作業環境中の物質の濃度変動は非常に大きく、一般に対数正規分布（各濃度の対数をとってヒストグラムを見ると正規分布となる）に従うことが知られています。
- 産業現場での調査*より、多くの作業現場では、15分間平均ばく露濃度の日内変動の幾何標準偏差（GSD）は3〜6の範囲に収まり、その場合、15分間平均ばく露濃度の最高値は8時間平均ばく露濃度の4倍〜6倍となります。
- この考え方を利用して、8時間ばく露濃度の推定値をn倍することによって、短時間のばく露濃度を推定しています。
- なお実際の作業環境では、想定を超える短時間の高濃度ばく露が発生する可能性があります。必要に応じて短時間測定の実施を検討しましょう。

*Kumagai S, Matsunaga I. Within-shift variability of short-term exposure to organic solvent in indoor workplaces. Am Ind Hyg Assoc J 1999; 60: 16-21.

49

（2）⑤「極低揮発性」の新区分の追加

- 旧バージョンでは、低揮発性の区分は「沸点：150℃以上」としており、沸点が230℃程度の低揮発性のオイルであっても、一律に「低揮発性」の区分を割り当てていました。
- 一方、欧州のRAツールであるECETOC TRAでは、蒸気圧をもとにした揮発性の区分として Very low の区分が存在します。
- 政府GHS分類が行われている物質で、液体かつ蒸気圧がある約1000物質のうち、15%程度（約150物質）が蒸気圧0.5 Pa未満でした。そこで蒸気圧0.5 Paにおける飽和蒸気濃度は5 ppmとなることから、当該値を初期ばく露濃度とした「極低揮発性」の区分を新設しました。
- これまで「低揮発性」として評価した物質について、「極低揮発性」と評価される場合、ばく露濃度が最大1/10となり、リスクが下がることが想定されます。
- 蒸気圧は室温における値を利用するため、取扱温度が室温以上の場合には、沸点に従って判定します。

- なお、旧バージョンからのデータ移行では、蒸気圧のデータが存在する場合には、「極低揮発性」への該当可否を評価する必要があります。

（2）⑥制御風速の確認に関する設問の追加

- 局所排気装置を使用するにあたって、粉じんや蒸気が作業場に拡散する前に捕らえることができる十分な制御風速が必要です。
- 制御風速が確認できていない場合、期待される換気効果が得られない可能性があるため、新たに制御風速の確認に関する設問を追記し、換気の効果を下げています。

レベル	換気状況	制御風速の確認状況	補正係数
D	局所排気装置（外付け式）	制御風速未確認	1/2
		制御風速確認済	1/10
E	局所排気装置（囲い式）	制御風速未確認	1/10
		制御風速確認済	1/100

- 制御風速の定義は、有機溶剤中毒予防規則や特定化学物質障害予防規則を参照します。
- なお、旧バージョンからのデータ移行では、制御風速の確認状況を入力する必要があります。

受講者の作業場に合わせたリスクアセスメント実習（実習の進め方）

10

（2）⑦呼吸用保護具の補正係数の見直し

- 「防じんマスク、防毒マスク及び電動ファン付き呼吸用保護具の選択、使用等について」（令和5年5月25日付け基発0525第3号）および改訂JIS T 8150:2021に従い、呼吸用保護具の種類及び補正係数を見直しました。
- またver.2.xではリスクアセスメントにおいて、現状のリスクを把握することを目的として初回のリスクアセスメントの段階で呼吸用保護具を選択できるようにしていましたが、ver.3.0では実施レポートの段階のみで選択可能としました。
- これは、リスク見積りのためのばく露の推定の段階で呼吸用保護具の選択をすると、化学物質リスクアセスメント指針に示された優先順位に沿ってリスク低減対策の検討をすることなく、優先順位の低い呼吸用保護具の使用を前提とした評価になってしまうためです。
- また、「化学物質による健康障害防止のための濃度の基準の適用等に関する技術上の指針」に従って、作業内容の調査、場の測定の結果及び数理モデルによる解析の結果等を踏まえ、労働者の呼吸域における物質の濃度（呼吸用保護具の外側の濃度）が八時間濃度基準値の2分の1程度を超えると評価された場合は、確認測定を実施する趣旨に対応しています。

リスク低減対策の検討

※「リスク低減対策の検討」のQ1〜Q15の選択肢を変更し、【再度リスクを判定】をクリックすることによって、リスク低減対策後の結果が表示されます。　［リスクの再判定］

	設問	現状	対策後	リスク低減対策の検討
吸入	Q1. 取扱量	少量（100mL以上〜1000mL未満）	少量（100mL以上〜1000mL未満）	少量（100mL以上〜1000mL未満）
	Q2. スプレー作業の有無	いいえ	いいえ	いいえ
	Q3. 塗布面積1m2超	いいえ	いいえ	いいえ
	Q4. 換気レベル	換気レベルD（外付け式局所排気装置）	換気レベルE（囲い式局所排気装置）	換気レベルE（囲い式局所排気装置）
	制御風速の確認	制御風速を確認している	制御風速を確認している	制御風速を確認している
	Q5. 作業時間	3時間超〜4時間以下	3時間超〜4時間以下	呼吸用保護具は「実施レポート」のみで選択可能
	Q6. 作業頻度	3日／週	3日／週	週1
	Q7. ばく露の変動の大きさ	ばく露濃度の変動が小さい作業	ばく露濃度の変動が小さい作業	ばく露濃度の変動が小さい
	[オプション] 呼吸用保護具			
	フィットテストの方法			

52

（2）⑧改訂JISへ対応して、鈍性化爆発物の区分を追加

- JIS Z 7252:2019より、危険性に関する区分として、新たに「鈍性化爆発物」が追加されました。
- 鈍性化爆発物とは、大量爆発及び急速な燃焼を起こさないように、爆発性を抑制するために鈍性化され、危険性クラス"爆発物"から除外されている物質であり、鈍性化剤（水など）が減少した場合には爆発の危険性の増加し、爆発物と同等のハザードとなると考えられることから、爆発物と同等のリスクレベル（リスクレベルⅣ）としています。

53

（2）⑨危険性評価の設問追記

- 旧バージョンでは、爆発性雰囲気が形成されることを防ぐ対策として、換気状況（換気レベルD以上）を爆発性雰囲気形成の防止対策としていました。
- ver.3.0では、換気に加え、滞留、漏洩の防止等も踏まえた爆発性雰囲気形成防止対策の実施状況を明示的に確認する設問を追加しました。

Q13　爆発性雰囲気形成防止対策を実施していますか？
はい

- なお、旧バージョンからのデータ移行では、爆発性雰囲気形成防止対策の実施状況を入力する必要があります。

54

（2）⑩皮膚等障害化学物質、濃度基準値設定物質、がん原性物質の表示

- 旧バージョンでは、リスクレベルS（皮膚、眼への有害性）として、労働安全衛生保護具の着用を必要としていました。
  - ✓ GHS分類情報において、以下に当てはまるもの

皮膚腐食性／刺激性	区分1、2
眼に対する重篤な損傷／眼の刺激性	区分1、2
皮膚感作性	区分1

- 新たな化学物質規制では、労働安全衛生規則第594条の2に基づき、皮膚若しくは眼に障害を与えるおそれ又は皮膚から吸収され、若しくは皮膚に侵入して、健康障害を生ずるおそれがあることが明らかなもの（皮膚等障害化学物質）及び特別規則対象物質は、皮膚障害等防止用保護具の使用が義務付けられることから、皮膚等障害化学物質への該当について表示を追加しました。
- なお、皮膚等障害化学物質以外にも、がん原性物質、濃度基準値対象物質への該当について表示を追加しました。

55

よくある質問

● ここでは、CREATE-SIMPLEに関して、よくある質問を紹介します。

No.	Question	Answer
1	リスクアセスメントやばく露といった用語の意味について教えてください。	労働安全衛生法におけるリスクアセスメントとは、安全や健康への影響を評価し、その対策を検討することをいいます。健康への影響を評価する際には、化学物質の持つ有害性と労働者が化学物質にさらされる度合い（ばく露）と比較して、リスクを評価します。
2	厚生労働省コントロール・バンディング（CB）とは何が異なりますか。	CBと比較するとCREATE-SIMPLEは、以下の3点からより精緻にリスクアセスメントを実施することができます。 ・有害性の程度としてばく露限界値を用いていること ・取扱量少量（mL）単位が細分化されていること ・CBでは考慮していない作業条件（含有率、換気、作業時間、保護具等）の効果を考慮していること
3	混合物については、どのようにリスクアセスメントを実施すればよいですか。	SDSから混合物の成分を確認し、混合物の成分すべてを入力し、リスクアセスメントを実施してください。 　例として、トリメチルベンゼン、キシレン、ノナンを主成分とするミネラルスピリットの場合には、まずそれぞれの物質についてリスクを判定をします。それぞれのリスク判定の結果、Ⅲ＆S、Ⅰ＆S、Ⅰ＆Sと判定された場合には、混合物のリスクレベルを一番リスクレベルの高いⅢ＆Sと考えてリスク低減対策を検討しましょう。 　また混合物のGHS分類情報がある場合には、混合物のGHS分類情報を手動で入力することによって、混合物としてリスクアセスメントを行うことも可能です。
4	同じ物質を異なる作業で実施している場合には、どのように考えればよいですか。	例えば、アセトンを同じ労働者が作業A、作業B、作業Cでそれぞれ1時間使用している場合には、それぞれの作業ごとにリスクアセスメントを実施してください。その際に作業時間は作業A、B、Cの合計時間である3時間を入力すると、安全側としてリスクアセスメントを実施することができます。
5	水酸化ナトリウム水溶液など、固体を溶かした水溶液についてはどのように考えればよいですか。	溶解している固体は、昇華性の固体や空気中に飛散される作業を除き、ばく露はゼロとして自動的に判定されます。
6	リスクアセスメントの計算はどのように行われていますか。	詳細は「CREATE-SIMPLEの設計基準」を参照してください。

よくある質問

● ここでは、CREATE-SIMPLEに関して、よくある質問を紹介します。

No.	Question	Answer
7	SDSにばく露限界値が複数記載されています。どれを入力すればよいですか。	SDSに記載されているばく露限界値をすべて入力してください。 濃度基準値設定物質については、濃度基準値が評価で優先されます。 ただし、物質ごとにどの基準値を用いるかを選択することも可能です。
8	沸点の区分や含有率の区分はどのように設定されていますか。	英国安全衛生庁（Health and Safety Executive, HSE）や欧州化学物質生態毒性・毒性センター（ECETOC）といった海外政府や海外の公的研究機関などのリスクアセスメント手法における区分を参考に設定しています。 詳細は、資料「CREATE-SIMPLEの設計基準」を参照してください。
9	昇華性のある固体（ヨウ素、ナフタレンなど）は、液体または固体のどちらでリスクアセスメントを実施すればよいですか。	昇華性のある固体は、ばく露が懸念されるため、液体として取り扱うことが望ましいです。 その際、揮発性については蒸気圧バンドを利用することが望ましいです。 （下表参照）

揮発性	固体の蒸気圧
低揮発性	0.5 Pa以上〜0.5kPa未満
中揮発性	0.5kPa以上〜25kPa未満
高揮発性	25kPa以上

No.	Question	Answer
10	危険性は、プロセスプラントの運転条件まで十分に踏まえてリスクを見積もっているのですか？	危険性は、取扱量や換気状況、着火源の有無等の状況からリスクを見積もっていますが、プロセスプラントの運転条件（反応、加圧・減圧、昇温・冷却等）を踏まえているわけではありません。基本的に取扱物質が潜在的に有している危険性のみを対象としているため、プロセスプラントについては別途「安衛研 リスクアセスメント等実施支援ツール」などをご利用ください。
11	手袋を選択する際に、どのようにすれば適切な素材の手袋を選択することができますか。	厚生労働省「皮膚障害等防止用保護具の選定マニュアル」を参照してください。

よくある質問

● ここでは、CREATE-SIMPLEに関して、よくある質問を紹介します。

No.	Question	Answer
12	CREATE-SIMPLEで自動入力されるデータはどのようなものですか。	CREATE-SIMPLEでは、以下の情報より、自動入力されるデータを作成しています。 • NITE統合版 GHS分類結果 • 厚生労働省「モデルSDS」 • 厚生労働大臣が定める物及び厚生労働大臣が定める濃度の基準等（一覧） • 日本産業衛生学会 許容濃度等の勧告（2023年度） • ACGIH TLVs® and BEIs® 2024 • List of MAK and BAT Values 2023 なお、ばく露限界値において、複数の種類（等）が存在する場合には、最も低い値を採用しています。 • Respirable（吸入性）とInhalable（吸引性）が設定されている場合、Respirable（吸入性）を採用 • 作業の強さ（極軽作業〜重作業）別に設定されている場合には、重作業を採用

受講者の作業場に合わせたリスクアセスメント実習（実習の進め方）

10

10.2.2　リスクアセスメント実施支援システム*11 の活用

　職場のあんぜんサイトから化学物質を取り扱うことが想定される作業を抽出したもの。受講者は該当作業があれば、リスクアセスメントを実施してみる。

【製造業、サービス業、運輸業】

- ●熱処理作業（洗浄作業）〈マトリクス法〉
- ●溶接作業［アーク溶接作業（衛生、安全）、ガス切断・溶接］〈マトリクス法〉
- ●木材加工作業（木材の塗装作業）〈マトリクス法〉
- ●塗装作業（脱脂作業、溶剤でのふき取り作業、調色及び希釈作業、吹付塗装作業、静電塗装作業、塗料の供給作業、塗装ブースの洗浄、電着塗装槽の作業）〈マトリクス法〉
- ●めっき作業（前処理作業、めっき作業）〈マトリクス法〉
- ●ビルメンテナンス業（清掃作業、その他）〈マトリクス法〉〈数値化法〉
- ●産業廃棄物処理業（共通事項、収集運搬、中間処理）〈マトリクス法〉〈数値化法〉
- ●自動車整備業（洗車・洗浄作業、溶接作業、塗装作業）〈マトリクス法〉〈数値化法〉
- ●食品加工業［肉・乳製品製造業、水産食料品製造業、パン・菓子製造業、その他の食品製造業（弁当・調味料）、小売業、飲食店業］〈マトリクス法〉〈数値化法〉
- ●マトリクスを用いた方法*12

【全ての作業・業種】

　「負傷又は疾病の重篤度」と「負傷又は疾病の発生の可能性」をそれぞれ横軸と縦軸とした表（マトリクス）に、あらかじめ重篤度と可能性の度合いに応じたリスクの程度を割り付けておき、見積り対象となる負傷又は疾病の重篤度に該当する列を選び、次に発生の可能性に該当する行を選ぶことにより、リスクを見積もる方法である。

負傷又は疾病の重篤度 （災害の程度）	災害の程度・内容の目安
致命的・重大 ×	●死亡災害や身体の一部に永久的損傷を伴うもの ●休業災害（1か月以上のもの）、一度に多数の被災者を伴うもの
中程度 △	●休業災害（1か月未満のもの）、一度に複数の被災者を伴うもの
軽　度 ○	●不休災害のかすり傷程度のもの

---

*11　https://anzeninfo.mhlw.go.jp/risk/risk_index.html
*12　職場のあんぜんサイト　リスクアセスメントの実施支援システム　マトリクスを用いた方法（詳細説明）（厚生労働省）（https://anzeninfo.mhlw.go.jp/risk/matrix_explanation.html）をもとに作成

負傷又は疾病の発生の可能性の度合	内容の目安
高いか比較的高い ×	●毎日頻繁に危険性又は有害性に接近するもの ●かなりの注意力でも災害につながり、回避困難なもの
可能性がある △	●故障、修理、調整等の非定常的な作業で、危険性又は有害性に時々接近するもの ●うっかりしていると災害になるもの
ほとんどない ○	●危険性又は有害性の付近に立ち入ったり、接近することは滅多にないもの ●通常の状態では災害にならないもの

重篤度 発生の可能性の度合		負傷又は疾病の重篤度		
		致命的・重大 ×	中程度 △	軽 度 ○
負傷又は疾病の発生の可能性の度合	高いか比較的高い ×	III	III	II
	可能性がある △	III	II	I
	ほとんどない ○	II	I	I

リスクの程度	優先度	
III	直ちに解決すべき、又は重大なリスクがある。	措置を講ずるまで作業を停止する必要がある。十分な経営資源（費用と労力）を投入する必要がある。
II	速やかにリスク低減措置を講ずる必要のあるリスクがある。	措置を講ずるまで作業を行わないことが望ましい。優先的に経営資源（費用と労力）を投入する必要がある。
I	必要に応じてリスク低減措置を実施すべきリスクがある。	必要に応じて低減措置を実施する。

●数値化による方法[13]
【食品加工作業・ビルメンテナンス業・産業廃棄物処理業・自動車整備業】

　ここでは、「負傷又は疾病の重篤度」、「負傷又は疾病の発生の可能性」、「発生する頻度」を一定の尺度によりそれぞれ数値化し、それらを数値演算（足し算）してリスクを見積もる方法をいう。

---

[13] 職場のあんぜんサイト　リスクアセスメントの実施支援システム　数値化による方法（詳細説明）（厚生労働省）（https://anzeninfo.mhlw.go.jp/risk/suchi_explanation.html）をもとに作成

危険性の例

重篤度	点　数	災害の程度・内容の目安
致命傷	10	死亡、失明、手足の切断等の重篤災害
重　傷	6	骨折等長期療養が必要な休業災害及び障害が残るけが
軽　傷	3	上記以外の休業災害（医師による措置が必要なけが）
軽　微	1	表面的な障害、軽い切り傷及び打撲傷（赤チン災害）

可能性	点　数	内容の目安
確実である	6	かなりの注意力を高めていても災害になる。
可能性が高い	4	通常の注意力では災害につながる。
可能性がある	2	うっかりしていると災害になる。
ほとんどない	1	通常の状態では災害にならない。

頻　度	点　数	内容の目安
頻　繁	4	毎日、頻繁に立ち入ったり接近したりする。
時　々	2	故障、修理・調整等で時々立ち入る（1回/週～1回/月）。
ほとんどない	1	立ち入り、接近することは滅多にない（1回/年程度）。

リスク	点　数[※] （リスクポイント）	優先度	災害発生の可能性	取扱基準
IV	12～20	直ちに解決すべき問題がある。	重大災害の可能性大	直ちに中止又は改善する。
III	9～11	重大な問題がある。	休業災害の可能性大	早急な改善が必要
II	6～8	多少問題がある。	不休災害	改善が必要
I	5以下	必要に応じて低減措置を実施すべきリスク	軽微な災害	残っているリスクに応じて教育や人材配置をする。

※　点数（リスクポイント）＝重篤度＋可能性＋頻度

有害性の例

重篤度	点　数	災害の程度・内容の目安
致命傷	10	死亡や永久的労働不能につながるけが 障害が残るけが
重　傷	6	休業災害（完治可能なけが）
軽　傷	3	休業災害（医師による措置が必要なけが）
軽　微	1	手当後直ちに元の作業に戻れる微小なけが

可能性	点　数	内容の目安	
		危険察知の可能性	危険回避の可能性
確実である	6	事故が発生するまで危険を検知する手段がない	危険に気が付いた時点では回避できない
可能性が高い	4	十分な注意を払っていなければ危険がわからない	専門的な訓練を受けていなければ回避の可能性が低い
可能性がある	2	危険性又は有害性に注目していれば危険が把握できる	回避手段を知っていれば十分に危険が回避できる
ほとんどない	1	容易に危険が検知できる	危険に気が付けば、けがをせずに危険が回避できる

頻　度	点　数	内容の目安
頻　繁	4	1日に1回程度
時　々	2	週に1回〜月に1回程度
ほとんどない	1	半年に1回〜年に1回程度

リスク	点　数※	優先度	取扱基準
IV	12〜20	直ちに解決すべき問題がある。	直ちに中止又は改善する。
III	9〜11	重大な問題がある。	早急な改善が必要。
II	6〜8	多少問題がある。	改善が必要。
I	5以下	必要に応じて低減措置を実施すべきリスク。	残っているリスクに応じて教育や人材配置をする。

※　点数＝重篤度＋可能性＋頻度

10.3　検知管の使い方

　検知管による物質の濃度測定は、操作が簡便であり、その場で濃度が把握できることから、自律的な管理においてその活用が期待される。ここでは安全に検知管によるガスの濃度測定を学ぶために、大気中及び呼気中の二酸化炭素濃度測定の比較を行う。

【ガステックの検知管式気体測定器を用いた実習】

検知管式気体測定器概要紹介[*14]

　検知管式気体測定器は、検知管と気体採取器とで構成されます。検知管は、一定内径のガラス管に検知剤を緊密に充填し、その両端を熔封、その表面に濃度目盛等

---

*14　株式会社ガステック「検知管式気体測定器　概要紹介」（https://www.gastec.co.jp/product/detector_tube/summary/）

を印刷したものです。

　気体採取器は、一定容量（100 mL/50 mL）のシリンダ内部をピストンで減圧に
し、吸引する機能を持っています。気体採取器と検知管を用いて試料ガスの吸引を
行ったとき、測定対象物質があると検知管に変色が現れます。この時変色した長さ
は測定対象物質の濃度に対応する為、検知管に印刷されている濃度目盛から測定対
象物質の濃度を読み取ることができます。

気体採取器の使い方
［（株）ガステック「気体採取器　測定方法」（YouTube）］

【実習手順】

- 検知管の原理を学習し、YouTube の気体採取器の動画を見る
- 試料採取器及び二酸化炭素測定用検知管（GASTEC　2LC 及び 2H）を準備する
- 試料採取器に検知管 2LC（100 〜 4 000 ppm）を装着する
- 大気中の二酸化炭素濃度（約 400 ppm）を測定する
- 各自が呼気を空のプラスチックバッグに吹き込み、バッグの口を閉じる
- 試料採取器に検知管 2H（0.5 〜 20％）を装着し、検知管の先端をプラスチックバッグの口から差し入れ、呼気を吸引する
- 呼気中の二酸化炭素の濃度を測定する

10.4 マスクの使用方法、フィットテストの実施

　自律的な管理において、様々な保護具の重要性がさらに増した。ここでは労働者のばく露を濃度基準値以下にするためにも重要な役割を担う呼吸用保護具のフィットテストの実施方法を実習する。

マスクフィットテスト[15]

【フィットテストとは】

　マスクのフィルター性能がどんなに優れていても、マスクが顔にフィットしていなければ本来の性能が発揮されません。その為「フィルター性能」と「顔の密着」の両方を確認する必要があります。マスクが着用者の顔に密着（フィット）しているかを評価するために行うテストをフィットテストと言います。

【フィットファクタ】

$$\frac{マスク外部の粉じん量}{マスク内部の粉じん量} = フィットファクタ$$

例えば　粉じんが外部に100個、内部は1個の場合

$$\frac{100（外部）}{1（内部）} = 100 \div 1 = フィットファクタ100$$

【対象呼吸用保護具】

取替え式全面形面体

取替え式半面形面体

使い捨て式半面形面体

---

*15　ミドリ安全株式会社　マスクフィットテスト（https://ec.midori-anzen.com/shop/e/ea362_100/）

受講者の作業場に合わせたリスクアセスメント実習（実習の進め方）

10

【定量的フィットテスト】

　専用の計測装置を用いて、面体の中と外の粉じん粒子の個数を計測し、呼吸用保護具と顔面との密着性を確認する方法です。

- 柴田科学（株）「労研式マスクフィッティングテスター MT-05U 型～ JIS T 8150：2021 による定量的フィットテスト編～」（YouTube）（労研式 MT-05U 型 JIS T 8150：2021 標準）
- 「KANOMAX 研修会用動画」（KANOMAX AccuFIT9000 JIS T 8150 短縮プロトコル）

【定性的フィットテスト】

　被験者が呼吸保護具を着けてフードをかぶり、フードの中にサッカリン等の試験溶液を噴霧して、甘味成分を感じるかの有無でフィット性を確認します。

　甘味を感じなかった場合はフィットファクタが 100 以上であるとします。

- 興研（株）「JIS T 8150 に基づくフィットテストの実施」（動画）
- 3M Japan「フィットテスト概要と使用方法説明動画」（YouTube）

10.5　リスクアセスメント結果の記録方法

　化学物質管理者の重要な役割の一つとしてリスクアセスメント（リスクの見積り、評価、対応）に関する記録・保存がある。ここでは**表 1.5** にあげた項目について入力することを実習する。実際には、受講者の作業場データ（架空でもよい）及び CREATE-SIMPLE 等に従ったリスクアセスメント結果を入力する。**表 1.4** も参照のこと。

表 1.5 (再掲) 化学物質管理者が行う記録・保存のための様式 (例)

① 事業場名：	② 業種：	③ 代表者名：

④ 化学物質管理者名：	⑤ 記録作成日：

⑥ リスクアセスメント対象物質数： （義務対象物質数： ）

⑦ リスクアセスメント対象物質について収集した SDS の数：

⑧ 事業場で作成・交付しなければならないラベル・SDS の数：

⑨ リスクの見積りの方法及び適用作業場数又は対象者数：

クリエイトシンプル：	マニュアル準拠：	ばく露測定：	作業環境測定：	その他：

⑩ リスクの見積りの結果に基づき対策が求められた作業場又は労働者の数；

作業場数：	労働者数：

⑪ リスクの見積りの結果に基づきばく露低減のために検討した対策の種類及びその数；

代替物：	密閉化：	換気・排気装置：	作業改善：	保護具：	その他：

⑫ リスクの見積りの結果に基づき爆発・火災防止のために検討した対策の種類及びその数；

代替物：	密閉化：	換気・排気装置：	着火源除去：	作業改善：	保護具：	その他：

⑬ 皮膚障害等化学物質への直接接触の防止： 対象物質数： 対象労働者数：

⑭ 濃度基準値を超えたばく露を受けた労働者の有無： 有り（人数： ） 無し

取られた対策（措置）の種類：

⑮ 労働者に対する取扱い物質の危険性・有害性等の周知；

実施日： 人数：	実施日： 人数：	実施日： 人数：

⑯ 労働者に対するリスクアセスメントの方法、結果、対策等の周知；

実施日： 人数：	実施日： 人数：	実施日： 人数：

⑰ 労働災害発生時対応マニュアルの有無： 有り 無し

⑱ 労働災害発生時対応を想定した訓練の実施： 有り 無し

⑲ 労働災害発生時等の労働基準監督署長による指示の有無： 有り（回数： ） 無し

⑳ （安全）衛生委員会の開催又は労働者からの意見の聴取： （日時）

受講者の作業場に合わせたリスクアセスメント実習（実習の進め方）

10

10.6　自律的な管理　チェックリスト

以下のチェックリストを用いて講習参加者の事業場における現況を把握する。

化学物質の「自律的な管理」簡易チェックリスト（例）

大項目	チェック項目	✓	備考
1. 取扱い物質のリストアップ	ラベル・SDS・RA 義務対象物質（＿＿＿＿物質）		製品購入時にSDSのチェック 一覧表作成
	その他の物質（＿＿＿＿物質）		
2. 危険性・有害性の情報共有	作業者への教育（物質名、対象者数、実施日時、実施者）		一覧表作成
	ラベル貼付・SDS 交付（製品の譲渡・提供者）		GHS 分類の専門家（機関）に依頼可
3. 化学物質管理者の選任	RA 義務対象物質製造者か否か（製造者、製造者以外）		製造者の場合にはSDS 等作成
	選任要件（専門講習受講、その教育＿＿＿＿＿＿＿）		製造者であれば専門講習が必須
	職務をなし得る権限の付与（未、済）		権限付与の形式（文書、口頭）
	化学物質管理者氏名の周知（未、済）		周知方法
4. 化学物質管理者の職務	（1、7、8、9に関する管理業務、記録・保存の様式も参照）		1、7、8、9の実行で確認
	RA 結果の記録の作成・保存及び労働者への周知		記録保管場所の確保
	RA 対象物の作業の記録の作成・保存及び労働者への周知		記録保管場所の確保
5. 保護具着用管理責任者の選任（有、無）	保護具着用が必要な作業場（物質）、作業者数及び保護具の種類		労働者ごとに記録、一覧表作成
	職務をなしうる権限の付与（未、済）		権限付与の形式（文書、口頭）
	保護具着用管理責任者の周知（未、済）		周知方法
6. 保護具着用管理責任者の職務	保護具が必要な作業、取扱い物質、労働者の把握 保護具の適正な選択・適正な使用・保守管理 労働者の教育		一覧表作成 マニュアル作成 労働者ごと、保護具ごとに記録

大項目	チェック項目	✓	備考
7. RA（リスクアセスメント）	リスクの見積り（作業場・労働者ごとにその方法を記録） 関係労働者の意見聴取の有無（有、無）		見積りの一覧表作成 聴取日・対象者の記録
	リスクの評価（作業場・労働者ごとにその評価を記録） 関係労働者の意見聴取の有無（有、無）		評価の一覧表作成 聴取日・対象者の記録
	対策（措置）の有無（作業場・労働者ごとにその対策の有無を記録） 関係労働者の意見聴取の有無（有、無）		対策の一覧表作成 聴取日・対象者の記録
8. 確認測定の適用（有、無）	確認測定に至る経緯及び測定結果の記録		RA による測定と確認測定に関する違いの認識・確認
	確認測定の結果に基づく措置の記録		
9. 労災発生時の対応	労災発生時対応マニュアルの有無（有、無）		マニュアルの作成
	労災発生の経緯・対応の記録（有、無）		死傷病報告等
	労働基準監督署長による指示への対応記録（有、無）		外部の化学物質管理専門家の確保
10. 健康診断	RA に基づく健康診断（有、無）		定期健康診断も含め事業場の健康診断に関するマニュアルの作成
	ばく露が濃度基準値を超えた場合の健康診断（有、無）		
	健康診断の記録・保存（有、無）		3 年（発がん物質は 30 年）保存
11. 発がん物質取扱い作業（有、無）	取扱い作業及び作業者のリストアップ		作業及び労働者の一覧表作成
	作業記録の保存（30 年）		記録保管場所の確保
	複数のがん患者が発生した場合の対応		マニュアルの作成
12. 衛生委員会の付議事項	調査審議事項の確認・追加　又は 労働者からの意見聴取		衛生委員会審議事項記録・保存 聴取日・対象者の記録

RA：リスクアセスメント、SDS：安全データシート

受講者の作業場に合わせたリスクアセスメント実習（実習の進め方）

10

11章

化学物質の自律的な管理
何から始める？

　「自律的な管理」に関してよく聞かれる質問・不安は「何をどうすればよいかわからない」というものである。そこで何から始めればよいかを、政省令も勘案しながら、短くまとめてみた。詳細については教材の関連部分を参照のこと。
　事業者の皆さんが少しでも早く、そして楽に「自律的な管理」に着手できるようなヒントになれば幸いである。

> 労働者が取扱い物質の危険性・有害性を知ることが最も重要である。まずこれに取り組もう。

11.1　今回の改正の要点

- 労働者の化学物質の危険性・有害性への理解を高める
- 事業者がリスクアセスメントに基づき自律的な管理を行う

ワンポイント解説　労働者の化学物質の危険性・有害性への理解を高める

　欧米では数十年前から化学物質の危険性・有害性を労働者に伝えるシステムが確立されていた。日本においては労働者に取扱い物質の危険性・有害性を伝えるシステムが発達しなかった。それは長年にわたり特別規則対象物質（123 物質）に管理の重点が置かれてきたことが要因である。また表示制度（ラベル表示、SDS）ができてからもその物質数は限られていた。そしてこの情報伝達システムの遅れが労働災害の一つの原因であると認識された。そこで日本でも労働者に危険性・有害性を伝える物質数を徐々に増加させることにした。

11.2　なぜ大きな改正が行われたか？

【行政的理由】
- 化学物質による重篤災害の発生、労働災害件数の高止まり
- 小規模事業場対策の遅れ
- 化学物質管理の国際的な潮流からの遅れ

【問題の本質及び問題解決のポイント】
➢ 日本では化学物質の危険性・有害性を伝えるシステムの整備が遅れた（根本的な問題）。
➢ 危険性・有害性がわからなければ化学物質を安全に取り扱うことはできない。
➢ 危険性・有害性を伝える化学物質の数を段階的に増加させることにした。
➢ 増加する全ての化学物質に対して特別規則（特化則、有機則等）と同様な措置義務をかけることは不可能である。

▷膨大な数の化学物質管理は事業者の裁量に委ねるのが合理的である。

▷すなわち労働者との化学物質の危険性・有害性情報の共有に基づいた、事業者の選択によるリスクアセスメントシステム（GHS に基づいた情報伝達、様々なリスクアセスメント方法の導入）の構築が改正の目的である。

▷このリスクアセスメントシステムを主導するために化学物質管理者の選任が義務付けられた。これは小規模事業対策の大きな柱の一つでもある。

▷また保護具の重要性が認識され保護具着用管理責任者の選任も義務付けられた。

▷新しいリスクアセスメントシステムを実施するためには従来の化学物質管理に関する労働安全衛生法令を少なからず改正する必要があった（広範囲の改正となった）。

11.3　化学物質の自律的な管理　どこから始める？

(1) 化学物質のリストアップ、(2) 体制の整備、(3) リスクアセスメント実施、(4) その他　の順に始めることを提案する。

すでに事業場で取扱い物質がリストアップされていれば、体制の整備（化学物質管理者の選任）から始めてはどうか。リスクアセスメントの主導は化学物質管理者に委ねられている。

11.3.1　取扱い化学物質のリストアップ

取扱い物質のリストアップは、**労働者への危険性・有害性の周知**、さらにリスクアセスメントを実施するための準備として最初に行うべき事項である。

化学物質のリストアップは事業場内の全ての物質を対象とする。必要に応じて特別規則（特化則、有機則等）対象物質（123 物質、2023 年 4 月時点）、リスクアセスメント対象物（901 物質、2024 年 4 月時点）、リスクアセスメント非対象物の仕分けをする。これは以下の順序で行う。

- SDS の整理　➡　物質の一覧作成　➡　危険性・有害性情報の収集・GHS 分類結果等（NITE 公開情報）の記入　➡　労働者への周知
- 特別規則対象物質、リスクアセスメント対象物及び対象物以外の整理

11.3.2　体制の整備

リスクアセスメント対象物を製造・取り扱うには化学物質管理者の選任が必要である。また保護具を使用する事業場では保護具着用管理責任者の選任が必要である。

- ●これらの選任は選任すべき事由が発生した日から 14 日以内に行う。
- ●それぞれに対して権限の付与及び事業場内での周知が必要である。
- ●化学物質管理者の職務について整理する（記録・保存様式の作成、☞**第 1 章 表 1.5**）。
- ●保護具着用管理責任者の職務について整理する（チェックリストの作成）。
- ●作業主任者、衛生管理者等との連携及び職務分担を検討する。

化学物質管理者の選任要件は、「化学物質管理者の業務を担当するために必要な能力を有するもの」であり、基本的に事業者の裁量による。ただしリスクアセスメント対象物を製造する事業場（譲渡・提供者）においては、化学物質管理者は 2 日間の専門講習を終了した者及び同等以上の能力を有する者となっている。製造者及び製造者以外に対する講習の内容も告示で示されている。これら専門機関での受講又は事業場内教育により選任が可能になる。

保護具着用管理責任者の選任要件は、①化学物質管理専門家、②作業環境管理専門家、③労働衛生コンサルタント、④第一種衛生管理者又は衛生工学衛生管理者、⑤作業主任者（特化物、鉛、四アルキル鉛、有機溶剤）、⑥安全衛生推進者、⑦保護具着用管理責任者教育カリキュラムを終了した者、となっている。

11.3.3　リスクアセスメントの実施

従来から取り扱っている物質を従来どおりの方法で取り扱う場合は、リスクアセスメントの対象にならない（過去にリスクアセスメントを行ったことがない場合等には、計画的にリスクアセスメントを実施することが望まれる）。

リスクアセスメントは、義務がかかっているリスクアセスメント対象物から始めるのが一般的であるが、物質ごとに取扱量、危険性・有害性、ばく露状況、過去の災害事例などを勘案した優先順位で始めたほうがよい。最も重要なことは物質が義務対象かどうかにかかわらず労働災害を防ぐことである。

リスクアセスメント方法の選択が労働者の健康維持のみならず資源の有効活用の面からも重要になる。

有害物質が大量に飛散するような作業（塗装など）に対してはばく露濃度の測定も含めたリスクの見積りと保護具着用を同時に考える必要があろう。また少量多品種のものをクリーンベンチや囲い式フードの中で使用するような場合には定性的なリスクアセスメントで十分と考えられる。リスクアセスメントの方法は事業者の選択に委ねられていることを最大限利用する。このような判断には、リスクアセスメントに関する業界マニュアル等が役立つであろう。

【リスクアセスメント実施の準備】

➤特別規則対象物質(123 物質)

➤リスクアセスメント対象物(901 物質)(2024 年 4 月 1 日時点)

➤リスクアセスメント対象物以外(その他危険性・有害性のある物質)

➤リスクアセスメントの優先順位(取扱量、危険性・有害性、作業者のばく露状況等を勘案)の決定

➤作業場あるいは作業者ごとのリスクアセスメントの方法の決定及び労働者への周知

【濃度の測定を伴わない方法】

●CREATE-SIMPLE

●コントロール・バンディング

●マトリクス法・数値化法

●爆発・火災等のリスクアセスメントのためのスクリーニング支援ツール

●業界のマニュアル等に従って作業方法等を確認・実施する方法

●特化則等に準じた措置等を確認・実施する方法

●濃度基準値とばく露濃度(測定)の比較

【濃度の測定を伴う方法】

●簡易測定(検知管)

●簡易測定(リアルタイムモニター)

●個人ばく露測定

●作業環境測定

それぞれのリスクアセスメント(☞**第 6 章 表 6.6**)の詳細(特徴、評価方法など)については「職場のあんぜんサイト」[1] における関連項目及び「ばく露モニタリングに関する検討会報告書」[2] 等を参照のこと。

●**実施時期**

下記に示すように実施時期として、(1)法令上の実施義務及び(2)指針による実施努力義務が示されている。急ぐ必要はないが、事業場内の取扱い物質全てについて一度はリスクアセスメントを実施することを勧める。

法令上の実施義務

●化学物質等を原材料等として新規に採用し、又は変更するとき

●化学物質等を製造し、又は取り扱う業務に係る作業の方法又は手順を新規に採用し、又は変更するとき

●化学物質等による危険性又は有害性等についての情報に変化が生じ、又は生ずるおそれがあるとき

---

[1] https://anzeninfo.mhlw.go.jp/

[2] https://www.mhlw.go.jp/content/11300000/000945998.pdf

化学物質の自律的な管理 何から始める?

11

指針による実施努力義務

- ●化学物質等に係る労働災害が発生した場合であって、過去のリスクアセスメント等の内容に問題がある場合
- ●前回のリスクアセスメント等から一定の期間が経過し、化学物質等に係る機械設備等の経年による劣化、労働者の入れ替わり等に伴う労働者の安全衛生に係る知識経験の変化、新たな安全衛生に係る知見の集積等があった場合
- ●すでに製造し、又は取り扱っていた物質がリスクアセスメントの対象物質として新たに追加された場合など、当該化学物質等を製造し、又は取り扱う業務について過去にリスクアセスメント等を実施したことがない場合
- ●リスクアセスメントに基づいた対策
- ●ばく露低減措置（物質の代替、工学的対策、管理的対策、個人用保護具など）
- ●リスクアセスメント対象物の健康診断
  - ・特別規則（特化則、有機則等）に基づき行う場合
  - ・リスクアセスメントの結果に基づき健康影響の確認のために行う場合
  - ・事故等により濃度基準値を超えるばく露が懸念される場合

11.3.4　その他

- ●労働者教育（危険性・有害性情報、リスクアセスメント、意見の聴取など）の実施
- ●労働災害時の対応—マニュアルの作成—産業医、作業主任者、衛生管理者等との役割分担
- ●譲渡・提供者の場合にはラベル、SDS の作成
- ●リスクアセスメント対象物のうちがん原性物質の取扱い
  - ・取扱い業務に関して 30 年間の作業歴の保存
  - ・健康診断結果は 30 年間保存
  - ・同一事業場で複数の労働者が同種のがんに罹患した場合の労働局長への報告

11.4　職場の化学物質管理ポータルサイト "ケミサポ"

　本章で述べてきた労働安全衛生法改正の背景、主な変更内容、そして本改正を受けて事業者が実施すべきことについては、労働安全衛生総合研究所が運営する職場の化学物質管理ポータルサイト "ケミサポ"[3] にまとめられている。

＊3　https://cheminfo.johas.go.jp/

　"ケミサポ"では事業者が実施することが **11.3** で述べた四つのステップに分けて説明され、各事業者はこの四つのステップ（**図 11.1**）を確認することにより、事業者ごとに実施すべきことが網羅的に整理できる。

　また、厚生労働省が発出する法令、通達、マニュアル等の最新情報についても"ケミサポ"の「新着・更新履歴」のウインドウに案内されている。さらに、化学物質管理に関して厚生労働省が公表している Q&A の情報が「サポート」ページにまとめて掲載されており、ユーザーは自分の状況に応じた解決策を見つけることができる。

化学物質の自律的な管理　何から始める？

11

STEP 1　取り扱い化学物質を把握しましょう

事業場内で扱うすべての物質についてリストアップして一覧を作成したらリスクアセスメント対象物を特定しましょう。リスクアセスメント対象物以外の物質も含むすべての物質の危険性・有害性を確認しましょう。

1-1.	こんな製品や化学物質を使っていませんか？	>
1-2.	取扱い物質をリストアップ	>
1-3.	リスクアセスメント対象物に該当するか確認	>
1-4.	その他の確認すべきこと	>

STEP 2　体制の整備

リスクアセスメント対象物を製造、取扱い、譲渡、提供する事業場では、化学物質管理者の選任が、保護具を使用する事業場では保護具着用管理責任者の選任が必要です。
これらの選任は選任すべき事由が発生した日から14日以内に行い、それぞれに対して権限の付与及び関係労働者への周知が必要です。

2-1.	化学物質管理者の選任	>
2-2.	保護具着用管理責任者の選任	>
2-3.	社内の周知・啓発	>

STEP 3　リスクアセスメントの実施

リスクアセスメント対象物を取り扱う事業者は

✓ 化学物質による危険性・有害性を特定し、
✓ その特定された危険性・有害性に基づくリスクを見積もり、
✓ リスクの見積もり結果に基づいてリスク低減措置（リスクを減らす対策）の内容を検討する

という一連の流れとしてリスクアセスメントが必要です。

3-1.	リスクアセスメントとは？	>
3-2.	いつ、どの物質について何を行う？	>
3-3.	リスクアセスメントしたらどうする？	>

STEP 4　その他の4つのポイントを確認

ここまでのステップ以外に自律的な化学物質管理の実施に際して確認しておきたいことをまとめました。

4-1.	労働者への教育	>
4-2.	ラベル表示、SDS交付	>
4-3.	がん原性物質への対応	>
4-4.	労働災害時の対応	>

図 11.1　「事業者が実施すること」の目次

付　録

A2.1
A6.2
A2.2
A6.3
A2.3
A6.4
A2.4
A6.5
A2.5
A7.1
A2.6
A7.2
A2.7
A8.1
A2.8
A9.1
A2.9
A9.2
A2.10
A9.3
A2.11
A9.4
A4.1
A11
A4.2
A4.3
A4.4
A4.5
A4.6
A6.1

A2.1

A2.1　化学物質管理に関連した法律

　日本には化学物質の管理を適正に行うために作られた法規がたくさんある。ここでは主な法律の目的と関連規則等も含めた規定内容（表示関連事項を含む）をごく簡単に紹介する。例示の物質はほんの一例である。

消防法

目的：火災を予防し、警戒し及び鎮圧し、国民の生命、身体及び財産を火災から保護するとともに、火災又は地震等の災害による被害を軽減するほか、災害等による傷病者の搬送を適切に行い、もつて安寧秩序を保持し、社会公共の福祉の増進に資することを目的とする。

内容：火災の予防、危険物、消防の設備、火災の警戒、消火の活動、火災の調査、救急業務等について規定している。以下のように分類されている。

　　　　第一類：酸化性固体（塩素酸塩類、無機過酸化物、重クロム酸塩類等）
　　　　第二類：可燃性固体（赤りん、硫黄、金属粉、マグネシウム、引火性固体等）
　　　　第三類：自然発火性物質及び禁水性物質（黄りん、アルカリ金属、金属の水素化物等）
　　　　第四類：引火性液体（石油類、アルコール類、動植物油類等）
　　　　第五類：自己反応性物質（有機過酸化物、硝酸エステル類、ニトロ化合物、ジアゾ化合物等）
　　　　第六類：酸化性液体（過塩素酸、過酸化水素、硝酸等）

　化学物質の性質に応じて運搬容器の外部に「火気・衝撃注意」、「可燃物接触注意」、「禁水」、「火気厳禁」、「水溶性」などの注意表示がされる。

火薬類取締法

目的：火薬類の製造、販売、貯蔵、運搬、消費その他の取扱を規制することにより、火薬類による災害を防止し、公共の安全を確保することを目的とする。

内容：製造の許可、販売営業の許可、製造施設及び製造方法、貯蔵、運搬、廃棄等について規定している。

　　　　火薬類には、火薬（黒色火薬、無煙火薬など）、爆薬（アジ化鉛等起爆剤、ニトログリセリンなど）、火工品（工業雷管、導爆線、煙火等）がある。

　　　　鉄道では包装外部に「火薬」、「爆薬」、「火工品」と赤書、道路輸送では外装に種類、数量などを標示する。

高圧ガス保安法

目的：高圧ガスによる災害を防止するため、高圧ガスの製造、貯蔵、販売、移動その他の取扱及び消費並びに容器の製造及び取扱を規制するとともに、民間事業者及び高圧ガス保安協会による高圧ガスの保安に関する自主的な活動を促進し、もつて公共の安全を確保することを目的とする。

内容：製造の許可、製造のための施設及び製造の方法、貯蔵、危害予防規定、保安教育、保安統括者、販売主任者及び取扱主任者、火気等の制限、容器（製造、検査、刻印、表示、充てん、附属品等）等について規定している。圧縮ガス及び液化ガスが対象となる。可燃性ガス（アセチレン、アンモニア、一酸化炭素、エチレン、水素、二硫化炭素、プロパンなど）には「燃」、毒性ガス（亜硫酸ガス、アルシン、アンモニア、一酸化炭素、

塩素、シアン化水素、二硫化炭素、ベンゼン、ホスゲン、硫化水素など）には「毒」の文字が容器に記入される。毒性ガスとしては「じょ限量」[ACGIH の時間加重平均ばく露限界（TLV-TWA）と同等] で 200 ppm 以下のものが目安とされている。

労働基準法

目的：労働条件は、労働者が人たるに値する生活を営むための必要を充たすべきものでなければならない。この法律で定める労働条件の基準は最低のものであるから、労働関係の当事者は、この基準を理由として労働条件を低下させてはならないことはもとより、その向上を図るように努めなければならない。

内容：厚生労働省令で定める健康上特に有害な業務の労働時間の延長は、一日について二時間を超えてはならない。満 18 歳未満の者、妊娠中の女性及び産後一年を経過しない女性の危険有害業務の制限が規定されている。妊娠中の女性に就かせてはならない業務に、鉛、水銀、クロム、砒素、黄りん、弗素、塩素、シアン化水素、アニリン等のガス、蒸気又は粉じんを発散する場所における業務が上げられている。

労働安全衛生法

目的：労働災害の防止のための危害防止基準の確立、責任体制の明確化及び自主的活動の促進の措置を講ずる等その防止に関する総合的計画的な対策を推進することにより職場における労働者の安全と健康を確保するとともに、快適な職場環境の形成を促進することを目的とする。

内容：安全管理体制（統括安全衛生責任者、安全衛生委員会等）、健康障害の防止措置（設備、保護具等）、有害物に関する規則（製造禁止、許可、表示、安全性情報の取得・提供等）、就業に当たっての措置（安全衛生教育、就業制限等）、健康管理（作業環境測定、健康診断等）、快適な職場環境の形成等の原則が述べられている。

それぞれの措置の対象となる有害作業や物質は、特定化学物質障害予防規則、有機溶剤中毒予防規則、粉じん障害防止規則、鉛中毒予防規則、四アルキル鉛中毒予防規則、電離放射線障害防止規則、石綿障害予防規則で列挙されている。

製品のラベルに危険有害性に関する情報を記載しなければならない物質は 674、安全データシート（SDS）交付が義務付けられている物質が 674 定められている（2023 年4 月現在）。

作業環境測定法

目的：労働安全衛生法と相まつて、作業環境の測定に関し作業環境測定士の資格及び作業環境測定機関等について必要な事項を定めることにより、適正な作業環境を確保し、もつて職場における労働者の健康を保持することを目的とする。

内容：作業環境測定を行うべき作業場のうち、特定化学物質障害予防規則、有機溶剤中毒予防規則、粉じん障害防止規則、鉛中毒予防規則、電離放射線障害防止規則の対象物質について測定を実施する。作業環境を評価するための管理濃度が、82 物質について定められている。

建築物における衛生的環境の確保に関する法律

目的：多数の者が使用し、又は利用する建築物の維持管理に関し環境衛生上必要な事項等を定めることにより、その建築物における衛生的な環境の確保を図り、もつて公衆衛生の向上及び増進に資することを目的とする。

A2.1

内容：建築物内の一酸化炭素、二酸化炭素、浮遊粉じん、ホルムアルデヒド等の測定及び評価を行う。

化学物質の審査及び製造等の規制に関する法律

目的：人の健康を損なうおそれ又は動植物の生息若しくは生育に支障を及ぼすおそれがある化学物質による環境の汚染を防止するため、新規の化学物質の製造又は輸入に際し事前にその化学物質の性状に関して審査する制度を設けるとともに、その有する性状等に応じ、化学物質の製造、輸入、使用等について必要な規制を行うことを目的とする。

内容：試験結果により、製造・輸入の原則禁止（第1種特定化学物質：PCB、DDT、ヘキサクロロベンゼンなど34種）、製造・輸入予定数量の届出、技術上の指針遵守、表示義務等（第2種特定化学物質：トリクロロエチレン、テトラクロロエチレン、四塩化炭素、トリブチルスズ=メタクリラートなど23種）の規制を受ける。

第2種特定化学物質あるいはそれらが使用されているものの容器、包装又は送り状には、環境の汚染を防止するための措置等を表示する。

化学兵器の禁止及び特定物質の規制等に関する法律

目的：化学兵器の開発、生産、貯蔵及び使用の禁止並びに廃棄に関する条約及びテロリストによる爆弾使用の防止に関する国際条約の適確な実施を確保するため、化学兵器の製造、所持、譲渡し及び譲受けを禁止するとともに、特定物質の製造、使用等を規制する等の措置を講ずることを目的とする。

内容：日本では化学兵器が存在しないことになっており、サリン等の特定物質の製造、使用についての許可制、その所持、廃棄に至るまでの管理規定、化学兵器の原料となりうるもの（指定物質）の製造等の届出、条約に関連した届出を規定している。対象となる約65物質がリストアップされている。

特定化学物質の環境への排出量の把握及び管理の改善の促進に関する法律（PRTR法）

目的：環境の保全に係る化学物質の管理に関する国際的協調の動向に配慮しつつ、化学物質に関する科学的知見及び化学物質の製造、使用その他の取扱いに関する状況を踏まえ、事業者及び国民の理解の下に、特定の化学物質の環境への排出量等の把握に関する措置並びに事業者による特定の化学物質の性状及び取扱いに関する情報の提供に関する措置等を講ずることにより、事業者による化学物質の自主的な管理の改善を促進し、環境の保全上の支障を未然に防止することを目的とする。

内容：一定の条件を満たす事業者が、指定された化学物質について、環境への排出量を大気、水域、土壌に分け、また廃棄物としての移動量を都道府県知事に届け出る制度である。人の健康を損なうおそれ、動植物の生息・生育に支障を生ずるおそれ、オゾン層を破壊し太陽紫外放射の地表に到達する量を増加させることにより人の健康を損なうおそれがある等の物質が対象となり、24業種が指定されている。

また指定された化学物質（アクリルアミド、エチレンオキシド、有機スズ化合物、ベンゼン、ホスゲンなど562物質）を譲渡または提供する場合には、SDSを交付しなければならない（2023年4月現在）。

毒物及び劇物取締法

目的：毒物及び劇物について、保健衛生上の見地から必要な取締を行うことを目的とする。

内容：急性毒性や皮膚刺激性を持つ、毒物および劇物として指定された物質に関して、その製

造、輸入、販売、取扱の段階を通じて規制している。取扱い、表示、譲渡手続き、廃棄、運搬・貯蔵、事故の際の措置等について規定されている。毒物の方が劇物よりもより少ない量で死に至らしめる、すなわち毒性が強い物質である。毒物（黄りん、クラーレ、シアン化水素、砒素など）と劇物（アンモニア、塩化水素、クロロホルム、硝酸など）合わせて583種類の物質にSDSを交付することが求められる（2023年4月現在）。

毒物には赤地に白文字で「医薬用外毒物」と、劇物には白地に赤文字で「医薬用外劇物」を表示する。

医薬品、医療機器等の品質、有効性及び安全性の確保等に関する法律

目的：医薬品、医薬部外品、化粧品、医療機器及び再生医療等製品の品質、有効性及び安全性の確保並びにこれらの使用による保健衛生上の危害の発生及び拡大の防止のために必要な規制を行うとともに、指定薬物の規制に関する措置を講ずるほか、医療上特にその必要性が高い医薬品、医療機器及び再生医療等製品の研究開発の促進のために必要な措置を講ずることにより、保健衛生の向上を図ることを目的とする。

内容：医薬品等の製造・販売業、医薬品等の基準及び検定、毒薬及び劇薬の取扱い、医薬品の取扱い、医薬部外品の取扱い、化粧品の取扱い、医薬品等の広告等について規定している。

麻薬及び向精神薬取締法

目的：麻薬及び向精神薬の輸入、輸出、製造、製剤、譲渡し等について必要な取締りを行うとともに、麻薬中毒者について必要な医療を行う等の措置を講ずること等により、麻薬及び向精神薬の濫用による保健衛生上の危害を防止し、もつて公共の福祉の増進を図ることを目的とする。

内容：免許、禁止及び制限、取扱、業務に関する記録及び届出、麻薬中毒患者に対する措置、罰則等について規定している。

農薬取締法

目的：農薬について登録の制度を設け、販売及び使用の規制等を行うことにより、農薬の安全性その他の品質及びその安全かつ適正な使用の確保を図り、もつて農業生産の安定と国民の健康の保護に資するとともに、国民の生活環境の保全に寄与することを目的とする。

内容：製造、輸入、販売、防除業者に対して、殺虫剤、殺菌剤、成長促進剤、発芽抑制剤等の公定規格（有効成分量や最大含有量）、登録、表示、虚偽の宣伝の禁止等について規制している。

食品衛生法

目的：食品の安全性の確保のために公衆衛生の見地から必要な規制その他の措置を講ずることにより、飲食に起因する衛生上の危害の発生を防止し、もつて国民の健康の保護を図ることを目的とする。

内容：使用しても良い食品添加物（指定添加物）（2022年11月現在474品目）が定められている。また営業上使用する器具及び容器包装に関して、有毒な、若しくは有害な物質（鉛、カドミウム、塩化ビニル等）が含まれ人の健康を損なうことがあってはならないとされている。

核原料物質、核燃料物質及び原子炉の規制に関する法律

目的：原子力基本法の精神にのつとり、核原料物質、核燃料物質及び原子炉の利用が平和の目

A2.1

的に限られることを確保するとともに、原子力施設において重大な事故が生じた場合に放射性物質が異常な水準で当該原子力施設を設置する工場又は事業所の外へ放出されることその他の核原料物質、核燃料物質及び原子炉による災害を防止し、及び核燃料物質を防護して、公共の安全を図るために、製錬、加工、貯蔵、再処理及び廃棄の事業並びに原子炉の設置及び運転等に関し、大規模な自然災害及びテロリズムその他犯罪行為の発生も想定した必要な規制を行うほか、原子力の研究、開発及び利用に関する条約その他の国際約束を実施するために、国際規制物資の使用等に関する必要な規制を行い、もつて国民の生命、健康及び財産の保護、環境の保全並びに我が国の安全保障に資することを目的とする。

内容：ウラン、トリウム、プルトニウム及びこれらの化合物を使用して精錬、加工等を行う場合の許認可、届出、設備基準、管理、測定、記録等について規定している。

放射性同位元素等による放射線障害の防止に関する法律

目的：原子力基本法の精神にのつとり、放射性同位元素の使用、販売、賃貸、廃棄その他の取扱い、放射線発生装置の使用及び放射性同位元素又は放射線発生装置から発生した放射線によつて汚染された物の廃棄その他の取扱いを規制することにより、これらによる放射線障害を防止し及び特定放射性同位元素を防護して、公共の安全を確保することを目的とする。

内容：許可・届出（使用、使用の変更・廃止、放射線取扱主任者）、放射線障害予防規定の作成、安全管理上の基準の遵守、罰則等について規定している。

製造物責任法

目的：製造物の欠陥により人の生命、身体又は財産に係る被害が生じた場合における製造業者等の損害賠償の責任について定めることにより、被害者の保護を図り、もって国民生活の安定向上と国民経済の健全な発展に寄与することを目的とする。

内容：製造業者等はその引き渡したものの欠陥により他人の生命、身体又は財産を侵害したときは、これによって生じた損害を賠償する責めに任ずる。損害賠償の請求権は、被害者又はその法定代理人が損害及び賠償義務者を知った時から三年間行わないときは、時効によって消滅する。その製造業者等が当該製造物を引き渡した時から十年を経過したときも、同様とする。身体に蓄積した場合に人の健康を害することとなる物質による損害又は一定の潜伏期間が経過した後に症状が現れる損害については、その損害が生じた時から起算する。などと規定している。

有害物質を含有する家庭用品の規制に関する法律

目的：有害物質を含有する家庭用品について保健衛生上の見地から必要な規制を行なうことにより、国民の健康の保護に資することを目的とする。

内容：事業者の責務、販売等の禁止、回収命令、罰則等が規定されている。対象となる物質は塩化水素、水酸化ナトリウム、トリクロロエチレン、ホルムアルデヒド、有機水銀化合物、硫酸など21種類である。

消費生活用製品安全法

目的：消費生活用製品による一般消費者の生命又は身体に対する危害の防止を図るため、特定製品の製造及び販売を規制するとともに、特定保守製品の適切な保守を促進し、併せて製品事故に関する情報の収集及び提供等の措置を講じ、もつて一般消費者の利益を保護

することを目的とする。

内容：重大製品事故の中に一酸化炭素による中毒が含まれている。

家庭用品品質表示法

目的：家庭用品の品質に関する表示の適正化を図り、一般消費者の利益を保護することを目的
とする。

内容：成分、性能、用途、貯法その他品質に関し表示すべき事項が定められている。対象とな
る家庭用品の中に、合成洗剤、住宅用又は家庭用ワックス、塗料、接着剤、衣料用・台
所用又は住宅用の漂白剤などが含まれる。

環境基本法

目的：環境の保全について、基本理念を定め、並びに国、地方公共団体、事業者及び国民の責
務を明らかにするとともに、環境の保全に関する施策の基本となる事項を定めることに
より、環境の保全に関する施策を総合的かつ計画的に推進し、もって現在及び将来の国
民の健康で文化的な生活の確保に寄与するとともに人類の福祉に貢献することを目的と
する。

内容：大気の汚染、水質の汚濁、土壌の汚染に係る環境上の条件について、人の健康を保護し
生活環境を保全するための基準を定めている。また、地球環境保全のための国際協力も
うたっている。

大気汚染防止法

目的：工場及び事業場における事業活動並びに建築物等の解体等に伴うばい煙、揮発性有機化
合物及び粉じんの排出等を規制し、水銀に関する水俣条約の的確かつ円滑な実施を確保
するため工場及び事業場における事業活動に伴う水銀等の排出を規制し、有害大気汚染
物質対策の実施を推進し、並びに自動車排出ガスに係る許容限度を定めること等により、
大気の汚染に関し、国民の健康を保護するとともに生活環境を保全し、並びに大気の汚
染に関して人の健康に係る被害が生じた場合における事業者の損害賠償の責任について
定めることにより、被害者の保護を図ることを目的とする。

内容：ばい煙や揮発性有機化合物の排出、粉じん発生源対策、自動車排出ガスの許容限度等に
ついて規定している。

水質汚濁防止法

目的：工場及び事業場から公共用水域に排出される水の排出及び地下に浸透する水の浸透を規
制するとともに、生活排水対策の実施を推進すること等によって、公共用水域及び地下
水の水質の汚濁（水質以外の水の状態が悪化することを含む。以下同じ。）の防止を図り、
もつて国民の健康を保護するとともに生活環境を保全し、並びに工場及び事業場から排
出される汚水及び廃液に関して人の健康に係る被害が生じた場合における事業者の損害
賠償の責任について定めることにより、被害者の保護を図ることを目的とする。

内容：排出基準、総量規制基準の遵守義務、事故時の措置、地下水の水質浄化に係る措置命令
等が規定されている。カドミウム、鉛、水銀などの重金属、農薬、有機溶剤などが規制
対象となっている。

悪臭防止法

目的：工場その他の事業場における事業活動に伴つて発生する悪臭について必要な規制を行い、
その他悪臭防止対策を推進することにより、生活環境を保全し、国民の健康の保護に資

A2.1

することを目的とする。

内容：都道府県知事が「特定悪臭物質」の許容限度を定める責務、事業者の事故時の措置、市
町村長が大気中「特定悪臭物質」（アンモニア、メチルメルカプタン、硫化水素など）
の濃度を測定する義務、国民の悪臭発生防止に関する責務等について規定している。

農用地の土壌の汚染防止等に関する法律

目的：農用地の土壌の特定有害物質による汚染の防止及び除去並びにその汚染に係る農用地の
利用の合理化を図るために必要な措置を講ずることにより、人の健康をそこなうおそれ
がある農畜産物が生産され、又は農作物等の生育が阻害されることを防止し、もつて国
民の健康の保護及び生活環境の保全に資することを目的とする。

内容：カドミウムなどに汚染された農用地の利用に起因して人の健康をそこなうおそれがある
農畜産物が生産され、あるいは農作物等の生育が阻害されると認められる場合、農用地
土壌汚染対策地域として指定し対策を講じる。

廃棄物の処理及び清掃に関する法律

目的：廃棄物の排出を抑制し、及び廃棄物の適正な分別、保管、収集、運搬、再生、処分等の
処理をし、並びに生活環境を清潔にすることにより、生活環境の保全及び公衆衛生の向
上を図ることを目的とする。

内容：廃棄物（ごみ、粗大ごみ、燃え殻、汚泥、ふん尿、廃油、廃酸、廃アルカリ、動物の死
体その他の汚物又は不要物であつて、固形状又は液状のもの）に関して、国内処理の原
則、国民の責務、国及び地方公共団体の責務等及び清潔の保持について規定している。

ダイオキシン類対策特別措置法

目的：ダイオキシン類が人の生命及び健康に重大な影響を与えるおそれがある物質であること
にかんがみ、ダイオキシン類による環境の汚染の防止及びその除去等をするため、ダイ
オキシン類に関する施策の基本とすべき基準を定めるとともに、必要な規制、汚染土壌
に係る措置等を定めることにより、国民の健康の保護を図ることを目的とする。

内容：ダイオキシン類の耐用一日摂取量、環境基準、排出基準、事故時の措置、廃棄物焼却炉
に係るばいじん等の処理、ダイオキシン類による汚染の状況に関する調査、ダイオキシ
ン類により汚染された土壌に係る措置等について規定している。

フロン類の使用の合理化及び管理の適正化に関する法律

目的：人類共通の課題であるオゾン層の保護及び地球温暖化の防止に積極的に取り組むことが
重要であることに鑑み、オゾン層を破壊し又は地球温暖化に深刻な影響をもたらすフロ
ン類の大気中への排出を抑制するため、フロン類の使用の合理化及び特定製品に使用さ
れるフロン類の管理の適正化に関する指針並びにフロン類及びフロン類使用製品の製造
業者等並びに特定製品の管理者の責務等を定めるとともに、フロン類の使用の合理化及
び特定製品に使用されるフロン類の管理の適正化のための措置等を講じ、もって現在及
び将来の国民の健康で文化的な生活の確保に寄与するとともに人類の福祉に貢献するこ
とを目的とする。

内容：フロン類の回収や破壊を行う事業者の責務、製造業者の責務、国民の責務について規定
している。

特定物質等の規制等によるオゾン層の保護に関する法律

目的：国際的に協力して気候に及ぼす潜在的な影響に配慮しつつオゾン層の保護を図るため、

オゾン層の保護のためのウィーン条約及びオゾン層を破壊する物質に関するモントリオール議定書の的確かつ円滑な実施を確保するための特定物質等の製造の規制並びに排出の抑制及び使用の合理化に関する措置等を講じ、もって人の健康の保護及び生活環境の保全に資することを目的とする。

内容：オゾン層を破壊する物質（特定物質：トリクロロフルオロメタン、ブロモクロロジフルオロメタン、四塩化炭素など）の、製造等の規制、排出抑制及び使用合理化等に関して規定している。

地球温暖化対策の推進に関する法律

目的：地球温暖化が地球全体の環境に深刻な影響を及ぼすものであり、気候系に対して危険な人為的干渉を及ぼすこととならない水準において大気中の温室効果ガスの濃度を安定化させ地球温暖化を防止することが人類共通の課題であり、全ての者が自主的かつ積極的にこの課題に取り組むことが重要であることに鑑み、地球温暖化対策に関し、地球温暖化対策計画を策定するとともに、社会経済活動その他の活動による温室効果ガスの排出の量の削減等を促進するための措置を講ずること等により、地球温暖化対策の推進を図り、もって現在及び将来の国民の健康で文化的な生活の確保に寄与するとともに人類の福祉に貢献することを目的とする。

内容：京都議定書目標達成計画、地球温暖化対策推進本部、温室効果ガスの排出の削減等のための施策、森林等による吸収作用の保全等について規定している。

ポリ塩化ビフェニル廃棄物の適正な処理の推進に関する特別措置法

目的：ポリ塩化ビフェニルが難分解性の性状を有し、かつ、人の健康及び生活環境に係る被害を生ずるおそれがある物質であること並びに我が国においてポリ塩化ビフェニル廃棄物が長期にわたり処分されていない状況にあることにかんがみ、ポリ塩化ビフェニル廃棄物の保管、処分等について必要な規制等を行うとともに、ポリ塩化ビフェニル廃棄物の処理のための必要な体制を速やかに整備することにより、その確実かつ適正な処理を推進し、もって国民の健康の保護及び生活環境の保全を図ることを目的とする。

内容：事業者の責務、製造者の責務、国及び地方公共団体の責務、廃棄物処理計画等について規定している。

特定有害廃棄物等の輸出入等の規制に関する法律

目的：有害廃棄物の国境を越える移動及びその処分の規制に関するバーゼル条約等の的確かつ円滑な実施を確保するため、特定有害廃棄物等の輸出、輸入、運搬及び処分の規制に関する措置を講じ、もって人の健康の保護及び生活環境の保全に資することを目的とする。

内容：経済産業大臣及び環境大臣の基本的事項の公表、輸出および輸入の承認、措置命令、罰則について規定している。具体的には医療系廃棄物、廃農薬など一定経路から排出される有害廃棄物18種類、水銀、カドミウムなど有害な物質を含む有害廃棄物27種類、及び家庭系廃棄物2種類、さらに各種金属スクラップ等有価物などが含まれる。

航空法

目的：国際民間航空条約の規定並びに同条約の附属書として採択された標準、方式及び手続に準拠して、航空機の航行の安全及び航空機の航行に起因する障害の防止を図るための方法を定め、航空機を運航して営む事業の適正かつ合理的な運営を確保して輸送の安全を確保するとともにその利用者の利便の増進を図り、並びに航空の脱炭素化を促進するた

A2.1

めの措置を講じ、あわせて無人航空機の飛行における遵守事項等を定めてその飛行の安全の確保を図ることにより、航空の発達を図り、もつて公共の福祉を増進することを目的とする。

内容：基本的に爆発物等危険物の航空機内への持ち込み、輸送が禁止されている。

道路法

目的：道路網の整備を図るため、道路に関して、路線の指定及び認定、管理、構造、保全、費用の負担区分等に関する事項を定め、もつて交通の発達に寄与し、公共の福祉を増進することを目的とする。

内容：道路管理者は、水底トンネルの構造を保全し、又は水底トンネルにおける交通の危険を防止するため、政令で定めるところにより、爆発性又は易燃性を有する物件その他の危険物を積載する車両の通行を禁止し、又は制限することができる。

鉄道営業法

目的：（記載なし）

内容：鉄道営業法には、「火薬其ノ他爆発質危険品ハ鉄道カ其ノ運送取扱ノ公告ヲ為シタル場合ノ外其ノ運送ヲ拒絶スルコトヲ得」とあり、また鉄道運輸規程には、「旅客ハ火薬類其ノ他ノ危険品、危害ヲ他ニ及ボスベキ虞アル物品又ハ臭気ヲ発シ若ハ不潔ナル物品ヲ手荷物トシテ託送スルコトヲ得ズ」とある。具体的には、消防法、火薬類取締法、毒物及び劇物取締法、高圧ガス保安法、核原料物質、核燃料物質及び原子炉の規制に関する法律、放射性同位元素等による放射線障害の防止に関する法律等の対象物質が規制を受ける。

危険物船舶運送及び貯蔵規則

目的：船舶による危険物の運送及び貯蔵並びに常用危険物の取扱い並びにこれらに関し施設しなければならない事項及びその標準については、他の命令の規定によるほか、この規則の定めるところによる。

内容：危険物（火薬類、高圧ガス、腐食性物質、毒物類、放射性物質類、引火性液体類、可燃性物質類、有害性物質、酸化性物質類）の運送における要件（防火等の措置、積載方法、標札、容器・包装等）が規定されている。

港則法

目的：港内における船舶交通の安全及び港内の整とんを図ることを目的とする。

内容：爆発物その他の危険物を積載した船舶に関する措置を定めている。

海洋汚染及び海上災害の防止に関する法律

目的：船舶、海洋施設及び航空機から海洋に油、有害液体物質等及び廃棄物を排出すること、船舶から海洋に有害水バラストを排出すること、海底の下に油、有害液体物質等及び廃棄物を廃棄すること、船舶から大気中に排出ガスを放出すること並びに船舶及び海洋施設において油、有害液体物質等及び廃棄物を焼却することを規制し、廃油の適正な処理を確保するとともに、排出された油、有害液体物質等、廃棄物その他の物の防除並びに海上火災の発生及び拡大の防止並びに海上火災等に伴う船舶交通の危険の防止のための措置を講ずることにより、海洋汚染等及び海上災害を防止し、あわせて海洋汚染等及び海上災害の防止に関する国際約束の適確な実施を確保し、もつて海洋環境の保全等並びに人の生命及び身体並びに財産の保護に資することを目的とする。

内容：船舶、海洋施設、航空機等からの油、有害液体物質等又は廃棄物の排出の規制、海洋の
　　　汚染及び海上災害の防止措置等について規定している。

郵便法

目的：郵便の役務をなるべく安い料金で、あまねく、公平に提供することによつて、公共の福
　　　祉を増進することを目的とする。

内容：爆発性、発火性、引火性、強酸類、毒薬、劇薬、毒物及び劇物、生きた病原体等は郵便
　　　物として差し出すことができない。

A2.1

A2.2　労働安全衛生法

A2.2

A2.2.1　労働安全衛生法で規定している項目

　労働安全衛生法を見ると化学物質管理において考慮しなければならない事項がおおよそ理解できる。その内容は以下の章からなっている。

　第一章「総則」（目的、事業者の責務など）

　第二章「労働災害防止計画」（厚生労働大臣による労働災害防止計画の策定）

　第三章「安全衛生管理体制」（安全／衛生管理者、産業医、安全／衛生委員会など）

　第四章「労働者の危険又は健康障害を防止するための措置」（事業者の講ずべき措置、元方事業者の講ずべき措置など）

　第五章「機械等並びに危険物及び有害物に関する規則」（製造等の禁止、製造の許可、表示・SDS の交付、有害性の調査など）

　第六章「労働者の就業に当たつての措置」（安全衛生教育、就業制限など）

　第七章「健康の保持増進のための措置」（作業環境測定／評価、作業の管理、健康診断、健康診断実施後の措置、保健指導、病者の就業禁止、健康教育など）

　第七章の二「快適な職場環境の形成のための措置」（事業者の講ずる措置、厚生労働大臣による快適な職場環境の形成のための指針の公表など）

　第八章「免許等」

　第九章「事業場の安全又は衛生に関する改善措置等」（安全衛生改善計画の作成の指示、労働安全／衛生コンサルタントの業務など）

　第十章「監督等」

　第十一章「雑則」

　第十二章「罰則」

A2.2.2　労働安全衛生法関連法令

　労働安全衛生法に関連する法令で化学物質に関係したものとしては以下のようなものがある。括弧内の前段の年号は労働基準法下で制定された年を、後段は労働安全衛生法施行後に制定された年を示している。

　労働安全衛生法施行令（1972 年）

　労働安全衛生規則（1947 年、1972 年）

　有機溶剤中毒予防規則（1960 年、1972 年）

　鉛中毒予防規則（1967 年、1972 年）

　四アルキル鉛中毒予防規則（1960 年、1972 年）

　特定化学物質障害予防規則（1972 年）

　電離放射線障害防止規則（1959 年、1972 年）

　酸素欠乏症等防止規則（1972 年）

　粉じん障害防止規則（1979 年）

　石綿障害予防規則（2005 年）

　事務所衛生基準規則（1972 年）

A2.2

　さらに粉じんに関しては、その健康障害であるじん肺についての健康診断や健康管理のための措置を定めているじん肺法（1960年）がある。これはじん肺に関する健康管理対策が第一優先であった時代を反映している。その後、予防に重点を置いた粉じん障害防止規則が策定された。また1990年代に石綿による災禍が拡大し、石綿障害予防規則（2005年）が特定化学物質等障害予防規則（1972年）から独立したのは記憶に新しい。この時、特定化学物質等障害予防規則の「等」が削除され、特定化学物質障害予防規則になった。

　これらの法令の特徴は、その名称からも明らかなように、有害な物質やそれらを扱う業務を特定（限定）して規定していることである。更にこれらに関連した多くの指針や通達が出されている。

　また、労働安全衛生法はその目的にも書かれているとおり、災害の防止を目的としており、そのための方策や措置が規定されているが、実際に業務や通勤で災害にあった場合の保障については「労働者災害補償保険法」があり、休業補償、障害補償、遺族補償、葬祭料、傷病補償、介護補償などの給付が受けられるようになっている。

　例えば有機溶剤取扱い職場に関しては、規制対象となる有機溶剤をリストアップして、それらに特異的な対策（危険有害性に関する情報伝達、雇入れ時教育、安全衛生委員会の設置、作業主任者の選任、局所排気装置の設置、区分による色分け、特殊健康診断の実施、作業環境測定の実施、バイオロジカルモニタリングの実施、保護具の備え付け及び装着等）を事業者に課している（有機溶剤中毒予防規則）。そしてこれらの対策はリストアップされた限られた物質だけが対象となっている。一方、リストアップされていないその他の多くの物質については法令上の具体的な義務がほとんど課されておらず、したがってほとんど何ら対策が取られることはなかった。この状況は物質数が急増した現在では資源の適正な分配を妨げているとも言える。

　有機溶剤は用途につけられた名称で、そのまま規則名になっているが、すべての有機溶剤がこの規則に包含されているわけではない。例えばエチルベンゼンや1,2-ジクロロプロパンは有機溶剤として使用されるが、生体影響の重篤性（発がん性）から特定化学物質障害予防規則（特化則）に含まれ、この特化則にしたがって管理することになっている（混合物におけるそれぞれの含有率により有機則と同様の管理になる場合もある）。

　なお前述の各規則の制定年からわかるように、特化則は他の規則に比べて比較的新しく制定されており、有機溶剤中毒防止規則のように、業務の特定はしていない。

A2.3　特別規則で措置義務の係っている 123 物質

A2.3

有機溶剤（44 種類）

第 1 種有機溶剤（2 種類）：1,2-ジクロロエチレン（別名：二塩化アセチレン）、二硫化炭素

第 2 種有機溶剤（35 種類）：アセトン、イソブチルアルコール、イソプロピルアルコール、イソペンチルアルコール（別名：イソアミルアルコール）、エチルエーテル、エチレングリコールモノエチルエーテル（別名：セロソルブ）、エチレングリコールモノエチルエーテルアセテート（別名：セロソルブアセテート）、エチレングリコールモノ-ノルマル-ブチルエーテル（別名：ブチルセロソルブ）、エチレングリコールモノメチルエーテル（別名：メチルセロソルブ）、オルト-ジクロロベンゼン、キシレン、クレゾール、クロロベンゼン、酢酸イソブチル、酢酸イソプロピル、酢酸イソペンチル（別名：酢酸イソアミル）、酢酸エチル、酢酸ノルマル-ブチル、酢酸ノルマル-プロピル、酢酸ノルマル-ペンチル（別名：酢酸ノルマル-アミル）、酢酸メチル、シクロヘキサノール、シクロヘキサン、N,N-ジメチルホルムアミド、テトラヒドロフラン、1,1,1-トリクロロエタン、トルエン、ノルマルヘキサン、1-ブタノール、2-ブタノール、メタノール、メチルエチルケトン、メチルシクロヘキサノール、メチルシクロヘキサノン、メチル-ノルマル-ブチルケトン

第 3 種有機溶剤（7 種類）：ガソリン、コールタールナフサ（ソルベントナフサを含む）、石油エーテル、石油ナフサ、石油ベンジン、テレピン油、ミネラルスピリット（ミネラルシンナー、ペトロリウムスピリット、ホワイトスピリット及びミネラルターペンを含む。）

特定化学物質（75 種類）

第 1 類物質（7 種類）：ジクロロベンジジン及びその塩、アルファ-ナフチルアミン及びその塩、塩素化ビフェニル（別名 PCB）、オルト-トリジン及びその塩、ジアニシジン及びその塩、ベリリウム及びその化合物、ベンゾトリクロリド

第 2 類物質（60 種類）：アクリルアミド、アクリロニトリル、アルキル水銀化合物（アルキル基がメチル基又はエチル基であるものに限る。）、インジウム化合物、エチルベンゼン、エチレンイミン、エチレンオキサイド、塩化ビニル、塩素、オーラミン、オルト-トルイジン、オルト-フタロジニトリル、カドミウム及びその化合物、クロム酸及びその塩、クロロホルム、クロロメチルメチルエーテル、五酸化バナジウム、コバルト及びその無機化合物、コールタール、酸化プロピレン、三酸化二アンチモン、シアン化カリウム、シアン化水素、シアン化ナトリウム、四塩化炭素、1,4-ジオキサン、1,2-ジクロロエタン（別名：二塩化エチレン）、3,3'-ジクロロ-4,4'-ジアミノジフェニルメタン、1,2-ジクロロプロパン、ジクロロメタン（別名：二塩化メチレン）、ジメチル-2,2-ジクロロビニルホスフェイト（別名 DDVP）、1,1-ジメチルヒドラジン、臭化メチル、重クロム酸及びその塩、水銀及びその無機化合物（硫化水銀を除く。）、スチレン、1,1,2,2-テトラクロロエタン（別名：四塩化アセチレン）、テトラクロロエチレン（別名：パークロロエチレン）、トリクロロエチレン、トリレンジイソシアネート、ナフタレン、ニッケル化合物（粒状の物に限る。）、ニッケルカルボニル、ニトログリコール、パラ-ジメチルアミノアゾベンゼン、パラ-ニトロクロロベンゼン、砒素及びその化合物（アルシン及び砒素ガリウムを除く。）、弗化水素、ベータ-プロピオラクトン、ベンゼン、ペンタクロロフェノール（別名 PCP）及びそのナトリウム塩、ホルムアルデヒド、マゼンタ、マンガン及びその化合物、メチルイソブチルケトン、沃化メチル、溶接ヒューム、リフラク

トリーセラミックファイバー、硫化水素、硫酸ジメチル
第3類物質（8種類）：アンモニア、一酸化炭素、塩化水素、硝酸、二酸化硫黄、フェノール、
　ホスゲン、硫酸
鉛（3種類）：鉛、鉛合金、鉛化合物
四アルキル鉛

特定化学物質障害予防規則の物質ごとの規制早見表（その1）（一部抜粋）

A2.3

区分　第1類物質：がん等の慢性・遅発性障害を生じ起こす物質のうち、特に有害性が高いもの。
　　　第2類物質：がん等の慢性・遅発性障害を引き起こす物質のうち、第1類物質に該当しないもの。（オ ルビ等：浸透系に該当しないもの。）
　　　第3類物質：大量漏洩により急性中毒を引き起こす物質。
　　　特別管理物質：がん原性物質又はその疑いのある物質。

特定第2類物質：特に漏洩に留意すべき物質。特定有機溶剤等・有機則との関連があるもの。
管理第2類物質：管理に留意を要すべき物質、それ以外の物質。

物質名	製造等の禁止 (55)	製造の許可 (56)	表示 (57)	雇入れ時等の教育 (59)	健康管理手帳 対象 (67)	3	4	5	7	9~12	120の2	24	27	36	36の2	37	38	38の2	38の3	38の4	39・40	42	53
1 黄りんマッチ	○																						
2 ベンジジン及びその塩	○																						
3 四-アミノジフェニル及びその塩	○																						
4 石綿	○													石綿障害予防規則の規制による									
5 四-ニトロジフェニル及びその塩	○																						
6 ビス（クロロメチル）エーテル	○																						
7 ベータ-ナフチルアミン及びその塩	○																						
8 ベンゼンゴムのり	○																						
1 ジクロルベンジジン及びその塩		○	○	○	3ヶ月	○	△	○	制	○		○	○	30	30					5	○	○	○
2 アルファ-ナフチルアミン及びその塩		○	○	○		○	△	○	0.01mg	○		○	○	30	0.01mg/m³					5	○	○	○
3 塩素化ビフェニル（PCB）			○	○	3ヶ月	○	△	○	制	○		○	○	3						5	○	○	○
4 オルト-トリジン及びその塩		○	○	○		○	△	○	0.001mg	○		○	○	30	0.001mg/m³					30	○	○	○
5 ジアニシジン及びその塩		○	○	○	注4	○	△	○	0.05cm³	○		○	○	30	0.05mg/m³					30	○	○	○
6 ベリリウム及びその化合物		○	○	○	3年	○	△	○	0.3mg	○		○	○	3	0.1mg/m³					5	○	○	○
7 ベンゾトリクロリド		○	○	○		○	△	○	2cm³	○		○	○	3	2ppm					5	○	○	○
1 アクリルアミド			○	○		○	△	○	0.01mg	○		○	○	3	0.01mg/m³					30	○	○	○
2 アクリロニトリル			○	○		○	△	○		○		○	○	30						5	○	○	○
3 アルキル水銀化合物			○	○		○	△	○		○		○	○	30						30	○	○	○
3の2 インジウム化合物			○	○						○		○	○	30						5	○	○	○
3の3 エチルベンゼン			○			有機則の準用			20ppm			有○	有○ 3	30	20ppm					有○		○	○
4 エチレンイミン			○	○		有機則の準用			0.05cm³	○		有○	有○ 3	30	0.05ppm				注○	5	○	○	○
5 エチレンオキシド			○	○		有機則の準用			1.8mg（1cm³）	○		有○	有○ 3	30	1ppm				注7	5	○	○	○
6 塩化ビニル			○	○	4年	○	△	○	2cm³	○		○	○	30	2ppm					5	○	○	○
7 塩素			○	○		○	△	○	0.5cm³	○		○	○	30	0.5ppm					30	○	○	○
8 オーラミン		○	○	○	4年	○			制	○		○	○	30						30	○	○	○
8の2 オルト-トルイジン			○	○	5年	○	△	○	1ppm	○		○	○	3	1ppm					30	○	○	○
9 オルト-フタロジニトリル			○	○		有機則の準用			0.01mg	○		○	○	3	0.01mg/m³					5	○	○	○
10 カドミウム及びその化合物			○	○		○	△	○	0.05mg	○		○	○	3	0.05mg/m³					30	○	○	○
11 クロム酸及びその塩			○	○		○	△	○		○		○	○	30						5	○	○	○
11の2 クロロホルム			○			有機則の準用			制	○		有○	有○ 3	30	3ppm					有○ 30	○	○	○
12 クロロメチルメチルエーテル			○	○		同上同以下、有機溶剤との合計が5%			0.03mg	○		有○	有○ 3	30	3ppm					有○ 5	○	○	○
13 五酸化バナジウム			○	○		○	△	○	0.02mg	○		○	○	3	0.03mg/m³					30	○	○	○
13の2 コバルト及びその無機化合物			○	○		○	△	○	0.2mg	○		○	○	3	0.02mg/m³					30	○	○	○
14 コールタール			○	○		○	△	○	制	○		○	○	30	0.2mg/m³（可溶成分として）					30	○	○	○
15 酸化プロピレン			○	○		○	△	○	2cm³	○		○	○	30	2ppm					30	○	○	○
15の2 三酸化二アンチモン			○	○		○	△	○	0.1mg/m³	○		○	○	3	0.1mg/m3					30	○	○	○
16 シアン化カリウム			○	○		○	△	○	3cm³	○		○	○	3	3mg					5	○	○	○
17 シアン化水素			○	○		○	△	○	3cm³	○		○	○	3	3ppm					5	○	○	○
18 シアン化ナトリウム			○	○		○	△	○		○		○	○	3						5	○	○	○

出典：「化学物質による健康障害防止対策について」（静岡労働局）
(https://jsite.mhlw.go.jp/shizuoka-roudoukyoku/var/rev0/0122/1479/20179810372Z.pdf)

A2.4　化学物質の自律的な管理に係る労働安全衛生法

【労働安全衛生法】

（目的）

第一条　この法律は、労働基準法（昭和二十二年法律第四十九号）と相まって、労働災害の防止のための危害防止基準の確立、責任体制の明確化及び自主的活動の促進の措置を講ずる等その防止に関する総合的計画的な対策を推進することにより職場における労働者の安全と健康を確保するとともに、快適な職場環境の形成を促進することを目的とする。

（定義）

第二条　この法律において、次の各号に掲げる用語の意義は、それぞれ当該各号に定めるところによる。

一　労働災害　労働者の就業に係る建設物、設備、原材料、ガス、蒸気、粉じん等により、又は作業行動その他業務に起因して、労働者が負傷し、疾病にかかり、又は死亡することをいう。

二　労働者　労働基準法第九条に規定する労働者（同居の親族のみを使用する事業又は事務所に使用される者及び家事使用人を除く。）をいう。

三　事業者　事業を行う者で、労働者を使用するものをいう。

三の二　化学物質　元素及び化合物をいう。

四　作業環境測定　作業環境の実態をは握するため空気環境その他の作業環境について行うデザイン、サンプリング及び分析（解析を含む。）をいう。

（事業者等の責務）

第三条　事業者は、単にこの法律で定める労働災害の防止のための最低基準を守るだけでなく、快適な職場環境の実現と労働条件の改善を通じて職場における労働者の安全と健康を確保するようにしなければならない。また、事業者は、国が実施する労働災害の防止に関する施策に協力するようにしなければならない。

2　機械、器具その他の設備を設計し、製造し、若しくは輸入する者、原材料を製造し、若しくは輸入する者又は建設物を建設し、若しくは設計する者は、これらの物の設計、製造、輸入又は建設に際して、これらの物が使用されることによる労働災害の発生の防止に資するように努めなければならない。

3　建設工事の注文者等仕事を他人に請け負わせる者は、施工方法、工期等について、安全で衛生的な作業の遂行をそこなうおそれのある条件を附さないように配慮しなければならない。

（事業者の講ずべき措置等）

第二十二条　事業者は、次の健康障害を防止するため必要な措置を講じなければならない。

一　原材料、ガス、蒸気、粉じん、酸素欠乏空気、病原体等による健康障害

二　放射線、高温、低温、超音波、騒音、振動、異常気圧等による健康障害

三　計器監視、精密工作等の作業による健康障害

四　排気、排液又は残さい物による健康障害

第二十七条　第二十条から第二十五条まで及び第二十五条の二第一項の規定により事業者が講ずべき措置及び前条の規定により労働者が守らなければならない事項は、厚生労働省令で定

める。

（技術上の指針等の公表等）

第二十八条　厚生労働大臣は、第二十条から第二十五条まで及び第二十五条の二第一項の規定により事業者が講ずべき措置の適切かつ有効な実施を図るため必要な業種又は作業ごとの技術上の指針を公表するものとする。

2　厚生労働大臣は、前項の技術上の指針を定めるに当たつては、中高年齢者に関して、特に配慮するものとする。

3　厚生労働大臣は、次の化学物質で厚生労働大臣が定めるものを製造し、又は取り扱う事業者が当該化学物質による労働者の健康障害を防止するための指針を公表するものとする。

一　第五十七条の四第四項の規定による勧告又は第五十七条の五第一項の規定による指示に係る化学物質

二　前号に掲げる化学物質以外の化学物質で、がんその他の重度の健康障害を労働者に生ずるおそれのあるもの

4　厚生労働大臣は、第一項又は前項の規定により、技術上の指針又は労働者の健康障害を防止するための指針を公表した場合において必要があると認めるときは、事業者又はその団体に対し、当該技術上の指針又は労働者の健康障害を防止するための指針に関し必要な指導等を行うことができる。

（事業者の行うべき調査等）

第二十八条の二　事業者は、厚生労働省令で定めるところにより、建設物、設備、原材料、ガス、蒸気、粉じん等による、又は作業行動その他業務に起因する危険性又は有害性等（第五十七条第一項の政令で定める物及び第五十七条の二第一項に規定する通知対象物による危険性又は有害性等を除く。）を調査し、その結果に基づいて、この法律又はこれに基づく命令の規定による措置を講ずるほか、労働者の危険又は健康障害を防止するため必要な措置を講ずるように努めなければならない。ただし、当該調査のうち、化学物質、化学物質を含有する製剤その他の物で労働者の危険又は健康障害を生ずるおそれのあるものに係るもの以外のものについては、製造業その他厚生労働省令で定める業種に属する事業者に限る。

2　厚生労働大臣は、前条第一項及び第三項に定めるもののほか、前項の措置に関して、その適切かつ有効な実施を図るため必要な指針を公表するものとする。

3　厚生労働大臣は、前項の指針に従い、事業者又はその団体に対し、必要な指導、援助等を行うことができる。

（表示等）

第五十七条　爆発性の物、発火性の物、引火性の物その他の労働者に危険を生ずるおそれのある物若しくはベンゼン、ベンゼンを含有する製剤その他の労働者に健康障害を生ずるおそれのある物で政令で定めるもの又は前条第一項の物を容器に入れ、又は包装して、譲渡し、又は提供する者は、厚生労働省令で定めるところにより、その容器又は包装（容器に入れ、かつ、包装して、譲渡し、又は提供するときにあつては、その容器）に次に掲げるものを表示しなければならない。ただし、その容器又は包装のうち、主として一般消費者の生活の用に供するためのものについては、この限りでない。

一　次に掲げる事項

イ　名称

A2.4

　　ロ　人体に及ぼす作用

　　ハ　貯蔵又は取扱い上の注意

　　ニ　イからハまでに掲げるもののほか、厚生労働省令で定める事項

　二　当該物を取り扱う労働者に注意を喚起するための標章で厚生労働大臣が定めるもの

2　前項の政令で定める物又は前条第一項の物を前項に規定する方法以外の方法により譲渡
し、又は提供する者は、厚生労働省令で定めるところにより、同項各号の事項を記載した文
書を、譲渡し、又は提供する相手方に交付しなければならない。

（文書の交付等）

第五十七条の二　労働者に危険若しくは健康障害を生ずるおそれのある物で政令で定めるもの
又は第五十六条第一項の物（以下この条及び次条第一項において「通知対象物」という。）
を譲渡し、又は提供する者は、文書の交付その他厚生労働省令で定める方法により通知対象
物に関する次の事項（前条第二項に規定する者にあつては、同項に規定する事項を除く。）を、
譲渡し、又は提供する相手方に通知しなければならない。ただし、主として一般消費者の生
活の用に供される製品として通知対象物を譲渡し、又は提供する場合については、この限り
でない。

　一　名称

　二　成分及びその含有量

　三　物理的及び化学的性質

　四　人体に及ぼす作用

　五　貯蔵又は取扱い上の注意

　六　流出その他の事故が発生した場合において講ずべき応急の措置

　七　前各号に掲げるもののほか、厚生労働省令で定める事項

2　通知対象物を譲渡し、又は提供する者は、前項の規定により通知した事項に変更を行う必
要が生じたときは、文書の交付その他厚生労働省令で定める方法により、変更後の同項各号
の事項を、速やかに、譲渡し、又は提供した相手方に通知するよう努めなければならない。

3　前二項に定めるもののほか、前二項の通知に関し必要な事項は、厚生労働省令で定める。

（第五十七条第一項の政令で定める物及び通知対象物について事業者が行うべき調査等）

第五十七条の三　事業者は、厚生労働省令で定めるところにより、第五十七条第一項の政令で
定める物及び通知対象物による危険性又は有害性等を調査しなければならない。

2　事業者は、前項の調査の結果に基づいて、この法律又はこれに基づく命令の規定による措
置を講ずるほか、労働者の危険又は健康障害を防止するため必要な措置を講ずるように努め
なければならない。

3　厚生労働大臣は、第二十八条第一項及び第三項に定めるもののほか、前二項の措置に関し
て、その適切かつ有効な実施を図るため必要な指針を公表するものとする。

4　厚生労働大臣は、前項の指針に従い、事業者又はその団体に対し、必要な指導、援助等を
行うことができる。

（罰則）

第百十九条　次の各号のいずれかに該当する者は、六月以下の懲役又は五十万円以下の罰金に
処する。

　一　第十四条、第二十条から第二十五条まで、第二十五条の二第一項、第三十条の三第一項

　　若しくは第四項、第三十一条第一項、第三十一条の二、第三十三条第一項若しくは第二項、
　　第三十四条、第三十五条、第三十八条第一項、第四十条第一項、第四十二条、第四十三条、
　　第四十四条第六項、第四十四条の二第七項、第五十六条第三項若しくは第四項、第五十七
　　条の四第五項、第五十七条の五第五項、第五十九条第三項、第六十一条第一項、第六十五
　　条第一項、第六十五条の四、第六十八条、第八十九条第五項（第八十九条の二第二項にお
　　いて準用する場合を含む。）、第九十七条第二項、第百五条又は第百八条の二第四項の規定
　　に違反した者
二　第四十三条の二、第五十六条第五項、第八十八条第六項、第九十八条第一項又は第
　　九十九条第一項の規定による命令に違反した者
三　第五十七条第一項の規定による表示をせず、若しくは虚偽の表示をし、又は同条第二項
　　の規定による文書を交付せず、若しくは虚偽の文書を交付した者
四　第六十一条第四項の規定に基づく厚生労働省令に違反した者

【労働契約法】
（労働者の安全への配慮）
第五条　使用者は、労働契約に伴い、労働者がその生命、身体等の安全を確保しつつ労働する
　　ことができるよう、必要な配慮をするものとする。

A2.5　自律的な管理のために改正された労働安全衛生規則

【労働安全衛生規則】（下線は改正部分）

（化学物質管理者が管理する事項等）

第十二条の五　事業者は、法第五十七条の三第一項の危険性又は有害性等の調査（主として一般消費者の生活の用に供される製品に係るものを除く。以下「リスクアセスメント」という。）をしなければならない令第十八条各号に掲げる物及び法第五十七条の二第一項に規定する通知対象物（以下「リスクアセスメント対象物」という。）を製造し、又は取り扱う事業場ごとに、化学物質管理者を選任し、その者に当該事業場における次に掲げる化学物質の管理に係る技術的事項を管理させなければならない。ただし、法第五十七条第一項の規定による表示（表示する事項及び標章に関することに限る。）、同条第二項の規定による文書の交付及び法第五十七条の二第一項の規定による通知（通知する事項に関することに限る。）（以下この条において「表示等」という。）並びに第七号に掲げる事項（表示等に係るものに限る。以下この条において「教育管理」という。）を、当該事業場以外の事業場（以下この項において「他の事業場」という。）において行つている場合においては、表示等及び教育管理に係る技術的事項については、他の事業場において選任した化学物質管理者に管理させなければならない。

一　法第五十七条第一項の規定による表示、同条第二項の規定による文書及び法第五十七条の二第一項の規定による通知に関すること。

二　リスクアセスメントの実施に関すること。

三　第五百七十七条の二第一項及び第二項の措置その他法第五十七条の三第二項の措置の内容及びその実施に関すること。

四　リスクアセスメント対象物を原因とする労働災害が発生した場合の対応に関すること。

五　第三十四条の二の八第一項各号の規定によるリスクアセスメントの結果の記録の作成及び保存並びにその周知に関すること。

六　第五百七十七条の二第十一項の規定による記録の作成及び保存並びにその周知に関すること。

七　第一号から第四号までの事項の管理を実施するに当たつての労働者に対する必要な教育に関すること。

2　事業者は、リスクアセスメント対象物の譲渡又は提供を行う事業場（前項のリスクアセスメント対象物を製造し、又は取り扱う事業場を除く。）ごとに、化学物質管理者を選任し、その者に当該事業場における表示等及び教育管理に係る技術的事項を管理させなければならない。ただし、表示等及び教育管理を、当該事業場以外の事業場（以下この項において「他の事業場」という。）において行つている場合においては、表示等及び教育管理に係る技術的事項については、他の事業場において選任した化学物質管理者に管理させなければならない。

3　前二項の規定による化学物質管理者の選任は、次に定めるところにより行わなければならない。

一　化学物質管理者を選任すべき事由が発生した日から十四日以内に選任すること。

二　次に掲げる事業場の区分に応じ、それぞれに掲げる者のうちから選任すること。

　　イ　リスクアセスメント対象物を製造している事業場　厚生労働大臣が定める化学物質の
　　　管理に関する講習を修了した者又はこれと同等以上の能力を有すると認められる者
　　ロ　イに掲げる事業場以外の事業場　イに定める者のほか、第一項各号の事項を担当する
　　　ために必要な能力を有すると認められる者
４　事業者は、化学物質管理者を選任したときは、当該化学物質管理者に対し、第一項各号に
　掲げる事項をなし得る権限を与えなければならない。
５　事業者は、化学物質管理者を選任したときは、当該化学物質管理者の氏名を事業場の見や
　すい箇所に掲示すること等により関係労働者に周知させなければならない。
（保護具着用管理責任者の選任等）

A2.5

第十二条の六　化学物質管理者を選任した事業者は、リスクアセスメントの結果に基づく措置
　として、労働者に保護具を使用させるときは、保護具着用管理責任者を選任し、次に掲げる
　事項を管理させなければならない。
　一　保護具の適正な選択に関すること。
　二　労働者の保護具の適正な使用に関すること。
　三　保護具の保守管理に関すること。
２　前項の規定による保護具着用管理責任者の選任は、次に定めるところにより行わなければ
　ならない。
　一　保護具着用管理責任者を選任すべき事由が発生した日から十四日以内に選任すること。
　二　保護具に関する知識及び経験を有すると認められる者のうちから選任すること。
３　事業者は、保護具着用管理責任者を選任したときは、当該保護具着用管理責任者に対し、
　第一項に掲げる業務をなし得る権限を与えなければならない。
４　事業者は、保護具着用管理責任者を選任したときは、当該保護具着用管理責任者の氏名を
　事業場の見やすい箇所に掲示すること等により関係労働者に周知させなければならない。
（衛生委員会の付議事項）
第二十二条　法第十八条第一項第四号の労働者の健康障害の防止及び健康の保持増進に関する
　重要事項には、次の事項が含まれるものとする。
　一　衛生に関する規程の作成に関すること。
　二　法第二十八条の二第一項又は第五十七条の三第一項及び第二項の危険性又は有害性等の
　　調査及びその結果に基づき講ずる措置のうち、衛生に係るものに関すること。
　三　安全衛生に関する計画（衛生に係る部分に限る。）の作成、実施、評価及び改善に関す
　　ること。
　四　衛生教育の実施計画の作成に関すること。
　五　法第五十七条の四第一項及び第五十七条の五第一項の規定により行われる有害性の調査
　　並びにその結果に対する対策の樹立に関すること。
　六　法第六十五条第一項又は第五項の規定により行われる作業環境測定の結果及びその結果
　　の評価に基づく対策の樹立に関すること。
　七　定期に行われる健康診断、法第六十六条第四項の規定による指示を受けて行われる臨時
　　の健康診断、法第六十六条の二の自ら受けた健康診断及び法に基づく他の省令の規定に基
　　づいて行われる医師の診断、診察又は処置の結果並びにその結果に対する対策の樹立に関
　　すること。

八　労働者の健康の保持増進を図るため必要な措置の実施計画の作成に関すること。

九　長時間にわたる労働による労働者の健康障害の防止を図るための対策の樹立に関すること。

十　労働者の精神的健康の保持増進を図るための対策の樹立に関すること。

十一　第五百七十七条の二第一項、第二項及び第八項の規定により講ずる措置に関すること並びに同条第三項及び第四項の医師又は歯科医師による健康診断の実施に関すること。

十二　厚生労働大臣、都道府県労働局長、労働基準監督署長、労働基準監督官又は労働衛生専門官から文書により命令、指示、勧告又は指導を受けた事項のうち、労働者の健康障害の防止に関すること。

（危険有害化学物質等に関する危険性又は有害性等の表示等）

第二十四条の十四　化学物質、化学物質を含有する製剤その他の労働者に対する危険又は健康障害を生ずるおそれのある物で厚生労働大臣が定めるもの（令第十八条各号及び令別表第三第一号に掲げる物を除く。次項及び第二十四条の十六において「危険有害化学物質等」という。）を容器に入れ、又は包装して、譲渡し、又は提供する者は、その容器又は包装（容器に入れ、かつ、包装して、譲渡し、又は提供するときにあつては、その容器）に次に掲げるものを表示するように努めなければならない。

一　次に掲げる事項

　イ　名称

　ロ　人体に及ぼす作用

　ハ　貯蔵又は取扱い上の注意

　ニ　表示をする者の氏名（法人にあつては、その名称）、住所及び電話番号

　ホ　注意喚起語

　ヘ　安定性及び反応性

二　当該物を取り扱う労働者に注意を喚起するための標章で厚生労働大臣が定めるもの

2　危険有害化学物質等を前項に規定する方法以外の方法により譲渡し、又は提供する者は、同項各号の事項を記載した文書を、譲渡し、又は提供する相手方に交付するよう努めなければならない。

第二十四条の十五　特定危険有害化学物質等（化学物質、化学物質を含有する製剤その他の労働者に対する危険又は健康障害を生ずるおそれのある物で厚生労働大臣が定めるもの（法第五十七条の二第一項に規定する通知対象物を除く。）をいう。以下この条及び次条において同じ。）を譲渡し、又は提供する者は、特定危険有害化学物質等に関する次に掲げる事項（前条第二項に規定する者にあつては、同条第一項に規定する事項を除く。）を、文書若しくは磁気ディスク、光ディスクその他の記録媒体の交付、ファクシミリ装置を用いた送信若しくは電子メールの送信又は当該事項が記載されたホームページのアドレス（二次元コードその他のこれに代わるものを含む。）及び当該アドレスに係るホームページの閲覧を求める旨の伝達により、譲渡し、又は提供する相手方の事業者に通知し、当該相手方が閲覧できるように努めなければならない。

一　名称

二　成分及びその含有量

三　物理的及び化学的性質

　　四　人体に及ぼす作用

　　五　貯蔵又は取扱い上の注意

　　六　流出その他の事故が発生した場合において講ずべき応急の措置

　　七　通知を行う者の氏名（法人にあつては、その名称）、住所及び電話番号

　　八　危険性又は有害性の要約

　　九　安定性及び反応性

　　十　想定される用途及び当該用途における使用上の注意

　　十一　適用される法令

　　十二　その他参考となる事項

　2　特定危険有害化学物質等を譲渡し、又は提供する者は、前項第四号の事項について、直近の確認を行つた日から起算して五年以内ごとに一回、最新の科学的知見に基づき、変更を行う必要性の有無を確認し、変更を行う必要があると認めるときは、当該確認をした日から一年以内に、当該事項に変更を行うように努めなければならない。

　3　特定危険有害化学物質等を譲渡し、又は提供する者は、第一項の規定により通知した事項に変更を行う必要が生じたときは、文書若しくは磁気ディスク、光ディスクその他の記録媒体の交付、ファクシミリ装置を用いた送信若しくは電子メールの送信又は当該事項が記載されたホームページのアドレス（二次元コードその他のこれに代わるものを含む。）及び当該アドレスに係るホームページの閲覧を求める旨の伝達により、変更後の同項各号の事項を、速やかに、譲渡し、又は提供した相手方の事業者に通知し、当該相手方が閲覧できるように努めなければならない。

（名称等の表示）

第三十二条　法第五十七条第一項の規定による表示は、当該容器又は包装に、同項各号に掲げるもの（以下この条において「表示事項等」という。）を印刷し、又は表示事項等を印刷した票箋を貼り付けて行わなければならない。ただし、当該容器又は包装に表示事項等の全てを印刷し、又は表示事項等の全てを印刷した票箋を貼り付けることが困難なときは、表示事項等のうち同項第一号ロからニまで及び同項第二号に掲げるものについては、これらを印刷した票箋を容器又は包装に結びつけることにより表示することができる。

第三十三条　法第五十七条第一項第一号ニの厚生労働省令で定める事項は、次のとおりとする。

　　一　法第五十七条第一項の規定による表示をする者の氏名（法人にあつては、その名称）、住所及び電話番号

　　二　注意喚起語

　　三　安定性及び反応性

第三十三条の二　事業者は、令第十七条に規定する物又は令第十八条各号に掲げる物を容器に入れ、又は包装して保管するとき（法第五十七条第一項の規定による表示がされた容器又は包装により保管するときを除く。）は、当該物の名称及び人体に及ぼす作用について、当該物の保管に用いる容器又は包装への表示、文書の交付その他の方法により、当該物を取り扱う者に、明示しなければならない。

（名称等の通知）

第三十四条の二の三　法第五十七条の二第一項及び第二項の厚生労働省令で定める方法は、磁気ディスク、光ディスクその他の記録媒体の交付、ファクシミリ装置を用いた送信若しくは

電子メールの送信又は当該事項が記載されたホームページのアドレス（二次元コードその他のこれに代わるものを含む。）及び当該アドレスに係るホームページの閲覧を求める旨の伝達とする。

第三十四条の二の四　法第五十七条の二第一項第七号の厚生労働省令で定める事項は、次のとおりとする。

一　法第五十七条の二第一項の規定による通知を行う者の氏名（法人にあつては、その名称）、住所及び電話番号

二　危険性又は有害性の要約

三　安定性及び反応性

四　想定される用途及び当該用途における使用上の注意

五　適用される法令

六　その他参考となる事項

第三十四条の二の五　法第五十七条の二第一項の規定による通知は、同項の通知対象物を譲渡し、又は提供する時までに行わなければならない。ただし、継続的に又は反復して譲渡し、又は提供する場合において、既に当該通知が行われているときは、この限りでない。

2　法第五十七条の二第一項の通知対象物を譲渡し、又は提供する者は、同項第四号の事項について、直近の確認を行つた日から起算して五年以内ごとに一回、最新の科学的知見に基づき、変更を行う必要性の有無を確認し、変更を行う必要があると認めるときは、当該確認をした日から一年以内に、当該事項に変更を行わなければならない。

3　前項の者は、同項の規定により法第五十七条の二第一項第四号の事項に変更を行つたときは、変更後の同号の事項を、適切な時期に、譲渡し、又は提供した相手方の事業者に通知するものとし、文書若しくは磁気ディスク、光ディスクその他の記録媒体の交付、ファクシミリ装置を用いた送信若しくは電子メールの送信又は当該事項が記載されたホームページのアドレス（二次元コードその他のこれに代わるものを含む。）及び当該アドレスに係るホームページの閲覧を求める旨の伝達により、変更後の当該事項を、当該相手方の事業者が閲覧できるようにしなければならない。

第三十四条の二の六　法第五十七条の二第一項第二号の事項のうち、成分の含有量については、令第十八条の二第一号及び第二号に掲げる物並びに令別表第三第一号1から7までに掲げる物ごとに重量パーセントを通知しなければならない。

2　前項の規定にかかわらず、一・四―ジクロロ―二―ブテン、鉛、一・三―ブタジエン、一・三―プロパンスルトン、硫酸ジエチル、令別表第三に掲げる物、令別表第四第六号に規定する鉛化合物、令別表第五第一号に規定する四アルキル鉛及び令別表第六の二に掲げる物以外の物であつて、当該物の成分の含有量について重量パーセントの通知をすることにより、契約又は交渉に関し、事業者の財産上の利益を不当に害するおそれがあるものについては、その旨を明らかにした上で、重量パーセントの通知を、十パーセント未満の端数を切り捨てた数値と当該端数を切り上げた数値との範囲をもつて行うことができる。この場合において、当該物を譲渡し、又は提供する相手方の事業者の求めがあるときは、成分の含有量に係る秘密が保全されることを条件に、当該相手方の事業場におけるリスクアセスメントの実施に必要な範囲内において、当該物の成分の含有量について、より詳細な内容を通知しなければならない。

（リスクアセスメントの実施時期等）

第三十四条の二の七　リスクアセスメントは、次に掲げる時期に行うものとする。

一　リスクアセスメント対象物を原材料等として新規に採用し、又は変更するとき。

二　リスクアセスメント対象物を製造し、又は取り扱う業務に係る作業の方法又は手順を新規に採用し、又は変更するとき。

三　前二号に掲げるもののほか、リスクアセスメント対象物による危険性又は有害性等について変化が生じ、又は生ずるおそれがあるとき。

2　リスクアセスメントは、リスクアセスメント対象物を製造し、又は取り扱う業務ごとに、次に掲げるいずれかの方法（リスクアセスメントのうち危険性に係るものにあつては、第一号又は第三号（第一号に係る部分に限る。）に掲げる方法に限る。）により、又はこれらの方法の併用により行わなければならない。

一　当該リスクアセスメント対象物が当該業務に従事する労働者に危険を及ぼし、又は当該リスクアセスメント対象物により当該労働者の健康障害を生ずるおそれの程度及び当該危険又は健康障害の程度を考慮する方法

二　当該業務に従事する労働者が当該リスクアセスメント対象物にさらされる程度及び当該リスクアセスメント対象物の有害性の程度を考慮する方法

三　前二号に掲げる方法に準ずる方法

（リスクアセスメントの結果等の記録及び保存並びに周知）

第三十四条の二の八　事業者は、リスクアセスメントを行つたときは、次に掲げる事項について、記録を作成し、次にリスクアセスメントを行うまでの期間（リスクアセスメントを行つた日から起算して三年以内に当該リスクアセスメント対象物についてリスクアセスメントを行つたときは、三年間）保存するとともに、当該事項を、リスクアセスメント対象物を製造し、又は取り扱う業務に従事する労働者に周知させなければならない。

一　当該リスクアセスメント対象物の名称

二　当該業務の内容

三　当該リスクアセスメントの結果

四　当該リスクアセスメントの結果に基づき事業者が講ずる労働者の危険又は健康障害を防止するため必要な措置の内容

2　前項の規定による周知は、次に掲げるいずれかの方法により行うものとする。

一　当該リスクアセスメント対象物を製造し、又は取り扱う各作業場の見やすい場所に常時掲示し、又は備え付けること。

二　書面を、当該リスクアセスメント対象物を製造し、又は取り扱う業務に従事する労働者に交付すること。

三　磁気ディスク、光ディスクその他の記録媒体に記録し、かつ、当該リスクアセスメント対象物を製造し、又は取り扱う各作業場に、当該リスクアセスメント対象物を製造し、又は取り扱う業務に従事する労働者が当該記録の内容を常時確認できる機器を設置すること。

（改善の指示等）

第三十四条の二の十　労働基準監督署長は、化学物質による労働災害が発生した、又はそのおそれがある事業場の事業者に対し、当該事業場において化学物質の管理が適切に行われてい

ない疑いがあると認めるときは、当該事業場における化学物質の管理の状況について改善すべき旨を指示することができる。

2　前項の指示を受けた事業者は、遅滞なく、事業場における化学物質の管理について必要な知識及び技能を有する者として厚生労働大臣が定めるもの（以下この条において「化学物質管理専門家」という。）から、当該事業場における化学物質の管理の状況についての確認及び当該事業場が実施し得る望ましい改善措置に関する助言を受けなければならない。

3　前項の確認及び助言を求められた化学物質管理専門家は、同項の事業者に対し、当該事業場における化学物質の管理の状況についての確認結果及び当該事業場が実施し得る望ましい改善措置に関する助言について、速やかに、書面により通知しなければならない。

4　事業者は、前項の通知を受けた後、一月以内に、当該通知の内容を踏まえた改善措置を実施するための計画を作成するとともに、当該計画作成後、速やかに、当該計画に従い必要な改善措置を実施しなければならない。

5　事業者は、前項の計画を作成後、遅滞なく、当該計画の内容について、第三項の通知及び前項の計画の写しを添えて、改善計画報告書（様式第四号）により、所轄労働基準監督署長に報告しなければならない。

6　事業者は、第四項の規定に基づき実施した改善措置の記録を作成し、当該記録について、第三項の通知及び第四項の計画とともに三年間保存しなければならない。

（雇入れ時等の教育）

第三十五条　事業者は、労働者を雇い入れ、又は労働者の作業内容を変更したときは、当該労働者に対し、遅滞なく、次の事項のうち当該労働者が従事する業務に関する安全又は衛生のため必要な事項について、教育を行わなければならない。

一　機械等、原材料等の危険性又は有害性及びこれらの取扱い方法に関すること。

二　安全装置、有害物抑制装置又は保護具の性能及びこれらの取扱い方法に関すること。

三　作業手順に関すること。

四　作業開始時の点検に関すること。

五　当該業務に関して発生するおそれのある疾病の原因及び予防に関すること。

六　整理、整頓及び清潔の保持に関すること。

七　事故時等における応急措置及び退避に関すること。

八　前各号に掲げるもののほか、当該業務に関する安全又は衛生のために必要な事項

2　事業者は、前項各号に掲げる事項の全部又は一部に関し十分な知識及び技能を有していると認められる労働者については、当該事項についての教育を省略することができる。

（疾病の報告）

第九十七条の二　事業者は、化学物質又は化学物質を含有する製剤を製造し、又は取り扱う業務を行う事業場において、一年以内に二人以上の労働者が同種のがんに罹患したことを把握したときは、当該罹患が業務に起因するかどうかについて、遅滞なく、医師の意見を聴かなければならない。

2　事業者は、前項の医師が、同項の罹患が業務に起因するものと疑われると判断したときは、遅滞なく、次に掲げる事項について、所轄都道府県労働局長に報告しなければならない。

一　がんに罹患した労働者が当該事業場で従事した業務において製造し、又は取り扱つた化学物質の名称（化学物質を含有する製剤にあつては、当該製剤が含有する化学物質の名称）

　　二　がんに罹患した労働者が当該事業場において従事していた業務の内容及び当該業務に従
　　　事していた期間
　　三　がんに罹患した労働者の年齢及び性別
（ばく露の程度の低減等）
第五百七十七条の二　事業者は、リスクアセスメント対象物を製造し、又は取り扱う事業場に
　　おいて、リスクアセスメントの結果等に基づき、労働者の健康障害を防止するため、代替物
　　の使用、発散源を密閉する設備、局所排気装置又は全体換気装置の設置及び稼働、作業の方
　　法の改善、有効な呼吸用保護具を使用させること等必要な措置を講ずることにより、リスク
　　アセスメント対象物に労働者がばく露される程度を最小限度にしなければならない。
　2　事業者は、リスクアセスメント対象物のうち、一定程度のばく露に抑えることにより、労
　　働者に健康障害を生ずるおそれがない物として厚生労働大臣が定めるものを製造し、又は取
　　り扱う業務（主として一般消費者の生活の用に供される製品に係るものを除く。）を行う屋
　　内作業場においては、当該業務に従事する労働者がこれらの物にばく露される程度を、厚生
　　労働大臣が定める濃度の基準以下としなければならない。
　3　事業者は、リスクアセスメント対象物を製造し、又は取り扱う業務に常時従事する労働者
　　に対し、法第六十六条の規定による健康診断のほか、リスクアセスメント対象物に係るリス
　　クアセスメントの結果に基づき、関係労働者の意見を聴き、必要があると認めるときは、医
　　師又は歯科医師が必要と認める項目について、医師又は歯科医師による健康診断を行わなけ
　　ればならない。
　4　事業者は、第二項の業務に従事する労働者が、同項の厚生労働大臣が定める濃度の基準を
　　超えてリスクアセスメント対象物にばく露したおそれがあるときは、速やかに、当該労働者
　　に対し、医師又は歯科医師が必要と認める項目について、医師又は歯科医師による健康診断
　　を行わなければならない。
　5　事業者は、前二項の健康診断（以下この条において「リスクアセスメント対象物健康診断」
　　という。）を行つたときは、リスクアセスメント対象物健康診断の結果に基づき、リスクア
　　セスメント対象物健康診断個人票（様式第二十四号の二）を作成し、これを五年間（リスク
　　アセスメント対象物健康診断に係るリスクアセスメント対象物ががん原性がある物として厚
　　生労働大臣が定めるもの（以下「がん原性物質」という。）である場合は、三十年間）保存
　　しなければならない。
　6　事業者は、リスクアセスメント対象物健康診断の結果（リスクアセスメント対象物健康診
　　断の項目に異常の所見があると診断された労働者に係るものに限る。）に基づき、当該労働
　　者の健康を保持するために必要な措置について、次に定めるところにより、医師又は歯科医
　　師の意見を聴かなければならない。
　　一　リスクアセスメント対象物健康診断が行われた日から三月以内に行うこと。
　　二　聴取した医師又は歯科医師の意見をリスクアセスメント対象物健康診断個人票に記載す
　　　ること。
　7　事業者は、医師又は歯科医師から、前項の意見聴取を行う上で必要となる労働者の業務に
　　関する情報を求められたときは、速やかに、これを提供しなければならない。
　8　事業者は、第六項の規定による医師又は歯科医師の意見を勘案し、その必要があると認め
　　るときは、当該労働者の実情を考慮して、就業場所の変更、作業の転換、労働時間の短縮等

の措置を講ずるほか、作業環境測定の実施、施設又は設備の設置又は整備、衛生委員会又は安全衛生委員会への当該医師又は歯科医師の意見の報告その他の適切な措置を講じなければならない。

9　事業者は、リスクアセスメント対象物健康診断を受けた労働者に対し、遅滞なく、リスクアセスメント対象物健康診断の結果を通知しなければならない。

10　事業者は、第一項、第二項及び第八項の規定により講じた措置について、関係労働者の意見を聴くための機会を設けなければならない。

11　事業者は、次に掲げる事項（第三号については、がん原性物質を製造し、又は取り扱う業務に従事する労働者に限る。）について、一年を超えない期間ごとに一回、定期に、記録を作成し、当該記録を三年間（第二号（リスクアセスメント対象物ががん原性物質である場合に限る。）及び第三号については、三十年間）保存するとともに、第一号及び第四号の事項について、リスクアセスメント対象物を製造し、又は取り扱う業務に従事する労働者に周知させなければならない。

　一　第一項、第二項及び第八項の規定により講じた措置の状況
　二　リスクアセスメント対象物を製造し、又は取り扱う業務に従事する労働者のリスクアセスメント対象物のばく露の状況
　三　労働者の氏名、従事した作業の概要及び当該作業に従事した期間並びにがん原性物質により著しく汚染される事態が生じたときはその概要及び事業者が講じた応急の措置の概要
　四　前項の規定による関係労働者の意見の聴取状況

12　前項の規定による周知は、次に掲げるいずれかの方法により行うものとする。
　一　当該リスクアセスメント対象物を製造し、又は取り扱う各作業場の見やすい場所に常時掲示し、又は備え付けること。
　二　書面を、当該リスクアセスメント対象物を製造し、又は取り扱う業務に従事する労働者に交付すること。
　三　磁気ディスク、光ディスクその他の記録媒体に記録し、かつ、当該リスクアセスメント対象物を製造し、又は取り扱う各作業場に、当該リスクアセスメント対象物を製造し、又は取り扱う業務に従事する労働者が当該記録の内容を常時確認できる機器を設置すること。

第五百七十七条の三　事業者は、リスクアセスメント対象物以外の化学物質を製造し、又は取り扱う事業場において、リスクアセスメント対象物以外の化学物質に係る危険性又は有害性等の調査の結果等に基づき、労働者の健康障害を防止するため、代替物の使用、発散源を密閉する設備、局所排気装置又は全体換気装置の設置及び稼働、作業の方法の改善、有効な保護具を使用させること等必要な措置を講ずることにより、労働者がリスクアセスメント対象物以外の化学物質にばく露される程度を最小限度にするよう努めなければならない。

（皮膚障害等防止用の保護具）
第五百九十四条　事業者は、皮膚若しくは眼に障害を与える物を取り扱う業務又は有害物が皮膚から吸収され、若しくは侵入して、健康障害若しくは感染をおこすおそれのある業務においては、当該業務に従事する労働者に使用させるために、塗布剤、不浸透性の保護衣、保護手袋、履物又は保護眼鏡等適切な保護具を備えなければならない。

2　事業者は、前項の業務の一部を請負人に請け負わせるときは、当該請負人に対し、塗布剤、

不浸透性の保護衣、保護手袋、履物又は保護眼鏡等適切な保護具について、備えておくこと等によりこれらを使用することができるようにする必要がある旨を周知させなければならない。

第五百九十四条の二　事業者は、化学物質又は化学物質を含有する製剤（皮膚若しくは眼に障害を与えるおそれ又は皮膚から吸収され、若しくは皮膚に侵入して、健康障害を生ずるおそれがあることが明らかなものに限る。以下「皮膚等障害化学物質等」という。）を製造し、又は取り扱う業務（法及びこれに基づく命令の規定により労働者に保護具を使用させなければならない業務及び皮膚等障害化学物質等を密閉して製造し、又は取り扱う業務を除く。）に労働者を従事させるときは、不浸透性の保護衣、保護手袋、履物又は保護眼鏡等適切な保護具を使用させなければならない。

2　事業者は、前項の業務の一部を請負人に請け負わせるときは、当該請負人に対し、同項の保護具を使用する必要がある旨を周知させなければならない。

第五百九十四条の三　事業者は、化学物質又は化学物質を含有する製剤（皮膚等障害化学物質等及び皮膚若しくは眼に障害を与えるおそれ又は皮膚から吸収され、若しくは皮膚に侵入して、健康障害を生ずるおそれがないことが明らかなものを除く。）を製造し、又は取り扱う業務（法及びこれに基づく命令の規定により労働者に保護具を使用させなければならない業務及びこれらの物を密閉して製造し、又は取り扱う業務を除く。）に労働者を従事させるときは、当該労働者に保護衣、保護手袋、履物又は保護眼鏡等適切な保護具を使用させるよう努めなければならない。

2　事業者は、前項の業務の一部を請負人に請け負わせるときは、当該請負人に対し、同項の保護具について、これらを使用する必要がある旨を周知させるよう努めなければならない。

（保護具の数等）

第五百九十六条　事業者は、第五百九十三条第一項、第五百九十四条第一項、第五百九十四条の二第一項及び前条第一項に規定する保護具については、同時に就業する労働者の人数と同数以上を備え、常時有効かつ清潔に保持しなければならない。

（労働者の使用義務）

第五百九十七条　第五百九十三条第一項、第五百九十四条第一項、第五百九十四条の二第一項及び第五百九十五条第一項に規定する業務に従事する労働者は、事業者から当該業務に必要な保護具の使用を命じられたときは、当該保護具を使用しなければならない。

【労働安全衛生法施行令】

（令和七年四月一日以降）

（名称等を表示すべき危険物及び有害物）

第十八条　法第五十七条第一項の政令で定める物は、次のとおりとする。

一　別表第九に掲げる物（アルミニウム、イットリウム、インジウム、カドミウム、銀、クロム、コバルト、すず、タリウム、タングステン、タンタル、銅、鉛、ニッケル、ハフニウム、マンガン、又はロジウムにあつては、粉状のものに限る。）

二　国が行う化学品の分類（産業標準化法（昭和二十四年法律第百八十五号）に基づく日本産業規格Ｚ七二五二（GHSに基づく化学品の分類方法）に定める方法による化学物質の危険性及び有害性の分類をいう。）の結果、危険性又は有害性があるものと令和三年三月三十一

日までに区分された物（次条第二号において「特定危険性有害性区分物質」という。）のうち、次に掲げる物以外のもので厚生労働省令で定めるもの

イ 別表第三第一号1から7までに掲げる物

ロ 前号に掲げる物

ハ 危険性があるものと区分されていない物であつて、粉じんの吸入によりじん肺その他の呼吸器の健康障害を生ずる有害性のみがあるものと区分されたもの

三 前二号に掲げる物を含有する製剤その他の物（前二号に掲げる物の含有量が厚生労働大臣の定める基準未満であるものを除く。）

四 別表第三第一号1から7までに掲げる物を含有する製剤その他の物（同号8に掲げる物を除く。）で、厚生労働省令で定めるもの

A2.5

A2.6　改正省令・告示の施行通達

基発 0531 第 9 号
令和 4 年 5 月 31 日

都道府県労働局長　殿

厚生労働省労働基準局長

（ 公 印 省 略 ）

労働安全衛生規則等の一部を改正する省令等の施行について

　労働安全衛生規則等の一部を改正する省令（令和 4 年厚生労働省令第 91 号。以下「改正省令」という。）及び化学物質等の危険性又は有害性等の表示又は通知等の促進に関する指針の一部を改正する件（令和 4 年厚生労働省告示第 190 号。以下「改正告示」という。）については、令和 4 年 5 月 31 日に公布され、公布日から施行（一部については、令和 5 年 4 月 1 日又は令和 6 年 4 月 1 日から施行）することとされたところである。その改正の趣旨、内容等については、下記のとおりであるので、関係者への周知徹底を図るとともに、その運用に遺漏なきを期されたい。

記

第 1　改正の趣旨及び概要等

　1　改正の趣旨

　　今般、国内で輸入、製造、使用されている化学物質は数万種類にのぼり、その中には、危険性や有害性が不明な物質が多く含まれる。さらに、化学物質による休業 4 日以上の労働災害（がん等の遅発性疾病を除く。）のうち、特定化学物質障害予防規則（昭和 47 年労働省令第 39 号。以下「特化則」という。）等の特別則の規制の対象となっていない物質を起因とするものが約 8 割を占めている。これらを踏まえ、従来、特別則による規制の対象となっていない物質への対策の強化を主眼とし、国によるばく露の上限となる基準等の制定、危険性・有害性に関する情報の伝達の仕組みの整備・拡充を前提として、事業者が、危険性・有害性の情報に基づくリスクアセスメントの結果に基づき、国の定める基準等の範囲内で、ばく露防止のために講ずべき措置を適切に実施する制度を導入することとしたところである。

　　これらを踏まえ、今般、労働安全衛生規則（昭和 47 年労働省令第 32 号。以下「安衛則」という。）、特化則、有機溶剤中毒予防規則（昭和 47 年労働省令第 36 号。以下「有機則」という。）、鉛中毒予防規則（昭和 47 年労働省令第 37 号。以下「鉛則」という。）、四アルキル鉛中毒予防規則（昭和 47 年労働省令第 38 号。以下「四アルキル則」という。）、粉じん障害防止規則（昭和 54 年労働省令第 18 号。以下「粉じん則」という。）（以下特化則、有機則、鉛則及び粉じん則を「特化則等」と総称する。）、石綿障害予防規則（平成 17 年厚生労働省令第 21 号）及び厚生労働省の所管する法令の規定に基づく民間事業者等が行う書面の保存等における情報通信の技術の利用に関する省令（平成 17 年厚生労働省令第 44 号）並びに化学物質等の危険性又は有害性等の表示又は通知等の促進に関する指針（平成 24 年厚生労働省告示第 133 号。以下「告示」という。）について、所要の改正を行った

ものである。

2　改正省令の概要

（1）事業場における化学物質の管理体制の強化

　ア　化学物質管理者の選任（安衛則第12条の5関係）

　　①　事業者は、労働安全衛生法（昭和47年法律第57号。以下「法」という。）第57条の3第1項の危険性又は有害性等の調査（主として一般消費者の生活の用に供される製品に係るものを除く。以下「リスクアセスメント」という。）をしなければならない労働安全衛生法施行令（昭和47年政令第318号。以下「令」という。）第18条各号に掲げる物及び法第57条の2第1項に規定する通知対象物（以下「リスクアセスメント対象物」という。）を製造し、又は取り扱う事業場ごとに、化学物質管理者を選任し、その者に化学物質に係るリスクアセスメントの実施に関すること等の当該事業場における化学物質の管理に係る技術的事項を管理させなければならないこと。

　　②　事業者は、リスクアセスメント対象物の譲渡又は提供を行う事業場（①の事業場を除く。）ごとに、化学物質管理者を選任し、その者に当該事業場におけるラベル表示及び安全データシート（以下「SDS」という。）等による通知等（以下「表示等」という。）並びに教育管理に係る技術的事項を管理させなければならないこと。

　　③　化学物質管理者の選任は、選任すべき事由が発生した日から14日以内に行い、リスクアセスメント対象物を製造する事業場においては、厚生労働大臣が定める化学物質の管理に関する講習を修了した者等のうちから選任しなければならないこと。

　　④　事業者は、化学物質管理者を選任したときは、当該化学物質管理者に対し、必要な権限を与えるとともに、当該化学物質管理者の氏名を事業場の見やすい箇所に掲示すること等により関係労働者に周知させなければならないこと。

　イ　保護具着用管理責任者の選任（安衛則第12条の6関係）

　　①　化学物質管理者を選任した事業者は、リスクアセスメントの結果に基づく措置として、労働者に保護具を使用させるときは、保護具着用管理責任者を選任し、有効な保護具の選択、保護具の保守管理その他保護具に係る業務を担当させなければならないこと。

　　②　保護具着用管理責任者の選任は、選任すべき事由が発生した日から14日以内に行うこととし、保護具に関する知識及び経験を有すると認められる者のうちから選任しなければならないこと。

　　③　事業者は、保護具着用管理責任者を選任したときは、当該保護具着用管理責任者に対し、必要な権限を与えるとともに、当該保護具着用管理責任者の氏名を事業場の見やすい箇所に掲示すること等により関係労働者に周知させなければならないこと。

　ウ　雇入れ時等における化学物質等に係る教育の拡充（安衛則第35条関係）

　　労働者を雇い入れ、又は労働者の作業内容を変更したときに行わなければならない安衛則第35条第1項の教育について、令第2条第3号に掲げる業種の事業場の労働者については、安衛則第35条第1項第1号から第4号までの事項の教育の省略が認められてきたが、改正省令により、この省略規定を削除し、同項第1号から第4号までの事項の教育を事業者に義務付けたこと。

（2）化学物質の危険性・有害性に関する情報の伝達の強化

A2.6

　ア　SDS等による通知方法の柔軟化（安衛則第24条の15第1項及び第3項※、第34条
　　の2の3関係）　※公布日時点においては第24条の15第2項

　　　法第57条の2第1項及び第2項の規定による通知の方法として、相手方の承諾を要
　　件とせず、電子メールの送信や、通知事項が記載されたホームページのアドレス（二次
　　元コードその他のこれに代わるものを含む。）を伝達し閲覧を求めること等による方法
　　を新たに認めたこと。

　イ　「人体に及ぼす作用」の定期確認及び「人体に及ぼす作用」についての記載内容の更
　　新（安衛則第24条の15第2項及び第3項、第34条の2の5第2項及び第3項関係）

A2.6

　　　法第57条の2第1項の規定による通知事項の1つである「人体に及ぼす作用」につ
　　いて、直近の確認を行った日から起算して5年以内ごとに1回、記載内容の変更の要否
　　を確認し、変更を行う必要があると認めるときは、当該確認をした日から1年以内に変
　　更を行わなければならないこと。また、変更を行ったときは、当該通知を行った相手方
　　に対して、適切な時期に、変更内容を通知するものとしたこと。加えて、安衛則第24
　　条の15第2項及び第3項の規定による特定危険有害化学物質等に係る通知における「人
　　体に及ぼす作用」についても、同様の確認及び更新を努力義務としたこと。

　ウ　SDS等における通知事項の追加及び成分含有量表示の適正化（安衛則第24条の15
　　第1項、第34条の2の4、第34条の2の6関係）

　　　法第57条の2第1項の規定により通知するSDS等における通知事項に、「想定され
　　る用途及び当該用途における使用上の注意」を追加したこと。また、安衛則第24条の
　　15第1項の規定により通知を行うことが努力義務となっている特定危険有害化学物質
　　等に係る通知事項についても、同事項を追加したこと。

　　　また、法第57条の2第1項の規定により通知するSDS等における通知事項のうち、「成
　　分の含有量」について、重量パーセントを通知しなければならないこととしたこと。

　エ　化学物質を事業場内において別容器等で保管する際の措置の強化（安衛則第33条の
　　2関係）

　　　事業者は、令第17条に規定する物（以下「製造許可物質」という。）又は令第18条
　　に規定する物（以下「ラベル表示対象物」という。）をラベル表示のない容器に入れ、
　　又は包装して保管するときは、当該容器又は包装への表示、文書の交付その他の方法に
　　より、当該物を取り扱う者に対し、当該物の名称及び人体に及ぼす作用を明示しなけれ
　　ばならないこと。

（3）リスクアセスメントに基づく自律的な化学物質管理の強化

　ア　リスクアセスメントに係る記録の作成及び保存並びに労働者への周知（安衛則第34
　　条の2の8関係）

　　　事業者は、リスクアセスメントを行ったときは、リスクアセスメント対象物の名称等
　　の事項について、記録を作成し、次にリスクアセスメントを行うまでの期間（リスクア
　　セスメントを行った日から起算して3年以内に次のリスクアセスメントを行ったとき
　　は、3年間）保存するとともに、当該事項を、リスクアセスメント対象物を製造し、又
　　は取り扱う業務に従事する労働者に周知させなければならないこと。

　イ　化学物質による労働災害が発生した事業場等における化学物質管理の改善措置（安衛
　　則第34条の2の10関係）

① 労働基準監督署長は、化学物質による労働災害が発生した、又はそのおそれがある事業場の事業者に対し、当該事業場において化学物質の管理が適切に行われていない疑いがあると認めるときは、当該事業場における化学物質の管理の状況について、改善すべき旨を指示することができること。

② ①の指示を受けた事業者は、遅滞なく、事業場の化学物質の管理の状況について必要な知識及び技能を有する者として厚生労働大臣が定めるもの（以下「化学物質管理専門家」という。）から、当該事業場における化学物質の管理の状況についての確認及び当該事業場が実施し得る望ましい改善措置に関する助言を受けなければならないこと。

③ ②の確認及び助言を求められた化学物質管理専門家は、事業者に対し、確認後速やかに、当該確認した内容及び当該事業場が実施し得る望ましい改善措置に関する助言を、書面により通知しなければならないこと。

④ 事業者は、③の通知を受けた後、1月以内に、当該通知の内容を踏まえた改善措置を実施するための計画を作成するとともに、当該計画作成後、速やかに、当該計画に従い改善措置を実施しなければならないこと。

⑤ 事業者は、④の計画を作成後、遅滞なく、当該計画の内容について、③の通知及び当該計画の写しを添えて、改善計画報告書（安衛則様式第4号）により所轄労働基準監督署長に報告しなければならないこと。

⑥ 事業者は、④の計画に基づき実施した改善措置の記録を作成し、当該記録について、③の通知及び当該計画とともにこれらを3年間保存しなければならないこと。

ウ　リスクアセスメント対象物に係るばく露低減措置等の事業者の義務（安衛則第577条の2、第577条の3関係）

① 労働者がリスクアセスメント対象物にばく露される程度の低減措置（安衛則第577条の2第1項関係）

　　事業者は、リスクアセスメント対象物を製造し、又は取り扱う事業場において、リスクアセスメントの結果等に基づき、労働者の健康障害を防止するため、代替物の使用等の必要な措置を講ずることにより、リスクアセスメント対象物に労働者がばく露される程度を最小限度にしなければならないこと。

② 労働者がばく露される程度を一定の濃度の基準以下としなければならない物質に係るばく露濃度の抑制措置（安衛則第577条の2第2項関係）

　　事業者は、リスクアセスメント対象物のうち、一定程度のばく露に抑えることにより、労働者に健康障害を生ずるおそれがない物として厚生労働大臣が定めるものを製造し、又は取り扱う業務（主として一般消費者の生活の用に供される製品に係るものを除く。）を行う屋内作業場においては、当該業務に従事する労働者がこれらの物にばく露される程度を、厚生労働大臣が定める濃度の基準（以下「濃度基準値」という。）以下としなければならないこと。

③ リスクアセスメントの結果に基づき事業者が行う健康診断、健康診断の結果に基づく必要な措置の実施等（安衛則第577条の2第3項から第5項まで、第8項及び第9項関係）

　　事業者は、リスクアセスメント対象物による健康障害の防止のため、リスクアセス

メントの結果に基づき、関係労働者の意見を聴き、必要があると認めるときは、医師
又は歯科医師（以下「医師等」という。）が必要と認める項目について、医師等による
る健康診断を行い、その結果に基づき必要な措置を講じなければならないこと。

　また、事業者は、安衛則第577条の2第2項の業務に従事する労働者が、濃度基準
値を超えてリスクアセスメント対象物にばく露したおそれがあるときは、速やかに、
医師等が必要と認める項目について、医師等による健康診断を行い、その結果に基づ
き必要な措置を講じなければならないこと。

　事業者は、上記の健康診断（以下「リスクアセスメント対象物健康診断」という。）
を行ったときは、リスクアセスメント対象物健康診断個人票（安衛則様式第24号の2）
を作成し、5年間（がん原性物質（がん原性がある物として厚生労働大臣が定めるも
のをいう。以下同じ。）に係るものは30年間）保存しなければならないこと。

　事業者は、リスクアセスメント対象物健康診断を受けた労働者に対し、遅滞なく、
当該健康診断の結果を通知しなければならないこと。

④　ばく露低減措置の内容及び労働者のばく露の状況についての労働者の意見聴取、記
録作成・保存（安衛則第577条の2第10から第12項まで※関係）　※令和5年4月
1日時点においては第577条の2第2項から第4項まで

　事業者は、安衛則第577条の2第1項、第2項及び第8項の規定により講じたばく
露低減措置等について、関係労働者の意見を聴くための機会を設けなければならない
こと。

　また、事業者は、（ⅰ）安衛則第577条の2第1項、第2項及び第8項の規定によ
り講じた措置の状況、（ⅱ）リスクアセスメント対象物を製造し、又は取り扱う業務
に従事する労働者のばく露状況、（ⅲ）労働者の氏名、従事した作業の概要及び当該
作業に従事した期間並びにがん原性物質により著しく汚染される事態が生じたときは
その概要及び事業者が講じた応急の措置の概要（リスクアセスメント対象物ががん原
性物質である場合に限る。）、（ⅳ）安衛則第577条の2第10項の規定による関係労働
者の意見の聴取状況について、1年を超えない期間ごとに1回、定期に、記録を作成
し、当該記録を3年間（（ⅱ）及び（ⅲ）について、がん原性物質に係るものは30年
間）保存するとともに、（ⅰ）及び（ⅳ）の事項を労働者に周知させなければならな
いこと。

⑤　リスクアセスメント対象物以外の物質にばく露される程度を最小限とする努力義務
（安衛則第577条の3関係）

　事業者は、リスクアセスメント対象物以外の化学物質を製造し、又は取り扱う事業
場において、当該化学物質に係る危険性又は有害性等の調査結果等に基づき、労働者
の健康障害を防止するため、代替物の使用等の必要な措置を講ずることにより、リス
クアセスメント対象物以外の化学物質にばく露される程度を最小限度にするよう努め
なければならないこと。

エ　保護具の使用による皮膚等障害化学物質等への直接接触の防止（安衛則第594条の2
及び安衛則第594条の3※関係）　※令和5年4月1日時点においては第594条の2

　事業者は、化学物質又は化学物質を含有する製剤（皮膚若しくは眼に障害を与えるお
それ又は皮膚から吸収され、若しくは皮膚に浸入して、健康障害を生ずるおそれがある

ことが明らかなものに限る。以下「皮膚等障害化学物質等」という。）を製造し、又は
取り扱う業務（法及びこれに基づく命令の規定により労働者に保護具を使用させなけれ
ばならない業務及びこれらの物を密閉して製造し、又は取り扱う業務を除く。）に労働
者を従事させるときは、不浸透性の保護衣、保護手袋、履物又は保護眼鏡等適切な保護
具を使用させなければならないこと。

　また、事業者は、化学物質又は化学物質を含有する製剤（皮膚等障害化学物質等及び
皮膚若しくは眼に障害を与えるおそれ又は皮膚から吸収され、若しくは皮膚に浸入して、
健康障害を生ずるおそれがないことが明らかなものを除く。）を製造し、又は取り扱う
業務（法及びこれに基づく命令の規定により労働者に保護具を使用させなければならな
い業務及びこれらの物を密閉して製造し、又は取り扱う業務を除く。）に労働者を従事
させるときは、当該労働者に保護衣、保護手袋、履物又は保護眼鏡等適切な保護具を使
用させることに努めなければならないこと。

（4）衛生委員会の付議事項の追加（安衛則第22条関係）

　衛生委員会の付議事項に、（3）ウ①及び②により講ずる措置に関すること並びに（3）
ウ③の医師等による健康診断の実施に関することを追加すること。

（5）事業場におけるがんの発生の把握の強化（安衛則第97条の2関係）

　事業者は、化学物質又は化学物質を含有する製剤を製造し、又は取り扱う業務を行う事
業場において、1年以内に2人以上の労働者が同種のがんに罹患したことを把握したとき
は、当該罹患が業務に起因するかどうかについて、遅滞なく、医師の意見を聴かなければ
ならないこととし、当該医師が、当該がんへの罹患が業務に起因するものと疑われると判
断したときは、遅滞なく、当該がんに罹患した労働者が取り扱った化学物質の名称等の事
項について、所轄都道府県労働局長に報告しなければならないこと。

（6）化学物質管理の水準が一定以上の事業場に対する個別規制の適用除外（特化則第2条
の3、有機則第4条の2、鉛則第3条の2及び粉じん則第3条の2関係）

ア　特化則等の規定（健康診断及び呼吸用保護具に係る規定を除く。）は、専属の化学物
　質管理専門家が配置されていること等の一定の要件を満たすことを所轄都道府県労働局
　長が認定した事業場については、特化則等の規制対象物質を製造し、又は取り扱う業務
　等について、適用しないこと。

イ　アの適用除外の認定を受けようとする事業者は、適用除外認定申請書（特化則様式第
　1号、有機則様式第1号の2、鉛則様式第1号の2、粉じん則様式第1号の2）に、当
　該事業場がアの要件に該当することを確認できる書面を添えて、所轄都道府県労働局長
　に提出しなければならないこと。

ウ　所轄都道府県労働局長は、適用除外認定申請書の提出を受けた場合において、認定を
　し、又はしないことを決定したときは、遅滞なく、文書でその旨を当該申請書を提出し
　た事業者に通知すること。

エ　認定は、3年ごとにその更新を受けなければ、その期間の経過によって、その効力を
　失うこと。

オ　上記のアからウまでの規定は、エの認定の更新について準用すること。

カ　認定を受けた事業者は、当該認定に係る事業場がアの要件を満たさなくなったときは、
　遅滞なく、文書で、その旨を所轄都道府県労働局長に報告しなければならないこと。

キ　所轄都道府県労働局長は、認定を受けた事業者がアの要件を満たさなくなったと認めるとき等の取消要件に該当するに至ったときは、その認定を取り消すことができること。

（7）作業環境測定結果が第三管理区分の作業場所に対する措置の強化

ア　作業環境測定の評価結果が第三管理区分に区分された場合の義務（特化則第36条の3の2第1項から第3項まで、有機則第28条の3の2第1項から第3項まで、鉛則第52条の3の2第1項から第3項まで、粉じん則第26条の3の2第1項から第3項まで関係）

特化則等に基づく作業環境測定結果の評価の結果、第三管理区分に区分された場所について、作業環境の改善を図るため、事業者に対して以下の措置の実施を義務付けたこと。

①　当該場所の作業環境の改善の可否及び改善が可能な場合の改善措置について、事業場における作業環境の管理について必要な能力を有すると認められる者（以下「作業環境管理専門家」という。）であって、当該事業場に属さない者からの意見を聴くこと。

②　①において、作業環境管理専門家が当該場所の作業環境の改善が可能と判断した場合、当該場所の作業環境を改善するために必要な措置を講じ、当該措置の効果を確認するため、当該場所における対象物質の濃度を測定し、その結果の評価を行うこと。

イ　作業環境管理専門家が改善困難と判断した場合等の義務（特化則第36条の3の2第4項、有機則第28条の3の2第4項、鉛則第52条の3の2第4項、粉じん則第26条の3の2第4項関係）

ア①で作業環境管理専門家が当該場所の作業環境の改善は困難と判断した場合及びア②の評価の結果、なお第三管理区分に区分された場合、事業者は、以下の措置を講ずること。

①　労働者の身体に装着する試料採取器等を用いて行う測定その他の方法による測定（以下「個人サンプリング測定等」という。）により対象物質の濃度測定を行い、当該測定結果に応じて、労働者に有効な呼吸用保護具を使用させること。また、当該呼吸用保護具（面体を有するものに限る。）が適切に着用されていることを確認し、その結果を記録し、これを3年間保存すること。なお、当該場所において作業の一部を請負人に請け負わせる場合にあっては、当該請負人に対し、有効な呼吸用保護具を使用する必要がある旨を周知させること。

②　保護具に関する知識及び経験を有すると認められる者のうちから、保護具着用管理責任者を選任し、呼吸用保護具に係る業務を担当させること。

③　ア①の作業環境管理専門家の意見の概要並びにア②の措置及び評価の結果を労働者に周知すること。

④　上記①から③までの措置を講じたときは、第三管理区分措置状況届（特化則様式第1号の4、有機則様式第2号の3、鉛則様式第1号の4、粉じん則様式第5号）を所轄労働基準監督署長に提出すること。

ウ　作業環境測定の評価結果が改善するまでの間の義務（特化則第36条の3の2第5項、有機則第28条の3の2第5項、鉛則第52条の3の2第5項、粉じん則第26条の3の2第5項関係）

特化則等に基づく作業環境測定結果の評価の結果、第三管理区分に区分された場所に

ついて、第一管理区分又は第二管理区分と評価されるまでの間、上記イ①の措置に加え、以下の措置を講ずること。

　　　6月以内ごとに1回、定期に、個人サンプリング測定等により特定化学物質等の濃度を測定し、その結果に応じて、労働者に有効な呼吸用保護具を使用させること。

　エ　記録の保存

　　　イ①又はウの個人サンプリング測定等を行ったときは、その都度、結果及び評価の結果を記録し、3年間（ただし、粉じんについては7年間、クロム酸等については30年間）保存すること。

（8）作業環境管理やばく露防止措置等が適切に実施されている場合における特殊健康診断の実施頻度の緩和（特化則第39条第4項、有機則第29条第6項、鉛則第53条第4項及び四アルキル則第22条第4項関係）

A2.6

　　本規定による特殊健康診断の実施について、以下の①から③までの要件のいずれも満たす場合（四アルキル則第22条第4項の規定による健康診断については、以下の②及び③の要件を満たす場合）には、当該特殊健康診断の対象業務に従事する労働者に対する特殊健康診断の実施頻度を6月以内ごとに1回から、1年以内ごとに1回に緩和することができること。ただし、危険有害性が特に高い製造禁止物質及び特別管理物質に係る特殊健康診断の実施については、特化則第39条第4項に規定される実施頻度の緩和の対象とはならないこと。

①　当該労働者が業務を行う場所における直近3回の作業環境測定の評価結果が第1管理区分に区分されたこと。

②　直近3回の健康診断の結果、当該労働者に新たな異常所見がないこと。

③　直近の健康診断実施後に、軽微なものを除き作業方法の変更がないこと。

3　改正告示の概要

　　改正省令による2（2）アのSDS等による通知方法の柔軟化及び2（2）エのラベル表示対象物を事業場内において別容器等で保管する際の措置の強化に伴い、告示においても、同趣旨の改正を行ったこと。

4　施行日及び経過措置

（1）施行日（改正省令附則第1条関係）

　　改正省令及び改正告示は、公布日から施行することとしたこと。ただし、2（2）イ及びエ、（3）ア、ウ①、④、⑤、エ前段（努力義務）、（4）（2（3）ウ①に係るものに限る。）、（5）、（6）、（8）に係る規定及び当該規定に係る経過措置については、令和5年4月1日から、2（1）、2（2）ウ、（3）イ、ウ②、③、エ、（4）（2（3）ウ②及び③に係るものに限る。）、（7）に係る規定及び当該規定に係る経過措置については、令和6年4月1日から施行することとしたこと。

（2）経過措置（改正省令附則第3条から第5条関係）

　ア　改正省令の施行の際現にある、改正省令第4条及び第8条による改正前の様式による用紙は、当分の間、これを取り繕って使用することができることとしたこと。

　イ　改正省令（改正省令第1条を除く。）の施行前にした行為に対する罰則の適用については、なお従前の例によること。

第2　細部事項（公布日施行）

1　SDS 等による通知方法の柔軟化関係

（1）安衛則第 24 条の 15 第 1 項及び第 2 項※、第 34 条の 2 の 3 関係　※令和 5 年 4 月 1 日時点においては第 24 条の 15 第 3 項

　　化学物質の危険性・有害性に係る情報伝達がより円滑に行われるようにするため、譲渡提供を受ける相手方が容易に確認可能な方法であれば、相手方の承諾を要件とせずに通知できるよう、SDS 等による通知方法を柔軟化したこと。なお、電子メールの送信により通知する場合は、送信先の電子メールアドレスを事前に確認する等により確実に相手方に通知できるよう配慮すべきであること。

（2）告示第 3 条第 1 項、第 4 条第 3 項関係

　　改正省令による SDS 等による通知方法の柔軟化に伴い、告示においても、通知方法の選択に当たって相手方の承諾を要件としないこと等、同趣旨の改正を行ったこと。

第 3　細部事項（令和 5 年 4 月 1 日施行）

1　SDS 等における通知事項である「人体に及ぼす作用」の定期確認及び更新関係

（1）安衛則第 24 条の 15 第 2 項及び第 3 項、第 34 条の 2 の 5 第 2 項及び第 3 項関係

　ア　SDS 等における通知事項である「人体に及ぼす作用」については、当該物質の有害性情報であり、リスクアセスメントの実施に当たって最も重要な情報であることから、定期的な確認及び更新を新たに義務付けたこと。定期確認及び更新の対象となる SDS 等は、現に譲渡又は提供を行っている通知対象物又は特定危険有害化学物質等に係るものに限られ、既に譲渡提供を中止したものに係る SDS 等まで含む趣旨ではないこと。

　イ　確認の結果、SDS 等の更新を行った場合、変更後の当該事項を再通知する対象となる、過去に当該物を譲渡提供した相手方の範囲については、各事業者における譲渡提供先に関する情報の保存期間、当該物の使用期限等を踏まえて合理的な期間とすれば足りること。また、確認の結果、SDS 等の更新の必要がない場合には、更新及び相手方への再通知の必要はないが、各事業者において SDS 等の改訂情報を管理する上で、更新の必要がないことを確認した日を記録しておくことが望ましいこと。

　ウ　SDS 等を更新した場合の再通知の方法としては、各事業者で譲渡提供先に関する情報を保存している場合に当該情報を元に譲渡提供先に再通知する方法のほか、譲渡提供者のホームページにおいて SDS 等を更新した旨を分かりやすく周知し、当該ホームページにおいて該当物質の SDS 等を容易に閲覧できるようにする方法等があること。

　エ　本規定の施行日において現に存する SDS 等については、施行日から起算して 5 年以内（令和 10 年 3 月 31 日まで）に初回の確認を行う必要があること。また、確認の頻度である「5 年以内ごとに 1 回」には、5 年より短い期間で確認することも含まれること。

2　製造許可物質又はラベル表示対象物を事業場内において別容器等で保管する際の措置の強化関係

（1）安衛則第 33 条の 2 関係

　ア　製造許可物質及びラベル表示対象物を事業場内で取り扱うに当たって、他の容器に移し替えたり、小分けしたりして保管する際の容器等にも対象物の名称及び人体に及ぼす作用の明示を義務付けたこと。なお、本規定は、対象物を保管することを目的として容器に入れ、又は包装し、保管する場合に適用されるものであり、保管を行う者と保管された対象物を取り扱う者が異なる場合の危険有害性の情報伝達が主たる目的であるた

め、対象物の取扱い作業中に一時的に小分けした際の容器や、作業場所に運ぶために移し替えた容器にまで適用されるものではないこと。また、譲渡提供者がラベル表示を行っている物について、既にラベル表示がされた容器等で保管する場合には、改めて表示を求める趣旨ではないこと。

　イ　明示の際の「その他の方法」としては、使用場所への掲示、必要事項を記載した一覧表の備え付け、磁気ディスク、光ディスク等の記録媒体に記録しその内容を常時確認できる機器を設置すること等のほか、日本産業規格 Z 7253（GHS に基づく化学品の危険有害性情報の伝達方法―ラベル、作業場内の表示及び安全データシート（SDS））（以下「JIS Z 7253」という。）の「5.3.3 作業場内の表示の代替手段」に示された方法として、作業手順書又は作業指示書によって伝達する方法等によることも可能であること。

（2）告示第 4 条第 3 項関係

　　改正省令による（1）のラベル表示対象物を事業場内において別容器等で保管する際の措置の強化に伴い、告示においても、化学物質等の譲渡提供を受けた事業者が対象物を労働者に取り扱わせる場合の容器等への表示事項として「人体に及ぼす作用」を追加したこと。

A2.6

3　リスクアセスメントの結果等の記録の作成及び保存並びに労働者への周知（安衛則第 34 条の 2 の 8 関係）

　　事業場における化学物質管理の実施状況について事後に検証できるようにするため、従前より規定されていたリスクアセスメントの結果等の労働者への周知に加え、リスクアセスメントの結果等の記録の作成及び保存を新たに義務付けたこと。

4　事業場におけるがんの発生の把握の強化関係

（1）安衛則第 97 条の 2 第 1 項関係

　ア　本規定は、化学物質のばく露に起因するがんを早期に把握した事業場におけるがんの再発防止のみならず、国内の同様の作業を行う事業場における化学物質によるがんの予防を行うことを目的として規定したものであること。

　イ　本規定の「1 年以内に 2 人以上の労働者」の労働者は、現に雇用する同一の事業場の労働者であること。

　ウ　本規定の「同種のがん」については、発生部位等医学的に同じものと考えられるがんをいうこと。

　エ　本規定の「同種のがんに罹患したことを把握したとき」の「把握」とは、労働者の自発的な申告や休職手続等で職務上、事業者が知り得る場合に限るものであり、本規定を根拠として、労働者本人の同意なく、本規定に関係する労働者の個人情報を収集することを求める趣旨ではないこと。なお、アの趣旨から、広くがん罹患の情報について事業者が把握できることが望ましく、衛生委員会等においてこれらの把握の方法をあらかじめ定めておくことが望ましいこと。

　オ　アの趣旨を踏まえ、例えば、退職者も含め 10 年以内に複数の者が同種のがんに罹患したことを把握した場合等、本規定の要件に該当しない場合であっても、それが化学物質を取り扱う業務に起因することが疑われると医師から意見があった場合は、本規定に準じ、都道府県労働局に報告することが望ましいこと。

　カ　本規定の「医師」には、産業医のみならず、定期健康診断を委託している機関に所属

する医師や労働者の主治医等も含まれること。また、これらの適当な医師がいない場合は、各都道府県の産業保健総合支援センター等に相談することも考えられること。

（2）安衛則第 97 条の 2 第 2 項関係

　ア　本規定の「罹患が業務に起因するものと疑われると判断」については、（1）アの趣旨から、その時点では明確な因果関係が解明されていないため確実なエビデンスがなくとも、同種の作業を行っていた場合や、別の作業であっても同一の化学物質にばく露した可能性がある場合等、化学物質に起因することが否定できないと判断されれば対象とすべきであること。

　イ　本項第 1 号の「がんに罹患した労働者が当該事業場で従事した業務において製造し、又は取り扱った化学物質の名称」及び本項第 2 号の「がんに罹患した労働者が当該事業場で従事していた業務の内容及び当該業務に従事していた期間」については、（1）アの趣旨から、その時点ではがんの発症に係る明確な因果関係が解明されていないため、当該労働者が当該事業場において在職中ばく露した可能性がある全ての化学物質、業務及びその期間が対象となること。また、記録等がなく、製剤中の化学物質の名称や作業歴が不明な場合であっても、その後の都道府県労働局等が行う調査に資するよう、製剤の製品名や関係者の記憶する関連情報をできる限り記載し、報告することが望ましいこと。

5　リスクアセスメントに基づく自律的な化学物質管理の強化

（1）安衛則第 577 条の 2 第 1 項及び第 577 条の 3 関係

　　本規定における「リスクアセスメント」とは、法第 57 条の 3 第 1 項の規定により行われるリスクアセスメントをいうものであり、安衛則第 34 条の 2 の 7 第 1 項に定める時期において、化学物質等による危険性又は有害性等の調査等に関する指針（平成 27 年 9 月 18 日付け危険性又は有害性等の調査等に関する指針公示第 3 号）に従って実施すること。

　　ただし、事業者は、化学物質のばく露を最低限に抑制する必要があることから、同項のリスクアセスメント実施時期に該当しない場合であっても、ばく露状況に変化がないことを確認するため、過去の化学物質の測定結果に応じた適当な頻度で、測定等を実施することが望ましいこと。

（2）安衛則第 577 条の 2 第 2 項※関係　※令和 6 年 4 月 1 日時点においては第 577 条の 2 第 10 項

　　本規定における「関係労働者の意見を聞くための機会を設けなければならない」については、関係労働者又はその代表が衛生委員会に参加している場合等は、安衛則第 22 条第 11 号の衛生委員会における調査審議又は安衛則第 23 条の 2 に基づき行われる意見聴取と兼ねて行っても差し支えないこと。

（3）安衛則第 577 条の 2 第 3 項※関係　※令和 6 年 4 月 1 日時点においては第 577 条の 2 第 11 項

　ア　本規定におけるがん原性物質を製造し、又は取り扱う労働者に関する記録については、晩発性の健康障害であるがんに対する対応を適切に行うため、当該労働者が離職した後であっても、当該記録を作成した時点から 30 年間保存する必要があること。

　イ　「第 1 項の規定により講じた措置の状況」の記録については、法第 57 条の 3 に基づくリスクアセスメントの結果に基づいて措置を講じた場合は、安衛則第 34 条の 2 の 8 の

記録と兼ねても差し支えないこと。また、リスクアセスメントに基づく措置を検討し、これらの措置をまとめたマニュアルや作業規程（以下「マニュアル等」という。）を別途定めた場合は、当該マニュアル等を引用しつつ、マニュアル等のとおり措置を講じた旨の記録でも差し支えないこと。

ウ　「労働者のリスクアセスメント対象物のばく露の状況」については、実際にばく露の程度を測定した結果の記録等の他、マニュアル等を作成した場合であって、その作成過程において、実際に当該マニュアル等のとおり措置を講じた場合の労働者のばく露の程度をあらかじめ作業環境測定等により確認している場合は、当該マニュアル等に従い作業を行っている限りにおいては、当該マニュアル等の作成時に確認されたばく露の程度を記録することでも差し支えないこと。

エ　「労働者の氏名、従事した作業の概要及び当該作業に従事した期間並びにがん原性物質により著しく汚染される事態が生じたときはその概要及び事業者が講じた応急の措置の概要」の記録に関し、従事した作業の概要については、取り扱う化学物質の種類を記載する、又はSDS等を添付して、取り扱う化学物質の種類が分かるように記録すること。また、出張等作業で作業場所が毎回変わるものの、いくつかの決まった製剤を使い分け、同じ作業に従事しているのであれば、出張等の都度の作業記録を求めるものではなく、当該関連する作業を一つの作業とみなし、作業の概要と期間をまとめて記載することで差し支えないこと。

オ　「関係労働者の意見の聴取状況」の記録に関し、労働者に意見を聴取した都度、その内容と労働者の意見の概要を記録すること。なお、衛生委員会における調査審議と兼ねて行う場合は、これらの記録と兼ねて記録することで差し支えないこと。

6　保護具の使用による皮膚等障害化学物質等への直接接触の防止（安衛則第594条の2第1項※関係）　※令和6年4月1日時点においては第594条の3第1項

本規定の「皮膚若しくは眼に障害を与えるおそれ又は皮膚から吸収され、若しくは皮膚に侵入して、健康障害を生ずるおそれがないことが明らかなもの」とは、国が公表するGHS（化学品の分類および表示に関する世界調和システム）に基づく危険有害性の分類の結果及び譲渡提供者より提供されたSDS等に記載された有害性情報のうち「皮膚腐食性・刺激性」、「眼に対する重篤な損傷性・眼刺激性」及び「呼吸器感作性又は皮膚感作性」のいずれも「区分に該当しない」と記載され、かつ、「皮膚腐食性・刺激性」、「眼に対する重篤な損傷性・眼刺激性」及び「呼吸器感作性又は皮膚感作性」を除くいずれにおいても、経皮による健康有害性のおそれに関する記載がないものが含まれること。

7　化学物質管理の水準が一定以上の事業場の個別規制の適用除外

（1）特化則第2条の3第1項、有機則第4条の2第1項、鉛則第3条の2第1項及び粉じん則第3条の2第1項関係

ア　本規定は、事業者による化学物質の自律的な管理を促進するという考え方に基づき、作業環境測定の対象となる化学物質を取り扱う業務等について、化学物質管理の水準が一定以上であると所轄都道府県労働局長が認める事業場に対して、当該化学物質に適用される特化則等の特別則の規定の一部の適用を除外することを定めたものであること。適用除外の対象とならない規定は、特殊健康診断に係る規定及び保護具の使用に係る規定である。なお、作業環境測定の対象となる化学物質以外の化学物質に係る業務等につ

いては、本規定による適用除外の対象とならないこと。

　　また、所轄都道府県労働局長が特化則等で示す適用除外の要件のいずれかを満たさないと認めるときには、適用除外の認定は取消しの対象となること。適用除外が取り消された場合、適用除外となっていた当該化学物質に係る業務等に対する特化則等の規定が再び適用されること。

イ　特化則第2条の3第1項第1号、有機則第4条の2第1項第1号、鉛則第3条の2第1項第1号及び粉じん則第3条の2第1項第1号の化学物質管理専門家については、作業場の規模や取り扱う化学物質の種類、量に応じた必要な人数が事業場に専属の者として配置されている必要があること。

ウ　特化則第2条の3第1項第2号、有機則第4条の2第1項第2号、鉛則第3条の2第1項第2号及び粉じん則第3条の2第1項第2号については、過去3年間、申請に係る当該物質による死亡災害又は休業4日以上の労働災害を発生させていないものであること。「過去3年間」とは、申請時を起点として遡った3年間をいうこと。

エ　特化則第2条の3第1項第3号、有機則第4条の2第1項第3号、鉛則第3条の2第1項第3号及び粉じん則第3条の2第1項第3号については、申請に係る事業場において、申請に係る特化則等において作業環境測定が義務付けられている全ての化学物質等（例えば、特化則であれば、申請に係る全ての特定化学物質）について特化則等の規定に基づき作業環境測定を実施し、作業環境の測定結果に基づく評価が第一管理区分であることを過去3年間維持している必要があること。

オ　特化則第2条の3第1項第4号、有機則第4条の2第1項第4号、鉛則第3条の2第1項第4号及び粉じん則第3条の2第1項第4号については、申請に係る事業場において、申請に係る特化則等において健康診断の実施が義務付けられている全ての化学物質等（例えば、特化則であれば、申請に係る全ての特定化学物質）について、過去3年間の健康診断で異常所見がある労働者が一人も発見されないことが求められること。また、粉じん則については、じん肺法（昭和35年法律第30号）の規定に基づくじん肺健康診断の結果、新たにじん肺管理区分が管理2以上に決定された労働者、又はじん肺管理区分が決定されていた者でより上位の区分に決定された労働者が一人もいないことが求められること。

　　なお、安衛則に基づく定期健康診断の項目だけでは、特定化学物質等による異常所見かどうかの判断が困難であるため、安衛則の定期健康診断における異常所見については、適用除外の要件とはしないこと。

カ　特化則第2条の3第1項第5号、有機則第4条の2第1項第5号、鉛則第3条の2第1項第5号及び粉じん則第3条の2第1項第5号については、客観性を担保する観点から、認定を申請する事業場に属さない化学物質管理専門家から、安衛則第34条の2の8第1項第3号及び第4号に掲げるリスクアセスメントの結果やその結果に基づき事業者が講ずる労働者の危険又は健康障害を防止するため必要な措置の内容に対する評価を受けた結果、当該事業場における化学物質による健康障害防止措置が適切に講じられていると認められることを求めるものであること。なお、本規定の評価については、ISO（JIS Q）45001の認証等の取得を求める趣旨ではないこと。

キ　特化則第2条の3第1項第6号、有機則第4条の2第1項第6号、鉛則第3条の2第

　1項第6号及び粉じん則第3条の2第1項第6号については、過去3年間に事業者が当該事業場について法及びこれに基づく命令に違反していないことを要件とするが、軽微な違反まで含む趣旨ではないこと。なお、法及びそれに基づく命令の違反により送検されている場合、労働基準監督機関から使用停止等命令を受けた場合、又は労働基準監督機関から違反の是正の勧告を受けたにもかかわらず期限までに是正措置を行わなかった場合は、軽微な違反には含まれないこと。

（2）特化則第2条の3第2項、有機則第4条の2第2項、鉛則第3条の2第2項及び粉じん則第3条の2第2項関係

　本規定に係る申請を行う事業者は、適用除外認定申請書に、様式ごとにそれぞれ、（1）イ、エからカまでに規定する要件に適合することを証する書面に加え、適用除外認定申請書の備考欄で定める書面を添付して所轄都道府県労働局長に提出する必要があること。

（3）特化則第2条の3第4項及び第5項、有機則第4条の2第4項及び第5項、鉛則第3条の2第4項及び第5項並びに粉じん則第3条の2第4項及び第5項関係

　ア　特化則第2条の3第4項、有機則第4条の2第4項、鉛則第3条の2第4項及び粉じん則第3条の2第4項について、適用除外の認定は、3年以内ごとにその更新を受けなければ、その期間の経過によって、その効果を失うものであることから、認定の更新の申請は、認定の期限前に十分な時間的な余裕をもって行う必要があること。

　イ　特化則第2条の3第5項、有機則第4条の2第5項、鉛則第3条の2第5項及び粉じん則第3条の2第5項については、認定の更新に当たり、それぞれ、特化則第2条の3第1項から第3項まで、有機則第4条の2第1項から第3項まで、鉛則第3条の2第1項から第3項まで、粉じん則第3条の2第1項から第3項までの規定が準用されるものであること。

（4）特化則第2条の3第6項、有機則第4条の2第6項、鉛則第3条の2第6項及び粉じん則第3条の2第6項関係

　本規定は、所轄都道府県労働局長が遅滞なく事実を把握するため、当該認定に係る事業場がそれぞれ（1）イからカまでに掲げる事項のいずれかに該当しなくなったときは、遅滞なく報告することを事業者に求める趣旨であること。

（5）特化則第2条の3第7項、有機則第4条の2第7項、鉛則第3条の2第7項及び粉じん則第3条の2第7項関係

　本規定は、認定を受けた事業者がそれぞれ特化則第2条の3第7項、有機則第4条の2第7項、鉛則第3条の2第7項及び粉じん則第3条の2第7項に掲げる認定の取消し要件のいずれかに該当するに至ったときは、所轄都道府県労働局長は、その認定を取り消すことができることを規定したものであること。この場合、認定を取り消された事業場は、適用を除外されていた全ての特化則等の規定を速やかに遵守する必要があること。

（6）特化則第2条の3第8項、有機則第4条の2第8項、鉛則第3条の2第8項及び粉じん則第3条の2第8項関係

　特化則第2条の3第5項から第7項まで、有機則第4条の2第5項から第7項まで、鉛則第3条の2第5項から第7項まで、粉じん則第3条の2第5項から第7項までの場合における特化則第2条の3第1項第3号、有機則第4条の2第1項第3号、鉛則第3条の2第1項第3号、粉じん則第3条の2第1項第3号の規定の適用については、過去3年の期

間、申請に係る当該物質に係る作業環境測定の結果に基づく評価が、第一管理区分に相当する水準を維持していることを何らかの手段で評価し、その評価結果について、当該事業場に属さない化学物質管理専門家の評価を受ける必要があること。なお、第一管理区分に相当する水準を維持していることを評価する方法には、個人ばく露測定の結果による評価、作業環境測定の結果による評価又は数理モデルによる評価が含まれること。これらの評価の方法については、別途示すところに留意する必要があること。

（7）特化則様式第1号、有機則様式第1号の2、鉛則様式第1号の2、粉じん則様式第1号の2関係

　適用除外の認定の申請は、特化則及び有機則においては、対象となる製造又は取り扱う化学物質を、鉛則においては、対象となる鉛業務を、粉じん則においては、対象となる特定粉じん作業を、それぞれ列挙する必要があること。

8　作業環境管理やばく露防止措置等が適切に実施されている場合における特殊健康診断の実施頻度の緩和（特化則第39条第4項、有機則第29条第6項、鉛則第53条第4項及び四アルキル則第22条第4項関係）

ア　本規定は、労働者の化学物質のばく露の程度が低い場合は健康障害のリスクが低いと考えられることから、作業環境測定の評価結果等について一定の要件を満たす場合に健康診断の実施頻度を緩和できることとしたものであること。

イ　本規定による健康診断の実施頻度の緩和は、事業者が労働者ごとに行う必要があること。

ウ　本規定の「健康診断の実施後に作業方法を変更（軽微なものを除く。）していないこと」とは、ばく露量に大きな影響を与えるような作業方法の変更がないことであり、例えば、リスクアセスメント対象物の使用量又は使用頻度に大きな変更がない場合等をいうこと。

エ　事業者が健康診断の実施頻度を緩和するに当たっては、労働衛生に係る知識又は経験のある医師等の専門家の助言を踏まえて判断することが望ましいこと。

オ　本規定による健康診断の実施頻度の緩和は、本規定施行後の直近の健康診断実施日以降に、本規定に規定する要件を全て満たした時点で、事業者が労働者ごとに判断して実施すること。なお、特殊健康診断の実施頻度の緩和に当たって、所轄労働基準監督署や所轄都道府県労働局に対して届出等を行う必要はないこと。

第4　細部事項（令和6年4月1日施行）

1　化学物質管理者の選任、管理すべき事項等

（1）安衛則第12条の5第1項関係

ア　化学物質管理者は、ラベル・SDS等の作成の管理、リスクアセスメント実施等、化学物質の管理に関わるもので、リスクアセスメント対象物に対する対策を適切に進める上で不可欠な職務を管理する者であることから、事業場の労働者数によらず、リスクアセスメント対象物を製造し、又は取り扱う全ての事業場において選任することを義務付けたこと。

　なお、衛生管理者の職務は、事業場の衛生全般に関する技術的事項を管理することであり、また有機溶剤作業主任者といった作業主任者の職務は、個別の化学物質に関わる作業に従事する労働者の指揮等を行うことであり、それぞれ選任の趣旨が異なるが、化

学物質管理者が、化学物質管理者の職務の遂行に影響のない範囲で、これらの他の法令等に基づく職務等と兼務することは差し支えないこと。

イ　化学物質管理者は、工場、店社等の事業場単位で選任することを義務付けたこと。したがって、例えば、建設工事現場における塗装等の作業を行う請負人の場合、一般的に、建設現場での作業は出張先での作業に位置付けられるが、そのような出張作業先の建設現場にまで化学物質管理者の選任を求める趣旨ではないこと。

ウ　化学物質管理者については、その職務を適切に遂行するために必要な権限が付与される必要があるため、事業場内の労働者から選任されるべきであること。また、同じ事業場で化学物質管理者を複数人選任し、業務を分担することも差し支えないが、その場合、業務に抜け落ちが発生しないよう、業務を分担する化学物質管理者や実務を担う者との間で十分な連携を図る必要があること。なお、化学物質管理者の管理の下、具体的な実務の一部を化学物質管理に詳しい専門家等に請け負わせることは可能であること。

エ　本規定の「リスクアセスメント対象物」は、改正省令による改正前の安衛則第34条の2の7第1項第1号の「通知対象物」と同じものであり、例えば、原材料を混合して新たな製品を製造する場合であって、その製品がリスクアセスメント対象物に該当する場合は、当該製品は本規定のリスクアセスメント対象物に含まれること。

オ　本規定の「リスクアセスメント対象物を製造し、又は取り扱う」には、例えば、リスクアセスメント対象物を取り扱う作業工程が密閉化、自動化等されていることにより、労働者が当該物にばく露するおそれがない場合であっても、リスクアセスメント対象物を取り扱う作業が存在する以上、含まれること。ただし、一般消費者の生活の用に供される製品はリスクアセスメントの対象から除かれているため、それらの製品のみを取り扱う事業場は含まれないこと。

　また、密閉された状態の製品を保管するだけで容器の開閉等を行わない場合や、火災や震災後の復旧、事故等が生じた場合の対応等、応急対策のためにのみ臨時的にリスクアセスメント対象物を取り扱うような場合は、「リスクアセスメント対象物を製造し、又は取り扱う」には含まれないこと。

カ　本規定の表示等及び教育管理に係る技術的事項を「他の事業場において行っている場合」とは、例えば、ある工場でリスクアセスメント対象物を製造し、当該工場とは別の事業場でラベル表示の作成を行う場合等のことをいい、その場合、当該工場と当該事業場それぞれで化学物質管理者の選任が必要となること。安衛則第12条の5第2項についてもこれと同様であること。

キ　本項第4号については、実際に労働災害が発生した場合の対応のみならず、労働災害が発生した場合を想定した応急措置等の訓練の内容やその計画を定めること等も含まれること。

ク　本項第7号については、必要な教育の実施における計画の策定等の管理を求めるもので、必ずしも化学物質管理者自らが教育を実施することを求めるものではなく、労働者に対して外部の教育機関等で実施している必要な教育を受けさせること等を妨げるものではないこと。また、本規定の施行の前に既に雇い入れ教育等で労働者に対する必要な教育を実施している場合には、施行後に改めて教育の実施を求める趣旨ではないこと。

（2）安衛則第12条の5第3項関係

A2.6

　　ア　本項第2号イの「厚生労働大臣が定める化学物質の管理に関する講習」は、厚生労働
　　　大臣が定める科目について、自ら講習を行えば足りるが、他の事業者の実施する講習を
　　　受講させることも差し支えないこと。また、「これと同等以上の能力を有すると認めら
　　　れる者」については、本項第2号イの厚生労働大臣が定める化学物質の管理に関する講
　　　習に係る告示と併せて、おって示すこととすること。
　　イ　本項第2号ロの「必要な能力を有すると認められる者」とは、安衛則第12条の5第
　　　1項各号の事項に定める業務の経験がある者が含まれること。また、適切に業務を行う
　　　ために、別途示す講習等を受講することが望ましいこと。
（3）安衛則第12条の5第4項関係
　　　化学物質管理者の選任に当たっては、当該管理者が実施すべき業務をなし得る権限を付
　　与する必要があり、事業場において相応するそれらの権限を有する役職に就いている者を
　　選任すること。
（4）安衛則第12条の5第5項関係
　　　本規定の「事業場の見やすい箇所に掲示すること等」の「等」には、化学物質管理者に
　　腕章を付けさせる、特別の帽子を着用させる、事業場内部のイントラネットワーク環境を
　　通じて関係労働者に周知する方法等が含まれること。
　2　保護具着用管理責任者の選任、管理すべき事項等
（1）安衛則第12条の6第1項関係
　　　本規定は、保護具着用管理責任者を選任した事業者について、当該責任者に本項各号に
　　掲げる事項を管理させなければならないこととしたものであり、保護具着用管理責任者の
　　職務内容を規定したものであること。
　　　保護具着用管理責任者の職務は、次に掲げるとおりであること。
　　ア　保護具の適正な選択に関すること。
　　イ　労働者の保護具の適正な使用に関すること。
　　ウ　保護具の保守管理に関すること。
　　　これらの職務を行うに当たっては、平成17年2月7日付け基発第0207006号「防じん
　　マスクの選択、使用等について」、平成17年2月7日付け基発第0207007号「防毒マスク
　　の選択、使用等について」及び平成29年1月12日付け基発0112第6号「化学防護手袋
　　の選択、使用等について」に基づき対応する必要があることに留意すること。
（2）安衛則第12条の6第2項関係
　　　本項第2号中の「保護具に関する知識及び経験を有すると認められる者」には、次に掲
　　げる者が含まれること。なお、次に掲げる者に該当する場合であっても、別途示す保護具
　　の管理に関する教育を受講することが望ましいこと。また、次に掲げる者に該当する者を
　　選任することができない場合は、上記の保護具の管理に関する教育を受講した者を選任す
　　ること。
　　①別に定める化学物質管理専門家の要件に該当する者
　　②9（1）ウに定める作業環境管理専門家の要件に該当する者
　　③法第83条第1項の労働衛生コンサルタント試験に合格した者
　　④安衛則別表第4に規定する第1種衛生管理者免許又は衛生工学衛生管理者免許を受けた
　　　者

⑤安衛則別表第1の上欄に掲げる、令第6条第18号から第20号までの作業及び令第6条第22号の作業に応じ、同表の中欄に掲げる資格を有する者（作業主任者）

⑥安衛則第12条の3第1項の都道府県労働局長の登録を受けた者が行う講習を終了した者その他安全衛生推進者等の選任に関する基準（昭和63年労働省告示第80号）の各号に示す者（安全衛生推進者に係るものに限る。）

（3）安衛則第12条の6第3項関係

保護具着用管理責任者の選任に当たっては、その業務をなし得る権限を付与する必要があり、事業場において相応するそれらの権限を有する役職に就いている者を選任することが望ましいこと。なお、選任に当たっては、事業場ごとに選任することが求められるが、大規模な事業場の場合、保護具着用管理責任者の職務が適切に実施できるよう、複数人を選任することも差し支えないこと。また、職務の実施に支障がない範囲内で、作業主任者が保護具着用管理責任者を兼任しても差し支えないこと（9（4）に係る職務を除く。）。

A2.6

（4）安衛則第12条の6第4項関係

本規定の「事業場の見やすい箇所に掲示すること等」の「等」には、保護具着用管理責任者に腕章を付けさせる、特別の帽子を着用させる、事業場内部のイントラネットワーク環境を通じて関係労働者に周知する方法等が含まれること。

3　衛生委員会の付議事項の追加（安衛則第22条関係）

ア　本条第11号の安衛則第577条の2第1項、第2項及び第8項に係る措置並びに本条第3項及び第4項の健康診断の実施に関する事項は、既に付議事項として義務付けられている本条第2号の「法第28条の2第1項又は第57条の3第1項及び第2項の危険性又は有害性等の調査及びその結果に基づき講ずる措置のうち、衛生に係るものに関すること」と相互に密接に関係することから、本条第2号と第11号の事項を併せて調査審議して差し支えないこと。

イ　衛生委員会の設置を要しない常時労働者数50人未満の事業場においても、安衛則第23条の2に基づき、本条第11号の事項について、関係労働者の意見を聴く機会を設けなければならないことに留意すること。

4　SDS等における通知事項の追加及び含有量の重量パーセント表示

（1）安衛則第24条の15第1項、第34条の2の4関係

ア　SDS等における通知事項に追加する「想定される用途及び当該用途における使用上の注意」は、譲渡提供者が譲渡又は提供を行う時点で想定される内容を記載すること。

イ　譲渡提供を受けた相手方は、当該譲渡提供を受けた物を想定される用途で使用する場合には、当該用途における使用上の注意を踏まえてリスクアセスメントを実施することとなるが、想定される用途以外の用途で使用する場合には、使用上の注意に関する情報がないことを踏まえ、当該物の有害性等をより慎重に検討した上でリスクアセスメントを実施し、その結果に基づく措置を講ずる必要があること。

（2）安衛則第34条の2の6関係

ア　SDS等における通知事項のうち「成分の含有量」について、GHS及びJIS Z 7253の原則に従って、従前の10パーセント刻みでの記載方法を改めるものであること。重量パーセントによる濃度の通知が原則であるが、通知対象物であって製品の特性上含有量に幅が生じるもの等については、濃度範囲による記載も可能であること。なお、重量パー

セント以外の表記による含有量の表記がなされているものについては、平成12年3月24日付け基発第162号「労働安全衛生法及び作業環境測定法の一部を改正する法律の施行について」の記のⅢ第8の2（2）に示したとおり、重量パーセントへの換算方法を明記していれば、重量パーセントによる表記を行ったものと見なすこと。

イ　「成分及びその含有量」が営業上の秘密に該当する場合については、SDS等にはその旨を記載の上、成分及びその含有量の記載を省略し、秘密保持契約その他事業者間で合意した情報伝達の方法により別途通知することも可能であること。

5　雇入れ時等の教育の拡充（安衛則第35条関係）

　　本規定の改正は、雇入れ時等の教育のうち本条第1項第1号から第4号までの事項の教育に係る適用業種を全業種に拡大したもので、当該事項に係る教育の内容は従前と同様であるが、新たな対象となった業種においては、各事業場の作業内容に応じて安衛則第35条第1項各号に定められる必要な教育を実施する必要があること。

6　化学物質による労働災害が発生した事業場等における化学物質管理の改善措置

（1）安衛則第34条の2の10第1項関係

ア　本規定は、化学物質による労働災害が発生した又はそのおそれがある事業場で、管理が適切に行われていない可能性があるものとして労働基準監督署長が認めるものについて、自主的な改善を促すため、化学物質管理専門家による当該事業場における化学物質の管理の状況についての確認・助言を受け、その内容を踏まえた改善計画の作成を指示することができるようにする趣旨であること。

イ　「化学物質による労働災害発生が発生した、又はそのおそれがある事業場」とは、過去1年間程度で、①化学物質等による重篤な労働災害が発生、又は休業4日以上の労働災害が複数発生していること、②作業環境測定の結果、第三管理区分が継続しており、改善が見込まれないこと、③特殊健康診断の結果、同業種の平均と比較して有所見率の割合が相当程度高いこと、④化学物質等に係る法令違反があり、改善が見込まれないこと等の状況について、労働基準監督署長が総合的に判断して決定するものであること。

ウ　「化学物質による労働災害」には、一酸化炭素、硫化水素等による酸素欠乏症、化学物質（石綿を含む。）による急性又は慢性中毒、がん等の疾病を含むが、物質による切創等のけがは含まないこと。また、粉じん状の化学物質による中毒等は化学物質による労働災害を含むが、粉じんの物理的性質による疾病であるじん肺は含まないこと。

（2）安衛則第34条の2の10第2項関係

ア　化学物質管理専門家に確認を受けるべき事項には、以下のものが含まれること。

　①リスクアセスメントの実施状況

　②リスクアセスメントの結果に基づく必要な措置の実施状況

　③作業環境測定又は個人ばく露測定の実施状況

　④特別則に規定するばく露防止措置の実施状況

　⑤事業場内の化学物質の管理、容器への表示、労働者への周知の状況

　⑥化学物質等に係る教育の実施状況

イ　化学物質管理専門家は客観的な判断を行う必要があるため、当該事業場に属さない者であることが望ましいが、同一法人の別事業場に属する者であっても差し支えないこと。

ウ　事業者が複数の化学物質管理専門家からの助言を求めることを妨げるものではない

が、それぞれの専門家から異なる助言が示された場合、自らに都合良い助言のみを選択することのないよう、全ての専門家からの助言等を踏まえた上で必要な措置を実施するとともに、労働基準監督署への改善計画の報告に当たっては、全ての専門家からの助言等を添付する必要があること。

（3）安衛則第34条の2の10第3項関係

　　化学物質管理専門家は、本条第2項の確認を踏まえて、事業場の状況に応じた実施可能で具体的な改善の助言を行う必要があること。

（4）安衛則第34条の2の10第4項関係

　ア　本規定の改善計画には、改善措置の趣旨、実施時期、実施事項（化学物質管理専門家が立ち会って実施するものを含む。）を記載するとともに、改善措置の実施に当たっての事業場内の体制、責任者も記載すること。

　イ　本規定の改善措置を実施するための計画の作成にあたり、化学物質管理専門家の支援を受けることが望ましいこと。また、当該計画作成後、労働基準監督署長への報告を待たず、速やかに、当該計画に従い必要な措置を実施しなければならないこと。

（5）安衛則第34条の2の10第5項関係

　　本規定の所轄労働基準監督署長への報告にあたっては、化学物質管理専門家の助言内容及び改善計画に加え、改善計画報告書（安衛則様式第4号等）の備考欄に定める書面を添付すること。

（6）安衛則第34条の2の10第6項関係

　　本規定は、改善措置の実施状況を事後的に確認できるようにするため、改善計画に基づき実施した改善措置の記録を作成し、化学物質管理専門家の助言の通知及び改善計画とともに3年間保存することを義務付けた趣旨であること。

7　リスクアセスメント対象物に係る事業者の義務関係

（1）安衛則第577条の2第2項関係

　　本規定の「厚生労働大臣が定める濃度の基準」については、順次、厚生労働大臣告示で定めていく予定であること。なお、濃度基準値が定められるまでの間は、日本産業衛生学会の許容濃度、米国政府労働衛生専門家会議（ACGIH）のばく露限界値（TLV-TWA）等が設定されている物質については、これらの値を参考にし、これらの物質に対する労働者のばく露を当該許容濃度等以下とすることが望ましいこと。

　　本規定の労働者のばく露の程度が濃度基準値以下であることを確認する方法には、次に掲げる方法が含まれること。この場合、これら確認の実施に当たっては、別途定める事項に留意する必要があること。

①個人ばく露測定の測定値と濃度基準値を比較する方法、作業環境測定（C・D測定）の測定値と濃度基準値を比較する方法

②作業環境測定（A・B測定）の第一評価値と第二評価値を濃度基準値と比較する方法

③厚生労働省が作成したCREATE-SIMPLE等の数理モデルによる推定ばく露濃度と濃度基準値と比較する等の方法

（2）安衛則第577条の2第3項関係

　ア　本規定は、リスクアセスメント対象物について、一律に健康診断の実施を求めるのではなく、リスクアセスメントの結果に基づき、関係労働者の意見を聴き、リスクの程度

A2.6

に応じて健康診断の実施を事業者が判断する仕組みとしたものであること。

イ　本規定の「必要があると認めるとき」に係る判断方法及び「医師又は歯科医師が必要
と認める項目」は、別途示すところに留意する必要があること。

（3）安衛則第577条の2第4項関係

ア　本規定は、事業者によるばく露防止措置が適切に講じられなかったこと等により、結
果として労働者が濃度基準値を超えてリスクアセスメント対象物にばく露したおそれが
あるときに、健康障害を防止する観点から、速やかに健康診断の実施を求める趣旨であ
ること。

イ　本規定の「リスクアセスメント対象物にばく露したおそれがあるとき」には、リスク
アセスメント対象物が漏えいし、労働者が当該物質を大量に吸引したとき等明らかに濃
度の基準を超えてばく露したと考えられるとき、リスクアセスメントの結果に基づき講
じたばく露防止措置（呼吸用保護具の使用等）に不備があり、濃度の基準を超えてばく
露した可能性があるとき及び事業場における定期的な濃度測定の結果、濃度の基準を超
えていることが明らかになったときが含まれること。

ウ　本規定の「医師又は歯科医師が必要と認める項目」は、別途示すところに留意する必
要があること。

（4）安衛則第577条の2第5項関係

本規定の「がん原性物質」は、別途厚生労働大臣告示で定める予定であること。

8　保護具の使用による皮膚等障害化学物質等への直接接触の防止（安衛則第594条の2第
1項関係）

（1）本規定は、皮膚等障害化学物質等を製造し、又は取り扱う業務において、労働者に適
切な不浸透性の保護衣等を使用させなければならないことを規定する趣旨であること。

（2）本規定の「皮膚等障害化学物質等」には、国が公表するGHS分類の結果及び譲渡提供
者より提供されたSDS等に記載された有害性情報のうち「皮膚腐食性・刺激性」、「眼に
対する重篤な損傷性・眼刺激性」及び「呼吸器感作性又は皮膚感作性」のいずれかで区分
1に分類されているもの及び別途示すものが含まれること。

9　作業環境測定結果が第三管理区分の事業場に対する措置の強化

（1）作業環境測定の評価結果が第三管理区分に区分された場合に講ずべき措置（特化則第
36条の3の2第1項、有機則第28条の3の2第1項、鉛則第52条の3の2第1項、粉
じん則第26条の3の2第1項関係）

ア　本規定は、第三管理区分となる作業場所には、局所排気装置の設置等が技術的に困難
な場合があることから、作業環境を改善するための措置について高度な知見を有する専
門家の視点により改善の可否、改善措置の内容について意見を求め、改善の取組等を図
る趣旨であること。このため、客観的で幅広い知見に基づく専門的意見が得られるよう、
作業環境管理専門家は、当該事業場に属さない者に限定していること。

イ　本規定の作業環境管理専門家の意見は、必要な措置を講ずることにより、第一管理区
分又は第二管理区分とすることの可能性の有無についての意見を聴く趣旨であり、当該
改善結果を保証することまで求める趣旨ではないこと。また、本規定の作業環境管理専
門家の意見聴取にあたり、事業者は、作業環境管理専門家から意見聴取を行う上で必要
となる業務に関する情報を求められたときは、速やかに、これを提供する必要があるこ

A2.6

と。

ウ　本規定の「作業環境管理専門家」には、次に掲げる者が含まれること。

①別に定める化学物質管理専門家の要件に該当する者

②3年以上、労働衛生コンサルタント（試験の区分が労働衛生工学又は化学であるものに合格した者に限る。）としてその業務に従事した経験を有する者

③6年以上、衛生工学衛生管理者としてその業務に従事した経験を有する者

④衛生管理士（法第83条第1項の労働衛生コンサルタント試験（試験の区分が労働衛生工学であるものに限る。）に合格した者に限る。）に選任された者で、その後3年以上労働災害防止団体法第11条第1項の業務を行った経験を有する者

⑤6年以上、作業環境測定士としてその業務に従事した経験を有する者

⑥4年以上、作業環境測定士としてその業務に従事した経験を有する者であって、公益社団法人日本作業環境測定協会が実施する研修又は講習のうち、同協会が化学物質管理専門家の業務実施に当たり、受講することが適当と定めたものを全て修了した者

⑦オキュペイショナル・ハイジニスト資格又はそれと同等の外国の資格を有する者

（2）第三管理区分に対する必要な改善措置の実施（特化則第36条の3の2第2項、有機則第28条の3の2第2項、鉛則第52条の3の2第2項、粉じん則第26条の3の2第2項関係）

本規定の「直ちに」については、作業環境管理専門家の意見を踏まえた改善措置の実施準備に直ちに着手するという趣旨であり、措置そのものの実施を直ちに求める趣旨ではなく、準備に要する合理的な時間の範囲内で実施すれば足りるものであること。

（3）改善措置を講じた場合の測定及びその結果の評価（特化則第36条の3の2第3項、有機則第28条の3の2第3項、鉛則第52条の3の2第3項、粉じん則第26条の3の2第3項関係）

本規定の測定及びその結果の評価は、作業環境管理専門家の意見を踏まえて講じた改善措置の効果を確認するために行うものであるから、改善措置を講ずる前に行った方法と同じ方法で行うこと。なお、作業場所全体の作業環境を評価する場合は、作業環境測定基準及び作業環境評価基準に従って行うこと。

また、本規定の測定及びその結果の評価は、作業環境管理専門家が作業場所の作業環境を改善することが困難と判断した場合であっても、事業者が必要と認める場合は実施して差し支えないこと。

（4）作業環境管理専門家が改善困難と判断した場合等に講ずべき措置（特化則第36条の3の2第4項、有機則第28条の3の2第4項、鉛則第52条の3の2第4項、粉じん則第26条の3の2第4項関係）

ア　本規定は、有効な呼吸用保護具の選定にあたっての対象物質の濃度の測定において、個人サンプリング測定等により行い、その結果に応じて、労働者に有効な呼吸用保護具を選定する趣旨であること。

イ　本規定の呼吸用保護具の装着の確認は、面体と顔面の密着性等について確認する趣旨であることから、フード形、フェイスシールド形等の面体を有しない呼吸用保護具を確認の対象から除く趣旨であること。

（5）作業環境測定の評価結果が改善するまでの間に講ずべき措置（特化則第36条の3の2

第5項、有機則第28条の3の2第5項、鉛則第52条の3の2第5項、粉じん則第26条
の3の2第5項関係)

　本規定は、作業環境管理専門家の意見に基づく改善措置等を実施してもなお、第三管理
区分に区分された場所について、化学物質等へのばく露による健康障害から労働者を守る
ため、定期的な測定を行い、その結果に基づき労働者に有効な呼吸用保護具を使用させる
等の必要な措置の実施を義務付ける趣旨であること。

（6）所轄労働基準監督署長への報告（特化則第36条の3の3、有機則第28条の3の3、
　鉛則第52条の3の3、粉じん則第26条の3の3関係)

　本規定は、第三管理区分となった作業場所について（4）の措置を講じた場合、その措
置内容等を第三管理区分措置状況届により所轄労働基準監督署長に提出することを求める
趣旨であり、この様式の提出後、当該作業場所が第二管理区分又は第一管理区分になった
場合に、所轄労働基準監督署長へ改めて報告を求める趣旨ではないこと。

A2.6

出典：「基発 0531 第9号　厚生労働省労働基準局長　労働安全衛生規則等の一部を改正する省令等の
　　　施行について」（厚生労働省）（https://www.mhlw.go.jp/content/11303000/000945516.pdf）

A2.7　化学物質管理者講習　告示

○厚生労働省告示第二百七十六号

　労働安全衛生規則（昭和四十七年労働省令第三十二号）第十二条の五第三項第二号イの規定に基づき、労働安全衛生規則第十二条の五第三項第二号イの規定に基づき厚生労働大臣が定める化学物質の管理に関する講習を次のように定め、令和六年四月一日から適用する。

　令和四年九月七日

　厚生労働大臣　加藤　勝信

労働安全衛生規則第十二条の五第三項第二号イの規定に基づき厚生労働大臣が定める化学物質の管理に関する講習

　労働安全衛生規則（昭和四十七年労働省令第三十二号）第十二条の五第三項第二号イの厚生労働大臣が定める化学物質の管理に関する講習は、次の各号に定めるところにより行われる講習とする。

　一　次に定める講義及び実習により行われるものであること。

　　イ　講義は、次の表の上欄に掲げる科目に応じ、それぞれ、同表の中欄に掲げる範囲について同表の下欄に掲げる時間以上行われるものであること。

A2.7

科目	化学物質の危険性及び有害性並びに表示等	化学物質の危険性又は有害性等の調査	化学物質の危険性又は有害性等の調査の結果に基づく措置等その他必要な記録等	化学物質を原因とする災害発生時の対応	関係法令
範囲	化学物質の危険性及び有害性　化学物質による健康障害の病理及び症状　化学物質の危険性又は有害性等の表示、文書及び通知	化学物質の危険性又は有害性等の調査の時期及び方法並びにその結果の記録	化学物質のばく露の濃度の基準　化学物質の濃度の測定方法　化学物質の危険性又は有害性等の調査の結果に基づく労働者の危険又は健康障害を防止するための措置等及び当該措置等の記録　がん原性物質等の製造等業務従事者の記録　保護具の種類、性能、使用方法及び管理　労働者に対する化学物質管理に必要な教育の方法	災害発生時の措置	労働安全衛生法（昭和四十七年法律第五十七号）、労働安全衛生法施行令（昭和四十七年政令第三百十八号）及び労働安全衛生規則中の関係条項
時間	二時間三十分	三時間	二時間	三十分	一時間

ロ　実習は、次の表の上欄に掲げる科目について、同表の中欄に掲げる範囲につき同表の下欄に掲げる時間以上行われるものであること。

科　　　目	化学物質の危険性又は有害性等の調査及びその結果に基づく措置等
範　　　囲	化学物質の危険性又は有害性等の調査及びその結果に基づく労働者の危険又は健康障害を防止するための措置並びに当該調査の結果及び措置の記録 保護具の選択及び使用
時　　　間	三時間

ハ　次の表の上欄に掲げる者は、それぞれ同表の下欄に掲げる科目について当該科目の受講の免除を受けることができるものであること。

免除を受けることができる者	有機溶剤作業主任者技能講習、鉛作業主任者技能講習及び特定化学物質及び四アルキル鉛等作業主任者技能講習を全て修了した者	第一種衛生管理者の免許を有する者	衛生工学衛生管理者の免許を有する者
科　　　目	化学物質の危険性及び有害性並びに表示等	化学物質の危険性又は有害性等の調査	化学物質の危険性又は有害性等の調査 化学物質の危険性又は有害性等の調査の結果に基づく措置等その他必要な記録等

二　前号の講義及び実習を適切に行うために必要な能力を有する講師により行われるものであること。

出典：「厚生労働省告示第二百七十六号　労働安全衛生規則等の一部を改正する省令等の施行について」（厚生労働省）
（https://www.mhlw.go.jp/content/11300000/000987097.pdf）

A2.8　化学物質管理者講習に準ずる講習に関する施行通達

基発 0907 第 1 号

令和 4 年 9 月 7 日

改正　基発 0714 第 8 号

令和 5 年 7 月 14 日

都道府県労働局長　殿

厚生労働省労働基準局長

（公 印 省 略）

労働安全衛生規則第 12 条の 5 第 3 項第 2 号イの規定に基づき

厚生労働大臣が定める化学物質の管理に関する講習等の適用等について

　　労働安全衛生規則第 12 条の 5 第 3 項第 2 号イの規定に基づき厚生労働大臣が定める化学物質の管理に関する講習（令和 4 年厚生労働省告示第 276 号。以下「講習告示」という。）、労働安全衛生規則第 34 条の 2 の 10 第 2 項、有機溶剤中毒予防規則第 4 条の 2 第 1 項第 1 号、鉛中毒予防規則第 3 条の 2 第 1 項第 1 号及び特定化学物質障害予防規則第 2 条の 3 第 1 項第 1 号の規定に基づき厚生労働大臣が定める者（令和 4 年厚生労働省告示第 274 号。以下「専門家告示（安衛則等）」という。）及び粉じん障害防止規則第 3 条の 2 第 1 項第 1 号の規定に基づき厚生労働大臣が定める者（令和 4 年厚生労働省告示第 275 号。以下「専門家告示（粉じん則）」という。）については、令和 4 年 9 月 7 日に告示され、令和 5 年 4 月 1 日から適用（一部令和 6 年 4 月 1 日から適用）することとされたところである。

　　これらの告示の制定の趣旨、内容等については、下記のとおりであるので、関係者への周知徹底を図るとともに、その運用に遺漏なきを期されたい。

記

第 1　制定の趣旨及び概要等について

　1　制定の趣旨

　　　今般、特定化学物質障害予防規則（昭和 47 年労働省令第 39 号。以下「特化則」という。）等の特別則の規制の対象となっていない物質への対策の強化を主眼とし、国によるばく露の上限となる基準等の制定、危険性・有害性に関する情報の伝達の仕組みの整備・拡充等を前提として、事業者が、危険性・有害性の情報に基づくリスクアセスメントの結果に基づき、国の定める基準等の範囲内で、ばく露防止のために講ずべき措置を適切に実施する制度を導入することとし、労働安全衛生規則等の一部を改正する省令（令和 4 年厚生労働省令第 91 号）等を公布したところである。

　　　本告示は、これら事業者による化学物質管理を円滑に実施するために，事業場において化学物質の管理を行う化学物質管理者を養成するための講習の内容を定めるとともに、事業場内において化学物質管理を行い、事業場外において化学物質管理に関する助言や評価を行う専門家である化学物質管理専門家の要件を定めるものである。

　2　告示の概要等

　（1）講習告示関係

　　労働安全衛生規則（昭和47年労働省令第32号。以下「安衛則」という。）第12条の
　5第3項第2号イにおいて、労働安全衛生法（昭和47年法律第57号。以下「法」とい
　う。）第57条の3第1項の危険性又は有害性等の調査（主として一般消費者の生活の用
　に供されるものを除く。以下「リスクアセスメント」という。）をしなければならない
　労働安全衛生法施行令（昭和47年政令第318号。以下「令」という。）第18条各号に
　掲げる物及び法第57条の2第1項に規定する通知対象物（以下「リスクアセスメント
　対象物」という。）を製造している事業場においては、講習告示に基づく講習（以下「化
　学物質管理者講習」という。）を修了した者又はこれと同等以上の能力を有すると認め
　られる者のうちから化学物質管理者を選任しなければならないと規定しているところ、
　講習告示は、化学物質管理者講習の科目、内容、時間のほか、科目の免除等について定
　めたものであること。
（2）専門家告示（安衛則等）及び専門家告示（粉じん則）関係
　　有機溶剤中毒予防規則（昭和47年労働省令第36号）第4条の2第1項、鉛中毒予防
　規則（昭和47年労働省令第37号）第3条の2第1項、特化則第2条の3第1項第1号
　及び粉じん障害防止規則（昭和54年労働省令第18号。以下「粉じん則」という。）第
　3条の2第1項において、新たに設けた適用除外の要件の1つとして、当該事業場にお
　いて、化学物質管理専門家が専属で配置されており、化学物質管理専門家がリスクアセ
　スメント（粉じん則にあっては、法第28条の2第1項に規定する危険性又は有害性等
　の調査）の実施並びに当該リスクアセスメント等の結果に基づく措置等の内容及びその
　実施に関する事項の管理を行うこと等を規定しており、また、安衛則第34条の2の10
　第1項に規定する労働基準監督署長による改善指示を受けた事業場等は、同条第2項に
　おいて、化学物質管理専門家から、当該事業場における化学物質の管理の状況について
　の確認及び当該事業場が実施し得る望ましい改善措置に関する助言を受けなければなら
　ないと規定しているところ、専門家告示（安衛則等）及び専門家告示（粉じん則）は、
　当該化学物質管理専門家について要件を定めたものであること。
（3）施行日
　　講習告示は、令和6年4月1日から、専門家告示（安衛則等）及び専門家告示（粉じ
　ん則）は、令和5年4月1日から適用することとしたこと。ただし、専門家告示（安衛
　則等）第2号の規定については、令和6年4月1日から適用することとしたこと。
第2　細部事項
1　講習告示関係
（1）講義及び実習の内容（第1号イ及び同号ロ関係）
ア　化学物質管理者講習の講義の各科目及び実習については、必ずしも連続して行う必要
　はなく、一定の間を開けて実施しても差し支えないこと。また、受講者の理解度の評価
　方法については特に定めていないが、何らかの方法により受講者の理解度を評価するこ
　とが望ましいこと。
イ　講義及び実習は、事業者自らが行うことのほか、他の事業者の実施する講習を受講さ
　せることも差し支えないこと。
ウ　実習については、受講者それぞれが、化学物質の危険性又は有害性等の調査等の一連
　の流れや保護具の選択及び使用を実習することを想定しているため、それらが可能とな

る実習体制の確保が必要であること。化学物質の危険性又は有害性等の調査等の実習については、実際に各々の事業場で取り扱っている化学物質に関するものとする等、実務に近い内容とすることが望ましいこと。

　保護具の選択及び使用の実習については、必ずしもフィットテストについて機器を用いて実習する必要はないが、「保護具の選択及び使用」の管理に必要な能力を身につけられる実習内容とする必要があること。

エ　講義については、オンラインで実施しても差し支えないが、実習については、化学物質の危険性又は有害性等の調査等のためのツール使用や保護具の使用についての実習を含むため、オンラインでの実施は認められないこと。

（2）講義科目の受講の免除（第1号ハ関係）

ア　講義科目の受講の免除ができる者については、それぞれの資格を取得する際に必要な技能講習や試験の科目の内容を踏まえて定めており、当該資格に係る実務経験を求めてはいないこと。

イ　「化学物質の危険性及び有害性並びに表示等」の科目については、「有機溶剤作業主任者技能講習」、「鉛作業主任者技能講習」、「特定化学物質及び四アルキル鉛等作業主任者技能講習」の全ての技能講習を修了した者のみが、受講の免除を受けることができること。この場合において、平成18年3月31日以前に「特定化学物質等作業主任者技能講習」を修了した者については、「特定化学物質及び四アルキル鉛等作業主任者技能講習」を修了した者と同等の者として取り扱って差し支えないこと。

ウ　「第一種衛生管理者の免許を有する者」について、安衛則第10条各号に掲げる衛生管理者の資格を有する者は該当しないため、「化学物質の危険性又は有害性等の調査」の科目については、受講の免除の対象とはならないこと。

（3）講師（第2号関係）

　講習の講師については、講義及び実習の各科目に定める内容について必要な知識や実務経験等を有する者を想定していること。

（4）その他

ア　化学物質管理者講習を修了した者と同等以上の能力を有すると認められる者

　安衛則第12条の5第3項第2号イの「化学物質管理者講習を修了した者と同等以上の能力を有すると認められる者」には、以下の①から③までのいずれかに該当する者が含まれること。

①本告示の適用前に本告示の規定により実施された講習を受講した者

②法第83条第1項の労働衛生コンサルタント試験（試験の区分が労働衛生工学であるものに限る。）に合格し、法第84条第1項の登録を受けた者

③専門家告示（安衛則等）及び専門家告示（粉じん則）で規定する化学物質管理専門家の要件に該当する者

イ　受講記録の保存

　選任した化学物質管理者が要件を満たしていることを第三者が確認できるよう、当該化学物質管理者が受講した講習の日時、実施者、科目、内容、時間数等について記録し、保存しておく必要があること。

ウ　安衛則第12条の5第3項第2号ロの規定に基づき、リスクアセスメント対象物の製

造事業場以外の事業場においては、化学物質の管理に係る技術的事項を担当するために必要な能力を有する者と認められるものから化学物質管理者を選任することとされているが、化学物質管理者講習の受講者及びこれと同等以上の能力を有すると認められる者のほか、化学物質管理者講習に準ずる講習を受講している者から選任することが望ましいこと。この化学物質管理者講習に準ずる講習は、別表に定める科目、内容、時間を目安とし、講義により、又は講義と実習の組み合わせにより行うこと。

2　専門家告示（安衛則等）及び専門家告示（粉じん則）関係

（1）化学物質管理専門家の要件（専門家告示（安衛則）第1号イからハ関係、専門家告示（粉じん則）第1号から第3号関係）

　ア　化学物質管理専門家に必要な要件について、労働衛生コンサルタント（試験の区分が労働衛生工学であるものに限る。）に係る「5年以上化学物質の管理に係る業務に従事した経験」又は「5年以上粉じんの管理に係る業務に従事した経験」については、当該資格取得の前後を問わないこと。

　イ　「化学物質の管理に係る業務」には、化学物質管理専門家、作業環境管理専門家、労働衛生コンサルタント（労働衛生工学に関する業務に限る。）、労働安全コンサルタント（化学安全に関する業務に限る。）、化学物質管理者、化学物質関係作業主任者、作業環境測定士、第一種衛生管理者、衛生工学衛生管理者、保護具着用管理責任者の業務が含まれること。

　ウ　「粉じんの管理に係る業務」には、粉じん則で規定する粉じん作業に係る管理に係る業務のほか、粉状の化学物質の管理に係る業務が含まれること。

　エ　専門家告示（安衛則等）第1号ハ及び専門家告示（粉じん則）第3号で規定する厚生労働省労働基準局長が定める講習については、別途示すところによること。

（2）同等以上の能力を有すると認められる者（専門家告示（安衛則等）第1号ニ関係、専門家告示（粉じん則）第4号関係）

　　専門家告示（安衛則等）第1号ニ及び専門家告示（粉じん則）第4号で規定する「同等以上の能力を有すると認められる者」については、以下のアからカまでのいずれかに該当する者が含まれること。

　ア　法第82条第1項の労働安全コンサルタント試験（試験の区分が化学であるものに限る。）に合格し、法第84条第1項の登録を受けた者であって、その後5年以上化学物質に係る法第81条第1項に定める業務（専門家告示（粉じん則）第4号においては、粉じんに係る法第81条第1項に定める業務）に従事した経験を有するもの

　イ　一般社団法人日本労働安全衛生コンサルタント会が運用している「生涯研修制度」によるCIH（Certified Industrial Hygiene Consultant）労働衛生コンサルタントの称号の使用を許可されているもの

　ウ　公益社団法人日本作業環境測定協会の認定オキュペイショナルハイジニスト又は国際オキュペイショナルハイジニスト協会（IOHA）の国別認証を受けている海外のオキュペイショナルハイジニスト若しくはインダストリアルハイジニストの資格を有する者

　エ　公益社団法人日本作業環境測定協会の作業環境測定インストラクターに認定されている者

　オ　労働災害防止団体法（昭和39年法律第118号）第12条の衛生管理士（法第83条第

1 項の労働衛生コンサルタント試験（試験の区分が労働衛生工学であるものに限る。）
に合格した者に限る。）に選任された者であって、5 年以上労働災害防止団体法第 11 条
第 1 項の業務又は化学物質の管理に係る業務を行った経験を有する者

　カ　産業医科大学産業保健学部産業衛生科学科を卒業し、産業医大認定ハイジニスト制度
　　において資格を保持している者

第 3　「労働安全衛生規則等の一部を改正する省令等の施行について」（令和 4 年 5 月 31 日付
　　け基発 0531 第 9 号）の改正について

　1　「労働安全衛生規則等の一部を改正する省令等の施行について」（令和 4 年 5 月 31 日付
　　け基発 0531 第 9 号。以下「施行通達」という。）第 1 中改正の趣旨及び概要等の 4（1）
　　について、次表のとおり改正する。

	改正前	改正後
4（1）	（前略）ただし、2（2）イ及びエ、（3）ア、ウ①、④、⑤、エ前段（努力義務）、（4）（2（3）ウ①に係るものに限る。）、（5）、（6）、（8）に係る規定及び当該規定に係る経過措置については、令和 5 年 4 月 1 日から、2（1）、2（2）ウ、（3）イ、ウ②、③、エ、（後略）	（前略）ただし、2（2）イ及びエ、（3）ア、ウ①、④、⑤、エ前段（努力義務）、エ後段、（4）（2（3）ウ①に係るものに限る。）、（5）、（6）、（8）に係る規定及び当該規定に係る経過措置については、令和 5 年 4 月 1 日から、2（1）、2（2）ウ、（3）イ、ウ②、③、エ前段（義務）、（後略）

　2　施行通達第 4 中細部事項 9（1）ウについて、次表のとおり改正する。

	改正前	改正後
9（1）ウ②	3 年以上労働衛生コンサルタント（試験の区分が労働衛生工学又は化学であるものに合格した者に限る。）としてその業務に従事した経験を有する者	労働衛生コンサルタント（試験の区分が労働衛生工学であるものに合格した者に限る。）又は労働安全コンサルタント（試験の区分が化学であるものに合格した者に限る。）であって、3 年以上化学物質又は粉じんの管理に係る業務に従事した経験を有する者
9（1）ウ④	衛生管理士（法第 83 条第 1 項の労働衛生コンサルタント試験（試験の区分が労働衛生工学であるものに限る。）に合格した者に限る。）に選任された者で、その後 3 年以上労働災害防止団体法第 11 条第 1 項の業務を行った経験を有する者	衛生管理士（法第 83 条第 1 項の労働衛生コンサルタント試験（試験の区分が労働衛生工学であるものに限る。）に合格した者に限る。）に選任された者であって、3 年以上労働災害防止団体法第 11 条第 1 項の業務又は化学物質の管理に係る業務を行った経験を有する者

A2.8

リスクアセスメント対象物の製造事業場以外の事業場における
化学物質管理者講習に準ずる講習

科目	範囲	時間
化学物質の危険性及び有害性並びに表示等	化学物質の危険性及び有害性 化学物質による健康障害の病理及び症状 化学物質の危険性又は有害性等の表示、文書及び通知	1時間30分
化学物質の危険性又は有害性等の調査	化学物質の危険性又は有害性等の調査の時期及び方法並びにその結果の記録	2時間
化学物質の危険性又は有害性等の調査の結果に基づく措置等その他必要な記録等	化学物質のばく露の濃度の基準 化学物質の濃度の測定方法 化学物質の危険性又は有害性等の調査の結果に基づく労働者の危険又は健康障害を防止するための措置等及び当該措置等の記録 がん原性物質等の製造等業務従事者の記録 保護具の種類、性能、使用方法及び管理 労働者に対する化学物質管理に必要な教育の方法	1時間30分
化学物質を原因とする災害発生時の対応	災害発生時の措置	30分
関係法令	労働安全衛生法（昭和47年法律第57号）、労働安全衛生法施行令（昭和47年政令第318号）及び労働安全衛生規則（昭和47年労働省令第32号）中の関係条項	30分

A2.8

出典：「基発0714第8号　厚生労働省労働基準局長　労働安全衛生規則第12条の5第3項第2号イの規定に基づき厚生労働大臣が定める化学物質の管理に関する講習等の適用等について」（厚生労働省）
（https://www.mhlw.go.jp/content/11300000/001117848.pdf）

A2.9　化学物質管理専門家要件　告示

○厚生労働省告示第二百七十四号

　労働安全衛生規則（昭和四十七年労働省令第三十二号）第三十四条の二の十第二項、有機溶剤中毒予防規則（昭和四十七年労働省令第三十六号）第四条の二第一項第一号、鉛中毒予防規則（昭和四十七年労働省令第三十七号）第三条の二第一項第一号及び特定化学物質障害予防規則（昭和四十七年労働省令第三十九号）第二条の三第一項第一号の規定に基づき、労働安全衛生規則第三十四条の二の十第二項、有機溶剤中毒予防規則第四条の二第一項第一号、鉛中毒予防規則第三条の二第一項第一号及び特定化学物質障害予防規則第二条の三第一項第一号の規定に基づき厚生労働大臣が定める者を次のように定め、令和五年四月一日から適用する。ただし、第二号の規定は、令和六年四月一日から適用する。

　令和四年九月七日

　厚生労働大臣　加藤　勝信

　労働安全衛生規則第三十四条の二の十第二項、有機溶剤中毒予防規則第四条の二第一項第一号、鉛中毒予防規則第三条の二第一項第一号及び特定化学物質障害予防規則第二条の三第一項第一号の規定に基づき厚生労働大臣が定める者

一　有機溶剤中毒予防規則（昭和四十七年労働省令第三十六号）第四条の二第一項第一号、鉛中毒予防規則（昭和四十七年労働省令第三十七号）第三条の二第一項第一号及び特定化学物質障害予防規則（昭和四十七年労働省令第三十九号）第二条の三第一項第一号の厚生労働大臣が定める者は、次のイからニまでのいずれかに該当する者とする。

　イ　労働安全衛生法（昭和四十七年法律第五十七号。以下「安衛法」という。）第八十三条第一項の労働衛生コンサルタント試験（その試験の区分が労働衛生工学であるものに限る。）に合格し、安衛法第八十四条第一項の登録を受けた者で、五年以上化学物質の管理に係る業務に従事した経験を有するもの

　ロ　安衛法第十二条第一項の規定による衛生管理者のうち、衛生工学衛生管理者免許を受けた者で、その後八年以上安衛法第十条第一項各号の業務のうち衛生に係る技術的事項で衛生工学に関するものの管理の業務に従事した経験を有するもの

　ハ　作業環境測定法（昭和五十年法律第二十八号）第七条の登録を受けた者（以下「作業環境測定士」という。）で、その後六年以上作業環境測定士としてその業務に従事した経験を有し、かつ、厚生労働省労働基準局長が定める講習を修了したもの

　ニ　イからハまでに掲げる者と同等以上の能力を有すると認められる者

二　労働安全衛生規則（昭和四十七年労働省令第三十二号）第三十四条の二の十第二項の厚生労働大臣が定める者は、前号イからニまでのいずれかに該当する者とする。

出典：「厚生労働省告示第二百七十四号」（厚生労働省）
　　　（https://www.mhlw.go.jp/content/11300000/000987093.pdf）

○厚生労働省告示第二百七十五号

　粉じん障害防止規則（昭和五十四年労働省令第十八号）第三条の二第一項第一号の規定に基づき、粉じん障害防止規則第三条の二第一項第一号の規定に基づき厚生労働大臣が定める者を次のように定め、令和五年四月一日から適用する。

　令和四年九月七日

　厚生労働大臣　加藤　勝信

粉じん障害防止規則第三条の二第一項第一号の規定に基づき厚生労働大臣が定める者

　粉じん障害防止規則（昭和五十四年労働省令第十八号）第三条の二第一項第一号の厚生労働大臣が定める者は、次の各号のいずれかに該当する者とする。

一　労働安全衛生法（昭和四十七年法律第五十七号。以下「安衛法」という。）第八十三条第一項の労働衛生コンサルタント試験（その試験の区分が労働衛生工学であるものに限る。）に合格し、安衛法第八十四条第一項の登録を受けた者で、五年以上粉じんの管理に係る業務に従事した経験を有するもの

二　安衛法第十二条第一項の規定による衛生管理者のうち、衛生工学衛生管理者免許を受けた者で、その後八年以上安衛法第十条第一項各号の業務のうち衛生に係る技術的事項で衛生工学に関するものの管理の業務に従事した経験を有するもの

三　作業環境測定法（昭和五十年法律第二十八号）第七条の登録を受けた者（以下「作業環境測定士」という。）で、その後六年以上作業環境測定士としてその業務に従事した経験を有し、かつ、厚生労働省労働基準局長が定める講習を修了したもの

四　前各号に掲げる者と同等以上の能力を有すると認められる者

出典：「厚生労働省告示第二百七十五号」（厚生労働省）
　　　（https://www.mhlw.go.jp/content/11300000/000987095.pdf）

A2.10　保護具着用管理責任者に対する教育実施要領

保護具着用管理責任者に対する教育実施要領

1　目的

本要領は、保護具着用管理責任者教育のカリキュラム及び具体的実施方法等を示すとともに、この教育の実施により、十分な知識及び技能を有する保護具着用管理責任者の確保を促進し、もって保護具等の正しい選択・使用・保守管理についての普及を図ることを目的とする。

2　教育の対象者

本教育の対象者は、次のとおりとする。

・施行通達の記の第4の2（2）①から⑥までに定める保護具着用管理責任者の資格を有しない者で、保護具着用管理責任者になろうとする者

・上記資格を有する者

3　教育の実施者

上記2の対象者を使用する事業者、安全衛生団体等があること。

4　実施方法

実施方法は、次に掲げるところによること。

（1）別表「保護具着用管理責任者教育カリキュラム」に掲げるそれぞれの科目に応じ、範囲の欄に掲げる事項について、学科教育又は実技教育により、時間の欄に掲げる時間数以上を行うものとすること。

なお、

①学科教育は、集合形式のほか、オンライン形式でも差し支えないこと。

②学科教育と実技教育を分割して行うこととしても差し支えないこと。この場合、以下のア及びイのいずれも満たすこと。

ア　実技教育は、学科教育の全ての科目を修了した者を対象とすること。

イ　学科教育を修了した者と実技教育を受講する者が同一者であることが確認できること。

（2）講師は、対象となる保護具等に関する十分な知識を有し、指導経験がある者等、別表のカリキュラムの科目について十分な知識と経験を有する者を、科目ごとに1名ないし複数名充てること

（3）教育の実施に当たっては、教育効果を高めるため、既存のテキストの活用を行うことが望ましいこと。特に、呼吸用保護具については、日本産業規格 T8150（呼吸用保護具の選択、使用及び保守管理方法）の内容を含む等、別表のカリキュラムの科目について内容を十分満足した教材を使用すること。

（4）安全衛生団体等が行う場合の受講人数にあっては、学科教育（集合形式の場合）は概ね100人以下、実技教育は概ね30人以下を一単位として行うこと。

5　実施結果の保存等

（1）事業者が教育を実施した場合は、受講者、科目等の記録を作成し、保存すること。

（2）安全衛生団体等が教育を実施した場合は、全ての科目を修了した者に対して修了を証する書面を交付する等の方法により、当該教育を修了したことを証明するとともに、教育

の修了者名簿を作成し、保存すること。

6　実践的な教育・訓練等の実施

　　保護具等や機器等に習熟する観点から、教育を修了した者は、保護具メーカーや測定機器メーカーが実施する研修や、これらメーカーの協力を得て行う教育・訓練等、実践的な教育・訓練等を定期的に受けることが望ましいこと。

【別表】

保護具着用管理責任者教育カリキュラム

学科科目	範囲	時間
Ⅰ　保護具着用管理	①保護具着用管理責任者の役割と職務 ②保護具に関する教育の方法	0.5 時間
Ⅱ　保護具に関する知識	①保護具の適正な選択に関すること。 ②労働者の保護具の適正な使用に関すること。 ③保護具の保守管理に関すること。	3 時間
Ⅲ　労働災害の防止に関する知識	保護具使用に当たって留意すべき労働災害の事例及び防止方法	1 時間
Ⅳ　関係法令	安衛法、安衛令及び安衛則中の関係条項	0.5 時間
実技科目	範囲	時間
Ⅴ　保護具の使用方法等	①保護具の適正な選択に関すること。 ②労働者の保護具の適正な使用に関すること。 ③保護具の保守管理に関すること。	1 時間

（計　6時間）

A2.10

出典：「基安化発 1226 第 1 号　厚生労働省労働基準局安全衛生部化学物質対策課長　保護具着用管理責任者に対する教育の実施について　別紙　保護具着用管理責任者に対する教育実施要領」（厚生労働省）（https://www.mhlw.go.jp/content/11300000/001031069.pdf）

A2.11 化学物質による労働災害防止のための新たな規制［労働安全衛生規則等の一部を改正する省令（令和4年厚生労働省令第91号（令和4年5月31日公布））等の内容］に関するQ&A

令和6年2月28日更新

No	ジャンル	質問	回答
1-1-1	1-1. 名称等の表示・通知をしなければならない化学物質の追加	国によるGHS分類結果はどこで確認できるか？ また、ラベル・SDSの作成にあたり、国によるGHS分類結果を採用しなければならないか？	国（政府）によるGHS分類結果は、（独）製品評価技術基盤機構（NITE）のホームページで公開されています。なお、各事業者がラベルやSDSを作成する際に、事業者が持つ危険有害性情報に基づき、国によるGHS分類と異なる分類を行うことを妨げるものではありません。 〈（独）製品評価技術基盤機構（NITE） NITE統合版GHS分類結果一覧〉 https://www.nite.go.jp/chem/ghs/ghs_nite_all_fy.html
1-1-2	1-1. 名称等の表示・通知をしなければならない化学物質の追加	天然物の抽出物等、天然物由来のもののみからなる製品においても、表示・通知対象物質が裾切り値以上含まれる場合には、表示・通知の義務対象か？	天然物由来であるか否かに関わらず、ラベル表示・SDS交付の義務対象物質（表示・通知対象物質）を裾切り値以上含有する製品を譲渡・提供する場合は、ラベル表示・通知の義務対象となります。ただし、次のような製品は「主として一般消費者の生活の用に供するための製品」に該当し、表示・通知義務の適用が除外されます。 ・医薬品医療機器等法に定められている医薬品、医薬部外品及び化粧品 ・農薬取締法に定められている農薬 ・労働者による取扱いの過程において固体以外の状態にならず、かつ、粉状又は粒状にならない製品 ・表示対象物又は通知対象物が密閉された状態で取り扱われる製品 ・一般消費者のもとに提供される段階の食品 ・家庭用品品質表示法に基づく表示がなされている製品 など
1-1-3	1-1. 名称等の表示・通知をしなければならない化学物質の追加	追加された、または追加予定の物質やCAS番号はどこで確認できるか？	ラベル表示・SDS交付の義務対象物質（表示・通知対象物質）に追加となる物質については、厚生労働省または（独）労働者健康安全機構労働安全衛生総合研究所のホームページにおいて、CAS登録番号を併記した物質リストを公開しています。 〈厚生労働省ホームページ「化学物質による労働災害防止のための新たな規制について～労働安全衛生規則等の一部を改正する省令（令和4年厚生労働省令第91号（令和4年5月31日公布））等の内容～」中の対象物質の一覧〉 https://www.mhlw.go.jp/stf/seisakunitsuite/bunya/0000099121_00005.html 〈（独）労働者健康安全機構労働安全衛生総合研究所 労働安全衛生法に基づくラベル表示・SDS交付の義務化対象物質リスト〉 https://www.jniosh.johas.go.jp/groups/ghs/arikataken_report.html
1-1-4	1-1. 名称等の表示・通知をしなければならない化学物質の追加	表示・通知対象物質に追加される物質について、ラベル・SDS・リスクアセスメントをいつまでに実施しなければならないか？	政省令改正により表示・通知対象物質に追加された物質については、改正政省令の施行日から表示、通知及びリスクアセスメントの実施が義務付けられます。 ただし、ラベルの貼替え等に係る事業者の負担を考慮し、施行日において「現に存するもの」については、名称等のラベル表示をさらに1年間猶予する経過措置が設けられています。 また、該当物質の譲渡・提供を受けた事業者がリスクアセスメント等の必要な対応を行うためには、施行日までに譲渡・提供を受ける全ての者に該当物質の危険有害性情報が伝達される必要があるため、安衛則第24条の15に基づき優先的にSDSの提供に努めてください。 なお、リスクアセスメントの実施時期については、今回の改正では変更されておらず次に該当する場合に実施してください。

A2.11

No	ジャンル	質問	回答
			〈法律上の実施義務〉 ・対象物を原材料などとして新規に採用したり、変更したりするとき ・対象物を製造し、または取り扱う業務の作業方法や作業手順を新規に採用したり変更したりするとき ・上記のほか、対象物による危険性または有害性などについて変化が生じたり、生じるおそれがあったりするとき（新たな危険有害性の情報がSDSなどにより提供された場合、濃度基準値が新たに設定された場合など） 〈指針による努力義務〉 ・労働災害発生時（過去のリスクアセスメントに問題があるとき） ・過去のリスクアセスメント実施以降、機械設備などの経年劣化、労働者の知識経験などリスクの状況に変化があったとき ・過去にリスクアセスメントを実施したことがないとき（施行日前から取り扱っている物質を、施行日前と同様の作業方法で取り扱う場合で、過去にRAを実施したことがない、または実施結果が確認できない場合）
1-2-1	1-2. リスクアセスメント対象物に係る事業者の義務	「労働者がリスクアセスメント対象物にばく露される程度を最小限度にすること」の最小限度の目安は？	ばく露濃度の最小限度の基準はありませんが、各事業場でリスクアセスメントを実施した結果を踏まえて、ばく露濃度を最小限に抑えていただくことが必要となります。 なお、日本産業衛生学会の許容濃度、ACGIHのTLV-TWA等が設定されている物質については、これらの値を参考にリスクアセスメントを実施し、ばく露濃度を最小限に抑えるなどの方法もあり、各事業場に応じた自律的な管理をお願いします。
1-2-2	1-2. リスクアセスメント対象物に係る事業者の義務	濃度基準値とは何か。	一定程度のばく露に抑えることで労働者に健康障害を生ずるおそれがない物として厚生労働大臣が定める物（濃度基準値設定物質）に関して、労働者の健康障害を防止するために超えてはならないばく露の程度として、厚生労働大臣が定める濃度の基準のことです。つまり、濃度基準値は、法令で定めるばく露の基準です。 濃度基準値には、八時間濃度基準値及び短時間濃度基準値（天井値を含む。）が設定されています。 なお、作業環境の評価基準である「管理濃度」とは趣旨が異なるものです。
1-2-3	1-2. リスクアセスメント対象物に係る事業者の義務	濃度基準値設定物質に関しては、濃度基準値以下とすることが義務化されるが、濃度基準値以下であることを事業者はどのように確認すればよいか？	濃度基準値以下と判断する基本的な考え方として、「化学物質による健康障害防止のための濃度の基準の適用等に関する技術上の指針」においては、 ①事業場で使用する全てのリスクアセスメント対象物について、危険性又は有害性を特定し、労働者が当該物にばく露される程度を把握した上で、リスクを見積もること。 ②濃度基準値が設定されている物質について、リスクの見積りの過程において、労働者が当該物質にばく露される程度が濃度基準値を超えるおそれがある屋内作業を把握した場合は、ばく露される程度が濃度基準値以下であることを確認するための測定（以下「確認測定」という。）を実施すること。 とされています。濃度基準値以下であることを確認する手法としては、必ずしも測定による必要はなく、数理モデル等を用いた評価によることができます。その結果、労働者の呼吸域の濃度が八時間濃度基準値の2分の1程度を超えると評価された場合には、確認測定を実施する必要があります。確認測定の具体的な実施方法は、技術上の指針に記載されておりますので、そちらをご覧下さい。 〈化学物質による健康障害防止のための濃度の基準の適用等に関する技術上の指針（令和5年4月27日技術上の指針公示第24号）〉 https://www.mhlw.go.jp/content/11305000/001091287.pdf

A2.11

No	ジャンル	質問	回答
1-2-4	1-2. リスクアセスメント対象物に係る事業者の義務	濃度基準値設定物質に関しては、濃度基準値以下とすることが義務化されるが、屋外作業場も同様の対応が求められるのか？	濃度基準値設定物質を濃度基準値以下とする義務は、屋内作業場を対象としているため、屋外作業場は対象外となります。ただし、屋外作業場であってもリスクアセスメントを実施し、ばく露を最小限とすることが必要となります。
1-2-5	1-2. リスクアセスメント対象物に係る事業者の義務	どのような場合が屋外作業場に該当するか？	「屋外作業場等における作業環境管理に関するガイドライン」では、屋外作業場は、「建家の側面の半分以上にわたって壁等の遮へい物が設けられておらず、かつ、ガス・粉じん等が内部に滞留するおそれがない作業場を含む。」と説明されています。 これに該当する作業場とお考え下さい。 〈職場のあんぜんサイト 作業環境測定〉 https://anzeninfo.mhlw.go.jp/yougo/yougo17_1.html 安衛法第65条第1項では、「事業者は、有害業務を行う屋内作業場その他の作業場で、政令で定めるものについて、厚生労働省令で定めるところにより、必要な作業環境測定を行い、及びその結果を記録しておかなければならない」と定められています。 この規定により、事業者が作業環境測定を実施しなければならない作業場は、安衛法施行令第21条で次の10種類の作業場をあげています（厚生労働省令によりさらに限定されているものもあります）。 (7)　特定化学物質（第1類物質及び第2類物質）を製造し、又は取り扱う屋内作業場等及び石綿等を取り扱い、又は試験研究のために製造する屋内作業場 (10)　有機溶剤（第1種有機溶剤等及び第2種有機溶剤）を製造し、又は取り扱う屋内作業場
1-2-6	1-2. リスクアセスメント対象物に係る事業者の義務	濃度基準値を超えていた場合はどうしたらよいか？	労働者の健康障害を防止するために、危険性又は有害性のより低い物質への代替、衛生工学的対策、管理的対策、呼吸用保護具の使用という化学物質リスクアセスメント指針の優先順位に従い、リスク低減措置を実施し、濃度基準値以下としなければなりません。
1-2-7	1-2. リスクアセスメント対象物に係る事業者の義務	濃度基準値における「天井値」とは何か。	作業中のばく露のいかなる部分（いかなる短時間のピーク）においても超えないように努めなければならない基準です。 有害性の観点から、極めて短時間で急性健康影響がある物質については、短時間濃度基準値ではなく、天井値として設定すべきであるという判断がなされています。連続測定の困難性も踏まえ、努力義務として天井値が規定されています。
1-2-8	1-2. リスクアセスメント対象物に係る事業者の義務	ばく露される程度が濃度基準値以下であることを確認するための測定の頻度はどれくらいか。	濃度基準値を超える場合は少なくとも6月に1回、確認測定を実施する必要があります。また、濃度基準値の2分の1程度を上回り、濃度基準値を超えない場合でも、一定の頻度で確認測定を行うことが望ましいとされています。
1-2-9	1-2. リスクアセスメント対象物に係る事業者の義務	濃度基準値の2分の1を上回り、濃度基準値を超えない場合は、一定の頻度で確認測定を行う必要があります。の「一定の頻度」とは概ねどの程度の範囲を指すのか。	「一定の頻度」については、安衛則第34条の2の7及び化学物質リスクアセスメント指針に規定されるリスクアセスメントの実施時期を踏まえつつ、リスクアセスメントの結果、定点の連続モニタリングの結果、工学的対策の信頼性、製造し又は取り扱う化学物質の毒性の程度等を勘案し、労働者の呼吸域における物質の濃度に応じた頻度となるように事業者が判断することになります。
1-2-10	1-2. リスクアセスメント対象物に係る事業者の義務	事業者が工学的対策の設計及び評価を実施する場合にはどのようなことをすれば良いか。	事業者が工学的対策の設計及び評価を実施する場合には、個人ばく露測定とよくデザインされた場の測定の両方が必要です。 ここでいう場の測定とは、作業環境測定基準に示された方法を準用して行う測定であり、当該測定は、労働安全衛生法第65条に基づく測定ではありませんが、測定精度を担保するため、場の測定の実施者は「作業環境測定士」が関与することが推奨されます。

A2.11

No	ジャンル	質問	回答
1-2-11	1-2. リスクアセスメント対象物に係る事業者の義務	確認測定は誰が行っても良いか。	測定の実施者の要件はありませんが、確認測定を行う場合は、確認測定の精度を担保するため、作業環境測定士が関与することが推奨されます。
1-2-12	1-2. リスクアセスメント対象物に係る事業者の義務	ばく露される程度の低減のために実施した措置の内容及び労働者のばく露状況について、労働者の意見を聴く機会を設けるとともに、記録を作成しなければならないが、どのような項目を記録すべきか？　また決まった様式はあるか？	ばく露される程度の低減のために実施した措置の内容及び労働者のばく露状況の記録は次の項目について作成することが求められます。 ・リスクアセスメント対象物にばく露される程度を低減させるために講じた措置の内容 ・労働者のばく露状況 ・労働者の作業の記録（がん原性物質に限る。） ・関係労働者の意見の聴取状況 このうち、関係労働者の意見は、衛生委員会（労働者数50人未満の事業場は、労働安全衛生規則第23条の2に基づく意見聴取の機会）において聴くこととなり、当該衛生委員会又は意見聴取の機会ごとの記録を保存すれば足り、化学物質1つずつに対して意見聴取を行う必要はありません。 その他の事項については、取り扱った各物質に関する情報が判別できる形で記録を作成する必要があります。 なお、法令で決まった様式は定められていませんので、上記項目を満たした上で、各事業者で作成・保存しやすい形式で管理してください。
1-2-13	1-2. リスクアセスメント対象物に係る事業者の義務	ばく露される程度の低減のために実施した措置の内容及び労働者のばく露状況に関する記録作成は、作業の変更等、ばく露に影響を及ぼす変化が生じた場合に実施すればよいか？	ばく露される程度の低減のために実施した措置の内容及び労働者のばく露状況に関する労働者からの意見聴取や記録作成は、ばく露に影響を及ぼす変化の有無に関わらず、1年を超えない期間ごとに1回、定期的に作成し、3年間（がん原性物質の場合は30年間）保存する必要があります。
1-2-14	1-2. リスクアセスメント対象物に係る事業者の義務	ばく露される程度の低減のために実施した措置の内容及び労働者のばく露状況に関する労働者からの意見聴取は当該作業に係るすべての労働者に意見聴取する必要があるか？	意見聴取は、関係する労働者の代表者に実施すればよく、すべての労働者に対して求められるものではありません。また、衛生委員会（労働者数50人未満の事業場は、労働安全衛生規則第23条の2に基づく意見聴取の機会）に関係労働者やその代表者が参加している場合には、調査審議（意見聴取）と兼ねて行うことも可能です。
1-2-15	1-2. リスクアセスメント対象物に係る事業者の義務	リスクアセスメント対象物のうち、作業記録等の30年間保管が求められる「がん原性物質」とは何か？	作業記録やリスクアセスメント対象物健康診断の結果の30年間保存が必要ながん原性物質は、「労働安全衛生規則第577条の2第3項（令和6年4月1日以降は第5項）の規定に基づきがん原性がある物として厚生労働大臣が定めるもの（令和4年厚生労働省告示第371号）」で、リスクアセスメント対象物のうち、令和3年3月31日までに国によるGHS分類結果で発がん性区分1に該当すると分類された物質と示されています。ただし、次の物質および事業者ががん原性物質を臨時に取り扱う場合は除外されています。 ・エタノール ・特定化学物質障害予防規則の特別管理物質 なお、具体的な物質リストも厚生労働省のホームページで公開されています。 〈厚生労働省 労働安全衛生規則第577条の2の規定に基づき作業記録等の30年間保存の対象となる化学物質の一覧（令和5年4月1日及び令和6年4月1日適用分）〉 以下のページの「対象物質の一覧」参照 https://www.mhlw.go.jp/stf/seisakunitsuite/bunya/0000099121_00005.html

A2.11

No	ジャンル	質問	回答
1-2-16	1-2. リスクアセスメント対象物に係る事業者の義務	がん原性物質を臨時に取り扱う場合は除外されているが臨時とはどういう状態か	「臨時に取り扱う場合」とは、当該事業場において通常の作業工程の一部又は全部として行っている業務以外の業務で、一時的必要に応じて当該物質を取り扱い、繰り返されない業務に従事する場合を言います。したがって、通常の作業工程においてがん原性物質を取り扱う場合は、当該物質を取り扱う時間が短時間であっても、又は取扱いの頻度が低くても、「臨時に取り扱う場合」には該当しません。
1-2-17	1-2. リスクアセスメント対象物に係る事業者の義務	がん原性物質について 30 年間保管が求められる作業記録とはどのような項目を記載するのか？　また決まった様式はあるか？	がん原性物質の作業記録として 30 年間の保管が義務付けられるのは次の項目です。 ・がん原性物質を製造又は取り扱う業務に従事する労働者のがん原性物質のばく露状況 ・労働者の氏名 ・従事した作業の概要 ・当該作業に従事した期間 ・がん原性物質により著しく汚染される事態が生じたときはその概要及び事業者が講じた応急の措置の概要 なお、法令で決まった様式は定められていませんので、上記項目を満たした上で、各事業者で作成・保存しやすい形式で管理してください。
1-2-18	1-2. リスクアセスメント対象物に係る事業者の義務	ばく露される程度の低減のために実施した措置の内容及び労働者のばく露状況に関する記録作成において、リスクアセスメント対象物のうち、安衛法第 28 条第 3 項に基づくがん原性指針の対象物質に基づき従来から対応している場合には追加的な対応は不要か？	ばく露される程度の低減のために実施した措置の内容及び労働者のばく露状況に関する記録作成では、がん原性指針の項目に追加して、リスクアセスメントの結果等に基づき講じた措置の状況や、ばく露の状況などの記録が求められているため、追加的な対応が必要になります。
1-2-19	1-2. リスクアセスメント対象物に係る事業者の義務	粉状のがん原性物質を含む溶液を取り扱っているものの、取扱いの過程において、明らかにばく露することが想定されない（粉として吸入することが想定されない）場合、 ・ばく露の状況 ・作業記録 の 30 年保管は必要か？	「明らかにばく露しない状況」の意味するところが必ずしも明らかではありませんので、個別に労働基準監督署にお問い合わせください。がん原性物質は、リスクアセスメント対象物であることから、当該がん原性物質を溶液中に SDS の裾切値以上の濃度で含有する場合には対象となります。なお、主として一般消費者の生活の用に供する製品は対象外となります。
1-2-20	1-2. リスクアセスメント対象物に係る事業者の義務	がん原性指針の適用対象物質と、安衛則第 577 条の 2 のがん原性物質の両方に該当する物質はどのように取り扱えばよいか？	労働安全衛生法第 28 条第 3 項の規定に基づき厚生労働大臣が定める化学物質による健康障害を防止するための指針（健康障害を防止するための指針公示第 27 号。以下「がん原性指針」という。）は、対象となる物質について、ばく露低減等の健康障害防止のための適切な取扱い等を求める指針であることから、がん原性指針の適用対象物質と、がん原性物質の両方に該当する物質については、安衛則第 577 条の 2 に基づき作業記録等を 30 年間保存するとともに、がん原性指針に基づき適切な取扱い等を行う必要があります。

A2.11

No	ジャンル	質問	回答
1-2-21	1-2. リスクアセスメント対象物に係る事業者の義務	結晶質シリカが「がん原性物質」に指定されましたが、農業法人、土木建設業者など0.1％以上の結晶質シリカが当然含まれるであろうものを扱う業界に結晶質シリカを認識することが可能か？	がん原性物質はリスクアセスメント対象物であることから、がん原性物質を裾切り値以上含有する製品を譲渡・提供する際については、安衛法第57条及び第57条の2に基づく、ラベル表示・SDS交付の対象となります。また、農業法人や土木建設業者も、安衛法令に従い、作業前にSDSを確認しリスクアセスメントを行わなければなりません。化学品が発がん性物質を含んでいるか疑わしい場合は、譲渡提供者に確認する必要があります。
1-3-1	1-3. 皮膚等障害化学物質への直接接触の防止	皮膚等障害化学物質への直接接触の防止において、保護具着用が義務化される「皮膚等障害化学物質等」とは何か？	皮膚等障害化学物質等とは、安衛則上「化学物質または化学物質を含有する製剤で、皮膚若しくは眼に障害を与えるおそれ又は皮膚から吸収され、若しくは皮膚に浸入して、健康障害を生ずるおそれがあることが明らかなもの」と規定したところです。今回の改正では保護具着用義務の対象を次の3つに区分しています。 ・おそれのあることが明らかなもの：義務の対象 　国が公表するGHS分類結果及び譲渡提供者より提供されたSDS等に記載された有害性情報のうち、「皮膚腐食性・刺激性」、「眼に対する重篤な損傷性・眼刺激性」及び「呼吸器感作性又は皮膚感作性」のいずれかで区分1に分類されているもの及び別途示すもの ・おそれがないことが明らかなもの：義務の対象外 　国が公表するGHS分類結果及び譲渡提供者より提供されたSDS等に記載された有害性情報のうち、「皮膚腐食性・刺激性」、「眼に対する重篤な損傷性・眼刺激性」及び「呼吸器感作性又は皮膚感作性」のいずれも「区分に該当しない」と記載され、かつ、「皮膚腐食性・刺激性」、「眼に対する重篤な損傷性・眼刺激性」及び「呼吸器感作性又は皮膚感作性」を除くいずれにおいても、経皮による健康有害性のおそれに関する記載がないもの ・おそれがないことが明らかではないもの：努力義務の対象 　上記以外のもの なお、皮膚等障害化学物質については厚生労働省HPに掲載されています。
1-3-2	1-3. 皮膚等障害化学物質への直接接触の防止	皮膚等障害化学物質への直接接触の防止において、義務および努力義務の対象となるのは、要件に該当するリスクアセスメント対象物に限定されるか？	皮膚等障害化学物質への直接接触の防止における保護具着用の義務および努力義務は、リスクアセスメント対象物に限定しているものではありません。国が公表するGHS分類結果及び譲渡提供者より提供されたSDS等の情報から要件に該当する場合には、義務および努力義務の対象となります。
1-3-3	1-3. 皮膚等障害化学物質への直接接触の防止	SDSの提供が努力義務の化学品の場合、化学品の使用者にSDSが提供されない場合も想定される。SDSで「皮膚等障害化学物質等」が確認できない場合は、どのように対応すべきか？	SDS等によって「おそれがあることが明らかなもの」、「おそれがないことが明らかなもの」の確認ができない場合は、「おそれがないことが明らかではないもの」に該当し、保護具着用の努力義務の対象となります。 しかしながら、危険有害性を有する化学品であれば、通知対象物以外であってもSDS提供の努力義務の対象であるため、化学品の提供元に確認する等の対応を図ることが推奨されます。
1-3-4	1-3. 皮膚等障害化学物質への直接接触の防止	皮膚等障害化学物質への直接接触を防止するための、保護具の選定にあたって参考となる基準等はあるか？	平成29年1月12日付で通達「基発0112第6号 化学防護手袋の選択、使用等について」が発出されており、この通達に不浸透性の定義や化学防護手袋の選択基準などが示されています。また、参考となるJIS規格は、JIS T 8116（化学防護手袋）、JIS T 8005（防護服の一般要求事項）が制定されています。

A2.11

No	ジャンル	質問	回答
1-3-5	1-3. 皮膚等障害化学物質への直接接触の防止	呼吸用保護具の選定にあたって参考となる基準等はあるか？	令和5年5月25日付で通達「基発0525第3号　防じんマスク、防毒マスク及び電動ファン付き呼吸用保護具の選択、使用等について」が発出されており、この通達に呼吸用保護具の選択、使用等に当たっての留意事項が示されております。
1-3-6	1-3. 皮膚等障害化学物質への直接接触の防止	皮膚等障害化学物質には裾切値（製剤（混合物）中の対象物質の含有量がその値未満の場合、規制の対象とならない値）が定められているか。	皮膚等障害化学物質の裾切値は、ラベル表示に係る裾切値の考え方を用い、以下のとおり設定しています。 ・皮膚刺激性有害物質1％ ・皮膚吸収性有害物質1％（国が公表するGHS分類の結果、生殖細胞変異原性区分1又は発がん性区分1の物質は0.1％、生殖毒性区分1の物質は0.3％） 皮膚等障害化学物質及び裾切値の一覧については、厚生労働省HPに掲載しています。 https://www.mhlw.go.jp/content/11300000/001164701.xlsx
1-4-1	1-4. 衛生委員会付議事項の追加	衛生委員会において、自律的な管理の実施状況を労使で共有し調査審議を行うこととあるが、頻度は調査審議発生の都度実施の理解で良いか。例えば、半期毎などある程度集約し調査審議するなど事業者側でその頻度を決めてよいか。	安衛則第23条第1項において、安全衛生委員会又は衛生委員会を毎月1回以上開催するようにしなければならないとしていますが、同条第2項において、調査審議事項等については、委員会で定めるところによるとされていることから、化学物質の自律的な管理の状況をどの程度の頻度で調査審議事項とするかについては、各事業場の実態に応じてご判断いただくことになります。
1-4-2	1-4. 衛生委員会付議事項の追加	ばく露される程度の低減のために実施した措置の内容及び労働者のばく露状況について、労働者の意見聴取が求められているが、追加された衛生委員会付議事項と重複する部分もあるため、衛生委員会であわせて実施し、記録は議事録に記載することでよいか？	関係労働者又はその代表が衛生委員会に参加している場合等は、安衛則第22条第11号の衛生委員会における調査審議と兼ねて行っても差し支えありません。また、その記録については、衛生委員会の議事録への記載で結構です。
1-5-1	1-5. 化学物質によるがんの把握強化	労働者のがん等の罹患情報は個人情報であるが、事業者は労働者のがん等の罹患情報をどのように把握すべきか？	がん罹患労働者の把握については、労働者の自発的な申告や衛生委員会等で定めた社内の規定、休職手続等で職務上事業者が把握した場合等に限るものです。そのため、労働安全関連法令を根拠として、労働者の個人情報の提供を強要することは避け、事前に労使で協議を行った上で、情報の取り扱い方法や取り扱い範囲を決めて、産業医などと相談しながら、本人の同意のもとに情報を収集することが望ましいと考えます。
1-6-1	1-6. リスクアセスメント結果等に係る記録の作成保存	リスクアセスメント結果としてどのような内容を記録する必要があるか？また決められた様式はあるか？	従来、労働者への周知項目として定められていた次の項目がリスクアセスメント結果の記録となります。 ・リスクアセスメント対象物の名称 ・業務内容 ・リスクアセスメント結果 ・リスクアセスメント結果に基づき事業者が講じる労働者の危険又は健康障害を防止するため必要な措置の内容 なお、業種や事業場、作業方法によって使い易い様式は異なるものと考えられるため、法令で決まった様式は定められていません。事業場の実態に即した様式で記録保管してください。

A2.11

No	ジャンル	質問	回答
1-6-2	1-6. リスクアセスメント結果等に係る記録の作成保存	リスクアセスメントの記録はリスクアセスメントを実施した場合に作成することが必要となるが、リスクアセスメントの実施頻度は定められているか?	リスクアセスメントの実施時期は今回の改正では変更されておらず、「対象物を原材料などとして新規に採用したり、変更したりするとき」などに該当する場合に実施が義務づけられていますが、実施頻度は定められていません。 そのため、記録保管期間は、次にリスクアセスメントを行うまでの期間(ただし3年以内に次のリスクアセスメントを行ったときは3年間)となります。
1-7-1	1-7. 化学物質労災発生事業場等への監督署長による指示	新たに設けられた「化学物質管理専門家」の要件は?	化学物質管理専門家の要件は「労働安全衛生規則第三十四条の二の十二第二項等の規定に基づき厚生労働大臣が定める者(令和4年厚生労働省告示第274号)」によって次の要件が定められています。 ・労働衛生コンサルタント試験(労働衛生工学に限る)に合格し、安衛法第八十四条第一項の登録を受けた者で、5年以上化学物質の管理に係る業務に従事した経験を有するもの ・安衛法第十二条第一項の規定による衛生管理者のうち、衛生工学衛生管理者免許を受けた者で、その後8年以上安衛法第十条第一項各号の業務のうち衛生に係る技術的事項で衛生工学に関するものの管理の業務に従事した経験を有するもの ・作業環境測定士で、その後6年以上作業環境測定士としてその業務に従事した経験を有し、かつ、厚生労働省労働基準局長が定める講習を修了したもの ・上記と同等以上の能力を有すると認められる者として通達に定められた次のもの 　- 安衛法第82条第1項の労働安全コンサルタント試験(化学に限る)に合格し、法第84条第1項の登録を受けた者であって、その後5年以上化学物質に係る法第81条第1項に定める業務(専門家告示(粉じん則)第4号においては、粉じんに係る法第81条第1項に定める業務)に従事した経験を有するもの 　- 一般社団法人日本労働安全衛生コンサルタント会が運用している「生涯研修制度」によるCIH(Certified Industrial Hygiene Consultant)労働衛生コンサルタントの称号の使用を許可されているもの 　- 公益社団法人日本作業環境測定協会の認定オキュペイショナル・ハイジニスト又は国際オキュペイショナル・ハイジニスト協会(IOHA)の国別認証を受けている海外のオキュペイショナル・ハイジニスト若しくはインダストリアル・ハイジニストの資格を有する者 　- 公益社団法人日本作業環境測定協会の作業環境測定インストラクターに認定されている者 　- 労働災害防止団体法第12条の衛生管理士(法第83条第1項の労働衛生コンサルタント試験(労働衛生工学に限る)に合格した者に限る)に選任された者であって、5年以上労働災害防止団体法第11条第1項の業務又は化学物質の管理に係る業務を行った経験を有する者
1-7-2	1-7. 化学物質労災発生事業場等への監督署長による指示	監督署長からの指示を受けた場合に相談・助言・指導を受けることが義務付けられた「化学物質管理専門家」は、指示を受けた事業者が任命するのか?	事業者が自ら化学物質管理専門家に助言等を依頼することになります。
1-7-3	1-7. 化学物質労災発生事業場等への監督署長による指示	監督署長からの指示を受けた場合に相談・助言・指導を受けることが義務付けられた「化学物質管理専門家」は、要件を満たせば事業場内の人でよいか?	化学物質による労働災害が発生した事業場等に対し、労働基準監督署長が改善の指示を行ったときは、事業者は、化学物質管理専門家からの助言等を受けなければなりません。この場合の化学物質管理専門家において、所属は問いませんが、客観的な判断を行う必要があるため、事業場に属さない者(同一法人の別事業場に所属する化学物質管理専門家を含む)であることが望ましいです。

A2.11

No	ジャンル	質問	回答
1-7-4	1-7. 化学物質労災発生事業場等への監督署長による指示	「化学物質による労働災害が発生した、又はそのおそれのある事業場」の対象は、化学物質による健康障害のことであって、物質による切創や、不活性ガスによる酸欠労働災害は含まないと考えてよいか。また、過去労働者における石綿やじん肺等の労災認定も含まれるか？	「化学物質による労働災害」には、物質による切創等のけがは含まれませんが、一酸化炭素や硫化水素等による酸欠、化学物質（石綿を含む。）による急性又は慢性中毒、がん等の疾病は含みます。また、粉じん状の化学物質による中毒等は化学物質による労働災害に含まれますが、粉じんの物理的性質による疾病であるじん肺は含まれません。
1-8-1	1-8. リスクアセスメント等に基づく健康診断の実施・記録作成等	「労働者が厚生労働大臣が定める濃度基準を超えてばく露したおそれがあるときは、速やかに医師等による健康診断を行うこと」とあるが、濃度基準を超過したことを常時測定することは困難であるが、どのように判断すべきか？	「厚生労働大臣が定める濃度の基準を超えてリスクアセスメント対象物にばく露したおそれがあるとき」とは、ばく露濃度の常時測定を求めるという趣旨ではなく、例えば、リスクアセスメントにおける実測（数理モデルで推計した呼吸域の濃度が濃度基準値の2分の1程度を超える等により事業者が行う確認測定（化学物質による健康障害防止のための濃度の基準の適用等に関する技術上の指針（令和5年4月27日付け技術上の指針公示第24号））の濃度を含む。）、数理モデルによる呼吸域の濃度の推計又は定期的な濃度測定による呼吸域の濃度が、濃度基準値を超えていることから、労働者のばく露の程度を濃度基準値以下に抑制するために局所排気装置等の工学的措置の実施又は呼吸用保護具の使用等の対策を講じる必要があるにも関わらず、工学的措置が適切に実施されていない（局所排気装置が正常に稼働していない等）ことが判明した場合、労働者が必要な呼吸用保護具を使用していないことが判明した場合、労働者による呼吸用保護具の使用方法が不適切で要求防護係数が満たされていないと考えられる場合その他の工学的措置や呼吸用保護具でのばく露の制御が不十分な状況が生じていることが判明した場合及び漏洩事故等により、濃度基準値がある物質に大量ばく露した場合が含まれます。詳しくは、「リスクアセスメント対象物健康診断に関するガイドライン」（令和5年10月17日付け基発1017第1号）をご覧ください。 〈リスクアセスメント対象物健康診断に関するガイドライン〉 https://www.mhlw.go.jp/content/11300000/001161296.pdf
1-8-2	1-8. リスクアセスメント等に基づく健康診断の実施・記録作成等	リスクアセスメント対象物の健康診断の実施は事業者の判断で実施要否を決めればよいか？	リスクアセスメント対象物の健康診断は、リスクアセスメントの結果に基づき、衛生委員会等において関係労働者の意見を聴き、リスクの程度に応じて健康診断の実施を事業者が判断することとしています。なお、リスクアセスメント対象物健康診断については、「リスクアセスメント対象物健康診断に関するガイドライン」も併せてご参考にしてください。 〈リスクアセスメント対象物健康診断に関するガイドライン〉 https://www.mhlw.go.jp/content/11300000/001161296.pdf
1-8-3	1-8. リスクアセスメント等に基づく健康診断の実施・記録作成等	リスクアセスメント対象物の健康診断結果の記録保存は、電子データによる保存も可能か？	厚生労働省の所管する法令の規定に基づく民間事業者等が行う書面の保存等における情報通信の技術の利用に関する省令の改正により、リスクアセスメント対象物の健康診断をはじめとする各種の記録は、電子データによる保存も可能です。上記のほか、リスクアセスメント対象物健康診断に関するFAQについては、以下もご覧ください。 以下のURL→よくあるお問合せ→リスクアセスメント対象物健康診断に関するQ&A 参照 https://www.mhlw.go.jp/stf/seisakunitsuite/bunya/0000099121_00005.html

A2.11

No	ジャンル	質問	回答
2-1-1	2-1. 化学物質管理者の選任義務化	新たに選任が求められた化学物質管理者はどのような職務を遂行することが求められるのか？	化学物質管理者は、リスクアセスメントの実施に関すること等の化学物質の管理に係る技術的事項を管理する者であり、事業者の責任において選任するものです。具体的な業務範囲は改正安衛則第12条の5において、以下の事項と規定しております。 1．ラベル表示及び SDS 交付に関すること。 2．リスクアセスメントの実施に関すること。 3．リスクアセスメントの結果等に基づき事業者が講ずる措置の内容及びその実施に関すること。 4．リスクアセスメント対象物を原因とする労働災害が発生した場合の対応に関すること。 5．リスクアセスメントの結果の記録の作成及び保存並びにその周知に関すること。 6．リスクアセスメントの結果等に基づき事業者が講じた措置の状況等の記録の作成及び保存並びにその周知に関すること。 7．1から4までの事項の管理を実施するに当たっての労働者に対する必要な教育に関すること。 なお、化学物質管埋者に求められる業務は、上記業務を「管理」することであって、実際の業務を必ずしも自らが行う必要はありません。これらの業務は、従前の担当者が引き続き行い、化学物質管理者はその業務を管理する役割として位置づけられます。
2-1-2	2-1. 化学物質管理者の選任義務化	化学物質管理者は、業務の「管理」が求められることから、役職者から選任する必要があるか？ また他の職務との兼任や外部委託は認められるか？	化学物質管理者の選任に当たっては、当該管理者が実施すべき業務をなし得る権限を付与する必要があり、事業場において相応するそれらの権限を有する役職に就いている者を選任することが望ましいと考えます。 また、化学物質管理者の職務を適切に行える範囲であれば、その他の職務と兼務することは差し支えありません。一方、化学物質管理者が実施すべき業務に必要な権限を付与する必要があることから、事業場内の労働者から選任することが原則となります。
2-1-3	2-1. 化学物質管理者の選任義務化	工場でリスクアセスメント対象物を製造し、別事業場でラベル・SDS を作成している場合や、海外からリスクアセスメント対象物を輸入し、ラベル・SDS を作成している場合等、ラベル・SDS の作成のみを行う事業場も、化学物質管理者の選任が必要か？	リスクアセスメント対象物の製造又は取り扱いを行っていない場合でも、リスクアセスメント対象物の譲渡又は提供を行っている事業場や、リスクアセスメント対象物を製造する事業場とは別の事業場でラベル・SDS を作成している場合は、当該ラベル・SDS 作成を行う事業場においても化学物質管理者の選任が必要となります。 ただし、リスクアセスメント対象物を製造する事業場には該当しませんので、化学物質管理者の選任に当たって、特段の資格要件は設けませんが、厚生労働大臣が定める化学物質の管理に関する講習を受講することを推奨しています。 また、事業場内で混合・調合して（化学変化を伴うものを含む）そのまま消費する場合も、物を製造して出荷しているわけではないので、「リスクアセスメント対象物の製造事業場」に該当しません。
2-1-4	2-1. 化学物質管理者の選任義務化	化学物質管理者の選任において、リスクアセスメント対象物の製造事業場では専門的講習の受講が必要だが、リスクアセスメント対象物の小分けや破砕を行う事業場は製造事業場に該当するか？	譲渡提供を目的として、混合や精製など、化学品の組成の変更を伴う作業を行う事業場は製造事業場に該当するため、化学物質管理者の選任にあたっては、専門的講習の受講が必要になります。一方、小分け・破砕は「取扱い」に該当し、化学物質管理者の資格要件はありません。

A2.11

No	ジャンル	質問	回答
2-1-5	2-1. 化学物質管理者の選任義務化	化学物質の取扱いがなく、またラベル・SDSに関する業務にもかかわりがないもののリスクアセスメント対象物を販売している営業所等の事業場も「譲渡・提供を行う事業場」に該当し化学物質管理者の選任が必要か？	化学物質管理者の選任が必要な「リスクアセスメント対象物の譲渡・提供を行う事業場（製造又は取り扱う事業場を除く。）」とは、製造・取扱いは行わないが、ラベル・SDSの作成やその管理等を行っている事業場のことを指します。 「支店・営業所」等の名称で判断するものではなく、実態による判断となりますが、いわゆる営業窓口のみで実態として化学物質管理を行っていない事業場については、選任義務はありません。
2-1-6	2-1. 化学物質管理者の選任義務化	リスクアセスメント対象物を譲渡提供する事業場（業種・規模要件なし）において、化学物質管理者の選任が必要となりましたが、リスクアセスメント対象物を直接取り扱っていない場合においても化学物質管理者の選任は必要か。	リスクアセスメント対象物を直接取り扱っていなくても、リスクアセスメント対象物の譲渡提供を行っている事業場では化学物質管理者の選任が必要となります。 ただし、例えば、本社にてラベル・SDSの作成等をまとめて行っており、支社等においてラベル・SDSの作成等を行っていない場合は、支社等において化学物質管理者の職務を行うことができないため、支社等で化学物質管理者の選任は不要となります。ただし、本社において選任した化学物質管理者が、支社等も含めた化学物質の管理を行う必要があります。
2-1-7	2-1. 化学物質管理者の選任義務化	化学物質管理者の専門的講習は、どのような組織かとのような内容で実施するのでしょうか？	講習機関に対する登録等の規定はありませんので、どのような機関が講習を実施するかを国が把握する制度にはなっていません。これまで労働安全衛生法関連の講習を実施してきた機関等で講習が開催されています。 また、化学物質管理者の専門的講習の内容については、「労働安全衛生規則第十二条の五第三項第二号イの規定に基づき厚生労働大臣が定める化学物質の管理に関する講習（令和4年厚生労働省告示第276号）」で次のように定めています。 ・化学物質の危険性及び有害性並びに表示等：2.5時間 ・化学物質の危険性又は有害性等の調査：3.0時間 ・化学物質の危険性又は有害性等の調査の結果に基づく措置等その他必要な記録等：2.0時間 ・化学物質を原因とする災害発生の対応：0.5時間 ・関係法令：1.0時間 ・化学物質の危険性又は有害性等の調査の結果に基づく措置等に関する実習：3.0時間
2-1-8	2-1. 化学物質管理者の選任義務化	化学物質管理者の専門的講習を自社で行うことは可能か？　その場合の要件は？	自社で講習を実施していただいてもかまいません。ただし、自社で実施する場合も、「労働安全衛生規則第十二条の五第三項第二号イの規定に基づき厚生労働大臣が定める化学物質の管理に関する講習（令和4年厚生労働省告示第276号）」で定める講義、実習、講師の規定を遵守する必要があります。
2-1-9	2-1. 化学物質管理者の選任義務化	化学物質管理者や保護具着用管理責任者の選任について、労働基準監督署への届出が必要か？	化学物質管理者や保護具着用管理責任者の選任にあたり、労働基準監督署への届出は不要です。ただし、選任した時には氏名の掲示や腕章、イントラネット等によって関係する労働者に周知することが必要です。

A2.11

No	ジャンル	質問	回答
2-1-10	2-1. 化学物質管理者や保護具着用管理責任者の選任義務化	化学物質管理者や保護具着用管理責任者の選任に関して、少量（年間 100 ml 程度）の対象物質（エタノール、アンモニア、塩酸等）を理科の授業で取り扱う小学校や中学校も対象か？	小学校や中学校などで働く地方公務員に対する労働安全衛生法の適用に関して、地方公務員法第 58 条第 2 項では、第 2 章（第 6 条から第 9 条）のみが適用除外となっており、労働安全衛生法第 22 条を根拠条文とする化学物質管理者や保護具着用管理責任者の選任に関しては地方公務員に対しても適用されます。 化学物質管理者は、リスクアセスメント対象物を取り扱う等をする事業場であれば選任する必要があります。 保護具着用管理責任者は、リスクアセスメントに基づく措置として労働者に保護具を使用させる事業場や、作業環境測定の結果、評価の区分が第三管理区分から改善することができない事業場で労働者に保護具を使用させる場合には選任する必要があり、「保護具に関する知識及び経験を有すると認められる者」から選任できない場合には保護具着用管理責任者教育を受講することが必要となります。取扱状況による法令の適用につきましては、所轄の労働基準監督署にご相談ください。
2-2-1	2-2. 保護具着用責任者の選任義務化	保護具着用管理責任者はすべての事業場で選任する必要があるか？	保護具着用管理責任者は、 ・リスクアセスメント対象物を製造し、又は取り扱う事業場であって、リスクアセスメントの結果に基づく措置として労働者に保護具を使用させる場合 ・特化則や有機則等の特別則における、第三管理区分作業場について、作業環境の改善が困難と判断された等の場合 には、選任が必要です。 保護具着用管理責任者は、業種や規模にかかわらず、上記に該当する全ての事業場で選任しなければならないものであり、適切に職務が行える範囲で選任・配置する必要があります。
2-2-2	2-2. 保護具着用責任者の選任義務化	保護具着用管理責任者の選任に必要な要件は？	保護具着用管理責任者は「保護具に関する知識及び経験を有すると認められる者」から選任する必要があります。具体的には「労働安全衛生規則等の一部を改正する省令等の施行について（令和 4 年 5 月 31 日付け基発 0531 第 9 号）（令和 4 年 9 月 7 日一部改正）」において、化学物質管理専門家、作業環境管理専門家、労働衛生コンサルタント、第一種衛生管理者、作業主任者等の資格者に加え、安全衛生推進者の講習を修了した者が挙げられています。 また、上記該当者を選任することができない場合には、「保護具の管理に関する教育を受講した者」からの選任も可能となっています。 なお、「保護具の管理に関する教育」については、「保護具着用管理責任者に対する教育の実施について（令和 4 年 12 月 26 日付け基安化発 1226 第 1 号）」によって、次のカリキュラムが示されています。 ・保護具着用管理：0.5 時間 ・保護具に関する知識：3.0 時間 ・労働災害に関する知識：1.0 時間 ・関係法令：0.5 時間 ・保護具の使用方法等（実技）：1.0 時間
2-2-3	2-2. 保護具着用責任者の選任義務化	保護具着用管理責任者は化学物質管理者等との兼務は可能か？	保護具着用管理責任者は、適切に職務が行える範囲であれば、化学物質管理者や作業主任者等と兼務することは差し支えありません。また、適切に職務が行える範囲で、それぞれの作業場所等で複数の保護具着用管理責任者を選任・配置することも差し支えありません。 ただし、特化則や有機則等の特別規則における第三管理区分作業場において、作業環境の改善が困難と判断された場合等の措置として保護具着用管理責任者を選任する場合は、作業主任者が保護具着用管理責任者と兼務することはできません。

A2.11

No	ジャンル	質問	回答
2-3-1	2-3. 雇い入れ時等教育の拡充	雇い入れ時等教育の拡充に関して、事務職等化学物質を取り扱うことがない労働者も教育対象か?	雇入れ時教育につきましては、次の1〜4の事項について、これまで特定の業種においては、省略することが認められておりましたが、令和6年4月以降は実施することが義務付けられます。 1．機械等、原材料等の危険性又は有害性及びこれらの取り扱い方法に関すること 2．安全装置、有害物抑制装置又は保護具の性能及びこれらの取り扱い方法に関すること 3．作業手順に関すること 4．作業開始時の点検に関すること 労働者が従事する業務に応じて、必要な教育を実施していただくことになります。従いまして、事務職などで全く化学物質を取扱うことがない労働者については、化学物質に関係する教育の内容は、省略されても構いません。
2-4-1	2-4. 職長等に対する安全衛生教育が必要となる業種の拡大	新たに「食品製造業」および「新聞業、出版業、製本業及び印刷物加工業」が職長教育の対象となったが、従来対象となっていた他製造業等と同様の教育が必要か?	新たに指定された「食品製造業」および「新聞業、出版業、製本業及び印刷物加工業」の職長についても、労働災害防止のため最低限必要な教育として、労働安全衛生規則第40条第2項に規定された次の教育を受けることが必要です。ただし、実際の教育内容は各事業場の作業に応じた内容を実施する必要があります。 ・作業方法の決定及び労働者の配置に関する事項：2.0時間 ・指導及び教育の方法、労働者に対する指導又は作業中における監督の方法に関する事項：2.5時間 ・危険性又は有害性等の調査及びその結果に基づき講ずる措置に関する事項：4.0時間 ・異常時等における措置に関する事項：1.5時間 ・その他現場監督者として行うべき労働災害防止活動に関する事項：2.0時間
3-1-1	3-1. SDS等による通知方法の柔軟化	SDSをホームページに掲載することで提供する場合、ホームページに掲載すれば通知したとみなされるか?　それともホームページへの掲載に加えメール等でホームページのリンク等を譲渡・提供先に通知することは必要か?	ホームページにSDSを掲載する場合、リンク先をメールや二次元コード等で相手側に通知し閲覧を求めることが必要です。
3-1-2	3-1. SDS等による通知方法の柔軟化	流通事業者がSDSを交付する際、製造元、輸入元、販売元のSDSを閲覧できるホームページのアドレスをメール等で伝達することにより通知する方法は可能か?	可能です。例えば、流通事業者においては、製造・輸入元のホームページのアドレスの伝達とあわせて自社の名称、住所及び電話番号をメール等で伝達する方法や、製造・輸入元のSDSに自社の名称、住所及び電話番号を併記したものを自社のホームページに掲載し、そのアドレスを伝達し、閲覧を求める方法などが考えられます。
3-1-3	3-1. SDS等による通知方法の柔軟化	SDSをホームページに掲載する場合や電子メールで提供する場合、交付したことを示す記録保管は必要か?	法令上、SDSの提供元においてホームページからのダウンロードや電子メールの送信記録に関する保管義務はありません。各事業者で管理上の必要に応じて保存の要否を判断してください。
3-2-1	3-2.「人体に及ぼす作用」の定期確認及び更新	人体に及ぼす作用とは具体的にSDSのどの項目を指すのか?	人体に及ぼす作用とは、JIS Z 7253に沿ったSDSの項目では「11. 有害性情報」が該当します。また、「11. 有害性情報」の更新に伴って、必要に応じて「2. 危険有害性の要約」や「8. ばく露防止及び保護措置」の更新が必要となる場合があります。

A2.11

A2.11

No	ジャンル	質問	回答
3-2-2	3-2.「人体に及ぼす作用」の定期確認及び更新	SDS の 5 年以内ごとの記載内容の変更の要否の確認において、変更が必要な場合には 1 年以内に更新することが義務付けられるが、ラベル表示についても 1 年以内に更新することが必要か？	ラベル表示については、在庫について一定期間内に全て貼り替えることが困難と考えられることから、法令で一律に更新の義務は定めていませんが、在庫が切り替わるタイミングで新たなラベル表示をお願いします。
3-2-3	3-2.「人体に及ぼす作用」の定期確認及び更新	SDS の 5 年以内ごとの記載内容の変更の要否の確認において、変更の必要がないことを確認した場合は、SDS を更新しなくてよいか？その場合、確認結果を譲渡提供先に通知することなく従来の SDS を使用し続けてよいか？	SDS の記載内容の変更の要否を確認した結果、変更の必要がない場合には SDS を更新する義務はありません。また、SDS の記載内容に変更の必要がない場合は、相手方に通知を行う必要もありません。ただし、各事業者において SDS の改訂情報を管理する上で、変更の必要がないことを確認した日を記録しておくことが望ましいと考えます。
3-2-4	3-2.「人体に及ぼす作用」の定期確認及び更新	「人体に及ぼす作用」の定期的な確認について、施行後に発行する SDS から義務が適用されるのか？	SDS の「人体に及ぼす作用」の 5 年以内ごとの定期的な確認については、施行日前に作成された SDS も対象となります。施行日（令和 5 年 4 月 1 日）時点において現に存する SDS については、施行日から 5 年以内（令和 10 年 3 月 31 日まで）に 1 回目の確認を行う必要があります。
3-2-5	3-2.「人体に及ぼす作用」の定期確認及び更新	SDS 交付対象物以外の化学品で SDS を提供している場合、「人体に及ぼす作用」の定期確認及び更新は義務か？	SDS 交付が努力義務となっている化学品については、「人体に及ぼす作用」の定期確認及び更新も努力義務として位置づけられます。また、主として一般消費者の生活の用に供される製品については、SDS 交付の義務対象から除外されているものであるため、SDS の 5 年に 1 回の確認等の義務はありません。
3-2-6	3-2.「人体に及ぼす作用」の定期確認及び更新	SDS の定期確認および更新の義務は SDS を受領する側の事業者も対象か？	SDS の定期確認および更新の義務は、SDS を提供する側の義務であり、SDS を受領する側の義務ではありません。ただし、SDS を受領する事業者においても、SDS の更新の有無について適宜確認することが望まれます。
3-3-1	3-3. 通知事項の追加及び含有量表示の適正化	SDS の成分及び含有量の記載について、化管法では有効数値 2 桁と定められているが、安衛法では有効数値何桁で記載すべきか？	安衛法関係法令では、SDS に記載する含有量の有効数字の桁数を定めていませんので、各製品の仕様上合理的な桁数で記載してください。ただし、裾切り値がある場合には、裾切り値以下か以上かが分かる形で記載してください。
3-3-2	3-3. 通知事項の追加及び含有量表示の適正化	製品の特性上、含有量に幅が生じる場合でも濃度範囲ではなく、重量パーセントでの数値記載が必須か？	SDS の含有量記載方法については、重量パーセントの数値記載が原則となりますが、製品の特性上、含有量に幅が生じるもの等については、濃度範囲による記載も可能です。濃度範囲で記載する場合は、実際の製品の仕様上合理的な濃度範囲を記載することとなります。
3-3-3	3-3. 通知事項の追加及び含有量表示の適正化	類似製品の SDS を濃度範囲で表記することでまとめて作成することは可能か？	1 製品に対して 1 つの SDS を作成することが原則ですが、含有量が多少異なるものの、危険有害性等 SDS の各項目の内容に変更がないような場合には、合理的な範囲内で 1 つの SDS にまとめ、含有量を濃度範囲で示す方法も考えられます。

No	ジャンル	質問	回答
3-3-4	3-3. 通知事項の追加及び含有量表示の適正化	SDS の通知事項に追加される「想定される用途及び当該用途における使用上の注意」とは、JIS Z 7253：2019 のどの項目に該当するのか？	「JIS Z 7253：2019 附属書 D D.2 項目 1—化学品及び会社情報」には、「必要な場合には、化学品の推奨用途を記載することが望ましい。また、使用上の制限について、安全の観点から可能な限り記載するのが望ましい。」との記載があり、「想定される用途及び当該用途における使用上の注意」は、JIS Z 7253 における化学品の推奨用途と使用上の制限に相当するものです。
3-3-5	3-3. 通知事項の追加及び含有量表示の適正化	SDS に記載する「保護具の種類」はどの程度具体的に記載するのが良いのでしょうか。	「保護具の種類」に記載するのは、推奨用途での使用を想定した場合に、吸入や皮膚接触を防止するための保護具の種類になります。本改正内容に沿った具体的な SDS 記載例を（一社）日本化学工業協会がホームページで公開していますので、その記載例を参考にしてください。 〈（一社）日本化学工業協会 労働安全衛生法政省令改正に対応した SDS 記載例 改訂第 1 版〉 https://www.nikkakyo.org/safety_of_chemical_products/domestic/sds.html
3-3-6	3-3. 通知事項の追加及び含有量表示の適正化	SDS に記載する成分の含有量が営業上の秘密に該当する場合、どのように記載すれば良いか？	成分の含有量が営業上の秘密に該当する場合については、SDS にはその旨を記載（JIS Z 7253 に従って作成した SDS においては、3 項に記載）の上で含有量を 10 パーセント刻みで記載することが可能です。この場合、譲渡提供する相手方から求めがあるときは、秘密保持契約その他秘密の保全のために一般的に必要とされる方法により、相手方の事業場におけるリスクアセスメントの実施に必要な範囲内で、より狭い幅の濃度範囲又は重量パーセントで通知しなければなりません。また、「成分及びその含有量」が営業上の秘密に該当する場合に、SDS にはその旨を記載の上で成分及びその含有量の記載を省略し、秘密保持契約等を結び別途通知することも可能です。ただし、特別規則対象物質については本規定の適用の対象外です。
3-3-7	3-3. 通知事項の追加及び含有量表示の適正化	安衛則第 577 条の 2 の規定に基づくがん原性物質に該当することは、SDS のどの欄に記載すれば良いか？	SDS の適用法令欄に記載をしてください。なお、営業上の秘密として SDS にその旨を記載した場合は、秘密保持契約等を結び別途通知してください。 ○令和 4 年 12 月 26 日付け基発 1226 第 4 号（令和 5 年 4 月 24 日一部改正）記の第 3 4 がん原性物質に該当する旨の SDS 等による通知について 　安衛則第 34 条の 2 の 4 第 4 号（令和 6 年 4 月 1 日以降は第 5 号）の通知事項である「適用される法令」の「法令」には、本告示が含まれること。この場合、リスクアセスメント対象物の名称が包括的な名称で規定されている物質であってそのうち一部の物質が本告示で定めるがん原性物質に該当するものを譲渡し、又は提供するに当たっては、SDS 等に記載する成分の名称は、リスクアセスメント対象物の名称に関わらず、該当するがん原性物質の名称とすること。
3-3-8	3-3. 通知事項の追加及び含有量表示の適正化	安衛則第 577 条の 2 の規定に基づき厚生労働大臣が定める濃度の基準（濃度基準値）は、SDS のどの欄に記載すれば良いか？	管理濃度等と同じく、安衛法第 57 条の 2 第 1 項に基づく通知事項である「貯蔵又は取扱い上の注意」として通知することとなりますので、JIS Z 7253 に基づく SDS の「8. ばく露防止及び保護措置」欄に記載してください。なお、営業上の秘密として SDS にその旨を記載した場合は、秘密保持契約等を結び別途の方法により通知してください。 ○平成 18 年 10 月 20 日付け基安化発第 1020001 号（最終改正令和 6 年 1 月 9 日付け基安化発 0109 第 1 号）記の II 第 1 5 貯蔵又は取扱い上の注意（法第 57 条の 2 第 1 項第 5 号関係） 　(3) 管理濃度、濃度基準値（則第 577 条の 2 第 2 項の厚生労働大臣が定める濃度の基準をいう。）、許容濃度等
3-4-1	3-4. 事業場内別容器保管時の措置の強化	事業場内で別容器等で保管する場合の名称及び人体に及ぼす作用の明示について、容器へのラベル貼付以外にも方法があるか？	事業場内で別容器等で保管する場合の名称及び人体に及ぼす作用の明示については、ラベル表示、SDS の閲覧、使用場所への掲示、必要事項を記載した一覧表の備え付け、記録媒体に記録しその内容を常時確認できる機器を設置すること等、各事業場での取扱い方法に応じて労働者に確実に伝達できる方法で実施してください。例えば、各容器にサンプル番号を付し、番号と名称及び人体に及ぼす作用を別途掲示等する方法も考えられます。

A2.11

No	ジャンル	質問	回答
3-4-2	3-4. 事業場内別容器保管時の措置の強化	計量し他容器に移し替えるが、すぐに作業を行い、保管しないような場合にも明示は必要か？	本規定は、対象物を保管することを目的として容器に入れ、又は包装し、保管する場合に適用されます。保管を行う人と保管された物を取り扱う人が異なる場合の危険有害性の情報伝達が主な目的であるため、他容器に一時的に移し替えるだけで保管せず、その場で使い切る場合等は、保管する場合には該当しないため、対象とはなりません。
3-4-3	3-4. 事業場内別容器保管時の措置の強化	別容器保管時に明示が求められる「人体に及ぼす作用」とはラベル記載項目のどれに該当するか？	「人体に及ぼす作用」は、ラベル記載項目のうち「有害性情報」が該当します。
3-5-1	3-5. 注文者が必要な措置を講じなければならない設備範囲の拡大	通知対象物を製造または取り扱う設備であれば、設備の種類に関係なく、安全衛生確保措置等を記載した文書を請負者に交付しなければならないか？	設備で製造し、又は使用されている物質に通知対象物が含まれている場合は設備の種類に関係なく、注文者は、設備の改造や修理・清掃等の請負人に対して、SDSなど次の事項を記載した文書を交付する必要があります。 ・化学物質の危険性及び有害性 ・作業において注意すべき事項 ・安全衛生確保措置 ・流出その他事故発生時の応急措置
3-5-2	3-5. 注文者が必要な措置を講じなければならない設備範囲の拡大	設備の修理にあたり、請負人が自ら調達した通知対象物についても、注文者としての措置が必要か？	請負人が自ら調達した通知対象物については、請負人がSDS等を受領し、必要な対応を図ることが可能であるため、注文者の措置義務には該当しません。
3-5-3	3-5. 注文者が必要な措置を講じなければならない設備範囲の拡大	通知対象物を取り扱っていない稼働時間外に、改造や修理・清掃等を行う場合でも、注文者としての措置が必要か？	改造や修理等の作業は一般的に稼働時間外に実施されることと想定されますが、その場合であっても通知対象物等による請負人へのばく露が想定されることから、稼働の有無に関わらず、注文者は、請負人に対して法令で定めている事項を記載した文書を交付する必要があります。
4-1-1	4-1. 管理水準良好事業場の特別規則適用除外	特別規則の適用除外の認定要件の1つである「異常所見があると認められる労働者がいなかったこと」というのは、全ての特別則に基づく特殊健康診断結果が対象か？	適用除外の申請を行う対象の特別規則で規定する特殊健康診断結果において、新たに異常所見があると認められる労働者がいないことが要件の1つです。 そのため、適用除外を申請しない特別規則で規定する特殊健康診断結果が認定要件となっているわけではありません。
4-1-2	4-1. 管理水準良好事業場の特別規則適用除外	特別規則の適用除外の認定要件の1つである「化学物質管理専門家の配置」は事業場に専属させる必要があるか？	各事業場に配置する化学物質管理専門家は、当該事業場に専属の者を配置していただく必要があります。
4-1-3	4-1. 管理水準良好事業場の特別規則適用除外	特別規則の適用除外に認定されれば、特別規則のすべての規定から除外されるのか？	認定によって適用が除外される規定は、健康診断、保護具、清掃に関する規定以外の規定が適用除外となります。

A2.11

No	ジャンル	質問	回答
4-1-4	4-1. 管理水準良好事業場の特別規則適用除外	適用除外の認定を受ければ作業環境測定の義務も除外されるが、更新時にも認定時と同様に作業環境測定の結果が求められており、結果として認定後も作業環境測定が必要なのか？	認定時と更新時の作業環境測定に関する要件は次のようになっています。 ・認定時：過去3年間に当該事業場の作業場所について行われた作業環境測定の結果が全て第一管理区分に区分された ・更新時：過去3年間に当該事業場の作業場所に係る作業環境が第一管理区分に相当する水準である このように、更新時には必ずしも作業環境測定の実施が求められているわけではありません。ただし、第一管理区分に相当する水準を維持していることを個人ばく露測定の結果による評価、作業環境測定の結果による評価又は数理モデルによる評価など、何らかの手段で評価し、その評価結果について、当該事業場に属さない化学物質管理専門家の評価を受けることが必要です。
4-2-1	4-2. 特殊健康診断の実施頻度の緩和	特殊健康診断の実施頻度緩和について、条件が満たされれば、事業者において実施頻度緩和のタイミングを決めてよいか。また、労働基準監督署等への届出等は必要か？	特殊健康診断の実施頻度の緩和は一定の要件に該当する旨の情報が揃ったタイミングで、各事業者が労働者ごとに判断して行うこととしています。このため、特殊健康診断の実施頻度の緩和にあたり、所管の労働基準監督署や都道府県労働局に対する届出等を行う必要はありません。
4-2-2	4-2. 特殊健康診断の実施頻度の緩和	屋外作業場の作業に従事する労働者で特殊健康診断の実施対象者の場合も、実施頻度の緩和の規定は適用可能か？	特殊健康診断の実施頻度緩和の規定の適用については、当該業務を行う場所について作業環境測定の実施及びその結果の評価が法令で規定されるもののみを対象としています。したがって、法令で作業環境測定の実施及びその結果の評価が義務付けられていない屋外作業場については、今回の特殊健康診断の実施頻度緩和の対象とはなりません。
4-2-3	4-2. 特殊健康診断の実施頻度の緩和	特殊健康診断の実施頻度緩和の条件の1つに、「直近の健康診断実施日からばく露量に大きな影響を与えるような作業内容の変更がないこと」があるが、大きな影響の有無についての判断基準はあるか？	「ばく露量に大きな影響を与えるような作業内容の変更がないこと」とは、特殊健康診断の実施対象業務に従事する労働者への当該物質のばく露リスクに変更がないということであり、例えばリスクアセスメント対象物の使用量や使用頻度に大きな変更がないこと等が挙げられます。この判断は各事業者が実施することになりますが、判断にあたっては、労働衛生に係る知識又は経験のある医師等の専門家の助言を踏まえて判断することが望ましいものと考えます。
4-2-4	4-2. 特殊健康診断の実施頻度の緩和	特殊健康診断の実施頻度緩和の条件として、直近3回分の作業環境測定および特殊健康診断結果があるが、直近3回分には施行日以前の結果も含めてよいか？	特殊健康診断の実施頻度緩和に係る要件については、施行日前に実施された作業環境測定の評価結果及び特殊健康診断の結果を含んで判断していただいて差し支えありません。
4-3-1	4-3. 第3管理区分事業場の措置強化	作業環境管理専門家が改善困難と判断した場合や、改善に必要な措置を講じても第3管理区分となった場合に、所轄労働基準監督署長への届出はいつまでに実施しなければならないか？	作業環境管理専門家が改善困難と判断した場合や、改善に必要な措置を講じても第三管理区分となった場合においては、さらに測定結果に応じた有効な呼吸用保護具の使用、呼吸用保護具が適切に装着されているかの確認、保護具着用管理責任者の選任等の改善措置を講ずることとしており、当該改善措置を講じたときは、第三管理区分措置状況届を遅滞なく所轄労働基準監督署長に提出する必要があります。

A2.11

No	ジャンル	質問	回答
4-3-2	4-3. 第3管理区分事業場の措置強化	作業環境測定結果が第3管理区分となり、対策実施後第2管理区分となったが、その半年後に再度第3管理区分となった場合も、外部の作業環境管理専門家の意見聴取が必要か？	ご指摘のような場合であっても、特化則第36条の3第1項等の規定により、直ちに必要な対策を行った上で、同条第2項等の規定により濃度の測定を行って評価を行い、その結果が第三管理区分となった場合は、第36条の3の2第1項等の規定により、作業環境管理専門家から意見を聴かなければなりません。
4-3-3	4-3. 第3管理区分事業場の措置強化	作業環境測定結果が第3管理区分の作業場所に対する措置について、作業環境管理専門家が改善困難と判断した場合の個人サンプリング法等による濃度測定や呼吸用保護具の選定について基準はあるか？	作業環境管理専門家が改善困難と判断した場合や、改善に必要な措置を講じても第3管理区分となった場合に義務付けられる濃度測定に基づく呼吸用保護具の使用および装着の確認に関しては「第三管理区分に区分された場所に係る有機溶剤等の濃度の測定の方法等（令和4年厚生労働省告示第341号）」および「第三管理区分に区分された場所に係る有機溶剤等の濃度の測定の方法等に関する告示の施行等について（令和4年11月30日付け基発1130第1号）」によって次のような事項が示されています。 ・濃度測定：濃度測定の方法は「作業環境測定基準に基づく方法」又は「個人ばく露測定における測定方法」とし、その試料採取方法及び分析方法を規定 ・呼吸用保護具の使用：有効な呼吸用保護具は、当該呼吸用保護具に係る要求防護係数を上回る指定防護係数を有するものでなければならないことを規定するとともに、要求防護係数の計算方法及び呼吸用保護具の種類に応じた指定防護係数の値を規定 ・呼吸用保護具の装着の確認：呼吸用保護具を使用する労働者の顔面と当該呼吸用保護具の面体との密着の程度を示す係数（フィットファクタ）が呼吸用保護具の種類に応じた要求フィットファクタを上回っていることを確認することを規定するとともに、フィットファクタの計算方法及び呼吸用保護具の種類に応じた要求フィットファクタの値を規定
4-3-4	4-3. 第3管理区分事業場の措置強化	新たに設けられた「作業環境管理専門家」の要件は？	作業環境管理専門家の要件は「労働安全衛生規則等の一部を改正する省令等の施行について（令和4年5月31日付け基発0531第9号）（令和4年9月7日一部改正）」において、次の要件が示されています。 ・化学物質管理専門家の要件に該当する者 ・労働衛生コンサルタント（労働衛生工学に限る）又は労働安全コンサルタント（化学に限る）であって、3年以上化学物質又は粉じんの管理に係る業務に従事した経験を有する者 ・6年以上、衛生工学衛生管理者としてその業務に従事した経験を有する者 ・衛生管理士（法第83条第1項の労働衛生コンサルタント試験（労働衛生工学に限る）に合格した者に限る）に選任された者であって、3年以上労働災害防止団体法第11条第1項の業務又は化学物質の管理に係る業務を行った経験を有する者 ・6年以上、作業環境測定士としてその業務に従事した経験を有する者 ・4年以上、作業環境測定士としてその業務に従事した経験を有する者であって、公益社団法人日本作業環境測定協会が実施する研修又は講習のうち、同協会が化学物質管理専門家の業務実施に当たり、受講することが適当と定めたものを全て修了した者・オキュペイショナル・ハイジニストの資格又はそれと同等の外国の資格を有する者
4-3-5	4-3. 第3管理区分事業場の措置強化	作業環境管理専門家への意見聴取に関して、事業場内に作業環境管理専門家が在籍する場合でも、外部の作業環境管理専門家からの意見聴取が必要か？	作業環境管理専門家からの意見聴取においては、第三管理区分となる作業場所には局所排気装置の設置等が技術的に困難な場合があり、作業環境を改善するための措置について高度な知見を有する専門家の視点により改善の可否、改善措置の内容について意見を求め、改善の取組等を図ることが趣旨であるため、客観的で幅広い知見に基づく専門的意見が得られるよう、当該事業場に属さない外部の作業環境管理専門家から意見を聴取することが必要です。

A2.11

出典：「化学物質による労働災害防止のための新たな規制（労働安全衛生規則等の一部を改正する省令
　　　（令和 4 年厚生労働省令第 91 号（令和 4 年 5 月 31 日公布））等の内容）に関する Q&A」
　　　（厚生労働省）（https://www.mhlw.go.jp/content/11300000/FAQ_20240228.pdf）をもとに一部
　　　改変

A2.11

A4.1　GHS の概要

A4.1.1　GHS の概要

　GHS は、化学品が本来持つ危険性・有害性（ハザード）をいくつかの項目に分け、それぞれに設定された判定基準に則って分類を行い、この結果をラベル及び SDS で伝達するシステムである。その概要を以下に示す。

策定母体	国際連合　経済社会理事会
名称	Globally Harmonized System of Classification and Labelling of Chemicals
名称（和訳）	化学品の分類および表示に関する世界調和システム
目的	・ひとの健康の維持と環境の保護を促進する ・貿易を容易にする
範囲	・危険有害な全ての化学品。（物品は除く） ・医薬品、食品添加物、化粧品、食物中の残留農薬は、ラベルの対象外。 　（ただし、労働者のばく露の可能性がある作業現場等は、適用範囲内）
分類対象	物理化学的危険性、健康有害性、環境有害性
情報伝達対象	労働者、消費者、輸送関係者、緊急時対応者など
GHS 文書	・国連の GHS 小委員会にて、2 年に一度見直し。2024 年現在、GHS 改訂 10 版が最新版 ・紫色の表紙から「パープルブック」と呼ばれる
GHS 文書の入手	・原文（英語、フランス語、スペイン語、中国語、ロシア語、アラビア語）は UNECE にて無料公開 [*1] ・和訳の PDF 版は公的機関のウェブサイトで無料公開 [*2] ・原文と和訳を併記した冊子版も出版されている（有料）（2024 年 2 月現在改訂 9 版）
情報伝達手段	ラベル及び SDS など
ビルディングブロックアプローチ	・国および関連省庁が、採用する危険性・有害性及び分類区分を選択できるしくみ（選択可能方式） 　（例：急性毒性区分 5 については、日本は不採用）

[*1]　GHS 改訂 9 版原文：https://unece.org/transport/standards/transport/dangerous-goods/ghs-rev9-2021
[*2]　厚生労働省、経済産業省、環境省及び NITE、労働安全衛生総合研究所などの公的機関。インターネットの検索エンジンで「GHS 文書　○版」と検索すると該当ページが表示される。

A4.1

　化学物質の危険性・有害性に関する分類及び表示（ラベル*3 及び SDS）は、それらを安全に管理し、健康障害を防ぐための基礎であるにもかかわらず、世界中で統一されてこなかった。このような状況は、人の健康と環境を守るためにも、また化学物質の貿易という点からも好ましくなかった。そこで化学物質の分類と表示を世界統一のルールで行うためのシステムが開発され、2003 年に国連文書「化学品の分類および表示に関する世界調和システム（Globally Harmonized System of Classification and Labelling of Chemicals: GHS）」として発行された。

　化学物質管理において、化学物質がもともともっている性質である危険性及び有害性をまとめて「危険有害性（hazard）」といっている。この中には爆発や可燃性などの物理化学的危険性、急性毒性や発がん性などの健康有害性、さらに環境有害性などが含まれる。
　GHS は、化学物質の物理化学的危険性及び健康や環境に対する有害性の判定基準と、製品のラベル等や SDS（安全データシート）に記載すべき内容について規定している。この GHS の導入により、従来から使用されてきた容器や包装の危険性・有害性情報に関するラベル内容や SDS の内容が変わった。たとえば、日本の従来のラベルでは、法規制対象物質の限られた危険性・有害性情報が文言（漢字）により表されているが、GHS では基本的にすべての危険性・有害性について記述することが求められ、また絵表示等を用いて危険性・有害性の種類や程度を表すことが求められる。
　さらに GHS は化学物質のリスク管理に必要不可欠な危険性・有害性情報を提供するシステムでもあることから、GHS の理解は化学物質管理に携わるものにとって重要である。危険性や有害性の判定基準の詳細は GHS 文書に記載されている。またその判定は試験結果に基づくが、試験方法の詳細は国際連合「試験方法及び判定基準のマニュアル」や OECD（経済協力開発機構）「毒性試験ガイドライン」等に定められている。
　基本的に化学物質（製品）の危険性・有害性情報の提供は供給者（製造者や輸入業者）によって行われるべきものであり、したがって GHS に基づいた分類やラベル及び SDS の作成は供給者が行う。
　以下、GHS の概要について紹介するが、紙面の制限により詳細は記載できないので、GHS に携わる場合には、GHS 文書を参照のこと。GHS 文書（日本語）は以下のサイトで閲覧およびダウンロードが可能である。〈https://www.jniosh.johas.go.jp/groups/info_center.html〉

A4.1.2　GHS の目的、範囲、適用

　GHS の最終的な目標は、製品の危険性・有害性に関する情報を、それを取り扱う人に正確に伝えることにより、人の安全と健康を確保し、環境を保護することにある。
　この GHS の実施により以下の点が期待されている。
（a）危険性・有害性の情報伝達に関して国際的に理解されやすいシステムの導入によって、人の健康と環境の保護が強化される。
（b）既存のシステムをもたない国々に対し国際的に承認された枠組みが提供される。
（c）データの共有により化学品の試験及び評価の必要性が減少する。

---

*3　GHS では表示（labelling）はラベル及び SDS を包括的に示す場合があるが、労働安全衛生法関連では表示はラベルのことをさす。

(d) 危険性・有害性が国際的に適正に評価され、確認された化学品の国際取引が促進される。

GHS には、化学品を物理化学的危険性及び健康や環境に対する有害性に応じて分類するために調和された判定基準、及びラベルや SDS に関する要件とそれらの情報の伝達に関する事項を含む。現在その分類対象となっている危険性・有害性は以下のとおりである。

・物理化学的危険性：爆発物、可燃性ガス、エアゾール及び加圧下化学品、酸化性ガス、高圧ガス、引火性液体、可燃性固体、自己反応性物質及び混合物、自然発火性液体、自然発火性固体、自己発熱性物質及び混合物、水反応可燃性物質及び混合物、酸化性液体、酸化性固体、有機過酸化物、金属腐食性物質及び混合物、鈍性化爆発物

・健康有害性：急性毒性、皮膚腐食性／刺激性、眼に対する重篤な損傷性／眼刺激性、呼吸器感作性又は皮膚感作性、生殖細胞変異原性、発がん性、生殖毒性、特定標的臓器毒性*4（単回暴露）、特定標的臓器毒性（反復暴露）、誤えん性有害性

・環境有害性：水生環境有害性、オゾン層への有害性

GHS はすべての危険有害な化学品（純粋な化学物質、その希釈溶液、化学物質の混合物）に適用される。ただし、「物品」（例：有害物質が使用されていたとしても、ばく露の原因とならないように封入されているような製品）は除かれる。また、医薬品、食品添加物、化粧品、あるいは食物中の残留農薬は、意図して体内に取り込む行為によるものであることからラベルの対象とはしない。危険性・有害性に関する情報提供の対象者としては消費者、労働者、輸送担当者、緊急時対応者などが含まれる。

A4.1.3　危険性・有害性に関する分類

GHS では危険性・有害性の種類（前項に示された危険性及び有害性）ごとに、その重大性を判定する基準を設定している。表 A4.1.1 に引火性液体、表 A4.1.2 に急性毒性に関する判定基準の例を示す。引火性液体では区分の数値が小さいほど低い温度でも引火し、急性毒性では区分の数値が小さいほどより少ない量で動物が死ぬことを意味している。すなわちこれらの例では、区分の数値が小さいほど危険性・有害性は大きいと言える。また GHS 分類により化学品がある特定の危険性・有害性のどの区分にも該当しない場合、当該危険性・有害性がまったくないということではないことに注意が必要である。引火性液体を例にすると、引火点が93℃を超える化学品は引火性液体とはしない（呼ばない）ということである。

実際、化学品を GHS の判定基準に従って分類する場合には、物質又は混合物についての関連するデータを収集・検討し、判定基準に従って分類する。

GHS では物理化学的な危険性については、基本的に、試験による評価が推奨されている。一方、有害性については分類するための新たな試験データを求めていない。既存のデータを用いて分類を行うことを原則にしている。混合物においても、混合物そのもののデータがない場合には、類似の混合物あるいは混合物の成分のデータを利用して分類を行う。

付録 A4.4 に GHS の各危険性・有害性に関する定義、分類の判定基準及びラベル要素を示した。

---

*4　特定標的臓器毒性：肝毒性、神経毒性など、ここで特記されていない他の臓器やシステムに対する有害性を含む。

表 A4.1.1　引火性液体の判定基準[*5]

区分	判定基準
1	引火点 < 23℃ 及び初留点 ≦ 35℃
2	引火点 < 23℃ 及び初留点 > 35℃
3	23℃ ≦ 引火点 ≦ 60℃
4	60℃ ≦ 引火点 ≦ 93℃

表 A4.1.2　急性毒性区分に関する急性毒性推定値（ATE）[※]及び判定基準[*6]

ばく露経路	区分 1	区分 2	区分 3	区分 4	区分 5
経口（mg/kg 体重）	ATE ≦ 5	5 < ATE ≦ 50	50 < ATE ≦ 300	300 < ATE ≦ 2 000	2 000 < ATE ≦ 5 000
経皮（mg/kg 体重）	ATE ≦ 50	50 < ATE ≦ 200	200 < ATE ≦ 1 000	1 000 < ATE ≦ 2 000	
気体（ppmV）	ATE ≦ 100	100 < ATE ≦ 500	500 < ATE ≦ 2 500	2 500 < ATE ≦ 20 000	
蒸気（mg/L）	ATE ≦ 0.5	0.5 < ATE ≦ 2.0	2.0 < ATE ≦ 10.0	10.0 < ATE ≦ 20.0	
粉塵およびミスト（mg/L）	ATE ≦ 0.05	0.05 < ATE ≦ 0.5	0.5 < ATE ≦ 1.0	1.0 < ATE ≦ 5.0	

※急性毒性推定値（ATE）：半数致死量（LD_{50}）、半数致死濃度（LC_{50}）等の値

A4.1.4　ラベル

　ラベルは製品（化学品）を扱う全ての人が、その製品のもつ危険性・有害性を即座に理解して、安全行動をとることを可能にするために開発された。ラベルでは、GHS での各危険性・有害性の種類及び区分に関する情報を伝達するために、注意喚起語、危険有害性情報、絵表示、注意書き、製品の化学的特定名及び供給者の情報を含む。

　以下にラベルに必要な項目について説明する。

（a）注意喚起語

　注意喚起語には、「危険」と「警告」がある。「危険」はより重大な、「警告」は重大性の低い危険性・有害性および区分に用いられる。両方が該当する場合には「危険」のみ記載する。

（b）危険有害性情報

　製品の危険性・有害性の性質とその程度を示すものである（例、飲み込むと生命に危険）。使用すべき危険有害性情報は GHS 文書に危険性・有害性の種類、区分ごとに記載されている。

（c）絵表示（ピクトグラム）

　図 A4.1.1 に GHS で使用される絵表示と該当する危険性・有害性の種類を示す。

---

*5　出典：GHS 改訂 9 版　表 2.6.1 をもとに作成。
*6　出典：GHS 改訂 9 版　表 3.1.1 をもとに作成。

A4.1

（d）注意書き及び絵表示

「注意書き」は、被害を防止するために取るべき措置について記述した文言及び絵表示（保護具着用の絵など）をいい、「安全対策」、「応急措置」、「貯蔵」、「廃棄」に分かれている。「注意書き」の文言は GHS 文書の附属書に危険性・有害性の種類、区分ごとに記載されている。注意書きの例として、表 A4.1.1 の引火性液体の区分 1 ～ 3、表 A4.1.2 の急性毒性の区分 1 ～ 3 について、それぞれに対応する絵表示のシンボル、注意喚起語、危険有害性情報とともに、GHS 文書から抜粋した。

注意書きは物質がもつ危険性・有害性の種類によっては、特に混合物において、多く該当する場合があるので、ラベル作成者はこれらの文言から、製品の使用者を想定して、必要なものを選択する必要がある。また、保護具等の絵表示は GHS では統一しておらず、各国独自のものを使用することができる。

（e）製品の特定名

化学品の化学的特定名を記載しなければならない。

成分が営業秘密情報に関する所管官庁の判断基準を満たす場合は、その特定名をラベルに記載しなくてもよい（これらの成分が示す危険性・有害性に関する情報は記載しなければならない）。

（f）供給者の特定

物質又は混合物の製造業者又は供給者の名前、住所及び電話番号を記載しなければならない。

　危険性・有害性を表す絵表示については、「どくろ」がある場合には「感嘆符」は使用しないというように優先順位が定められている。これはできるだけ記載の重複をなくし、わかりやすくするための工夫である。

　GHS の特徴は表 A4.1.3 及び A4.1.4 で示したように、危険性・有害性の区分が決定されれば「絵表示」、「注意喚起語」、「危険有害性情報」、「注意書き」等のラベル要素が自動的に決定されることである。

　GHS に基づいて作成したラベル例は図 A4.1.2 に示した。GHS は危険性・有害性に関係する情報の調和（統一）であり、これ以外の情報については規定していない。GHS に規定される情報の邪魔にならないように他の情報（補足情報）もラベルに記載することができる。この例では、関連法規に関する記述がこれに当たる。

A4.1

【爆弾の爆発】
爆発物
自己反応性
有機過酸化物

【炎】
可燃性 / 引火性
自然発火性
自己反応性
自然発熱性
有機過酸化物

【円上の炎】
酸化性

【感嘆符】
急性毒性（低毒性）
皮膚刺激性
眼刺激性
皮膚感作性
特定標的臓器毒性
オゾン層有害性

【どくろ】
急性毒性（高毒性）

【ガスボンベ】
高圧ガス
加圧下化学品

【腐食性】
金属腐食性
皮膚腐食性
眼に対する重篤な損傷性

【健康有害性】
呼吸器感作性
生殖細胞変異原性
発がん性
生殖毒性
特定標的臓器毒性
誤えん有害性

【環境】
水性環境有害性

図 A4.1.1　危険性・有害性を表す絵表示[7]

A4.1

---

[7] 菱形枠は赤色、中のシンボルは黒色が用いられる。危険性・有害性の種類、区分によって使用される絵表示が多少異なるので詳細は GHS 改訂 9 版を参照のこと。

ニセケミカル　Pseudo chemical 　CAS RN.00-00-0		製品の特定名
日本 GHS 株式会社 　東京都○○区○○○○ 　電話：03-3259-0000	成分：ニセケミカル　99％以上 内容量　2kg	供給者名

危険　

注意喚起語絵
表示

引火性の高い液体及び蒸気
吸入すると有毒
強い眼刺激
生殖能又は胎児への悪影響のおそれ
飲み込んで気道に侵入すると有害のおそれ
長期的影響により水生生物に毒性

危険有害性情
報

使用前にすべての安全説明書を入手し、読み、従うこと
熱、高温のもの、火花、裸火および他の着火源から遠ざけること－禁煙
保護手袋、保護眼鏡を着用すること
蒸気を吸入しないこと
屋外又は換気の良い場所でのみ使用すること
取扱い後はよく手を洗うこと
吸入した場合、空気の新鮮な場所に移し、呼吸しやすい姿勢で休息させること
眼に入った場合、水で数分間注意深く洗うこと
飲み込んだ場合、医療処置を受けること
換気の良い場所で保管すること
環境への放出を避けること
内容物を、都道府県の規則に従って廃棄すること

注意書き

医薬用外劇物
火気厳禁　危険物第四類引火性液体　特殊引火物　非水溶性液体

国内関連法規

A4.1

図 A4.1.2　GHS ラベルの例

表 A4.1.3　引火性液体の分類区分 1、2、3 ラベル要素[8]

危険有害性区分	シンボル		注意喚起語	危険有害性情報	
1	炎		危険	H224	極めて引火性の高い液体および蒸気
2	炎		危険	H225	引火性の高い液体および蒸気
3	炎		警告	H226	引火性液体および蒸気

注意書き			
安全対策	応急措置	保管	廃棄
P210 熱、高温のもの、火花、裸火および他の着火源から遠ざけること。禁煙。 P233 容器を密閉しておくこと。 −液体が揮発性で爆発する環境をつくる可能性があるとき P240 容器を接地しアースを取ること。 −液体が揮発性で爆発する環境を作る可能性があるとき P241 防爆型の【電気／換気／照明／…】機器を使用すること。 −液体が揮発性で爆発する環境をつくる可能性があるとき −【】内の文章は、電気機器、換気装置、照明機器あるいは他の機器を特定するために、必要性がある場合に適切に使用される −国内規制でより詳細な規定がある場合にはこの注意書きは省略してもよい P242 火花を発生させない工具を使用すること。 −液体が揮発性で爆発する環境をつくる可能性があるときおよび最少引火エネルギーが非常に低い場合（これは例えば二硫化炭素のように、最少引火エネルギーが 0.1 mJ 未満の物質や混合物に適用される。） P243 静電気放電に対する予防措置を講ずること。 −液体が揮発性で爆発する環境をつくる可能性があるとき −国内規制でより詳細な規定がある場合にはこの注意書きは省略してもよい P280 保護手袋／保護衣／保護眼鏡／保護面／聴覚保護具／…を着用すること。 製造者／供給者または所管官庁が指定する適切な個人用保護具の種類	P303＋P361＋P353 皮膚（または髪）に付着した場合：直ちに汚染された衣類をすべて脱ぐこと。接触部位を流水【またはシャワー】で洗うこと。 −製造者／供給者または所管官庁が特定の化学品に対してそれが適切だとした場合には【】内の文章を含める P370＋P378 火災の場合：消火するために … を使用すること。 −水がリスクを増大させる場合 … 製造者／供給者または所管官庁が指定する適切な手段	P403＋P235 換気の良い場所で保管すること。涼しいところに置くこと。 −引火性液体区分 1 および揮発性があり爆発する環境をつくる可能性がある他の液体	P501 内容物／容器を…に廃棄すること。 …国際／国／都道府県／市町村の規則（明示する）に従って製造者／供給者または所管官庁が指定する内容物、容器またはその両者に適用する廃棄物要件

A4.1

*8　出典：GHS 改訂 9 版 附属書 3 第 3 節 引火性液体の表をもとに作成。

表A4.1.4　急性毒性─経口の区分１、２とラベル要素[9]

危険有害性区分	シンボル	注意喚起語	危険有害性情報	
1	どくろ		危険	H300　飲み込むと生命に危険
2	どくろ		危険	H300　飲み込むと生命に危険
3	どくろ		危険	H301　飲み込むと有毒

注意書き			
安全対策	応急措置	保管	廃棄
P264 取扱後は手【および…】をよく洗うこと。 －製造者／供給者または所管官庁が、取扱後に洗浄する体の他の部分を指定した場合には【】内の文章を用いる P270 この製品を使用する時に、飲食または喫煙をしないこと。	P301+P316 飲み込んだ場合：すぐに救急の医療処置を受けること。 所管官庁または製造者／供給者は、「電話」に続けて、適当な救急時電話番号すなわち適当な救急時医療提供者、例えば中毒センター、救急センターまたは医師などを追加してもよい。 P321 特別な処置が必要である。（このラベルの…を参照） －緊急の解毒剤の投与が必要な場合 …補足的な応急措置の説明 P330 口をすすぐこと	P405 施錠して保管すること。	P501 内容物／容器を…に廃棄すること。 …国際／国／都道府県／市町村の規則（明示する）に従って製造者／供給者または所管官庁が指定する内容物、容器またはその両者に適用する廃棄物要件

A4.1

A4.1.5　SDS

　SDS は労働者の健康を守るために、基本的に製品の供給者（事業者）からその受領者（事業者）への提供を前提として開発されたのものであり、危険性・有害性についての詳細な記述が要求される。SDS は、GHS に基づく物理化学的な危険性や、人の健康又は環境に対する有害性に関する統一された判定基準を満たす全ての物質及び混合物について作成する。混合物のSDS を作成する目安として各有害性に対してカットオフ値が与えられている（表 A4.1.5）。感作性、生殖細胞変異原性（区分1）、発がん性、生殖毒性、については、これらの有害性をもつ成分が 0.1％を超える成分を含む全ての混合物、その他の有害性については 1％を目安にして SDS を作成する。

表 A4.1.5　健康および環境の各危険有害性クラスに対するカットオフ値 / 濃度限界[*10]

危険有害性クラス	カットオフ値 / 濃度限界
急性毒性	1.0％以上
皮膚腐食性 / 刺激性	1.0％以上
眼に対する重篤な損傷性 / 眼刺激性	1.0％以上
呼吸器感作性または皮膚感作性	0.1％以上
生殖細胞変異原性（区分1）	0.1％以上
生殖細胞変異原性（区分2）	1.0％以上
発がん性	0.1％以上
生殖毒性	0.1％以上
特定標的臓器毒性（単回ばく露）	1.0％以上
特定標的臓器毒性（反復ばく露）	1.0％以上
誤えん有害性（区分1）	1.0％以上
誤えん有害性（区分2）	1.0％以上
水生環境有害性	1.0％以上

A4.1

　表 A4.1.6 に SDS に記載しなければならない大項目とそれに関連した小項目を示した。

[*10]　出典：GHS 改訂 9 版　表 1.5.1 をもとに作成。

表 A4.1.6　SDS の必要最少情報[*11]

1.	物質または混合物および会社情報	（a）GHS の製品特定手段 （b）他の特定手段 （c）化学品の推奨用途と使用上の制限 （d）供給者の詳細（社名、住所、電話番号など） （e）緊急時の電話番号
2.	危険有害性の要約	（a）物質 / 混合物の GHS 分類と国 / 地域情報 （b）注意書きも含む GHS ラベル要素。（危険有害性シンボルは、黒と白を用いたシンボルの図による記載またはシンボルの名前、例えば、「炎」、「どくろ」などとして示される場合がある） （c）分類に関係しない（例「粉じん爆発危険性」）または GHS で扱われない他の危険有害性
3.	組成および成分情報	**物質** （a）化学的特定名 （b）慣用名、別名など （c）CAS 番号およびその他の特定名 （d）それ自体が分類され、物質の分類に寄与する不純物および安定化添加物 **混合物** GHS 対象の危険有害性があり、カットオフ値以上で存在するすべての成分の化学名と濃度または濃度範囲 *注記：成分に関する情報については、製品の特定規則より営業秘密情報に関する所管官庁の規則が優先される。*
4.	応急措置	（a）異なるばく露経路、すなわち吸入、皮膚や眼との接触、および経口摂取に従って細分された必要な措置の記述 （b）急性および遅延性の最も重要な症状 / 影響 （c）必要な場合、応急処置および必要とされる特別な処置の指示
5.	火災時の措置	（a）適切な（および不適切な）消火剤 （b）化学品から生じる特定の危険有害性（例えば、「有害燃焼生成物の性質」） （c）消火作業者用の特別な保護具と予防措置
6.	漏出時の措置	（a）人体に対する予防措置、保護具および緊急時措置 （b）環境に対する予防措置 （c）封じ込めおよび浄化方法と機材
7.	取扱いおよび保管上の注意	（a）安全な取扱いのための予防措置 （b）混触危険性等、安全な保管条件
8.	ばく露防止および保護措置	（a）職業ばく露限界値、生物学的限界値等の管理指標 （b）適切な工学的管理 （c）個人用保護具などの個人保護措置
9.	物理的および化学的性質	物理状態； 色； 臭い； 融点 / 凝固点； 沸点または初留点および沸点範囲；

A4.1

[*11]　出典：GHS 改訂 9 版　表 1.5.2 をもとに作成。

表 A4.1.6　SDS の必要最少情報（続き）

		燃焼性； 爆発下限および上限 / 引火限界； 引火点； 自然発火温度； 分解温度； pH； 動粘性率； 溶解度； 分配係数：n-オクタノール / 水（log 値）； 蒸気圧； 密度および / または比重； 蒸気比重； 粒子特性；
10.	安定性および 反応性	（a）反応性 （b）化学的安定性 （c）危険有害反応性の可能性 （d）避けるべき条件（静電放電、衝撃、振動等） （e）混触危険物質 （f）危険有害性のある分解生成物
11.	有害性情報	種々の毒性学的（健康）影響の簡潔だが完全かつ包括的な記述および次のような影響の特定に使用される利用可能なデータ： （a）可能性の高いばく露経路（吸入、経口摂取、皮膚および眼接触）に関する情報 （b）物理的、化学的および毒性学的特性に関係した症状 （c）短期および長期ばく露による遅発および即時影響、ならびに慢性影響 （d）毒性の数値的尺度（急性毒性推定値など）
12.	環境影響情報	（a）生態毒性（利用可能な場合、水生および陸生） （b）残留性と分解性 （c）生物蓄積性 （d）土壌中の移動度 （e）他の有害影響
13.	廃棄上の注意	廃棄残留物の記述とその安全な取扱いに関する情報、汚染容器包装の廃棄方法を含む
14.	輸送上の注意	（a）国連番号 （b）国連品名 （c）輸送における危険有害性クラス （d）容器等級（該当する場合） （e）環境有害性（例：海洋汚染物質（該当 / 非該当）） （f）IMO 文書に基づいたばら積み輸送 （g）使用者が構内もしくは構外の輸送または輸送手段に関連して知る必要がある、または従う必要がある特別の安全対策
15.	適用法令	当該製品に特有の安全、健康および環境に関する規則
16.	SDS の作成と改訂に関する情報を含むその他の情報	

A4.1

A4.1.6　危険物輸送に関する勧告（UNRTDG）

　化学物質の物理化学的危険性については、国際連合から「危険物輸送に関する勧告（United Nations Recommendations on the Transport of Dangerous Goods：UNRTDG）」が 1950 年代にすでに出されており、危険性の分類と表示に関して統一的な基準が世界的に導入されてきた。この UNRTDG は改訂が重ねられ 2024 年現在第 23 版を数える。この文書中には約 3 000 物質について危険性及び急性毒性に関する分類結果が記載されており、GHS の分類作業においても参照できる。UNRTDG は GHS のモデルになり、また危険性についての判定基準は GHS とほぼ一致（爆発物等異なるものもある）しているが、ラベル表示は絵表示のみであるなど輸送関係者に特化したシステムである。図 A4.1.3 に UNRTDG で用いられる絵表示の例を示す。多くの GHS で使用している黒いシンボルは UNRTDG 由来であることがわかる。日本でも船舶あるいは航空輸送では UNRTDG が導入されているが、陸上輸送では導入されていないので、これらの絵表示は一般にはなじみが薄い。なお、GHS では、UNRTDG も輸送分野における GHS の一つであると位置付けている。

　危険物輸送に関する勧告（日本語）は以下のウェブサイトで閲覧及びダウンロードが可能である。〈https://www.jniosh.johas.go.jp/groups/info_center.html〉

図 A4.1.3　危険物輸送に関する勧告で用いられる絵表示例

A4.1.7　日本産業規格（JIS）及び GHS 等の邦訳出版

　2001 年に GHS 省庁連絡会議が開催され、GHS と日本の法令との違いが検討された。日本には GHS をそのまま導入できる制度、すなわち危険性・有害性情報の伝達を目的とした法令がなかったこと、また GHS は膨大な文書からなっていること、2 年毎に改訂されること等から、これを法令ではなく JIS（日本産業規格、当時は日本工業規格）にして活用することが発案された。一般社団法人日本化学工業協会が事務局となり下記のように JIS を順次制定・改正して

いった。国内法令との整合性、制定に要する時間的な制約、業界等からの意見等もふまえ
GHS の内容を、SDS、表示、分類にわけて JIS にすることが合意された。

規格番号	規格名称	公示履歴
JIS Z 7250：2000	化学物質等安全データシート（MSDS）―第1部：内容及び項目の順序	制定（2000 年 2 月 20 日）
JIS Z 7250：2005		改正（2005 年 12 月 20 日）
JIS Z 7250：2010	化学物質等安全データシート（MSDS）―内容及び項目の順序	改正（2010 年 10 月 20 日）→廃止（2012 年 3 月 25 日）JIS Z 7253：2012 へ移行
JIS Z 7251：2006	GHS に基づく化学物質等の表示	制定（2006 年 3 月 25 日）
JIS Z 7251：2010		改正（2010 年 10 月 20 日）→廃止（2012 年 3 月 25 日）JIS Z 7253：2012 へ移行
JIS Z 7252：2009	GHS に基づく化学物質等の分類方法	制定（2009 年 10 月 20 日）
JIS Z 7252：2014	GHS に基づく化学品の分類方法	改正（2014 年 3 月 25 日）
JIS Z 7252：2019		改正（2019 年 5 月 25 日）
JIS Z 7253：2012	GHS に基づく化学品の危険有害性情報の伝達方法―ラベル，作業場内の表示及び安全データシート（SDS）	制定（2012 年 3 月 25 日）
JIS Z 7253：2019		改正（2019 年 5 月 25 日）

　化学物質安全データシート（MSDS）は、1992 年から 1993 年にかけて通商産業省、厚生省、労働省がこれに関する告示を策定・公表し、2000 年には「労働安全衛生法」により、また2001 年には「化学物質排出把握管理促進法」及び「毒物及び劇物取締法」により交付が義務となった。労働安全衛生法、化学物質排出把握管理促進法及び毒物及び劇物取締法の 3 法による MSDS 交付義務対象物質は合計で約 1 400 であった。

　2005 年当時、SDS は MSDS と呼ばれ、その形式は国際標準化機構（ISO 11014：1994）に基づくものであった。そのような状況で JIS Z 7250：2005 が制定されたが、基本的には ISOに基づいた形式を踏襲することになった。その後 2009 年には ISO 11014 が GHS に合わせて改訂された。

　JIS Z 7250：2005 及び JIS Z 7251：2006 は、MSDS 及びラベルの記載項目についてのみ規定したものであった。つまり情報の伝達については規定していなかった。これは前述したように、法令での情報伝達に関する規定の不備を反映しているともいえる。

　その後、労働安全衛生法及び化学物質排出把握管理促進法で「GHS 分類により危険性・有害性を有する化学物質について譲渡・提供時の SDS の提供及び表示（事業場内表示含む）について努力義務化する」という考え方が示され、情報伝達に関する手順も追加したうえで、この JIS を関連法令の共通プラットホームにするという方向が定まった。そして情報伝達の基本的考え方、SDS、ラベルを含めた JIS Z 7253：2012 が制定された。この制定により JIS Z 7250及び JIS Z 7251 は 2012 年 3 月 25 日に廃止された。暫定措置として、2015 年 12 月 31 日までは、JIS Z 7250：2005 又は JIS Z 7250：2010 に従って化管法 SDS を作成してもよく、それ以降、2016 年 12 月 31 日までは、JIS Z 7250：2010 に従って SDS を作成してもよいとした。また、ラベルについては、2015 年 12 月 31 日までは、JIS Z 7251：2006 又は JIS Z 7251：2010 に従っ

てラベルを作成してもよく、それ以降、2016 年 12 月 31 日までは、JIS Z 7251：2010 に従っ
てラベルを作成してもよいとした。現在これらの暫定期間はすでに終了している。

　　JIS Z 7252：2009（分類）の制定は少し遅れた。この理由として日本には危険性・有害性を
包括的に分類するシステムが存在していなかったことがあげられる。また本 JIS には物理化学
的危険性は含まれていなかった。これは工業界からの消防法等とのダブルスタンダードになる
懸念が強く示されたことが理由としてあげられる。その後 2014 年にこれが改正され（JIS Z
7252：2014）物理化学的危険性も入ることになった。GHS の導入以降労働安全衛生法等の改
正も行われ、GHS による危険性・有害性情報の伝達が重要性を増してきたこと、諸外国との
整合性をはかる必要性があること、さらに情報の伝達は施設要件等とはかかわりなく可能であ
ることが理解されたためである。

　　これまで GHS が一部の法令及び JIS に導入されてきた経緯について述べたが、これらが実
行されるためには準備が必要であった。2001 年には GHS 関係省庁連絡会議が開催され、厚生
労働省、経済産業省、環境省、総務省消防庁、内閣府消費者庁、農林水産省、国土交通省、外
務省、一般社団法人日本化学工業協会、独立行政法人製品評価技術基盤機構、GHS 関連の専
門家が参加した。そこではまず GHS に関する情報共有、GHS 専門家小委員会に対する対処方
針の作成及び化学物質に関する各省の法令と GHS との相違を明確にする作業が行われた。ま
た、2003 年に発行された国連勧告 GHS 初版（英語版）の邦訳は GHS 関係省庁連絡会議仮訳
とすることにした。これは、GHS は法令との係わりが避けてとおれないとの認識から、その
邦訳には行政がかかわるべきであり、法令用語も勘案するべきであると考えたからである。こ
の省庁連絡会議はその後継続され、年間 2 ～ 4 回開催されている。また GHS が改訂されるた
びに邦訳版が GHS 関係省庁連絡会議訳として出版されている。その他 GHS に関連した勧告等
図書の邦訳も行われ、GHS が法令に導入される際に情報不足とならないような準備がなされ
た。以下の書籍の一部邦訳及び編集を筆者が担当している。これらすべてにおいて英語と日本
語が併記されているが、よりよい邦訳とするために読者からの意見を反映させるための方策で
もある。

> 化学品の分類および表示に関する世界調和システム（GHS）初版（2005 年）～改訂第 9
　版（2021 年）
> OECD 毒性試験ガイドライン（2010 年）、同追録版（2011 年）
> 危険物輸送に関する勧告・モデル規則　第 15 版（2007 年）、第 17 版、第 19 版、第 21 版、
　第 22 版（2021 年）
> 危険物輸送に関する勧告　試験方法及び判定基準のマニュアル　第 5 版（2012 年）
> 試験方法及び判定基準のマニュアル　第 7 版（2019 年）（タイトル「危険物輸送に関する
　勧告」は削除された）

　　これらは GHS とは深いかかわりをもつが、邦訳された書籍として出版されていなかった。
OECD 毒性試験ガイドラインは GHS の健康有害性及び環境有害性に関する分類判定に必要な
データを取るための試験方法を記載している。危険物輸送に関する勧告・モデル規則は GHS
の物理化学的危険性の大本であり、試験方法及び判定基準のマニュアルではその試験方法及び
判定基準を定めている。

　　日本には GHS をそのまま導入できる法令がなかったと述べたが、GHS のモデルともなった
国連危険物輸送に関する勧告（UNRTDG）は航空法施行規則、危険物船舶運送及び貯蔵規則

関連に導入されている。しかしこの危険物輸送に関する勧告は陸上輸送関連法令（例えば道路法など）には導入されていない。このことは GHS を我が国に導入する際に絵表示の理解度等が問題視されることにもつながった。欧米では危険物輸送に関する勧告は陸上輸送にも導入されており、絵表示に使用されているシンボル（どくろ、炎など）は広く理解されている。

ワンポイント解説　危険性・有害性の情報伝達に関する罰則について

　各国で化学物質の危険性・有害性に関する情報伝達（ラベル及び SDS）は供給者の義務として定められているが、情報伝達内容そのものの不備に対して罰則が科せられることは希有のようである。欧米においては情報伝達の不備が問われるのは、実際労働災害等が起きた場合であり、情報伝達の不備がその災害の原因になったかどうかが検証されるとのことである（編著者が GHS 専門家小委員会のメンバーから得た情報）。日本では労働安全衛生法第 119 条の 3 で、「第 57 条第 1 項の規定による表示をせず、若しくは虚偽の表示をし、又は同条第 2 項の規定による文書を交付せず、若しくは虚偽の文書を交付した者」は 6 月以下の懲役又は 50 万円以下の罰金に処する、とある。編著者が調べた範囲では、この罰則が適用された例はなかった。しかしながら労働安全衛生法第 57 条に GHS を導入できない理由として真っ先にあげられたのは、この罰則であった。

　GHS の導入に際しては大きな障害となったラベル表示の罰則規定であったが、現在は労働者への情報伝達すなわちラベルの理解を進める上では大きな力になり得ると期待される。罰則の少ない自律的な管理において、最も重要な項目に罰則が残ったのである。

A4.1

A4.2　混合物 SDS の例

作成日　○○○○年○○月○○日
改訂日　○○○○年○○月○○日

1．化学品及び会社情報

化学品の名称	溶剤 A
製品コード	TEST–A1
会社情報	
会社名	####### 株式会社
住所	〒 123####　東京都 ############
電話番号	03-####-####
FAX 番号	03-####-####
電子メール	ABC@######
緊急連絡電話番号	080-####-####
推奨用途	一般工業用途
使用上の制限	推奨用途以外の用途へ使用する場合は専門家の判断を仰ぐこと
国内製造事業者の情報	
会社名	株式会社△△
担当部署	△△部
電話番号	03-△△△△ -△△△△

2．危険有害性の要約

GHS 分類

物理化学的危険性	引火性液体	区分 2
健康に対する有害性	急性毒性（吸入：蒸気）	区分 4
	皮膚腐食性及び皮膚刺激性	区分 2
	眼に対する重篤な損傷性又は眼刺激性	区分 2B
	発がん性	区分 2
	生殖毒性	区分 1A
	生殖毒性・授乳に対する又は授乳を介した影響	追加区分
	特定標的臓器毒性（単回ばく露）	区分 1（中枢神経系）
		区分 3（気道刺激性）
		区分 3（麻酔作用）
	特定標的臓器毒性（反復ばく露）	区分 1（中枢神経系、腎臓）
環境に対する有害性	水生環境有害性　短期（急性）	区分 1
	水生環境有害性　長期（慢性）	区分 3

A4.2

GHS ラベル要素
絵表示

注意喚起語	危険
危険有害性情報	引火性の高い液体及び蒸気
	皮膚刺激
	眼刺激
	発がんのおそれの疑い
	生殖能又は胎児への悪影響のおそれ
	授乳中の子に害を及ぼすおそれ
	中枢神経系の障害
	呼吸器への刺激のおそれ
	眠気又はめまいのおそれ
	長期にわたる、又は反復ばく露による中枢神経系、腎臓の障害
	水生生物に非常に強い毒性
	長期継続的影響によって水生生物に有害

注意書き

安全対策

使用前に取扱説明書を入手すること。

全ての安全注意を読み理解するまで取り扱わないこと。

熱／火花／裸火／高温のもののような着火源から遠ざけること。禁煙。

容器を密閉しておくこと。

容器を接地すること／アースをとること。

防爆型の電気機器／換気装置／照明機器を使用すること。

火花を発生させない工具を使用すること。

静電気放電に対する予防措置を講ずること。

粉じん／煙／ガス／ミスト／蒸気／スプレーを吸入しないこと。

保護手袋／保護衣／保護眼鏡／保護面を着用すること。

妊娠中／授乳期中は接触を避けること。

取扱後はよく手を洗うこと。

この製品を使用するときに、飲食又は喫煙をしないこと。

屋外又は換気の良い場所でのみ使用すること。

環境への放出を避けること。

応急措置

飲み込んだ場合：直ちに医師に連絡すること。

皮膚に付着した場合：多量の水と石けん（鹸）で洗うこと。

皮膚（又は髪）に付着した場合：直ちに汚染された衣類を全て脱ぐこと。
皮膚を流水／シャワーで洗うこと。

A4.2

吸入した場合：空気の新鮮な場所に移し、呼吸しやすい姿勢で休息させること。

眼に入った場合：水で数分間注意深く洗うこと。次にコンタクトレンズを着用していて容易に外せる場合は外すこと。その後も洗浄を続けること。

ばく露又はばく露の懸念がある場合：医師の診断／手当てを受けること。

気分が悪い時は医師に連絡すること。

無理に吐かせないこと。

皮膚刺激が生じた場合：医師の診断、手当てを受けること。

眼の刺激が続く場合：医師の診断／手当てを受けること。

汚染された衣類を脱ぎ、再使用する場合には洗濯をすること。

火災の場合：消火するために適切な消火剤を使用すること。

漏出物を回収すること。

保管	換気の良い場所で保管すること。容器を密閉しておくこと。涼しいところに置くこと。 施錠して保管すること。
廃棄	内容物／容器を都道府県知事の許可を受けた専門の廃棄物処理業者に依頼して廃棄すること。

GHS で扱われない他の危険有害性

　　　情報なし

3．組成及び成分情報

化学物質・混合物の区別	混合物
化学名又は一般名	溶剤 A

成分及び濃度

化学名	CAS RN	濃度 （wt%）	化審法 官報公示番号	安衛法 官報公示番号
トルエン	108-88-3	50	3-2	―
エチルベンゼン	100-41-4	50	3-28	―

GHS 分類に寄与する不純物及び安定化添加物：情報なし

4．応急措置

吸入した場合	気分が悪い時は、医師の診断、手当てを受けること。 症状が続く場合には、医師に連絡すること。
皮膚に付着した場合	大量の水で洗うこと。症状が続く場合には、医師に連絡すること。
眼に入った場合	水で15 ～ 20分間注意深く洗うこと。次に、コンタクトレンズを着用していて容易に外せる場合は外すこと。その後も洗浄を続けること。 症状が続く場合には、医師に連絡すること。
飲み込んだ場合	水で口をすすぎ、直ちに医師の診断を受けること。

A4.2

急性症状及び遅発性症状の最も重要な徴候症状：情報なし

応急措置をする者の保護：救助者は、状況に応じて適切な眼、皮膚の保護具を着用する

医師に対する特別な注意事項：情報なし

5．火災時の措置

適切な消火剤	水噴霧、粉末消火剤、泡消火剤、二酸化炭素を使用する。
使ってはならない消火剤	火災が周辺に広がる恐れがあるため、直接の棒状注水を避ける。
火災時の特有の危険有害性	火災等の場合は、毒性の強い分解生成物が発生する可能性がある。
特有の消火方法	火元への燃焼源を断ち、消火剤を使用して消火する。
	延焼防止のため水スプレーで周囲のタンク、建物等の冷却をする。
	消火活動は風上から行う。
	火災場所の周辺には関係者以外の立ち入りを規制する。
	危険でなければ火災区域から容器を移動する。
消火活動を行う者の特別な保護具及び予防措置	消火作業の際は、適切な自給式の呼吸器用保護具、眼や皮膚を保護する防護服（耐熱性）を着用する。

6．漏洩時の措置

人体に対する注意事項、保護具及び緊急時措置	関係者以外の立ち入りを禁止する。
	作業者は適切な保護具（「8．ばく露防止及び保護措置」の項を参照）を着用し、眼、皮膚への接触や吸入を避ける。
環境に対する注意事項	周辺環境に影響がある可能性があるため、製品の環境中への流出を避ける。
封じ込め及び浄化の方法及び機材	危険でなければ漏れを止める。
	少量の場合、ウエス、雑巾等でよく拭き取り適切な廃棄容器に回収する。
	大量の場合、盛土等で囲って流出を防止する。
	取扱いや保管場所の近傍での飲食の禁止。
	すべての発火源を速やかに取除く（近傍での喫煙、火花や火炎の禁止）。
	排水溝、下水溝、地下室あるいは閉鎖場所への流入を防ぐ。
二次災害の防止策	火花を発生させない安全な用具を使用する。

A4.2

7．取扱い及び保管上の注意

取扱い

技術的対策	「8．ばく露防止及び保護措置」に記載の措置を行い、必要に応じて保護具を着用する。
安全取扱注意事項	熱、火花、裸火、高温のもののような着火源から遠ざけること。禁煙。
	容器を接地すること、アースをとること。
	防爆型の電気機器、換気装置、照明機器を使用すること。
	火花を発生させない工具を使用すること。
	静電気放電に対する予防措置を講ずること。

	この製品を使用する時に、飲食又は喫煙しないこと。
	汚染された衣類を再使用する場合には洗濯すること。
接触回避	混触禁止物質。
	熱、高温のもの、火花、裸火及び他の着火源から遠ざけること。禁煙。
衛生対策	取扱い後はよく手や眼を洗うこと。
保管	換気のよい冷暗所に保管する。

8．ばく露防止及び保護措置

管理濃度	トルエン：20ppm
	エチルベンゼン：20ppm
許容濃度	
ACGIH TLV-TWA	トルエン：20ppm（2015）
	エチルベンゼン：20ppm（2015）
日本産業衛生学会	トルエン：50ppm、188mg/m^3（2015）
	エチルベンゼン：50ppm、217mg/m^3（2015）
設備対策	取り扱いの場所の近くに、洗眼及び身体洗浄剤のための設備を設ける。
	高温下や、ミストが発生する場合は換気装置を使用する。
保護具	
呼吸用保護具	必要に応じて保護マスクや呼吸用保護具を着用する。
手の保護具	手に接触する恐れがある場合、保護手袋を着用する。
眼の保護具	眼に入る恐れがある場合、保護眼鏡やゴーグルを着用する。
皮膚及び身体の保護具	必要に応じて保護衣、保護エプロン等を着用する。

9．物理的及び化学的性質

A4.2

物理状態、色	無色透明液体
臭い	特異臭
融点・凝固点	情報なし
沸点、初留点及び沸騰範囲	124℃
可燃性	あり
燃焼下限及び爆発上限	情報なし
引火点	11.2℃（密閉式）
自然発火温度	情報なし
分解温度	情報なし
pH	情報なし
動粘性率	情報なし
溶解度	水に不溶
n-オクタノール／水 　分配係数	情報なし

蒸気圧	情報なし
密度及び／又は相対密度	情報なし
相対ガス密度	情報なし
粒子特性	本物質は液体である
その他のデータ	情報なし

10.　安定性及び反応性

反応性	通常の取扱い条件下では安定である。
化学的安定性	通常の取扱い条件下では安定である。
危険有害反応可能性	通常の取扱い条件下では危険有害反応を起こさない。
避けるべき条件	直射日光を避け、冷暗所に保管する。
混触危険物質	酸化剤、還元剤等。
危険有害な分解生成物	火災等の場合は、毒性の強い分解生成物が発生する可能性がある。

11.　有害性情報

製品の有害性情報	情報なし
成分の有害性情報	

トルエン

急性毒性（経口）	ラット LD_{50} = 5,000 mg/kg
急性毒性（経皮）	ラット LD_{50} = 5,000 mg/kg
急性毒性（吸入：蒸気）	ラット LC_{50} = 3,319 〜 7,646 ppm
皮膚腐食性及び皮膚刺激性	ウサギ7匹に試験物質 0.5 mL を4時間の半閉塞適用した試験において、中等度の刺激性を示した。
眼に対する重篤な損傷性又は眼刺激性	ウサギ6匹に試験物質 0.1 mL を適用した試験において、軽度の刺激性を示した。
生殖毒性	ヒトにおいて、トルエンを高濃度または長期吸引した妊婦に早産、児に小頭、耳介低位、小鼻、小顎、眼瞼裂など胎児性アルコール症候群類似の顔貌、成長阻害や多動など報告される。また、「トルエンは容易に胎盤を通過し、また母乳に分泌される」との報告がある。
特定標的臓器毒性（単回ばく露）	ヒトで 750 mg/m³ を8時間の吸入ばく露で筋脱力、錯乱、協調障害、散瞳、3,000 ppm では重度の疲労、著しい嘔気、精神錯乱など、さらに重度の事故によるばく露では昏睡に至っている。ヒトで本物質は高濃度の急性ばく露で容易に麻酔作用を起こし、さらに、低濃度（200 ppm）のばく露されたボランティアが一過性の軽度の上気道刺激を示した。
特定標的臓器毒性（反復ばく露）	トルエンに平均 29 年間ばく露されていた印刷労働者 30 名と対照者 72 名の疫学調査研究で、疲労、記憶力障害、集中困難、情緒不安定、その他に神経衰弱性症状が対照群に比して印刷労働者に有意に多く、神経心理学的テストでも印刷労働者の方が有意に成績が劣った。また、嗜癖でトルエンを含有した溶剤を吸入していた 19 歳男性で、悪心嘔吐が続き入院し、腎生検で間質性腎炎が認められ腎障害を示した。

A4.2

| 誤えん有害性 | 炭化水素であり、動粘性率は $0.86\,\text{mm}^2/\text{s}$（40℃）である。 |

エチルベンゼン

急性毒性（経口）	ラット $LD_{50} = 3,500\,\text{mg/kg}$
急性毒性（経皮）	ウサギ $LD_{50} = 15,400\,\text{mg/kg}$
急性毒性（吸入：蒸気）	ラット $LC_{50} = 17.2\,\text{mg/L}$
眼に対する重篤な損傷性又は眼刺激性	ウサギを用いた眼刺激性試験の結果、軽微から軽度な眼刺激性を有する。
発がん性	IARC（2000）で 2B、ACGIH（2001）で A3 に分類されている。
生殖毒性	マウス及びラットを用いた催奇形性試験において、母体毒性を示さない用量で胎児毒性（泌尿器の奇形）がみられている。
特定標的臓器毒性（単回ばく露）	実験動物に対する中枢神経系への影響が見られ、また気道刺激性も見られる。
誤えん有害性	炭化水素であり、動粘性率が $0.74\,\text{mm}^2/\text{s}$（25℃）である。

12. 環境影響情報

製品の環境影響情報

生態毒性	情報なし
残留性・分解性	情報なし
生体蓄積性	情報なし
土壌中の移動性	情報なし
オゾン層への有害性	該当しない

成分の環境有害情報

トルエン

水生環境有害性 短期（急性）	甲殻類（Ceriodaphnia dubia）48 時間 $EC_{50} = 3.78\,\text{mg/L}$
水生環境有害性 長期（慢性）	甲殻類（Ceriodaphnia dubia）7 日間 $NOEC = 0.74\,\text{mg/L}$
残留性・分解性	2 週間での BOD による分解度：123%
生体蓄積性	$\log K_{ow} = 2.73$
土壌中の移動性	情報なし
オゾン層への有害性	該当しない

エチルベンゼン

水生環境急性有害性	甲殻類（ブラウンシュリンプ）96 時間 $LC_{50} = 0.4\,\text{mg/L}$
水生環境慢性有害性	情報なし
残留性・分解性	本質的に易分解性
生体蓄積性	$\log K_{ow} = 3.15$
土壌中の移動性	情報なし
オゾン層への有害性	該当しない

A4.2

13.　廃棄上の注意

環境上望ましい廃棄、又はリサイクルに関する情報

　　　　　　　　　廃棄においては、関連法規制ならびに地方自治体の基準に従うこと。都道府県知事などの許可を受けた産業廃棄物処理業者、または地方公共団体が廃棄物処理を行っている場合はそこに委託して処理する。

残余廃棄物　　　　廃棄の前に、可能な限り無害化、安定化及び中和等の処理を行って危険有害性のレベルを低い状態にする。

汚染容器及び包装　容器は洗浄してリサイクルするか、関連法規制ならびに地方自治体の基準に従って適切な処分を行う。
　　　　　　　　　空容器を廃棄する場合は、内容物を完全に除去すること。

14.　輸送上の注意

国際規制

陸上輸送　　　　　ADR/RID の規定に従う

　国連番号　　　　　1993

　品名　　　　　　　その他の引火性液体、他に品名が明示されていないもの

　国連分類　　　　　3

　副次危険性　　　　該当しない

　容器等級　　　　　Ⅱ

海上輸送　　　　　ICAO/IATA の規定に従う

　国連番号　　　　　1993

　品名　　　　　　　その他の引火性液体、他に品名が明示されていないもの

　国連分類　　　　　3

　副次危険性　　　　該当しない

　容器等級　　　　　Ⅱ

　海洋汚染物質　　　該当する

MARPOL73/78 附属書Ⅱ及び IBC コードによるばら積み輸送される液体物質

　　　　　　　　　エチルベンゼン 78、トルエン 260

国内規制

　陸上規制　　　　　消防法、道路法に従う

　海上規制　　　　　船舶安全法に従う

　海洋汚染物質　　　該当しない

　航空規制情報　　　航空法に従う

緊急時応急措置指針　128

特別の安全対策　　輸送に際しては、容器の破損、腐食、漏れのないように積み込み、荷崩れの防止を確実に行う。

15.　適用法令

労働安全衛生法　　表示対象：トルエン（> 0.3%）、エチルベンゼン（> 0.1%）

A4.2

	通知対象：トルエン、エチルベンゼン（＞0.1％）
	作業評価基準：トルエン、エチルベンゼン
	第2種有機溶剤等：トルエン（＞5％）
	特定化学物質第2類、特別有機溶剤等、特別管理物質：エチルベンゼン（＞1％）
化学物質排出把握管理促進法	第1種指定化学物質：トルエン、エチルベンゼン（＞1％）
化審法	優先評価化学物質：トルエン、エチルベンゼン
消防法	第4類引火性液体、第一石油類非水溶性液体
大気汚染防止法	有害大気汚染物質、優先取組物質：トルエン（排気）
水質汚濁防止法	指定物質：トルエン
悪臭防止法	特定悪臭物質：トルエン（排気）
海洋汚染防止法	有害液体物質（Y類物質）：トルエン、エチルベンゼン

16. その他の情報

参考文献	#### 株式会社提供資料
	NITE GHS 分類結果一覧（2015）
	日本産業衛生学会（2015）許容濃度等の勧告
	ACGIH, American Conference of Governmental Industrial Hygienists (2015) TLVs and BEIs

本 SDS は、経済産業省が「化管法に基づく SDS 作成例（溶剤 A｜トルエン／エチルベンゼンの混合物）：改訂日 2016 年 1 月 12 日：JIS Z 7253：2012 に準拠」として公開していたものを、JIS Z 7253：2019 に準拠して作成したものです。有害性情報、管理濃度、許容濃度、法規制情報は 2015 年のものであり、必ずしも十分ではない可能性がありますので、取扱いにはご注意下さい。注意事項等は通常の取扱いを対象としたものですので、特別な取扱いをする場合には用途・条件に適した安全対策を実施の上、お取扱い願います。

A4.2

A4.3　表示及び文書交付制度　改正通達

　「労働安全衛生法等の一部を改正する法律等の施行等（化学物質等に係る表示及び文書交付制度の改善関係）に係る留意事項について」の改正通達を以下に示す。なお、別紙1については、本書では省略する。別紙2については、本書においては改正部分に下線を付しており、削除部分については非表示としている。

基安化発 0531 第 1 号

令和 4 年 5 月 31 日

都道府県労働局労働基準部長 殿

厚生労働省労働基準局

安全衛生部化学物質対策課長

　「労働安全衛生法等の一部を改正する法律等の施行等（化学物質等に係る表示及び文書交付制度の改善関係）に係る留意事項について」の改正について

　化学物質（純物質）及び化学物質を含有する製剤その他の物（混合物）に係る表示及び文書交付制度の改善については、平成 18 年 10 月 20 日付け基安化発第 1020001 号「労働安全衛生法等の一部を改正する法律等の施行等（化学物質等に係る表示及び文書交付制度の改善関係）に係る留意事項について」（令和元年 7 月 25 日最終改正。以下「1 号通達」という。）により示しているところであるが、令和 4 年 5 月 31 日付けで労働安全衛生規則等の一部を改正する省令（令和 4 年厚生労働省令第 91 号。以下「改正省令」という。）が公布されたこと等に伴い、下記のとおり改正したので、了知の上、化学物質の譲渡又は提供を行う管内の事業者に対して周知されたい。

記

第 1　1 号通達の一部改正

　別紙 1 の新旧対照表のとおり改正する。なお、改正後の 1 号通達は別紙 2 のとおりである。

第 2　改正の概要

1　改正省令で新たに労働安全衛生法（昭和 47 年法律第 57 号。以下「法」という。）第 57 条の 2 第 1 項の規定による通知事項に追加された「想定される用途及び当該用途における使用上の注意」について、留意事項を示したこと。

2　通知事項のうち以下の事項について、留意事項を示したこと。
　(1)「成分及びその含有量」について、営業上の秘密に該当する場合の通知の留意事項を示したこと。
　(2)「貯蔵又は取扱い上の注意」について、保護具の種類を必ず記載するよう示したこと。
　(3)成分の含有量の表記の方法について、含有量に幅が生じる場合の記載の留意事項を示

したこと。

3　表示事項のうち「成分」について、平成 26 年の法改正で法第 57 条第 1 項の規定による表示義務がなくなった後も表示することが望ましいとしていたが、表示対象物の増加に伴い表示が困難となっているため、削除したこと。なお、引き続き「成分」を表示することは差し支えないこと。

4　その他所要の改正を行ったこと。

（別紙 1：省略）

　　　　　　　　　　　　　　　　　　　　　　　　　　　（別紙 2）
　　　　　　　　　　　　　　　　　　　　　　　　基安化発第 1020001 号
　　　　　　　　　　　　　　　　　　　　　　　　平成 18 年 10 月 20 日
　　　　　　　　　　　　　　　　　　　　　　　　基安化発 1216 第 1 号
　　　　　　　　　　　　　　　　　　　　　　　　平成 22 年 12 月 16 日
　　　　　　　　　　　　　　　　　　　　　　　　基安化発 0725 第 1 号
　　　　　　　　　　　　　　　　　　　　　　　　令和元年 7 月 25 日
　　　　　　　　　　　　　　　　　　　　　　　　基安化発 0531 第 1 号
　　　　　　　　　　　　　　　　　　　　　　　　令和 4 年 5 月 31 日

都道府県労働局労働基準部長 殿

　　　　　　　　　　　　　　　　　　　　　　　　厚生労働省労働基準局
　　　　　　　　　　　　　　　　　　　　　　　　安全衛生部化学物質対策課長

労働安全衛生法等の一部を改正する法律等の施行等（化学物質等に係る表示及び文書交付制度の改善関係）に係る留意事項について

　化学物質（純物質）及び化学物質を含有する製剤その他の物（混合物）（以下「化学物質等」という。）に係る表示及び文書交付制度の改善については、平成 18 年 10 月 20 日付け基発第1020003 号「労働安全衛生法等の一部を改正する法律等の施行について（化学物質等に係る表示及び文書交付制度の改善関係）」及び令和 4 年 5 月 31 日付け基発 0531 第 9 号「労働安全衛生規則等の一部を改正する省令等の施行について」等をもって通達されたところであるが、労働安全衛生法（昭和 47 年法律第 57 号。以下「法」という。）第 57 条の規定に基づく表示及び法第 57 条の 2 の規定に基づく文書交付等（安全データシート（SDS）等による通知をいう。以下同じ。）の運用に当たっての留意事項は、下記のとおりであるので、円滑な施行に遺漏なきを期されたい。

　　　　　　　　　　　　　　　　　　　記

I　化学物質等に係る表示制度の改善関係

第1 容器・包装等に表示しなければならない事項

1 名称（法第57条第1項第1号イ関係）

(1) 化学物質等の名称を記載すること。ただし、製品名により含有する化学物質等が特定できる場合においては、当該製品名を記載することで足りること。

(2) 化学物質等について、表示される名称と文書交付により通知される名称を一致させること。

2 人体に及ぼす作用（法第57条第1項第1号ロ関係）

(1)「人体に及ぼす作用」は、化学物質等の有害性を示すこと。

(2) 化学品の分類および表示に関する世界調和システム（以下「GHS」という。）に従った分類に基づき決定された危険有害性クラス（可燃性固体等の物理化学的危険性、発がん性、急性毒性等の健康有害性及び水生環境有害性等の環境有害性の種類）及び危険有害性区分（危険有害性の強度）に対してGHS附属書3又は日本産業規格Z 7253（GHSに基づく化学品の危険有害性情報の伝達方法—ラベル，作業場内の表示及び安全データシート（SDS））（以下「JIS Z 7253」という。）附属書Aにより割り当てられた「危険有害性情報」の欄に示されている文言を記載すること。

なお、GHSに従った分類については、日本産業規格Z 7252（GHSに基づく化学品の分類方法）（以下「JIS Z 7252」という。）及び事業者向けGHS分類ガイダンスを参考にすること。また、GHSに従った分類結果については、独立行政法人製品評価技術基盤機構が公開している。

「NITE化学物質総合情報提供システム（NITE-CHRIP）」

（https://www.nite.go.jp/chem/chrip/chrip_search/systemTop）、

厚生労働省が作成し「職場のあんぜんサイト」で公開している「GHS対応モデルラベル・モデルSDS情報」

（http://anzeninfo.mhlw.go.jp/anzen_pg/GHS_MSD_FND.aspx）等を参考にすること。

(3) 混合物において、混合物全体として有害性の分類がなされていない場合には、含有する表示対象物質の純物質としての有害性を、物質ごとに記載することで差し支えないこと。

(4) GHSに従い分類した結果、危険有害性クラス及び危険有害性区分が決定されない場合は、記載を要しないこと。

3 貯蔵又は取扱い上の注意（法第57条第1項第1号ハ関係）

化学物質等のばく露又はその不適切な貯蔵若しくは取扱いから生じる被害を防止するために取るべき措置を記載すること。

4 標章（法第57条第1項第2号関係）

(1) 混合物において、混合物全体として危険性又は有害性の分類がなされていない場合には、含有する表示対象物質の純物質としての危険性又は有害性を表す標章を、物質ごとに記載することで差し支えないこと。

(2) GHSに従い分類した結果、危険有害性クラス及び危険有害性区分が決定されない場合は、記載を要しないこと。

5 表示をする者の氏名（法人にあつては、その名称）、住所及び電話番号（労働安全衛生規則（以下「則」という。）第33条第1号関係）

A4.3

(1) 化学物質等を譲渡し又は提供する者の情報を記載すること。また、当該化学品の国内製造・輸入業者の情報を、当該事業者の了解を得た上で追記しても良いこと。

(2) 緊急連絡電話番号等についても記載することが望ましいこと。

6　注意喚起語（則第 33 条第 2 号関係）

(1) GHS に従った分類に基づき、決定された危険有害性クラス及び危険有害性区分に対して GHS 附属書 3 又は JIS Z 7253 附属書 A に割り当てられた「注意喚起語」の欄に示されている文言を記載すること。

なお、GHS に従った分類については、JIS Z 7252 及び事業者向け分類ガイダンスを参考にすること。また、GHS に従った分類結果については、独立行政法人製品評価技術基盤機構が公開している「NITE 化学物質総合情報提供システム（NITE-CHRIP）」や厚生労働省が作成し「職場のあんぜんサイト」で公開している「GHS 対応モデルラベル・モデル SDS 情報」等を参考にすること。

(2) 混合物において、混合物全体として危険性又は有害性の分類がなされていない場合には、含有する表示対象物質の純物質としての危険性又は有害性を表す注意喚起語を、物質ごとに記載することで差し支えないこと。

(3) GHS に基づき分類した結果、危険有害性クラス及び危険有害性区分が決定されない場合、記載を要しないこと。

7　安定性及び反応性（則第 33 条第 3 号関係）

(1)「安定性及び反応性」は、化学物質等の危険性を示すこと。

(2) GHS に従った分類に基づき、決定された危険有害性クラス及び危険有害性区分に対して GHS 附属書 3 又は JIS Z 7253 附属書 A に割り当てられた「危険有害性情報」の欄に示されている文言を記載すること。

なお、「GHS に従った分類結果」については、独立行政法人製品評価技術基盤機構が公開している「NITE 化学物質総合情報提供システム（NITE-CHRIP）」、厚生労働省が作成し「職場のあんぜんサイト」で公開している「GHS 対応モデルラベル・モデル SDS 情報」等を参考にすること。

(3) 混合物において、混合物全体として危険性の分類がなされていない場合には、含有する全ての表示対象物質の純物質としての危険性を、物質ごとに記載することで差し支えないこと。

(4) GHS に従い分類した結果、危険有害性クラス及び危険有害性区分が決定されない場合、記載を要しないこと。

第 2　その他

1　GHS に従った分類を行う際に参考とするべき JIS Z 7252 については、JIS Z 7252：2019（GHS に基づく化学品の分類方法）（以下「JIS Z 7252：2019」という。）を用いること。なお、JIS Z 7252：2019 については日本産業標準調査会のホームページ（http://www.jisc.go.jp/）において検索及び閲覧が可能であること。

2　JIS Z 7253：2019（GHS に基づく化学品の危険有害性情報の伝達方法—ラベル，作業場内の表示及び安全データシート（SDS））（以下「JIS Z 7253：2019」という。）に準拠した記載を行えば、労働安全衛生法関係法令において規定する容器・包装等に表示しなければ

ならない事項を満たすこと。なお、JIS Z 7253：2019 については日本産業標準調査会ホームページにおいて検索及び閲覧が可能であること。

Ⅱ 化学物質等に係る文書交付制度の改善関係等
第1 文書交付等により通知しなければならない事項
1 名称（法第 57 条の 2 第 1 項第 1 号関係）
　化学物質等の名称を記載すること。ただし、製品名により含有する化学物質等が特定できる場合においては、当該製品名を記載することで足りること。
2 成分及びその含有量（法第 57 条の 2 第 1 項第 2 号関係）
(1) 法及び政令で通知対象としている物質（以下「通知対象物質」という。）が裾切値以上含有される場合、当該通知対象物質の名称を列記するとともに、その含有量についても記載すること。
(2) ケミカルアブストラクトサービス登録番号（CAS 番号）及び別名についても記載することが望ましいこと。
(3) (1)以外の化学物質の成分の名称及びその含有量についても、本項目に記載することが望ましいこと。
(4) ア　労働安全衛生法施行令（昭和 47 年政令第 318 号）第 17 条の製造許可物質並びに有機溶剤中毒予防規則（昭和 47 年労働省令第 36 号）、鉛中毒予防規則（昭和 47 年労働省令第 37 号）、四アルキル鉛中毒予防規則（昭和 47 年労働省令第 38 号）及び特定化学物質障害予防規則（昭和 47 年労働省令第 39 号）の対象物質は、SDS の成分及びその含有量の記載は省略できないこと。また、厚生労働大臣がばく露の濃度基準を定める物質については、SDS の成分の記載は省略できないこと。
　イ　アの物質以外の物質であって成分及びその含有量が営業上の秘密に該当する場合は、SDS にはその旨を記載の上、成分及びその含有量の記載を省略し、秘密保持契約その他事業者間で合意した方法により、SDS とは別途通知することも可能であること。
3 物理的及び化学的性質（法第 57 条の 2 第 1 項第 3 号関係）
(1) JIS Z 7253 の附属書 E を参考として、次の項目に係る情報について記載すること。
　ア　物理状態
　イ　色
　ウ　臭い
　エ　融点・凝固点
　オ　沸点又は初留点及び沸点範囲
　カ　可燃性
　キ　爆発下限界及び上限界／可燃限界
　ク　引火点
　ケ　自然発火点
　コ　分解温度
　サ　pH
　シ　動粘性率

A4.3

　　ス　溶解度

　　セ　n-オクタノール／水分配係数（log 値）

　　ソ　蒸気圧

　　タ　密度及び／又は相対密度

　　チ　相対ガス密度

　　ツ　粒子特性

(2)　次の項目に係る情報について記載することが望ましいこと。

　　ア　放射性

　　イ　かさ密度

　　ウ　燃焼継続性

(3)　上記以外の項目についても、当該化学物質等の安全な使用に関係するその他のデータを示すことが望ましいこと。

(4)　測定方法についても記載することが望ましいこと。

(5)　混合物において、混合物全体として危険性の試験がなされていない場合には、含有する通知対象物質の純物質としての情報を、物質ごとに記載することで差し支えないこと。

4　人体に及ぼす作用（法第 57 条の 2 第 1 項第 4 号関係）

(1)　「人体に及ぼす作用」は、化学物質等の有害性を示すこと。

(2)　取扱者が化学物質等に接触した場合に生じる健康への影響について、簡明かつ包括的な説明を記載すること。なお、以下の項目に係る情報を記載すること。

　　ア　急性毒性

　　イ　皮膚腐食性・刺激性

　　ウ　眼に対する重篤な損傷性・眼刺激性

　　エ　呼吸器感作性又は皮膚感作性

　　オ　生殖細胞変異原性

　　カ　発がん性

　　キ　生殖毒性

　　ク　特定標的臓器毒性―単回ばく露

　　ケ　特定標的臓器毒性―反復ばく露

　　コ　誤えん有害性

(3)　ばく露直後の影響と遅発性の影響とをばく露経路ごとに区別し、毒性の数値的尺度を含めることが望ましいこと。

(4)　混合物において、混合物全体として有害性の試験がなされていない場合には、含有する通知対象物質の純物質としての有害性を、物質ごとに記載することで差し支えないこと。

(5)　GHS に従い分類した結果、分類の判断を行うのに十分な情報が得られなかった場合（以下「分類できない」という。）又は、常態が液体や気体のものについては固体に関する危険有害性クラスの区分が付かないなど分類の対象とならない場合及び分類を行うのに十分な情報が得られているものの、分類を行った結果、GHS で規定する危険有害性クラスにおいていずれの危険有害性区分にも該当しない場合（発がん性など証拠の確からしさで分類する危険有害性クラスにおいて、専門家による総合的な判断から当該毒性を

持たないと判断される場合、又は得られた証拠が区分するには不十分な場合を含む。以下「区分に該当しない」という。）のいずれかに該当することにより、危険有害性クラス及び危険有害性区分が決定されない場合は、GHS では当該危険有害性クラスの情報は、必ずしも記載は要しないとされているが、「分類できない」、「区分に該当しない」の旨を記載することが望ましい。

　なお、記載にあたっては、<u>事業者向け GHS 分類ガイダンス</u>を参考にすること。

5　貯蔵又は取扱い上の注意（法第 57 条の 2 第 1 項第 5 号関係）

　次の事項を記載すること。<u>このうち、(5)については、想定される用途での使用において吸入又は皮膚や眼との接触を保護具で防止することを想定した場合に必要とされる保護具の種類を必ず記載すること。</u>

(1)　適切な保管条件、避けるべき保管条件等

(2)　混合接触させてはならない化学物質等（混触禁止物質）との分離を含めた取扱い上の注意

(3)　管理濃度、<u>厚生労働大臣が定める濃度の基準、</u>許容濃度等

(4)　密閉装置、局所排気装置等の設備対策

(5)　保護具の使用

(6)　廃棄上の注意及び輸送上の注意

6　流出その他の事故が発生した場合において講ずべき応急の措置（法第 57 条の 2 第 1 項第 6 号関係）

　次の事項を記載すること。

(1)　吸入した場合、皮膚に付着した場合、眼に入った場合又は飲み込んだ場合に取るべき措置等

(2)　火災の際に使用するのに適切な消火剤又は使用してはならない消火剤

(3)　事故が発生した際の退避措置、立ち入り禁止措置、保護具の使用等

(4)　漏出した化学物質等に係る回収、中和、封じ込め及び浄化の方法並びに使用する機材

7　通知を行う者の氏名（法人にあつては、その名称）、住所及び電話番号（則第 34 条の 2 の 4 第 1 号関係）

(1)　化学物質等を譲渡し又は提供する者の情報を記載すること。なお、当該化学品の国内製造・輸入業者の情報を、当該事業者の了解を得た上で追記しても良いこと。

(2)　緊急連絡電話番号、ファックス番号及び電子メールアドレスも記載することが望ましいこと。

8　危険性又は有害性の要約（則第 34 条の 2 の 4 第 2 号関係）

(1)　GHS に従った分類に基づき決定された危険有害性クラス、危険有害性区分、絵表示、注意喚起語、危険有害性情報及び注意書きに対して GHS 附属書 3 又は JIS Z 7253 附属書 A により割り当てられた絵表示と文言を記載すること。

　なお、GHS に従った分類については、<u>JIS Z 7252 及び事業者向け GHS 分類ガイダンス</u>を参考にすること。また、GHS に従った分類結果については、独立行政法人製品評価技術基盤機構が公開している「NITE 化学物質総合情報提供システム（NITE-CHRIP）」、厚生労働省が作成し「職場のあんぜんサイト」で公開している「GHS 対応モデルラベル・モデル SDS 情報」等を参考にすること。

A4.3

(2) 混合物において、混合物全体として危険性又は有害性の分類がなされていない場合には、含有する通知対象物質の純物質としての危険性又は有害性を、物質ごとに記載することで差し支えないこと。

(3) GHS に従い分類した結果、「分類できない」又は「区分に該当しない」のいずれかに該当することにより、危険有害性クラス及び危険有害性区分が決定されない場合は、GHS では当該危険有害性クラスの情報は、必ずしも記載を要しないとされているが、「分類できない」、「区分に該当しない」の旨を記載することが望ましい。

なお、記載にあたっては、事業者向け GHS 分類ガイダンスを参考にすること。

(4) 標章は白黒の図で記載しても差し支えないこと。また、標章を構成する画像要素（シンボル）の名称（「炎」、「どくろ」等）をもって当該標章に代えても差し支えないこと。

(5) 粉じん爆発危険性等の危険性又は有害性についても記載することが望ましいこと。

9　安定性及び反応性（則第 34 条の 2 の 4 第 3 号関係）

次の事項を記載すること。

(1) 避けるべき条件（静電放電、衝撃、振動等）

(2) 混触危険物質

(3) 通常発生する一酸化炭素、二酸化炭素及び水以外の予想される危険有害な分解生成物

10　想定される用途及び当該用途における使用上の注意（則第 34 条の 2 の 4 第 4 号関係）

JIS Z 7253：2019 附属書 D「D．2 項目 1　化学品及び会社情報」の項目において記載が望ましいとされている化学品の推奨用途及び使用上の制限に相当する内容を記載すること。

11　適用される法令（則第 34 条の 2 の 4 第 4 号（令和 6 年 4 月 1 日以降は第 5 号）関係）

化学物質等に適用される法令の名称を記載するとともに、当該法令に基づく規制に関する情報を記載すること。

12　その他参考となる事項（則第 34 条の 2 の 4 第 5 号（令和 6 年 4 月 1 日以降は第 6 号）関係）

(1) SDS 等を作成する際に参考とした出典を記載することが望ましいこと。

(2) 環境影響情報については、本項目に記載することが望ましいこと。

A4.3

第 2　成分の含有量の表記の方法（則第 34 条の 2 の 6 関係）

通知対象物であって製品の特性上含有量に幅が生じるもの等については、濃度範囲による記載も可能であること。なお、含有量を秘匿する目的での濃度範囲による記載を認める趣旨ではなく、営業上の秘密に該当する場合は、第 1 の 2 (4) のとおり SDS には記載せず別途通知することが可能であること。また、重量パーセント以外の表記による含有量の表記がなされているものについては、重量パーセントへの換算方法を明記していれば重量パーセントによる表記を行ったものと見なすこと。

第 3　その他

1　JIS Z 7253：2019 に準拠した記載を行えば、労働安全衛生法関係法令に規定する文書交付等により通知しなければならない事項を満たすこと。

なお、JIS Z 7253：2019 については、日本産業標準調査会のホームページにおいて検索

及び閲覧が可能であること。

2　事業者向け GHS 分類ガイダンスは経済産業省のホームページ
（https://www.meti.go.jp/policy/chemical_management/int/ghs_tool_01GHSmanual.
html）で閲覧が可能であること。

3　表示及び SDS の記載にあたっては、邦文で記載するものとする。また、事業場内にお
いては、当該物質を取り扱う労働者に記載内容について周知するものとする。なお、取り
扱う労働者が理解できる言語で表示及び SDS を記載することが望ましいこと。

4　SDS の記載に当たっては、事業者団体が記載例を公表している場合には、当該記載例
も参考にすることが望ましいこと。

出典：「基安化発 0531 第 1 号厚生労働省労働基準局「労働安全衛生法等の一部を改正する法律等の施
　　　行等（化学物質等に係る表示及び文書交付制度の改善関係）に係る留意事項について」の改正
　　　について」（厚生労働省）をもとに一部省略・改変

A4.4　GHS（改訂9版）分類判定基準及び情報伝達要素

用語の定義
危険性・有害性の分類判定基準
危険性・有害性の情報伝達要素

第1部　序

第1.2章　定義および略語（抜粋）

GHSの目的において：

合金（Alloy）とは、機械的手段で容易に分離できないように結合した2つ以上の元素から成る巨視的にみて均質な金属体をいう。合金は、GHSによる分類では混合物とみなされる。

誤えん（aspiration）とは、液体または固体の化学品が口または鼻腔から直接、または嘔吐によって間接的に、気管および下気道へ侵入することをいう。

BCFとは、「生物濃縮係数」（bioconcentration factor）をいう。

BOD/CODとは、「生物化学的酸素要求量／化学的酸素要求量」（biochemical oxygen demand/ chemical oxygen demand）をいう。

発がん性物質（Carcinogen）とは、がんを誘発し、またはその発生頻度を増大させる物質または混合物をいう。

CASとは、「ケミカル・アブストラクツ・サービス」（Chemical Abstract Service）をいう。

化学的特定名（Chemical identity）とは、化学品を一義的に識別する名称をいう。これは、国際純正応用化学連合（IUPAC）またはケミカル・アブストラクツ・サービス（CAS）の命名法に従う名称、あるいは専門名を用いることができる。

所管官庁（Competent authority）とは、化学品の分類および表示に関する世界調和システム（GHS）に関連して、所管機関として指定または認定された国家機関、またはその他の機関をいう。

臨界温度（Critical temperature）とは、その温度を超えると圧縮の程度に関係なく、純粋なガスを液化できない温度をいう。

粉塵（Dust）とは、ガス（通常空気）の中に浮遊する物質または混合物の固体の粒子をいう。

EC_{50}とは、ある反応を最大時の50%に減少させる物質の濃度をいう。

EC_xとは、x%の反応を示す濃度をいう。

ErC_{50}とは、生長阻害の観点から見たEC_{50}をいう。

EUとは、「欧州連合」（European Union）をいう。

引火点（Flash point）とは、一定の試験条件の下で任意の液体の蒸気が発火源により発火する最低温度をいう（標準気圧101.3kPaでの温度に換算）。

ガス（Gas）とは、（i）50℃で300kPa（絶対圧）を超える蒸気圧を有する物質、または（ii）101.3kPaの標準気圧、20℃において完全にガス状である物質をいう。

GHS とは、「化学品の分類および表示に関する世界調和システム」(Globally Harmonized System of Classification and Labelling of Chemicals) をいう。

危険有害性区分（Hazard category）とは、各危険有害性クラス内の判定基準の区分をいう。例えば、経口急性毒性には5つの有害性区分があり、引火性液体には4つの危険性区分がある。これらの区分は危険有害性クラス内で危険有害性の強度により相対的に区分されるもので、より一般的な危険有害性区分の比較とみなすべきでない。

危険有害性クラス（Hazard class）とは、可燃性固体、発がん性物質、経口急性毒性のような、物理化学的危険性、健康または環境有害性の種類をいう。

危険有害性情報（Hazard statement）とは、危険有害性クラスおよび危険有害性区分に割り当てられた文言であって、危険有害な製品の危険有害性の性質を、該当する程度も含めて記述する文言をいう。

初留点（Initial boiling point）とは、ある液体の蒸気圧が標準気圧（101.3 kPa）に等しくなる、すなわち最初にガスの泡が発生する時点での液体の温度をいう。

ラベル（Label）とは、危険有害な製品に関する書面、印刷またはグラフィックによる情報要素のまとまりであって、目的とする部門に対して関連するものが選択されており、危険有害性のある物質の容器に直接、あるいはその外部梱包に貼付、印刷または添付されるものをいう。

ラベル要素（Label element）とは、ラベル中で使用するために国際的に調和されている情報、例えば、絵表示や注意喚起語をいう。

LC_{50}（**50%致死濃度**）とは、試験動物の50%を死亡させる大気中または水中における試験物質濃度をいう。

LD_{50} とは、一度に投与した場合、試験動物の50%を死亡させる化学品の量をいう。

$L(E)C_{50}$ とは、LC_{50} または EC_{50} をいう。

液体（Liquid）とは、50℃において300 kPa（3 bar）以下の蒸気圧を有し、20℃、標準気圧101.3 kPa では完全にガス状ではなく、かつ、標準気圧101.3 kPa において融点または融解が始まる温度が20℃以下の物質をいう。固有の融点が特定できない粘性の大きい物質または混合物は、ASTM の D4359-90 試験を行うか、または危険物の国際道路輸送に関する欧州協定（ADR）の附属文書 A の 2.3.4 節に定められている流動性特定のための（針入度計）試験を行わなければならない。

試験方法および判定基準のマニュアル（Manual of Tests and Criteria）とは、このタイトルを持つ国際連合の出版物の最新改訂版および公表されたこれへの修正をいう。

ミスト（Mist）とは、ガス（通常空気）の中に浮遊する物質または混合物の液滴をいう。

混合物（Mixture）とは、2つ以上の物質で構成される反応を起こさない混合物または溶液をいう。

モントリオール議定書（Montreal Protocol）とは、議定書の締約国によって調整または修正された、オゾン層破壊物質に関するモントリオール議定書をいう。

変異原性物質（Mutagen）とは、細胞の集団または生物体に突然変異を発生する頻度を増大させる物質をいう。

突然変異（Mutation）とは、細胞内の遺伝物質の量または構造における恒久的な変化をいう。

NOEC「無影響濃度」（no observed effect concentration）とは、統計的に有意な悪影響を示す最低の試験濃度直下の試験濃度をいう。NOEC ではコントロール群と比べて有意な悪影

響は見られない。

OECD とは、「経済協力開発機構」（Organization for Economic Cooperation and Development）をいう。

オゾン層破壊係数（ODP）とは、ハロカーボンによって見込まれる成層圏オゾンの破壊の程度を、CFC-11 に対して質量ベースで相対的に表した積算量であり、ハロカーボンの種類ごとに異なるものである。ODP の正式な定義は、等量の CFC-11 排出量を基準にした、特定の化合物の排出に伴う総オゾンの擾乱量の積算値の比の値である。

絵表示（Pictogram）とは、特定の情報を伝達することを意図したシンボルと境界線、背景のパターンまたは色のような図的要素から構成されるものをいう。

注意書き（Precautionary statement）とは、危険有害性のある製品へのばく露あるいは危険有害性のある製品の不適切な貯蔵または取扱いから生じる有害影響を最小にするため、または予防するために取るべき推奨措置を記述した文言（または絵表示）をいう。

製品特定名（Product identifier）とは、ラベルまたは SDS において危険有害性のある製品に使用される名称または番号をいう。これは、製品使用者が特定の使用状況、例えば輸送、消費者、あるいは作業場の中で物質または混合物を確認することができる一義的な手段となる。

UN モデル規則（UN Model Regulations）とは、国際連合（UN）から出版されている「危険物輸送に関する勧告」（Recommendations on the Transport of Dangerous Goods）の最新改訂版に付随しているモデル規則をいう。

QSAR とは、「定量的構造活性相関」（quantitative structure-activity relationship）を意味する。

呼吸器感作性物質（Respiratory sensitizer）とは、物質または混合物の吸入後に起きる気道の過敏反応を誘発する物質または混合物をいう。

ロッテルダム条約とは、「国際貿易の対象となる特定の有害な物質および駆除剤についての事前のかつ情報に基づく同意の手続きに関するロッテルダム条約」（Rotterdam Convention on the Prior Informed Consent Procedure for Certain Hazardous Chemicals and Pesticides in International Trade）をいう。

SAR とは、「構造活性相関」（Structure Activity Relationship）をいう。

SDS とは、「安全データシート」（Safety Data Sheet）をいう。

自己加速分解温度（SADT；Self-Accelerating Decomposition Temperature）とは、密封状態において物質に自己加速分解が起こる最低温度をいう。

注意喚起語（Signal Word）とは、ラベル上で危険有害性の重大さの相対レベルを示し、利用者に潜在的な危険有害性を警告するために用いられる言葉をいう。GHS では、「危険（Danger）」や「警告（Warning）」を注意喚起語として用いている。

皮膚感作性物質（Skin sensitizer）とは、皮膚への接触によりアレルギー反応を誘発する物質をいう。

固体（Solid）とは、液体または気体の定義に当てはまらない物質または混合物をいう。

ストックホルム条約とは、「残留性有機汚染物質に関するストックホルム条約」（Stockholm Convention on Persistent Organic Pollutants）をいう。

物質（Substance）とは、自然状態にあるか、または任意の製造過程において得られる化学元素およびその化合物をいう。製品の安定性を保つ上で必要な添加物や用いられる工程に由来

A4.4

する不純物も含むが、当該物質の安定性に影響せず、またその組成を変化させることなく分離することが可能な溶媒は除く。

シンボル（Symbol）とは、情報を簡潔に伝達するように意図された画像要素をいう。

蒸気（Vapour）とは、液体または固体の状態から放出されたガス状の物質または混合物をいう。

第 2 部　物理化学的危険性

第 2.1 章　爆発物

2.1.1.1　定義

*爆発性物質または混合物*は、それ自体の化学反応により、周囲環境に損害を及ぼすような温度および圧力ならびに速度でガスを発生する能力のある固体または液体物質または混合物である。火工品に使用される物質はたとえガスを発生しない場合でも含まれる。

*火工品に使用される物質または混合物*は、非爆轟性で持続性の発熱化学反応により、熱、光、音、ガスまたは煙若しくはこれらの組み合わせの効果を生じるよう作られた物質または混合物である。

*爆発性物品*は、爆発性物質または混合物を一種類以上含む物品である。

2.1.2　分類基準

2.1.2.1　下表にしたがい、このクラスに分類される物質、混合物および物品は、2 つの区分のうちの 1 つに、さらに区分 2 では 3 つの細区分のうちの一つに分類される：

表 2.1.1　爆発物判定基準

区分	細区分	判定基準
1		爆発性物質、混合物および物品で： (a) 以下の区分に割り当てられないもの 　(i) 爆発または火工品効果を目的として製造されたもの；または 　(ii) *試験方法及び評価基準のマニュアル*の試験シリーズ 2 で試験されたとき陽性結果を示す物質または混合物 または (b) 区分が割り当てられた構成の一次包装の外にあるもの、ただし区分が割り当てられた爆発性物品ではない： 　(i) 一次包装がないもの；または 　(ii) 爆発の影響を減じさせない一次包装の中にあるもの、介在する包装材料、間隔または大切な方向性も考慮する。

A4.4

	2A	爆発性物質、混合物および物品で以下が割り当てられているもの： (a) 区分 1.1、1.2、1.3、1.5 または 1.6；または (b) 区分 1.4 および細区分 2B または 2C の判定基準に合致しないもの。
2	2B	爆発性物質、混合物および物品で区分 1.4 および S 以外の隔離区分が割り当てられている、以下のもの： (a) 意図したとおりに作動したときに爆轟および崩壊しないもの：および (b) *試験方法及び評価基準のマニュアル*の試験 6(a) または 6(b) で危険性の高い事象を示さないもの；および (c) 危険性の高い事象を減衰させるために、一次包装により提供されるであろうもの以外に軽減特性を必要としないもの。
	2C	爆発性物質、混合物および物品で区分 1.4 隔離区分 S 分が割り当てられている、以下のもの： (a) 意図したとおりに作動したときに爆轟および崩壊しないもの：および (b) *試験方法及び評価基準のマニュアル*の試験 6(a) または 6(b) で危険性の高い事象を示さないもの；および (c) 危険性の高い事象を減衰させるために、一次包装により提供されるであろうもの以外に軽減特性を必要としないもの。

2.1.2.2　輸送区分は以下の通りである。

(a) 区分 1.1：大量爆発の危険性を持つ物質、混合物および物品（大量爆発とは、ほとんど全量にほぼ瞬時に影響が及ぶような爆発をいう）；

(b) 区分 1.2：大量爆発の危険性はないが、飛散の危険性を有する物質、混合物および物品；

(c) 区分 1.3：大量爆発の危険性はないが、火災の危険性を有し、かつ弱い爆風の危険性または僅かな飛散の危険性のいずれか、若しくは両方を持っている物質、混合物および物品：

　(ⅰ)　その燃焼により大量の輻射熱を放出するもの；または

　(ⅱ)　弱い爆風または飛散のいずれか若しくは両方の効果を発生しながら次々に燃焼するもの；

(d) 区分 1.4：重大な危険性の認められない物質、混合物および物品：発火または起爆した場合にも僅かな危険性しか示さない物質、混合物および物品。その影響はほとんどが包装内に限られ、ある程度以上の大きさと飛散距離を持つ破片の飛散は想定されない。外部火災が原因となり包装物のほとんどすべての内容物がほぼ瞬時に爆発を起こしてはならない；

(e) 区分 1.4 隔離区分 S：包装が火災で劣化した場合を除き、偶発的な作用から生じる危険な影響が包装内に限定されるように梱包または設計された物質、混合物および物品。火災の場合、全ての爆風または飛散効果は、包装のすぐ近くでの消火活動またはその他の緊急対応の取組を著しく妨げない範囲に限られる；

(f) 区分 1.5：大量爆発の危険性を有するが、非常に鈍感な物質：大量爆発の危険性を持っているが、非常に鈍感で、通常の条件では、起爆の確率あるいは燃焼から爆轟に転移する確率が極めて小さい物質および混合物。燃焼から爆轟に転移する確率は、大量に存在する場合には大きくなる；

A4.4

（g）　区分 1.6：大量爆発の危険性を有しない極めて鈍感な物品：主としてきわめて鈍感な物質または混合物を含む物品で、偶発的な起爆または伝播の確率をほとんど無視できるようなものである。区分 1.6 の物品による危険性は単一の物品の爆発に限られる。

2.1.3　危険有害性情報の伝達

表 2.1.2　爆発物に関するラベル要素

区分	1	2		
細区分	適用無し	2A	2B	2C
絵表示				
注意喚起語	危険	危険	警告	警告
危険有害性情報	爆発物	爆発物	火災または飛散危険性	火災または飛散危険性
追加的危険有害性情報	非常に敏感または敏感である可能性	適用無し	適用無し	適用無し

第 2.2 章　可燃性ガス

2.2.1　定義

2.2.1.1　可燃性ガスとは、標準気圧 101.3 kPa で 20℃ において、空気との混合気が燃焼範囲を有するガスをいう。

2.2.1.2　自然発火性ガスとは、54℃ 以下の空気中で自然発火しやすいような可燃性ガスをいう。

2.2.1.3　化学的に不安定なガスとは、空気や酸素が無い状態でも爆発的に反応しうる可燃性ガスをいう。

2.2.2　分類基準

2.2.2.1　可燃性ガスは、次表にしたがって区分 1A、1B または 2 のいずれかに分類される。自然発火性および／または化学的に不安定な可燃性ガスは、つねに区分 1A に分類される。

A4.4

表 2.2.1　可燃性ガスの判定基準

区分			判定基準
1A	可燃性ガス		標準気圧 101.3 kPa で 20℃ において以下の性状を有するガス： (a) 空気中の容積で 13% 以下の混合気が可燃性であるもの；または (b) 燃焼（爆発）下限界に関係なく空気との混合気の燃焼範囲（爆発範囲）が 12% 以上のもの 区分 1B の判定基準に合致した場合を除く
	自然発火性ガス		54℃ 以下の空気中で自然発火する可燃性ガス
	化学的に不安定なガス	A	標準気圧 101.3 kPa で 20℃ において化学的に不安定である可燃性ガス
		B	気圧 101.3 kPa 超および／または 20℃ 超において化学的に不安定である可燃性ガス
1B	可燃性ガス		区分 1A の可燃性ガスの判定基準を満たし、自然発火性ガスでも化学的に不安定なガスでもなく、少なくとも以下のどちらかの条件を満たすもの： (a) 燃焼下限が空気中の容積で 6% を超える；または (b) 基本的な燃焼速度が 10 cm/s 未満；
2	可燃性ガス		区分 1A または 1B 以外のガスで、標準気圧 101.3 kPa、20℃ においてガスであり、空気との混合気が燃焼範囲を有するもの

2.2.3　危険有害性情報の伝達

表 2.2.4　可燃性ガスのラベル要素

	区分 1A	自然発火性ガスまたは化学的に不安定なガス A/B の判定基準を満たす、1A ガスの区分			区分 1B	区分 2
		自然発火性ガス	化学的に不安定なガス 区分 A	化学的に不安定なガス 区分 B		
絵表示	(炎)	(炎)	(炎)	(炎)	(炎)	絵表示なし
注意喚起語	危険	危険	危険	危険	危険	警告
危険有害性情報	極めて可燃性の高いガス	極めて可燃性の高いガス 空気に触れると自然発火するおそれ	極めて可燃性の高いガス 空気が無くても爆発的に反応するおそれ	極めて可燃性の高いガス 圧力および／または温度が上昇した場合、空気が無くても爆発的に反応するおそれ	可燃性ガス	可燃性ガス

A4.4

第2.3章　エアゾールおよび加圧下化学品

2.3.1　エアゾール

2.3.1.1　定義

　エアゾール、すなわちエアゾール噴霧器とは、圧縮ガス、液化ガスまたは溶解ガス（液状、ペースト状または粉末を含む場合もある）を内蔵する金属製、ガラス製またはプラスチック製の再充填不能な容器に、内容物をガス中に浮遊する固体もしくは液体の粒子として、または液体中またはガス中に泡状、ペースト状もしくは粉状として噴霧する噴射装置を取り付けたものをいう。

2.3.1.2　分類基準

表2.3.1　エアゾールの判定基準

区分	判定基準
1	(a) 85％以上（質量）の可燃性／引火性成分を含有し、かつ30 kJ/g以上の燃焼熱を有するすべてのエアゾール； (b) 着火距離試験で着火距離が75 cm以上のスプレーを出すすべてのエアゾール；または (c) 泡の可燃性試験の結果が以下のような、泡を出すすべてのエアゾール： 　(ⅰ) 炎の高さが20 cm以上かつ炎持続時間が2秒以上；または 　(ⅱ) 炎の高さが4 cm以上かつ炎持続時間が7秒以上。
2	(a) 着火距離試験の結果が区分1の判定基準には該当せず、以下の条件を満たすスプレーを出すすべてのエアゾール： 　(ⅰ) 燃焼熱が20 kJ/g以上； 　(ⅱ) 燃焼熱が20 kJ/g未満で着火距離が15 cm以上；または 　(ⅲ) 燃焼熱が20 kJ/g未満で着火距離が15 cm未満かつ以下の密閉空間発火試験結果： 　　　－　時間等量が300 s/m³以下；または 　　　－　爆燃密度が300 g/m³以下；または (b) 泡状エアゾール可燃性試験の結果が区分1の判定基準には該当せず、炎の高さが4 cm以上かつ炎持続時間が2秒以上のすべてのエアゾール。
3	(a) 1％以下（質量）の可燃性成分を有し、かつ燃焼熱が20 kJ/g未満のすべてのエアゾール；または (b) 1％超（質量）の可燃性成分を有するかまたは燃焼熱が20 kJ/g以上であるが、着火距離試験、密閉空間発火試験または泡状エアゾール可燃性試験の結果が区分1または区分2の判定基準に該当しないすべてのエアゾール。

注記1　可燃性／引火性成分には自然発火性物質、自己発熱性物質または水反応性物質は含まない。なぜならば、これらの物質はエアゾール内容物として用いられることはないためである。

注記2　本章で可燃性／引火性の分類の手順を踏まない、1％超の可燃性／引火性成分を含むまたは燃焼熱が少なくとも20 kJ/gのエアゾールは、区分1に分類するべきである。

注記3　エアゾールが追加的に第2.2章（可燃性ガス）、2.3.2（加圧下化学品）、第2.5章（高圧ガス）、第2.6章（引火性液体）および第2.7章（可燃性固体）の範疇で分類されることはない。しかし成分により、ラベル要素も含め、エアゾールが他の危険有害性クラスの範疇に分類されることはありうる。

A4.4

2.3.1.3　危険有害性情報の伝達

表 2.3.2　エアゾールのラベル要素

	区分 1	区分 2	区分 3
絵表示	〔炎のマーク〕	〔炎のマーク〕	絵表示なし
注意喚起語	危険	警告	警告
危険有害性情報	極めて可燃性／引火性の高いエアゾール 高圧容器： 熱すると破裂のおそれ	可燃性／引火性の高いエアゾール 高圧容器： 熱すると破裂のおそれ	高圧容器： 熱すると破裂のおそれ

2.3.2　加圧下化学品

2.3.2.1　定義

　加圧下化学品とは、エアゾール噴霧器ではなく、かつ高圧ガスとは分類されない、圧力容器中で 20℃ において 200 kPa 以上（ゲージ圧）の圧力でガスにより加圧された液体または固体（例えばペーストまたは粉体）をいう。

注記　加圧下化学品は一般に質量で 50％ 以上の液体または固体を含むが、50％ 以上のガスを含む混合物は一般に高圧ガスと考えられる。

2.3.2.2　分類基準

表 2.3.3　加圧下化学品の判定基準

区分	判定基準
1	以下のようなすべての加圧下化学品： (a) 85％ 以上（質量）の可燃性／引火性成分を含み；かつ (b) 燃焼熱が 20 kJ/g 以上。
2	以下のようなすべての加圧下化学品： (a) 1％ 超（質量）の可燃性／引火性成分を含み；かつ (b) 燃焼熱が 20 kJ/g 未満； または： (a) 85％ 未満（質量）の可燃性／引火性成分を含み；かつ (b) 燃焼熱が 20 kJ/g 以上。
3	以下のようなすべての加圧下化学品： (a) 1％ 以下（質量）の可燃性／引火性成分を含み；かつ (b) 燃焼熱が 20 kJ/g 未満。

注記1　加圧下化学品の可燃性／引火性成分には、自然発火性、自己発熱性または水反応性の物質や混合物は含まれない。それらの成分は UN モデル規則により加圧下化学品として認められていないからである。

注記2　加圧下化学品が追加的に 2.3.1（エアゾール）、第 2.2 章（可燃性ガス）、第 2.5 章（高圧ガス）、第 2.6 章（引火性液体）および第 2.7 章（可燃性固体）の範疇で分類されることはない。しかし成分により、ラベル要素も含め、加圧下化学品が他の危険有害性クラスの範疇に分類されることはありうる。

2.3.2.3 危険有害性情報の伝達

表 2.3.4 加圧下化学品のラベル要素

	区分1	区分2	区分3
絵表示			
注意喚起語	危険	警告	警告
危険有害性情報	極めて可燃性の高い加圧下化学品：熱すると爆発のおそれ	可燃性の加圧下化学品：熱すると爆発のおそれ	加圧下化学品：熱すると爆発のおそれ

第2.4章　酸化性ガス

2.4.1　定義

　*酸化性*ガスとは、一般的には酸素を供給することにより、空気以上に他の物質の燃焼を引き起こす、または燃焼を助けるガスをいう。

2.4.2　分類基準

　酸化性ガスは、次表に従ってこのクラスにおける単一の区分に分類される。

表 2.4.1 酸化性ガスの判定基準

区分	判定基準
1	一般的には酸素を供給することにより、空気以上に他の物質の燃焼を引き起こす、または燃焼を助けるガス

2.4.3　危険有害性情報の伝達

表 2.4.2 酸化性ガスのラベル要素

	区分1
絵表示	
注意喚起語	危険
危険有害性情報	発火または火災助長のおそれ；酸化性物質

A4.4

第 2.5 章　高圧ガス

2.5.1　定義

　高圧ガスとは、20℃、200 kPa（ゲージ圧）以上の圧力の下で容器に充填されているガスまたは液化または深冷液化されているガスをいう。

　高圧ガスには、圧縮ガス、液化ガス、溶解ガスおよび深冷液化ガスが含まれる。

2.5.2　分類基準

　2.5.2.1　高圧ガスは、充填された時の物理的状態によって、次表の 4 つのグループのいずれかに分類される。

表 2.5.1　高圧ガスの判定基準

グループ	判定基準
圧縮ガス	加圧して容器に充填した時に、–50℃で完全にガス状であるガス；臨界温度 –50℃以下のすべてのガスを含む。
液化ガス	加圧して容器に充填した時に –50℃を超える温度において部分的に液体であるガス。次の 2 つに分けられる。 （a）高圧液化ガス：臨界温度が –50℃と +65℃の間にあるガス； および （b）低圧液化ガス：臨界温度が +65℃を超えるガス
深冷液化ガス	容器に充填したガスが低温のために部分的に液体であるガス。
溶解ガス	加圧して容器に充填したガスが液相溶媒に溶解しているガス。

注記　エアゾールおよび加圧下化学品は高圧ガスとして分類するべきではない。第 2.3 章参照。

2.5.3　危険有害性情報の伝達

表 2.5.2　高圧ガスのラベル要素

	圧縮ガス	液化ガス	深冷液化ガス	溶解ガス
絵表示				
注意喚起語	警告	警告	警告	警告
危険有害性情報	高圧ガス；熱すると爆発するおそれ	高圧ガス；熱すると爆発するおそれ	深冷液化ガス；凍傷または傷害のおそれ	高圧ガス；熱すると爆発するおそれ

A4.4

第 2.6 章　引火性液体

2.6.1　定義

　*引火性液体*とは、引火点が 93℃以下の液体をいう。

2.6.2　分類基準

引火性液体は、次表に従ってこのクラスにおける4つの区分のいずれかに分類される。

表 2.6.1　引火性液体の判定基準

区分	判定基準
1	引火点＜23℃および初留点≦35℃
2	引火点＜23℃および初留点＞35℃
3	引火点≧23℃および≦60℃
4	引火点＞60℃および≦93℃

2.6.3　危険有害性情報の伝達

表 2.6.2　引火性液体のラベル要素

	区分1	区分2	区分3	区分4
絵表示				絵表示なし
注意喚起語	危険	危険	警告	警告
危険有害性情報	極めて引火性の高い液体および蒸気	引火性の高い液体および蒸気	引火性液体および蒸気	可燃性液体

第2.7章　可燃性固体

2.7.1　定義

　可燃性固体とは、易燃性を有する、または摩擦により発火あるいは発火を助長する恐れのある固体をいう。

2.7.2　分類基準

表 2.7.1　可燃性固体の判定基準

区分	判定基準
1	燃焼速度試験： 　金属粉末以外の物質または混合物 　　（a）火が湿潤部分を越える、および 　　（b）燃焼時間＜45秒、または燃焼速度＞2.2mm/秒 　金属粉末：燃焼時間≦5分
2	燃焼速度試験： 　金属粉末以外の物質または混合物 　　（a）火が湿潤部分で少なくとも4分間以上止まる、および 　　（b）燃焼時間＜45秒、または燃焼速度＞2.2mm/秒 　金属粉末：燃焼時間＞5分および燃焼時間≦10分

A4.4

2.7.3　危険有害性情報の伝達

表 2.7.2　可燃性固体のラベル表示要素

	区分 1	区分 2
絵表示		
注意喚起語	危険	警告
危険有害性情報	可燃性固体	可燃性固体

第 2.8 章　自己反応性物質および混合物

2.8.1　定義

2.8.1.1　*自己反応性物質または混合物*は、熱的に不安定で、酸素（空気）がなくとも強い発熱分解を起し易い液体または固体の物質あるいは混合物である。GHS のもとで、爆発物、有機過酸化物または酸化性物質として分類されている物質および混合物は、この定義から除外される。

2.8.2　分類基準

2.8.2.2　自己反応性物質および混合物は、下記の原則に従って、このクラスにおける「タイプ A から G」の 7 種類の区分のいずれかに分類される。

(a) 包装された状態で爆轟しまたは急速に爆燃し得る自己反応性物質または混合物は**自己反応性物質タイプ A** と定義される。

(b) 爆発性を有するが、包装された状態で、爆轟も急速な爆燃もしないが、その包装物内で熱爆発を起こす傾向を有する自己反応性物質または混合物は**自己反応性物質タイプ B** として定義される。

(c) 爆発性を有するが、包装された状態で、爆轟も急速な爆燃も熱爆発も起こすことのない自己反応性物質または混合物は**自己反応性物質タイプ C** として定義される。

(d) 実験室の試験で以下のような性状の自己反応性物質または混合物は**自己反応性物質タイプ D** として定義される。

　(i) 爆轟は部分的であり、急速に爆燃することなく、密封下の加熱で激しい反応を起こさない。

　(ii) 全く爆轟せず、緩やかに爆燃し、密封下の加熱で激しい反応を起こさない。または

　(iii) 全く爆轟も爆燃もせず、密封下の加熱では中程度の反応を起こす。

(e) 実験室の試験で、全く爆轟も爆燃もせず、かつ密封下の加熱で反応が弱いかまたは無いと判断される自己反応性物質または混合物は、**自己反応性物質タイプ E** として定義される。

(f) 実験室の試験で、空気泡の存在下で全く爆轟せず、また全く爆燃もすることなくかつ、

A4.4

密封下の加熱でも爆発力の試験でも、反応が弱いかまたは無いと判断される自己反応性物質または混合物は、**自己反応性物質タイプF**として定義される。

(g) 実験室の試験で、空気泡の存在下で全く爆轟せず、また全く爆燃もすることなく、かつ、密封下の加熱でも爆発力の試験でも反応を起こさない自己反応性物質または混合物は、**自己反応性物質タイプG**として定義される。ただし、熱的に安定である（SADTが50kgの輸送物では60℃から75℃）、および液体混合物の場合には沸点が150℃以上の希釈剤で鈍感化されていることを前提とする。混合物が熱的に安定でない、または沸点が150℃未満の希釈剤で鈍感化されている場合、その混合物は自己反応性物質タイプFとして定義すること。

2.8.3　危険有害性情報の伝達

表2.8.1　自己反応性物質および混合物のラベル表示要素

	タイプA	タイプB	タイプC&D	タイプE&F	タイプG
絵表示					*この危険性区分にはラベル表示要素の指定はない*
注意喚起語	危険	危険	危険	警告	
危険有害性情報	熱すると爆発のおそれ	熱すると火災または爆発のおそれ	熱すると火災のおそれ	熱すると火災のおそれ	

第2.9章　自然発火性液体

2.9.1　定義

*自然発火性液体*とは、たとえ少量であっても、空気と接触すると5分以内に発火しやすい液体をいう。

2.9.2　分類基準

表2.9.1　自然発火性液体の判定基準

区分	判定基準
1	液体を不活性担体に漬けて空気に接触させると5分以内に発火する、または液体を空気に接触させると5分以内にろ紙を発火させるか、ろ紙を焦がす。

2.9.3　危険有害性情報の伝達

表 2.9.2　自然発火性液体のラベル表示要素

	区分1
絵表示	
注意喚起語	危険
危険有害性情報	空気に触れると自然発火

第 2.10 章　自然発火性固体

2.10.1　定義

　*自然発火性固体*とは、たとえ少量であっても、空気と接触すると5分以内に発火しやすい固体をいう。

2.10.2　分類基準

表 2.10.1　自然発火性固体の判定基準

区分	判定基準
1	固体が空気と接触すると5分以内に発火する。

2.10.3　危険有害性情報の伝達

表 2.10.2　自然発火性固体のラベル表示要素

	区分1
絵表示	
注意喚起語	危険
危険有害性情報	空気に触れると自然発火

A4.4

第2.11章　自己発熱性物質および混合物

2.11.1　定義

　*自己発熱性物質または混合物*とは、自然発火性液体または自然発火性固体以外の固体物質または混合物で、空気との接触によりエネルギー供給がなくとも、自己発熱しやすいものをいう。この物質または混合物が自然発火性液体または自然発火性固体と異なるのは、それが大量（キログラム単位）にあり、かつ長期間（数時間または数日間）経過後に限って発火する点にある。

2.11.2　分類基準

表2.11.1　自己発熱性物質および混合物の判定基準

区分	判定基準
1	25 mm 立方体サンプルを用いて 140℃における試験で肯定的結果が得られる
2	(a) 100 mm 立方体のサンプルを用いて 140℃で肯定的結果が得られ、および 25 mm 立方体サンプルを用いて 140℃で否定的結果が得られ、<u>かつ</u>、当該物質または混合物が 3 m³ より大きい容積パッケージとして包装される、または (b) 100 mm 立方体のサンプルを用いて 140℃で肯定的結果が得られ、および 25 mm 立方体サンプルを用いて 140℃で否定的結果が得られ、100 mm 立方体のサンプルを用いて 120℃で肯定的結果が得られ，<u>かつ</u>，当該物質または混合物が 450 リットルより大きい容積のパッケージとして包装される、または (c) 100 mm 立方体のサンプルを用いて 140℃で肯定的結果が得られ、および 25 mm 立方体サンプルを用いて 140℃で否定的結果が得られ、<u>かつ</u> 100 mm 立方体のサンプルを用いて 100℃で肯定的結果が得られる。

2.11.3　危険有害性情報の伝達

表2.11.2　自己発熱性物質および混合物のラベル表示要素

	区分1	区分2
絵表示		
注意喚起語	危険	警告
危険有害性情報	自己発熱；火災のおそれ	大量の場合自己発熱；火災のおそれ

A4.4

第 2.12 章　水反応可燃性物質および混合物

2.12.1　定義

　*水と接触して可燃性ガスを発生する物質または混合物*とは、水との相互作用により、自然発火性となるか、または可燃性ガスを危険となる量発生する固体または液体の物質あるいは混合物をいう。

2.12.2　分類基準

表 2.12.1　水と接触して可燃性／引火性ガスを発生する物質または混合物の判定基準

区分	判定基準
1	大気温度で水と激しく反応し、自然発火性のガスを生じる傾向が全般的に認められる物質または混合物、または大気温度で水と激しく反応し、その際の可燃性／引火性ガスの発生速度は、どの1分間をとっても物質1kgにつき10リットル以上であるような物質または混合物。
2	大気温度で水と急速に反応し、可燃性／引火性ガスの最大発生速度が1時間あたり物質1kgにつき20リットル以上であり、かつ区分1に適合しない物質または混合物。
3	大気温度では水と穏やかに反応し、可燃性／引火性ガスの最大発生速度が1時間あたり物質1kgにつき1リットルを超えて、かつ区分1や区分2に適合しない物質または混合物。

2.12.3　危険有害性情報の伝達

表 2.12.2　水反応可燃性物質および混合物のラベル表示要素

	区分1	区分2	区分3
絵表示			
注意喚起語	危険	危険	警告
危険有害性情報	水に触れると自然発火するおそれのある可燃性／引火性ガスを発生	水に触れると可燃性／引火性ガスを発生	水に触れると可燃性／引火性ガスを発生

A4.4

第 2.13 章　酸化性液体

2.13.1　定義

　*酸化性液体*とは、それ自体は必ずしも可燃性を有しないが、一般的には酸素の発生により、他の物質を燃焼させまたは助長する恐れのある液体をいう。

2.13.2　分類基準

表 2.13.1　酸化性液体の判定基準

区分	判定基準
1	物質（または混合物）をセルロースとの重量比1：1の混合物として試験した場合に自然発火する、または物質とセルロースの重量比1：1の混合物の平均昇圧時間が、50%過塩素酸とセルロースの重量比1：1の混合物より短い物質または混合物。
2	物質（または混合物）をセルロースとの重量比1：1の混合物として試験した場合の平均昇圧時間が、塩素酸ナトリウム40%水溶液とセルロースの重量比1：1の混合物の平均昇圧時間以下である、および区分1の判定基準が適合しない物質または混合物。
3	物質（または混合物）をセルロースとの重量比1：1の混合物として試験した場合の平均昇圧時間が、硝酸65%水溶液とセルロースの重量比1：1の混合物の平均昇圧時間以下である、および区分1および2の判定基準が適合しない物質または混合物。

2.13.3　危険有害性情報の伝達

表 2.13.2　酸化性液体のラベル表示要素

	区分1	区分2	区分3
絵表示			
注意喚起語	危険	危険	警告
危険有害性情報	火災または爆発のおそれ；強酸化性物質	火災助長のおそれ；酸化性物質	火災助長のおそれ；酸化性物質

第2.14章　酸化性固体

2.14.1　定義

　*酸化性固体*とは、それ自体は必ずしも可燃性を有しないが、一般的には酸素の発生により、他の物質を燃焼させまたは助長する恐れのある固体をいう。

2.14.2　分類基準

表 2.14.1　酸化性固体の判定基準

区分	O.1による判定基準	O.3による判定基準
1	サンプルとセルロースの重量比4：1または1：1の混合物として試験した場合、その平均燃焼時間が臭素酸カリウムとセルロースの重量比3：2の混合物の平均燃焼時間より短い物質または混合物。	サンプルとセルロースの重量比4：1または1：1の混合物として試験した場合、その平均燃焼速度が過酸化カルシウムとセルロースの重量比3：1の混合物の平均燃焼速度より大きい物質または混合物。

| 2 | サンプルとセルロースの重量比 4：1 または 1：1 の混合物として試験した場合、その平均燃焼時間が臭素酸カリウムとセルロースの重量比 2：3 の混合物の平均燃焼時間以下であり、かつ区分 1 の判断基準が適合しない物質または混合物。 | サンプルとセルロースの重量比 4：1 または 1：1 の混合物として試験した場合、その平均燃焼速度が過酸化カルシウムとセルロースの重量比 1：1 の混合物の平均燃焼速度以上であり、かつ区分 1 の判定基準に適合しない物質または混合物。 |
| 3 | サンプルとセルロースの重量比 4：1 または 1：1 の混合物として試験した場合、その平均燃焼時間が臭素酸カリウムとセルロースの重量比 3：7 の混合物の平均燃焼時間以下であり、かつ区分 1 および 2 の判断基準に適合しない物質または混合物。 | サンプルとセルロースの重量比 4：1 または 1：1 の混合物として試験した場合、その平均燃焼速度が過酸化カルシウムとセルロースの重量比 1：2 の混合物の平均燃焼速度以上であり、かつ区分 1 および 2 の判断基準に適合しない物質または混合物。 |

2.14.3　危険有害性情報の伝達

表 2.14.2　酸化性固体のラベル表示要素

	区分 1	区分 2	区分 3
絵表示			
注意喚起語	危険	危険	警告
危険有害性情報	火災または爆発のおそれ；強酸化性物質	火災助長のおそれ；酸化性物質	火災助長のおそれ；酸化性物質

第 2.15 章　有機過酸化物

2.15.1　定義

2.15.1.1　*有機過酸化物*とは、2 価の -O-O- 構造を有し、1 あるいは 2 個の水素原子が有機ラジカルによって置換されている過酸化水素の誘導体と考えられる、液体または固体有機物質をいう。この用語はまた、有機過酸化物組成物（混合物）も含む。有機過酸化物は熱的に不安定な物質または混合物であり、自己発熱分解を起こす恐れがある。さらに、以下のような特性を 1 つ以上有する：

　（a）爆発的な分解をしやすい；

　（b）急速に燃焼する；

　（c）衝撃または摩擦に敏感である；

　（d）他の物質と危険な反応をする。

2.15.2　分類基準

2.15.2.2　有機過酸化物は、下記の原則に従ってこのクラスにおける 7 つの区分「タイプ A ～

タイプG」のいずれかに分類される。

(a) 包装された状態で、爆轟または急速に爆燃し得る有機化酸化物は、**有機過酸化物タイプA**として定義される。

(b) 爆発性を有するが、包装された状態で爆轟も急速な爆燃もしないが、その包装物内で熱爆発を起こす傾向を有する有機過酸化物は、**有機過酸化物タイプB**として定義される。

(c) 爆発性を有するが、包装された状態で爆轟も急速な爆燃も熱爆発も起こすことのない有機過酸化物は、**有機過酸化物タイプC**として定義される。

(d) 実験室の試験で以下のような性状の有機過酸化物は**有機過酸化物タイプD**として定義される。

　　(ⅰ) 爆轟は部分的であり、急速に爆燃することなく、密閉下の加熱で激しい反応を起こさない。

　　(ⅱ) 全く爆轟せず、緩やかに爆燃し、密閉下の加熱で激しい反応を起こさない。

　　(ⅲ) 全く爆轟も爆燃もせず、密閉下の加熱で中程度の反応を起こす。

(e) 実験室の試験で、全く爆轟も爆燃もせず、かつ密閉下の加熱で反応が弱いか、または無いと判断される有機過酸化物は、**有機過酸化物タイプE**として定義される。

(f) 実験室の試験で、空気泡の存在下で全く爆轟せず、また全く爆燃もすることなく、また、密閉下の加熱でも、爆発力の試験でも、反応が弱いかまたは無いと判断される有機過酸化物は、**有機過酸化物タイプF**として定義される。

(g) 実験室の試験で、空気泡の存在下で全く爆轟せず、また全く爆燃することなく、密閉下の加熱でも、爆発力の試験でも、反応を起こさない有機過酸化物は、**有機過酸化物タイプG**として定義される。ただし熱的に安定である（自己促進分解温度（SADT）が50kgのパッケージでは60℃以上）、また液体混合物の場合には沸点が150℃以上の希釈剤で鈍感化されていることを前提とする。有機過酸化物が熱的に安定でない、または沸点が150℃未満の希釈剤で鈍感化されている場合、その有機過酸化物は有機過酸化物タイプFとして定義される。

2.15.3　危険有害性情報の伝達

　表示要件に関する通則および細則は、*危険有害性に関する情報の伝達：表示*（第1.4章）に定める。附属書1に分類と表示に関する概要表を示す。附属書3には、注意書きおよび所管官庁が許可した場合に使用可能な注意絵表示の例を示す。

A4.4

表 2.15.1　有機過酸化物のラベル表示要素

	タイプ A	タイプ B	タイプ C&D	タイプ E&F	タイプ G ※1
絵表示		 			この危険性区分にはラベル表示要素の指定はない
注意喚起語	危険	危険	危険	警告	
危険有害性情報	熱すると爆発のおそれ	熱すると火災または爆発のおそれ	熱すると火災のおそれ	熱すると火災のおそれ	

※1　TYPE G には危険有害性情報の伝達要素は指定されていないが、他の危険性クラスに該当する特性があるかどうか考慮する必要がある。

第 2.16 章　金属腐食性

2.16.1　定義

　金属に対して*腐食性である物質または混合物*とは、化学反応によって金属を著しく損傷し、または破壊する物質または混合物をいう。

2.16.2　分類基準

表 2.16.1　金属に対して腐食性である物質または混合物の判定基準

区分	判定基準
1	55℃の試験温度で、鋼片およびアルミニウム片の両方で試験されたとき、侵食度がいずれかの金属において年間 6.25mm を超える。

2.16.3　危険有害性情報の伝達

A4.4

表 2.16.2　金属に対して腐食性である物質または混合物のラベル表示要素

	区分 1
絵表示	
注意喚起語	警告
危険有害性情報	金属腐食のおそれ

第2.17章 鈍性化爆発物

2.17.1 定義および一般事項

2.17.1.1 *鈍性化爆発物*とは、大量爆発や非常に急速な燃焼をしないように、爆発性を抑制するために鈍性化され、したがって危険性クラス「爆発物」から除外されている、固体または液体の爆発性物質または混合物をいう。

2.17.2 分類基準

表2.17.1 鈍性化爆発物の判定基準

区分	判定基準
1	補正燃焼速度（A_c）が300 kg/min 以上、1200 kg/min を超えない鈍性化爆発物
2	補正燃焼速度（A_c）が140 kg/min 以上、300 kg/min 未満の鈍性化爆発物
3	補正燃焼速度（A_c）が60 kg/min 以上、140 kg/min 未満の鈍性化爆発物
4	補正燃焼速度（A_c）が60 kg/min 未満の鈍性化爆発物

2.17.3 危険有害性情報の伝達

表2.17.2 鈍性化爆発物のラベル要素

	区分1	区分2	区分3	区分4
絵表示				
注意喚起語	危険	危険	警告	警告
危険有害性情報	火災、爆風または飛散危険性；鈍性化剤が減少した場合には爆発の危険性の増加	火災または飛散危険性；鈍性化剤が減少した場合には爆発の危険性の増加	火災または飛散危険性；鈍性化剤が減少した場合には爆発の危険性の増加	火災危険性；鈍性化剤が減少した場合には爆発の危険性の増加

第3部 健康に対する有害性

第3.1章 急性毒性

3.1.1 定義

　*急性毒性*とは、物質または混合物への単回または短時間の経口、経皮または吸入ばく露後に生じる健康への重篤な有害影響（すなわち致死作用）をさす。

3.1.2 物質の分類基準

3.1.2.1 物質は、経口、経皮および吸入経路による急性毒性に基づいて表に示されるようなカッ

トオフ値の判定基準によって5つの有害性区分の1つに割当てることができる。急性毒性の値はLD$_{50}$（経口、経皮）またはLC$_{50}$（吸入）値または、急性毒性推定値（ATE）で表わされる。

表3.1.1　急性毒性区分に関する急性毒性推定値（ATE）および判定基準

ばく露経路	区分1	区分2	区分3	区分4	区分5
経口（mg/kg体重）	ATE ≦ 5	5 < ATE ≦ 50	50 < ATE ≦ 300	300 < ATE ≦ 2 000	2 000 < ATE ≦ 5 000
経皮（mg/kg体重）	ATE ≦ 50	50 < ATE ≦ 200	200 < ATE ≦ 1 000	1 000 < ATE ≦ 2 000	
気体（ppmV）	ATE ≦ 100	100 < ATE ≦ 500	500 < ATE ≦ 2 500	2 500 < ATE ≦ 20 000	
蒸気（mg/L）	ATE ≦ 0.5	0.5 < ATE ≦ 2.0	2.0 < ATE ≦ 10.0	10.0 < ATE ≦ 20.0	
粉塵およびミスト（mg/L）	ATE ≦ 0.05	0.05 < ATE ≦ 0.5	0.5 < ATE ≦ 1.0	1.0 < ATE ≦ 5.0	

3.1.4　危険有害性情報の伝達

表3.1.3　急性毒性のラベル要素

	区分1	区分2	区分3	区分4	区分5
絵表示	☠	☠	☠	！	絵表示なし
注意喚起語	危険	危険	危険	警告	警告
危険有害性情報—経口	飲み込むと生命に危険	飲み込むと生命に危険	飲み込むと有毒	飲み込むと有害	飲み込むと有害のおそれ
—経皮	皮膚に接触すると生命に危険	皮膚に接触すると生命に危険	皮膚に接触すると有毒	皮膚に接触すると有害	皮膚に接触すると有害のおそれ
—吸入	吸入すると生命に危険	吸入すると生命に危険	吸入すると有毒	吸入すると有害	吸入すると有害のおそれ

A4.4

第3.2章　皮膚腐食性／刺激性

3.2.1　定義および一般事項

3.2.1.1　*皮膚腐食性*とは皮膚に対する不可逆的な損傷を生じさせることをさす；すなわち物質または混合物へのばく露後に起こる、表皮を貫通して真皮に至る明らかに認められる壊死。

*皮膚刺激性*とは、物質または混合物へのばく露後に起こる、皮膚に対する可逆的な損傷を生じさせることをさす。

3.2.2　物質の分類基準

表 3.2.1　皮膚腐食性の区分および細区分

	判定基準
区分 1	4 時間以内のばく露で、少なくとも 1 匹の試験動物で、皮膚の組織を破壊、すなわち表皮を通して真皮に達する目に見える壊死
細区分 1A	3 分以下のばく露の後で、少なくとも 1 匹の動物で、1 時間以内の観察により腐食反応
細区分 1B	3 分を超え 1 時間以内のばく露で、少なくとも 1 匹の動物で、14 日以内の観察により腐食反応
細区分 1C	1 時間を超え 4 時間以内のばく露で、少なくとも 1 匹の動物で、14 日以内の観察により腐食反応

表 3.2.2　皮膚刺激性の区分

区分	判定基準
刺激性 （区分 2） （すべての所管官庁に適用）	(a) 試験動物 3 匹のうち少なくとも 2 匹で、パッチ除去後 24、48 および 72 時間における評価または反応が遅発性の場合には皮膚反応発生後 3 日間連続しての評価で、紅斑／痂皮または浮腫の平均スコアが ≧2.3 かつ ≦4.0 である、または (b) 少なくとも 2 匹の動物で、通常 14 日間の観察期間終了時まで炎症が残る、特に脱毛（限定領域内）、過角化症、過形成および落屑を考慮する、または (c) 動物間にかなりの反応の差があり、動物 1 匹で化学品ばく露に関してきわめて決定的な陽性作用が見られるが、上述の判定基準ほどではないような例もある。
軽度刺激性 （区分 3） （限られた所管官庁のみに適用）	試験動物 3 匹のうち少なくとも 2 匹で、パッチ除去後 24、48 および 72 時間における評価または反応が遅発性の場合には皮膚反応発生後 3 日間連続しての評価で、紅斑／痂皮または浮腫の平均スコアが ≧1.5 かつ< 2.3 である（上述の刺激性区分には分類されない場合）

3.2.4　危険有害性情報の伝達

表 3.2.5　皮膚腐食性／刺激性のラベル要素

	区分 1			区分 2	区分 3
	1A	1B	1C		
絵表示					絵表示なし
注意喚起語	危険	危険	危険	警告	警告
危険有害性情報	重篤な皮膚の薬傷・眼の損傷	重篤な皮膚の薬傷・眼の損傷	重篤な皮膚の薬傷・眼の損傷	皮膚刺激	軽度の皮膚刺激

A4.4

第3.3章　眼に対する重篤な損傷性／眼刺激性

3.3.1　定義および一般事項

3.3.1.1　*眼に対する重篤な損傷性*とは、物質または混合物へのばく露後に起こる、眼の組織損傷を生じさせること、すなわち視力の重篤な機能低下で、完全には治癒しないものをさす。

　*眼刺激性*とは、物質または混合物へのばく露後に起こる、眼に変化を生じさせることで、完全に治癒するものをさす。

3.3.2　物質の分類基準

表3.3.1　眼に対する重篤な損傷性／眼への不可逆的作用区分

	判定基準
区分1： 眼に対する重篤な損傷性／眼に対する不可逆的作用	以下の作用を示す物質： (a) 少なくとも1匹の動物で、角膜、虹彩または結膜に対する、可逆的であると予測されない作用が認められる、または通常21日間の観察期間中に完全には回復しない作用が認められる、および／または (b) 試験動物3匹中少なくとも2匹で、試験物質滴下後24、48および72時間における評価の平均スコア計算値が （i）角膜混濁 ≧3；および／または （ii）虹彩＞1.5； で陽性反応が得られる。

表3.3.2　可逆的な眼への作用に関する区分

	判定基準
	可逆的な眼刺激作用の可能性を持つ物質
区分2/2A	試験動物3匹中少なくとも2匹で以下の陽性反応がえられる。 試験物質滴下後24、48および72時間における評価の平均スコア計算値が： (a) 角膜混濁 ≧1；および／または (b) 虹彩 ≧1；および／または (c) 結膜発赤 ≧2；および／または (d) 結膜浮腫 ≧2 かつ通常21日間の観察期間内で完全に回復する。
区分2B	区分2Aにおいて、上述の作用が7日間の観察期間内に完全に可逆的である場合には、眼刺激性は軽度の眼刺激（区分2B）であるとみなされる。

A4.4

3.3.4　危険有害性情報の伝達

表 3.3.5　眼に対する重篤な損傷性／眼刺激性のラベル要素

	区分 1	区分 2A	区分 2B
絵表示			絵表示なし
注意喚起語	危険	警告	警告
危険有害性情報	重篤な眼の損傷	強い眼刺激	眼刺激

第3.4章　呼吸器感作性または皮膚感作性

3.4.1　定義および一般事項

3.4.1.1　*呼吸器感作性*とは、物質または混合物の吸入後に起こる、気道の過敏症をさす。

　*皮膚感作性*とは、物質または混合物に皮膚接触した後に起こる、アレルギー性反応をさす。

3.4.1.2　本章では感作性に2つの段階を含んでいる。最初の段階はアレルゲンへのばく露による個人の特異的な免疫学的記憶の誘導（induction）である。次の段階は惹起（elicitation）、すなわち、感作された個人がアレルゲンにばく露することにより起こる細胞性あるいは抗体性のアレルギー反応である。

3.4.2　物質の分類基準

3.4.2.1　呼吸器感作性物質

表 3.4.1　呼吸器感作性物質の有害性区分および細区分

区分 1：	呼吸器感作性物質
	物質は呼吸器感作性物質として分類される （a）ヒトに対し当該物質が特異的な呼吸器過敏症を引き起こす証拠がある場合、または （b）適切な動物試験により陽性結果が得られている場合。
細区分 1A：	ヒトで高頻度に症例が見られる；または動物や他の試験に基づいたヒトでの高い感作率の可能性がある。反応の重篤性についても考慮する。
細区分 1B：	ヒトで低～中頻度に症例が見られる；または動物や他の試験に基づいたヒトでの低～中の感作率の可能性がある。反応の重篤性についても考慮する。

A4.4

3.4.2.2　皮膚感作性物質

表 3.4.2　皮膚感作性物質の有害性区分および細区分

区分1：	皮膚感作性物質
	物質は皮膚感作性物質として分類される （a）物質が相当な数のヒトに皮膚接触により過敏症を引き起こす証拠がある場合、または （b）適切な動物試験により陽性結果が得られている場合。
細区分1A：	ヒトで高頻度に症例が見られるおよび／または動物での高い感作能力からヒトに重大な感作を起す可能性が考えられる。反応の重篤性についても考慮する。
細区分1B：	ヒトで低〜中頻度に症例が見られるおよび／または動物での低〜中の感作能力からヒトに感作を起こす可能性が考えられる。反応の重篤性についても考慮する。

3.4.4　危険有害性情報の伝達

表 3.4.6　呼吸器感作性および皮膚感作性のラベル要素

	呼吸器感作性 区分1 細区分1A および1B	皮膚感作性 区分1 細区分1A および1B
絵表示		
注意喚起語	危険	警告
危険有害性情報	吸入するとアレルギー、喘息または、呼吸困難を起こすおそれ	アレルギー性皮膚反応を起こすおそれ

第 3.5 章　生殖細胞変異原性

3.5.1　定義および一般事項

3.5.1.1　*生殖細胞変異原性*とは、物質または混合物へのばく露後に起こる、生殖細胞における構造的および数的な染色体の異常を含む、遺伝性の遺伝子変異をさす。

3.5.1.2　この有害性クラスは主として、ヒトにおいて次世代に受継がれる可能性のある突然変異を誘発すると思われる化学品に関するものである。一方、in vitro での変異原性／遺伝毒性試験、および in vivo での哺乳類体細胞を用いた試験も、この有害性クラスの中で分類する際に考慮される。

A4.4

3.5.2　物質の分類基準

<u>区分1</u>：ヒト生殖細胞に経世代突然変異を誘発することが知られているかまたは経世代突然変異
　　　　を誘発すると見なされている物質

区分1 A：ヒト生殖細胞に経世代突然変異を誘発することが知られている物質
　　　　ヒトの疫学的調査による陽性の証拠。

区分1 B：ヒト生殖細胞に経世代突然変異を誘発すると見なされるべき物質
　　（a）哺乳類における *in vivo* 経世代生殖細胞変異原性試験による陽性結果、または
　　（b）哺乳類における *in vivo* 体細胞変異原性試験による陽性結果に加えて、当該物質が生殖
　　　　細胞に突然変異を誘発する可能性についての何らかの証拠。この裏付け証拠は、例えば
　　　　生殖細胞を用いる *in vivo* 変異原性／遺伝毒性試験より、あるいは、当該物質またはそ
　　　　の代謝物が生殖細胞の遺伝物質と相互作用する機能があることの実証により導かれる。
　　　　または
　　（c）次世代に受継がれる証拠はないがヒト生殖細胞に変異原性を示す陽性結果；例えば、ば
　　　　く露されたヒトの精子中の異数性発生頻度の増加など。

<u>区分2</u>：ヒト生殖細胞に経世代突然変異を誘発する可能性がある物質
　　　　哺乳類を用いる試験、または場合によっては下記に示す *in vitro* 試験による陽性結果
　　（a）哺乳類を用いる *in vivo* 体細胞変異原性試験、または
　　（b）*in vitro* 変異原性試験の陽性結果により裏付けられたその他の *in vivo* 体細胞遺伝毒性試
　　　　験
　　注記：哺乳類を用いる in vitro 変異原性試験で陽性となり、さらに既知の生殖細胞変異原性
　　　　物質と化学的構造活性相関を示す物質は、区分2変異原性物質として分類されるとみなす
　　　　べきである。

図 3.5.1　生殖細胞変異原性物質の有害性区分

3.5.4　危険有害性情報の伝達

表 3.5.2　生殖細胞変異原性のラベル要素

	区分1 （区分1A、1B）	区分2
絵表示		
注意喚起語	危険	警告
危険有害性情報	遺伝性疾患のおそれ （他の経路からのばく露が有害でないこ とが決定的に証明されている場合、有害 なばく露経路を記載）	遺伝性疾患のおそれの疑い （他の経路からのばく露が有害でないこ とが決定的に証明されている場合、有害 なばく露経路を記載）

A4.4

第3.6章　発がん性

3.6.1　定義

　*発がん性*とは、物質または混合物へのばく露後に起こる、がんの誘発またはその発生率の増加をさす。動物を用いて適切に実施された実験研究で良性および悪性腫瘍を誘発した物質および混合物もまた、腫瘍形成のメカニズムがヒトには関係しないとする強力な証拠がない限りは、ヒトに対する発がん性物質として推定されるかまたはその疑いがあると考えられる。

3.6.2　物質の分類基準

区分1：ヒトに対する発がん性が知られているあるいはおそらく発がん性がある

　物質の区分1への分類は、疫学的データまたは動物データをもとに行う。個々の物質はさらに次のように区別されることもある：

区分1A：ヒトに対する発がん性が知られている：主としてヒトでの証拠により物質をここに分類する

区分1B：ヒトに対しておそらく発がん性がある：主として動物での証拠により物質をここに分類する

　証拠の強さとその他の事項も考慮した上で、ヒトでの調査により物質に対するヒトのばく露と、がん発生の因果関係が確立された場合を、その証拠とする（ヒトに対する発がん性が知られている物質）。あるいは、動物に対する発がん性を実証する十分な証拠がある動物試験を、その証拠とすることもある（ヒトに対する発がん性があると考えられる物質）。さらに、試験からはヒトにおける発がん性の証拠が限られており、また実験動物での発がん性の証拠も限られている場合には、ヒトに対する発がん性があると考えられるかどうかは、ケースバイケースで科学的判定によって決定することもある。

　分類：区分1（AおよびB）発がん性物質

区分2：ヒトに対する発がん性が疑われる

　物質の区分2への分類は、物質を確実に区分1に分類するには不十分な場合ではあるが、ヒトまたは動物での調査より得られた証拠をもとに行う。証拠の強さとその他の事項も考慮した上で、ヒトでの調査で発がん性の限られた証拠や、または動物試験で発がん性の限られた証拠が証拠とされる場合もある。

　分類：区分2発がん性物質

図3.6.1　発がん性物質の有害性区分

A4.4

3.6.4　危険有害性情報の伝達

表 3.6.2　発がん性のラベル要素

	区分 1 （区分 1A、1B）	区分 2
絵表示		
注意喚起語	危険	警告
危険有害性情報	発がんのおそれ （他の経路からのばく露が有害でないことが決定的に証明されている場合、有害なばく露経路を記載）	発がんのおそれの疑い （他の経路からのばく露が有害でないことが決定的に証明されている場合、有害なばく露経路を記載）

第 3.7 章　生殖毒性

3.7.1　定義および一般事項

3.7.1.1　生殖毒性

　*生殖毒性*とは、物質または混合物へのばく露後におこる、雌雄の成体の性機能および生殖能に対する悪影響に加えて、子世代における発生毒性をさす。

3.7.2　物質の分類基準

3.7.2.1　有害性区分

　生殖毒性の分類目的に照らし、物質は 2 つの区分のうち 1 つに割り当てられる。性機能および生殖能に対する作用に加えて、発生に対する作用も考慮の対象となる。更に、授乳に対する影響については、別の有害性区分が割り当てられている。

A4.4

区分1：ヒトに対して生殖毒性があることが知られている、あるいはあると考えられる物質
　　　この区分には、ヒトの性機能および生殖能あるいは発生に悪影響を及ぼすことが知られている物質、またはできれば他の補足情報もあることが望ましいが、動物試験によりその物質がヒトの生殖を阻害する可能性があることが強く推定される物質が含まれる。規制のためには、分類のための証拠が主としてヒトのデータによるものか（区分1A）、あるいは動物データによるものなのか（区分1B）によってさらに区別することもできる。

区分1A：ヒトに対して生殖毒性があることが知られている物質
　　　この区分への物質の分類は、主にヒトにおける証拠をもとにして行われる。

区分1B：ヒトに対して生殖毒性があると考えられる物質
　　　この区分への物質の分類は、主に実験動物による証拠をもとにして行われる。動物実験より得られたデータは、他の毒性作用のない状況で性機能および生殖能または発生に対する悪影響の明確な証拠があるか、または他の毒性作用も同時に生じている場合には、その生殖に対する悪影響が、他の毒性作用が原因となった2次的な非特異的影響ではないと見なされるべきである。ただし、ヒトに対する影響の妥当性について疑いが生じるようなメカニズムに関する情報がある場合には、区分2に分類する方がより適切である。

区分2：ヒトに対する生殖毒性が疑われる物質
　　　この区分に分類するのは次のような物質である。できれば他の補足情報もあることが望ましいが、ヒトまたは実験動物から、他の毒性作用のない状況で性機能および生殖能あるいは発生に対する悪影響についてある程度の証拠が得られている物質、または、他の毒性作用も同時に生じている場合には、他の毒性作用が原因となった2次的な非特異的影響ではないと見なされるが、当該物質を区分1に分類するにはまだ証拠が十分でないような物質。例えば、試験に欠陥があり、証拠の信頼性が低いため、区分2とした方がより適切な分類であると思われる場合がある。

図3.7.1(a)　生殖毒性物質の有害性区分

授乳に対するまたは授乳を介した影響

授乳に対するまたは授乳を介した影響は別の区分に振り分けられる。多くの物質には、授乳によって幼児に悪影響を及ぼす可能性についての情報がないことが認められている。ただし、女性によって吸収され、母乳分泌に影響を与える、または授乳中の子供の健康に懸念をもたらすに十分な量で母乳中に存在すると思われる物質（代謝物も含めて）は、哺乳中の乳児に対するこの有害性に分類して示すべきである。この分類は下記の事項をもとに指定される。
　(a) 吸収、代謝、分布および排泄に関する試験で、当該物質が母乳中で毒性を持ちうる濃度で存在する可能性が認められた場合、または
　(b) 動物を用いた一世代または二世代試験の結果より、母乳中への移行による子への悪影響または母乳の質に対する悪影響の明らかな証拠が得られた場合、または
　(c) 授乳期間中の乳児に対する有害性を示す証拠がヒトで得られた場合。

図3.7.1(b)　授乳影響の有害性区分

3.7.4　危険有害性情報の伝達

表3.7.2　生殖毒性のラベル要素

	区分1 （区分1A、1B）	区分2	授乳に対するまたは授乳を介した影響に関する追加区分
絵表示			*絵表示なし*
注意喚起語	危険	警告	*注意喚起語なし*
危険有害性情報	生殖能または胎児への悪影響のおそれ （もし判れば影響の内容を記載する）（他の経路からのばく露が有害でないことが決定的に証明されている場合、有害なばく露経路を記載）	生殖能または胎児への悪影響のおそれの疑い （もし判れば影響の内容を記載する）（他の経路からのばく露が有害でないことが決定的に証明されている場合、有害なばく露経路を記載）	授乳中の子に害を及ぼすおそれ

第3.8章　特定標的臓器毒性　単回ばく露

3.8.1　定義および一般事項

3.8.1.1　*特定標的臓器毒性—単回ばく露*とは、物質または混合物への単回のばく露後に起こる、特異的な非致死性の標的臓器への影響をさす。可逆的と不可逆的、あるいは急性および遅発性両方の、かつ第3.1章から3.7章において明確に扱われていない、機能を損ないうるすべての重大な健康への影響がこれに含まれる（3.8.1.6も参照）。

3.8.1.6　反復ばく露により起きる特定標的臓器毒性はGHS第3.9章で記述され、それゆえに本章からは除外されている。物質および混合物は、単回および反復投与による毒性に関して独立に分類されるべきである。

　急性毒性、皮膚腐食性／刺激性、重篤な眼に対する損傷性／眼刺激性、呼吸器または皮膚感作性、生殖細胞変異原性、発がん性、生殖毒性、および誤えん有害性のような、他の特定毒性影響はGHSの中で別に評価されるので、ここには含まれない。

A4.4

3.8.2　物質の分類基準

3.8.2.1　区分1および区分2の物質

<u>区分1</u>：ヒトに重大な毒性を示した物質、または実験動物での試験の証拠に基づいて単回ばく露によってヒトに重大な毒性を示す可能性があると考えられる物質

　　　　区分1に物質を分類するには、次に基づいて行う：

　　　　（a）ヒトの症例または疫学的研究からの信頼でき、かつ質の良い証拠、または、

　　　　（b）実験動物における適切な試験において、一般的に低濃度のばく露でヒトの健康に関連のある有意なおよび／または強い毒性作用を生じたという所見。証拠の重み付けの評価の一環として使用すべき用量／濃度ガイダンス値は後述する（3.8.2.1.9 参照）。

<u>区分2</u>：実験動物を用いた試験の証拠に基づき単回ばく露によってヒトの健康に有害である可能性があると考えられる物質

　　　　物質を区分2に分類するには、実験動物での適切な試験において、一般的に中等度のばく露濃度でヒトの健康に関連のある重大な毒性影響を生じたという所見に基づいて行われる。ガイダンス用量／濃度値は分類を容易にするために後述する（3.8.2.1.9 参照）。

　　　　例外的に、ヒトでの証拠も、物質を区分2に分類するために使用できる（3.8.2.1.9 参照）。

<u>区分3</u>：一時的な特定臓器への影響

　　　　物質または混合物が上記に示された区分1または2に分類される基準に合致しない特定臓器への影響がある。これらは、ばく露の後、短期間だけ、ヒトの機能に悪影響を及ぼし、構造または機能に重大な変化を残すことなく合理的な期間において回復する影響である。この区分は、麻酔の作用および気道刺激性のみを含む。物質／混合物は、3.8.2.2 において議論されているように、これらの影響に対して明確に分類できる。

注記：これらの区分においても、分類された物質によって一次的影響を受けた特定標的臓器／器官が明示されるか、または一般的な全身毒性物質であることが明示される。毒性の主標的臓器を決定し、その意義にそって分類する、例えば肝毒性物質、神経毒性物質のように分類するよう努力するべきである。そのデータを注意深く評価し、できる限り二次的影響を含めないようにすべきである。例えば、肝毒性物質は、神経または消化器官で二次的影響を起こすことがある。

図 3.8.1　特定標的臓器毒性―単回ばく露のための区分

A4.4

3.8.4　危険有害性情報の伝達

表 3.8.3　単回ばく露による特定標的臓器毒性のラベル要素

	区分 1	区分 2	区分 3
絵表示			
注意喚起語	危険	警告	警告
危険有害性情報	臓器の障害 （もし判れば影響を受けるすべての臓器を記載） （他の経路からのばく露が有害でないことが決定的に証明されている場合、有害なばく露経路を記載）	臓器の障害のおそれ （もし判れば影響を受けるすべての臓器を記載） （他の経路からのばく露が有害でないことが決定的に証明されている場合、有害なばく露経路を記載）	呼吸器への刺激のおそれ または 眠気またはめまいのおそれ

第 3.9 章　特定標的臓器毒性　反復ばく露

3.9.1　定義および一般事項

3.9.1.1　*特定標的臓器毒性―反復ばく露*とは、物質または混合物への反復ばく露後に起こる、特異的な標的臓器への影響をさす。可逆的、不可逆的、あるいは急性または遅発性両方の機能を損ないうる、そして第 3.1 章から第 3.7 章および第 3.10 章では検討されていない、すべての重大な健康への影響がこれに含まれる（3.9.1.6 参照）。

3.9.2　物質の分類基準

3.9.2.1　物質は、影響を生ずるばく露期間および用量／濃度を考慮に入れて勧告されたガイダンス値（3.9.2.9 参照）の使用を含む、入手されたすべての証拠の重みに基づいて専門家の行った判断によって、特定標的臓器毒性物質として分類される。そして、観察された影響の性質および重度によって 2 種の区分のいずれかに分類される。

A4.4

区分1：ヒトに重大な毒性を示した物質、または実験動物での試験の証拠に基づいて反復ばく露によって<u>ヒトに重大な毒性を示す</u>可能性があると考えられる物質
　　　　物質を区分1に分類するのは、次に基づいて行う：
　　　　(a) ヒトの症例または疫学的研究からの信頼でき、かつ質の良い証拠、または、
　　　　(b) 実験動物での適切な試験において、一般的に低いばく露濃度で、ヒトの健康に関連のある重大な、または強い毒性影響を生じたという所見。証拠評価の重み付けの一環として使用すべき用量／濃度のガイダンス値は後述する（3.9.2.9 参照）。

区分2：動物実験の証拠に基づき反復ばく露によって<u>ヒトの健康に有害である</u>可能性があると考えられる物質
　　　　物質を区分2に分類するには、実験動物での適切な試験において、一般的に中等度のばく露濃度で、ヒトの健康に関連のある重大な毒性影響を生じたという所見に基づいて行う。分類に役立つ用量／濃度のガイダンス値は後述する（3.9.2.9 参照）。
　　　　例外的なケースにおいてヒトでの証拠を、物質を区分2に分類するために使用できる（3.9.2.6 参照）。

注記：*いずれの区分においても、分類された物質によって最初に影響を受けた特定標的臓器／器官が明示されるか、または一般的な全身毒性物質であることが明示される。毒性の主標的臓器を決定し（例えば肝毒性物質、神経毒性物質）、その目的にそって分類するよう努力すべきである。そのデータを注意深く評価し、できる限り二次的影響を含めないようにすべきである。例えば、肝毒性物質は、神経または消化器官に二次的影響を起こすことがある。*

図 3.9.1　特定標的臓器毒性―反復ばく露のための区分

3.9.4　危険有害性情報の伝達

　表示要件に関する通則および細則は、*危険有害性に関する情報の伝達：表示*（第1.4章）に定める。附属書1に分類と表示に関する概要表を示す。附属書3には、注意書きおよび所管官庁が許可した場合に使用可能な注意絵表示の例を示す。

表 3.9.4　反復ばく露による特定標的臓器毒性のラベル要素

	区分1	区分2
絵表示		
注意喚起語	危険	警告
危険有害性情報	長期にわたる、または反復ばく露による臓器の障害（判っていれば影響を受けるすべての臓器名を記載）（他の経路からのばく露が有害でないことが決定的に証明されている場合、有害なばく露経路を記載）	長期にわたる、または反復ばく露による臓器の障害のおそれ（判っていれば影響を受けるすべての臓器名を記載）（他の経路からのばく露が有害でないことが決定的に証明されている場合、有害なばく露経路を記載）

A4.4

第3.10章　誤えん有害性

3.10.1　定義と一般的および特殊な問題

3.10.1.2　*誤えん有害性*とは、物質または混合物の誤えん後に起こる、化学肺炎、肺損傷あるいは死のような重篤な急性影響をさす。

3.10.1.3　誤えんは、原因物質が喉頭咽頭部分の上気道と上部消化官の岐路部分に入り込むと同時になされる吸気により引き起こされる。

3.10.2　物質の分類基準

表3.10.1　誤えん有害性の区分

区分	判定基準
区分1：ヒトへの誤えん有害性があると知られている、またはヒトへの誤えん有害性があるとみなされる化学品	区分1に分類される物質： （a）ヒトに関する信頼度が高く、かつ質の良い有効な証拠に基づく（注記1を参照）；または （b）40℃で測定した動粘性率が20.5 mm²/s以下の炭化水素の場合。
区分2：ヒトへの誤えん有害性があると推測される化学品	40℃で測定した動粘性率が14 mm²/s以下で区分1に分類されない物質であって、既存の動物実験、ならびに表面張力、水溶性、沸点および揮発性を考慮した専門家の判断に基づく（注記2参照）

注記1　区分1に含まれる物質の例はある種の炭化水素であるテレビン油およびパイン油である。

注記2　この点を考慮し、次の物質をこの区分に含める所管官庁もあると考えられる：3以上13を超えない炭素原子で構成された一級のノルマルアルコール；イソブチルアルコールおよび13を超えない炭素原子で構成されたケトン。

3.10.4　危険有害性情報の伝達

表3.10.2　誤えん有害性のラベル要素

	区分1	区分2
絵表示		
注意喚起語	危険	警告
危険有害性情報	飲み込んで気道に侵入すると生命に危険のおそれ	飲み込んで気道に侵入すると有害のおそれ

第4部　環境に対する有害性

第4.1章　水生環境有害性

4.1.1　定義および一般事項

4.1.1.1　定義

　急性水生毒性とは、物質への短期的な水生ばく露において、生物に対して有害な、当該物質の本質的な特性をいう。

　慢性水生毒性とは、水生生物のライフサイクルに対応した水生ばく露期間に、水生生物に悪影響を及ぼすような、物質の本質的な特性を意味する。

　長期（慢性）有害性は、分類の目的では、水生環境における化学品への長期間のばく露を受けた後にその慢性毒性によって引き起こされる化学品の有害性を意味する。

　短期（急性）有害性は、分類の目的では、化学品への短期の水生ばく露の間にその急性毒性によって生物に引き起こされる化学品の有害性を意味する。

4.1.1.3　急性水生毒性

　急性水生毒性は通常、魚類の96時間 LC_{50}（OECD テストガイドライン203またはこれに相当する試験）、甲殻類の48時間 EC_{50}（OECD テストガイドライン202またはこれに相当する試験）または藻類の72時間もしくは96時間 EC_{50}（OECD テストガイドライン201またはこれに相当する試験）により決定される。これらの生物種はすべての水生生物に代わるものとしてみなされるが、例えば Lemna（アオウキクサ）等その他の生物種に関するデータも、試験方法が適切なものであれば、考慮されることもある。

4.1.1.4　慢性水生毒性

　慢性毒性データは、急性毒性データほどは利用できるものがなく、一連の試験手順もそれほど標準化されていない。OECD テストガイドライン210（魚類の初期生活段階毒性試験）または211（ミジンコの繁殖試験）および201（藻類生長阻害試験）によって得られたデータは受け入れることができる（附属書9の A9.3.3.2 参照）。その他、有効性が確認され、国際的に容認された試験も採用できる。NOEC または相当する EC_x を採用するべきである。

4.1.1.5　生物蓄積性

　生物蓄積性は通常、オクタノール／水分配係数を用いて決定され、一般的には OECD テストガイドライン107、117または123により決定された $\log K_{ow}$ として報告される。この値が生物蓄積性の潜在的な可能性を示しているのに対して、実験的に求められた生物濃縮係数（BCF）はより適切な尺度を与えるものであり、入手できれば BCF の方を採用すべきである。BCF は OECD テストガイドライン305に従って決定されるべきである。

4.1.1.6　急速分解性

4.1.1.6.1　環境中での分解は生物的分解と非生物的分解（例えば加水分解）とがあり、採用される判定基準はこの事実を反映している（4.1.2.11.3 参照）。易生分解性は OECD テストガイドライン301（A-F）にある OECD の生分解性試験により最も容易に定義づけできる。これらの試験で急速分解性とされるレベルは、ほとんどの環境中での急速分解性の指標とみなすことができる。これらは淡水系での試験であるため、海水環境により適合している OECD テストガイドライン306より得られる結果も取り入れることとされた。こうしたデータが利用できな

A4.4

い場合には、BOD（5日間）/COD比が0.5より大きいことが急速分解性の指標と考えられている。

4.1.2　物質の分類基準

表 4.1.1　水生環境有害性物質の区分

（a）短期（急性）水生有害性

区分 急性1

96時間 LC_{50}（魚類に対する）≦1mg/l および／または

48時間 EC_{50}（甲殻類に対する）≦1mg/l および／または

72または96時間 ErC_{50}（藻類または他の水生植物に対する）≦1mg/l

規制体系によっては、急性1をさらに細分して、$L(E)C_{50}$≦0.1mg/lという、より低い濃度帯を含む場合もある。

区分 急性2

96時間 LC_{50}（魚類に対する）>1mg/l だが ≦10mg/l および／または

48時間 EC_{50}（甲殻類に対する）>1mg/l だが ≦10mg/l および／または

72または96時間 ErC_{50}（藻類または他の水生植物に対する）>1mg/l だが ≦10mg/l

区分 急性3

96時間 LC_{50}（魚類に対する）>10mg/l だが ≦100mg/l および／または

48時間 EC_{50}（甲殻類に対する）>10mg/l だが ≦100mg/l および／または

72または96時間 ErC_{50}（藻類または他の水生植物に対する）>10mg/l だが ≦100mg/l

規制体系によっては、$L(E)C_{50}$が100mg/lを超える、別の区分を設ける場合もある。

（b）長期（慢性）水生有害性

（ⅰ）慢性毒性の十分なデータが得られる、急速分解性のない物質

区分 慢性1：*(注記2)*

慢性 NOEC または EC_x（魚類に対する）≦0.1mg/l および／または

慢性 NOEC または EC_x（甲殻類に対する）≦0.1mg/l および／または

慢性 NOEC または EC_x（藻類または他の水生植物に対する）≦0.1mg/l

区分 慢性2：

慢性 NOEC または EC_x（魚類に対する）≦1mg/l および／または

慢性 NOEC または EC_x（甲殻類に対する）≦1mg/l および／または

慢性 NOEC または EC_x（藻類または他の水生植物に対する）≦1mg/l

A4.4

（ⅱ）慢性毒性の十分なデータが得られる、急速分解性のある物質

区分 慢性 1 *(注記 2)*
　　慢性 NOEC または EC_x（魚類に対する）≦0.01 mg/l および／または
　　慢性 NOEC または EC_x（甲殻類に対する）≦0.01 mg/l および／または
　　慢性 NOEC または EC_x（藻類または他の水生植物に対する）≦0.01 mg/l

区分 慢性 2
　　慢性 NOEC または EC_x（魚類に対する）≦0.1 mg/l および／または
　　慢性 NOEC または EC_x（甲殻類に対する）≦0.1 mg/l および／または
　　慢性 NOEC または EC_x（藻類または他の水生植物に対する）≦0.1 mg/l

区分 慢性 3
　　慢性 NOEC または EC_x（魚類に対する）≦1 mg/l および／または
　　慢性 NOEC または EC_x（甲殻類に対する）≦1 mg/l および／または
　　慢性 NOEC または EC_x（藻類または他の水生植物に対する）≦1 mg/l

（ⅲ）慢性毒性の十分なデータが得られない物質

区分 慢性 1：
　　96 時間 LC_{50}（魚類に対する）≦1 mg/l および／または
　　48 時間 EC_{50}（甲殻類に対する）≦1 mg/l および／または
　　72 または 96 時間 ErC_{50}（藻類または他の水生植物に対する）≦1 mg/l
　　であって急速分解性がないか、または実験的に求められた BCF≧500（またはデータがないときは log K_{ow}≧4）であること

区分 慢性 2：
　　96 時間 LC_{50}（魚類に対する）>1 mg/l だが ≦10 mg/l および／または
　　48 時間 EC_{50}（甲殻類に対する）>1 mg/l だが ≦10 mg/l および／または
　　72 または 96 時間 ErC_{50}（藻類または他の水生植物に対する）>1 mg/l だが ≦10 mg/l
　　であって急速分解性がないか、または実験的に求められた BCF≧500（またはデータがないときは log K_{ow}≧4）であること

区分 慢性 3：
　　96 時間 LC_{50}（魚類に対する）>10 mg/l だが ≦100 mg/l および／または
　　48 時間 EC_{50}（甲殻類に対する）>10 mg/l だが ≦100 mg/l および／または
　　72 または 96 時間 ErC_{50}（藻類または他の水生植物に対する）>10 mg/l だが ≦100 mg/l
　　であって急速分解性がないか、または実験的に求められた BCF≧500（またはデータがないときは log K_{ow}≧4）であること

A4.4

（c）「セーフティネット」分類

区分 慢性 4
水溶性が低く水中溶解度までの濃度で急性毒性がみられないものであって、急速分解性ではなく、生物蓄積性を示す log K_{ow}≧4 であるもの。他に科学的証拠が存在して分類が必要でないことが判明している場合はこの限りでない。そのような証拠とは、実験的に求められた BCF＜500 であること、または慢性毒性 NOEC＞1 mg/l であること、あるいは環境中において急速分解性であることの証拠などである。

4.1.4　危険有害性情報の伝達

表 4.1.6　水生環境有害性物質のラベル要素

短期（急性）水性有害性

	区分1	区分2	区分3
絵表示		絵表示なし	絵表示なし
注意喚起語	警告	注意喚起語なし	注意喚起語なし
危険有害性情報	水生生物に非常に強い毒性	水生生物に毒性	水生生物に有害

長期（慢性）水性有害性

	区分1	区分2	区分3	区分4
絵表示			絵表示なし	絵表示なし
注意喚起語	警告	注意喚起語なし	注意喚起語なし	注意喚起語なし
危険有害性情報	長期継続的影響により水生生物に非常に強い毒性	長期継続的影響により水生生物に毒性	長期継続的影響により水生生物に有害	長期継続的影響により水生生物に有害のおそれ

第 4.2 章　オゾン層への有害性

4.2.2　分類基準

表 4.2.1　オゾン層への有害性のある物質および混合物の基準

区分	基準
1	モントリオール議定書の附属書に列記された、あらゆる規制物質；または モントリオール議定書の附属書に列記された成分を、濃度≧0.1% で少なくとも1つ含むあらゆる混合物

4.2.3　危険有害性に関する情報の伝達

表 4.2.2　オゾン層への有害性のある物質および混合物のラベル要素

	区分1
絵表示	
注意喚起語	警告
危険有害性情報	オゾン層を破壊し、健康および環境に有害

A4.4

出典：化学品の分類および表示に関する世界調和システム（GHS）　改訂 9 版（https://www.mhlw.
go.jp/bunya/roudoukijun/anzeneisei55/index.html）をもとに一部改変・要約。

A4.4

A4.5　化学品（混合物）の分類作業の実際

　化学物質管理者は、GHS分類を実施する能力は要求されないが、GHS分類担当者がどのような作業を経て化学品のGHS分類を行うのか理解することが望まれる。この項目では、混合物の分類作業の現状について解説する。

　混合物は純物質（化学物質）と異なり、公的機関がGHS分類を公表したものはない。製造事業者は、混合物を構成する成分（化学物質）のGHS分類結果を、原料メーカーから、若しくは公的機関のサイトから入手し、GHSの判定基準に則って混合物としてのGHS分類を実施するよりほかはない。

　混合物のGHS分類には特有の判定基準が設定されていて、健康有害性と環境有害性については、類似製品のデータを使ったり、あるいは成分とその含有量から判定したりする方法が認められている。このような、混合物の判定基準が記述された公的文書は、下記の三つである。

GHS文書
　いわゆるパープルブック。国連発行であり、GHS分類の判定基準の原点。
JIS Z 7252　「GHSに基づく化学品の分類方法」
　GHS文書に則り、ビルディングブロックアプローチを採用して、日本におけるGHS分類の判定基準を定めたもの。現在の最新版は2019年発行のもの。
事業者向けGHS分類ガイダンス
　日本におけるGHS分類の実務手引書。混合物の分類については「事業者向け」のガイダンスを参照する。「政府向けGHS分類ガイダンスもあるが、これは国によるGHS分類を実施する際に使われるものであり、化学物質のみを対象とし、混合物についての説明はない。

　GHS分類担当者は、これらの文書等を学習、理解した上で混合物のGHS分類を実施することとなる。しかし、2～3成分程度ならばまだしも、数種の成分、中には10種を超えるような成分から成る混合物の場合、GHS分類は大変な労力がかかってしまう。
　また、法令においてラベル／SDSの対象となる化学物質が追加されると、その化学物質を裾切値以上含有する混合物もラベル／SDSの対象となる。新規に作成しなければならないラベル／SDS対象製品数は、事業者によっては爆発的に増えることもある。それはラベル／SDSの元となるGHS分類を実施しなければならない製品数が増えることを意味する。

A4.5

　混合物のGHS分類については、現在国内では下記のような方法がある。事業者は、自社の事情やGHS分類担当者のスキル等を考慮して、自社に最適な分類作業の方法を検討することになる。表に混合物分類ツールを示す。

	概要	長所	留意点
手作業	特にツールやシステムを使わない。	・経費が抑えられる。	・分類に時間がかかる。 ・ヒューマンエラーが発生しうる。
社内ツール	社内で構築されたもの	・社内事情を反映させやすい。 ・分類のスピードが速い。 ・ヒューマンエラーがない。	・社内ツールを作るのに時間、経費、労力がかかる。 ・メンテナンスは自力（分類の判定基準等が変更された場合のプログラム修正など）
社外有料ツール	民間企業で作成され、サブスク提供あるいは販売されているもの。小規模のものから大規模のものまで様々	・分類のスピードが速い。 ・ヒューマンエラーがない。 ・あらかじめ化学物質のGHS分類が搭載されているものが多い。 ・ツール作成企業のメンテナンスやアフターフォローが期待できる。	・販売されたものはかなり高価なものが多い。 ・ツールによっては社内事情や社内IT環境との相性がよくないケースもある。
経産省GHS分類ツール	経産省が平成25年に公開したツール。PCにダウンロードして使用する。	・無料 ・分類のスピードが速い。 ・ヒューマンエラーがない。 ・分類結果を手動で変更可能 ・化学物質のGHS分類結果が搭載済み。 ・ツール内に分類結果を残すことができる。	・IT環境によっては、ダウンロードできない、あるいは作業スピードが遅いケースがある。 ・令和3年をもって、メンテナンスがストップした。今後は化学物質のGHS分類の更新等があれば、自力で変更作業を行う必要がある。
NITE-Gmiccs	NITEが令和3年に公開したツール。WEB上で使用する。	・無料 ・分類のスピードが速い。 ・ヒューマンエラーがない。 ・分類結果を手動で変更可能 ・ダウンロード不要のためPCへの負荷がない。 ・化学物質のGHS分類結果が搭載済み。 ・経産省によるメンテナンスが実施される。	・ツール内に分類結果を残すことができない。データのインポート、エクスポートは可能。
外注	GHS分類やラベル／SDS作成の代行企業に依頼	・外注先の専門家に任せられる。 ・製品の特性や自社事情を相談、反映してもらえるケースが多い。	・安くはない。 ・GHS分類の責任は、外注先ではなく依頼した事業者にあり、最終判断は自社で行わなければならない。 ・週単位のレベルで時間がかかるケースがある。

A4.5

A4.6　化学物質対策に関する Q&A（ラベル・SDS）

令和 6 年 2 月 28 日更新

一般

- Q 1-1.　SDS の提供を義務付けた日本の法律は何か。
- Q 1-2.　化学物質の危険有害性に関する GHS 分類とは何か。
- Q 1-3.　GHS と労働安全衛生法はどのように関連しているか。

分類

- Q 2-1.　国による GHS 分類結果はどこで確認できるか。また、ラベル・SDS の作成にあたり、国による GHS 分類結果を採用しなければならないか。
- Q 2-2.　混合物の GHS 分類の方法を知りたい。
- Q 2-3.　危険有害性分類と絵表示はどのような関係にあるか。
- Q 2-4.　同じ物質であっても、入手した SDS と、「職場のあんぜんサイト」のモデル SDS で危険有害性の分類区分に違いがあるのはなぜか。

対象物質

- Q 3-1.　「表示対象物」、「通知対象物」、「リスクアセスメント対象物」はそれぞれ何を意味しているのか。
- Q 3-2.　ラベルおよび SDS の義務対象となっている表示・通知対象物質リストはどこで確認できるか。また英文版もあるか。
- Q 3-3.　「シリカ」、「非晶質シリカ」、「結晶質シリカ」の違いを知りたい。
- Q 3-4.　新たに表示又は通知対象物が追加された場合、従来の物質数と新規追加された物質数の合計が追加後の総物質数にならない場合があるのはなぜか。

裾切値

- Q 4-1.　表示及び通知対象物ごとに設定されている「裾切値」とは何か。
- Q 4-2.　「A 及びその化合物」、「A 及びその塩酸塩」など複数の物質を包括した名称で指定されている物質や異性体の総称で指定されている物質について、裾切り値との比較は、「該当する物質の総和の含有量」「個々の物質ごとの含有量」のいずれで判断するのか。
- Q 4-3.　ニトログリセリンやニトロセルローズ、硝酸アンモニウムに裾切値が定められていないのはなぜか。

対象範囲

- Q 5-1.　少量の試験研究用の物やサンプルとして提供する物もラベル表示及び SDS の交付の対象になるか。
- Q 5-2.　ラベル表示及び SDS の交付が義務付けられた表示及び通知対象物以外の化学物質についても、ラベル表示又は SDS の交付を行う必要があるか。
- Q 5-3.　製品を運搬するだけの運送業者に SDS を交付する必要はあるか。
- Q 5-4.　業務用の印刷に用いるトナーカートリッジはラベル表示及び SDS の交付の対象か。
- Q 5-5.　表示及び通知対象物を海外に輸出する際に、労働安全衛生法に基づくラベル表示と SDS の交付は必要か。
- Q 5-6.　廃棄物は労働安全衛生法に基づくラベル表示及び SDS 交付の対象か。

A4.6

一般消費者の生活の用

- Q 6-1. ラベル表示又は SDS の交付の義務の対象外となる「（容器又は包装のうち）主として一般消費者の生活の用に供するためのもの」又は「一般消費者の生活の用に供される製品」とはどのようなものか。
- Q 6-2. エタノール等を含む食品に表示及び通知対象物を含有している場合にも、ラベル表示又は SDS の交付は必要か。
- Q 6-3. 一般家庭用の洗剤等もラベル表示や SDS 交付の対象になるか。
- Q 6-4. センサー、ブレーカー、端子等の電子部品にも表示又は通知対象物を含有している場合、ラベル・SDS が必要か。

経過措置

- Q 7-1. 表示及び通知対象物が新たに追加される場合、ラベル表示の経過措置に示されている「施行日において現に存するもの」とはどういう意味か。
- Q 7-2. 表示及び通知対象物の新規追加によって、ラベル表示が新たに必要となった製品の場合、追加以前にラベル表示せず譲渡・提供し、追加後に譲渡・提供先が別の事業者に譲渡・提供する場合、ラベルは誰が表示すべきか。

固形物除外

- Q 8-1. 固形物が、ラベル表示義務の対象から除外される条件は何か。
- Q 8-2. アルミのインゴットを販売している。当該インゴットはラベル表示又は SDS 交付義務の対象か。
- Q 8-3. 運搬中及び貯蔵中において固体以外の状態にならず、かつ、粉状にならない物はラベル表示の対象から除くとあるが、使用中に粉体や液体になってしまうものでも、運搬、貯蔵中に固体であれば除外されるのか。

供給者

- Q 9-1. 流通業者（商社等）が化学品をユーザーに販売する場合、ラベルや SDS に記載すべき供給者名は誰になるのか。また、多数の譲渡・提供者が介在する場合、そのすべてを供給者として記載する必要があるか。
- Q 9-2. 他社に製造委託した化学品を自社ブランドで販売する場合、ラベル表示及び SDS 交付義務は、どちらの事業者になるか。
- Q 9-3. 化学品を輸入し、販売する場合、ラベルや SDS に記載する供給者は海外製造者で良いか。
- Q 9-4. 事業場で製造した化学品を同一事業者内の他事業場で使用する場合、ラベル表示及び SDS 交付の義務はあるか。

ラベル記載内容

- Q 10-1. ラベルの大きさ及び色に関しての規定はあるか。
- Q 10-2. 化学品を包装する袋にラベルを印刷する時、絵表示の赤枠の中の下地の色が袋の薄青色になるが、白でなければならないか。
- Q 10-3. 輸入した化学品を譲渡又は提供する場合、ラベル及び SDS は英語表記で良いか。
- Q 10-4. 輸入した化学品を自社で使用する場合、日本語のラベル及び SDS は必要か。
- Q 10-5. ラベルには、JIS Z 7253 で規定されている項目はすべて記載する必要があるか。
- Q 10-6. ラベル表示対象物を GHS 分類した結果、危険有害性に分類されない場合でもラ

A4.6

ベルは必要か。

- Q 10-7. ラベルに成分を記載する必要があるか。
- Q 10-8.「職場のあんぜんサイト」で公表されているモデルラベルやモデル SDS をそのまま自社のラベルや SDS として利用しても良いか。
- Q 10-9. 法令改正により販売している化学品がラベル・SDS の義務対象外となった場合に、既に譲渡・提供先に表示・通知したラベル・SDS を回収・修正する必要はあるか。

ラベル貼付箇所

- Q 11-1. 容器が小さくてラベルを貼りきれない場合でも、出荷する容器にラベルをつけなければならないか。例えば、容器 10 本を入れた箱にラベルを貼って出荷することは可能か。
- Q 11-2. 化学品をタンクローリーやミキサー車で輸送する場合、ラベル表示はどうするべきか。
- Q 11-3. 個々の製品容器に加えて、輸送用の外装段ボールにもラベル表示が必要か。

SDS 記載内容

- Q 12-1. SDS の記載項目はどのように決められているか。
- Q 12-2. SDS の成分及び含有量の記載に関して、含有量の表記における決まりはあるか。
- Q 12-2-2. SDS に記載する成分の含有量が営業上の秘密に該当する場合、どのように記載すれば良いか。
- Q 12-2-3. 営業秘密に該当する場合も成分の含有量の幅表記が認められているが、幅表記にあたって何か記載要件はあるか。
- Q 12-3. SDS の成分及び含有量の記載に関して、成分名の表記は化学物質名(例:重クロム酸カリウム)、法令の名称(例:重クロム酸及び重クロム酸塩)のいずれを記載すべきか。
- Q 12-4. 適用法令については法令の名称の他に当該法令の基づく規制に関する情報を記載するとなっているが、規制に関する情報はどのように記載するのか。
- Q 12-5. 安衛則第 577 条の 2 の規定に基づくがん原性物質に該当することは、SDS のどの欄に記載すれば良いか。
- Q 12-6. 安衛則第 577 条の 2 の規定に基づき厚生労働大臣が定める濃度の基準(濃度基準値)は、SDS のどの欄に記載すれば良いか。
- Q 12-7. 皮膚等障害化学物質として、厚労省公表物質リストに収載された物質を裾切値以上含む場合、SDS に該当物質が皮膚障害化学物質である旨を記載しなければならないか。

SDS 交付

- Q 13-1. SDS はいつ交付しなければならないのか。
- Q 13-2. ホームページで SDS を提供しても良いか。その場合、ホームページに掲載していることをメール等で譲渡・提供先に連絡する必要があるか。
- Q 13-2-1. SDS を相手方の承諾なしにホームページのアドレスや二次元コードで伝達することは、SDS が更新された際に譲渡提供を受ける事業者に伝わらなくならないか。
- Q 13-2-2. SDS の 5 年以内ごとの記載内容の変更の要否の確認において、変更の必要がないことを確認した場合は、SDS を更新しなくてよいか。その場合、確認結果を譲渡提

A4.6

供先に通知することなく従来の SDS を使用し続けてよいか。

- Q 13-2-3.　独自の試験などの結果、GHS 分類の区分がつかない結果となった場合、また、SDS の「人体に及ぼす作用」や「危険性又は有害性の要約」に記載すべき情報にあてはまらない場合はどう伝達したらよいか。
- Q 13-3.　提供している SDS は定期的に更新しなければならないか。

事業場内別容器保管時の措置

- Q 14-1.　表示・通知対象物を事業場で納入時の容器から小分けして保管又は取り扱う場合、小分け後の容器に名称等の明示は必要か。
- Q 14-2.　計量し他容器に移し替えるが、すぐに作業を行い、保管しないような場合にも名称等の明示は必要か。
- Q 14-3.　人体に及ぼす作用とは具体的に何を明示すればよいか。GHS の絵表示だけでよいか。

その他

- Q 15-1.　入手した SDS を労働者に周知しなければならないか。
- Q 15-2.　ラベルや SDS の記載内容を労働者に教育する義務はあるか。
- Q 15-3.　ラベル表示、SDS 交付に関する罰則はあるか。

本編に無い疑問等は、化学物質管理に関する相談窓口にお問い合わせください。

相談先は、以下のページをご覧ください。

https://www.mhlw.go.jp/stf/seisakunitsuite/bunya/0000046255.html

略語	正式名称
安衛法	労働安全衛生法（昭和 47 年法律第 57 号）（厚生労働省所管）「労安法」と略すこともある
化管法	特定化学物質の環境への排出量の把握等及び管理の改善の促進に関する法律（平成 11 年法律第 86 号）（経済産業省、環境省所管）
毒劇法	毒物及び劇物取締法（昭和 25 年法律第 303 号）（厚生労働省所管）
化学物質リスクアセスメント指針	化学物質等による危険性又は有害性等の調査等に関する指針（平成 27 年 9 月 18 日　危険性又は有害性等の調査等に関する指針告示第 3 号）
GHS	化学品の分類および表示に関する世界調和システム（Globally Harmonized System of Classification and Labelling of Chemicals）
SDS	安全データシート（Safety Data Sheet）

A4.6

一　般

■ Q1-1　SDS の提供を義務付けた日本の法律は何か。

日本で SDS の提供を義務付けている法律は次の 3 つです。

- ・労働安全衛生法（「安衛法」と略す。）（厚生労働省所管）
- ・特定化学物質の環境への排出量の把握等及び管理の改善の促進に関する法律（「化管法」と略す。）（経済産業省、環境省所管）

・毒物及び劇物取締法（「毒劇法」と略す。）（厚生労働省所管）

これら3法におけるラベルやSDSの提供制度の詳細については、次の資料をご確認ください。

〈─GHS対応─ 化管法・安衛法・毒劇法におけるラベル表示・SDS提供制度〉

https://www.mhlw.go.jp/new-info/kobetu/roudou/gyousei/anzen/130813-01.html

■ **Q1-2　化学物質の危険有害性に関するGHS分類とは何か。**

　GHSとは2003年7月に国際連合から公表された「化学品の分類および表示に関する世界調和システム（Globally Harmonized System of Classification and Labelling of Chemicals）」のことで、国際的に調和された基準により化学品の危険有害性に関する情報をそれを取り扱う人々に伝達することで、健康と環境の保護を行うこと等を目的とした国連文書です。

　GHSには以下の内容が含まれています。

・物質及び混合物を、健康、環境、及び物理化学的危険有害性に応じて分類するために調和された判定基準

・表示及びSDSの要求事項を含む、調和された危険有害性に関する情報の伝達に関する事項

　GHS分類とは、上記の基準に従って行われた危険有害性の種類と程度を示す分類方法や分類結果のことです。

　なお、日本では、GHS分類及び危険有害性に関する情報の伝達（ラベル・SDS）に関し、GHSに基づく日本産業規格（JIS規格）として次の2つの規格が定められています。

・JIS Z 7252「GHSに基づく化学品の分類方法」

・JIS Z 7253「GHSに基づく化学品の危険有害性情報の伝達方法─ラベル，作業場内の表示及び安全データシート（SDS）」

〈職場のあんぜんサイト　GHSとは〉

https://anzeninfo.mhlw.go.jp/user/anzen/kag/ankg_ghs.htm

〈日本産業標準調査会においてJISを検索（閲覧のみ）〉

https://www.jisc.go.jp/app/jis/general/GnrJISSearch.html

■ **Q1-3　GHSと労働安全衛生法はどのように関連しているか。**

　安衛法では、表示及び通知対象物について、ラベル表示及びSDSの交付が義務付けられ、表示又は通知する事項が定められていますが、GHSに基づくJIS規格（JIS Z 7252/JIS Z 7253）に準拠して作成されたラベル及びSDSであれば当該規定を遵守したものとなります。

分　　類

■ **Q2-1　国によるGHS分類結果はどこで確認できるか。また、ラベル・SDSの作成にあたり、国によるGHS分類結果を採用しなければならないか。**

　国（政府）によるGHS分類結果は、（独）製品評価技術基盤機構（NITE）のホームページで公開されています。なお、各事業者がラベルやSDSを作成する際に、事業者が持つ危険有害性情報に基づき、国によるGHS分類と異なる分類を行うことを妨げるものではありません。

〈（独）製品評価技術基盤機構（NITE）　NITE統合版GHS分類結果一覧〉

https://www.nite.go.jp/chem/ghs/ghs_nite_all_fy.html

A4.6

■ Q2-2　混合物の GHS 分類の方法を知りたい。

　GHS 分類の方法は、JIS Z 7252「GHS に基づく化学品の分類方法」で標準化されています。また、事業者が GHS 分類を行う際の手引きとして「事業者向け GHS 分類ガイダンス」（経済産業省）が作成されていますので、併せて参照してください。

　更に、事業者による混合物の GHS 分類の実施及び GHS ラベル作成を支援することを目的に、NITE が Web ツール「GHS 混合物分類判定ラベル作成システム（NITE-Gmiccs）」を公開していますので、これも活用してください。

〈日本産業標準調査会 JIS 検索において JIS Z 7252 を検索（閲覧のみ）〉

https://www.jisc.go.jp/app/jis/general/GnrJISSearch.html

〈経済産業省　GHS 分類ガイダンス〉

https://www.meti.go.jp/policy/chemical_management/int/ghs_tool_01GHSmanual.html

〈(独) 製品評価技術基盤機構（NITE）　GHS 混合物分類判定ラベル /SDS 作成支援システム「NITE-Gmiccs」〉

https://www.ghs.nite.go.jp/

■ Q2-3　危険有害性分類と絵表示はどのような関係にあるか。

　GHS では、危険有害性の分類（危険有害性のクラス及び区分）に対応して、9 種類の絵表示（ピクトグラム）が割り当てられています。

　具体的な危険有害性のクラス及び区分に応じた絵表示については、JIS Z 7253「GHS に基づく化学品の危険有害性情報の伝達方法—ラベル，作業場内の表示及び安全データシート (SDS)」や「職場のあんぜんサイト」等で確認してください。

〈職場のあんぜんサイト　GHS とは〉

https://anzeninfo.mhlw.go.jp/user/anzen/kag/ankg_ghs.htm

〈日本産業標準調査会 JIS 検索において JIS Z 7253 を検索（閲覧のみ）〉

https://www.jisc.go.jp/app/jis/general/GnrJISSearch.html

■ Q2-4　同じ物質であっても、入手した SDS と、「職場のあんぜんサイト」のモデル SDS で危険有害性の分類区分に違いがあるのはなぜか。

　同じ物質であっても、GHS 分類を行う際に根拠とした文献や試験結果等が異なる場合には、GHS 分類結果が異なる場合があります。

　SDS に記載する GHS 分類は、事業者の責任において行うものであり、モデル SDS の分類結果を採用するか、他の情報をもとに別の分類を行うかは、事業者が判断することになります。

対象物質

■ Q3-1　「表示対象物」、「通知対象物」、「リスクアセスメント対象物」はそれぞれ何を意味しているのか。

　それぞれ、ラベル表示、SDS 交付等による通知、リスクアセスメントの実施が義務付けられている物質・混合物であり、具体的には労働安全衛生法施行令別表第 3 第 1 号（製造許可物質）及び別表第 9 で指定された物質並びに（令和 7 年 4 月 1 日以降）労働安全衛生規則別表第 2 で指定された物質と当該物質を裾切値以上含む混合物です。

A4.6

ただし、ラベル表示に関しては「固形物の除外」が設けられています（Q8-1 参照）。

■ **Q3-2　ラベルおよび SDS の義務対象となっている表示・通知対象物質リストはどこで確認できるか。また英文版もあるか。**

表示及び通知対象の物質リストは「職場のあんぜんサイト」で次の 2 つのファイルが公開されています。

・物質一覧（Excel ファイル）　※物質名としてに日本語・英語が併記されています。
・物質一覧（法令の物質名称を展開（参考））（PDF ファイル）

〈職場のあんぜんサイト　表示・通知対象物質の一覧・検索〉

https://anzeninfo.mhlw.go.jp/anzen/gmsds/gmsds640.html

また、今後、ラベル表示・SDS 交付の義務対象物質（表示・通知対象物質）に追加となる物質については、厚生労働省または（独）労働者健康安全機構労働安全衛生総合研究所のホームページにおいて、CAS 登録番号を併記した物質リストを公開しています。

〈厚生労働省ホームページ「化学物質による労働災害防止のための新たな規制について～労働安全衛生規則等の一部を改正する省令（令和 4 年厚生労働省令第 91 号（令和 4 年 5 月 31 日公布））等の内容～」中の対象物質の一覧〉

https://www.mhlw.go.jp/stf/seisakunitsuite/bunya/0000099121_00005.html

〈（独）労働者健康安全機構労働安全衛生総合研究所　労働安全衛生法に基づくラベル表示・SDS 交付の義務化対象物質リスト〉

https://www.jniosh.johas.go.jp/groups/ghs/arikataken_report.html

■ **Q3-3　「シリカ」、「非晶質シリカ」、「結晶質シリカ」の違いを知りたい。**

「シリカ」は、「結晶質シリカ」と「非晶質シリカ」に分類できます。

結晶質シリカは、石英やクリストバライト、トロポリなど「原子やイオンあるいは分子が三次元の周期性をもって配列し空間格子を形成した結晶構造を持つ固体物質」です。

非晶質シリカは、石英ガラスやシリカゲルなど「原子または分子が規則正しい空間的配列を持つ結晶を作らずに集合した固体状態の物質」です。

従来、結晶質シリカ及び非晶質シリカを共に「シリカ」として労働安全衛生法施行令別表第 9 に掲げ、ラベル表示及び SDS の交付の対象としていました。

しかしながら、非晶質シリカは結晶質シリカに比べ健康有害性が低いため、平成 29 年 8 月の政省令改正によってラベル表示及び SDS 交付の対象から除外され、結晶質シリカのみがラベル表示及び SDS の交付の対象となりました。

ただし、粉状の非晶質シリカについては、鉱物性粉じんとしての有害性があり、粉じん障害防止規則（昭和 54 年労働省令第 18 号）に定める措置等を講じて高濃度ばく露を防止することが求められています。

A4.6

■ **Q3-4　新たに表示又は通知対象物が追加された場合、従来の物質数と新規追加された物質数の合計が追加後の総物質数にならない場合があるのはなぜか。**

総物質数は、労働安全衛生法施行令別表第 3 第 1 号及び別表第 9 並びに（令和 7 年 4 月 1 日以降）労働安全衛生規則別表第 2 に規定された物質名称の総数を言います。

　新たに表示又は通知対象物が追加された場合、当該物質と従来の物質との整理が実施されます。

　例えば、これまでの「ヒドラジン（令別表第9第459号）」及び「ヒドラジン一水和物（同表第460号）」は、令和4年2月の政令改正（令和6年4月1日施行）によって「ヒドラジン及びその一水和物（新令別表第9第459号）に統合される等の整理が行われており、従来の物質数と新規追加された物質数の合計が追加後の総物質数にならない場合があります。

裾 切 値

■ Q4-1　表示及び通知対象物ごとに設定されている「裾切値」とは何か。

　裾切値とは、製剤（混合物）中の対象物質の含有量（重量%）がその値未満の場合、ラベル表示又はSDS交付の対象とならない値を言います。表示及び通知対象物ごとにラベル表示の裾切値とSDS交付の裾切値がそれぞれ定められており、「職場のあんぜんサイト」等で確認することができます。

　なお、物質によってはラベル表示の裾切値とSDSの交付の裾切値が異なる場合があります。

〈職場のあんぜんサイト　表示・通知対象物質の一覧・検索〉

https://anzeninfo.mhlw.go.jp/anzen/gmsds/gmsds640.html

　今後、ラベル表示・SDS交付の義務対象物質（表示・通知対象物質）に追加となる物質については、以下で確認できます。

〈厚生労働省ホームページ「化学物質による労働災害防止のための新たな規制について～労働安全衛生規則等の一部を改正する省令（令和4年厚生労働省令第91号（令和4年5月31日公布））等の内容～」中の対象物質の一覧〉

https://www.mhlw.go.jp/stf/seisakunitsuite/bunya/0000099121_00005.html

〈（独）労働者健康安全機構労働安全衛生総合研究所　労働安全衛生法に基づくラベル表示・SDS交付の義務化対象物質リスト〉

https://www.jniosh.johas.go.jp/groups/ghs/arikataken_report.html

■ Q4-2　「A及びその化合物」、「A及びその塩酸塩」など複数の物質を包括した名称で指定されている物質や異性体の総称で指定されている物質について、裾切り値との比較は、「該当する物質の総和の含有量」「個々の物質ごとの含有量」のいずれで判断するのか。

　複数の物質を包括した名称で指定している物質については、裾切値を規定する法令（労働安全衛生規則別表第2、令和7年4月1日以降は労働安全衛生法施行令第18条第3号及び第18条の2第3号の規定に基づき厚生労働大臣の定める基準）に掲げられた物質名称の単位で、該当する個々の物質の含有量を合算した数値を裾切り値と比較し、裾切り値を超えているかを判断します。

A4.6

■ Q4-3　ニトログリセリンやニトロセルローズ、硝酸アンモニウムに裾切値が定められていないのはなぜか。

　ニトログリセリンとニトロセルローズは火薬等に使われる爆発性の物質です。また、硝酸アンモニウムは他の物質を酸化させる性質を持っています。

これらの物質を混合物とした場合の危険性は、混合する他の物質により変わります。このため、混合する他の物質によっては、その混合物が爆発性、酸化性又は危険性を持たないことがあります。これらの混合物の危険性等については個別に実測する必要がありますので、裾切値を記載していません。

対象範囲

■ **Q5-1　少量の試験研究用の物やサンプルとして提供する物もラベル表示及び SDS の交付の対象になるか。**

ラベル表示及び SDS の交付については、安衛法令上、取扱量による適用除外はありませんので、たとえ研究目的、少量又はサンプル提供であっても、ラベル表示及び SDS の交付が必要です。

■ **Q5-2　ラベル表示及び SDS の交付が義務付けられた表示及び通知対象物以外の化学物質についても、ラベル表示又は SDS の交付を行う必要があるか。**

表示及び通知対象物以外についても、労働安全衛生規則（昭和 47 年労働省令第 32 号）第 24 条の 14 及び第 24 条の 15 に基づき、労働者に対する危険又は健康障害を生ずるおそれのある物を譲渡・提供する場合には、すべてラベル表示及び SDS 交付を行うよう努めてください。

なお、労働者に対する危険又は健康障害を生ずるおそれのある物とは、JIS Z 7253「GHS に基づく化学品の危険有害性情報の伝達方法—ラベル，作業場内の表示及び安全データシート（SDS）」の付属書 A（A. 4 を除く。）の定めにより危険有害性クラス、危険有害性区分及びラベル要素が定められた物理化学的危険性又は健康有害性を有するものを言います。

■ **Q5-3　製品を運搬するだけの運送業者に SDS を交付する必要はあるか。**

化学品を運搬するだけの運送業者は、化学品を譲渡・提供する相手方には該当しないため、SDS 交付の義務はありません。なお、運送業者は、毒劇物や危険物等の輸送時の事故における措置、連絡通報事項を明記したイエローカード（緊急連絡カード）を携行することが推奨されます。

■ **Q5-4　業務用の印刷に用いるトナーカートリッジはラベル表示及び SDS の交付の対象か。**

業務用の印刷に用いるトナーカートリッジは使用の過程で内容物が放出されますので、ラベル表示及び SDS の交付が除外される「対象物が密封された状態で取扱われる製品」等の一般消費者の生活の用に供するためのものとは言えません。

そのため、当該トナーカートリッジ内容物の成分に表示又は通知対象物が含まれている場合は、ラベル表示及び SDS の交付の対象となります。

■ **Q5-5　表示及び通知対象物を海外に輸出する際に、労働安全衛生法に基づくラベル表示と SDS の交付は必要か。**

安衛法に基づくラベル表示及び SDS の交付に係る規定の対象は国内の「労働者」及び「譲渡・提供する相手方」であり、海外に輸出する物については本条の適用対象外となることから、安衛法上の義務付けはありません。

A4.6

　ただし、GHS分類、ラベル及びSDSは国際調和のために国際連合が公表した仕組みですので、海外の譲渡・提供先にもラベル表示及びSDSの交付を行うことが望まれます。その場合、輸出相手国におけるラベル及びSDSに関わる法令の定めに則り対応してください。

■ Q5-6　廃棄物は労働安全衛生法に基づくラベル表示及びSDS交付の対象か。

　労働安全衛生法では、廃棄物はラベル表示・SDS交付の対象となりません。廃棄物の処理及び清掃に関する法律（廃掃法）に基づきご対応ください。

一般消費者の生活の用

■ Q6-1　ラベル表示又はSDSの交付の義務の対象外となる「（容器又は包装のうち）主として一般消費者の生活の用に供するためのもの」又は「一般消費者の生活の用に供される製品」とはどのようなものか。

　ラベル表示では「主として一般消費者の生活の用に供するためのもの」、SDS交付では「主として一般消費者の用に供される製品」についてが義務の対象外となっています。
　この「主として一般消費者の生活の用に供するためのもの」および「主として一般消費者の用に供される製品」には、以下のものが含まれます。
・医薬品、医療機器等の品質、有効性及び安全性の確保に関する法律（昭和35年法律第145号）に定められている医薬品、医薬部外品及び化粧品
・農薬取締法（昭和23年法律第85号）に定められている農薬
・労働者による取扱いの過程において固体以外の状態にならず、かつ、粉状または粒状にならない製品（工具、部品等いわゆる成形品）
・表示対象物が密封された状態で取り扱われる製品（電池など）
・一般消費者のもとに提供される段階の食品。ただし、水酸化ナトリウム、硫酸、酸化チタン等が含まれた食品添加物、エタノール等が含まれた酒類など、表示対象物が含まれているものであって、譲渡・提供先において、労働者がこれらの食品添加物を添加し、又は酒類を希釈するなど、労働者が表示対象物又は通知対象物にばく露するおそれのある作業が予定されるものは除く。
・家庭用品品質表示法（昭和37年法律第104号）に基づく表示がなされている製品、その他一般消費者が家庭等において私的に使用することを目的として製造又は輸入された製品。いわゆる業務用洗剤等の業務に使用することが想定されている製品は、一般消費者も入手可能な方法で譲渡・提供されているものであっても除く。

■ Q6-2　エタノール等を含む食品に表示及び通知対象物を含有している場合にも、ラベル表示又はSDSの交付は必要か。

A4.6

　一般消費者に提供されるもの（そのまま店頭に並ぶもの）、飲食店向けに販売される酒類、食品工場向けに販売される味噌、醤油、たれなど、食品として喫食できる段階のものについては、主として一般消費者の生活の用に供するための容器若しくは包装又は製品に該当し、ラベル表示又はSDSの交付義務の対象から除外されます。
　ただし、食品製造段階で使用される添加材、保存料、香料等については、それら化学物質類が製造工程中に作業者にばく露する可能性が考えられますので、ラベル又はSDSによる情報

提供が必要となります。

　なお、次の資料で、食品用途における適用除外の例が示されていますので、ご参照ください。

〈一般消費者の生活の用に供するための製品（適用除外）の例〉

https://www.mhlw.go.jp/file/06-Seisakujouhou-11300000-Roudoukijunkyokuanzeneiseibu/
tekiyoujogai.pdf

■ Q6-3　一般家庭用の洗剤等もラベル表示や SDS 交付の対象になるか。

　家庭用品品質表示法に基づく表示がなされている製品、その他一般消費者が家庭等において私的に使用することを目的として製造又は輸入された製品であれば、「主として一般消費者の生活の用に供するためのもの」および「主として一般消費者の用に供される製品」に該当するため、ラベル表示及び SDS 交付義務の対象から除外されます。

　しかしながら、業務用洗剤等のように業務に使用することが想定されている製品は、スーパーやホームセンター、一般消費者も入手可能な方法で譲渡・提供されているものであっても上記除外には該当しないため、ラベル表示及び SDS 交付義務の対象となります。

■ Q6-4　センサー、ブレーカー、端子等の電子部品にも表示又は通知対象物を含有している場合、ラベル・SDS が必要か。

　労働者による取扱いの過程において固体以外の状態にならず、かつ、粉状または粒状にならない電子部品等は、「主として一般消費者の生活の用に供するためのもの」および「主として一般消費者の用に供される製品」に該当し、ラベル表示又は SDS の交付義務の対象から除外されます。

経過措置

■ Q7-1　表示及び通知対象物が新たに追加される場合、ラベル表示の経過措置に示されている「施行日において現に存するもの」とはどういう意味か。

　「施行日において現に存するもの」とは、施行日時点で、すでに対象物質を含む化学品が容器包装されて流通過程にある、または製造者の出荷段階にあるものを意味しており、その場合には、ラベル表示について一定の猶予期間が設けられています。

　ただし、施行日時点で容器包装されていない対象物質を含む化学品は「現に存するもの」には該当せず、経過措置による猶予は適用されません。

■ Q7-2　表示及び通知対象物の新規追加によって、ラベル表示が新たに必要となった製品の場合、追加以前にラベル表示せず譲渡・提供し、追加後に譲渡・提供先が別の事業者に譲渡・提供する場合、ラベルは誰が表示すべきか。

　表示及び通知対象物を追加する改正時に定められた経過措置の期日前に譲渡・提供したものに関しては、譲渡・提供者にラベル表示の義務はありません。一方、譲渡・提供先が経過措置で定めた期日以降、更に別の事業者に譲渡・提供する場合は、譲渡・提供先が化学品にラベル表示をしなければなりません。

A4.6

固形物除外

■ **Q8-1　固形物が、ラベル表示義務の対象から除外される条件は何か。**

　純物質（含有量100％のもの）のうち、次の金属が粉状以外（塊、板、棒、線など）の場合、ラベル表示義務の対象から除外されます。

　　アルミニウム、イットリウム、インジウム、カドミウム、銀、クロム、コバルト、すず、タリウム、タングステン、タンタル、銅、鉛、ニッケル、白金、ハフニウム、フェロバナジウム、マンガン、モリブデン、ロジウム

　また、混合物については、運搬中又は貯蔵中において固体以外の状態にならず、かつ粉状にならないもののうち、危険性又は皮膚腐食性を有しないものの場合、ラベル表示の適用除外となります。

　なお、上記の適用除外はラベル表示に関するものであるため、SDS交付は必要です。

■ **Q8-2　アルミのインゴットを販売している。当該インゴットはラベル表示又はSDS
　　　　　交付義務の対象か。**

　運搬中および貯蔵中の過程で固体以外の状態にならず、かつ粉状にならず、危険性又は皮膚腐食性を有しない場合は、ラベル表示は除外されます。ただし、販売先の労働者による取扱いの過程において、固体以外の状態または粉状、粒状となる場合はSDS交付が必要となります。インゴットは通常販売先において溶融など加工が予定されるため、SDS交付は必要となると考えられます。

　また、アルミニウム単体又はアルミニウムを含有する製剤その他の物（以下「アルミニウム等」という。）であって、サッシ等の最終の用途が限定される製品であり、かつ当該製品の労働者による組立又は取付施工等の際の作業によってアルミニウム等が固体以外のものにならず、かつ粉状（インハラブル粒子）にならないものは、「主として一般消費者の生活の用に供するための製品」として、ラベル表示、SDS交付及びリスクアセスメント実施義務の対象にならないものとして取り扱って差し支えありません。

■ **Q8-3　運搬中及び貯蔵中において固体以外の状態にならず、かつ、粉状にならない
　　　　　物はラベル表示の対象から除くとあるが、使用中に粉体や液体になってしま
　　　　　うものでも、運搬、貯蔵中に固体であれば除外されるのか。**

　「運搬中及び貯蔵中において固体以外の状態にならず、かつ、粉状にならない物」に該当すれば、使用中に粉体や液体になるものであってもラベル表示の対象からは除外されます。ただし、SDS交付等は、譲渡提供した相手方において取り扱う際の注意事項等も含めて通知するものであり、運搬・貯蔵する場合に限る措置ではないため、除外対象とはしておらず、「運搬中及び貯蔵中において固体以外の状態にならず、かつ、粉状にならない物」に該当する物であって使用中に粉体や液体になる物については、SDSの交付等は必要です。

A4.6

供 給 者

■ **Q9-1　流通業者（商社等）が化学品をユーザーに販売する場合、ラベルや SDS に記載すべき供給者名は誰になるのか。また、多数の譲渡・提供者が介在する場合、そのすべてを供給者として記載する必要があるか。**

　化学品の譲渡・提供時には、その譲渡・提供者の名称、住所及び電話番号をラベルや SDS に記載しなければならず、製造者の名称と連絡先の記載に加え、流通業者等の販売者の名称と連絡先を追記していただく等の対応が必要です。

　上記以外に、
・製造・輸入元のホームページのアドレスの伝達とあわせて自社の名称、住所及び電話番号を電子メール等で伝達する
・製造・輸入元の SDS に自社の名称、住所及び電話番号を併記したものを自社のホームページに掲載し、そのアドレスを伝達し、閲覧を求める
等の方法も可能です。

■ **Q9-2　他社に製造委託した化学品を自社ブランドで販売する場合、ラベル表示及び SDS 交付義務は、どちらの事業者になるか。**

　ラベル表示及び SDS 交付の義務は、化学品の譲渡・提供者にあります。そのため、他社が製造したものであっても、販売時には販売する事業者がラベル表示及び SDS 交付を行う必要があります。一方、製造者は、自社ブランドでなくても、委託元に譲渡・提供する際はラベル表示及び SDS の交付を行う必要があります。

　実務的には、製造者と販売者の名称、住所及び連絡先を併記する等の方法が考えられます。

■ **Q9-3　化学品を輸入し、販売する場合、ラベルや SDS に記載する供給者は海外製造者で良いか。**

　ラベル及び SDS に記載する供給者情報には、化学品の譲渡・提供者の情報を記載します。国内の事業者が輸入した化学品を販売する場合は、輸入者が譲渡・提供者になるため、海外の製造者ではなく、輸入者の情報を記載する必要があります。

■ **Q9-4　事業場で製造した化学品を同一事業者内の他事業場で使用する場合、ラベル表示及び SDS 交付の義務はあるか。**

　同一の事業者が従業員の管理責任を持つ限り、事業場間での移動であっても、譲渡・提供には該当しないため、表示及び通知対象物についてのラベル表示及び SDS 交付義務の適用はありません。なお、そのような場合であっても、事業者には SDS の内容を関係する労働者に周知したり、別容器で保管する際の名称等の明示の義務があります。

ラベル記載内容

■ **Q10-1　ラベルの大きさ及び色に関しての規定はあるか。**

　JIS 規格（JIS Z 7253）では、絵表示は一辺が 1 cm 以上の正方形、枠は赤及びマークは黒と規定されています。絵表示以外は、色又は大きさについての規定はありませんが、文字は、容

易に読める大きさにする必要があります。

■ Q10-2　化学品を包装する袋にラベルを印刷する時、絵表示の赤枠の中の下地の色が袋の薄青色になるが、白でなければならないか。

　JIS 規格（JIS Z 7253）では、絵表示は一辺が 1 cm 以上の正方形、枠は赤及びマークは黒と規定されています。また、平成 24 年 3 月 29 日付け基発第 0329011 号「化学物質等の危険性又は有害性等の表示又は通知等の促進に関する指針について」では、「白色の背景」に「黒のシンボル」とありますが、はっきりとマークが見え読み取れることができれば材料の色のままでも構いません。あくまでも視認性が高いことが求められます。

■ Q10-3　輸入した化学品を譲渡又は提供する場合、ラベル及び SDS は英語表記で良いか。

　危険有害性や取扱い上の注意を、事業者、労働者が読めるようにすることが重要であるため、輸入品を日本国内で最初に譲渡・提供する事業者が、外国語を日本語に翻訳したラベルと SDS を作成して提供する必要があります。通達「労働安全衛生法等の一部を改正する法律等の施行等（化学物質等に係る表示及び文書交付制度の改善関係）に係る留意事項について」において、ラベルと SDS は邦文で記載するとしており、また、JIS Z 7253「GHS に基づく化学品の危険有害性情報の伝達方法—ラベル，作業場内の表示及び安全データシート（SDS）」においてもラベル及び SDS は日本語で表記すると示されています。

■ Q10-4　輸入した化学品を自社で使用する場合、日本語のラベル及び SDS は必要か。

　輸入した化学品の自社使用は、譲渡・提供には該当しないため、ラベル表示及び SDS の交付義務の適用はありません。

　ただし、自社事業場内の労働災害を防止するため、労働者が理解できる言語での危険有害性の周知やリスクアセスメント及びその結果に基づくリスク低減措置の実施などが必要になります。

■ Q10-5　ラベルには、JIS Z 7253 で規定されている項目はすべて記載する必要があるか。

　安衛法では、ラベル記載項目として次の項目を定めており、JIS Z 7253「GHS に基づく化学品の危険有害性情報の伝達方法—ラベル，作業場内の表示及び安全データシート（SDS）」に準拠した記載を行えば、これらの項目が網羅されることになります。

1．名称
2．注意喚起語
3．人体に及ぼす作用
4．安定性及び反応性
5．貯蔵または取扱い上の注意
6．標章（絵表示）
7．表示をする者の氏名、住所及び電話番号

なお、項目の一部省略については Q10-6. を参照してください。

A4.6

■ **Q10-6　ラベル表示対象物を GHS 分類の結果、危険有害性に分類されない場合でも
ラベルは必要か。**

　ラベル表示対象物であるため、ラベル表示そのものを省略することはできません。

　ただし、ラベルに記載すべき事項のうち「人体に及ぼす作用」「安定性及び反応性」「注意喚
起語」「標章」（JIS Z 7253「GHS に基づく化学品の危険有害性情報の伝達方法―ラベル, 作業
場内の表示及び安全データシート（SDS）」では「危険有害性情報」「注意喚起語」「絵表示」
に相当）については、GHS 分類に従い分類した結果、危険有害性クラス及び危険有害性区分
が決定されない場合、記載を要しないため、省略可能です。

　一方、「名称」や「表示をする者の氏名、住所及び電話番号」は危険有害性に関わらず記載
が必要であり、また、「貯蔵または取扱い上の注意」については、災害防止のため必要な措置
等を記載することが必要です。

■ **Q10-7　ラベルに成分を記載する必要があるか。**

　JIS Z 7253「GHS に基づく化学品の危険有害性情報の伝達方法―ラベル, 作業場内の表示及
び安全データシート（SDS）」では、「混合物の場合、ラベルには含有する成分のうち、取り扱
う者に危険有害性を及ぼす可能性があるものを全て記載することが望ましい」とされています
が、安衛法においては、視認性の観点からラベルへの成分記載は任意となっています。

■ **Q10-8　「職場のあんぜんサイト」で公表されているモデルラベルやモデル SDS を
そのまま自社のラベルや SDS として利用しても良いか。**

　「職場のあんぜんサイト」で公表しているモデルラベル及びモデル SDS は、譲渡又は提供者
がラベルや SDS を作成する際の参考としていただくためのものですので、ご活用いただいて
問題ありません。ただし、その場合であっても、ラベルや SDS の記載内容については、譲渡・
提供者の責任において行っていただくことになります。

　なお、モデル SDS の「8. ばく露防止及び保護措置」における保護具に関して、各事業者
や製品によって推奨用途が異なり適切な保護具の種類も異なることから、モデル SDS では「適
切な保護具を着用すること」といった記載をしているものがありますが、各事業者においては、
SDS 作成時に、推奨用途での使用において吸入又は皮膚や眼との接触を保護具で防止するこ
とを想定した場合に必要とされる保護具の種類（例：呼吸用保護具であれば、防じんマスク、
防毒マスク、送気マスク等）を必ず記載してください。

■ **Q10-9　法令改正により販売している化学品がラベル・SDS の義務対象外となった
場合に、既に譲渡・提供先に表示・通知したラベル・SDS を回収・修正す
る必要はあるか。**

　ラベル・SDS の義務対象外となった場合、すでに譲渡・提供された化学品のラベル・SDS
の回収や修正は不要です。

A4.6

ラベル貼付箇所

■ **Q11-1　容器が小さくてラベルを貼りきれない場合でも、出荷する容器にラベルをつけなければならないか。例えば、容器 10 本を入れた箱にラベルを貼って出荷することは可能か。**

　化学物質を取扱う労働者が容器を開封する際にラベルを確認できるよう、個々の容器にラベルを貼付する必要があります。小さい容器であってもラベルは容器に直接貼るか、それが難しい場合は票箋（タグ）で結び付けるのが原則です。

　SDS についてはホームページアドレスの伝達や二次元コード等の電子化された伝達方法が可能ですが、ラベルに関しては、ラベルそのものを見て危険有害性情報を伝達できることが重要であることから、容器への直接貼付が継続して求められます。

■ **Q11-2　化学品をタンクローリーやミキサー車で輸送する場合、ラベル表示はどうするべきか。**

　安衛法第 57 条第 2 項により、化学品を容器に入れないで、又は包装しないで譲渡又は提供する場合は、ラベル表示に相当する情報を記載した文書を交付することが義務付けられております。

　ほとんどの情報は SDS に含まれておりますので、実行上、SDS の交付により条件を満たしますが、SDS に同法第 57 条第 1 項第 2 号の標章（絵表示）の記載が必要であることにご注意ください。

■ **Q11-3　製品容器に加えて、輸送用の外装段ボールにもラベル表示が必要か。**

　個々の製品容器にラベル表示されていれば、段ボール等の外装容器に再度ラベル表示する必要はありません。

　なお、労働安全衛生法が求めるラベルとは別に、危険物輸送等に関しては消防法等による表示等が求められますので、別途確認してください。

SDS 記載内容

■ **Q12-1　SDS の記載項目は決められているか。**

　安衛法では、SDS 記載項目として次の項目を定めており、JIS Z 7253「GHS に基づく化学品の危険有害性情報の伝達方法—ラベル，作業場内の表示及び安全データシート（SDS）」に準拠した記載を行えば、これらの項目が網羅されることになります。

1．名称
2．成分およびその含有量
3．物理的及び化学的性質
4．人体に及ぼす作用
5．貯蔵または取扱い上の注意
6．流出その他の事故が発生した場合に構ずべき応急の措置
7．通知を行う者の氏名、住所及び電話番号
8．危険性または有害性の要約

A4.6

　9．安定性及び反応性

10．想定される用途及び当該用途における使用上の注意 ※令和 6 年 4 月 1 日より適用

11．適用される法令

12．その他参考となる事項

　なお、令和 4 年 5 月の省令改正によって、新たに「10．想定される用途及び当該用途における使用上の注意」が追加されました。また関連して通達「労働安全衛生法等の一部を改正する法律等の施行等（化学物質等に係る表示及び文書交付制度の改善関係）に係る留意事項について」の改正により、「5．貯蔵または取扱い上の注意」の 1 項目である「保護具の使用」に関して、想定される用途での使用において吸入又は皮膚や眼との接触を保護具で防止することを想定した場合に必要とされる保護具の種類を必ず記載することが必要となりました。

■ Q12-2　SDS の成分及び含有量の記載に関して、含有量の表記における決まりはあるか。

　従来、含有量については 10％未満の端数を切り捨てた数値と切り上げた数値との範囲で記載すること（例：10 ～ 20％など）が認められていましたが、令和 4 年 5 月の省令改正によって、令和 6 年 4 月 1 日から重量％の数値記載が原則となります。

　なお、製品の特性上含有量に幅が生じる場合等は、国連 GHS 文書及び JIS Z 7253:2019 に沿って、合理的な濃度範囲による記載も可能です。

　また、平成 12 年 3 月 24 日付け基発第 162 号「労働安全衛生法及び作業環境測定法の一部を改正する法律の施行について」により、重量パーセントへの換算方法を明記していれば重量パーセント以外の表記でもよいこととされています。

■ Q12-2-2　SDS に記載する成分の含有量が営業上の秘密に該当する場合、どのように記載すれば良いか。

　成分の含有量が営業上の秘密に該当する場合については、SDS にはその旨を記載（JIS Z 7253 に従って作成した SDS においては、3 項に記載）の上で含有量を 10 パーセント刻みで記載することが可能です。この場合、譲渡提供する相手方から求めがあるときは、秘密保持契約その他秘密の保全のために一般的に必要とされる方法により、相手方の事業場におけるリスクアセスメントの実施に必要な範囲内で、より狭い幅の濃度範囲又は重量パーセントで通知しなければなりません。また、「成分及びその含有量」が営業上の秘密に該当する場合に、SDS にはその旨を記載の上で成分及びその含有量の記載を省略し、秘密保持契約等を結び別途通知することも可能です。ただし、特別規則対象物質については本規定の適用の対象外です。

■ Q12-2-3　営業秘密に該当する場合も成分の含有量の幅表記が認められているが、幅表記にあたって何か記載要件はあるか。

　営業秘密に該当する場合について、省令で規定している「10 パーセント未満の端数を切り捨てた数値と当該端数を切り上げた数値との範囲」とは、「10 ～ 20％」等の 10 パーセント刻みの記載方法を言います。この規定は法令上の最低基準であるため、10 パーセント刻みより狭い幅の濃度範囲を通知することは当然に可能です。例えば、含有量が 13％の場合は、10 ～ 15％、10 ～ 20％等の記載は可能ですが、0 ～ 20％、10 ～ 40％等の記載は認められません。

■ **Q12-3**　SDSの成分及び含有量の記載に関して、成分名の表記は化学物質名（例：重クロム酸カリウム）、法令の名称（例：重クロム酸及び重クロム酸塩）のいずれを記載すべきか。

成分名の記載は化学物質の名称、法令の名称のいずれでも構いません。

■ **Q12-4**　適用法令については法令の名称の他に当該法令の基づく規制に関する情報を記載するとなっているが、規制に関する情報はどのように記載するのか。

SDSの適用法令欄について詳細な規定はありませんが、受け取った者が適切に対応できることが必要です。このため、まずはSDSの提供を義務付けている法令（安衛法、化管法及び毒劇法）の適用有無を記載します。安衛法については、どの規定が適用になるのかわかるよう、表示・通知対象物や特定化学物質、有機溶剤、製造許可物質などの別を記載します。さらに、必要に応じて他の法令（消防法や化審法、大気汚染防止法、船舶安全法など）の適用を記載します。

■ **Q12-5**　安衛則第577条の2の規定に基づくがん原性物質に該当することは、SDSのどの欄に記載すれば良いか。

SDSの適用法令欄に記載をしてください。なお、営業上の秘密としてSDSにその旨を記載した場合は、秘密保持契約等を結び別途通知してください。

○令和4年12月26日付け基発1226第4号（令和5年4月24日一部改正）　記の第3

4　がん原性物質に該当する旨のSDS等による通知について

　安衛則第34条の2の4第4号（令和6年4月1日以降は第5号）の通知事項である「適用される法令」の「法令」には、本告示が含まれること。この場合、リスクアセスメント対象物の名称が包括的な名称で規定されている物質であってそのうち一部の物質が本告示で定めるがん原性物質に該当するものを譲渡し、又は提供するに当たっては、SDS等に記載する成分の名称は、リスクアセスメント対象物の名称に関わらず、該当するがん原性物質の名称とすること。

■ **Q12-6**　安衛則第577条の2の規定に基づき厚生労働大臣が定める濃度の基準（濃度基準値）は、SDSのどの欄に記載すれば良いか。

管理濃度等と同じく、安衛法第57条の2第1項に基づく通知事項である「貯蔵又は取扱い上の注意」として通知することとなりますので、JIS Z 7253に基づくSDSの「8. ばく露防止及び保護措置」欄に記載してください。なお、営業上の秘密としてSDSにその旨を記載した場合は、秘密保持契約等を結び別途の方法により通知してください。

○平成18年10月20日付け基安化発第1020001号（令和6年1月9日付け基安化発0109第1号）　記のⅡ第1

5　貯蔵又は取扱い上の注意（法第57条の2第1項第5号関係）

(3) 管理濃度、濃度基準値（則第577条の2第2項の厚生労働大臣が定める濃度の基準をいう。）、許容濃度等

A4.6

■ **Q12-7　皮膚等障害化学物質として、厚労省公表物質リストに収載された物質を裾切値以上含む場合、SDSに該当物質が皮膚障害化学物質である旨を記載しなければならないか。**

　皮膚等障害化学物質に該当する物質については、SDSの「第15項 適用法令」にその旨を記載してください。なお、法令上、SDSへの記載義務がかかるものは、皮膚等障害化学物質のうちラベル・SDS対象物質（リスクアセスメント対象物）となっている物質です。リスクアセスメント対象物となっていない皮膚等障害化学物質のSDSへの記載は、安衛則第24条の15に基づく努力義務となります。

　○平成18年10月20日付け基安化発第1020001号（最終改正令和6年1月9日付け基安化発0109第1号）　記のⅡ第1

　11　適用される法令（則第34条の2の4第4号（令和6年4月1日以降は第5号）関係）

　　　化学物質等に適用される法令の名称を記載するとともに、当該法令に基づく規制に関する情報を記載すること。労働安全衛生法関係法令における適用法令としては、令第18条（表示対象物）及び令第18条の2（通知対象物）のほか、令別表第1（危険物）、令別表第3（特定化学物質、製造許可物質）、令別表第6の2（有機溶剤）、鉛則（鉛及び令別表第4第6号に規定する鉛化合物）、四アルキル鉛則（令別表第5第1号に規定する四アルキル鉛）、則第577条の2（がん原性物質）、則第594条の2（皮膚等障害化学物質等）等を記載すること。

　　　なお、すでに交付されたSDSに係る製品に含有される成分の中に、新たに法令が適用される物質がある場合は、可能な限り速やかに新たな適用法令及び当該法令が適用される含有成分の名称を盛り込んだSDSを譲渡・提供先に通知するように努めるとともに、変更されたSDSが通知されるまでの間、ホームページへの掲載等により、譲渡・提供先に対して、新たな適用法令及び当該法令が適用される含有成分の名称を通知するよう努めること。

SDS 交付

■ **Q13-1　SDSはいつ交付しなければならないのか。**

　化学品の譲渡又は提供者は、化学品を譲渡・提供する時までに譲渡・提供先にSDSを交付します。継続的に反復して譲渡又は提供する場合は、一度SDS交付を行えば都度交付する必要はありませんが、交付漏れ等がないようSDS交付先を管理しておくことが必要です。

　また、SDSの記載内容に変更がある場合は、変更後のSDSを速やかに交付するよう努める必要があります。

■ **Q13-2　ホームページでSDSを提供しても良いか。その場合、ホームページに掲載していることをメール等で譲渡・提供先に連絡する必要があるか。**

　従来、SDSは文書で提供するのが原則であり、譲渡・提供先の承諾を得た場合のみ電子媒体等で提供することが可能でしたが、令和4年5月の省令改正によって、令和4年5月31日から、譲渡・提供先の承諾を要件とせず、電子メールの送信や通知事項が記載されたホームページのアドレス（二次元コードその他のこれに代わるものを含む）を伝達し閲覧を求めること等による方法が新たに認められました。なお、ホームページにSDSを掲載する場合等において、譲渡・提供先が容易に確認できるよう、リンク先をメール等で相手側に通知し閲覧を求めることが必要です。

A4.6

■ **Q13-2-1** SDS を相手方の承諾なしにホームページのアドレスや二次元コードで伝達することは、SDS が更新された際に譲渡提供を受ける事業者に伝わらなくならないか。

　安衛法第 57 条の 2 第 2 項の規定により、SDS の通知事項について、変更を行う必要が生じたときは、その変更後の内容を速やかに譲渡提供した相手方に通知する努力義務があります。SDS の更新後の再通知は、販売記録等を元に電子メールなどで行う方法や、提供者のウェブサイトに更新情報を明確に表示し、提供時に伝えた URL または QR コードから最新の SDS を常時閲覧可能にするなど、受け手が簡単に最新の SDS を確認できる手段を用いて行うことが可能です。

■ **Q13-2-2** SDS の 5 年以内ごとの記載内容の変更の要否の確認において、変更の必要がないことを確認した場合は、SDS を更新しなくてよいか。その場合、確認結果を譲渡提供先に通知することなく従来の SDS を使用し続けてよいか。

　SDS の記載内容の変更の要否を確認した結果、変更の必要がない場合には SDS を更新する義務はありません。また、SDS の記載内容に変更の必要がない場合は、相手方に通知を行う必要もありません。　ただし、各事業者において SDS の改訂情報を管理する上で、変更の必要がないことを確認した日を記録しておくことが望ましいです。

■ **Q13-2-3** 独自の試験などの結果、GHS 分類の区分がつかない結果となった場合、また、SDS の「人体に及ぼす作用」や「危険性又は有害性の要約」に記載すべき情報にあてはまらない場合はどう伝達したらよいか。

　事業者が独自に持つ情報により分類した結果に基づいて SDS を作成することは妨げませんが、そのように判断した根拠を含めて記載しておくことが望ましいです。

■ **Q13-3** 提供している SDS は定期的に更新しなければならないか。

　令和 4 年 5 月の省令改正によって、SDS の記載項目のうち「人体に及ぼす作用」については、令和 5 年 4 月 1 日より、5 年以内ごとの定期的な確認や、確認の結果変更がある場合には確認後 1 年以内の更新が義務付けられます。

　また、SDS 記載項目に変更が生じた場合には、速やかに譲渡・提供先に変更後の SDS を交付するよう努めてください。

事業場内別容器保管時の措置

■ **Q14-1** 表示・通知対象物を事業場で納入時の容器から小分けして保管又は取り扱う場合、小分け後の容器に名称等の明示は必要か。

　令和 4 年 5 月の省令改正によって、令和 5 年 4 月 1 日以降は、表示・通知対象物を別容器で保管する場合や、自ら製造した表示・通知対象物を保管する場合において、ラベル表示項目のうち化学品の「名称」と「人体に及ぼす作用」を次のような方法で当該化学品を取り扱う労働者に明示することが義務付けられます。

　・ラベル表示

A4.6

・文書の交付
・使用場所への掲示
・必要事項を記載した一覧表の備え付け
・電子媒体に記録し、労働者が内容を常時確認可能な機器（パソコンなど）を設置
・作業手順書や作業指示書 など
　例えば、各容器にサンプル番号を付し、番号と物質名・人体に及ぼす作用を別途掲示する等の方法も考えられます。

■ Q14-2　計量し他容器に移し替えるが、すぐに作業を行い、保管しないような場合にも名称等の明示は必要か。
　他容器に一時的に移し替えるだけで保管せず、その場で使い切る場合等は、保管する場合には該当しないため、対象とはなりません。

■ Q14-3　人体に及ぼす作用とは具体的に何を明示すればよいか。GHSの絵表示だけでよいか。
　「人体に及ぼす作用」とは、化学物質等の有害性情報のことを指します。
　GHSの絵表示は人体に及ぼす作用の情報としては不十分であり、小分け前の容器に記載されている有害性情報に相当する内容を明示してください。

その他

■ Q15-1　入手したSDSを労働者に周知しなければならないか。
　譲渡・提供を受けたSDSは、次のいずれかの方法で化学物質を取り扱う労働者が常時確認できるよう周知することが必要です。
　1．作業場に常時掲示するか備え付ける
　2．書面を労働者に交付する
　3．電子媒体で記録し、作業場に常時確認可能な機器（パソコンなど）を設置

■ Q15-2　ラベルやSDSの記載内容を労働者に教育する義務はあるか。
　令和4年5月の省令改正によって、令和6年4月1日以降は、リスクアセスメント対象物を製造、取扱いまたは譲渡・提供する事業場は化学物質管理者を選任しなければなりません。
　この化学物質管理者の職務の1つとして、ラベルやSDSの作成、リスクアセスメントの実施、ばく露防止措置の選択や実施、労働災害発生時の対応といった化学物質の自律的な管理に必要な事項について、労働者に教育や周知を行うことが定められています。
　そのため、事業場においては、自律的な化学物質の管理に向けて、ラベルやSDS、リスクアセスメント、ばく露防止措置等について、労働者教育を行うことが求められることになります。

A4.6

■ Q15-3　ラベル表示、SDS交付に関する罰則はあるか。
　ラベル表示を行わなかった又は虚偽の表示をした場合は「6カ月以下の懲役または50万円以下の罰金」が設けられています。
　一方、SDS交付については罰則は設けられていませんが、法律違反になることに変わりは

なく、労働基準監督署の指導対象となります。

―――――――――――――

出典：厚生労働省ウェブサイト（https://www.mhlw.go.jp/stf/newpage_11237.html）をもとに一部改変

A4.6

A6.1 化学物質等による危険性又は有害性等の調査等に関する指針

化学物質等による危険性又は有害性等の調査等に関する指針

平成 27 年 9 月 18 日　危険性又は有害性等の調査等に関する指針公示第 3 号
改正　令和 5 年 4 月 27 日　危険性又は有害性等の調査等に関する指針公示第 4 号

1　趣旨等

本指針は、労働安全衛生法（昭和 47 年法律第 57 号。以下「法」という。）第 57 条の 3 第 3 項の規定に基づき、事業者が、化学物質、化学物質を含有する製剤その他の物で労働者の危険又は健康障害を生ずるおそれのあるものによる危険性又は有害性等の調査（以下「リスクアセスメント」という。）を実施し、その結果に基づいて労働者の危険又は健康障害を防止するため必要な措置（以下「リスク低減措置」という。）が各事業場において適切かつ有効に実施されるよう、「化学物質による健康障害防止のための濃度の基準の適用等に関する技術上の指針」（令和 5 年 4 月 27 日付け技術上の指針公示第 24 号）と相まって、リスクアセスメントからリスク低減措置の実施までの一連の措置の基本的な考え方及び具体的な手順の例を示すとともに、これらの措置の実施上の留意事項を定めたものである。

また、本指針は、「労働安全衛生マネジメントシステムに関する指針」（平成 11 年労働省告示第 53 号）に定める危険性又は有害性等の調査及び実施事項の特定の具体的実施事項としても位置付けられるものである。

2　適用

本指針は、リスクアセスメント対象物（リスクアセスメントをしなければならない労働安全衛生法施行令（昭和 47 年政令第 318 号。以下「令」という。）第 18 条各号に掲げる物及び法第 57 条の 2 第 1 項に規定する通知対象物をいう。以下同じ。）に係るリスクアセスメントについて適用し、労働者の就業に係る全てのものを対象とする。

3　実施内容

事業者は、法第 57 条の 3 第 1 項に基づくリスクアセスメントとして、（1）から（3）までに掲げる事項を、労働安全衛生規則（昭和 47 年労働省令第 32 号。以下「安衛則」という。）第 34 条の 2 の 8 に基づき（5）に掲げる事項を実施しなければならない。また、法第 57 条の 3 第 2 項に基づき、安衛則第 577 条の 2 に基づく措置その他の法令の規定による措置を講ずるほか（4）に掲げる事項を実施するよう努めなければならない。

（1）リスクアセスメント対象物による危険性又は有害性の特定

（2）（1）により特定されたリスクアセスメント対象物による危険性又は有害性並びに当該リスクアセスメント対象物を取り扱う作業方法、設備等により業務に従事する労働者に危険を及ぼし、又は当該労働者の健康障害を生ずるおそれの程度及び当該危険又は健康障害の程度（以下「リスク」という。）の見積り（安衛則第 577 条の 2 第 2 項の厚生労働大臣が定める濃度の基準（以下「濃度基準値」という。）が定められている物質については、屋内事業場における労働者のばく露の程度が濃度基準値を超えるおそれの把握を含む。）

(3)（2）の見積りに基づき、リスクアセスメント対象物への労働者のばく露の程度を最小限度とすること及び濃度基準値が定められている物質については屋内事業場における労働者のばく露の程度を濃度基準値以下とすることを含めたリスク低減措置の内容の検討

（4）（3）のリスク低減措置の実施

（5）リスクアセスメント結果等の記録及び保存並びに周知

4　実施体制等

（1）事業者は、次に掲げる体制でリスクアセスメント及びリスク低減措置（以下「リスクアセスメント等」という。）を実施するものとする。

ア　総括安全衛生管理者が選任されている場合には、当該者にリスクアセスメント等の実施を統括管理させること。総括安全衛生管理者が選任されていない場合には、事業の実施を統括管理する者に統括管理させること。

イ　安全管理者又は衛生管理者が選任されている場合には、当該者にリスクアセスメント等の実施を管理させること。

ウ　化学物質管理者（安衛則第12条の5第1項に規定する化学物質管理者をいう。以下同じ。）を選任し、安全管理者又は衛生管理者が選任されている場合にはその管理の下、化学物質管理者にリスクアセスメント等に関する技術的事項を管理させること。

エ　安全衛生委員会、安全委員会又は衛生委員会が設置されている場合には、これらの委員会においてリスクアセスメント等に関することを調査審議させること。また、リスクアセスメント等の対象業務に従事する労働者に化学物質の管理の実施状況を共有し、当該管理の実施状況について、これらの労働者の意見を聴取する機会を設け、リスクアセスメント等の実施を決定する段階において労働者を参画させること。

オ　リスクアセスメント等の実施に当たっては、必要に応じ、事業場内の化学物質管理専門家や作業環境管理専門家のほか、リスクアセスメント対象物に係る危険性及び有害性や、機械設備、化学設備、生産技術等についての専門的知識を有する者を参画させること。

カ　上記のほか、より詳細なリスクアセスメント手法の導入又はリスク低減措置の実施に当たっての、技術的な助言を得るため、事業場内に化学物質管理専門家や作業環境管理専門家等がいない場合は、外部の専門家の活用を図ることが望ましいこと。

（2）事業者は、（1）のリスクアセスメント等の実施を管理する者等（カの外部の専門家を除く。）に対し、化学物質管理者の管理のもとで、リスクアセスメント等を実施するために必要な教育を実施するものとする。

5　実施時期

（1）事業者は、安衛則第34条の2の7第1項に基づき、次のアからウまでに掲げる時期にリスクアセスメントを行うものとする。

ア　リスクアセスメント対象物を原材料等として新規に採用し、又は変更するとき。

イ　リスクアセスメント対象物を製造し、又は取り扱う業務に係る作業の方法又は手順を新規に採用し、又は変更するとき。

ウ　リスクアセスメント対象物による危険性又は有害性等について変化が生じ、又は生ずるおそれがあるとき。具体的には、以下の（ア）、（イ）が含まれること。

（ア）過去に提供された安全データシート（以下「SDS」という。）の危険性又は有害性に係る情報が変更され、その内容が事業者に提供された場合

A6.1

　　（イ）濃度基準値が新たに設定された場合又は当該値が変更された場合

（2）事業者は、（1）のほか、次のアからウまでに掲げる場合にもリスクアセスメントを行う
　　よう努めること。

　ア　リスクアセスメント対象物に係る労働災害が発生した場合であって、過去のリスクアセ
　　　スメント等の内容に問題があることが確認された場合

　イ　前回のリスクアセスメント等から一定の期間が経過し、リスクアセスメント対象物に係
　　　る機械設備等の経年による劣化、労働者の入れ替わり等に伴う労働者の安全衛生に係る知
　　　識経験の変化、新たな安全衛生に係る知見の集積等があった場合

　ウ　既に製造し、又は取り扱っていた物質がリスクアセスメント対象物として新たに追加さ
　　　れた場合など、当該リスクアセスメント対象物を製造し、又は取り扱う業務について過去
　　　にリスクアセスメント等を実施したことがない場合

（3）事業者は、（1）のア又はイに掲げる作業を開始する前に、リスク低減措置を実施するこ
　　とが必要であることに留意するものとする。

（4）事業者は、（1）のア又はイに係る設備改修等の計画を策定するときは、その計画策定段
　　階においてもリスクアセスメント等を実施することが望ましいこと。

6　リスクアセスメント等の対象の選定

　事業者は、次に定めるところにより、リスクアセスメント等の実施対象を選定するものとす
る。

（1）事業場において製造又は取り扱う全てのリスクアセスメント対象物をリスクアセスメン
　　ト等の対象とすること。

（2）リスクアセスメント等は、対象のリスクアセスメント対象物を製造し、又は取り扱う業
　　務ごとに行うこと。ただし、例えば、当該業務に複数の作業工程がある場合に、当該工程を
　　1つの単位とする、当該業務のうち同一場所において行われる複数の作業を1つの単位とす
　　るなど、事業場の実情に応じ適切な単位で行うことも可能であること。

（3）元方事業者にあっては、その労働者及び関係請負人の労働者が同一の場所で作業を行う
　　こと（以下「混在作業」という。）によって生ずる労働災害を防止するため、当該混在作業
　　についても、リスクアセスメント等の対象とすること。

7　情報の入手等

（1）事業者は、リスクアセスメント等の実施に当たり、次に掲げる情報に関する資料等を入
　　手するものとする。

　　入手に当たっては、リスクアセスメント等の対象には、定常的な作業のみならず、非定常
　　作業も含まれることに留意すること。

　　また、混在作業等複数の事業者が同一の場所で作業を行う場合にあっては、当該複数の事
　　業者が同一の場所で作業を行う状況に関する資料等も含めるものとすること。

　ア　リスクアセスメント等の対象となるリスクアセスメント対象物に係る危険性又は有害性
　　　に関する情報（SDS等）

　イ　リスクアセスメント等の対象となる作業を実施する状況に関する情報（作業標準、作業
　　　手順書等、機械設備等に関する情報を含む。）

（2）事業者は、（1）のほか、次に掲げる情報に関する資料等を、必要に応じ入手するものと
　　すること。

　ア　リスクアセスメント対象物に係る機械設備等のレイアウト等、作業の周辺の環境に関する情報

　イ　作業環境測定結果等

　ウ　災害事例、災害統計等

　エ　その他、リスクアセスメント等の実施に当たり参考となる資料等

（3）事業者は、情報の入手に当たり、次に掲げる事項に留意するものとする。

　ア　新たにリスクアセスメント対象物を外部から取得等しようとする場合には、当該リスクアセスメント対象物を譲渡し、又は提供する者から、当該リスクアセスメント対象物に係るSDSを確実に入手すること。

　イ　リスクアセスメント対象物に係る新たな機械設備等を外部から導入しようとする場合には、当該機械設備等の製造者に対し、当該設備等の設計・製造段階においてリスクアセスメントを実施することを求め、その結果を入手すること。

　ウ　リスクアセスメント対象物に係る機械設備等の使用又は改造等を行おうとする場合に、自らが当該機械設備等の管理権原を有しないときは、管理権原を有する者等が実施した当該機械設備等に対するリスクアセスメントの結果を入手すること。

（4）元方事業者は、次に掲げる場合には、関係請負人におけるリスクアセスメントの円滑な実施に資するよう、自ら実施したリスクアセスメント等の結果を当該業務に係る関係請負人に提供すること。

　ア　複数の事業者が同一の場所で作業する場合であって、混在作業におけるリスクアセスメント対象物による労働災害を防止するために元方事業者がリスクアセスメント等を実施したとき。

　イ　リスクアセスメント対象物にばく露するおそれがある場所等、リスクアセスメント対象物による危険性又は有害性がある場所において、複数の事業者が作業を行う場合であって、元方事業者が当該場所に関するリスクアセスメント等を実施したとき。

8　危険性又は有害性の特定

　事業者は、リスクアセスメント対象物について、リスクアセスメント等の対象となる業務を洗い出した上で、原則としてアからウまでに即して危険性又は有害性を特定すること。また、必要に応じ、エに掲げるものについても特定することが望ましいこと。

　ア　国際連合から勧告として公表された「化学品の分類及び表示に関する世界調和システム（GHS）」（以下「GHS」という。）又は日本産業規格Z 7252に基づき分類されたリスクアセスメント対象物の危険性又は有害性（SDSを入手した場合には、当該SDSに記載されているGHS分類結果）

　イ　リスクアセスメント対象物の管理濃度及び濃度基準値。これらの値が設定されていない場合であって、日本産業衛生学会の許容濃度又は米国産業衛生専門家会議（ACGIH）のTLV-TWA等のリスクアセスメント対象物のばく露限界（以下「ばく露限界」という。）が設定されている場合にはその値（SDSを入手した場合には、当該SDSに記載されているばく露限界）

　ウ　皮膚等障害化学物質等（安衛則第594条の2で定める皮膚若しくは眼に障害を与えるおそれ又は皮膚から吸収され、若しくは皮膚に侵入して、健康障害を生ずるおそれがあることが明らかな化学物質又は化学物質を含有する製剤）への該当性

A6.1

エ　アからウまでによって特定される危険性又は有害性以外の、負傷又は疾病の原因となるおそれのある危険性又は有害性。この場合、過去にリスクアセスメント対象物による労働災害が発生した作業、リスクアセスメント対象物による危険又は健康障害のおそれがある事象が発生した作業等により事業者が把握している情報があるときには、当該情報に基づく危険性又は有害性が必ず含まれるよう留意すること。

9　リスクの見積り

（1）事業者は、リスク低減措置の内容を検討するため、安衛則第34条の2の7第2項に基づき、次に掲げるいずれかの方法（危険性に係るものにあっては、ア又はウに掲げる方法に限る。）により、又はこれらの方法の併用によりリスクアセスメント対象物によるリスクを見積もるものとする。

ア　リスクアセスメント対象物が当該業務に従事する労働者に危険を及ぼし、又はリスクアセスメント対象物により当該労働者の健康障害を生ずるおそれの程度（発生可能性）及び当該危険又は健康障害の程度（重篤度）を考慮する方法。具体的には、次に掲げる方法があること。

（ア）発生可能性及び重篤度を相対的に尺度化し、それらを縦軸と横軸とし、あらかじめ発生可能性及び重篤度に応じてリスクが割り付けられた表を使用してリスクを見積もる方法

（イ）発生可能性及び重篤度を一定の尺度によりそれぞれ数値化し、それらを加算又は乗算等してリスクを見積もる方法

（ウ）発生可能性及び重篤度を段階的に分岐していくことによりリスクを見積もる方法

（エ）ILOの化学物質リスク簡易評価法（コントロール・バンディング）等を用いてリスクを見積もる方法

（オ）化学プラント等の化学反応のプロセス等による災害のシナリオを仮定して、その事象の発生可能性と重篤度を考慮する方法

イ　当該業務に従事する労働者がリスクアセスメント対象物にさらされる程度（ばく露の程度）及び当該リスクアセスメント対象物の有害性の程度を考慮する方法。具体的には、次に掲げる方法があること。

（ア）管理濃度が定められている物質については、作業環境測定により測定した当該物質の第一評価値を当該物質の管理濃度と比較する方法

（イ）濃度基準値が設定されている物質については、個人ばく露測定により測定した当該物質の濃度を当該物質の濃度基準値と比較する方法

（ウ）管理濃度又は濃度基準値が設定されていない物質については、対象の業務について作業環境測定等により測定した作業場所における当該物質の気中濃度等を当該物質のばく露限界と比較する方法

（エ）数理モデルを用いて対象の業務に係る作業を行う労働者の周辺のリスクアセスメント対象物の気中濃度を推定し、当該物質の濃度基準値又はばく露限界と比較する方法

（オ）リスクアセスメント対象物への労働者のばく露の程度及び当該物質による有害性の程度を相対的に尺度化し、それらを縦軸と横軸とし、あらかじめばく露の程度及び有害性の程度に応じてリスクが割り付けられた表を使用してリスクを見積もる方法

A6.1

ウ　ア又はイに掲げる方法に準ずる方法。具体的には、次に掲げる方法があること。

（ア）リスクアセスメント対象物に係る危険又は健康障害を防止するための具体的な措置が労働安全衛生法関係法令（主に健康障害の防止を目的とした有機溶剤中毒予防規則（昭和47年労働省令第36号）、鉛中毒予防規則（昭和47年労働省令第37号）、四アルキル鉛中毒予防規則（昭和47年労働省令第38号）及び特定化学物質障害予防規則（昭和47年労働省令第39号）の規定並びに主に危険の防止を目的とした令別表第1に掲げる危険物に係る安衛則の規定）の各条項に規定されている場合に、当該規定を確認する方法

（イ）リスクアセスメント対象物に係る危険を防止するための具体的な規定が労働安全衛生法関係法令に規定されていない場合において、当該物質のSDSに記載されている危険性の種類（例えば「爆発物」など）を確認し、当該危険性と同種の危険性を有し、かつ、具体的措置が規定されている物に係る当該規定を確認する方法

（ウ）毎回異なる環境で作業を行う場合において、典型的な作業を洗い出し、あらかじめ当該作業において労働者がばく露される物質の濃度を測定し、その測定結果に基づくリスク低減措置を定めたマニュアル等を作成するとともに、当該マニュアル等に定められた措置が適切に実施されていることを確認する方法

（2）事業者は、（1）のア又はイの方法により見積りを行うに際しては、用いるリスクの見積り方法に応じて、7で入手した情報等から次に掲げる事項等必要な情報を使用すること。

ア　当該リスクアセスメント対象物の性状

イ　当該リスクアセスメント対象物の製造量又は取扱量

ウ　当該リスクアセスメント対象物の製造又は取扱い（以下「製造等」という。）に係る作業の内容

エ　当該リスクアセスメント対象物の製造等に係る作業の条件及び関連設備の状況

オ　当該リスクアセスメント対象物の製造等に係る作業への人員配置の状況

カ　作業時間及び作業の頻度

キ　換気設備の設置状況

ク　有効な保護具の選択及び使用状況

ケ　当該リスクアセスメント対象物に係る既存の作業環境中の濃度若しくはばく露濃度の測定結果又は生物学的モニタリング結果

（3）事業者は、（1）のアの方法によるリスクの見積りに当たり、次に掲げる事項等に留意するものとする。

ア　過去に実際に発生した負傷又は疾病の重篤度ではなく、最悪の状況を想定した最も重篤な負傷又は疾病の重篤度を見積もること。

イ　負傷又は疾病の重篤度は、傷害や疾病等の種類にかかわらず、共通の尺度を使うことが望ましいことから、基本的に、負傷又は疾病による休業日数等を尺度として使用すること。

ウ　リスクアセスメントの対象の業務に従事する労働者の疲労等の危険性又は有害性への付加的影響を考慮することが望ましいこと。

A6.1

（4）事業者は、一定の安全衛生対策が講じられた状態でリスクを見積もる場合には、用いるリスクの見積り方法における必要性に応じて、次に掲げる事項等を考慮すること。

ア　安全装置の設置、立入禁止措置、排気・換気装置の設置その他の労働災害防止のための

機能又は方策（以下「安全衛生機能等」という。）の信頼性及び維持能力

イ　安全衛生機能等を無効化する又は無視する可能性

ウ　作業手順の逸脱、操作ミスその他の予見可能な意図的・非意図的な誤使用又は危険行動の可能性

エ　有害性が立証されていないが、一定の根拠がある場合における当該根拠に基づく有害性

10　リスク低減措置の検討及び実施

（1）事業者は、法令に定められた措置がある場合にはそれを必ず実施するほか、法令に定められた措置がない場合には、次に掲げる優先順位でリスクアセスメント対象物に労働者がばく露する程度を最小限度とすることを含めたリスク低減措置の内容を検討するものとする。ただし、9（1）イの方法を用いたリスクの見積り結果として、労働者がばく露される程度が濃度基準値又はばく露限界を十分に下回ることが確認できる場合は、当該リスクは、許容範囲内であり、追加のリスク低減措置を検討する必要がないものとして差し支えないものであること。

ア　危険性又は有害性のより低い物質への代替、化学反応のプロセス等の運転条件の変更、取り扱うリスクアセスメント対象物の形状の変更等又はこれらの併用によるリスクの低減

イ　リスクアセスメント対象物に係る機械設備等の防爆構造化、安全装置の二重化等の工学的対策又はリスクアセスメント対象物に係る機械設備等の密閉化、局所排気装置の設置等の衛生工学的対策

ウ　作業手順の改善、立入禁止等の管理的対策

エ　リスクアセスメント対象物の有害性に応じた有効な保護具の選択及び使用

（2）（1）の検討に当たっては、より優先順位の高い措置を実施することにした場合であって、当該措置により十分にリスクが低減される場合には、当該措置よりも優先順位の低い措置の検討まで要するものではないこと。また、リスク低減に要する負担がリスク低減による労働災害防止効果と比較して大幅に大きく、両者に著しい不均衡が発生する場合であって、措置を講ずることを求めることが著しく合理性を欠くと考えられるときを除き、可能な限り高い優先順位のリスク低減措置を実施する必要があるものとする。

（3）死亡、後遺障害又は重篤な疾病をもたらすおそれのあるリスクに対して、適切なリスク低減措置の実施に時間を要する場合は、暫定的な措置を直ちに講ずるほか、（1）において検討したリスク低減措置の内容を速やかに実施するよう努めるものとする。

（4）リスク低減措置を講じた場合には、当該措置を実施した後に見込まれるリスクを見積もることが望ましいこと。

11　リスクアセスメント結果等の労働者への周知等

（1）事業者は、安衛則第34条の2の8に基づき次に掲げる事項をリスクアセスメント対象物を製造し、又は取り扱う業務に従事する労働者に周知するものとする。

ア　対象のリスクアセスメント対象物の名称

イ　対象業務の内容

ウ　リスクアセスメントの結果

（ア）特定した危険性又は有害性

（イ）見積もったリスク

エ　実施するリスク低減措置の内容

A6.1

（2）（1）の周知は、安衛則第34条の2の8第2項に基づく方法によること。

（3）法第59条第1項に基づく雇入れ時教育及び同条第2項に基づく作業変更時教育において
は、安衛則第35条第1項第1号、第2号及び第5号に掲げる事項として、（1）に掲げる事
項を含めること。

　　なお、5の（1）に掲げるリスクアセスメント等の実施時期のうちアからウまでについて
は、法第59条第2項の「作業内容を変更したとき」に該当するものであること。

（4）事業者は（1）に掲げる事項について記録を作成し、次にリスクアセスメントを行うま
での期間（リスクアセスメントを行った日から起算して3年以内に当該リスクアセスメント
対象物についてリスクアセスメントを行ったときは、3年間）保存しなければならないこと。

12　その他

　リスクアセスメント対象物以外のものであって、化学物質、化学物質を含有する製剤その他
の物で労働者に危険又は健康障害を生ずるおそれのあるものについては、法第28条の2及び
安衛則第577条の3に基づき、この指針に準じて取り組むよう努めること。

出典：「基発0427 第3号　厚生労働省労働基準局長　化学物質等による危険性又は有害性等の調査等
　　　に関する指針の一部を改正する指針について　別紙3　化学物質等による危険性又は有害性等
　　　の調査等に関する指針」
　　　（https://www.mhlw.go.jp/hourei/doc/tsuchi/T230428K0050.pdf）

A6.1

A6.2　濃度基準値に関する告示

○厚生労働省告示第百七十七号

　労働安全衛生規則（昭和四十七年労働省令第三十二号）第五百七十七条の二第二項の規定に基づき、労働安全衛生規則第五百七十七条の二第二項の規定に基づき厚生労働大臣が定める物及び厚生労働大臣が定める濃度の基準を次のように定め、令和六年四月一日から適用する。

　　令和五年四月二十七日

厚生労働大臣　加藤　勝信

労働安全衛生規則第五百七十七条の二第二項の規定に基づき厚生労働大臣が定める物及び厚生労働大臣が定める濃度の基準

一　労働安全衛生規則（昭和四十七年労働省令第三十二号）第五百七十七条の二第二項の厚生労働大臣が定める物は、別表の左欄に掲げる物とする。

二　労働安全衛生規則第五百七十七条の二第二項の厚生労働大臣が定める濃度の基準は、別表の左欄に掲げる物の種類に応じ、同表の中欄及び右欄に掲げる値とする。この場合において、次のイ及びロに掲げる値は、それぞれイ及びロに定める濃度の基準を超えてはならない。

　イ　一日の労働時間のうち八時間のばく露における別表の左欄に掲げる物の濃度を各測定の測定時間により加重平均して得られる値（以下「八時間時間加重平均値」という。）　八時間濃度基準値

　ロ　一日の労働時間のうち別表の左欄に掲げる物の濃度が最も高くなると思われる十五分間のばく露における当該物の濃度を各測定の測定時間により加重平均して得られる値（以下「十五分間時間加重平均値」という。）　短時間濃度基準値

三　前号に規定する濃度の基準について、事業者は、次に掲げる事項を行うよう努めるものとする。

　イ　別表の左欄に掲げる物のうち、八時間濃度基準値及び短時間濃度基準値が定められているものについて、当該物のばく露における十五分間時間加重平均値が八時間濃度基準値を超え、かつ、短時間濃度基準値以下の場合にあっては、当該ばく露の回数が一日の労働時間中に四回を超えず、かつ、当該ばく露の間隔を一時間以上とすること。

　ロ　別表の左欄に掲げる物のうち、八時間濃度基準値が定められており、かつ、短時間濃度基準値が定められていないものについて、当該物のばく露における十五分間時間加重平均値が八時間濃度基準値を超える場合にあっては、当該ばく露の十五分間時間加重平均値が八時間濃度基準値の三倍を超えないようにすること。

　ハ　別表の左欄に掲げる物のうち、短時間濃度基準値が天井値として定められているものについて、当該物のばく露における濃度が、いかなる短時間のばく露におけるものであるかを問わず、短時間濃度基準値を超えないようにすること。

　ニ　別表の左欄に掲げる物のうち、有害性の種類及び当該有害性が影響を及ぼす臓器が同一であるものを二種類以上含有する混合物の八時間濃度基準値については、次の式により計算して得た値（以下このニにおいて「換算値」という。）が一を超えないようにすること。

450　　　　　　　　付　録

A6.2

$$C = \frac{C_1}{L_1} + \frac{C_2}{L_2} + \cdots\cdots$$

この式において、C、C_1、C_2 ……及び L_1、L_2 ……は、それぞれ次の値を表すものとする。
C　換算値
C_1、C_2 ……　物の種類ごとの八時間時間加重平均値
L_1、L_2 ……　物の種類ごとの八時間濃度基準値

ホ　ニの規定は、短時間濃度基準値について準用する。この場合において、ニの規定中「八時間時間加重平均値」とあるのは「十五分間時間加重平均値」と、「八時間濃度基準値」とあるのは「短時間濃度基準値」と読み替えるものとする。

別表（第一号～第三号関係）

物の種類	八時間濃度基準値	短時間濃度基準値
アクリル酸エチル	2 ppm	—
アクリル酸メチル	2 ppm	—
アクロレイン	—	0.1 ppm※
アセチルサリチル酸（別名アスピリン）	5 mg/m³	—
アセトアルデヒド	—	10 ppm
アセトニトリル	10 ppm	—
アセトンシアノヒドリン	—	5 ppm
アニリン	2 ppm	—
1-アリルオキシ-2,3-エポキシプロパン	1 ppm	—
アルファ-メチルスチレン	10 ppm	—
イソプレン	3 ppm	—
イソホロン	—	5 ppm
一酸化二窒素	100 ppm	—
イプシロン-カプロラクタム	5 mg/m³	—
エチリデンノルボルネン	2 ppm	4 ppm
2-エチルヘキサン酸	5 mg/m³	—
エチレングリコール	10 ppm	50 ppm
エチレンクロロヒドリン	2 ppm	—
エピクロロヒドリン	0.5 ppm	—
塩化アリル	1 ppm	—
オルト-アニシジン	0.1 ppm	—
キシリジン	0.5 ppm	—
クメン	10 ppm	—
グルタルアルデヒド	—	0.03 ppm※

物の種類	八時間濃度基準値	短時間濃度基準値
クロロエタン（別名塩化エチル）	100 ppm	—
クロロピクリン	—	0.1 ppm※
酢酸ビニル	10 ppm	15 ppm
ジエタノールアミン	1 mg/m³	—
ジエチルケトン	—	300 ppm
シクロヘキシルアミン	—	5 ppm
ジクロロエチレン（1, 1-ジクロロエチレンに限る。）	5 ppm	—
2, 4-ジクロロフェノキシ酢酸	2 mg/m³	—
1, 3-ジクロロプロペン	1 ppm	—
2, 6-ジ-ターシャリ-ブチル-4-クレゾール	10 mg/m³	—
ジフェニルアミン	5 mg/m³	—
ジボラン	0.01 ppm	—
N, N-ジメチルアセトアミド	5 ppm	—
ジメチルアミン	2 ppm	—
臭素	—	0.2 ppm
しよう脳	2 ppm	—
タリウム	0.02 mg/m³	—
チオりん酸 O, O-ジエチル-O-(2-イソプロピル-6-メチル-4-ピリミジニル)（別名ダイアジノン）	0.01 mg/m³	—
テトラエチルチウラムジスルフィド（別名ジスルフィラム）	2 mg/m³	—
テトラメチルチウラムジスルフィド（別名チウラム）	0.2 mg/m³	—
トリクロロ酢酸	0.5 ppm	—
1-ナフチル-N-メチルカルバメート（別名カルバリル）	0.5 mg/m³	—
ニッケル	1 mg/m³	—
ニトロベンゼン	0.1 ppm	—
N-[1-(N-ノルマル-ブチルカルバモイル)-1H-2-ベンゾイミダゾリル]カルバミン酸メチル（別名ベノミル）	1 mg/m³	—
パラ-ジクロロベンゼン	10 ppm	—
パラ-ターシャリ-ブチルトルエン	1 ppm	—
ヒドラジン及びその一水和物	0.01 ppm	—
ヒドロキノン	1 mg/m³	—
ビフェニル	3 mg/m³	—
ピリジン	1 ppm	—
フェニルオキシラン	1 ppm	—
2-ブテナール	—	0.3 ppm※
フルフラール	0.2 ppm	—
フルフリルアルコール	0.2 ppm	—
1-ブロモプロパン	0.1 ppm	—

A6.2

物の種類	八時間濃度基準値	短時間濃度基準値
ほう酸及びそのナトリウム塩（四ほう酸ナトリウム十水和物（別名ホウ砂）に限る。）	ホウ素として 0.1 mg/m^3	ホウ素として 0.75 mg/m^3
メタクリロニトリル	1 ppm	—
メチル–ターシャリ–ブチルエーテル（別名 MTBE）	50 ppm	—
4, 4′–メチレンジアニリン	0.4 mg/m^3	—
りん化水素	0.05 ppm	0.15 ppm
りん酸トリトリル（りん酸トリ（オルト–トリル）に限る。）	0.03 mg/m^3	—
レソルシノール	10 ppm	—

備考

1　この表の中欄及び右欄の値は、温度25度、1気圧の空気中における濃度を示す。

2　※の付されている短時間濃度基準値は、第二号ロの規定の適用の対象となるとともに、第三号ハの規定の適用の対象となる天井値。

出典：「厚生労働省告示第百七十七号　労働安全衛生規則第五百七十七条の二第二項の規定に基づき厚生労働大臣が定める物及び厚生労働大臣が定める濃度の基準」（厚生労働省）
　　　（https://www.mhlw.go.jp/content/11300000/001091419.pdf）

A6.3　化学物質による健康障害防止のための濃度の基準の適用等に関する技術上の指針

化学物質による健康障害防止のための濃度の基準の適用等に関する技術上の指針

令和5年4月27日　技術上の指針公示第24号

　労働安全衛生法（昭和47年法律第57号）第28条第1項の規定に基づき、化学物質による健康障害防止のための濃度の基準の適用等に関する技術上の指針を次のとおり公表する。

1　総則
1−1　趣旨
(1)　国内で輸入、製造、使用されている化学物質は数万種類にのぼり、その中には、危険性や有害性が不明な物質が多く含まれる。さらに、化学物質による休業4日以上の労働災害(がん等の遅発性疾病を除く。)のうち、特別規則（有機溶剤中毒予防規則（昭和47年労働省令第36号）、鉛中毒予防規則（昭和47年労働省令第37号）、四アルキル鉛中毒予防規則（昭和47年労働省令第38号）及び特定化学物質障害予防規則（昭和47年労働省令第39号）をいう。以下同じ。）の規制の対象となっていない物質に起因するものが約8割を占めている。また、化学物質へのばく露に起因する職業がんも発生している。これらを踏まえ、特別規則の規制の対象となっていない物質への対策の強化を主眼とし、国によるばく露の上限となる基準等の制定、危険性や有害性に関する情報の伝達の仕組みの整備や拡充を前提として、事業者が危険性や有害性に関する情報を踏まえたリスクアセスメント（労働安全衛生法（昭和47年法律第57号。以下「法」という。）第57条の3第1項の規定による危険性又は有害性の調査（主として一般消費者の生活の用に供される製品に係るものを除く。）をいう。以下同じ。）を実施し、その結果に基づき、国の定める基準等の範囲内で、ばく露防止のために講ずべき措置を適切に実施するための制度を導入することとしたところである。
(2)　本指針は、化学物質等による危険性又は有害性等の調査等に関する指針（平成27年9月18日付け危険性又は有害性等の調査等に関する指針公示第3号。以下「化学物質リスクアセスメント指針」という。）と相まって、リスクアセスメント対象物（リスクアセスメントをしなければならない労働安全衛生法施行令（昭和47年政令第318号）第18条各号に掲げる物及び法第57条の2第1項に規定する通知対象物をいう。以下同じ。）を製造し、又は取り扱う事業者において、労働安全衛生規則（昭和47年労働省令第32号。以下「安衛則」という。）等の規定が円滑かつ適切に実施されるよう、安衛則第577条の2第2項の規定に基づき厚生労働大臣が定める濃度の基準（以下「濃度基準値」という。）及びその適用、労働者のばく露の程度が濃度基準値以下であることを確認するための方法、物質の濃度の測定における試料採取方法及び分析方法並びに有効な保護具の適切な選択及び使用等について、法令で規定された事項のほか、事業者が実施すべき事項を一体的に規定したものである。
　なお、リスクアセスメント対象物以外の化学物質を製造し、又は取り扱う事業者においては、本指針を活用し、労働者が当該化学物質にばく露される程度を最小限度とするように努

めなければならない。

1－2　実施内容

事業者は、次に掲げる事項を実施するものとする。

(1)　事業場で使用する全てのリスクアセスメント対象物について、危険性又は有害性を特定し、労働者が当該物にばく露される程度を把握した上で、リスクを見積もること。

(2)　濃度基準値が設定されている物質について、リスクの見積りの過程において、労働者が当該物質にばく露される程度が濃度基準値を超えるおそれがある屋内作業を把握した場合は、ばく露される程度が濃度基準値以下であることを確認するための測定（以下「確認測定」という。）を実施すること。

(3)　(1)及び(2)の結果に基づき、危険性又は有害性の低い物質への代替、工学的対策、管理的対策、有効な保護具の使用という優先順位に従い、労働者がリスクアセスメント対象物にばく露される程度を最小限度とすることを含め、必要なリスク低減措置（リスクアセスメントの結果に基づいて労働者の危険又は健康障害を防止するための措置をいう。以下同じ。）を実施すること。その際、濃度基準値が設定されている物質については、労働者が当該物質にばく露される程度を濃度基準値以下としなければならないこと。

2　リスクアセスメント及びその結果に基づく労働者のばく露の程度を濃度基準値以下とする措置等を含めたリスク低減措置

2－1　基本的考え方

(1)　事業者は、事業場で使用する全てのリスクアセスメント対象物について、危険性又は有害性を特定し、労働者が当該物にばく露される程度を数理モデルの活用を含めた適切な方法により把握した上で、リスクを見積もり、その結果に基づき、危険性又は有害性の低い物質への代替、工学的対策、管理的対策、有効な保護具の使用等により、当該物にばく露される程度を最小限度とすることを含め、必要なリスク低減措置を実施すること。

(2)　事業者は、濃度基準値が設定されている物質について、リスクの見積もりの過程において、労働者が当該物質にばく露される程度が濃度基準値を超えるおそれのある屋内作業を把握した場合は、確認測定を実施し、その結果に基づき、当該作業に従事する全ての労働者が当該物質にばく露される程度を濃度基準値以下とすることを含め、必要なリスク低減措置を実施すること。この場合において、ばく露される当該物質の濃度の平均値の上側信頼限界（95％）（濃度の確率的な分布のうち、高濃度側から5％に相当する濃度の推計値をいう。以下同じ。）が濃度基準値以下であることを維持することまで求める趣旨ではないこと。

(3)　事業者は、濃度基準値が設定されていない物質について、リスクの見積りの結果、一定以上のリスクがある場合等、労働者のばく露状況を正確に評価する必要がある場合には、当該物質の濃度の測定を実施すること。この測定は、作業場全体のばく露状況を評価し、必要なリスク低減措置を検討するために行うものであることから、工学的対策を実施しうる場合にあっては、個人サンプリング法等の労働者の呼吸域における物質の濃度の測定のみならず、よくデザインされた場の測定も必要になる場合があること。また、事業者は、統計的な根拠を持って事業場における化学物質へのばく露が適切に管理されていることを示すため、測定値のばらつきに対して、統計上の上側信頼限界（95％）を踏まえた評価を行うことが望ましいこと。

(4)　事業者は、建設作業等、毎回異なる環境で作業を行う場合については、典型的な作業を洗い出し、あらかじめ当該作業において労働者がばく露される物質の濃度を測定し、その測定結果に基づく局所排気装置の設置及び使用、要求防護係数に対して十分な余裕を持った指定防護係数を有する有効な呼吸用保護具の使用（防毒マスクの場合は適切な吸収缶の使用）等を行うことを定めたマニュアル等を作成することで、作業ごとに労働者がばく露される物質の濃度を測定することなく当該作業におけるリスクアセスメントを実施することができること。また、当該マニュアル等に定められた措置を適切に実施することで、当該作業において、労働者のばく露の程度を最小限度とすることを含めたリスク低減措置を実施することができること。

(5)　事業者は、(1)から(4)までに定めるリスクアセスメント及びその結果に基づくリスク低減措置については、化学物質管理者（安衛則第12条の5第1項に規定する化学物質管理者をいう。以下同じ。）の管理下において実施する必要があること。

(6)　事業者は、リスクアセスメントと濃度基準値については、次に掲げる事項に留意すること。

　ア　リスクアセスメントの実施時期は、安衛則第34条の2の7第1項の規定により、①リスクアセスメント対象物を原材料等として新規に採用し、又は変更するとき、②リスクアセスメント対象物を製造し、又は取り扱う業務に係る作業の方法又は手順を新規に採用し、又は変更するとき、③リスクアセスメント対象物の危険性又は有害性等について変化が生じ、又は生ずるおそれがあるときとされていること。なお、「有害性等について変化が生じ」には、濃度基準値が新たに定められた場合や、すでに使用している物質が新たにリスクアセスメント対象物となった場合が含まれること。さらに、化学物質リスクアセスメント指針においては、前回のリスクアセスメントから一定の期間が経過し、設備等の経年劣化、労働者の入れ替わり等に伴う知識経験等の変化、新たな安全衛生に係る知見の集積等があった場合には、再度、リスクアセスメントを実施するよう努めることとしていること。

　イ　労働者のばく露の程度が濃度基準値以下であることを確認する方法は、事業者において決定されるものであり、確認測定の方法以外の方法でも差し支えないが、事業者は、労働基準監督機関等に対して、労働者のばく露の程度が濃度基準値以下であることを明らかにできる必要があること。また、確認測定を行う場合は、確認測定の精度を担保するため、作業環境測定士が関与することが望ましいこと。

　ウ　労働者のばく露の程度は、呼吸用保護具を使用していない場合は、労働者の呼吸域において測定される濃度で、呼吸用保護具を使用している場合は、呼吸用保護具の内側の濃度で表されること。したがって、労働者の呼吸域における物質の濃度が濃度基準値を上回っていたとしても、有効な呼吸用保護具の使用により、労働者がばく露される物質の濃度を濃度基準値以下とすることが許容されることに留意すること。ただし、実際に呼吸用保護具の内側の濃度の測定を行うことは困難であるため、労働者の呼吸域における物質の濃度を呼吸用保護具の指定防護係数で除して、呼吸用保護具の内側の濃度を算定することができること。

　エ　よくデザインされた場の測定とは、主として工学的対策の実施のために、化学物質の発散源の特定、局所排気装置等の有効性の確認等のために、固定点で行う測定をいうこと。従来の作業環境測定のA・B測定の手法も含まれる。場の測定については、作業環

境測定士の関与が望ましいこと。

2－2　リスクアセスメントにおける測定

　2－2－1　基本的考え方

　　事業者は、リスクアセスメントの結果に基づくリスク低減措置として、労働者のばく露の程度を濃度基準値以下とすることのみならず、危険性又は有害性の低い物質への代替、工学的対策、管理的対策、有効な保護具の使用等を駆使し、労働者のばく露の程度を最小限度とすることを含めた措置を実施する必要があること。事業者は、工学的対策の設定及び評価を実施する場合には、個人ばく露測定のみならず、よくデザインされた場の測定を行うこと。

　2－2－2　試料の採取場所及び評価

　(1)　事業場における全ての労働者のばく露の程度を最小限度とすることを含めたリスク低減措置の実施のために、ばく露状況の評価は、事業場のばく露状況を包括的に評価できるものであることが望ましいこと。このため、事業者は、労働者がばく露される濃度が最も高いと想定される均等ばく露作業（労働者がばく露する物質の量がほぼ均一であると見込まれる作業であって、屋内作業場におけるものに限る。以下同じ。）のみならず、幅広い作業を対象として、当該作業に従事する労働者の呼吸域における物質の濃度の測定を行い、その測定結果を統計的に分析し、統計上の上側信頼限界（95％）を活用した評価や物質の濃度が最も高い時間帯に行う測定の結果を活用した評価を行うことが望ましいこと。

　(2)　対象者の選定、実施時期、試料採取方法及び分析方法については、3及び4に定める確認測定に関する事項に準じて行うことが望ましいこと。

3　確認測定の対象者の選定及び実施時期

3－1　確認測定の対象者の選定

(1)　事業者は、リスクアセスメントによる作業内容の調査、場の測定の結果及び数理モデルによる解析の結果等を踏まえ、均等ばく露作業に従事する労働者のばく露の程度を評価すること。その結果、労働者のばく露の程度が8時間のばく露に対する濃度基準値（以下「八時間濃度基準値」という。）の2分の1程度を超えると評価された場合は、確認測定を実施すること。

(2)　全ての労働者のばく露の程度が濃度基準値以下であることを確認するという趣旨から、事業者は、労働者のばく露の程度が最も高いと想定される均等ばく露作業における最も高いばく露を受ける労働者（以下「最大ばく露労働者」という。）に対して確認測定を行うこと。その測定結果に基づき、事業場の全ての労働者に対して一律のリスク低減措置を行うのであれば、最大ばく露労働者が従事する作業よりもばく露の程度が低いことが想定される作業に従事する労働者について確認測定を行う必要はないこと。しかし、事業者が、ばく露の程度に応じてリスク低減措置の内容や呼吸用保護具の要求防護係数を作業ごとに最適化するために、当該作業ごとに最大ばく露労働者を選定し、確認測定を実施することが望ましいこと。

(3)　均等ばく露作業ごとに確認測定を行う場合は、均等ばく露作業に従事する労働者の作業内容を把握した上で、当該作業における最大ばく露労働者を選定し、当該労働者の呼吸域における物質の濃度を測定することが妥当であること。

(4)　均等ばく露作業の特定に当たっては、同一の均等ばく露作業において複数の労働者の呼

吸域における物質の濃度の測定を行った場合であって、各労働者の濃度の測定値が測定を行った全労働者の濃度の測定値の平均値の2分の1から2倍の間に収まらない場合は、均等ばく露作業を細分化し、次回以降の確認測定を実施することが望ましいこと。

(5) 労働者のばく露の程度を最小限度とし、労働者のばく露の程度を濃度基準値以下とするために講ずる措置については、安衛則第577条の2第10項の規定により、事業者は、関係労働者の意見を聴取するとともに、安衛則第22条第11号の規定により、衛生委員会において、それらの措置について審議することが義務付けられていることに留意し、確認測定の結果の共有も含めて、関係労働者との意思疎通を十分に行うとともに、安全衛生委員会又は衛生委員会で十分な審議を行う必要があること。

(6) 確認測定の対象者の選定等については、以下の事項に留意すること。

　　ア 確認測定の実施の基準として、八時間濃度基準値の2分の1程度を採用する趣旨は、数理モデルや場の測定による労働者の呼吸域における物質の濃度の推定は、濃度が高くなると、ばらつきが大きくなり、推定の信頼性が低くなることを踏まえたものであること。このため、労働者がばく露される物質の濃度を低くするため、必要なリスク低減措置を実施することが重要となること。

　　イ ばく露の程度が八時間濃度基準値の2分の1程度を超えている労働者に対する確認測定は、測定中に、当該労働者が濃度基準値以上の濃度にばく露されることのないよう、有効な呼吸用保護具を着用させて測定を行うこと。

　　ウ 均等ばく露作業ごとに確認測定を行う場合において、測定結果のばらつきや測定の失敗等を考慮し、八時間濃度基準値との比較を行うための確認測定については、均等ばく露作業ごとに最低限2人の測定対象者を選定することが望ましいこと。15分間のばく露に対する濃度基準値（以下「短時間濃度基準値」という。）との比較を行うための確認測定については、最大ばく露労働者のみを対象とすることで差し支えないこと。

　　エ 均等ばく露作業において、最大ばく露労働者を特定できない場合は、均等ばく露作業に従事する者の5分の1程度の労働者を抽出して確認測定を実施する方法があること。

3-2 確認測定の実施時期

(1) 事業者は、確認測定の結果、労働者の呼吸域における物質の濃度が、濃度基準値を超えている作業場については、少なくとも6月に1回、確認測定を実施すること。

(2) 事業者は、確認測定の結果、労働者の呼吸域における物質の濃度が、濃度基準値の2分の1程度を上回り、濃度基準値を超えない作業場については、一定の頻度で確認測定を実施することが望ましいこと。その頻度については、安衛則第34条の2の7及び化学物質リスクアセスメント指針に規定されるリスクアセスメントの実施時期を踏まえつつ、リスクアセスメントの結果、定点の連続モニタリングの結果、工学的対策の信頼性、製造し又は取り扱う化学物質の毒性の程度等を勘案し、労働者の呼吸域における物質の濃度に応じた頻度となるように事業者が判断すべきであること。

(3) 確認測定の実施時期等については、以下の事項に留意すること。

　　ア 確認測定は、最初の測定は呼吸用保護具の要求防護係数を算出するため個人ばく露測定が必要であるが、定期的に行う測定はばく露状況に大きな変動がないことを確認する趣旨であるため、定点の連続モニタリングや場の測定といった方法も認められること。

　　イ 労働者の呼吸域における物質の濃度が濃度基準値以下の場合の確認測定の頻度につい

ては、局所排気装置等を整備する等により作業環境を安定的に管理し、定点の連続モニ
タリング等によって環境中の濃度に大きな変動がないことを確認している場合は、作業
の方法や局所排気装置等の変更がない限り、確認測定を定期的に実施することは要しな
いこと。

4　確認測定における試料採取方法及び分析方法

4－1　標準的な試料採取方法及び分析方法

　確認測定における、事業者による標準的な試料採取方法及び分析方法は、別表1に定めると
ころによること。なお、これらの方法と同等以上の精度を有する方法がある場合は、それらの
方法によることとして差し支えないこと。

4－2　試料空気の採取方法

　4－2－1　確認測定における試料採取機器の装着方法

　　　事業者は、確認測定における試料空気の採取については、作業に従事する労働者の身体
に装着する試料採取機器を用いる方法により行うこと。この場合において、当該試料採取
機器の採取口は、当該労働者の呼吸域における物質の濃度を測定するために最も適切な部
位に装着しなければならないこと。

　4－2－2　蒸気及びエアロゾル粒子が同時に存在する場合の試料採取機器

　　　事業者は、室温において、蒸気とエアロゾル粒子が同時に存在する物質については、濃
度の測定に当たっては、濃度の過小評価を避けるため、原則として、飽和蒸気圧の濃度基
準値に対する比（飽和蒸気圧／濃度基準値）が0.1以上10以下の物質については、蒸気
とエアロゾル粒子の両方の試料を採取すること。

　　　ただし、事業者は、作業実態において、蒸気やエアロゾル粒子によるばく露が想定され
る物質については、当該比が0.1以上10以下でない場合であっても、蒸気とエアロゾル
粒子の両方の試料を採取することが望ましいこと。

　　　別表1において、当該物質については、蒸気とエアロゾル粒子の両方を捕集すべきであ
ることを明記するとともに、標準的な試料採取方法として、蒸気を捕集する方法とエアロ
ゾル粒子を捕集する方法を併記し、蒸気とエアロゾル粒子の両方を捕集する方法（相補捕
集法）が定められていること。

　　　事業場の作業環境に応じ、当該物質の測定及び管理のために必要がある場合は、次に掲
げる算式により、濃度基準値の単位を変換できること。

　　　　C（mg/m³）＝分子量（g）／モル体積（L）× C（mL/m³=ppm）

　　　ただし、室温は25℃、気圧は1気圧とすること。

4－3　試料空気の採取時間

　4－3－1　八時間濃度基準値と比較するための試料空気の採取時間

　(1)　空気試料の採取時間については、八時間濃度基準値と比較するという趣旨を踏まえ、
連続する8時間の測定を行い採取した1つの試料か、複数の測定を連続して行って採取し
た合計8時間分の試料とすることが望ましいこと。8時間未満の連続した試料や短時間ラ
ンダムサンプリングは望ましくないこと。

　(2)　ただし、一労働日を通じて労働者がばく露する物質の濃度が比較的均一であり、自動
化かつ密閉化された作業という限定的な場面においては、事業者は、試料採取時間の短縮

を行うことは可能であること。この場合において、測定されない時間の存在は、測定の信頼性に対する深刻な弱点となるため、事業者は、測定されていない時間帯のばく露状況が測定されている時間帯のばく露状況と均一であることを、過去の測定結果や作業工程の観察等によって明らかにするとともに、試料採取時間は、労働者のばく露の程度が高い時間帯を含めて、少なくとも2時間（8時間の25％）以上とし、測定されていない時間帯のばく露における濃度は、測定されている時間のばく露における濃度と同一であるとみなすこと。

(3)　八時間濃度基準値と比較するための試料空気の採取時間については、以下の事項に留意すること。

　ア　八時間濃度基準値と比較をするための労働者の呼吸域における物質の濃度の測定に当たっては、適切な能力を持った自社の労働者が試料採取を行い、その試料の分析を分析機関に委託する方法があること。

　イ　この場合、作業内容や労働者をよく知る者が試料採取を行うことができるため、試料採取の適切な実施が担保できるとともに、試料採取の外部委託の費用を低減することが可能となること。

　4－3－2　短時間濃度基準値と比較するための試料空気の採取時間

(1)　事業者は、労働者のばく露の程度が短時間濃度基準値以下であることを確認するための測定においては、最大ばく露労働者（1人）について、1日の労働時間のうち最もばく露の程度が高いと推定される15分間に当該測定を実施する必要があること。

(2)　事業者は、測定結果のばらつきや測定の失敗等を考慮し、当該労働時間中に少なくとも3回程度測定を実施し、最も高い測定値で比較を行うことが望ましいこと。ただし、1日の労働時間中の化学物質にばく露される作業時間が15分程度以下である場合は、1回で差し支えないこと。

　4－3－3　短時間作業の場合の八時間濃度基準値と比較するための試料空気の採取時間

　　　事業者は、短時間作業が断続的に行われる場合や、一労働日における化学物質にばく露する作業を行う時間の合計が8時間未満の場合における八時間濃度基準値と比較するための試料空気の採取時間は、労働者がばく露する作業を行う時間のみとすることができる。

5　濃度基準値及びその適用

5－1　八時間濃度基準値及び短時間濃度基準値の適用

(1)　事業者は、別表2の左欄に掲げる物（※2と付されているものを除く。以下同じ。）を製造し、又は取り扱う業務（主として一般消費者の生活の用に供される製品に係るものを除く。）を行う屋内作業場においては、当該業務に従事する労働者がこれらの物にばく露される程度を濃度基準値以下としなければならないこと。

(2)　濃度基準値は、別表2の左欄に掲げる物の種類に応じ、同表の中欄及び右欄に掲げる値とすること。この場合において、次のア及びイに掲げる値は、それぞれア及びイに定める濃度の基準を超えてはならないこと。

　ア　1日の労働時間のうち8時間のばく露における別表2の左欄に掲げる物の濃度を各測定の測定時間により加重平均して得られる値（以下「八時間時間加重平均値」という。）八時間濃度基準値

　　イ　１日の労働時間のうち別表２の左欄に掲げる物の濃度が最も高くなると思われる15
　　　　分間のばく露における当該物の濃度を各測定の測定時間により加重平均して得られる値
　　　　（以下「十五分間時間加重平均値」という。）　短時間濃度基準値

5－2　濃度基準値の適用に当たって実施に努めなければならない事項

　事業者は、5－1の濃度基準値について、次に掲げる事項を行うよう努めなければならない
こと。

(1)　別表２の左欄に掲げる物のうち、八時間濃度基準値及び短時間濃度基準値が定められて
　　いるものについて、当該物のばく露における十五分間時間加重平均値が八時間濃度基準値を
　　超え、かつ、短時間濃度基準値以下の場合にあっては、当該ばく露の回数が１日の労働時間
　　中に４回を超えず、かつ、当該ばく露の間隔を１時間以上とすること。

(2)　別表２の左欄に掲げる物のうち、八時間濃度基準値が定められており、かつ、短時間濃
　　度基準値が定められていないものについて、当該物のばく露における十五分間時間加重平均
　　値が八時間濃度基準値を超える場合にあっては、当該ばく露の十五分間時間加重平均値が八
　　時間濃度基準値の３倍を超えないようにすること。

(3)　別表２の左欄に掲げる物のうち、短時間濃度基準値が天井値として定められているもの
　　は、当該物のばく露における濃度が、いかなる短時間のばく露におけるものであるかを問わ
　　ず、短時間濃度基準値を超えないようにすること。

(4)　別表２の左欄に掲げる物のうち、有害性の種類及び当該有害性が影響を及ぼす臓器が同
　　一であるものを２種類以上含有する混合物の八時間濃度基準値については、次の式により計
　　算して得た値が１を超えないようにすること。

$$C = C_1/L_1 + C_2/L_2 + \cdots\cdots$$

　　　　　この式において、C、C_1、C_2…及びL_1、L_2…は、それぞれ次の値を表すものとする。
　　　　　C　　換算値
　　　　　C_1、C_2 ……　物の種類ごとの八時間時間加重平均値
　　　　　L_1、L_2 ……　物の種類ごとの八時間濃度基準値

(5)　(4)の規定は、短時間濃度基準値について準用すること。

6　濃度基準値の趣旨等及び適用に当たっての留意事項

　事業者は、濃度基準値の適用に当たり、次に掲げる事項に留意すること。

6－1　濃度基準値の設定

　6－1－1　基本的考え方

(1)　各物質の濃度基準値は、原則として、収集された信頼のおける文献で示された無毒性
　　量等に対し、不確実係数等を考慮の上、決定されたものである。各物質の濃度基準値は、
　　設定された時点での知見に基づき設定されたものであり、濃度基準値に影響を与える新た
　　な知見が得られた場合等においては、再度検討を行う必要があるものであること。

(2)　特別規則の適用のある物質については、特別規則による規制との二重規制を避けるた
　　め、濃度基準値を設定していないこと。

　6－1－2　発がん性物質への濃度基準値の設定

(1)　濃度基準値の設定においては、ヒトに対する発がん性が明確な物質（別表１の左欄に
　　※5及び別表２の左欄に※2と付されているもの。）については、発がんが確率的影響で

あることから、長期的な健康影響が発生しない安全な閾値である濃度基準値を設定することは困難であること。このため、当該物質には、濃度基準値の設定がなされていないこと。

(2)　これらの物質について、事業者は、有害性の低い物質への代替、工学的対策、管理的対策、有効な保護具の使用等により、労働者がこれらの物質にばく露される程度を最小限度としなければならないこと。

A6.3

6－2　濃度基準値の趣旨

6－2－1　八時間濃度基準値の趣旨

(1)　八時間濃度基準値は、長期間ばく露することにより健康障害が生ずることが知られている物質について、当該障害を防止するため、八時間時間加重平均値が超えてはならない濃度基準値として設定されたものであり、この濃度以下のばく露においては、おおむね全ての労働者に健康障害を生じないと考えられているものであること。

(2)　短時間作業が断続的に行われる場合や、一労働日における化学物質にばく露する作業を行う時間の合計が8時間未満の場合は、ばく露する作業を行う時間以外の時間（8時間からばく露作業時間を引いた時間。以下「非ばく露作業時間」という。）について、ばく露における物質の濃度をゼロとみなして、ばく露作業時間及び非ばく露作業時間における物質の濃度をそれぞれの測定時間で加重平均して八時間時間加重平均値を算出するか、非ばく露作業時間を含めて8時間の測定を行い、当該濃度を8時間で加重平均して八時間時間加重平均値を算出すること（参考1の計算例参照）。

(3)　この場合において、八時間時間加重平均値と八時間濃度基準値を単純に比較するだけでは、短時間作業の作業中に八時間濃度基準値をはるかに上回る高い濃度のばく露が許容されるおそれがあるため、事業者は、十五分間時間加重平均値を測定し、短時間濃度基準値の定めがある物は5－1(2)イに定める基準を満たさなければならないとともに、5－2(1)から(5)までに定める事項を行うように努めること。

6－2－2　短時間濃度基準値の趣旨

(1)　短時間濃度基準値は、短時間でのばく露により急性健康障害が生ずることが知られている物質について、当該障害を防止するため、作業中のいかなるばく露においても、十五分間時間加重平均値が超えてはならない濃度基準値として設定されたものであること。さらに、十五分間時間加重平均値が八時間濃度基準値を超え、かつ、短時間濃度基準値以下の場合にあっては、複数の高い濃度のばく露による急性健康障害を防止する観点から、5－2(1)において、十五分間時間加重平均値が八時間濃度基準値を超える最大の回数を4回とし、最短の間隔を1時間とすることを努力義務としたこと。

(2)　八時間濃度基準値が設定されているが、短時間濃度基準値が設定されていない物質についても、八時間濃度基準値が均等なばく露を想定して設定されていることを踏まえ、毒性学の見地から、短期間に高濃度のばく露を受けることは避けるべきであること。このため、5－2(2)において、たとえば、8時間中ばく露作業時間が1時間、非ばく露作業時間が7時間の場合に、1時間のばく露作業時間において八時間濃度基準値の8倍の濃度のばく露を許容するようなことがないよう、作業中のいかなるばく露においても、十五分間時間加重平均値が、八時間濃度基準値の3倍を超えないことを努力義務としたこと。

6－2－3　天井値の趣旨

(1)　天井値については、眼への刺激性等、非常に短い時間で急性影響が生ずることが疫学

調査等により明らかな物質について規定されており、いかなる短時間のばく露においても
超えてはならない基準値であること。事業者は、濃度の連続測定によってばく露が天井値
を超えないように管理することが望ましいが、現時点における連続測定手法の技術的限界
を踏まえ、その実施については努力義務とされていること。

(2)　事業者は、連続測定が実施できない場合は、当該物質の十五分間時間加重平均値が短
時間濃度基準値を超えないようにしなければならないこと。また、事業者は、天井値の趣
旨を踏まえ、当該物質への労働者のばく露が天井値を超えないよう、十五分間時間加重平
均値が余裕を持って天井値を下回るように管理する等の措置を講ずることが望ましいこ
と。

6−3　濃度基準値の適用に当たっての留意事項

6−3−1　混合物への濃度基準値の適用

(1)　混合物に含まれる複数の化学物質が、同一の毒性作用機序によって同一の標的臓器に
作用する場合、それらの物質の相互作用によって、相加効果や相乗効果によって毒性が増
大するおそれがあること。しかし、複数の化学物質による相互作用は、個別の化学物質の
組み合わせに依存し、かつ、相互作用も様々であること。

(2)　これを踏まえ、混合物への濃度基準値の適用においては、混合物に含まれる複数の化
学物質が、同一の毒性作用機序によって同一の標的臓器に作用することが明らかな場合に
は、それら物質による相互作用を考慮すべきであるため、5−2(4)に定める相加式を活
用してばく露管理を行うことが努力義務とされていること。

6−3−2　一労働日の労働時間が8時間を超える場合の適用

(1)　一労働日における化学物質にばく露する作業を行う時間の合計が8時間を超える作業
がある場合には、作業時間が8時間を超えないように管理することが原則であること。

(2)　やむを得ず化学物質にばく露する作業が8時間を超える場合、八時間時間加重平均値
は、当該作業のうち、最も濃度が高いと思われる時間を含めた8時間のばく露における濃
度の測定により求めること。この場合において、事業者は、当該八時間時間加重平均値が
八時間濃度基準値を下回るのみならず、化学物質にばく露する全ての作業時間におけるば
く露量が、八時間濃度基準値で8時間ばく露したばく露量を超えないように管理する等、
適切な管理を行うこと。また、八時間濃度基準値を当該時間用に換算した基準値（八時間
濃度基準値×8時間／実作業時間）により、労働者のばく露を管理する方法や、毒性学に
基づく代謝メカニズムを用いた数理モデルを用いたばく露管理の方法も提唱されているこ
とから、ばく露作業の時間が8時間を超える場合の措置については、化学物質管理専門家
等の専門家の意見を踏まえ、必要な管理を実施すること。

7　リスク低減措置

7−1　基本的考え方

　事業者は、化学物質リスクアセスメント指針に規定されているように、危険性又は有害性の
低い物質への代替、工学的対策、管理的対策、有効な保護具の使用という優先順位に従い、対
策を検討し、労働者のばく露の程度を濃度基準値以下とすることを含めたリスク低減措置を実
施すること。その際、保護具については、適切に選択され、使用されなければ効果を発揮しな
いことを踏まえ、本質安全化、工学的対策等の信頼性と比較し、最も低い優先順位が設定され

ていることに留意すること。

7−2　保護具の適切な使用

(1)　事業者は、確認測定により、労働者の呼吸域における物質の濃度が、保護具の使用を除くリスク低減措置を講じてもなお、当該物質の濃度基準値を超えること等、リスクが高いことを把握した場合、有効な呼吸用保護具を選択し、労働者に適切に使用させること。その際、事業者は、保護具のうち、呼吸用保護具を使用する場合においては、その選択及び装着が適切に実施されなければ、所期の性能が発揮されないことに留意し、7−3及び7−4に定める呼吸用保護具の選択及び適切な使用の確認を行うこと。

(2)　事業者は、皮膚若しくは眼に障害を与えるおそれ又は皮膚から吸収され、若しくは皮膚から侵入して、健康障害を生ずるおそれがあることが明らかな化学物質及びそれを含有する製剤を製造し、又は取り扱う業務に労働者を従事させるときは、不浸透性の保護衣、保護手袋、履物又は保護眼鏡等の適切な保護具を使用させなければならないこと。

(3)　事業者は、保護具に関する措置については、保護具に関して必要な教育を受けた保護具着用管理責任者（安衛則第12条の6第1項に規定する保護具着用管理責任者をいう。）の管理下で行わせなければならないこと。

7−3　呼吸用保護具の適切な選択

　事業者は、濃度基準値が設定されている物質について、次に掲げるところにより、適切な呼吸用保護具を選択し、労働者に使用させること。

(1)　労働者に使用させる呼吸用保護具については、要求防護係数を上回る指定防護係数を有するものでなければならないこと。

(2)　(1)の要求防護係数は、次の式により計算すること。

$$PF_r = C/C_0$$

　この式において、PF_r、C 及び C_0 は、それぞれ次の値を表すものとする。
　PF_r　　要求防護係数
　C　　　化学物質の濃度の測定の結果得られた値
　C_0　　化学物質の濃度基準値

(3)　(2)の化学物質の濃度の測定の結果得られた値は、測定値のうち最大の値とすること。

(4)　要求防護係数の決定及び適切な保護具の選択は、化学物質管理者の管理のもと、保護具着用管理責任者が確認測定を行った者と連携しつつ行うこと。

(5)　複数の化学物質を同時に又は順番に製造し、又は取り扱う作業場における呼吸用保護具の要求防護係数については、それぞれの化学物質ごとに算出された要求防護係数のうち、最大のものを当該呼吸用保護具の要求防護係数として取り扱うこと。

(6)　(1)の指定防護係数は、別表第3−1から第3−4までの左欄に掲げる呼吸用保護具の種類に応じ、それぞれ同表の右欄に掲げる値とすること。ただし、指定防護係数は、別表第3−5の左欄に掲げる呼吸用保護具を使用した作業における当該呼吸用保護具の外側及び内側の化学物質の濃度の測定又はそれと同等の測定の結果により得られた当該呼吸用保護具に係る防護係数が同表の右欄に掲げる指定防護係数を上回ることを当該呼吸用保護具の製造者が明らかにする書面が当該呼吸用保護具に添付されている場合は、同表の左欄に掲げる呼吸用保護具の種類に応じ、それぞれ同表の右欄に掲げる値とすることができること。

(7)　防じん又は防毒の機能を有する呼吸用保護具の選択に当たっては、主に蒸気又はガスと

してばく露する化学物質（濃度基準値の単位がppmであるもの）については、有効な防毒機能を有する呼吸用保護具を選択し、主に粒子としてばく露する化学物質（濃度基準値の単位がmg/m³であるもの）については、粉じんの種類（固体粒子又はミスト）に応じ、有効な防じん機能を有する呼吸用保護具を労働者に使用させること。ただし、4－2－2で定める蒸気及び粒子の両方によるばく露が想定される物質については、防じん及び防毒の両方の機能を有する呼吸用保護具を労働者に使用させること。

(8)　防毒の機能を有する呼吸用保護具は化学物質の種類に応じて、十分な除毒能力を有する吸収缶を備えた防毒マスク、防毒機能を有する電動ファン付き呼吸用保護具又は別表第3－4に規定する呼吸用保護具を労働者に使用させなければならないこと。

7－4　呼吸用保護具の装着の確認

事業者は、次に掲げるところにより、呼吸用保護具の適切な装着を1年に1回、定期に確認すること。

(1)　呼吸用保護具（面体を有するものに限る。）を使用する労働者について、日本産業規格T 8150（呼吸用保護具の選択、使用及び保守管理方法）に定める方法又はこれと同等の方法により当該労働者の顔面と当該呼吸用保護具の面体との密着の程度を示す係数（以下「フィットファクタ」という。）を求め、当該フィットファクタが要求フィットファクタを上回っていることを確認する方法とすること。

(2)　フィットファクタは、次の式により計算するものとする。

$$FF = C_{out}/C_{in}$$

この式においてFF、C_{out}及びC_{in}は、それぞれ次の値を表すものとする。
FF　　フィットファクタ
C_{out}　呼吸用保護具の外側の測定対象物の濃度
C_{in}　呼吸用保護具の内側の測定対象物の濃度

(3)　(1)の要求フィットファクタは、呼吸用保護具の種類に応じ、次に掲げる値とする。
全面形面体を有する呼吸用保護具　　500
半面形面体を有する呼吸用保護具　　100

別表1　物質別の試料採取方法及び分析方法

物質名	試料採取方法	分析方法
アクリル酸エチル	固体捕集方法	ガスクロマトグラフ分析方法
アクリル酸メチル	固体捕集方法	ガスクロマトグラフ分析方法
アクロレイン	固体捕集方法[※1]	高速液体クロマトグラフ分析方法
アセチルサリチル酸（別名アスピリン）	ろ過捕集方法	高速液体クロマトグラフ分析方法
アセトアルデヒド	固体捕集方法[※1]	高速液体クロマトグラフ分析方法
アセトニトリル	固体捕集方法	ガスクロマトグラフ分析方法
アセトンシアノヒドリン	固体捕集方法	ガスクロマトグラフ分析方法
アニリン	ろ過捕集方法[※2]	ガスクロマトグラフ分析方法
1-アリルオキシ-2,3-エポキシプロパン	固体捕集方法	ガスクロマトグラフ分析方法
アルファーメチルスチレン	固体捕集方法	ガスクロマトグラフ分析方法

A6.3

物質名	試料採取方法	分析方法
イソプレン	固体捕集方法	ガスクロマトグラフ分析方法
イソホロン	固体捕集方法	ガスクロマトグラフ分析方法
一酸化二窒素	直接捕集方法	ガスクロマトグラフ分析方法[3]
イプシロン-カプロラクタム[4]	ろ過捕集方法及び固体捕集方法	ガスクロマトグラフ分析方法
エチリデンノルボルネン	固体捕集方法	ガスクロマトグラフ分析方法
2-エチルヘキサン酸	固体捕集方法	高速液体クロマトグラフ分析方法
エチレングリコール	固体捕集方法	ガスクロマトグラフ分析方法
エチレンクロロヒドリン	固体捕集方法	ガスクロマトグラフ分析方法
エピクロロヒドリン	固体捕集方法	ガスクロマトグラフ分析方法
2,3-エポキシ-1-プロパノール[5]	固体捕集方法	ガスクロマトグラフ分析方法
塩化アリル	固体捕集方法	ガスクロマトグラフ分析方法
オルト-アニシジン	固体捕集方法	高速液体クロマトグラフ分析方法
キシリジン	ろ過捕集方法[2]	ガスクロマトグラフ分析方法
クメン	固体捕集方法	ガスクロマトグラフ分析方法
グルタルアルデヒド	固体捕集方法[1]	高速液体クロマトグラフ分析方法
クロロエタン（別名塩化エチル）	固体捕集方法	ガスクロマトグラフ分析方法
クロロピクリン	固体捕集方法	ガスクロマトグラフ分析方法
酢酸ビニル	固体捕集方法	ガスクロマトグラフ分析方法
ジエタノールアミン	ろ過捕集方法[2]	高速液体クロマトグラフ分析方法
ジエチルケトン	固体捕集方法	ガスクロマトグラフ分析方法
シクロヘキシルアミン	ろ過捕集方法[2]	イオンクロマトグラフ分析方法
ジクロロエチレン（1,1-ジクロロエチレンに限る。）	固体捕集方法	ガスクロマトグラフ分析方法
2,4-ジクロロフェノキシ酢酸	ろ過捕集方法及び固体捕集方法	高速液体クロマトグラフ分析方法
1,3-ジクロロプロペン	固体捕集方法	ガスクロマトグラフ分析方法
2,6-ジ-ターシャリ-ブチル-4-クレゾール	ろ過捕集方法及び固体捕集方法	ガスクロマトグラフ分析方法
ジフェニルアミン[4]	ろ過捕集方法及び固体捕集方法	ガスクロマトグラフ分析方法
ジボラン	溶液捕集方法	誘導結合プラズマ発光分光分析方法
N,N-ジメチルアセトアミド	固体捕集方法	ガスクロマトグラフ分析方法
ジメチルアミン	固体捕集方法[1]	高速液体クロマトグラフ分析方法
臭素	ろ過捕集方法[2]	イオンクロマトグラフ分析方法
しよう脳	固体捕集方法	ガスクロマトグラフ分析方法
タリウム	ろ過捕集方法	誘導結合プラズマ質量分析方法

A6.3

物質名	試料採取方法	分析方法
チオりん酸 O, O-ジエチル-O-(2-イソプロピル-6-メチル-4-ピリミジニル)（別名ダイアジノン）	ろ過捕集方法及び固体捕集方法	液体クロマトグラフ質量分析方法
テトラエチルチウラムジスルフィド（別名ジスルフィラム）	ろ過捕集方法及び固体捕集方法	高速液体クロマトグラフ分析方法
テトラメチルチウラムジスルフィド（別名チウラム）	ろ過捕集方法	高速液体クロマトグラフ分析方法
トリクロロ酢酸	固体捕集方法	高速液体クロマトグラフ分析方法
1, 2, 3-トリクロロプロパン[5]	固体捕集方法	ガスクロマトグラフ分析方法
1-ナフチル-N-メチルカルバメート（別名カルバリル）[4]	ろ過捕集方法及び固体捕集方法	高速液体クロマトグラフ分析方法
ニッケル	ろ過捕集方法	誘導結合プラズマ発光分光分析方法
ニトロベンゼン	固体捕集方法	ガスクロマトグラフ分析方法
ノルマル-ブチル=2, 3-エポキシプロピルエーテル[5]	固体捕集方法	ガスクロマトグラフ分析方法
N-[1-(N-ノルマル-ブチルカルバモイル)-1H-2-ベンゾイミダゾリル]カルバミン酸メチル（別名ベノミル）	ろ過捕集方法及び固体捕集方法	高速液体クロマトグラフ分析方法
パラ-ジクロロベンゼン	固体捕集方法	ガスクロマトグラフ分析方法
パラ-ターシャリ-ブチルトルエン	固体捕集方法	ガスクロマトグラフ分析方法
ヒドラジン及びその一水和物	ろ過捕集方法[2]	高速液体クロマトグラフ分析方法
ヒドロキノン	ろ過捕集方法	高速液体クロマトグラフ分析方法
ビフェニル	固体捕集方法	ガスクロマトグラフ分析方法
ピリジン	固体捕集方法	ガスクロマトグラフ分析方法
フェニルオキシラン	固体捕集方法	ガスクロマトグラフ分析方法
フェニルヒドラジン[5]	液体捕集方法	高速液体クロマトグラフ分析方法
フェニレンジアミン（オルト-フェニレンジアミンに限る。）[5]	ろ過捕集方法[2]	高速液体クロマトグラフ分析方法
2-ブテナール	固体捕集方法[1]	高速液体クロマトグラフ分析方法
フルフラール	固体捕集方法	高速液体クロマトグラフ分析方法又はガスクロマトグラフ分析方法[6]
フルフリルアルコール	固体捕集方法	ガスクロマトグラフ分析方法
1-ブロモプロパン	固体捕集方法	ガスクロマトグラフ分析方法
2-ブロモプロパン[5]	固体捕集方法	ガスクロマトグラフ分析方法
ほう酸及びそのナトリウム塩（四ほう酸ナトリウム十水和物（別名ホウ砂）に限る。）	ろ過捕集方法	誘導結合プラズマ発光分光分析方法
メタクリロニトリル	固体捕集方法	ガスクロマトグラフ分析方法
メチル-ターシャリ-ブチルエーテル（別名MTBE）	固体捕集方法	ガスクロマトグラフ分析方法

A6.3

物質名	試料採取方法	分析方法
4, 4'-メチレンジアニリン	ろ過捕集方法[※2]	高速液体クロマトグラフ分析方法
りん化水素	固体捕集方法[※1]	吸光光度分析方法
りん酸トリトリル（りん酸トリ（オルト-トリル）に限る。）	ろ過捕集方法	高速液体クロマトグラフ分析方法
レソルシノール	ろ過捕集方法及び固体捕集方法	高速液体クロマトグラフ分析方法

備考
1　※1の付されている物質の試料採取方法については、捕集剤との化学反応により測定しようとする物質を採取する方法であること。
2　※2の付されている物質の試料採取方法については、ろ過材に含浸させた化学物質との反応により測定しようとする物質を採取する方法であること。
3　※3の付されている物質の分析方法に用いられる機器は、電子捕獲型検出器（ECD）又は質量分析器を有するガスクロマトグラフであること。
4　※4が付されている物質については、蒸気と粒子の両方を捕集すべき物質であり、当該物質の試料採取方法におけるろ過捕集方法は粒子を捕集するための方法、固体捕集方法は蒸気を捕集するための方法に該当するものであること。
5　※5の付されている物質については、発がん性が明確で、長期的な健康影響が生じない安全な閾値としての濃度基準値を設定できない物質。
6　※6の付されている物質の試料採取方法については、分析方法がガスクロマトグラフ分析方法の場合にあっては、捕集剤との化学反応により測定しようとする物質を採取する方法であること。

別表2　物質別濃度基準値一覧（発がん性が明確であるため、長期的な健康影響が生じない安全な閾値としての濃度基準値を設定できない物質を含む。）

物質の種類	八時間濃度基準値	短時間濃度基準値
アクリル酸エチル	2ppm	—
アクリル酸メチル	2ppm	—
アクロレイン	—	0.1ppm[※1]
アセチルサリチル酸（別名アスピリン）	5mg/m³	—
アセトアルデヒド	—	10ppm
アセトニトリル	10ppm	—
アセトンシアノヒドリン	—	5ppm
アニリン	2ppm	—
1-アリルオキシ-2, 3-エポキシプロパン	1ppm	—
アルファ-メチルスチレン	10ppm	—
イソプレン	3ppm	—
イソホロン	—	5ppm
一酸化二窒素	100ppm	—
イプシロン-カプロラクタム	5mg/m³	—

A6.3

物質の種類	八時間 濃度基準値	短時間 濃度基準値
エチリデンノルボルネン	2 ppm	4 ppm
2-エチルヘキサン酸	5 mg/m³	—
エチレングリコール	10 ppm	50 ppm
エチレンクロロヒドリン	2 ppm	—
エピクロロヒドリン	0.5 ppm	—
2,3-エポキシ-1-プロパノール[2]	—	
塩化アリル	1 ppm	
オルト-アニシジン	0.1 ppm	—
キシリジン	0.5 ppm	—
クメン	10 ppm	—
グルタルアルデヒド	—	0.03 ppm[1]
クロロエタン（別名塩化エチル）	100 ppm	—
クロロピクリン	—	0.1 ppm[1]
酢酸ビニル	10 ppm	15 ppm
ジエタノールアミン	1 mg/m³	—
ジエチルケトン		300 ppm
シクロヘキシルアミン		5 ppm
ジクロロエチレン（1,1-ジクロロエチレンに限る。）	5 ppm	—
2,4-ジクロロフェノキシ酢酸	2 mg/m³	—
1,3-ジクロロプロペン	1 ppm	—
2,6-ジ-ターシャリ-ブチル-4-クレゾール	10 mg/m³	—
ジフェニルアミン	5 mg/m³	—
ジボラン	0.01 ppm	—
N,N-ジメチルアセトアミド	5 ppm	—
ジメチルアミン	2 ppm	—
臭素		0.2 ppm
しよう脳	2 ppm	—
タリウム	0.02 mg/m³	—
チオりん酸O,O-ジエチル-O-(2-イソプロピル-6-メチル-4-ピリミジニル)（別名ダイアジノン）	0.01 mg/m³	
テトラエチルチウラムジスルフィド（別名ジスルフィラム）	2 mg/m³	—
テトラメチルチウラムジスルフィド（別名チウラム）	0.2 mg/m³	—
トリクロロ酢酸	0.5 ppm	—
1,2,3-トリクロロプロパン[2]	—	—
1-ナフチル-N-メチルカルバメート（別名カルバリル）	0.5 mg/m³	—
ニッケル	1 mg/m³	—

物質の種類	八時間濃度基準値	短時間濃度基準値
ニトロベンゼン	0.1 ppm	—
ノルマル-ブチル=2,3-エポキシプロピルエーテル※2	—	—
N-[1-(N-ノルマル-ブチルカルバモイル)-1H-2-ベンゾイミダゾリル]カルバミン酸メチル（別名ベノミル）	1 mg/m³	—
パラ-ジクロロベンゼン	10 ppm	—
パラ-ターシャリ-ブチルトルエン	1 ppm	—
ヒドラジン及びその一水和物	0.01 ppm	—
ヒドロキノン	1 mg/m³	—
ビフェニル	3 mg/m³	—
ピリジン	1 ppm	—
フェニルオキシラン	1 ppm	—
フェニルヒドラジン※2	—	—
フェニレンジアミン（オルト-フェニレンジアミンに限る。）※2	—	—
2-ブテナール	—	0.3 ppm※1
フルフラール	0.2 ppm	—
フルフリルアルコール	0.2 ppm	—
1-ブロモプロパン	0.1 ppm	—
2-ブロモプロパン※2	—	—
ほう酸及びそのナトリウム塩（四ほう酸ナトリウム十水和物（別名ホウ砂）に限る。）	ホウ素として0.1 mg/m³	ホウ素として0.75 mg/m³
メタクリロニトリル	1 ppm	—
メチル-ターシャリ-ブチルエーテル（別名 MTBE）	50 ppm	—
4,4'-メチレンジアニリン	0.4 mg/m³	—
りん化水素	0.05 ppm	0.15 ppm
りん酸トリトリル（りん酸トリ(オルト-トリル)に限る。）	0.03 mg/m³	—
レソルシノール	10 ppm	—

備考

1 この表の中欄及び右欄の値は、温度25度、1気圧の空気中における濃度を示す。

2 ※1の付されている短時間濃度基準値については、5-1の (2) のイの規定を適用するとともに、5-2の(3)の規定の適用の対象となる天井値として取り扱うものとする。

3 ※2の付されている物質については、発がん性が明確であるため、長期的な健康影響が生じない安全な閾値としての濃度基準値を設定できない物質である。事業者は、この物質に労働者がばく露される程度を最小限度にしなければならない。

別表第 3−1

A6.3

防じんマスクの種類			指定防護係数
取替え式	全面形面体	RS3 又は RL3	50
		RS2 又は RL2	14
		RS1 又は RL1	4
	半面形面体	RS3 又は RL3	10
		RS2 又は RL2	10
		RS1 又は RL1	4
使い捨て式		DS3 又は DL3	10
		DS2 又は DL2	10
		DS1 又は DL1	4
備考　RS1、RS2、RS3、RL1、RL2、RL3、DS1、DS2、DS3、DL1、DL2 及び DL3 は、防じんマスクの規格（昭和 63 年労働省告示第 19 号）第 1 条第 3 項の規定による区分であること。			

別表第 3−2

防毒マスクの種類	指定防護係数
全面形面体	50
半面形面体	10

別表第 3−3

電動ファン付き呼吸用保護具の種類				指定防護係数
防じん機能を有する電動ファン付き呼吸用保護具	全面形面体	S 級	PS3 又は PL3	1,000
		A 級	PS2 又は PL2	90
		A 級又は B 級	PS1 又は PL1	19
	半面形面体	S 級	PS3 又は PL3	50
		A 級	PS2 又は PL2	33
		A 級又は B 級	PS1 又は PL1	14
	フード又はフェイスシールドを有するもの	S 級	PS3 又は PL3	25
		A 級	PS3 又は PL3	20
		S 級又は A 級	PS2 又は PL2	20
		S 級、A 級又は B 級	PS1 又は PL1	11
防毒機能を有する電動ファン付き呼吸用保護具	防じん機能を有しないもの	全面形面体		1,000
		半面形面体		50
		フード又はフェイスシールド		25
	防じん機能を有するもの	全面形面体	PS3 又は PL3	1,000
			PS2 又は PL2	90
			PS1 又は PL1	19

A6.3

	半面形面体	PS3 又は PL3	50
		PS2 又は PL2	33
		PS1 又は PL1	14
	フード又はフェイスシールドを有するもの	PS3 又は PL3	25
		PS2 又は PL2	20
		PS1 又は PL1	11

備考　S級、A級及びB級は、電動ファン付き呼吸用保護具の規格（平成26年厚生労働省告示第455号）第2条第4項の規定による区分（別表第3-5において同じ。）であること。PS1、PS2、PS3、PL1、PL2及びPL3は、同条第5項の規定による区分（別表第3-5において同じ。）であること。

別表第3-4

その他の呼吸用保護具の種類			指定防護係数
循環式呼吸器	全面形面体	圧縮酸素形かつ陽圧形	10,000
		圧縮酸素形かつ陰圧形	50
		酸素発生形	50
	半面形面体	圧縮酸素形かつ陽圧形	50
		圧縮酸素形かつ陰圧形	10
		酸素発生形	10
空気呼吸器	全面形面体	プレッシャデマンド形	10,000
		デマンド形	50
	半面形面体	プレッシャデマンド形	50
		デマンド形	10
エアラインマスク	全面形面体	プレッシャデマンド形	1,000
		デマンド形	50
		一定流量形	1,000
	半面形面体	プレッシャデマンド形	50
		デマンド形	10
		一定流量形	50
	フード又はフェイスシールド	一定流量形	25
ホースマスク	全面形面体	電動送風機形	1,000
		手動送風機形又は肺力吸引形	50
	半面形面体	電動送風機形	50
		手動送風機形又は肺力吸引形	10
	フード又はフェイスシールドを有するもの	電動送風機形	25

別表第 3−5

A6.3

呼吸用保護具の種類		指定防護係数
防じん機能を有する電動ファン付き呼吸用保護具であって半面形面体を有するもの	S 級かつ PS3 又は PL3	300
防じん機能を有する電動ファン付き呼吸用保護具であってフードを有するもの		1,000
防じん機能を有する電動ファン付き呼吸用保護具であってフェイスシールドを有するもの		300
防毒機能を有する電動ファン付き呼吸用保護具であって防じん機能を有するもののうち、半面形面体を有するもの	PS3 又は PL3	300
防毒機能を有する電動ファン付き呼吸用保護具であって防じん機能を有するもののうち、フードを有するもの		1,000
防毒機能を有する電動ファン付き呼吸用保護具であって防じん機能を有するもののうち、フェイスシールドを有するもの		300
防毒機能を有する電動ファン付き呼吸用保護具であって防じん機能を有しないもののうち、半面形面体を有するもの		300
防毒機能を有する電動ファン付き呼吸用保護具であって防じん機能を有しないもののうち、フードを有するもの		1,000
防毒機能を有する電動ファン付き呼吸用保護具であって防じん機能を有しないもののうち、フェイスシールドを有するもの		300
フードを有するエアラインマスク	一定流量形	1,000

（参考 1）八時間時間加重平均値の計算方法

例 1 ： 8 時間の濃度が $0.15 \, \mathrm{mg/m^3}$ の場合

八時間時間加重平均値 $= (0.15 \, \mathrm{mg/m^3} \times 8\mathrm{h})/8\mathrm{h} = 0.15 \, \mathrm{mg/m^3}$

例 2 ： 7 時間 20 分（7.33 時間）の濃度が $0.12 \, \mathrm{mg/m^3}$ で、40 分間（0.67 時間）の濃度がゼロの場合

八時間時間加重平均値 $= [(0.12 \, \mathrm{mg/m^3} \times 7.33\mathrm{h}) + (0 \, \mathrm{mg/m^3} \times 0.67\mathrm{h})]/8\mathrm{h}$
$= 0.11 \, \mathrm{mg/m^3}$

例 3 ： 2 時間の濃度が $0.1 \, \mathrm{mg/m^3}$ で、2 時間の濃度が $0.21 \, \mathrm{mg/m^3}$ で、4 時間の濃度がゼロの場合

八時間時間加重平均値 $= [(0.1 \, \mathrm{mg/m^3} \times 2\mathrm{h}) + (0.21 \, \mathrm{mg/m^3} \times 2\mathrm{h}) + (0 \, \mathrm{mg/m^3} \times 4\mathrm{h})]/8\mathrm{h}$
$= 0.078 \, \mathrm{mg/m^3}$

（参考２）フローチャート

A6.3

出典：「化学物質による健康障害防止のための濃度の基準の適用等に関する技術上の指針」令和５年４月 27 日 技術上の指針公示第 24 号

（https://www.mhlw.go.jp/content/11300000/001091556.pdf）

A6.4　CREATE-SIMPLE 設計基準

A6.4

CREATE-SIMPLE の設計基準

2024 年 3 月

厚生労働省労働基準局安全衛生部化学物質対策課

目次

（本書頁）

A6.4

【改定履歴】

2018 年 3 月	・	初版
2019 年 3 月	・	経皮吸収のリスクアセスメント及び爆発・火災のリスクアセスメントを追加
2023 年 3 月	・	合算リスクの考え方を追加。引火性液体の誤記を修正（図表 35）
2023 年 4 月	・	吸入ばく露及び危険性の評価手法の見直し
	・	高圧ガスの暫定 RL の誤記を修正（図表 34）
2023 年 11 月	・	眼・皮膚に対する局所影響の誤記を削除（図表 35）
	・	可燃性固体の暫定 RL の誤記を修正（図表 36）
	・	5.1. 吸入のリスクにおける図表の誤記を修正
2024 年 2 月	・	CREATE-SIMPLE ver3.0 に対応
2024 年 3 月	・	「簡易ばく露濃度推定シート」における呼吸用保護具の誤記を修正

A6.4

1.　概要

　CREATE-SIMPLE ver.1.0 及び 1.1 は、吸入ばく露による健康リスクについて、主に数 L から数 mL（数 kg から数 mg）の化学物質を取り扱う事業者に向けた簡易リスクアセスメント手法[1]でであったが、CREATE-SIMPLE ver.2.0 では、経皮ばく露による健康リスクと取扱う化学物質が潜在的に保有する危険性リスクの見積もりを可能とした。併せて、多量（数 kL、数 ton）の化学物質を取扱う場合も対象とした。

　さらに新たな化学物質規制における自律的な化学物質管理をサポートするために、ver.3.0 では吸入ばく露及び危険性の評価手法を見直しました。

● 　吸入ばく露による健康リスク

　英国 HSE COSHH essentials に基づくコントロール・バンディング手法の考え方を踏まえ、ばく露限界値（または GHS 区分情報に基づく管理目標濃度）と化学物質の性状や取扱い条件等から推定したばく露濃度を比較し、リスクを見積もる方法を採用しています。

● 　経皮ばく露による健康リスク

　米国 NIOSH の「A Strategy for Assigning New NIOSH Skin Notations」に基づく、経皮吸収のモデルを踏まえた、経皮吸収量と経皮ばく露限界値の比較し、リスクを見積もる方法を採用しています。

● 　危険性リスク

　化学物質の GHS 区分情報と取扱状況（取扱量、換気状況、着火源の有無など）を踏まえてリスクレベルを推定する方法を採用しています。取扱物質そのものが潜在的に有している危険性をユーザーが「知ること」、「気付くこと」を目的としています。

---

[1] 化学物質の有害性（吸入ばく露）のみを対象としているため、危険性（爆発・火災等）については別途他の手法を用いてリスクアセスメントを実施することを前提としていた。なお、CREATE-SIMPLE ver.2.0 では、プロセスは考慮していないため、プロセスで用いる場合は別途他の手法を用いてリスクアセスメントを実施すること。

図表 1 リスクアセスメント手法の全体像

図表 2 厚生労働省コントロール・バンディング手法の概要

CBと比較すると、主に以下の3点の違いがある（吸入ばく露）。

（1）有害性の指標として、ばく露限界値を用いていること。

（2）取扱量が少量（mL）の区分をさらに3段階に細分化していること。

（3）作業条件等（含有率、換気、作業時間等）の効果を考慮していること。

A6.4

2.　有害性の程度の把握

2.1.　ばく露限界値（吸入）の選定

　SDS を確認し、ばく露限界値が存在する場合には、図表 3 のフローに従って、リスクの判定に用いるばく露基準値を決定します。ばく露限界値は、長時間（8 時間）のばく露限界値と短時間（15 分又は天井値）に分けて、リスクの判定に用いるばく露限界値を決定します（図表 3、図表 4）。

　なお、濃度基準値は屋内作業に適用されますが、屋外作業も屋内作業に準じて濃度基準値を優先して採用します。ただし、最新の知見に基づき、より値の低いばく露限界値が設定された場合には、事業者自身の判断で活用することが可能です。

図表 3　長時間（8 時間）のばく露限界値の選定フロー

---

ver.2.x からの変更点

　ver.2.x では、短時間濃度基準値のみが設定されている物質については、1/4 または 1/3 の値を 8時間値として活用していたが、ver3.0 で新たに短時間の評価機能を追加したため、フローから削除しています。

A6.4

図表 4　短時間のばく露限界値の選定フロー[2]

---

[2] 短時間濃度基準値のみが定められている物質のうち、アセトアルデヒド（CASRN:75-07-0）、グルタルアルデヒド
(CASRN:111-30-8)については、DFG MAK において、短時間濃度基準値よりも大きい 8 時間のばく露限界値が設
定されているため、これらのデータは個別に除外している。

2.2. 管理目標濃度の設定

ばく露限界値が得られない場合には、図表 5 に基づき、GHS 分類に基づいた健康有害性の情報からばく露管理を行う目安として管理目標濃度[3]を設定します。管理目標濃度とは、ばく露がその範囲の上限以下であれば「適合」と判断される濃度のことで、ばく露の目安として活用します。

A6.4

図表 5 管理目標濃度の設定[4]

HL	GHS 有害性分類と区分	管理目標濃度	
		液体[ppm]	粉体[mg/m^3]
5	急性毒性（経口）：区分 1（吸入の GHS 区分がない場合） 急性毒性（吸入）：区分 1 生殖細胞変異原性：区分 1 発がん性：区分 1	〜0.05	〜0.001
4	急性毒性（経口）：区分 2（吸入の GHS 区分がない場合） 急性毒性（吸入）：区分 2 皮膚腐食性／刺激性：区分 1A 呼吸器感作性：区分 1 生殖細胞変異原性：区分 2 発がん性：区分 2 生殖毒性：区分 1 特定標的臓器毒性（反復ばく露）：区分 1	0.05〜0.5	0.001〜0.01
3	急性毒性（経口）：区分 3（吸入の GHS 区分がない場合） 急性毒性（吸入）：区分 3 皮膚腐食性／刺激性：区分 1B または 1C または区分 1 眼に対する重篤な損傷性／眼刺激性：区分 1 皮膚感作性：区分 1 生殖毒性：区分 2 特定標的臓器毒性（単回ばく露）：区分 1 特定標的臓器毒性（反復ばく露）：区分 2	0.5〜5	0.01〜0.1
2	急性毒性（経口）：区分 4（吸入の GHS 区分がない場合） 急性毒性（吸入）：区分 4 皮膚腐食性／刺激性：区分 2 眼に対する重篤な損傷性／眼刺激性：区分 2 特定標的臓器毒性（単回ばく露）：区分 2 または 3	5〜50	0.1〜1
1	誤えん有害性：区分 1 他の有害性ランク（区分 1〜5）に分類されない粉体と液体	50〜500	1〜10

※1 区分 2A のように区分が細分化されている場合、表に細区分の記載がない場合には、区分 2 として取り扱う。

※2 複数の GHS 区分が当てはまる場合には、一番ハザードレベル（HL）の高いに基づき設定する。

※3 追加区分授乳影響のみが該当する物質は 4 物質（2024 年 2 月現在）であり、他の GHS 分類項目で HL3 以上となることから、対象としていない。

---

[3] 管理目標濃度は○○ppm 以上〜○○ppm 未満となる。

[4] 混合物の場合、混合物の GHS 区分情報を活用する方法があります。また、混合物の GHS 区分情報がない場合、含有成分のうち最も大きな有害性レベルを示した物質の HL をその混合物の HL と見なす方法があります。なお、両者とも取扱量、揮発性・飛散性等は混合物として考慮します。

ver.2.x からの変更点

　ver.2.x では、英国 HSE COSHH essential によって開発され、この割付を ILO が採用したものを使用していました。ver3.0 からは、最新の知見である Arnone ら(2015)[2] が提案する一貫性のある統一的ハザードレベル割付の手法（Unified Hazard Banding）を採用しました。これは、欧州の CLP 規則の導入に伴い、GHS 分類において従来の R フレーズから H フレーズに修正されるにあたって、HSE COSHH essential のハザードバンドの定義を再考したものとなっており、EU REACH 規則における標準的なリスクアセスメントツール（GESTIS-Stoffenmanager）においても採用されています。

※下線はランクに変更のあった区分

HL	従来の区分割り付け	Unified Hazard Banding（吸入）
5	呼吸器感作性：区分 1 生殖細胞変異原性：区分 1 または区分 2 発がん性：区分 1	急性毒性（経口）：区分 1（吸入の GHS 区分がない場合） 急性毒性（吸入）：区分 1 生殖細胞変異原性：区分 1 発がん性：区分 1
4	急性毒性：区分 1 または区分 2 発がん性：区分 2 生殖毒性：区分 1 または区分 2 特定標記器官毒性（反復ばく露）：区分 1	急性毒性（経口）：区分 2（吸入の GHS 区分がない場合） 急性毒性（吸入）：区分 2 皮膚腐食性／刺激性：区分 1A 呼吸器感作性：区分 1 生殖細胞変異原性：区分 2 発がん性：区分 2 生殖毒性：区分 1 特定標的臓器毒性（反復ばく露）：区分 1
3	急性毒性：区分 3 皮膚腐食性／刺激性：区分 1 眼に対する重篤な損傷／眼の刺激性：区分 1 皮膚感作性：区分 1 特定標記器官毒性（単回ばく露）：区分 1 特定標記器官毒性（反復ばく露）：区分 2	急性毒性（経口）：区分 3（吸入の GHS 区分がない場合） 急性毒性（吸入）：区分 3 皮膚腐食性／刺激性：区分 1B または 1C または区分 1 眼に対する重篤な損傷性／眼刺激性：区分 1 皮膚感作性：区分 1 生殖毒性：区分 2 または追加区分授乳影響 特定標的臓器毒性（単回ばく露）：区分 1 特定標的臓器毒性（反復ばく露）：区分 2
2	急性毒性：区分 4 特定標記器官毒性（単回ばく露）：区分 2	急性毒性（経口）：区分 4（吸入の GHS 区分がない場合） 急性毒性（吸入）：区分 4 皮膚腐食性／刺激性：区分 2 眼に対する重篤な損傷性／眼刺激性：区分 2 特定標的臓器毒性（単回ばく露）：区分 2 または 3
1	皮膚腐食性／刺激性：区分 2 眼に対する重篤な損傷／眼の刺激性：区分 2 特定標記臓器毒性（単回ばく露）：区分 3 誤えん有害性：区分 1 他の有害性ランク（区分 1～5）に分類されない粉体と液体	誤えん有害性：区分 1 他の有害性ランク（区分 1～5）に分類されない粉体と液体

※1 日本のビルディングブロックに採用されていない区分は省略。また皮膚腐食性／刺激性において、区分 1 の細区分が行われていない場合には、従来通りとした。

※2 Mario Arnone, Dorothea Koppisch, Thomas Smola, Stefan Gabriel, Koen Verbist, Remco Visser. (2015) "Hazard banding in compliance with the new Globally Harmonised System (GHS) for use in control banding tools" Regulatory Toxicology and Pharmacology, Volume 73, Issue 1, October 2015, 287-295

A6.4

2.3. 皮膚、眼への有害性の確認

　労働安全衛生規則第 594 条の 2 に基づき、皮膚若しくは眼に障害を与えるおそれ又は皮膚から吸収され、若しくは皮膚に侵入して、健康障害を生ずるおそれがあることが明らかなもの（皮膚等障害化学物質）は、保護眼鏡、不浸透性の保護衣、保護手袋又は履物等適切な保護具の使用の義務が義務付けられることから、皮膚等障害化学物質等に該当の有無を表示します。

図表 6 皮膚等障害化学物質の定義

皮膚刺激性有害物質	皮膚腐食性／刺激性	区分 1
	眼に対する重篤な損傷／眼の刺激性	区分 1
	呼吸器感作性又は皮膚感作性	区分 1
皮膚吸収性有害物質	皮膚から吸収され、若しくは皮膚に侵入して、健康障害を生ずるおそれがあることが明らかな化学物質 [5]	

　また、GHS 分類の区分 2 も含めて皮膚、眼への有害性が認められる物質について、リスクレベル S を表示しました。

図表 7 リスクレベル S の定義

皮膚腐食性／刺激性	区分 1、2
眼に対する重篤な損傷／眼の刺激性	区分 1、2
皮膚感作性	区分 1

ver.2.x からの変更点
　リスクレベル S（皮膚、眼への有害性が認められる）に加えて、皮膚等障害化学物質への該当有無の判断も追加しました。

3. 推定ばく露濃度（吸入）の算出

　取扱い物質の揮発性・飛散性及び取扱量から決定した推定ばく露濃度範囲に対して、各条件における補正係数をかけて、推定ばく露濃度を求めます。また、呼吸用保護具によるリスク低減措置の効果の確認のため、労働者の推定ばく露濃度範囲に呼吸用保護具による補正係数をかけて、労働者のマスクの内側の推定ばく露濃度範囲を算出します。ただし、呼吸用保護具による補正は、実施レポートのみで実施することができる。

---

[5] 皮膚等障害化学物質等に該当する化学物質について（令和 5 年 7 月 4 日付け基発 0704 第 1 号、一部改正 基発 1109 第 1 号令和 5 年 11 月 9 日）

A6.4

図表 8　ばく露の推定方法の概要

3.1.　揮発性・飛散性レベル、取扱量レベルの設定

● 揮発性・飛散性

以下の表から、揮発性・飛散性レベルを決定します。

図表 9　揮発性・飛散性レベル

粉体	液体	揮発性・飛散性レベル
微細な軽い粉体 （セメント、カーボンブラックなど）	沸点：50℃未満	高飛散性／高揮発性
結晶状・顆粒状 （衣類用洗剤など）	沸点：50℃以上 150℃未満	中飛散性／中揮発性
壊れないペレット （錠剤、PVC ペレットなど）	沸点：150℃以上	低飛散性／低揮発性
―	蒸気圧：0.5 Pa 未満	― ／極低揮発性

　本手法では、簡易にするため、室温による作業を想定していますが、作業温度が異なる場合には、揮発性が異なるため、補正が必要です。

　また沸点が得られない場合には、蒸気圧から揮発性レベルを決定することができます。

詳細は、HSE COSHH essentials の技術資料 [6]を参照してください。

● 作業温度が室温以外の場合

室温以外で行われる作業には沸点に加え、作業温度（取り扱い温度）を考慮する必要がありま

---

[6] HSE COSHH essentials: Controlling exposure to chemicals – a simple control banding
approach（http://www.hse.gov.uk/pubns/guidance/coshh-technical-basis.pdf）

す。ILO では、揮発性を判断するため、下記のようなグラフを公開しています

ケース①：常温（20℃）で沸点 200℃の物質は低揮発性ですが、50℃の作業温度下の場合には、その物質は、「中揮発性」と判断できます。

ケース②：一方、作業温度が 100℃の場合、その物質の揮発性は「高揮発性」と判断できます

ver.2.x からの変更点

　欧州の RA ツールである ECETOC TRA では、揮発性の区分として Very low の区分が存在する。この場合、プロセスカテゴリに関わらず、蒸気圧が 0.01 Pa 未満の場合には初期のばく露濃度として 0.1 ppm を割当している。これは、蒸気圧が 0.01 Pa 未満の飽和蒸気濃度が 0.1 ppm を超えないためとの説明がなされています。

　政府 GHS 分類が行われている物質で、液体かつ蒸気圧がある約 1000 物質のうち、15％程度（約 150 物質）が蒸気圧 0.5 Pa 未満でした。そこで蒸気圧 0.5 Pa における飽和蒸気濃度は 5 ppm となることから、当該値を初期ばく露濃度とした「極低揮発性」の区分を新設しました。

● 溶液中の固体の取り扱い

　溶液中に溶解した固体は、固体にばく露される懸念が低いため、スプレー作業など空気中に飛散しやすい作業を除き、ばく露濃度をゼロとして取り扱います。

　ただし、昇華性の物質（ナフタレン、p-ジクロロベンゼン、しょう脳、ヨウ素等）の場合、蒸気のばく露が懸念されるため、HSE COSHH Essentials に基づく、蒸気圧バンドにより、揮発性の区分を判定します。

図表 10 昇華性の物質の揮発性ランク

低揮発性	中揮発性	高揮発性
0.5 Pa 以上～0.5 kPa 未満	0.5 以上 ～ 25 kPa 未満	25kPa 以上

また、溶液中の固体で、スプレー作業など空気中に飛散しやすい作業（酸化チタンを含む塗料の吹付塗装など）では、溶液中の酸化チタンを吸入する懸念があることから、「高飛散性」の粉体として評価を行います。

A6.4

図表 11　溶液中の固体の取り扱いフロー

---

ver.2.x からの変更点

　ver.2.x では、溶液中の固体は「低揮発性」として評価を行うこととしていましたが、その際にばく露濃度とばく露限界値の単位が異なる課題がありました。ver.3.0 では、溶液中の固体のばく露シナリオに応じてばく露濃度を推計する評価方法に見直しました。

● 取扱量 [7]

　事業場における 1 回あたりの商品の取扱量（連続作業では 1 日の取扱量）から、取扱量のカテゴリーを選択します。

図表 12　取扱量レベル

粉体	液体	取扱量レベル
1ton 以上	1kL 以上	大量
1kg〜1ton 未満以上	1L〜1kL 以上	中量
100g〜1000g	100mL〜1000mL	少量
10g〜100g	10mL〜100mL	微量
10g 未満	10mL 未満	極微量

---

[7] HSE COSHH essentials に基づく取扱量における少量（g、ml）のカテゴリを、本手法では少量、微量、極微量の 3 段階に分割している。

3.2. 初期ばく露濃度範囲の決定

● 初期ばく露濃度範囲

取扱量レベル及び揮発性・飛散性レベルから、推定ばく露濃度範囲（8時間）を設定します。

なお、下記の推定バンドは、換気条件が"工業的な全体換気"の場合における推定値です。そのため、次の節では、作業条件や換気条件等に応じたばく露推定バンドの補正を行います。

A6.4

図表 13 粉体の初期ばく露濃度範囲 [8]

低飛散性 （壊れないペレット）	中飛散性 （結晶状・顆粒状）	高飛散性 （微細な軽い粉体）	ばく露バンド （mg/m^3）
10g 未満	−	−	0.001 以上～0.01 未満
10g～1000g	1000g 未満	100g 未満	0.01 以上～0.1 未満
kg & ton	−	100g～1000g	0.1 以上～1 未満
−	kg	kg	1 以上～10 未満
−	ton	ton	10～

図表 14 蒸気の初期ばく露濃度範囲 [9]

極低揮発性 （蒸気圧：0.5 Pa 未満）	低揮発性 （沸点：150℃以上）	中揮発性 （沸点：50℃以上 150℃未満）	高揮発性 （沸点：50℃未満）	ばく露バンド （ppm）
10mL 未満	−	−	−	0.005 以上～0.05 未満
1000mL 未満	10mL 未満	−	−	0.05 以上～0.5 未満
L & kL	1000mL 未満	100mL 未満	10mL 未満	0.5 以上～5 未満
	L & kL	100mL～1000mL	10mL～1000mL	5 以上～50 未満
	−	L & kL	L	50 以上～500 未満
	−	−	kL	500～

> **ver.2.x からの変更点**
> 「極低揮発性」の区分を新設し、新しいばく露バンドの割り当てを行いました。

---

[8] HSE COSHH essentials に基づく取扱量における少量（g）のカテゴリを3つに分割しており、それに伴い、高飛散性かつ取扱量 100g 未満の場合または低飛散性かつ 10g 未満の場合には、ばく露推定バンドを1つ下げることとした。

[9] HSE COSHH essentials に基づく取扱量における少量（ml）のカテゴリを3つに分割しており、それに伴い、低揮発性かつ 10mL 未満の場合、中揮発性かつ取扱量 100mL 未満または高揮発性かつ取扱量 10mL 未満の場合には、ばく露推定バンドを1つ下げることとした。

3.3.　ばく露濃度範囲の補正 [10]

　3.2 節で得られたばく露濃度範囲に各種条件（作業内容、換気条件等）から導出した補正係数
かけ、ばく露濃度範囲を補正します。

A6.4

● 　物質の含有率による補正 [11]

　物質の含有率に応じた補正係数を初期ばく露濃度範囲に乗じます。

図表 15　化学物質の含有率による補正

含有率の条件	補正係数
25%以上	1
5～25%未満	3/5
1～5%未満	1/5
1%未満	1/10

● 　作業内容による補正

　ばく露が大きくなる特定の作業については、作業内容に応じた補正係数を初期ばく露濃度範囲に乗じ
ます。下記に示した条件以外で、何らかの理由により特にばく露が大きくなる作業に関しては、本手法で
はリスクを低く見積もる可能性があります。

図表 16　作業内容による補正

補正する作業内容の条件	補正係数
スプレー作業やミストが発生する作業など、空気中に飛散しやすい作業 （粉体の場合には、粉体塗装や研磨のグラインダー作業など）	10
化学物質の合計塗布面積が 1m^2 超かつ 1 日あたり 1L 以上を使用する作業 [12] （例：塗装作業や接着作業など）	10

---

[10] ばく露濃度範囲の補正を行った場合に、補正後の推定ばく露濃度範囲の上限値が、0.005 ppm（液体）または
0.001 mg/m^3（粉体）未満となる場合には、補正後のばく露濃度範囲をそれぞれ、～0.005 ppm（液体）、～
0.001 mg/m^3（粉体）とする。

[11] 含有率の条件は、ECETOC TRA のモデルにおける補正係数を採用した。ECETOC-TRA の技術資料によると、ある
物質 A と他物質（共に液体）の混合物が理想混合溶液である場合、Raoult の法則、Dalton の法則が成立し、混
合物中の A の含有量比（モル分率）に応じて A の蒸気圧が下がるので、純物質の場合より放散量が小さくなる。実際
の混合物（非理想混合溶液）では成分 A の蒸気圧は理想混合溶液における蒸気圧より高くなることも低くなることもあ
る。ECETOC-TRA の混合物の補正係数は「高くなる」事を勘案して、含有量比に対して安全側の数値となっている。ま
た、この補正係数は固体と固体の混合物にも適用できるとしている。以上の考え方を本リスクアセスメントにも適用した。
　詳細は ECETOC Technical Report No.114 を参照。（http://www.ecetoc.org/wp-
content/uploads/2014/08/ECETOC-TR-114-ECETOC-TRA-v3-Background-rationale-for-the-
improvements.pdf）

[12] Baua EMKG-EXPO-Tool の条件を採用。

● 換気条件による補正

　事業場における換気条件に応じた補正係数を初期ばく露濃度範囲に乗じます。ただし、極低揮発性の区分は、飽和蒸気濃度を基準としているため、「極低揮発」かつ取扱量が「L & kL」で空気中に飛散しやすい作業が行われていない場合には、換気レベル A、B に該当する補正は行わないこととしました。

A6.4

図表 17 換気条件による補正

換気レベル	換気状況の目安		補正係数	
			右記以外	極低揮発かつ L & kL かつ空気中に飛散しやすい作業が行われていない場合
A	特に換気がない部屋		4	1
B	一般の全体換気		3	1
C	工業的な全体換気、屋外作業		1	1
D	局所排気（外付け式）	制御風速未確認	1/2	1/2
		制御風速確認済	1/10	1/10
E	局所排気（囲い式）	制御風速未確認	1/10	1/10
		制御風速確認済	1/100	1/100
F	密閉容器内での取扱い		1/1000	1/1000

図表 18 【参考】ECETOC TRA における全体換気の区分 [13]

換気状態	条件	換気の効果	補正係数 ※強制全体換気を 1
通常の全体換気 (Basic general ventilation)	・ 通常の自然換気（非意図的に生じる作業室内の自然換気） ・ 換気回数：1～3 回／h	0% (1.0 x)	3.33
良好な全体換気 (Good general ventilation)	・ 意識的に窓やドアを開くことによる換気、換気扇などによる換気 ・ 換気回数：3～5 回／h	30% (0.7 x)	2.33
強制全体換気 (Enhanced general ventilation)	・ 作業環境で使用するための工業的な換気装置での換気 ・ 換気回数：5～10 回／h	70% (0.3 x)	1

---

[13] ECETOC Technical Report No.114 p.14 Table1 （http://www.ecetoc.org/wp-content/uploads/2014/08/ECETOC-TR-114-ECETOC-TRA-v3-Background-rationale-for-the-improvements.pdf）

A6.4

図表 19　換気条件の説明

レベル	補正係数	換気状況	補足説明、事例	想定換気回数 [14]（回/hr）
A[15]	4	特に換気がない部屋	・　換気のない密閉された部屋でも、通常人がいる環境であれば最低限の自然換気はあると考えられる。	1~3 未満
B	3	全体換気	・　窓やドアが開いている部屋。 ・　一般的な換気扇のある部屋（例：台所用小型換気扇）。 ・　ビル内で全体空調がある場合（例：中央管理区分式の空調）。一般に一定程度の外気取入れがある。 ・　大空間の屋内の一部（例：ショッピングセンターや大きな作業場の一隅など）。	3~5 未満
C	1	工業的な全体換気、屋外作業	・　工業的な全体換気装置のある部屋（換気扇や排風機）。 ・　屋外作業。	5 以上
D	1/10	局所排気装置（外付け式）	・　化学物質の発散源近くで上方向や横方向から吸引する場合（例：調理場の上部吸引フード） ・　プッシュプル型換気装置 [16]	-
E	1/100	局所排気装置（囲い式）、	・　実験室のドラフトチャンバーの中に化学物質を置いて作業する場合など	-
F	1/1000	密閉容器内での取扱い	・　密閉設備（漏れがないこと） ・　グローブボックス（密閉型作業箱）の中に化学物質を置いて作業する場合など	-

　　また、局所排気装置を使用するにあたって、粉じんや蒸気が作業場に拡散する前に捕らえることができる十分な制御風速が必要です。制御風速が確認できていない場合、期待される換気効果が得られない可能性があるため、換気の効果を下げています。

　　制御風速の確認は以下に記載の例を参考に選択してください。なお、制御風速の定義は、有機溶剤中毒予防規則や特定化学物質障害予防規則を参照してください。

---

[14]　ECETOC-TRA による区分（図表 18）を参考にし、「2.3」等の小数は切り上げて整数とした。

[15]　換気回数 1 回/hr 未満という状況は一般には想定していない。

[16]　プッシュプル型換気装置は一般に外付け式より効果は高いが、作業者が気流内に入るケースがあるため外付け式と同じ区分とした。

性状	液体	粉体
局所排気装置の制御風速	0.4〜1.0 m/s	0.7〜1.2 m/s

A6.4

　なお、プッシュプル型換気装置の場合には、制御風速確認済の局所排気装置（外付け式）を選択します。

> **ver.2.x からの変更点**
> 「極低揮発性」の区分を新設に伴い、換気による補正の適用条件の見直しを行いました。
> また、局所排気装置（外付け式、囲い式）は制御風速の確認ができていない場合、期待される換気効果が得られない可能性があることから、制御風速の確認に関する設問を新たに追加しました。

● 　作業時間・頻度による補正
　推定ばく露濃度範囲は、8 時間の値を基準としていますが、作業時間及び作業頻度が少ない場合には、ばく露量を過大に見積もる可能性があります。
　そこで図表 20、図表 21 に従い作業頻度及び作業時間に応じた補正係数を初期ばく露濃度範囲に乗じます。
　なお、ここでいう作業時間は作業そのものの時間でなく、化学物質を取扱う時間の全体とし、準備や後片づけも適宜「作業時間」に含めることとします。

図表 20　作業時間・頻度による補正（作業頻度が週 1 回以上の場合）

条件	補正係数
週合計作業時間が 40 時間を超える場合。 または 1 日の作業時間が 8 時間を超え、かつ頻度が週 3 日以上の場合。	10
補正係数 10 または 1/10 に該当しない場合	1
週合計作業時間が 4 時間以下の場合	1/10

図表 21　作業時間・頻度による補正（作業頻度が週 1 回未満の場合）

年間作業時間	補正係数
192 時間を超える場合	1
192 時間以下の場合	1/10

　上記の作業時間による補正は、GHS 分類における呼吸器感作性に区分される物質については、ばく露限界値が呼吸器感作性を根拠として設定されている可能性があることから、作業頻度・時間による補

正を行わないこととします。

> **ver.2.x からの変更点**
>
> ver.2.x では、日本産業衛生学会の最大許容濃度、ACGIH の TLV-C が設定されている物質についても作業頻度・時間による補正を行わないとしていましたが、ver.3.0 では新たに短時間ばく露濃度の評価を行う機能を追加したことから、日本産業衛生学会の最大許容濃度、ACGIH の TLV-C は除外し、呼吸器感作性のみとしました。

A6.4

3.4.　短時間ばく露濃度の算出

短時間濃度基準値が設定された物質の評価を目的として、ver.3.0 より短時間のばく露評価機能を追加しています。

作業環境中の物質の濃度変動は非常に大きく、一般に対数正規分布（各濃度の対数をとってヒストグラムを見ると正規分布となる）に従うことが知られています。産業現場での調査[17]より、多くの作業現場では、15 分間平均ばく露濃度の日内変動の幾何標準偏差（GSD）は 3〜6 の範囲に収まり、その場合、15 分間平均ばく露濃度の最高値は 8 時間平均ばく露濃度の 4 倍〜6 倍となります。

この考え方を利用して、8 時間ばく露濃度の推定値を n 倍することによって、短時間のばく露濃度を推定しています。

図表 22　日内変動のイメージ

作業内容のばく露濃度の変動の大きさに応じて、8 時間の推定ばく露濃度範囲の上限（作業時間・頻度による補正前）の 4 倍又は 6 倍を短時間のばく露濃度としています。ただし、極低揮発性の物質については、ばく露濃度の変動が小さいと考えられることから、スプレー作業が行われていない場合には、8 時間の推定ばく露濃度範囲の上限と同じ濃度としています。

---

[17] Kumagai S, Matsunaga I. Within-shift variability of short-term exposure to organic solvent in indoor workplaces. Am Ind Hyg Assoc J 1999; 60: 16-21.

図表 23 作業分類毎の想定する幾何標準偏差（GSD）と係数

作業	幾何標準偏差（GSD）	係数
ばく露濃度の変動が小さい作業	3.0	4 倍
ばく露濃度の変動が大きい作業	6.0	6 倍

A6.4

なお天井値については、短時間濃度基準値（15 分平均値）と同じ扱いとしています。

実際の作業環境では、想定を超える短時間の高濃度ばく露が発生する可能性があります。必要に応じて短時間測定の実施を検討する必要があります。

3.5. 呼吸用保護具によるリスク低減効果

呼吸用保護具によるリスク低減措置の効果の確認のため、労働者の推定ばく露濃度範囲に呼吸用保護具による補正係数をかけて、労働者のマスクの内側の推定ばく露濃度範囲を算出します。

呼吸用保護具の補正係数は、指定防護係数及びフィットテストの状況に応じて設定します。

JIS T8150:2020 では指定防護係数について「有効な呼吸用保護具プログラムの下で，トレーニングされた着用者が，正常に機能する呼吸用保護具を正しく着用した場合に，少なくとも得られるであろうと期待される防護係数」と定義しています。そのため、要求フィットファクタを満たすフィットテストを実施している場合に、指定防護係数が得られるとします。補正係数を「呼吸用保護具の種類による係数（指定防護係数の逆数）」と「フィットテスト有無による係数」の積とします（図表 24）。

補正係数＝「呼吸用保護具の種類による係数」×「フィットテスト有無による係数」

「フィットテスト有無による係数」はフィットテストの場合は 1.0、簡易法（シールチェック）では約 1.5、無い場合は 2.0 としています。

なお、呼吸用保護具は必ず国家検定品を用いることが重要です。

---

ver.2.x からの変更点

「防じんマスク、防毒マスク及び電動ファン付き呼吸用保護具の選択、使用等について」（令和 5 年 5 月 25 日付け基発 0525 第 3 号）および改訂 JIS T 8150:2021 に従い、呼吸用保護具の種類及び補正係数を見直しました。

また ver.2.x ではリスクアセスメントにおいて、現状のリスクを把握することを目的として初回のリスクアセスメントの段階で呼吸用保護具を選択できるようにしていましたが、ver.3.0 では実施レポートの段階のみで選択可能としました。これは、リスク見積りのためのばく露の推定の段階で呼吸用保護具の選択をすると、化学物質リスクアセスメント指針に示された優先順位に沿ってリスク低減対策の検討をすることなく、優先順位の低い呼吸用保護具の使用を前提とした評価になってしまうためです。また、「化学物質による健康障害防止のための濃度の基準の適用等に関する技術上の指針」に従って、作業内容の調査、場の測定の結果及び数理モデルによる解析の結果等を踏まえ、労働者の呼吸域に

おける物質の濃度（呼吸用保護具の外側の濃度）が八時間濃度基準値の２分の１程度を超えると評価された場合は、確認測定を実施する趣旨に対応しています。

　　なお実施レポートでは、リスク低減措置を検討することを目的として、呼吸用保護具の着用を含むリスク低減措置を実施した場合のばく露濃度の推定を行うことができます。

A6.4

図表 24 呼吸用保護具の有無による補正

呼吸用保護具の種類				指定防護係数	フィットテストに応じた補正		
					フィットテスト ※1	簡易法（シールチェック）※2	なし
防じんマスク	取替え式	全面形面体	RS3 又は RL3	50	1/50	1/35	1/25
			RS2 又は RL2	14	1/14	1/9	1/7
			RS1 又は RL1	4	1/4	1/3	1/2
		半面形面体	RS3 又は RL3	10	1/10	1/7	1/5
			RS2 又は RL2	10	1/10	1/7	1/5
			RS1 又は RL1	4	1/4	1/3	1/2
	使い捨て式		DS3 又は DL3	10	1/10	1/7	1/5
			DS2 又は DL2	10	1/10	1/7	1/5
			DS1 又は DL1	4	1/4	1/3	1/2
防毒マスク	全面形面体			50	1/50	1/35	1/25
	半面形面体			10	1/10	1/7	1/5
防じん機能を有する電動ファン付き呼吸用保護具（PPAPR）	面体形	全面形面体	S級 PS3 又は PL3	1000	1/1000	1/750	1/500
			A級 PS2 又は PL2	90	1/90	1/67	1/45
			A級又はB級 PS1 又は PL1	19	1/19	1/14	1/9
		半面形面体	S級 PS3 又は PL3	50	1/50	1/35	1/25
			A級 PS2 又は PL2	33	1/33	1/24	1/16
			A級又はB級 PS1 又は PL1	14	1/14	1/10	1/7
	ルーズフィット形	フード又はフェイスシールド	S級 PS3 又は PL3	25	1/25		
			A級 PS3 又は PL3	20	1/20		
			S級又はA級 PS2 又は PL2	20	1/20		
			S級、A級又はB級 PS1 又は PL1	11	1/11		
防毒機能を有する電動ファン付き呼吸用保護具（GPAPR）	面体形	全面形面体		1000	1/1000	1/750	1/500
		半面形面体		50	1/50	1/35	1/25
	ルーズフィット形	フード又はフェイスシールド		25	1/25		

※1 定量的な方法として、粉じん計を用い呼吸用保護具の中と外の粉じん量を測定する方法がある。定性的な方法として、呼吸用保護具を着けた被験者の周囲に甘味料等をスプレーし味覚を感じるかをテストする方法等がある。

※2 呼吸用保護具のフィルターの表面を手でおおってゆっくり息を吸い込み、マスクが顔に向かって引き込まれるかをテストする方法（陰圧法）、呼吸用保護具を手で顔面に押し付けながら、フィルターの表面や排気口を手でおおって息を吐き、息がマスクと顔のすき間から漏れないかをテストする方法（陽圧法）がある。

A6.4

A6.4

4. 経皮吸収量の算出

4.1. リスクの見積もりの流れ

● 【STEP1】経皮ばく露限界値の算出

ばく露限界値（許容濃度、TLV-TWA など）は、吸入によるばく露を対象に設定されているため、そのままでは経皮吸収量と比較することができません。そのため、ばく露限界値に肺内保持係数と呼吸量を乗じて経皮ばく露限界値を算出する必要があります。つまり、ばく露限界値と等しい気中濃度下で、1 日（8 時間）作業した場合に体内に取り込まれる化学物質の量を算出し、これを有害性の程度とします。

● 【STEP2】経皮吸収量の算出

STEP1 で算出した経皮ばく露限界値と比較するため、透過係数、濃度、接触面積、接触時間から経皮吸収量を算出します。CREATE-SIMPLE では、透過係数を Robinson 修正式の皮膚透過係数予測式から定常状態を仮定し算出します（付着した化学物質の蒸発及び気体からの皮膚吸収量は考慮しません）。

● 【STEP3】リスクレベルの判定

STEP1 で求めた経皮ばく露限界値と STEP2 で求めた経皮吸収量を比較してリスクを判定します。CREATE-SIMPLE では、経皮ばく露限界値と経皮吸収量から算出したばく露比に応じてリスクレベル（I~IV）を判定し、リスクを見積もる方法を採用しています。

4.2. 経皮ばく露限界値の算出

経皮ばく露限界値は、下記の計算式に基づいて算出しています。

$$経皮ばく露限界値 = ばく露限界値（吸入）\times RF \times 呼吸量$$

CREATE-SIMPLE では、RF（Retenion、肺内保持係数）は 75%、呼吸量は 10m^3（1 日 8 時間の呼吸量）と仮定して経皮ばく露限界値を算出しています。

なお、ばく露限界値が全身への影響ではなく、例えば呼吸器感作性等をエンドポイントとして設定されている場合であっても、基本的には、「呼吸器感作性、気道刺激性等のエンドポイントの基準値＜他の慢性毒性影響等の基準値」の関係が成り立つことから、ばく露限界値を用いることとしました。

4.3. 経皮吸収量の計算

経皮吸収量は、下記の計算式に基づいて算出しています。

$$SD = K_p \times S_w \times SA \times t$$

SD：経皮吸収量（mg）、Kp：皮膚透過係数（cm/hr）、Sw：水溶解度（mg/cm^3）

A6.4

SA：接触面積（cm^2）、t：接触時間（hr）

Kp は、Robinson 修正式の皮膚透過係数予測式から算出しますが、CREATE-SIMPLE では、付着した化学物質の蒸発及び気体からの皮膚吸収量は考慮していません。

$$Kp = \cfrac{1}{\cfrac{1}{K_{psc} + K_{pol}} + \cfrac{1}{K_{aq}}}$$

$$logK_{psc} = -1.326 + 0.6097 \times logK_{ow} - 0.1786 \times MW^{0.5}$$

$$K_{pol} = 0.0001519 \times MW^{-0.5}$$

$$K_{aq} = 2.5 \times MW^{-0.5}$$

log Kow：オクタノール/水分配係数（無次元）、MW：分子量（g/mol）

● 接触時間

接触時間は、①作業時間中にスプラッシュを n 回浴びる、②作業時間中に継続的に化学物質が皮膚に接触するなどのケースが考えられますが、CREATE-SIMPLE では、スプラッシュの回数を作業者が把握することは難しいことから、②を採用し、基本的に「接触時間＝作業時間」としています。なお、蒸気圧の低い物質は作業後も皮膚に留まる可能性があるため、接触時間＜吸収時間となり、過小評価になる可能性があるため、接触時間は単位面積当たりの最大付着量（液体：7 mg/cm2、固体：3 mg/cm2）が蒸発又は吸収により消失する時間を推計し、作業時間に加算した。なお、接触時間の最大値は 10 時間とした。

蒸発速度は、AIHA IHSkinPerm[18]における推計式を用いた。

$$蒸発速度[mg \cdot cm^{-2}h^{-1}] = \frac{\beta * Mw * Vp}{R * T * 10}$$

$$\beta = \frac{0.0111 * V^{0.96} * D_g^{0.19}}{v^{0.15} * x^{0.04}}$$

$$D_g = 0.06 * \sqrt{76/Mw}$$

（右図）気体　蒸発$[mg \cdot cm^{-2}\,h^{-1}]$
化学物質（$7\,mg \cdot cm^{-2}$）
皮膚　吸収 $K_p \times S_w [mg \cdot cm^{-2}\,h^{-1}]$

● 接触面積

化学物質への接触の状況から次のとおり接触面積を設定しています。

---

[18] IH SkinPerm v2.0 Reference Manual

図表 25 接触状況と接触面積

接触の状況	接触面積（cm²）	参考文献
大きなコインのサイズ、小さな飛沫	10	RISKOFDERM(2003)
片手の手のひら付着	240	ECETOC TRA
両手の手のひらに付着	480	ECETOC TRA
両手全体に付着	960	ECETOC TRA
両手及び手首	1500	ECETOC TRA
両手の肘から下全体	1980	ECETOC TRA

4.4. 化学防護手袋によるリスク低減効果

　推定経皮吸収量は、保護手袋の装着状況及び保護手袋に関する教育の実施状況に応じて図表20に沿って補正しています。最終的には、経皮ばく露限界値と補正経皮吸収量を図表19に従ってリスクレベルを判定しています。

　なお、ここでの教育状況は下記を参考にユーザーが選択することとしています。

図表 26 手袋着用状況・教育状況と補正係数

手袋着用状況・教育状況		防護率（%）	補正係数
手袋をしていない／取り扱う化学物質に関する情報のない手袋を着用している		0	1
耐透過性・耐浸透性の手袋の着用している。	教育や訓練を行っていない	80	1/5
	基本的な教育や訓練を行っている	90	1/10
	十分な教育や訓練（定期的な再教育も含む）を行っている	95	1/20

A6.4

A6.4

図表 27　教育の内容とレベル

種類	内容	レベル
体制	作業場ごとに化学防護手袋を管理する保護具着用管理責任者を指名し、化学防護手袋の適正な選択、着用及び取扱方法について労働者に対し必要な指導を行いましょう。	1
選択	化学防護手袋には、素材がいろいろあり、また素材の厚さ、手袋の大きさ、腕まで防護するものなど、多種にわたっているので、作業にあったものを選ぶようにしましょう。	1
選択	使用する化学物質に対して、劣化しにくく（耐劣化性）、透過しにくい（耐透過性）素材のものを選定するようにしましょう。	1
選択	自分の手にあった使いやすいものを使用しましょう。	1
選択	作業者に対して皮膚アレルギーの無いことを確認しましょう。	1
使用	取扱説明書に記載されている耐透過性クラス等を参考として、作業に対して余裕のある使用時間を設定し、その時間の範囲内で化学防護手袋を使用しましょう。	2
使用	化学防護手袋に付着した化学物質は透過が進行し続けるので、作業を中断しても使用可能時間は延長しないようにしましょう。	2
使用	使用前に、傷、孔あき、亀裂等の外観上の問題が無いことを確認すると共に、手袋の内側に空気を吹き込んで空気が抜けないことを確認しましょう	1
使用	使用中に、ひっかけ、突き刺し、引き裂きなどを生じたときは、すぐに交換しましょう。	1
使用	化学防護手袋を脱ぐときは、付着している化学物質が、身体に付着しないよう、できるだけ化学物質の付着面が内側になるように外しましょう。	2
使用	強度の向上等の目的で、化学防護手袋とその他の手袋を二重装着した場合でも、化学防護手袋は使用可能時間の範囲で使用しましょう	2
保管・廃棄	取り扱った化学物質の安全データシート(SDS)、法令等に従って適切に廃棄しましょう。	2
保管・廃棄	化学物質に触れることで、成分が抜けて硬くなったゴムは、組成の変化により物性が変化していると考えられるので、再利用せず廃棄しましょう。	2
保管・廃棄	直射日光、高温多湿を避け、冷暗所に保管して下さい。またオゾンを発生する機器（モーター類、殺菌灯等）の近くに保管しないようにしましょう。	2

（※レベル 1：基本的な教育、レベル 2：十分な教育・訓練）

A6.4

5. リスクの判定

5.1. 吸入のリスク

● 長時間の評価

　図表 28 からリスクレベルを判定します。GHS 分類情報から管理目標濃度を設定した場合には、<u>管理目標濃度の上限を図表 28 におけるばく露限界値（OEL）として、リスクを判定します</u>。

図表 28 リスクレベルの定義（長時間の評価）

リスクレベル	定義
IV （大きなリスク）	推定ばく露濃度範囲の上限＞OEL×１０
III （中程度のリスク）	OEL×１０≧推定ばく露濃度範囲の上限＞OEL
II-B （懸念されるリスク）	OEL≧推定ばく露濃度範囲の上限＞OEL×１／２
II-A （小さなリスク）	OEL×１／２≧推定ばく露濃度範囲の上限＞OEL×１／１０
I （些細なリスク）	推定ばく露濃度範囲の上限≦OEL×１／１０

＊OEL：長時間のばく露限界値

ばく露限界値又は管理目標濃度の上限が 10 ppm の場合、上記の定義を図示すると以下となる。

ver.2.x からの変更点

　「化学物質による健康障害防止のための濃度の基準の適用等に関する技術上の指針」を踏まえ、濃度基準値設定物質については、濃度基準値の２分の１程度を超えると評価された場合は、確認測定等を実施する必要があることから、リスクレベル II を II-A、II-B に細分化した。

● 短時間の評価

図表 29 からリスクレベルを判定します。GHS 分類情報から管理目標濃度を設定した場合には、管理目標濃度の上限をばく露限界値（OEL）として、リスクを判定します。

図表 29 リスクレベルの定義（短時間の評価）

リスクレベル	定義
Ⅳ （大きなリスク）	推定ばく露濃度範囲の上限＞OEL×１０
Ⅲ （中程度のリスク）	OEL×１０≧推定ばく露濃度範囲の上限＞OEL
Ⅱ （小さなリスク）	OEL≧推定ばく露濃度範囲の上限＞OEL×１／１０
Ⅰ （些細なリスク）	推定ばく露濃度範囲の上限≦OEL×１／１０

＊OEL：短時間のばく露限界値

ばく露限界値又は管理目標濃度の上限が 30 ppm の場合、上記の定義を図示すると以下となる。

短時間のばく露限界値
30 ppm

5.2. 経皮吸収のリスク

　算出した経皮ばく露限界値と経皮吸収量を比較し、図表 19 に基づいてリスクレベルを判定しています。

　CREATE-SIMPLE では、併せて皮膚等障害化学物質への該当可否を表示することとしています。

A6.4

図表 30 リスクレベルの定義（経皮吸収）

経皮吸収のリスクレベルの定義	説明	保護手袋の基準
リスクレベルIV （経皮吸収量≧経皮ばく露限界値×10）	至急リスクを下げる対策を実施しましょう。	耐透過性・耐浸透性の手袋を着用すること
リスクレベルIII （経皮ばく露限界値×10＞経皮吸収量≧経皮ばく露限界値）	リスクを下げる対策を実施しましょう。	耐透過性・耐浸透性の手袋を着用すること
リスクレベルII （経皮ばく露限界値＞経皮吸収量≧経皮ばく露限界値×0.1）	良好です。機器や器具、作業手順などの管理に努めましょう。	耐透過性・耐浸透性の手袋の着用を推奨
リスクレベルI （経皮ばく露限界値×0.1 ＞経皮吸収量）	十分に良好です	手袋を着用すること

　なお、皮膚等障害化学物質に該当する場合（2.3 参照）には、別途保護メガネ、化学保護手袋等の着用の義務があります。

5.3. 合算のリスク

　吸入ばく露によるリスクレベルと経皮吸収による健康リスクは別々にリスクレベルを算出しますが、一方、それぞれの経路ではリスクは許容範囲内であっても、吸入、経皮を合算すると、ばく露限界値を上回るケース（リスクが許容範囲を超える場合）があります。

　そのため、CREATE-SIMPLE では、吸入ばく露及び経皮吸収それぞれでばく露比を算出し、合算リスクレベルを求めています。

● 吸入

　　　　　　ばく露比＝推定ばく露濃度範囲の上限／ばく露限界値

● 経皮

　　　　　　ばく露比＝経皮吸収量／経皮ばく露限界値

リスクレベル	定義
IV （大きなリスク）	ばく露比＞10
III （中程度のリスク）	10≧ばく露比＞1
II （小さなリスク）	1≧ばく露比＞0.1
I （些細なリスク）	ばく露比≦0.1

● 計算例

・吸入ばく露限界値 10 ppm、推定ばく露濃度 0.5〜5 ppm

⇒リスクレベル II （ばく露比 0.5 （5 ppm /10 ppm））

・経皮ばく露限界値 120 mg/day、経皮吸収量 102 mg

⇒リスクレベル II （ばく露比 0.85 （102 mg/120 mg/day））

よって吸入及び経皮の合計リスクレベルは、III （0.5 + 0.85 = 1.35）

6. 簡易ばく露濃度推定シート

A6.4

	低飛散性 (壊れないペレット)	中飛散性 (結晶状・顆粒状)	高飛散性 (微細な軽い粉体)		初期ばく露濃度（mg/m³）
粉体	10g 未満	–	–		0.001 以上～0.01 未満
	10g～1000g	1000g 未満	100g 未満		0.01 以上～0.1 未満
	1kg 以上	–	100g～1000g		0.1 以上～1 未満
	–	1kg 以上	1kg 以上		1 以上～10 未満

or

	極低揮発性 (蒸気圧：0.5 Pa 未満)	低揮発性 (沸点：150℃以上)	中揮発性 (沸点：50℃～150℃)	高揮発性 (沸点：50℃未満)	初期ばく露濃度（ppm）
液体	10mL 未満				0.005 以上～0.05 未満
	1000mL 未満	10mL 未満	–	–	0.05 以上～0.5 未満
	1L 以上	1000mL 未満	100mL 未満	10mL 未満	0.5 以上～5 未満
		1L 以上	100mL～1000mL	10mL～1000mL	5 以上～50 未満
	–		1L 以上	1L 以上	50 以上～500 未満

$\times$

	含有率の条件	補正係数	補正係数
含有率	25%以上	1	
	5%以上～25%未満	3/5	
	1%以上～5%未満	1/5	
	1%未満	1/10	

$\times$

	補正する作業内容の条件	補正係数	補正係数
作業	スプレー作業など、空気中に飛散しやすい作業	10	
	該当なし	1	

$\times$

	補正する作業内容の条件	補正係数	補正係数
作業	化学物質の合計塗布面積が 1m² 超 かつ 取扱量 1L 以上	10	
	該当なし	1	

$\times$

	換気レベル	換気状況の目安		補正係数	補正係数
換気	レベル A	特に換気がない部屋		4	
	レベル B	全体換気		3	
	レベル C	工業的な全体換気		1	
	レベル D	局所排気（外付け式）	制御風速未確認	1/2	
	レベル D	局所排気（外付け式）	制御風速確認済	1/10	
	レベル E	局所排気（囲い式）	制御風速未確認	1/10	
	レベル E	局所排気（囲い式）	制御風速確認済	1/100	
	レベル F	密閉容器内での取扱い		1/1000	

$\times$

	条件（作業頻度が週 1 回以上の場合）	補正係数	補正係数
作業時間・頻度	週合計作業時間が 40 時間を超える場合。 または 1 日の作業時間が 8 時間を超え、かつ頻度が週 3 日以上の場合。	10	
	補正係数 10 または 1/10 に該当しない場合	1	
	週合計作業時間が 4 時間以下の場合	1/10	
	条件（作業頻度が週 1 回未満）	補正係数	
	年間作業時間の合計が 192 時間を超える場合	1	
	年間作業時間の合計が 192 時間以下の場合	1/10	

A6.4

保護具の種類		フィットテストの有無		
		フィットテスト	簡易法（シールチェック）	なし
呼吸用保護具	防じんマスク（全面形、RS3・RL3）	1/50	1/35	1/25
	防じんマスク（全面形、RS2・RL2）	1/14	1/9	1/7
	防じんマスク（全面形、RS1・RL1）	1/4	1/3	1/2
	防じんマスク（半面形、RS3・RL3）	1/10	1/7	1/5
	防じんマスク（半面形、RS2・RL2）	1/10	1/7	1/5
	防じんマスク（半面形、RS1・RL1）	1/4	1/3	1/2
	防じんマスク（使い捨て式、DS3・DL3）	1/10	1/7	1/5
	防じんマスク（使い捨て式、DS2・DL2）	1/10	1/7	1/5
	防じんマスク（使い捨て式、DS1・DL1）	1/4	1/3	1/2
	防毒マスク（全面形）	1/50	1/35	1/25
	防毒マスク（半面形）	1/10	1/7	1/5
	電動ファン付き（全面形、S級、PS3・PL3）	1/1000	1/750	1/500
	電動ファン付き（全面形、A級、PS2・PL2）	1/90	1/67	1/45
	電動ファン付き（全面形、A級・B級、PS1・PL1）	1/19	1/14	1/9
	電動ファン付き（半面形、S級、PS3・PL3）	1/50	1/35	1/25
	電動ファン付き（半面形、A級、PS2・PL2）	1/33	1/24	1/16
	電動ファン付き（半面形、A級・B級、PS1・PL1）	1/14	1/10	1/7
	電動ファン付き（ルーズフィット形、S級、PS3・PL3）	1/25		
	電動ファン付き（ルーズフィット形、S級・A級、PS2・PL2）	1/20		
	電動ファン付き（ルーズフィット形、A級、PS3・PL3）	1/20		
	電動ファン付き（ルーズフィット形、S級・A級・B級、PS1・PL1）	1/11		
	電動ファン付き（全面形）	1/1000	1/750	1/500
	電動ファン付き（半面形）	1/50	1/35	1/25
	電動ファン付き（ルーズフィット形）	1/25		

✕

補正係数

▶

‖

推定ばく露濃度

～
mg/m^3 ・ ppm

7.　危険性のリスク判定

　危険性は GHS 区分情報を活用し、危険性項目（火薬類、引火性液体など）ごとに取扱量に応じた暫定リスクレベル（以降「暫定 RL」という）を設定し、作業状況（着火源の有無、爆発性雰囲気形成防止対策の状況、近傍での有機物・金属の取り扱い状況、空気や水との接触状況など）から暫定 RL を補正してリスクレベルを決定しています。

A6.4

---
ver.2.x からの変更点

　ver.2.x では、爆発性雰囲気が形成されることを防ぐ対策として、換気状況（換気レベル D 以上）を爆発性雰囲気形成の防止対策としていました。ver.3.0 では、換気に加え、滞留、漏洩の防止等も踏まえた爆発性雰囲気形成防止対策の実施状況を明示的に確認する設問を追加しました。

7.1.　暫定リスクレベルの設定

● 爆発物

　等級 1.1~1.5 の場合、取扱量に関わらず、すべて暫定 RL を「5」と設定し、併せて「専門家または購入元に取り扱い方等を確認・相談のうえ SDS 等に従い取り扱うこと。」と表示しています。一方、等級 1.6 の場合、GHS の定義を踏まえ、取扱量に関わらず、暫定 RL を「5」と設定し、併せて「取り扱い方によっては危険性が顕在化するおそれがあるため、必要に応じて専門家または購入元に取り扱い方等を確認・相談のうえ SDS 等に従い取り扱うこと。」と表示しています。

● 可燃性ガス

　図表 31 のとおり、取扱量に応じて暫定 RL を設定しています。

図表 31　可燃性・引火性ガスの暫定 RL

		GHS 区分情報	
		区分 1	区分 2
取扱量	（ガス重量）ton	5	5
	（ガス重量）≥1kg	5	5
	（ガス重量）1000g~100g	5	4
	（ガス重量）100g~10g	4	3
	（ガス重量）≤10 g	3	2

　ガスは、液体と異なり「揮発」という物理現象を介さないことから引火性液体（後述）よりも高い暫定 RL を設定しています。

　さらに取扱状況に応じて下記のとおり暫定 RL を引き下げています。

　　✓　着火源の有無：着火源が除去れている場合、暫定 RL を 1 つ引き下げる
　　✓　爆発性雰囲気形成防止対策の実施状況：爆発性雰囲気形成防止対策が実施されている場合、暫定 RL を 1 つ引き下げる

● エアゾール

図表 32 のとおり取扱量に応じて暫定 RL を設定しています。

図表 32　エアゾールの暫定 RL

		GHS 区分情報		
		区分 1	区分 2	区分 3
取扱量	（ガス重量）ton	5	5	2
	（ガス重量）≥1kg	5	5	2
	（ガス重量）1000g~100g	5	4	2
	（ガス重量）100g~10g	4	4	1
	（ガス重量）≤10 g	3	3	1

　エアゾールは、GHS の定義を踏まえ、原則可燃性・引火性ガスと同様に暫定 RL を設定するが、通常容器は圧力が高い状態にあり、噴霧させて用いることなどから可燃性・引火性ガスよりも高い暫定 RL を設定しています。区分 3 に該当するエアゾールの場合、非引火性エアゾールに該当するため、暫定 RL は区分 1、2 よりも低く設定しています。

　さらに取扱状況に応じて下記のとおり暫定 RL を引き下げています（区分 3 は考慮しない）。

　✓　着火源の有無：着火源が除去れている場合、暫定 RL を 1 つ引き下げる
　✓　爆発性雰囲気形成防止対策の実施状況：爆発性雰囲気形成防止対策が実施されている場合、暫定 RL を 1 つ引き下げる

● 酸化性ガス

図表 33 のとおり取扱量に応じて暫定 RL を設定しています。

図表 33　支燃性・酸化性ガスの暫定 RL

		GHS 区分情報
		区分 1
取扱量	（ガス重量）ton	5
	（ガス重量）≥1kg	4
	（ガス重量）1000g~100g	3
	（ガス重量）100g~10g	2
	（ガス重量）≤10 g	2

　ガスは、液体や固体と異なり、「揮発」や「飛散」という物理現象を介さないことから、酸化性液体・固体（後述）よりも高い暫定 RL を設定しています。

● 高圧ガス

図表 34 のとおり取扱量に応じて暫定 RL を設定しています。

図表 34　高圧ガスの暫定 RL

		GHS 区分情報
		区分 1
取扱量	（ガス重量）ton	2
	（ガス重量）≥1kg	2
	（ガス重量）1000g~100g	2
	（ガス重量）100g~10g	1
	（ガス重量）≤10 g	1

　高圧ガスは区分（圧縮ガス、液化ガス、溶解ガス、深冷液化ガス）によらず、取扱量に応じて暫定 RL を「2」または「1」と設定し、併せて「圧力に応じて法令（高圧ガス保安法、安全衛生規則、ボイラー則など）を参照のうえ対応すること。」と表示しています。

　なお、CREATE－SIMPLE では、不活性ガスを想定しており、引火性を有する場合は可燃性・引火性ガスなどでリスクレベルを設定しています。

● 引火性液体

図表 35 のとおり取扱量に応じて暫定 RL を設定しています。

図表 35　引火性液体の暫定 RL

		GHS 区分情報		
		区分 1、2 取扱温度≥引火点	区分 3 （取扱温度<引火点）	区分 4 （取扱温度<引火点）
取扱量	kL, ton	5	4	3
	≥1L, ≥1kg	5	3	2
	1000mL~100mL, 1000g~100g	4	2	2
	100mL~10mL, 100g~10g	3	2	2
	≤10mL, ≤10 g	2	2	1

　GHS の区分では、基本的に引火点によって区分が決定しており、引火後の影響度は考慮されていないことから引火のしやすさという観点から取扱温度≥引火点と区分 1 および 2 は同じ暫定 RL を設定しています。また、引火点は試験条件（closed cup 等の条件）によって精度が変わることから、10℃安全マージンを取ることとしています（取扱温度：55℃、引火点：60℃の場合、安全マージンを考慮し取扱温度を65℃として暫定 RL を決定）。

A6.4

さらに取扱状況に応じて下記のとおり暫定 RL を引き下げています。

- ✓ 着火源の有無：着火源が除去れている場合、暫定 RL を 1 つ引き下げる
- ✓ 爆発性雰囲気形成防止対策の実施状況：爆発性雰囲気形成防止対策が実施されている場合、暫定 RL を 1 つ引き下げる

A6.4

● 可燃性固体

図表 36 のとおり取扱量に応じて暫定 RL を設定しています。

図表 36 可燃性固体の暫定 RL

		GHS 区分情報
		区分 1、区分 2
取扱量	kL, ton	5
	≥1L, ≥1kg	5
	1000mL~100mL, 1000g~100g	4
	100mL~10mL, 100g~10g	3
	≤10mL, ≤10 g	2

ここでの「固体」は、原則「粉じん」を想定して暫定 RL を設定しており、区分 1 の場合は、固体の形状（飛散性）によらず暫定 RL は図表 36 に沿って設定しています。しかし、区分 2 の場合、固体の形状が「低揮発性」の場合、暫定 RL を 1 つ引き下げています。

さらに取扱状況に応じて下記のとおり暫定 RL を引き下げています。

- ✓ 着火源の有無：着火源が除去れている場合、暫定 RL を 1 つ引き下げる
- ✓ 爆発性雰囲気形成防止対策の実施状況：爆発性雰囲気形成防止対策が実施されている場合、暫定 RL を 1 つ引き下げる

● 自己反応性化学品・有機過酸化物

図表 37 のとおり取扱量に応じて暫定 RL を設定しています。

図表 37 自己反応性化学品・有機過酸化物の暫定 RL

		GHS 区分情報	
		タイプ A~F	タイプ G
取扱量	kL, ton	5	5
	≥1L, ≥1kg	5	4
	1000mL~100mL, 1000g~100g	5	3
	100mL~10mL, 100g~10g	5	2
	≤10mL, ≤10 g	5	1

　タイプ A~F の場合、取扱量に関わらず、すべて暫定 RL を「5」と設定し、併せて「専門家または購入元に取り扱い方等を確認・相談のうえ SDS 等に従い取り扱うこと。」と表示しています。一方、タイプ G の場合、GHS の定義を踏まえ、取扱量に応じた暫定 RL を設定しています。

A6.4

● 自然発火性液体・自然発火性固体
　取扱量に関わらず、すべて暫定 RL を「5」と設定し、併せて「専門家または購入元に取り扱い方等を確認・相談のうえ SDS 等に従い取り扱うこと。」と表示しています。

● 自己発熱性化学品
　図表 38 のとおり取扱量に応じて暫定 RL を設定しています。

図表 38　自己発熱性化学品の暫定 RL

		GHS 区分情報
		区分 1
取扱量	kL, ton	5
	≥1L, ≥1kg	4
	1000mL~100mL, 1000g~100g	3
	100mL~10mL, 100g~10g	2
	≤10mL, ≤10 g	2

さらに取扱状況に応じて下記のとおり暫定 RL を引き下げています。
　　✓ 空気・水との接触の有無：空気・水と接触しない環境で取扱われている場合、暫定 RL を 1 つ引き下げる

● 水反応可燃性化学品
　図表 39 のとおり取扱量に応じて暫定 RL を設定しています。

図表 39　水反応可燃性化学品の暫定 RL

		GHS 区分情報		
		区分 1	区分 2	区分 3
取扱量	kL, ton	5	5	5
	≥1L, ≥1kg	5	5	4
	1000mL~100mL, 1000g~100g	5	4	3
	100mL~10mL, 100g~10g	5	4	3
	≤10mL, ≤10 g	5	3	2

区分 1 の場合、取扱量に関わらず、すべて暫定 RL を「5」と設定し、併せて「専門家または購入元に取り扱い方等を確認・相談のうえ SDS 等に従い取り扱うこと。」と表示しています。一方、区分 2 及び区分 3 の場合、可燃性又は引火性ガスの発生することが判断のポイントになっていることから、可燃性・引火性ガスと同様の暫定 RL を設定しています。

さらに取扱状況に応じて下記のとおり暫定 RL を引き下げています。

✓ 着火源の有無：着火源が除去されている場合、暫定 RL を 1 つ引き下げる
✓ 空気・水との接触の有無：空気・水と接触しない環境で取扱われている場合、暫定 RL を 1 つ引き下げる

● 酸化性液体・酸化性固体

図表 40 のとおり取扱量に応じて暫定 RL を設定しています。

図表 40 酸化性液体・酸化性固体の暫定 RL

		GHS 区分情報		
		区分 1	区分 2	区分 3
取扱量	kL, ton	5	1	3
	≥1L, ≥1kg	4	3	2
	1000mL~100mL, 1000g~100g	3	2	2
	100mL~10mL, 100g~10g	2	2	2
	≤10mL, ≤10 g	2	2	1

さらに取扱状況に応じて下記のとおり暫定 RL を引き下げます。

✓ 有機物・金属の取扱いの有無：有機物・金属を近傍で取り扱っていない場合、暫定 RL を 1 つ引き下げる

● 金属腐食性物質

暫定 RL を「2」と設定し、併せて「貯蔵、使用時に容器や配管などを腐食し破損、割れのおそれがあるため、SDS 等を確認し適切に取り扱うこと。」と表示しています。

● 鈍性化爆発物

JIS Z 7252:2019 より、危険性に関する区分として、新たに「鈍性化爆発物」が追加されました。鈍性化爆発物とは、大量爆発及び急速な燃焼を起こさないように、爆発性を抑制するために鈍性化され、危険性クラス"爆発物"から除外されている物質であり、鈍性化剤が減少した場合には爆発の危険性の増加し、爆発物と同等のハザードとなると考えられることから、すべて暫定 RL を「5」と設定し、併せて「専門家または購入元に取り扱い方等を確認・相談のうえ SDS 等に従い取り扱うこと。」と表示しています。

● 　【参考】着火源の有無、爆発性雰囲気形成防止対策の判断基準

　着火源の有無及び爆発性雰囲気形成防止対策の判断基準は、下記のとおりです。ここでは、下記を参考にチェックを行い、ユーザーが判断します。なお、対策の詳細については、労働安全衛生総合研究所「静電気安全指針 2007」[19]や労働安全衛生総合研究所技術資料 JNIOSH-TD-No.7 化学物質の危険性に対するリスクアセスメント等実施のための参考資料―開放系作業における火災・爆発を防止するために―」[20]を参照してください。

A6.4

図表 41　着火源の有無の判断基準の例

✓　静電気対策が講じられている
➤　化学物質の配管内などでの流速（移送速度）は大きくし過ぎていない
➤　化学物質が流動・移動（混合や混練を含む）する箇所はアースをとっている
➤　帯電防止の衣服・靴などを着用している
➤　作業場の湿度は低くし過ぎていない（30%以下は危険）
➤　床の伝導性は確保している（絶縁シート上で作業は行っていない、など）
✓　近傍に裸火や高温部は存在しない
✓　金属同士の接触など火花が生じるおそれのある作業は行っていない
✓　取扱う化学物質に摩擦や強い衝撃を与えるおそれはない

図表 42　爆発性雰囲気形成防止対策の例

対策	対策例
ガス・蒸気爆発性雰囲気の抑制対策	・　不要な可燃性ガス・液体の残留を除去する ・　可燃性ガス・液体の漏洩を防止する ・　可燃性ガス・蒸気の放出を管理する ・　換気によって可燃性ガス・蒸気の滞留を防止する ・　爆発性雰囲気の形成を検知するための異常発生検知手段（センサー等）の設置
粉じん爆発性雰囲気の抑制	・　適切な粉体の粒径を選定する ・　粉体の微細化を防止する ・　粉体の滞留・堆積を防止する（排気／換気装置内への堆積を含む） ・　取り扱いの規模を制限する ・　設備を区画化する ・　設備内の不要な突起物を除去する ・　可燃性粉体の漏洩を防止する ・　可燃性粉体の飛散・堆積を防止する

（出所）労働安全衛生総合研究所（2022）「技術資料 JNIOSH-TD-No.7 化学物質の危険性に対するリスクアセスメント等実施のための参考資料―開放系作業における火災・爆発を防止するために―」

---

[19] 　労働安全衛生総合研究所（2007）「静電気安全指針 2007」
https://www.jniosh.johas.go.jp/publication/doc/tr/TR_No42.pdf
[20] 　労働安全衛生総合研究所（2022）「技術資料 JNIOSH-TD-No.7 化学物質の危険性に対するリスクアセスメント等実施のための参考資料―開放系作業における火災・爆発を防止するために―」
https://www.jniosh.johas.go.jp/publication/doc/td/TD-No7.pdf#zoom=100

A6.4

7.2. リスクレベルの判定

暫定 RL を下記の表に当てはめてリスクレベルを判定しています。

図表 43 危険性のリスクレベルの定義

リスクレベル	暫定 RL	説明
IV （大きなリスク）	4 以上	・ 最優先でリスク低減措置を講じる必要がある。 ・ 通常の条件でリスクが顕在化する可能性が極めて高く、またリスクが顕在化した場合の影響が重大となり得る（死傷、設備の破壊など）
III （中程度のリスク）	3	・ 優先的にリスク低減措置を講じる必要がある。 ・ 条件が整えば、リスクが顕在化する可能性が高く、またリスクが顕在化した場合の影響が大きい（死傷、設備の破壊など）
II （小さなリスク）	2	・ リスク低減措置を講じることを推奨する。 ・ リスクが顕在化する可能性は高くないと考えられるが、条件によってはリスクが顕在化するおそれもあるため、注意を要する。
I （些細なリスク）	1 以下	・ 必要に応じてリスク低減措置を講じる。 ・ 少なくとも現状を維持する努力を要するが、費用対効果などを考慮し、リスク低減措置の計画的な実施が望ましい。

8. 文献

・ UK HSE（2009）「The technical basis for COSHH essentials: Easy steps to control chemicals」

・ 山田憲一（2017）「簡易で定性的な化学物質のリスクアセスメント手法としてのコントロールバンディング」（産業医学レビュー）

・ BAuA（2014）「EMKG-EXPO-TOOL」

・ 福井大学工学部技術部安全衛生管理推進グループ（2017）「中災防テキスト発行以降の更新に関する説明」

・ 中央労働災害防止協会（2016）「テキスト化学物質のリスクアセスメント」

・ 米国 NIOSH（2014）「A Strategy for Assigning New NIOSH Skin Notations」（2009）

・ AIHA「IH SkinPerm」

・ 英国化学工学会（2013）「Flammability A safety guide for users Safe working with industrial solvents」

・ 労働安全衛生総合研究所（2007）「静電気安全指針 2007」

・ 労働安全衛生総合研究所（2022）「燃焼の 3 要素に着目した火災・爆発発生シナリオ同定法（簡易シナリオ同定法）」

A6.4

9.　おわりに

本リスクアセスメント手法の構築にあたり、検討委員会により検討が行われました。

【平成28年度　第3次産業にむけた簡易リスクアセスメント手法検討委員会】

（委員）

上村 達也	化成品工業協会 技術部 部長	
島田 良雄	全国ビルメンテナンス協会 労働災害防止専門委員会 委員	
田中 茂	十文字学園女子大学 人間生活学研究科 教授	
○ 橋本 晴男	東京工業大学 キャンパスマネジメント本部 特任教授	
萩原 直見	ＮＰＯ法人日本ネイリスト協会 理事・法制委員会委員長	
木村 俊弥	ＮＰＯ法人日本ネイリスト協会 常務理事・事務局長	
正田 浩三	東京美装興業株式会社 技術部 部長	
山田 憲一	中央労働災害防止協会 労働衛生調査分析センター	

（五十音順・敬称略、○は委員長を示す。役職は開催当時のもの。）

【平成29年度　簡易リスクアセスメント手法検討委員会】

上村 達也	化成品工業協会 技術部 部長
佐藤 嘉彦	労働安全衛生総合研究所 化学安全研究グループ
島田 行恭	労働安全衛生総合研究所 リスク管理研究センター センター長
田中 茂	十文字学園女子大学 人間生活学研究科 教授
藤間 俊彦	AGC 株式会社 環境安全品質部 マネージャー
○ 橋本 晴男	東京工業大学 キャンパスマネジメント本部 特任教授
山田 憲一	中央労働災害防止協会 労働衛生調査分析センター

（五十音順・敬称略、○は委員長を示す。役職は開催当時のもの。）

【令和5年度 簡易リスクアセスメント手法検討委員会】

上村 達也　化成品工業協会 技術部長

佐藤 嘉彦　（独）労働者健康安全機構 労働安全衛生総合研究所
リスク管理研究グループ 部長代理

島田 行恭　独立行政法人 労働者健康安全機構 労働安全衛生総合研究所
研究推進・国際センター センター長

田原 寿夫　花王株式会社 技術開発センター 品質技術G 主任技術員

橋本 晴男　橋本安全衛生コンサルタントオフィス 所長

中家 隆博　関西環境科学株式会社 代表取締役

中原 浩彦　独立行政法人 労働者健康安全機構 労働安全衛生総合研究所
化学物質情報管理部 特任研究員

○ 宮内 博幸　産業医科大学 作業環境計測制御学講座 教授

山田 憲一　労働衛生コンサルタント

山室 堅治　中央労働災害防止協会 労働衛生調査分析センター 上席専門役

（五十音順・敬称略、○は委員長を示す。役職は開催当時のもの。）

（事務局）みずほリサーチ＆テクノロジーズ株式会社

出典：「CREATE-SIMPLE の設計基準」（厚生労働省）
　　（https://anzeninfo.mhlw.go.jp/user/anzen/kag/ankgc07_3.htm）をもとに一部改変
　　（随時最新版が公開されるため、サイトにて最新版を確認すること。）

A6.5　化学物質対策に関するQ＆A（リスクアセスメント関係）

令和 6 年 2 月 28 日更新

一般

- Q 1-1.　なぜリスクアセスメントを行わなければならないのか。
- Q 1-2.　リスクアセスメントはどのような手順で実施するのか。

対象物質

- Q 2-1.　塗料やシンナー等の混合物の場合、リスクアセスメントの義務が課されたリスクアセスメント対象物であるかをどのように確認したら良いか。

対象範囲

- Q 3-1.　労働安全衛生法では、「危険性または有害性等の調査」となっているが、危険性と有害性のどちらかのリスクアセスメントを行えばよいか。
- Q 3-2.　研究や分析等で化学品を少量だけ取り扱う場合もリスクアセスメントが必要か。
- Q 3-3.　少量多品種の化学物質を取り扱っているが、全ての化学物質についてリスクアセスメントを実施しなければならないか。
- Q 3-4.　反応等で対象物質を製造する場合、リスクアセスメントは必要か。
- Q 3-5.　ラベルに危険有害性の絵表示があれば、リスクアセスメントを実施しなければならないのか。
- Q 3-6.　リスクアセスメント対象物からそれ以外の物質に代替すれば、リスクアセスメントは実施しなくても良いか。

一般消費者の生活の用

- Q 4-1.　リスクアセスメント対象物を含む化学品でも、一般消費者用に販売されているものは、リスクアセスメントをしなくても良いか。
- Q 4-2.　ガソリンを使った発電機での作業について、ガソリンのリスクアセスメントは必要か。

実施主体

- Q 5-1.　どのような事業場がリスクアセスメントを行う義務があるか。
- Q 5-2.　塗装作業を外注する場合、リスクアセスメントを実施するのは塗装作業を請け負った事業者か。
- Q 5-3.　元請事業者が塗装作業を下請事業者に任せた場合、リスクアセスメントは誰が実施しなければならないのか。
- Q 5-4.　元請事業者のもと、複数の下請事業者が同一作業場で作業を行う（混合作業）場合、リスクアセスメントは誰が実施するのか。
- Q 5-5.　化学品を保管・運搬するだけの運送業者等はリスクアセスメントを実施する必要はあるか。
- Q 5-6.　譲渡・提供先からリスクアセスメントの実施要請を受けたが、リスクアセスメントは譲渡・提供者に実施義務があるのか。

実施時期

- Q 6-1. リスクアセスメントはいつ実施するのか。
- Q 6-2. リスクアセスメントの実施時期について、「化学物質等による危険性または有害性等について変化が生じ、又は生ずるおそれがあるとき」とはどういうときか。
- Q 6-3. 原材料の新規採用や変更を行う場合、取扱いを開始した後にリスクアセスメントを行えばよいか。
- Q 6-4. リスクアセスメントが義務化される以前から同じ物質を同じ手順で使用している場合にもリスクアセスメントが必要か。
- Q 6-5. リスクアセスメントは毎年見直しをしなければならないか。

体制

- Q 7-1. リスクアセスメントを実施する前に実施体制を決める必要があるか。

危険有害性の特定

- Q 8-1. リスクアセスメントを実施する際に、SDS に記載されたどの情報を活用すればよいか。
- Q 8-2. 粉体を水に溶かし、水溶液として使う作業をする場合、リスクアセスメントはどの作業単位で実施しなければならないのか。
- Q 8-3. アスファルトは、どの状態のときに（どの段階で）リスクアセスメントをすればよいか。

リスク見積り

- Q 9-1. リスクアセスメントの実施方法は決められているか。
- Q 9-2. 現場ごとに取り扱う化学物質や作業環境が異なる場合、リスクアセスメントはどのように実施すべきか。
- Q 9-3. 特別規則（特定化学物質障害予防規則、有機溶剤中毒予防規則等）の対象物質は、従来から特別規則に従った管理を実施しているが、リスクアセスメントは別途必要か。
- Q 9-4. 化学関係とは無縁の業種で、化学の知識も乏しい。リスクアセスメントをどう進めたらよいか。
- Q 9-5. リスクアセスメントとしてコントロール・バンディングを使ったが、結果としてリスクレベルが高く評価され、対策として代替物質への変更などが提示されたが実施が困難である。他にどのようなリスク見積り手法があるか。
- Q 9-6. 粉じん作業環境測定で第一管理区分であった。化学物質のリスクはないと考えて良いか。保護具はしなくても良いか。

CB（コントロール・バンディング）

- Q 10-1. コントロール・バンディングの Step2「GHS 分類区分」の選択肢にない区分が SDS に記載されていた場合、どのように入力するのか。
- Q 10-2. 混合物の SDS に沸点の記載がない場合、コントロール・バンディングには何を入力すれば良いか。
- Q 10-3. 混合物のコントロール・バンディングの入力方法を知りたい。
- Q 10-4. コントロール・バンディングの物質リストに含まれていない物質の場合、どのように入力すれば良いか。

A6.5

CREATE-SIMPLE（クリエイト・シンプル）

- Q 11-1．CREATE-SIMPLE とコントロール・バンディングとは何が異なりますか。
- Q 11-2．CREATE-SIMPLE の物資一覧等を確認したが対象物質が含まれていない場合はどのように対応するのか。
- Q 11-3．CREATE-SIMPLE で物質検索を行い、各種情報が自動入力されたが、「リスクを判定」すると「Step2 の物理化学的性状を全て入力してください」とエラーが表示されたが、どのように対応すればよいか。
- Q 11-4．CREATE-SIMPLE で塗料等の混合物はどのように評価するのか。
- Q 11-5．水酸化ナトリウム等の固体を溶かした水溶液は、液体・固体のいずれで評価すべきか。
- Q 11-6．コントロール・バンディングや CREATE-SIMPLE でリスクアセスメントを行う場合、昇華性のある固体（ヨウ素、ナフタレンなど）は、液体または固体のどちらでリスクアセスメントを実施すればよいか。
- Q 11-7．CREATE-SIMPLE で屋外作業を評価する場合、換気状況はどれを選択すべきか。
- Q 11-8．同じ物質を異なる作業で実施している場合には、CREATE-SIMPLE ではどのように考えればよいですか。
- Q 11-9．CREATE-SIMPLE の評価結果として示されるリスクレベルはどのような意味か。
- Q 11-10．CREATE-SIMPLE の危険性は、プロセスの状況まで十分に踏まえてリスクを見積もっているか。
- Q 11-11．CREATE-SIMPLE は定期的に更新されるのか。
- Q 11-12．CREATE-SIMPLE はバージョンアップされますが、バージョンアップごとに再評価する必要があるか。
- Q 11-13．リスクの低減対策として、物質の代替を検討しています。CREATE-SIMPLE の実施レポートではどのように入力すればよいか。
- Q 11-14．ver.3.0（2024 年 2 月リリース）において、初回のリスクアセスメントの段階で呼吸用保護具のオプションを選択できなくなったのはなぜか。

リスク低減措置

- Q 12-1．リスクアセスメント実施後のリスク低減措置の実施は義務か。
- Q 12-2．リスクを低減するためにはどのような措置を講ずるべきか。
- Q 12-3．リスク低減措置を実施した後に改めてリスクの見積りを実施しなければならないか。

リスクアセスメント結果の活用

- Q 13-1．リスクアセスメントの結果について、保存の義務はあるか。
- Q 13-2．リスクアセスメントを実施した結果を記載する決められた様式はあるか。また、結果を行政に提出しなければならないか。
- Q 13-3．リスクアセスメント結果の周知はどのような方法で実施するのか。
- Q 13-4．リスクアセスメントの結果等の記録について、次にリスクアセスメントを行うまでの間（次のリスクアセスメントが 3 年以内に実施される場合は 3 年間）保存しなければならないこととされていますが、対象の化学物質を今後使用しない場合、記録の保存は

A6.5

必要なのでしょうか。

その他

- Q 14-1.　リスクアセスメントの実施について、罰則はあるか。

本編に無い疑問等は、化学物質管理に関する相談窓口にお問い合わせください。

相談先は、以下のページをご覧ください。

https://www.mhlw.go.jp/stf/seisakunitsuite/bunya/0000046255.html

A6.5

略語	正式名称
安衛法	労働安全衛生法（昭和47年法律第57号）（厚生労働省所管）「労安法」と略すこともある
化管法	特定化学物質の環境への排出量の把握等及び管理の改善の促進に関する法律（平成11年法律第86号）（経済産業省、環境省所管）
毒劇法	毒物及び劇物取締法（昭和25年法律第303号）（厚生労働省所管）
化学物質リスクアセスメント指針	化学物質等による危険性又は有害性等の調査等に関する指針（平成27年9月18日　危険性又は有害性等の調査等に関する指針告示第3号）
GHS	化学品の分類および表示に関する世界調和システム（Globally Harmonized System of Classification and Labelling of Chemicals）
SDS	安全データシート（Safety Data Sheet）

一　　般

■ Q1-1　なぜリスクアセスメントを行わなければならないのか。

リスクアセスメントとは、事業者及び労働者がその危険性や有害性を認識し、事業者が労働者への危険または健康障害を生じるおそれの程度を見積り、リスクの低減対策を検討することです。

これにより、化学物質の危険有害性によって起こりうる労働災害の未然防止に繋げることがリスクアセスメントの目的になります。

■ Q1-2　リスクアセスメントはどのような手順で実施するのか。

リスクアセスメントは大きく次の5つのステップで実施します。

1．化学物質などによる危険性または有害性の特定

2．リスクの見積り

3．リスク低減措置の内容の検討

4．リスク低減措置の実施

5．リスクアセスメント結果の労働者への周知

各ステップの概要については、パンフレット等で確認することができます。

〈厚生労働省　労働災害を防止するためリスクアセスメントを実施しましょう〉

https://www.mhlw.go.jp/file/06-Seisakujouhou-11300000-Roudoukijunkyokuanzeneiseibu/0000099625.pdf

対象物質

■ **Q2-1　塗料やシンナー等の混合物の場合、リスクアセスメントの義務が課されたリスクアセスメント対象物であるかをどのように確認したら良いか。**

　リスクアセスメントの義務が課される物質は、ラベル表示及び SDS 交付義務が課された物質と同一です。

　そのため、塗料やシンナーなど、提供された化学品の SDS の「15. 適用法令」に「労働安全衛生法 第57条の適用あり」、「労働安全衛生法 表示（または通知）対象物」などの記載があれば、リスクアセスメントの実施義務対象物質が成分として含まれていることになります。

　また、SDS の「3. 組成及び成分情報」に記載された各成分の情報から「職場のあんぜんサイト」に掲載されている表示・通知対象物のリスト等で確認することもできます。

　なお、対象物質は今後も国（政府）による GHS 分類結果に基づき追加されることが予定されています。

〈職場のあんぜんサイト　表示・通知対象物質（ラベル表示・SDS 交付義務対象物質）の一覧・検索〉

https://anzeninfo.mhlw.go.jp/anzen/gmsds/gmsds640.html

対象範囲

■ **Q3-1　労働安全衛生法では、「危険性または有害性等の調査」となっているが、危険性と有害性のどちらかのリスクアセスメントを行えばよいか。**

　危険性と有害性のどちらか一方を実施すれば良いというわけではありません。

　取り扱っている化学物質が危険性と有害性の両方に該当するのであれば、危険性と有害性それぞれのリスクアセスメントを行う必要があります。リスク見積り手法によっては、危険性と有害性のどちらも同じ方法で実施することもできますが、危険性と有害性でそれぞれ異なる方法で見積もることが必要な場合もあります。

　また、リスク低減措置についても危険性と有害性それぞれの観点から検討・実施する必要があります。

■ **Q3-2　研究や分析等で化学品を少量だけ取り扱う場合もリスクアセスメントが必要か。**

　リスクアセスメントは業種や事業規模、物質の取扱量等に関わらず、リスクアセスメント対象物を取り扱うすべての事業場が対象となっています。そのため、少量・多品種を取り扱う試験研究業や教育業（大学の研究室等）でも、リスクアセスメントを実施する必要があります。リスクアセスメントの具体的な実施方法としては、取扱物質、作業手順から防護措置を簡単にチェックする方法などが考えられますので、各事業者が適切な方法で行うようにしてください。

■ **Q3-3　少量多品種の化学物質を取り扱っているが、全ての化学物質についてリスクアセスメントを実施しなければならないか。**

　化学物質ごとに危険有害性の種類や程度が異なりますので、原則、個々の化学物質についてリスクアセスメントを行っていただく必要があります。

ただし、研究や分析など多品種を同一作業で扱っているような場合、すべての物質に対してリスクアセスメントを行うと多大な労力がかかる場合があります。そのような場合には、次のような観点から優先順位を決定し、効率的にリスクアセスメントを行ってください。

・明らかに有害性が高い物質（ばく露限界値が他の物質に比べて10〜100倍厳しい等）
・明らかに含有率が高い物質（他の物質の含有量が微量）
・明らかに揮発性が高い物質（他の物質が低揮発性等）

危険有害性の種類ごとに最もレベルの高い危険有害性を有する（例：揮発性が高く、ばく露限界値が低い）化学物質についてリスクアセスメントを実施し、リスクが低いと判断できる、あるいはリスクに基づくリスク低減措置を講じれば、他の物質についてもリスクが低い、十分なリスク低減措置を講じていると判断することができます。

■ **Q3-4　反応等で対象物質を製造する場合、リスクアセスメントは必要か。**

製造工程段階で、リスクアセスメント対象物を生成する場合は、製造後の作業についてリスクアセスメントを実施することが必要です。また、製造中間体についてもリスクアセスメントの対象となります。

■ **Q3-5　ラベルに危険有害性の絵表示があれば、リスクアセスメントを実施しなければならないのか。**

危険有害性を有するすべての化学品がリスクアセスメント対象物に指定されているわけではありません。そのため、ラベルに危険有害性の絵表示があるからといって、必ずしもリスクアセスメントの実施義務があるとは限りません。ただし、絵表示があるということはその化学品が何らかの危険有害性を有していることになり、仮にリスクアセスメント対象物でなかったとしても、そのような化学品はリスクアセスメントの努力義務の対象となります。

リスクアセスメント対象物以外にも危険有害性を有する化学品は多く存在していることから、ラベルで絵表示を確認したら、SDSで詳細を確認し、リスクアセスメントを実施するよう努めてください。

■ **Q3-6　リスクアセスメント対象物からそれ以外の物質に代替すれば、リスクアセスメントは実施しなくても良いか。**

リスクアセスメント対象物以外であれば実施義務はありませんが、代替後の化学物質が何らかの危険有害性を有している場合には、リスクアセスメントを実施するよう努めなければなりません。また、物質の代替を検討する場合には、

・ばく露限界値がより大きい化学物質
・GHS又はJIS Z 7252「GHSに基づく化学品の分類方法」に基づく危険性または有害性の
　区分がより低い化学物質

など、危険有害性が低いことが明らかな化学物質への代替を行うものとし、危険有害性が不明な化学物質等への代替は避けなければなりません。

一般消費者の生活の用

A6.5

■ Q4-1　リスクアセスメント対象物を含む化学品でも、一般消費者用に販売されているものは、リスクアセスメントをしなくても良いか。

　リスクアセスメントは SDS 交付の義務対象である通知対象物に対して課せられています（安衛法第 57 条の 3 第 1 項）。そのため、SDS 交付の義務から除外される「主として一般消費者の生活の用に供されるための製品」については、リスクアセスメントの実施対象からも除外されます。ただし、業務用洗剤等のように業務に使用することが想定されている製品は、スーパーやホームセンター、一般消費者も入手可能な方法で譲渡・提供されているものであっても上記除外には該当しないため、SDS 交付義務の対象であり、リスクアセスメントの対象となります。

　なお、リスクアセスメント対象物以外であっても危険有害性を有する化学品は、リスクアセスメントの努力義務の対象ではあるため、必要に応じて SDS を入手し、リスクアセスメントを実施するようにしてください。

■ Q4-2　ガソリンを使った発電機での作業について、ガソリンのリスクアセスメントは必要か。

　市販のガソリンを想定される用途の範囲内で使用する場合は、「主として一般消費者の生活の用に供するための製品」として義務の対象からは除外されるため、リスクアセスメントの実施義務はありません。

　しかし、工事現場等で給油の作業等を行う場合には様々な危険が伴い、不完全燃焼による一酸化炭素中毒などの労働災害なども発生しています。そのため、リスクアセスメントの努力義務の対象としてリスクアセスメントを実施し、その結果に基づき換気や作業手順等の見直しに取り組むよう努めてください。

実施主体

■ Q5-1　どのような事業場がリスクアセスメントを行う義務があるか。

　業種や事業場規模に関わらず、労働安全衛生法施行令別表第 3 第 1 号（製造許可物質）及び別表第 9 で指定された物質並びに（令和 7 年 4 月 1 日以降）労働安全衛生規則別表第 2 で指定された物質と当該物質を裾切値以上含む混合物を取扱う全ての事業場が、使用量に関係なくリスクアセスメントを実施する義務があります。

　そのため、製造業や建設業だけでなく、清掃業や卸・小売業、宿泊業、飲食店、医療・福祉業などのサービス業も幅広く対象となり得ます。

■ Q5-2　塗装作業を外注する場合、リスクアセスメントを実施するのは塗装作業を請け負った事業者か。

　塗装作業を請け負った事業者が、購入元等から入手した使用塗料の SDS を使って、リスクアセスメントを実施してください。

■ **Q5-3　元請事業者が塗装作業を下請事業者に任せた場合、リスクアセスメントは誰が実施しなければならないのか。**

　原則、現場作業員を直接雇用している下請事業者が当該作業にかかるリスクアセスメントを実施し、必要に応じてリスク低減措置を講ずる必要があります。

　しかし、複数の下請事業者が混在して作業を行う場合等、下請事業者だけではリスクアセスメントやリスク低減措置の実施等における決定等ができない場合には、元請事業者が作業場における監督者として現場全体のリスクアセスメントを行い、その結果を各事業者に提供することが必要です。また、下請事業者が行う個々のリスクアセスメントに参画・支援することが望まれます。

　なお、元方事業者と関係請負人における安全衛生管理については、化学工業や自動車製造業、建設業などを対象としたマニュアルやリーフレット等を公表していますので、参考にしてください。

〈厚労省　安全衛生関係リーフレット等一覧〉

https://www.mhlw.go.jp/stf/seisakunitsuite/bunya/koyou_roudou/roudoukijun/gyousei/anzen/index.html

■ **Q5-4　元請事業者のもと、複数の下請事業者が同一作業場で作業を行う（混在作業）場合、リスクアセスメントは誰が実施するのか。**

　同一の場所で複数の事業者が混在作業を行う場合、作業を請け負った事業者は、作業の混在の有無や混在作業において他の事業者が使用する化学物質等による危険有害性を把握できません。そのため、元請事業者が混在作業について事前にリスクアセスメントを実施し、その結果を各事業者に提供することが必要です。

■ **Q5-5　化学品を保管・運搬するだけの運送業者等はリスクアセスメントを実施する必要はあるか。**

　化学品を運搬する業務は、化学品の製造・取扱いには該当しないため、リスクアセスメント実施義務の対象外となります。

　ただし、運送業者が化学品を小分けにしたり、容器を開けて作業を行う等、労働者がばく露する可能性がある場合は、化学品の取扱いに該当するため、リスクアセスメントを実施してください。

■ **Q5-6　譲渡・提供先からリスクアセスメントの実施要請を受けたが、リスクアセスメントは譲渡・提供者に実施義務があるのか。**

　リスクアセスメントは、自らが使用する労働者に化学品を取り扱わせる事業者が実施するものです。そのため、譲渡・提供者が譲渡提供先のリスクアセスメントを行うことはできません。そのため、譲渡・提供者による譲渡・提供先のリスクアセスメントの実施支援を妨げるものではありませんが、実施主体はあくまでも譲渡・提供先の事業者です。

実施時期

■ Q6-1　リスクアセスメントはいつ実施するのか。

リスクアセスメントの実施時期については、次のように定められています。

〈法律上の実施義務〉
- ・対象物を原材料などとして新規に採用したり、変更したりするとき
- ・対象物を製造し、または取り扱う業務の作業方法や作業手順を新規に採用したり変更したりするとき
- ・上記のほか、対象物による危険性または有害性などについて変化が生じたり、生じるおそれがあったりするとき（新たな危険有害性の情報がSDSなどにより提供された場合など）

〈指針による努力義務〉
- ・労働災害発生時（過去のリスクアセスメントに問題があるとき）
- ・過去のリスクアセスメント実施以降、機械設備などの経年劣化、労働者の知識経験などリスクの状況に変化があったとき
- ・過去にリスクアセスメントを実施したことがないとき（施行日前から取り扱っている物質を、施行日前と同様の作業方法で取り扱う場合で、過去にリスクアセスメントを実施したことがない、または実施結果が確認できない場合）

原材料や作業内容、危険有害性等が変化したときに実施することが義務付けられていますが、これまでリスクアセスメントを実施していない等においても、実施するよう努めてください。

■ Q6-2　リスクアセスメントの実施時期について、「化学物等による危険性または有害性等について変化が生じ、又は生ずるおそれがあるとき」とはどういうときか。

新たな危険有害性の情報がSDSなどにより提供された場合、濃度基準値が新たに設定された場合などをいいます。令和4年5月の省令改正によって、SDSを交付する譲渡・提供者には、SDSの記載項目のうち「人体に及ぼす作用」について、令和5年4月1日より、5年以内ごとの定期的な確認や、確認の結果変更がある場合には確認後1年以内の更新が義務付けられます。

譲渡・提供先は、更新されたSDSの入手等を通じて危険有害性の変化を把握した場合には、新たなSDSに基づき、リスクアセスメントを実施しなければなりません。

■ Q6-3　原材料の新規採用や変更を行う場合、取扱いを開始した後にリスクアセスメントを行えばよいか。

労働災害を防止するためには、必要なリスク低減措置を実施した上で新たな化学品の取扱いを開始することが必要です。

そのため、新規採用や変更によって新たな化学品の取扱いを開始する前に、リスクアセスメントを実施し、その結果に基づくリスク低減措置を検討・実施した上で取扱いを開始する必要があります。

A6.5

■ **Q6-4　リスクアセスメントが義務化される以前から同じ物質を同じ手順で使用している場合にもリスクアセスメントが必要か。**

　従来から取り扱っている物質を従来どおりの方法で取り扱う場合は、リスクアセスメント実施義務の対象にはなりません。

　しかし、過去にリスクアセスメントを行ったことがない場合等には、事業場における化学物質のリスクを把握するためにも、計画的にリスクアセスメントを実施するようにしてください。

■ **Q6-5　リスクアセスメントは毎年見直しをしなければならないか。**

　化学物質の新規採用や変更、作業手順の変更等を行う場合には、その都度リスクアセスメントの実施が義務付けられていますが、同じ化学物質を、同じ作業条件及び同じ作業手順で取扱う場合の見直し頻度については定められていません。

　ただし、令和4年5月の省令改正によって、令和5年4月1日からリスクアセスメント対象物については、ばく露の程度を最小限度とすることが義務化され、ばく露状況に変化がないことを確認するため、過去の化学物質の測定結果やリスクアセスメントの結果に応じた適切な頻度で再確認をすることが望まれます。

A6.5

体　　制

■ **Q7-1　リスクアセスメントを実施する前に実施体制を決める必要があるか。**

　令和4年5月の省令改正によって、令和6年4月1日からリスクアセスメント対象物の製造・取扱事業場等において化学物質管理者を選任することが義務化されます。

　化学物質管理者は、ラベル・SDS等の作成の管理、リスクアセスメント実施等、化学物質の管理に関わるもので、リスクアセスメント対象物に対する対策を適切に進める上で不可欠な職務を管理する者として位置づけられており、リスクアセスメントは化学物質管理者の管理のもと実施することが求められます。

危険有害性の特定

■ **Q8-1　リスクアセスメントを実施する際に、SDSに記載されたどの情報を活用すればよいか。**

　リスクの見積り時に活用するSDS記載情報は主として次の5項目です（項目番号はJIS Z 7253より）。

　　2-危険有害性の要約
　　8-ばく露防止及び保護措置
　　9-物理的及び化学的性質
　　10-安定性及び反応性
　　11-有害性情報

なお、リスク見積り手法によって、どの情報を使用するかは異なってきます。例えば、コントロール・バンディングは、上記の「2」に記載されたGHS分類区分と「9」に記載された沸点等を活用します。また、実測値による方法や使用量等から推定する方法では、「8」に記載されたばく露限界値を活用します。

■ Q8-2　粉体を水に溶かし、水溶液として使う作業をする場合、リスクアセスメントはどの作業単位で実施しなければならないのか。

　リスクアセスメントは、対象の化学物質等を取扱う作業ごとに行うことが原則です。そのため「粉体を溶かす作業」「水溶液を使用する作業」でそれぞれリスクアセスメントを実施する必要があります。

　ただし、リスクを評価する上で密接な関係にある複数の作業工程を1つの単位とする場合、同一場所において行われる複数の作業のうち有機溶剤作業と溶接作業などのようにリスクが影響し合うものを1つの単位とする場合など、実状に応じた作業単位でのリスクアセスメントが適切な場合もあります。

■ Q8-3　アスファルトは、どの状態のときに（どの段階で）リスクアセスメントをすればよいか。

　アスファルト原材料を取扱う工程、アスファルト合材の製造工程、アスファルト合材を用いた舗装や防水工事等の作業工程がリスクアセスメントの対象となります。

　なお、建設業者が舗装・防水工事後、施主に引き渡した後は、「一般消費者の生活の用に供される製品」となるため、リスクアセスメントの対象ではありません。

リスク見積り

■ Q9-1　リスクアセスメントの実施方法は決められているか。

　リスクアセスメントは次の3つのいずれか又は組み合わせで実施すれば良いことになっています。採用しなければならない方法は決められていません。

1．リスクアセスメント対象物が当該業務に従事する労働者に危険を及ぼし、又はリスクアセスメント対象物により当該労働者の健康障害を生ずるおそれの程度及び当該危険又は健康障害の程度を考慮する方法
2．当該業務に従事する労働者がリスクアセスメント対象物にさらされる程度及びリスクアセスメント対象物の有害性の程度を考慮する方法
3．前二号に掲げる方法に準ずる方法（有機溶剤中毒予防規則、特定化学物質障害予防規則等で具体的な措置が規定されている場合に、当該規定を確認する方法など）

　上記3つの具体的な方法として「化学物質リスクアセスメント指針」で複数の方法が例示されており、「職場のあんぜんサイト」には、複数のリスクアセスメント支援ツールが提供されていますのでご活用ください。

　また、一部の業界団体等では典型的な作業におけるリスクアセスメントの実施方法、リスクアセスメント結果に基づく必要な措置をまとめたマニュアル等を作成している場合があります。これら業種別のマニュアル等がある場合にはマニュアル等に従った方法でも構いません。

　このようにリスクアセスメントの方法は、1つに限定されるものではなく、事業者の実態に応じ、各方法の特徴を踏まえて選択・組み合わせて実施することが可能です。

〈職場のあんぜんサイト　化学物質のリスクアセスメント実施支援〉

https://anzeninfo.mhlw.go.jp/user/anzen/kag/ankgc07.htm

A6.5

■ **Q9-2　現場ごとに取り扱う化学物質や作業環境が異なる場合、リスクアセスメントはどのように実施すべきか。**

　取り扱う化学物質や作業環境が異なる場合には、現場ごと、取り扱う化学物質ごとに実施することが原則です。

　一方、同じ物質を同じ条件で取り扱う場合のリスクは同じになりますので、評価情報を共有することが可能です。

　また、取り扱う化学物質の有害性や揮発性、取扱量や作業時間、換気条件等の作業環境から、最もリスクが高くなる条件でリスクアセスメントを実施し、必要なリスク低減措置を実施することにより、全化学物質についてリスクの低減化が図られたことになります。

　また、一部の業界団体等では典型的な作業におけるリスクアセスメントの実施方法、リスクアセスメント結果に基づく必要な措置をまとめたマニュアル等を作成している場合があります。これら業種別のマニュアル等がある場合にはマニュアル等に従った方法でも構いません。

■ **Q9-3　特別規則（特定化学物質障害予防規則、有機溶剤中毒予防規則等）の対象物質は、従来から特別規則に従った管理を実施しているが、リスクアセスメントは別途必要か。**

　特別規則の対象であっても、リスクアセスメントの実施は義務付けられています。

　ただし、特別規則対象物質の場合は、特別規則に定める具体的な措置の実施状況を確認することでリスクアセスメントを実施する方法があります。

■ **Q9-4　化学関係とは無縁の業種で、化学の知識も乏しい。リスクアセスメントをどう進めたらよいか。**

　「職場のあんぜんサイト」で初級者から上級者までを対象とした複数のリスクアセスメント支援ツールが提供されています。

　初級者向けとしては、

・爆発・火災等のリスクアセスメントのためのスクリーニング支援ツール（危険性のみ）

・CREATE-SIMPLE（危険性・有害性）

などがあり、比較的容易にリスクの見積り等を実施することができますので、まずはこれらのツールをご活用ください。

　ただし、各支援ツールには特徴や限界がありますので、リスクを見積もった結果が事業場の実態とそぐわない場合やリスク低減措置の検討に繋げられないような場合には、より精度の高い別の見積り手法を検討する等の継続した改善を図ってください。

〈職場のあんぜんサイト〉

https://anzeninfo.mhlw.go.jp/user/anzen/kag/ankgc07.htm

■ **Q9-5　リスクアセスメントとしてコントロール・バンディングを使ったが、結果としてリスクレベルが高く評価され、対策として代替物質への変更などが提示されたが実施が困難である。他にどのようなリスク見積り手法があるか。**

　「職場のあんぜんサイト」で提供されているリスクアセスメント支援ツールのうち、有害性に関してはコントロール・バンディングが最も簡易なツールとして位置づけられ、簡易なツー

ルであるほど安全側の評価、つまりリスクが高く評価される傾向にあります。

　各ツールにはそれぞれ特徴や限界があるため、簡易なツールを活用した場合には、リスクを見積もったとしても、次のようなリスク低減措置に繋がらない場合が想定されます。

　・リスク低減措置を検討してもリスクレベルが下がらない場合
　・具体的なリスク低減措置がわからない場合
　・導入コストがかかるリスク低減措置の場合

そのような場合には、より精度の高いツールを活用してリスクアセスメントを実施してください。

A6.5

　・CREATE-SIMPLE
　・業種別のリスクアセスメントシート
　・検知管を用いた化学物質のリスクアセスメントガイドブック
　・リアルタイムモニターを用いた化学物質のリスクアセスメントガイドブック など

なお、これらのリスク見積り手法を実施するためのツールや、リスク見積り手法の選択についての考え方の例を「職場のあんぜんサイト」で紹介していますので、ご活用ください。

〈職場のあんぜんサイト　リスクアセスメント支援ツール〉

https://anzeninfo.mhlw.go.jp/user/anzen/kag/ankgc07.htm#h2_2

〈職場のあんぜんサイト　リスクアセスメント実施・低減対策検討の支援〉

https://anzeninfo.mhlw.go.jp/user/anzen/kag/ankgc07.htm#h2_3

■ **Q9-6　粉じん作業環境測定で第一管理区分であった。化学物質のリスクはないと考えて良いか。保護具はしなくても良いか。**

　作業環境測定基準における粉じん測定は、じん肺の予防を目的としているため、肺胞にまで到達可能な「吸入性粉じん」が対象です。しかし、粉じんの中に金属等の有害物質が含まれている場合があり、この場合は、粉じんの作業環境の測定の第一管理区分の結果から、じん肺以外の特定の化学物質による健康障害リスクもないと考えることはできません。この場合、粉じんに含まれる有害な化学物質を SDS 等から特定し、リスクアセスメント対象物に該当する場合は、必要なリスク低減措置を講ずる必要があります。また、当該物質に、濃度基準値が設定されている場合は、労働者がばく露する程度を濃度基準値以下としなければなりません。現時点でリスクアセスメント対象物に該当しなくても、国による GHS 分類で有害性があると区分されている物質についても、同様の措置をとる努力義務があります。

CB（コントロール・バンディング）

■ **Q10-1　コントロール・バンディングの Step2「GHS 分類区分」の選択肢にない区分が SDS に記載されていた場合、どのように入力するのか。**

　コントロール・バンディングの Step2「GHS 分類区分」の選択肢にない区分（例えば「急性毒性 区分5」）が SDS に記載されていた場合は、コントロール・バンディングの「その他」を選択してください。

■ Q10-2　混合物のSDSに沸点の記載がない場合、コントロール・バンディングには何を入力すれば良いか。

　含有成分のうち最も沸点の低い物質の沸点を入力することで、より安全側で評価することになります。

　なお、含有成分の沸点も不明な場合には"−"を入力することで、中揮発性（作業温度20℃の場合に、沸点50〜150℃）として評価されます。

■ Q10-3　混合物のコントロール・バンディングの入力方法を知りたい。

　混合物の場合、成分ごとに入力する方法と混合物として一括入力する方法があります。

　成分ごとに入力する方法は、Step1の化学物質数を"成分数"とし、各成分について、Step2の各項目を選択・入力します。成分ごとに入力することで、各成分のGHS分類区分またはばく露限界値（許容濃度等）を考慮した有害性ランクが決定されます。

　一方、混合物として一括入力する方法では、Step1の化学物質数を"1"とし、Step2の"GHS分類区分"の『選択』をクリック、SDSの「2．危険有害性情報の要約」に記載されている「健康有害性の分類区分」を入力します。この場合、各成分の許容濃度は考慮できず、入力した混合物のGHS分類区分から有害性ランクが決定されます。

　コントロール・バンディングはあくまで簡易的な手法であるため、実施者がやりやすい方法を採用して構いません。

■ Q10-4　コントロール・バンディングの物質リストに含まれていない物質の場合、どのように入力すれば良いか。

　コントロール・バンディングのStep2の「化学物質名称」の検索ボタンで表示される物質リストに該当しない場合には、入手したSDSを元に「GHS分類区分」や「沸点」を選択・入力してください。

　なお、物質リストに該当した場合であっても、自動反映によるGHS分類区分はあくまで参考としてご活用ください。

CREATE-SIMPLE（クリエイト・シンプル）

■ Q11-1　CREATE-SIMPLEとコントロール・バンディングとは何が異なりますか。

　コントロール・バンディングと比較するとCREATE-SIMPLEは、以下の3点からより精緻にリスクアセスメントを実施することができます。

・有害性の程度としてばく露限界値を用いていること
・取扱量少量（mL）単位が細分化されていること
・コントロール・バンディングでは考慮していない作業条件（含有率、換気、作業時間、保護具等）の効果を考慮していること

■ Q11-2　CREATE-SIMPLEの物資一覧等を確認したが対象物質が含まれていない場合はどのように対応するのか。

　CREATE-SIMPLEではリスクアセスメント対象物等の物質情報を収載していますが、すべての物質が収載されているわけではありません。物質一覧に含まれていない場合には、SDS

A6.5

を確認し、STEP2 のばく露限界値や GHS 分類情報、物理化学的性状を手入力してください。

　また、収載済の物質で STEP2 の情報が自動入力された場合であっても、SDS を確認し正しく入力されていることを確認してください。

■ Q11-3　CREATE-SIMPLE で物質検索を行い、各種情報が自動入力されたが、「リスクを判定」すると「Step2 の物理化学的性状を全て入力してください」とエラーが表示されたが、どのように対応すればよいか。

A6.5

　CREATE-SIMPLE のリスクアセスメント対象では、吸入、経皮吸収、危険性（爆発・火災）を選択することができます。このうち、経皮吸収と危険性（爆発・火災）を対象とする場合には、次の物理化学的性状の入力が必須になります。

　・経皮吸収：分子量、水／オクタノール分配係数、水溶解度、蒸気圧
　・危険性（爆発・火災）：引火点

　また、CREATE-SIMPLE に収載され自動入力される物質であっても、一部の物質では物理化学的性状等の一部の情報のデータがないため、自動入力されない場合があります。その場合は

　・SDS の「9-物理的及び化学的性質」等を確認し、物理化学的性状を手入力する。SDS にも記載がない場合には安全側の数値（例：蒸気圧の場合は 0 等）を手入力する
　・リスクアセスメント対象の経皮吸収または危険（爆発・火災）のチェックをはずす

ことで判定を行うことができます。

■ Q11-4　CREATE-SIMPLE で塗料等の混合物はどのように評価するのか。

　混合物の場合、成分ごとに評価する方法と混合物としての一括で評価する方法があります。

（1）成分ごとの評価

　全成分についてそれぞれ評価するか、SDS 等から含有率が高い、ばく露限界値が最も低い、揮発性が大きい等、最も危険有害性が高いと想定される代表物質を選定して実施します。なお、ver.3.0（2024 年 2 月リリース）において、混合物中の成分（最大 10 物質）の一斉評価機能を追加しています。

（2）混合物として評価

　SDS に混合物としての GHS 分類結果が記載されている場合には、CREATE-SIMPLE の「GHS 分類情報」に手入力することで実施します。ただし、混合物の GHS 分類を用いた評価では、成分ごとのばく露限界値を用いた評価に比べ、安全側に評価される傾向があります。

■ Q11-5　水酸化ナトリウム等の固体を溶かした水溶液は、液体・固体のいずれで評価すべきか。

　固体を溶かした水溶液は、液体としてリスクを判定してください。一般的に固体を溶かした水溶液の場合、溶かした固体は揮発しないため、低揮発性の液体として判定することができます。

　なお、水酸化ナトリウム水溶液のように溶かした固体の揮発がない場合には、CREATE-SIMPLE によらずとも、定性的に吸入によるリスクは低いものと判断できます。ただし、皮膚や眼の接触等によるリスクがある場合には、SDS 等に基づき対応を図ってください。

■ **Q11-6　コントロール・バンディングや CREATE-SIMPLE でリスクアセスメントを行う場合、昇華性のある固体（ヨウ素、ナフタレンなど）は、液体または固体のどちらでリスクアセスメントを実施すればよいか。**

　昇華性のある固体は、ばく露が懸念されるため、液体として取り扱うことが望ましいです。その際、揮発性については固体の蒸気圧に応じて次のように設定することが望ましいです。
- ・低揮発性：0.5 kPa 未満
- ・中揮発性：0.5 ～ 25 kPa
- ・高揮発性：25 kPa 超

A6.5

■ **Q11-7　CREATE-SIMPLE で屋外作業を評価する場合、換気状況はどれを選択すべきか。**

　屋外作業の場合は換気レベルＣ（工業的な全体換気）を選択してください。なお、換気状況を始めたとした各項目の選択時の考え方等については、CREATE-SIMPLE のマニュアルや設計基準も参考にしてください。

〈職場のあんぜんサイト　CREATE-SIMPLE〉

https://anzeninfo.mhlw.go.jp/user/anzen/kag/ankgc07_3.htm

■ **Q11-8　同じ物質を異なる作業で実施している場合には、CREATE-SIMPLE ではどのように考えればよいですか。**

　例えば、アセトンを同じ労働者が作業 A、作業 B、作業 C でそれぞれ 1 時間使用している場合には、それぞれの作業ごとにリスクアセスメントを実施してください。その際に作業時間は作業 A、B、C の合計時間である 3 時間を入力すると、安全側としてリスクアセスメントを実施することができます。

■ **Q11-9　CREATE-SIMPLE の評価結果として示されるリスクレベルはどのような意味か。**

　CREATE-SIMPLE のリスクレベルはⅠ～Ⅳの4段階（吸入ばく露においては、リスクレベルⅡをⅡ-AとⅡ-Bに細分化した5段階）で出力されますが、「STEP2 取扱い物質の情報」に基づく結果と、「STEP3 物質の使用状況」に基づく結果を比較することでリスクレベルが決定されます。

　吸入ばく露を例に挙げる、STEP2 の情報に基づく「ばく露限界値」または「管理目標濃度」と、STEP3 の情報に基づく「推定ばく露濃度範囲」であり、その数値の比較によって、次のようにリスクレベルが決定されます。
- ・Ⅳ（大きなリスク）：推定ばく露濃度範囲の上限＞ばく露限界値または管理目標濃度の上限値× 10
- ・Ⅲ（中程度のリスク）：ばく露限界値または管理目標濃度の上限値× 10 ≧推定ばく露濃度範囲の上限＞ばく露限界値または管理目標濃度の上限値
- ・Ⅱ（小さなリスク）：ばく露限界値または管理目標濃度の上限値≧推定ばく露濃度範囲の上限＞ばく露限界値または管理目標濃度の上限値× 1/10
- ・Ⅰ（些細なリスク）：推定ばく露濃度範囲の上限≦ばく露限界値または管理目標濃度の上限

　　　値× 1/10

※「化学物質による健康障害防止のための濃度の基準の適用等に関する技術上の指針」（令和
　5年4月27日付け技術上の指針第24号）を踏まえ、濃度基準値の1/2程度を越えると評価
　された場合は、確認測定を実施する必要があることから、吸入ばく露においては、リスクレ
　ベルⅡを以下のⅡ-AとⅡ-Bに細分化しています。
　・Ⅱ-B（懸念されるリスク）：ばく露限界値または管理目標濃度の上限値≧推定ばく露濃度
　　範囲の上限＞ばく露限界値または管理目標濃度の上限値× 1/2
　・Ⅱ-A（小さなリスク）：ばく露限界値または管理目標濃度の上限値× 1/2≧推定ばく露濃
　　度範囲の上限＞ばく露限界値または管理目標濃度の上限値× 1/10
　詳細については、「CREATE-SIMPLE の設計基準」をご確認ください。
　〈職場のあんぜんサイト　リスクアセスメント支援ツール〉
　https://anzeninfo.mhlw.go.jp/user/anzen/kag/ankgc07.htm#h2_2

■ Q11-10　CREATE-SIMPLE の危険性は、プロセスの状況まで十分に踏まえてリスクを見積もっているか。

　危険性は、取扱量や換気状況、着火源の有無等の状況からリスクを見積もっていますが、
CREATE-SIMPLE では十分にプロセスを踏まえているわけではありません。基本的に取扱物
質が潜在的に有している危険性のみを対象としているため、プロセスを踏まえる場合は別途「安
衛研 リスクアセスメント等実施支援ツール」などをご利用ください。
　〈職場のあんぜんサイト　リスクアセスメント支援ツール〉
　https://anzeninfo.mhlw.go.jp/user/anzen/kag/ankgc07.htm#h2_2

■ Q11-11　CREATE-SIMPLE は定期的に更新されるのか。

　CREATE-SIMPLE ではリスクアセスメント対象物質の情報として、国による GHS 分類結
果やばく露限界値等が収載されています。これらの情報が更新されることから、原則年1回デー
タ更新を行う予定となっています。またその際には不具合等の修正にも努めています。

■ Q11-12　CREATE-SIMPLE はバージョンアップされますが、バージョンアップごとに再評価する必要があるか。

　必ずしも全ての物質について再評価する必要はありませんが、国（政府）による GHS 分類
結果で区分の変更が行われた物質、濃度基準値の新規設定・変更が行われた物質、許容濃度等
の勧告及び ACGIH TLV において、ばく露限界値の新規設定・変更が行われた物質については、
有害性情報の変更により再評価が必要となる可能性があります。また、作業内容が変更された
場合や前回の評価から一定期間が経過している場合には、再評価を検討してください。なお、
旧バージョンからの主な変更点は、職場のあんぜんサイトに掲載されている CREATE-
SIMPLE の更新履歴、マニュアル及び設計基準をご確認ください。

■ Q11-13　リスクの低減対策として、物質の代替を検討しています。CREATE-SIMPLE の実施レポートではどのように入力すればよいか。

　物質の代替を検討している場合には、代替後の物質のばく露限界値を CREATE-SIMPLE

の対策後の列のばく露限界値の欄に手動で入力してください。また、あわせて揮発性・飛散性
レベルも変わる場合には、同様に手動で選択する必要があります。

■ **Q11-14　ver.3.0（2024年2月リリース）において、初回のリスクアセスメントの
段階で呼吸用保護具のオプションを選択できなくなったのはなぜか。**

　リスク見積りのためのばく露の推定の段階で、最初から呼吸用保護具の装着を選択してしま
うと、リスク低減対策を化学物質リスクアセスメント指針に示した優先順位に従って検討する
ことなく、その結果を先取りして、最も優先順位の低い呼吸用保護具の使用を前提とした評価
になってしまうためです。初回のリスクアセスメントを実施した後、化学物質リスクアセスメ
ント指針に従って対策を検討した結果、呼吸用保護具の装着を選択した場合にどの程度のばく
露になるかを推定する際は、呼吸用保護具の装着のオプションを入れて推定ばく露濃度を出し
てください。また、呼吸用保護具の選択を行う場合は、個人ばく露測定を行い、その結果に基
づいて要求防護係数を算出し、それ以上の指定防護係数を有する呼吸用保護具を選択する必要
があります。

リスク低減措置

■ **Q12-1　リスクアセスメント実施後のリスク低減措置の実施は義務か。**

　特定化学物質障害予防規則、有機溶剤中毒予防規則等の特別規則に講ずべき措置が定められ
ている場合は、リスクアセスメントの結果に関わらず、定められた措置を必ず実施しなければ
なりません。

　さらに、令和4年5月の省令改正によって労働安全衛生規則により、次のような義務が課さ
れます。

・リスクアセスメント対象物に労働者がばく露される程度を最小限度とする義務（令和5年
　4月施行）
・リスクアセスメント対象物のうち濃度基準値が設定された物質については、屋内作業場で
　労働者がばく露される程度を濃度基準値以下にする義務（令和6年4月施行）

　なお、リスクアセスメント対象物以外の危険有害性を有する物質についても、ばく露される
程度を最小限度にする努力義務が課されるため、リスクアセスメントの結果を踏まえ、リスク
が高いと判断した作業から優先して必要なリスク低減措置を講じるよう努めてください。

■ **Q12-2　リスクを低減するためにはどのような措置を講ずるべきか。**

　法令に定められた措置がある場合にはそれを必ず実施するほか、法令に定められた措置がな
い場合には、化学物質リスクアセスメント指針に基づき、次の優先順位でリスク低減措置の内
容を検討する必要があります。

1．危険性又は有害性のより低い物質への代替、化学反応のプロセス等の運転条件の変更、
　取り扱う化学物質等の形状の変更等又はこれらの併用によるリスクの低減
2．化学物質等に係る機械設備等の防爆構造化、安全装置の二重化等の工学的対策又は化学
　物質等に係る機械設備等の密閉化、局所排気装置の設置等の衛生工学的対策
3．作業手順の改善、立入禁止等の管理的対策
4．化学物質等の有害性に応じた有効な保護具の使用

　なお、これ以外の方法で有効なリスク低減措置がある場合は、その他の方法によっても構いません。

　リスク低減措置の検討にあたっては、「リスクアセスメント実施支援システム（コントロール・バンディング）により出力される対策シートの一覧」や「作業別モデル対策シート」もご活用ください。

〈厚生労働省　リスクアセスメント実施支援システム（コントロール・バンディング）により出力される対策シートの一覧〉

https://www.mhlw.go.jp/stf/seisakunitsuite/bunya/0000148537.html

〈職場のあんぜんサイト　作業別モデル対策シート〉

https://anzeninfo.mhlw.go.jp/user/anzen/kag/ankgc07_6.htm

■ Q12-3　リスク低減措置を実施した後に改めてリスクの見積りを実施しなければならないか。

　リスク低減措置を実施した場合には、そのリスク低減措置の効果を把握するためにも、実施後のリスクを見積もることが望ましいとされています。

　なお、CREATE-SIMPLE 等のように換気や保護具等のリスク低減措置の条件を入力してリスクを見積るツールでは、条件を変更することで、リスク低減措置の効果をあらかじめ見積もることが可能です。

〈職場のあんぜんサイト　リスクアセスメント支援ツール〉

https://anzeninfo.mhlw.go.jp/user/anzen/kag/ankgc07.htm#h2_2

リスクアセスメント結果の活用

■ Q13-1　リスクアセスメントの結果について、保存の義務はあるか。

　令和4年5月の省令改正によって、令和5年4月1日からリスクアセスメント結果等の記録を作成し、次のリスクアセスメントを行うまでの期間（次のリスクアセスメントが3年以内に実施される場合は3年間）保存することが義務付けられます。

■ Q13-2　リスクアセスメントを実施した結果を記載する決められた様式はあるか。また、結果を行政に提出しなければならないか。

　令和4年5月の省令改正によって、令和5年4月1日から、リスクアセスメント結果等の記録を作成し次のリスクアセスメントを行うまでの期間（次のリスクアセスメントが3年以内に実施される場合は3年間）保存することが義務付けられます。従来、労働者への周知項目として定められていた次の項目を記録として保存することが必要です。

　・リスクアセスメント対象物の名称
　・業務内容
　・リスクアセスメント結果
　・リスクアセスメント結果に基づき事業者が講じる労働者の危険又は健康障害を防止するため必要な措置の内容

これらの記録については、様式は規定されていません。そのため各事業場で作成や管理がしやすい様式を活用してください。作成にあたっては、「職場のあんぜんサイト」に「リスクアセ

スメント実施レポート（結果記入シート）」の一例を掲載しており、また CREATE-SIMPLE で出力可能な「実施レポート」や「結果一覧」等もリスクアセスメント結果の記録として活用頂けますので、参考にしてください。

　なお、行政への提出は不要ですが、リスクアセスメントの実施状況等の確認のため、労働基準監督署等から提示を求められる場合があります。

A6.5

■ Q13-3　リスクアセスメント結果の周知はどのような方法で実施するのか。

　リスクアセスメントの結果は、SDS の周知と同様に、次のいずれかの方法で労働者が常時確認できるよう周知することが義務付けられています。
1．リスクアセスメント対象物質を取り扱う作業場の見やすい場所に常時掲示し、又は備え付ける
2．書面を労働者に交付する
3．電子媒体に記録し、かつ、作業場に当該記録を常時確認できる機器（パソコン端末など）を設置する

■ Q13-4　リスクアセスメントの結果等の記録について、次にリスクアセスメントを行うまでの間（次のリスクアセスメントが３年以内に実施される場合は３年間）保存しなければならないこととされていますが、対象の化学物質を今後使用しない場合、記録の保存は必要なのでしょうか。

　リスクアセスメント対象物の使用を中止した場合は以降の期間についてリスクアセスメント結果の保存の必要はありません。

そ の 他

■ Q14-1　リスクアセスメントの実施について、罰則はあるか。

　リスクアセスメントの実施自体については、罰則は設けられていませんが、実施すべき要件に該当する場合に実施していなければ法律違反になり、労働基準監督署の行政指導の対象となります。

出典：厚生労働省ウェブサイト（https://www.mhlw.go.jp/stf/newpage_11389.html）をもとに一部改変

A7.1　衛生工学的対策

Ⅰ. 局所排気装置

　屋内作業場の多くの現場で採用されてきた、代表的な衛生工学的対策である局所排気装置について、化学物質管理者が計画時、並びに運用時に知識として持っておいていただきたい、設計手順、吸引不足の原因について解説する。

1. 局所排気装置の設計手順

　基本的な設計手順は、次のとおりである。化学物質管理者自身が、自ら設計する場面は限られているものと思われるが、施工会社と計画について検討する時、あるいは設計資料に目を通す時の参考にしてもらいたい。詳細に換気量を見積もる必要のない建屋の換気の設計経験しかない施工会社も、現実に存在する。形だけの設備にならないよう、施工会社の技量をよく見極めるために、計画の核となる部分については、化学物質管理者は学んでおきたい。

（1）フードの設置箇所、並びに形状を決める。

　実作業が行われる箇所を確認し、もし複数箇所で作業が行われているようならば、できる限り作業を行う箇所を集約する。そのうえで、実作業が行われる箇所ごとにフードの設置を検討する。次に、まずは設置予定箇所ごとに、囲い式フード（フードの中で有害な化学物質を取り扱う）の設置が可能かどうかを検討し、問題がなければ囲い式フードを採用する。もし作業性に支障をきたすようならば、外付け式フード（フードから離れた場所で有害な化学物質を取り扱う）を採用する。

　フードの形状の選択、捕捉フードかレシーバー式フード（有害な化学物質の方からフードに飛び込んでくる場合に採用するフード）かの選択、吸引方向の決定などについては、対象となる化学物質の拡散の仕方、挙動などの特性をよく踏まえて（例えば、有機溶剤は空気より比重が大きい、溶接ヒュームは熱を伴うため、一定の高さまでは上昇するなど）決める必要がある。フードの型式を表 A7.1.1 に示す。

表 A7.1.1　フードの型式分類

型式			特徴
捕捉フード	囲い式フード	カバー型	開口部が小さい。
		グローブボックス型	
	囲い式フード（ブース式）	ドラフトチェンバ型	開口部が大きい。
		建築ブース型	
	外付け式フード	上方吸引型	対象の化学物質の特性、作業性に応じて使い分けをする。
		側方吸引型	
		下方吸引型	
レシーバー式フード	キャノピー型		熱浮力による上昇気流を利用する。
	グラインダーカバー型		回転による慣性気流を利用する。

　外付け式フードを計画する時には、できる限りフランジ（フードの端部に張り出しているつば）を取り付けることを考慮する。フランジを取り付けた方が、必要排風量を節約出来ることが立証されている。

（2）制御風速を決める。

　フードに有害な化学物質を吸引するために、囲い式フードにあってはフード開口面上、外付け式フード、並びにレシーバー式フードにあってはフードの開口面から最も離れた作業位置において、適切な気流の流れが確保されていなければならない。このため、それぞれの位置（捕捉点）で適切な気流の流れを得るために、それぞれの位置でどの程度の風速を出すかを拠り所に、装置全体を設計していくことになる。

　設計にあっては、各特別規則に書かれている数値を参考［対象の化学物質と物性が近い物質の基準値など、参考文献1）～3）を参照］に見積もる。特別規則の適用となっていない化学物質を取り扱う場合、あるいは特別規則の適用除外となった作業場においては、運用時に、作業環境測定結果、あるいはばく露濃度測定結果を踏まえて、もし過剰な吸引を行っているようならば、流量調整ダンパーなどの排風量を調節するための器具で調節する。

（3）必要排風量を計算する。

　参考文献4）、5）を参照して、必要排風量を見積もる。

（4）搬送速度、並びにダクト径を仮決めする。

　ダクト内への有害な化学物質の堆積の可能性を考慮した上で、参考図書などを参考にして搬送速度の目安を立てる。次に、搬送速度と必要排風量からダクト径（角型ダクトにあっては、短辺と長辺の寸法）の仮決めをする。

（5）屋外排気口の位置、並びに排風機、空気清浄装置の設置箇所を決める。

　屋外排気口、排風機の設置箇所を決め、労働安全衛生法令だけではなく、大気汚染防止法、水質汚濁防止法などの環境に係る法律、並びに地方自治体ごとの条例もよく学び、関係法令を全て満たした形で必要な空気清浄装置を検討し、設置箇所を決める。また、流量調整ダンパーなどの排風量を調節するための器具、ダクト内を掃除するための掃除口の設置も合わせて行う。

（6）ダクト系を設計する。

　抵抗（圧力損失）をできるだけ少なくするために、まずはダクトの長さはできるだけ短く、ダクトのベンド（曲がり）はできるだけ少なく、また接続部などにおける極端な断面形状の変化はできるだけ避けて配管設計を行う。この段階で、仮決めしたダクト径の見直しを図る。

（7）ダクト系の抵抗（圧力損失）値を見積もり、排風機に求められる静圧値を求める。

　フード、ダクト、空気清浄装置、屋外排気口などのユニットごとに、圧力損失を計算で見積もるとともに、排風機に求める静圧値を求める。計算方法については、参考文献4）、5）を参照されたい。

（8）排風機（ファン）を選定する。

　必要排風量と求められる静圧値を基に、適切な動作点（排風機の「静圧・排風量特性曲線」上の、実際に稼働する際の点）が得られる排風機を選定する。

A7.1

２．吸引不足が生じる時の主な原因

（１）作業場で改善を図ることが可能な原因

① 囲い式フードの開口部を広げている。

② 外付け式フードの開口部から、離れたところで作業をしている。

③ フードの開口部近くに気流を妨害する物が置かれている。

④ 作業場に、吸引気流を乱してしまう気流の流れがある。

⑤ ダクト内に粉じんなどが堆積して、通気抵抗が増えている。

　上記のような原因で吸引不足が生じている場合は、化学物質管理者が作業場の職長、作業者を交えて、教育も兼ねた形で改善を進めることが大切である。

（２）事業者として改善を図る必要がある原因

① 流量調整ダンパーが不適切である。

② ダクト系に破損個所があり、空気が漏れている。

③ 作業のやり方が変化し、フードの形状、吸引方向が現状の作業に合っていない。

④ 給気不足で、作業場内が減圧状態となっている。

⑤ 排風機、空気清浄装置のメンテナンス不足、あるいは経年劣化により、適切な性能が確保されていない。

　上記のような原因で吸引不足が生じている場合は、化学物質管理者が幹部社員、関連部門に報告し、事業者として改善措置を図るべく、化学物質管理者自らが中心になって進めて行く。

Ⅱ．プッシュプル型換気装置

　プッシュプル型換気装置の設計にあたっては、参考文献6)、7)、8)を参照されたい。

Ⅲ．全体換気装置

１．換気のやり方

　特に、急性中毒発生の可能性があるタンク等の内部など、通風が不十分な屋内作業場では、必ず機械による換気が必要となる。どのような換気のやり方が適切なのか、あるいはどの程度の換気量が必要かについては、対象の化学物質の特性を踏まえて個々の場面で判断しなければならない。有機溶剤中毒予防規則では、全体換気装置の性能の要件を定めている［参考文献9)を参照］。このような事柄について判断が難しい場合には、専門家の助言を得てもらいたい。ここでは、換気のやり方の基本のみ解説する。

（１）自然換気

　作業場内外の温度差、風力による圧力差（自然に任せる）を利用して行う方法。この方法では、計画的に換気量を確保できない、排気口の位置を選べないなどのデメリットがある。したがって、機械による換気が現実的なやり方といえよう。

（２）機械換気

　機械換気には、3種類の換気方式がある。

① 送気式

　通風が不十分な屋内作業場において、ダクトを使って、作業場の奥、若しくは作業を行っている作業者位置に新鮮な空気を送気する方法。排気は自然に外部に排出される。アーク溶接を行う通常の屋内作業場で、排風機で他の場所に吹き飛ばす方法を採用する場合があるが、この

ような場合には、吹き飛ばす場所、吹き飛ばす方向などをよく検討し、作業場全体の換気が適切に行われるよう配慮する必要がある。

② 排気式

通風が不十分な屋内作業場において、ダクトを使って、作業場の奥、若しくは作業を行っている作業者位置の空気を排気する方法。新鮮な空気が作業場入口から自然に流入する。

③ 送排気式

通風が不十分な屋内作業場において、送気、排気、それぞれの別のダクトを利用して行う方法。

A7.1

(1) 送気式　　　(2) 排気式　　　(3) 送排気式

参考文献

1）有機溶剤中毒予防規則第 16 条（局所排気装置の性能）

2）特定化学物質障害予防規則の規定に基づく厚生労働大臣が定める性能（最終改正　令和 2 年 4 月 22 日厚生労働大臣告示第 192 号）

3）粉じん障害防止規則第 11 条第 1 項第 5 号の規定に基づく厚生労働大臣が定める要件（最終改正　平成 12 年 12 月 25 日　労働省告示第 120 号）

4）中央労働災害防止協会編「局所排気・プッシュプル型換気装置及び空気清浄装置の標準設計と保守管理　改訂第 5 版」中央労働災害防止協会（2021）

5）沼野雄志著「新　やさしい局排設計教室　改訂第 7 版」中央労働災害防止協会（2019）

6）有機溶剤中毒予防規則第 16 条の 2 の規定に基づく厚生労働大臣が定める構造及び性能（最終改正　平成 12 年 12 月 25 日労働省告示第 120 号）

7）特定化学物質障害予防規則第 7 条第 2 項第 4 号及び第 50 条第 1 項第 8 号ホの厚生労働大臣が定める要件（最終改正　平成 18 年 2 月 16 日厚生労働大臣告示第 58 号）

8）粉じん障害防止規則第 11 条第 2 項第 4 号の規定に基づく厚生労働大臣が定める要件（最終改正　平成 12 年 12 月 25 日労働省告示第 120 号）

9）有機溶剤中毒予防規則第 17 条（全体換気装置の性能）

A7.2　防じんマスク、防毒マスク及び電動ファン付き呼吸用保護具の選択、使用等について

基発 0525 第 3 号
令和 5 年 5 月 25 日

都道府県労働局長　　殿

厚生労働省労働基準局長

（公 印 省 略）

防じんマスク、防毒マスク及び電動ファン付き呼吸用保護具の選択、使用等について

　　標記について、これまで防じんマスク、防毒マスク等の呼吸用保護具を使用する労働者の健康障害を防止するため、「防じんマスクの選択、使用等について」（平成 17 年 2 月 7 日付け基発第 0207006 号。以下「防じんマスク通達」という。）及び「防毒マスクの選択、使用等について」（平成 17 年 2 月 7 日付け基発第 0207007 号。以下「防毒マスク通達」という。）により、その適切な選択、使用、保守管理等に当たって留意すべき事項を示してきたところである。

　　今般、労働安全衛生規則等の一部を改正する省令（令和 4 年厚生労働省令第 91 号。以下「改正省令」という。）等により、新たな化学物質管理が導入されたことに伴い、呼吸用保護具の選択、使用等に当たっての留意事項を下記のとおり定めたので、関係事業場に対して周知を図るとともに、事業場の指導に当たって遺漏なきを期されたい。

　　なお、防じんマスク通達及び防毒マスク通達は、本通達をもって廃止する。

記

第 1　共通事項

1　趣旨等

　　改正省令による改正後の労働安全衛生規則（昭和 47 年労働省令第 32 号。以下「安衛則」という。）第 577 条の 2 第 1 項において、事業者に対し、リスクアセスメントの結果等に基づき、代替物の使用、発散源を密閉する設備、局所排気装置又は全体換気装置の設置及び稼働、作業の方法の改善、有効な呼吸用保護具を使用させること等必要な措置を講ずることにより、リスクアセスメント対象物に労働者がばく露される程度を最小限度にすることが義務付けられた。さらに、同条第 2 項において、厚生労働大臣が定めるものを製造し、又は取り扱う業務を行う屋内作業場においては、労働者がこれらの物にばく露される程度を、厚生労働大臣が定める濃度の基準（以下「濃度基準値」という。）以下とすることが事業者に義務付けられた。

　　これらを踏まえ、化学物質による健康障害防止のための濃度の基準の適用等に関する技術上の指針（令和 5 年 4 月 27 日付け技術上の指針第 24 号。以下「技術上の指針」という。）が定められ、化学物質等による危険性又は有害性等の調査等に関する指針（平成 27 年 9 月 18 日付け危険性又は有害性等の調査等に関する指針公示第 3 号。以下「化学物質リスクアセスメント指針」という。）と相まって、リスクアセスメント及びその結果に基づく

必要な措置のために実施すべき事項が規定されている。

　本指針は、化学物質リスクアセスメント指針及び技術上の指針で定めるリスク低減措置として呼吸用保護具を使用する場合に、その適切な選択、使用、保守管理等に当たって留意すべき事項を示したものである。

2　基本的考え方

(1)　事業者は、化学物質リスクアセスメント指針に規定されているように、危険性又は有害性の低い物質への代替、工学的対策、管理的対策、有効な保護具の使用という優先順位に従い、対策を検討し、労働者のばく露の程度を濃度基準値以下とすることを含めたリスク低減措置を実施すること。その際、保護具については、適切に選択され、使用されなければ効果を発揮しないことを踏まえ、本質安全化、工学的対策等の信頼性と比較し、最も低い優先順位が設定されていることに留意すること。

(2)　事業者は、労働者の呼吸域における物質の濃度が、保護具の使用を除くリスク低減措置を講じてもなお、当該物質の濃度基準値を超えること等、リスクが高い場合、有効な呼吸用保護具を選択し、労働者に適切に使用させること。その際、事業者は、呼吸用保護具の選択及び使用が適切に実施されなければ、所期の性能が発揮されないことに留意し、呼吸用保護具が適切に選択及び使用されているかの確認を行うこと。

3　管理体制等

(1)　事業者は、リスクアセスメントの結果に基づく措置として、労働者に呼吸用保護具を使用させるときは、保護具に関して必要な教育を受けた保護具着用管理責任者（安衛則第12条の6第1項に規定する保護具着用管理責任者をいう。以下同じ。）を選任し、次に掲げる事項を管理させなければならないこと。

　ア　呼吸用保護具の適正な選択に関すること

　イ　労働者の呼吸用保護具の適正な使用に関すること

　ウ　呼吸用保護具の保守管理に関すること

　エ　改正省令による改正後の特定化学物質障害予防規則（昭和47年労働省令第39号。以下「特化則」という。）第36条の3の2第4項等で規定する第三管理区分に区分された場所（以下「第三管理区分場所」という。）における、同項第1号及び第2号並びに同条第5項第1号から第3号までに掲げる措置のうち、呼吸用保護具に関すること

　オ　第三管理区分場所における特定化学物質作業主任者の職務（呼吸用保護具に関する事項に限る。）について必要な指導を行うこと

(2)　事業者は、化学物質管理者の管理の下、保護具着用管理責任者に、呼吸用保護具を着用する労働者に対して、作業環境中の有害物質の種類、発散状況、濃度、作業時のばく露の危険性の程度等について教育を行わせること。また、事業者は、保護具着用管理責任者に、各労働者が着用する呼吸用保護具の取扱説明書、ガイドブック、パンフレット等（以下「取扱説明書等」という。）に基づき、適正な装着方法、使用方法及び顔面と面体の密着性の確認方法について十分な教育や訓練を行わせること。

(3)　事業者は、保護具着用管理責任者に、安衛則第577条の2第11項に基づく有害物質のばく露の状況の記録を把握させ、ばく露の状況を踏まえた呼吸用保護具の適正な保守管理を行わせること。

4　呼吸用保護具の選択

(1) 呼吸用保護具の種類の選択

　ア　事業者は、あらかじめ作業場所に酸素欠乏のおそれがないことを労働者等に確認させ
　　ること。酸素欠乏又はそのおそれがある場所及び有害物質の濃度が不明な場所ではろ過
　　式呼吸用保護具を使用させてはならないこと。酸素欠乏のおそれがある場所では、日本
　　産業規格 T8150「呼吸用保護具の選択、使用及び保守管理方法」（以下「JIS T 8150」
　　という。）を参照し、指定防護係数が 1000 以上の全面形面体を有する、別表 2 及び別表
　　3 に記載している循環式呼吸器、空気呼吸器、エアラインマスク及びホースマスク（以
　　下「給気式呼吸用保護具」という。）の中から有効なものを選択すること。

　イ　防じんマスク及び防じん機能を有する電動ファン付き呼吸用保護具（以下「P-PAPR」
　　という。）は、酸素濃度 18% 以上の場所であっても、有害なガス及び蒸気（以下「有毒
　　ガス等」という。）が存在する場所においては使用しないこと。このような場所では、
　　防毒マスク、防毒機能を有する電動ファン付き呼吸用保護具（以下「G-PAPR」という。）
　　又は給気式呼吸用保護具を使用すること。粉じん作業であっても、他の作業の影響等に
　　よって有毒ガス等が流入するような場合には、改めて作業場の作業環境の評価を行い、
　　適切な防じん機能を有する防毒マスク、防じん機能を有する G-PAPR 又は給気式呼吸
　　用保護具を使用すること。

　ウ　安衛則第 280 条第 1 項において、引火性の物の蒸気又は可燃性ガスが爆発の危険のあ
　　る濃度に達するおそれのある箇所において電気機械器具（電動機、変圧器、コード接続
　　器、開閉器、分電盤、配電盤等電気を通ずる機械、器具その他の設備のうち配線及び移
　　動電線以外のものをいう。以下同じ。）を使用するときは、当該蒸気又はガスに対しそ
　　の種類及び爆発の危険のある濃度に達するおそれに応じた防爆性能を有する防爆構造電
　　気機械器具でなければ使用してはならない旨規定されており、非防爆タイプの電動ファ
　　ン付き呼吸用保護具を使用してはならないこと。また、引火性の物には、常温以下でも
　　危険となる物があることに留意すること。

　エ　安衛則第 281 条第 1 項又は第 282 条第 1 項において、それぞれ可燃性の粉じん（マグ
　　ネシウム粉、アルミニウム粉等爆燃性の粉じんを除く。）又は爆燃性の粉じんが存在し
　　て爆発の危険のある濃度に達するおそれのある箇所及び爆発の危険のある場所で電気機
　　械器具を使用するときは、当該粉じんに対し防爆性能を有する防爆構造電気機械器具で
　　なければ使用してはならない旨規定されており、非防爆タイプの電動ファン付き呼吸用
　　保護具を使用してはならないこと。

(2) 要求防護係数を上回る指定防護係数を有する呼吸用保護具の選択

　ア　金属アーク等溶接作業を行う事業場においては、「金属アーク溶接等作業を継続して
　　行う屋内作業場に係る溶接ヒュームの濃度の測定の方法等」（令和 2 年厚生労働省告示
　　第 286 号。以下「アーク溶接告示」という。）で定める方法により、第三管理区分場所
　　においては、「第三管理区分に区分された場所に係る有機溶剤等の濃度の測定の方法等」
　　（令和 4 年厚生労働省告示第 341 号。以下「第三管理区分場所告示」という。）に定める
　　方法により濃度の測定を行い、その結果に基づき算出された要求防護係数を上回る指定
　　防護係数を有する呼吸用保護具を使用しなければならないこと。

　イ　濃度基準値が設定されている物質については、技術上の指針の 3 から 6 に示した方法

A7.2

により測定した当該物質の濃度を用い、技術上の指針の７－３に定める方法により算出
された要求防護係数を上回る指定防護係数を有する呼吸用保護具を選択すること。

ウ　濃度基準値又は管理濃度が設定されていない物質で、化学物質の評価機関によりばく
露限界の設定がなされている物質については、原則として、技術上の指針の２－１(3)
及び２－２に定めるリスクアセスメントのための測定を行い、技術上の指針の５－１(2)
アで定める八時間時間加重平均値を八時間時間加重平均のばく露限界（TWA）と比較
し、技術上の指針の５－１(2)イで定める十五分間時間加重平均値を短時間ばく露限界
値（STEL）と比較し、別紙１の計算式によって要求防護係数を求めること。

　さらに、求めた要求防護係数と別表１から別表３までに記載された指定防護係数を比
較し、要求防護係数より大きな値の指定防護係数を有する呼吸用保護具を選択すること。

エ　有害物質の濃度基準値やばく露限界に関する情報がない場合は、化学物質管理者、化
学物質管理専門家をはじめ、労働衛生に関する専門家に相談し、適切な指定防護係数を
有する呼吸用保護具を選択すること。

(3) 法令に保護具の種類が規定されている場合の留意事項

　安衛則第592条の5、有機溶剤中毒予防規則（昭和47年労働省令第36号。以下「有機
則」という。）第33条、鉛中毒予防規則（昭和47年労働省令第37号。以下「鉛則」とい
う。）第58条、四アルキル鉛中毒予防規則（昭和47年労働省令第38号。以下「四アルキ
ル鉛則」という。）第4条、特化則第38条の13及び第43条、電離放射線障害防止規則（昭
和47年労働省令第41号。以下「電離則」という。）第38条並びに粉じん障害防止規則（昭
和54年労働省令第18号。以下「粉じん則」という。）第27条のほか労働安全衛生法令に
定める防じんマスク、防毒マスク、P-PAPR 又は G-PAPR については、法令に定める有
効な性能を有するものを労働者に使用させなければならないこと。なお、法令上、呼吸用
保護具のろ過材の種類等が指定されているものについては、別表5を参照すること。

　なお、別表5中の金属のヒューム（溶接ヒュームを含む。）及び鉛については、化学物
質としての有害性に着目した基準値により要求防護係数が算出されることとなるが、これ
ら物質については、粉じんとしての有害性も配慮すべきことから、算出された要求防護係
数の値にかかわらず、ろ過材の種類を RS2、RL2、DS2、DL2 以上のものとしている趣旨
であること。

(4) 呼吸用保護具の選択に当たって留意すべき事項

ア　事業者は、有害物質を直接取り扱う作業者について、作業環境中の有害物質の種類、
作業内容、有害物質の発散状況、作業時のばく露の危険性の程度等を考慮した上で、必
要に応じ呼吸用保護具を選択、使用等させること。

イ　事業者は、防護性能に関係する事項以外の要素（着用者、作業、作業強度、環境等）
についても考慮して呼吸用保護具を選択させること。なお、呼吸用保護具を着用しての
作業は、通常より身体に負荷がかかることから、着用者によっては、呼吸用保護具着用
による心肺機能への影響、閉所恐怖症、面体との接触による皮膚炎、腰痛等の筋骨格系
障害等を生ずる可能性がないか、産業医等に確認すること。

ウ　事業者は、保護具着用管理責任者に、呼吸用保護具の選択に際して、目の保護が必要
な場合は、全面形面体又はルーズフィット形呼吸用インタフェースの使用が望ましいこ
とに留意させること。

エ　事業者は、保護具着用管理責任者に、作業において、事前の計画どおりの呼吸用保護具が使用されているか、着用方法が適切か等について確認させること。

オ　作業者は、事業者、保護具着用管理責任者等から呼吸用保護具着用の指示が出たら、それに従うこと。また、作業中に臭気、息苦しさ等の異常を感じたら、速やかに作業を中止し避難するとともに、状況を保護具着用管理責任者等に報告すること。

5　呼吸用保護具の適切な装着

(1)　フィットテストの実施

　金属アーク溶接等作業を行う作業場所においては、アーク溶接告示で定める方法により、第三管理区分場所においては、第三管理区分場所告示に定める方法により、1年以内ごとに1回、定期に、フィットテストを実施しなければならないこと。

　上記以外の事業場であって、リスクアセスメントに基づくリスク低減措置として呼吸用保護具を労働者に使用させる事業場においては、技術上の指針の7－4及び次に定めるところにより、1年以内ごとに1回、フィットテストを行うこと。

ア　呼吸用保護具（面体を有するものに限る。）を使用する労働者について、JIS T 8150に定める方法又はこれと同等の方法により当該労働者の顔面と当該呼吸用保護具の面体との密着の程度を示す係数（以下「フィットファクタ」という。）を求め、当該フィットファクタが要求フィットファクタを上回っていることを確認する方法とすること。

イ　フィットファクタは、別紙2により計算するものとすること。

ウ　要求フィットファクタは、別表4に定めるところによること。

(2)　フィットテストの実施に当たっての留意事項

ア　フィットテストは、労働者によって使用される面体がその労働者の顔に密着するものであるか否かを評価する検査であり、労働者の顔に合った面体を選択するための方法（手順は、JIS T 8150を参照。）である。なお、顔との密着性を要求しないルーズフィット形呼吸用インタフェースは対象外である。面体を有する呼吸用保護具は、面体が労働者の顔に密着した状態を維持することによって初めて呼吸用保護具本来の性能が得られることから、フィットテストにより適切な面体を有する呼吸用保護具を選択することは重要であること。

イ　面体を有する呼吸用保護具については、着用する労働者の顔面と面体とが適切に密着していなければ、呼吸用保護具としての本来の性能が得られないこと。特に、着用者の吸気時に面体内圧が陰圧（すなわち、大気圧より低い状態）になる防じんマスク及び防毒マスクは、着用する労働者の顔面と面体とが適切に密着していない場合は、粉じんや有毒ガス等が面体の接顔部から面体内へ漏れ込むことになる。また、通常の着用状態であれば面体内圧が常に陽圧（すなわち、大気圧より高い状態）になる面体形の電動ファン付き呼吸用保護具であっても、着用する労働者の顔面と面体とが適切に密着していない場合は、多量の空気を使用することになり、連続稼働時間が短くなり、場合によっては本来の防護性能が得られない場合もある。

ウ　面体については、フィットテストによって、着用する労働者の顔面に合った形状及び寸法の接顔部を有するものを選択及び使用し、面体を着用した直後には、(3)に示す方法又はこれと同等以上の方法によってシールチェック（面体を有する呼吸用保護具を着用した労働者自身が呼吸用保護具の装着状態の密着性を調べる方法。以下同じ。）を行い、

各着用者が顔面と面体とが適切に密着しているかを確認すること。

エ 着用者の顔面と面体とを適正に密着させるためには、着用時の面体の位置、しめひもの位置及び締め方等を適切にさせることが必要であり、特にしめひもについては、耳にかけることなく、後頭部において固定させることが必要であり、加えて、次の①、②、③のような着用を行わせないことに留意すること。

①面体と顔の間にタオル等を挟んで使用すること。

②着用者のひげ、もみあげ、前髪等が面体の接顔部と顔面の間に入り込む、排気弁の作動を妨害する等の状態で使用すること。

③ヘルメットの上からしめひもを使用すること。

オ フィットテストは、定期に実施するほか、面体を有する呼吸用保護具を選択するとき又は面体の密着性に影響すると思われる顔の変形（例えば、顔の手術などで皮膚にくぼみができる等）があったときに、実施することが望ましいこと。

カ フィットテストは、個々の労働者と当該労働者が使用する面体又はこの面体と少なくとも接顔部の形状、サイズ及び材質が同じ面体との組合せで行うこと。合格した場合は、フィットテストと同じ型式、かつ、同じ寸法の面体を労働者に使用させ、不合格だった場合は、同じ型式であって寸法が異なる面体若しくは異なる型式の面体を選択すること又はルーズフィット形呼吸用インタフェースを有する呼吸用保護具を使用すること等について検討する必要があること。

(3) シールチェックの実施

シールチェックは、ろ過式呼吸用保護具（電動ファン付き呼吸用保護具については、面体形のみ）の取扱説明書に記載されている内容に従って行うこと。シールチェックの主な方法には、陰圧法と陽圧法があり、それぞれ次のとおりであること。なお、ア及びイに記載した方法とは別に、作業場等に備え付けた簡易機器等によって、簡易に密着性を確認する方法（例えば、大気じんを利用する機器、面体内圧の変動を調べる機器等）がある。

ア 陰圧法によるシールチェック

面体を顔面に押しつけないように、フィットチェッカー等を用いて吸気口をふさぐ（連結管を有する場合は、連結管の吸気口をふさぐ又は連結管を握って閉塞させる）。息をゆっくり吸って、面体の顔面部と顔面との間から空気が面体内に流入せず、面体が顔面に吸いつけられることを確認する。

イ 陽圧法によるシールチェック

面体を顔面に押しつけないように、フィットチェッカー等を用いて排気口をふさぐ。息を吐いて、空気が面体内から流出せず、面体内に呼気が滞留することによって面体が膨張することを確認する。

6 電動ファン付き呼吸用保護具の故障時等の措置

(1) 電動ファン付き呼吸用保護具に付属する警報装置が警報を発したら、速やかに安全な場所に移動すること。警報装置には、ろ過材の目詰まり、電池の消耗等による風量低下を警報するもの、電池の電圧低下を警報するもの、面体形のものにあっては、面体内圧が陰圧に近づいていること又は達したことを警報するもの等があること。警報装置が警報を発した場合は、新しいろ過材若しくは吸収缶又は充電された電池との交換を行うこと。

(2) 電動ファン付き呼吸用保護具が故障し、電動ファンが停止した場合は、速やかに退避す

ること。

第2　防じんマスク及び P-PAPR の選択及び使用に当たっての留意事項

1　防じんマスク及び P-PAPR の選択

(1) 防じんマスク及び P-PAPR は、機械等検定規則（昭和47年労働省令第45号。以下「検定則」という。）第14条の規定に基づき付されている型式検定合格標章により、型式検定合格品であることを確認すること。なお、吸気補助具付き防じんマスクについては、検定則に定める型式検定合格標章に「補」が記載されている。

　また、吸気補助具が分離できるもの等、2箇所に型式検定合格標章が付されている場合は、型式検定合格番号が同一となる組合せが適切な組合せであり、当該組合せで使用して初めて型式検定に合格した防じんマスクとして有効に機能するものであること。

(2) 安衛則第592条の5、鉛則第58条、特化則第43条、電離則第38条及び粉じん則第27条のほか労働安全衛生法令に定める呼吸用保護具のうち P-PAPR については、粉じん等の種類及び作業内容に応じ、令和5年厚生労働省告示第88号による改正後の電動ファン付き呼吸用保護具の規格（平成26年厚生労働省告示第455号。以下「改正規格」という。）第2条第4項及び第5項のいずれかの区分に該当するものを使用すること。

(3) 防じんマスクを選択する際は、次の事項について留意の上、防じんマスクの性能等が記載されている取扱説明書等を参考に、それぞれの作業に適した防じんマスクを選択すること。

　ア　粉じん等の有害性が高い場合又は高濃度ばく露のおそれがある場合は、できるだけ粒子捕集効率が高いものであること。

　イ　粉じん等とオイルミストが混在する場合には、区分がLタイプ（RL3、RL2、RL1、DL3、DL2及びDL1）の防じんマスクであること。

　ウ　作業内容、作業強度等を考慮し、防じんマスクの重量、吸気抵抗、排気抵抗等が当該作業に適したものであること。特に、作業強度が高い場合にあっては、P-PAPR、送気マスク等、吸気抵抗及び排気抵抗の問題がない形式の呼吸用保護具の使用を検討すること。

(4) P-PAPR を選択する際は、次の事項について留意の上、P-PAPR の性能が記載されている取扱説明書等を参考に、それぞれの作業に適した P-PAPR を選択すること。

　ア　粉じん等の種類及び作業内容の区分並びにオイルミスト等の混在の有無の区分のうち、複数の性能の P-PAPR を使用することが可能（別表5参照）であっても、作業環境中の粉じん等の種類、作業内容、粉じん等の発散状況、作業時のばく露の危険性の程度等を考慮した上で、適切なものを選択すること。

　イ　粉じん等とオイルミストが混在する場合には、区分がLタイプ（PL3、PL2及びPL1）のろ過材を選択すること。

　ウ　着用者の作業中の呼吸量に留意して、「大風量形」又は「通常風量形」を選択すること。

　エ　粉じん等に対して有効な防護性能を有するものの範囲で、作業内容を考慮して、呼吸用インタフェース（全面形面体、半面形面体、フード又はフェイスシールド）について適するものを選択すること。

2　防じんマスク及び P-PAPR の使用

(1) ろ過材の交換時期については、次の事項に留意すること。

ア　ろ過材を有効に使用できる時間は、作業環境中の粉じん等の種類、粒径、発散状況、濃度等の影響を受けるため、これらの要因を考慮して設定する必要があること。なお、吸気抵抗上昇値が高いものほど目詰まりが早く、短時間で息苦しくなる場合があるので、作業時間を考慮すること。

イ　防じんマスク又はP-PAPRの使用中に息苦しさを感じた場合には、ろ過材を交換すること。オイルミストを捕集した場合は、固体粒子の場合とは異なり、ほとんど吸気抵抗上昇がない。ろ過材の種類によっては、多量のオイルミストを捕集すると、粒子捕集効率が低下するものもあるので、製造者の情報に基づいてろ過材の交換時期を設定すること。

ウ　砒素、クロム等の有害性が高い粉じん等に対して使用したろ過材は、1回使用するごとに廃棄すること。また、石綿、インジウム等を取り扱う作業で使用したろ過材は、そのまま作業場から持ち出すことが禁止されているので、1回使用するごとに廃棄すること。

エ　使い捨て式防じんマスクにあっては、当該マスクに表示されている使用限度時間に達する前であっても、息苦しさを感じる場合、又は著しい型くずれを生じた場合には、これを廃棄し、新しいものと交換すること。

(2)　粉じん則第27条では、ずい道工事における呼吸用保護具の使用が義務付けられている作業が決められており、P-PAPRの使用が想定される場合もある。しかし、「雷管取扱作業」を含む坑内作業でのP-PAPRの使用は、漏電等による爆発の危険がある。このような場合は爆発を防止するために防じんマスクを使用する必要があるが、面体形のP-PAPRは電動ファンが停止しても防じんマスクと同等以上の防じん機能を有することから、「雷管取扱作業」を開始する前に安全な場所で電池を取り外すことで、使用しても差し支えないこと（平成26年11月28日付け基発1128第12号「電動ファン付き呼吸用保護具の規格の適用等について」）とされていること。

第3　防毒マスク及びG-PAPRの選択及び使用に当たっての留意事項

1　防毒マスク及びG-PAPRの選択及び使用

(1)　防毒マスクは、検定則第14条の規定に基づき、吸収缶（ハロゲンガス用、有機ガス用、一酸化炭素用、アンモニア用及び亜硫酸ガス用のものに限る。）及び面体ごとに付されている型式検定合格標章により、型式検定合格品であることを確認すること。この場合、吸収缶と面体に付される型式検定合格標章は、型式検定合格番号が同一となる組合せが適切な組合せであり、当該組合せで使用して初めて型式検定に合格した防毒マスクとして有効に機能するものであること。ただし、吸収缶については、単独で型式検定を受けることが認められているため、型式検定合格番号が異なっている場合があるため、製品に添付されている取扱説明書により、使用できる組合せであることを確認すること。

なお、ハロゲンガス、有機ガス、一酸化炭素、アンモニア及び亜硫酸ガス以外の有毒ガス等に対しては、当該有毒ガス等に対して有効な吸収缶を使用すること。なお、これらの吸収缶を使用する際は、日本産業規格 T 8152「防毒マスク」に基づいた吸収缶を使用すること又は防毒マスクの製造者、販売業者又は輸入業者（以下「製造者等」という。）に問い合わせること等により、適切な吸収缶を選択する必要があること。

(2)　G-PAPRは、令和5年厚生労働省令第29号による改正後の検定則第14条の規定に基

づき、電動ファン、吸収缶（ハロゲンガス用、有機ガス用、アンモニア用及び亜硫酸ガス用のものに限る。）及び面体ごとに付されている型式検定合格標章により、型式検定合格品であることを確認すること。この場合、電動ファン、吸収缶及び面体に付される型式検定合格標章は、型式検定合格番号が同一となる組合せが適切な組合せであり、当該組合せで使用して初めて型式検定に合格したG-PAPRとして有効に機能するものであること。

　なお、ハロゲンガス、有機ガス、アンモニア及び亜硫酸ガス以外の有毒ガス等に対しては、当該有毒ガス等に対して有効な吸収缶を使用すること。なお、これらの吸収缶を使用する際は、日本産業規格T 8154「有毒ガス用電動ファン付き呼吸用保護具」に基づいた吸収缶を使用する又はG-PAPRの製造者等に問い合わせるなどにより、適切な吸収缶を選択する必要があること。

(3) 有機則第33条、四アルキル鉛則第2条、特化則第38条の13第1項のほか労働安全衛生法令に定める呼吸用保護具のうちG-PAPRについては、粉じん又は有毒ガス等の種類及び作業内容に応じ、改正規格第2条第1項表中の面体形又はルーズフィット形を使用すること。

(4) 防毒マスク及びG-PAPRを選択する際は、次の事項について留意の上、防毒マスクの性能が記載されている取扱説明書等を参考に、それぞれの作業に適した防毒マスク及びG-PAPRを選択すること。

　ア　作業環境中の有害物質（防毒マスクの規格（平成2年労働省告示第68号）第1条の表下欄及び改正規格第1条の表下欄に掲げる有害物質をいう。）の種類、濃度及び粉じん等の有無に応じて、面体及び吸収缶の種類を選ぶこと。

　イ　作業内容、作業強度等を考慮し、防毒マスクの重量、吸気抵抗、排気抵抗等が当該作業に適したものを選ぶこと。

　ウ　防じんマスクの使用が義務付けられている業務であっても、近くで有毒ガス等の発生する作業等の影響によって、有毒ガス等が混在する場合には、改めて作業環境の評価を行い、有効な防じん機能を有する防毒マスク、防じん機能を有するG-PAPR又は給気式呼吸用保護具を使用すること。

　エ　吹付け塗装作業等のように、有機溶剤の蒸気と塗料の粒子等の粉じんとが混在している場合については、有効な防じん機能を有する防毒マスク、防じん機能を有するG-PAPR又は給気式呼吸用保護具を使用すること。

　オ　有毒ガス等に対して有効な防護性能を有するものの範囲で、作業内容について、呼吸用インタフェース（全面形面体、半面形面体、フード又はフェイスシールド）について適するものを選択すること。

(5) 防毒マスク及びG-PAPRの吸収缶等の選択に当たっては、次に掲げる事項に留意すること。

　ア　要求防護係数より大きい指定防護係数を有する防毒マスクがない場合は、必要な指定防護係数を有するG-PAPR又は給気式呼吸用保護具を選択すること。

　　また、対応する吸収缶の種類がない場合は、第1の4(1)の要求防護係数より高い指定防護係数を有する給気式呼吸用保護具を選択すること。

　イ　防毒マスクの規格第2条及び改正規格第2条で規定する使用の範囲内で選択すること。ただし、この濃度は、吸収缶の性能に基づくものであるので、防毒マスク及び

G-PAPR として有効に使用できる濃度は、これより低くなることがあること。

ウ　有毒ガス等と粉じん等が混在する場合は、第2に記載した防じんマスク及び P-PAPR の種類の選択と同様の手順で、有毒ガス等及び粉じん等に適した面体の種類及びろ過材の種類を選択すること。

エ　作業環境中の有毒ガス等の濃度に対して除毒能力に十分な余裕のあるものであること。なお、除毒能力の高低の判断方法としては、防毒マスク、G-PAPR、防毒マスクの吸収缶及び G-PAPR の吸収缶に添付されている破過曲線図から、一定のガス濃度に対する破過時間（吸収缶が除毒能力を喪失するまでの時間。以下同じ。）の長短を比較する方法があること。

　　例えば、次の図に示す吸収缶A及び吸収缶Bの破過曲線図では、ガス濃度 0.04% の場合を比べると、破過時間は吸収缶Aが 200 分、吸収缶Bが 300 分となり、吸収缶Aに比べて吸収缶Bの除毒能力が高いことがわかること。

オ　有機ガス用防毒マスク及び有機ガス用 G-PAPR の吸収缶は、有機ガスの種類により防毒マスクの規格第7条及び改正規格第7条に規定される除毒能力試験の試験用ガス（シクロヘキサン）と異なる破過時間を示すので、対象物質の破過時間について製造者に問い合わせること。

カ　メタノール、ジクロロメタン、二硫化炭素、アセトン等に対する破過時間は、防毒マスクの規格第7条及び改正規格第7条に規定される除毒能力試験の試験用ガスによる破過時間と比べて著しく短くなるので注意すること。この場合、使用時間の管理を徹底するか、対象物質に適した専用吸収缶について製造者に問い合わせること。

(6) 有毒ガス等が粉じん等と混在している作業環境中では、粉じん等を捕集する防じん機能を有する防毒マスク又は防じん機能を有する G-PAPR を選択すること。その際、次の事項について留意すること。

ア　防じん機能を有する防毒マスク及び G-PAPR の吸収缶は、作業環境中の粉じん等の種類、発散状況、作業時のばく露の危険性の程度等を考慮した上で、適切な区分のものを選ぶこと。なお、作業環境中に粉じん等に混じってオイルミスト等が存在する場合にあっては、試験粒子にフタル酸ジオクチルを用いた粒子捕集効率試験に合格した防じん機能を有する防毒マスク（L3、L2、L1）又は防じん機能を有する G-PAPR（PL3、PL2、PL1）を選ぶこと。また、粒子捕集効率が高いほど、粉じん等をよく捕集できる

こと。

イ　吸収缶の破過時間に加え、捕集する作業環境中の粉じん等の種類、粒径、発散状況及び濃度が使用限度時間に影響するので、これらの要因を考慮して選択すること。なお、防じん機能を有する防毒マスク及び防じん機能を有する G-PAPR の吸収缶の取扱説明書には、吸気抵抗上昇値が記載されているが、これが高いものほど目詰まりが早く、より短時間で息苦しくなることから、使用限度時間は短くなること。

ウ　防じん機能を有する防毒マスク及び防じん機能を有する G-PAPR の吸収缶のろ過材は、一般に粉じん等を捕集するに従って吸気抵抗が高くなるが、防毒マスクの S3、S2 又は S1 のろ過材（G-PAPR の場合は PL3、PL2、PL1 のろ過材）では、オイルミスト等が堆積した場合に吸気抵抗が変化せずに急激に粒子捕集効率が低下するものがあり、また、防毒マスクの L3、L2 又は L1 のろ過材（G-PAPR の場合は PL3、PL2、PL1 のろ過材）では、多量のオイルミスト等の堆積により粒子捕集効率が低下するものがあるので、吸気抵抗の上昇のみを使用限度の判断基準にしないこと。

(7)　2 種類以上の有毒ガス等が混在する作業環境中で防毒マスク又は G-PAPR を選択及び使用する場合には、次の事項について留意すること。

①作業環境中に混在する 2 種類以上の有毒ガス等についてそれぞれ合格した吸収缶を選定すること。

②この場合の吸収缶の破過時間は、当該吸収缶の製造者等に問い合わせること。

2　防毒マスク及び G-PAPR の吸収缶

(1)　防毒マスク又は G-PAPR の吸収缶の使用時間については、次の事項に留意すること。

ア　防毒マスク又は G-PAPR の使用時間について、当該防毒マスク又は G-PAPR の取扱説明書等及び破過曲線図、製造者等への照会結果等に基づいて、作業場所における空気中に存在する有毒ガス等の濃度並びに作業場所における温度及び湿度に対して余裕のある使用限度時間をあらかじめ設定し、その設定時間を限度に防毒マスク又は G-PAPR を使用すること。

使用する環境の温度又は湿度によっては、吸収缶の破過時間が短くなる場合があること。例えば、有機ガス用防毒マスクの吸収缶及び有機ガス用 G-PAPR の吸収缶は、使用する環境の温度又は湿度が高いほど破過時間が短くなる傾向があり、沸点の低い物質ほど、その傾向が顕著であること。また、一酸化炭素用防毒マスクの吸収缶は、使用する環境の湿度が高いほど破過時間が短くなる傾向にあること。

イ　防毒マスク、G-PAPR、防毒マスクの吸収缶及び G-PAPR の吸収缶に添付されている使用時間記録カード等に、使用した時間を必ず記録し、使用限度時間を超えて使用しないこと。

ウ　着用者の感覚では、有毒ガス等の危険性を感知できないおそれがあるので、吸収缶の破過を知るために、有毒ガス等の臭いに頼るのは、適切ではないこと。

エ　防毒マスク又は G-PAPR の使用中に有毒ガス等の臭気等の異常を感知した場合は、速やかに作業を中止し避難するとともに、状況を保護具着用管理責任者等に報告すること。

オ　一度使用した吸収缶は、破過曲線図、使用時間記録カード等により、十分な除毒能力が残存していることを確認できるものについてのみ、再使用しても差し支えないこと。

ただし、メタノール、二硫化炭素等破過時間が試験用ガスの破過時間よりも著しく短い有毒ガス等に対して使用した吸収缶は、吸収缶の吸収剤に吸着された有毒ガス等が時間とともに吸収剤から微量ずつ脱着して面体側に漏れ出してくることがあるため、再使用しないこと。

第4　呼吸用保護具の保守管理上の留意事項

1　呼吸用保護具の保守管理

(1) 事業者は、ろ過式呼吸用保護具の保守管理について、取扱説明書に従って適切に行わせるほか、交換用の部品（ろ過材、吸収缶、電池等）を常時備え付け、適時交換できるようにすること。

(2) 事業者は、呼吸用保護具を常に有効かつ清潔に使用するため、使用前に次の点検を行うこと。

ア　吸気弁、面体、排気弁、しめひも等に破損、亀裂又は著しい変形がないこと。

イ　吸気弁及び排気弁は、弁及び弁座の組合せによって機能するものであることから、これらに粉じん等が付着すると機能が低下することに留意すること。なお、排気弁に粉じん等が付着している場合には、相当の漏れ込みが考えられるので、弁及び弁座を清掃するか、弁を交換すること。

ウ　弁は、弁座に適切に固定されていること。また、排気弁については、密閉状態が保たれていること。

エ　ろ過材及び吸収缶が適切に取り付けられていること。

オ　ろ過材及び吸収缶に水が侵入したり、破損（穴あき等）又は変形がないこと。

カ　ろ過材及び吸収缶から異臭が出ていないこと。

キ　ろ過材が分離できる吸収缶にあっては、ろ過材が適切に取り付けられていること。

ク　未使用の吸収缶にあっては、製造者が指定する保存期限を超えていないこと。また、包装が破損せず気密性が保たれていること。

(3) ろ過式呼吸用保護具を常に有効かつ清潔に保持するため、使用後は粉じん等及び湿気の少ない場所で、次の点検を行うこと。

ア　ろ過式呼吸用保護具の破損、亀裂、変形等の状況を点検し、必要に応じ交換すること。

イ　ろ過式呼吸用保護具及びその部品（吸気弁、面体、排気弁、しめひも等）の表面に付着した粉じん、汗、汚れ等を乾燥した布片又は軽く水で湿らせた布片で取り除くこと。なお、著しい汚れがある場合の洗浄方法、電気部品を含む箇所の洗浄の可否等については、製造者の取扱説明書に従うこと。

ウ　ろ過材の使用に当たっては、次に掲げる事項に留意すること。

①ろ過材に付着した粉じん等を取り除くために、圧搾空気等を吹きかけたり、ろ過材をたたいたりする行為は、ろ過材を破損させるほか、粉じん等を再飛散させることとなるので行わないこと。

②取扱説明書等に、ろ過材を再使用すること（水洗いして再使用することを含む。）ができる旨が記載されている場合は、再使用する前に粒子捕集効率及び吸気抵抗が当該製品の規格値を満たしていることを、測定装置を用いて確認すること。

(4) 吸収缶に充填されている活性炭等は吸湿又は乾燥により能力が低下するものが多いため、使用直前まで開封しないこと。また、使用後は上栓及び下栓を閉めて保管すること。

　栓がないものにあっては、密封できる容器又は袋に入れて保管すること。

(5) 電動ファン付き呼吸用保護具の保守点検に当たっては、次に掲げる事項に留意すること。

　ア　使用前に電動ファンの送風量を確認することが指定されている電動ファン付き呼吸用保護具は、製造者が指定する方法によって使用前に送風量を確認すること。

　イ　電池の保守管理について、充電式の電池は、電圧警報装置が警報を発する等、製造者が指定する状態になったら、再充電すること。なお、充電式の電池は、繰り返し使用していると使用時間が短くなることを踏まえて、電池の管理を行うこと。

(6) 点検時に次のいずれかに該当する場合には、ろ過式呼吸用保護具の部品を交換し、又はろ過式呼吸用保護具を廃棄すること。

　ア　ろ過材については、破損した場合、穴が開いた場合、著しい変形を生じた場合又はあらかじめ設定した使用限度時間に達した場合。

　イ　吸収缶については、破損した場合、著しい変形が生じた場合又はあらかじめ設定した使用限度時間に達した場合。

　ウ　呼吸用インタフェース、吸気弁、排気弁等については、破損、亀裂若しくは著しい変形を生じた場合又は粘着性が認められた場合。

　エ　しめひもについては、破損した場合又は弾性が失われ、伸縮不良の状態が認められた場合。

　オ　電動ファン（又は吸気補助具）本体及びその部品（連結管等）については、破損、亀裂又は著しい変形を生じた場合。

　カ　充電式の電池については、損傷を負った場合若しくは充電後においても極端に使用時間が短くなった場合又は充電ができなくなった場合。

(7) 点検後、直射日光の当たらない、湿気の少ない清潔な場所に専用の保管場所を設け、管理状況が容易に確認できるように保管すること。保管の際、呼吸用インタフェース、連結管、しめひも等は、積み重ね、折り曲げ等によって、亀裂、変形等の異常を生じないようにすること。

(8) 使用済みのろ過材、吸収缶及び使い捨て式防じんマスクは、付着した粉じんや有毒ガス等が再飛散しないように容器又は袋に詰めた状態で廃棄すること。

第5　製造者等が留意する事項

　ろ過式呼吸用保護具の製造者等は、次の事項を実施するよう努めること。

①ろ過式呼吸用保護具の販売に際し、事業者等に対し、当該呼吸用保護具の選択、使用等に関する情報の提供及びその具体的な指導をすること。

②ろ過式呼吸用保護具の選択、使用等について、不適切な状態を把握した場合には、これを是正するように、事業者等に対し指導すること。

③ろ過式呼吸用保護具で各々の規格に適合していないものが認められた場合には、使用する労働者の健康障害防止の観点から、原因究明や再発防止対策と並行して、自主回収やホームページ掲載による周知など必要な対応を行うこと。

別紙1 要求防護係数の求め方

要求防護係数の求め方は、次による。

測定の結果得られた化学物質の濃度がCで、化学物質の濃度基準値（有害物のばく露限界濃度を含む）がC₀であるときの要求防護係数（PFr）は、式(1)によって算出される。

$$PFr = \frac{C}{C_0} \quad \cdots\cdots\cdots\cdots (1)$$

複数の有害物質が存在する場合で、これらの物質による人体への影響（例えば、ある器官に与える毒性が同じか否か）が不明な場合は、労働衛生に関する専門家に相談すること。

別紙2 フィットファクタの求め方

フィットファクタは、次の式により計算するものとする。

呼吸用保護具の外側の測定対象物の濃度がC_{out}で、呼吸用保護具の内側の測定対象物の濃度がC_{in}であるときのフィットファクタ（FF）は式(2)によって算出される。

$$FF = \frac{C_{out}}{C_{in}} \quad \cdots\cdots\cdots\cdots (2)$$

A7.2

別表1　ろ過式呼吸用保護具の指定防護係数

A7.2

当該呼吸用保護具の種類					指定防護係数
防じんマスク	取替え式	全面形面体		RS3 又は RL3	50
				RS2 又は RL2	14
				RS1 又は RL1	4
		半面形面体		RS3 又は RL3	10
				RS2 又は RL2	10
				RS1 又は RL1	4
	使い捨て式			DS3 又は DL3	10
				DS2 又は DL2	10
				DS1 又は DL1	4
防毒マスク[a]	全面形面体				50
	半面形面体				10
防じん機能を有する電動ファン付き呼吸用保護具（P-PAPR）	面体形	全面形面体	S 級	PS3 又は PL3	1,000
			A 級	PS2 又は PL2	90
			A 級又は B 級	PS1 又は PL1	19
		半面形面体	S 級	PS3 又は PL3	50
			A 級	PS2 又は PL2	33
			A 級又は B 級	PS1 又は PL1	14
	ルーズフィット形	フード又はフェイスシールド	S 級	PS3 又は PL3	25
			A 級	PS3 又は PL3	20
			S 級又は A 級	PS2 又は PL2	20
			S 級、A 級又は B 級	PS1 又は PL1	11
防毒機能を有する電動ファン付き呼吸用保護具（G-PAPR）[b]	防じん機能を有しないもの	面体形	全面形面体		1,000
			半面形面体		50
		ルーズフィット形	フード又はフェイスシールド		25
	防じん機能を有するもの	面体形	全面形面体	PS3 又は PL3	1,000
				PS2 又は PL2	90
				PS1 又は PL1	19
			半面形面体	PS3 又は PL3	50
				PS2 又は PL2	33
				PS1 又は PL1	14
		ルーズフィット形	フード又はフェイスシールド	PS3 又は PL3	25
				PS2 又は PL2	20
				PS1 又は PL1	11

注[a]　防じん機能を有する防毒マスクの粉じん等に対する指定防護係数は、防じんマスクの指定防護係数を適用する。
有毒ガス等と粉じん等が混在する環境に対しては、それぞれにおいて有効とされるものについて、面体の種類が共通のものが選択の対象となる。

注[b]　防毒機能を有する電動ファン付き呼吸用保護具の指定防護係数の適用は、次による。なお、有毒ガス等と粉じん等が混在する環境に対しては、①と②のそれぞれにおいて有効とされるものについて、呼吸用インタフェースの種類が共通のものが選択の対象となる。
①有毒ガス等に対する場合：防じん機能を有しないものの欄に記載されている数値を適用。
②粉じん等に対する場合：防じん機能を有するものの欄に記載されている数値を適用。

別表2　その他の呼吸用保護具の指定防護係数

呼吸用保護具の種類			指定防護係数
循環式呼吸器	全面形面体	圧縮酸素形かつ陽圧形	10,000
		圧縮酸素形かつ陰圧形	50
		酸素発生形	50
	半面形面体	圧縮酸素形かつ陽圧形	50
		圧縮酸素形かつ陰圧形	10
		酸素発生形	10
空気呼吸器	全面形面体	プレッシャデマンド形	10,000
		デマンド形	50
	半面形面体	プレッシャデマンド形	50
		デマンド形	10
エアラインマスク	全面形面体	プレッシャデマンド形	1,000
		デマンド形	50
		一定流量形	1,000
	半面形面体	プレッシャデマンド形	50
		デマンド形	10
		一定流量形	50
	フード又はフェイスシールド	一定流量形	25
ホースマスク	全面形面体	電動送風機形	1,000
		手動送風機形又は肺力吸引形	50
	半面形面体	電動送風機形	50
		手動送風機形又は肺力吸引形	10
	フード又はフェイスシールド	電動送風機形	25

A7.2

別表3　高い指定防護係数で運用できる呼吸用保護具の種類の指定防護係数

呼吸用保護具の種類			指定防護係数
防じん機能を有する電動ファン付き呼吸用保護具	半面形面体	S級かつPS3又はPL3	300
	フード	S級かつPS3又はPL3	1,000
	フェイスシールド	S級かつPS3又はPL3	300
防毒機能を有する電動ファン付き呼吸用保護具[a]	防じん機能を有しないもの	半面形面体	300
		フード	1,000
		フェイスシールド	300
	防じん機能を有するもの	半面形面体　PS3又はPL3	300
		フード　PS3又はPL3	1,000
		フェイスシールド　PS3又はPL3	300
フードを有するエアラインマスク		一定流量形	1,000

注記　この表の指定防護係数は、JIS T 8150の附属書JCに従って該当する呼吸用保護具の防護係数を求め、この表に記載されている指定防護係数を上回ることを該当する呼吸用保護具の製造者が明らかにする書面が製品に添付されている場合に使用できる。

注[a]　防毒機能を有する電動ファン付き呼吸用保護具の指定防護係数の適用は、次による。なお、有毒ガス等と粉じん等が混在する環境に対しては、①と②のそれぞれにおいて有効とされるものについて、呼吸用インタフェースの種類が共通のものが選択の対象となる。
①有毒ガス等に対する場合：防じん機能を有しないものの欄に記載されている数値を適用。
②粉じん等に対する場合：防じん機能を有するものの欄に記載されている数値を適用。

別表4　要求フィットファクタ及び使用できるフィットテストの種類

面体の種類	要求フィットファクタ	フィットテストの種類	
		定性的フィットテスト	定量的フィットテスト
全面形面体	500	—	○
半面形面体	100	○	○

注記　半面形面体を用いて定性的フィットテストを行った結果が合格の場合、フィットファクタは100以上とみなす。

別表5　粉じん等の種類及び作業内容に応じて選択可能な防じんマスク及び防じん機能を有する電動ファン付き呼吸用保護具

粉じん等の種類及び作業内容	オイルミストの有無	防じんマスク			防じん機能を有する電動ファン付き呼吸用保護具			
		種類	呼吸用インタフェースの種類	ろ過材の種類	種類	呼吸用インタフェースの種類	漏れ率の区分	ろ過材の種類
○安衛則第592条の5 廃棄物の焼却施設に係る作業で、ダイオキシン類の粉じんばく露のおそれのある作業において使用する防じんマスク及び防じん機能を有する電動ファン付き呼吸用保護具	混在しない	取替え式	全面形面体	RS3、RL3	面体形	全面形面体	S級	PS3、PL3
			半面形面体	RS3、RL3		半面形面体	S級	PS3、PL3
					ルーズフィット形	フード	S級	PS3、PL3
						フェイスシールド	S級	PS3、PL3
	混在する	取替え式	全面形面体	RL3	面体形	全面形面体	S級	PL3
			半面形面体	RL3		半面形面体	S級	PL3
					ルーズフィット形	フード	S級	PL3
						フェイスシールド	S級	PL3
○電離則第38条 放射性物質がこぼれたとき等による汚染のおそれがある区域内の作業又は緊急作業において使用する防じんマスク及び防じん機能を有する電動ファン付き呼吸用保護具	混在しない	取替え式	全面形面体	RS3、RL3	面体形	全面形面体	S級	PS3、PL3
			半面形面体	RS3、RL3		半面形面体	S級	PS3、PL3
					ルーズフィット形	フード	S級	PS3、PL3
						フェイスシールド	S級	PS3、PL3
	混在する	取替え式	全面形面体	RL3	面体形	全面形面体	S級	PL3
			半面形面体	RL3		半面形面体	S級	PL3
					ルーズフィット形	フード	S級	PL3
						フェイスシールド	S級	PL3
○鉛則第58条、特化則第38条の21、特化則第43条及び粉じん則第27条 金属のヒューム（溶接ヒュームを含む。）を発散する場所における作業において使用する防じんマスク及び防じん機能を有する電動ファン付き呼吸用保護具（※1）	混在しない	取替え式	全面形面体	RS3、RL3、RS2、RL2				
			半面形面体	RS3、RL3、RS2、RL2				
		使い捨て式		DS3、DL3、DS2、DL2				
	混在する	取替え式	全面形面体	RL3、RL2				
			半面形面体	RL3、RL2				
		使い捨て式		DL3、DL2				
○鉛則第58条及び特化則第43条 管理濃度が0.1 mg/m³以下の物質の粉じんを発散する場所における作業において使用する防じんマスク及び防じん機能を有する電動ファン付き呼吸用保護具（※1）	混在しない	取替え式	全面形面体	RS3、RL3、RS2、RL2				
			半面形面体	RS3、RL3、RS2、RL2				
		使い捨て式		DS3、DL3、DS2、DL2				
	混在する	取替え式	全面形面体	RL3、RL2				
			半面形面体	RL3、RL2				
		使い捨て式		DL3、DL2				

A7.2

A7.2

粉じん等の種類及び作業内容	オイルミストの有無	防じんマスク			防じん機能を有する電動ファン付き呼吸用保護具			
		種類	呼吸用インタフェースの種類	ろ過材の種類	種類	呼吸用インタフェースの種類	漏れ率の区分	ろ過材の種類
○石綿則第14条 負圧隔離養生及び隔離養生（負圧不要）の内部で、石綿等の除去等を行う作業〈吹き付けられた石綿等の除去、石綿含有保温材等の除去、石綿等の封じ込めもしくは囲い込み、石綿含有成形板等の除去、石綿含有仕上塗材の除去〉において使用する防じん機能を有する電動ファン付き呼吸用保護具	混在しない				面体形	全面形面体	S級	PS3、PL3
						半面形面体	S級	PS3、PL3
					ルーズフィット形	フード	S級	PS3、PL3
						フェイスシールド	S級	PS3、PL3
	混在する				面体形	全面形面体	S級	PL3
						半面形面体形	S級	PL3
					ルーズフィット形	フード	S級	PL3
						フェイスシールド	S級	PL3
○ 石綿則第14条 負圧隔離養生及び隔離養生（負圧不要）の外部（又は負圧隔離及び隔離養生措置を必要としない石綿等の除去等を行う作業場）で、石綿等の除去等を行う作業〈吹き付けられた石綿等の除去、石綿含有保温材等の除去、石綿等の封じ込めもしくは囲い込み、石綿含有成形板等の除去、石綿含有仕上塗材の除去〉において使用する防じんマスク及び防じん機能を有する電動 ファン付き呼吸用保護具（※3）	混在しない	取替え式	全面形面体	RS3、RL3	面体形	全面形面体	S級	PS3、PL3
			半面形面体	RS3、RL3		半面形面体	S級	PS3、PL3
					ルーズフィット形	フード	S級	PS3、PL3
						フェイスシールド	S級	PS3、PL3
	混在する	取替え式	全面形面体	RL3	面体形	全面形面体	S級	PL3
			半面形面体	RL3		半面形面体	S級	PL3
					ルーズフィット形	フード	S級	PL3
						フェイスシールド	S級	PL3
○ 石綿則第14条 負圧隔離養生及び隔離養生（負圧不要）の外部（又は負圧隔離及び隔離養生措置を必要としない石綿等の除去等を行う作業場）で、石綿等の切断等を伴わない囲い込み／石綿含有形板等の切断等を伴わずに除去する作業において使用する防じんマスク	混在しない	取替え式	全面形面体	RS3、RL3、RS2、RL2				
			半面形面体	RS3、RL3、RS2、RL2				
	混在する	取替え式	全面形面体	RL3、RL2				
			半面形面体	RL3、RL2				

粉じん等の種類及び作業内容	オイルミストの有無	防じんマスク			防じん機能を有する電動ファン付き呼吸用保護具			
		種類	呼吸用インタフェースの種類	ろ過材の種類	種類	呼吸用インタフェースの種類	漏れ率の区分	ろ過材の種類
○ 石綿則第14条 石綿含有成形板等及び石綿含有仕上塗材の除去等作業を行う作業場で、石綿等の除去等以外の作業を行う場合において使用する防じんマスク	混在しない	取替え式	全面形面体	RS3、RL3、RS2、RL2				
			半面形面体	RS3、RL3、RS2、RL2				
	混在する	取替え式	全面形面体	RL3、RL2				
			半面形面体	RL3、RL2				
○ 除染則第16条 高濃度汚染土壌等を取り扱う作業であって、粉じん濃度が十ミリグラム毎立方メートルを超える場所において使用する防じんマスク（※2）	混在しない	取替え式	全面形面体	RS3、RL3、RS2、RL2				
			半面形面体	RS3、RL3、RS2、RL2				
		使い捨て式		DS3、DL3、DS2、DL2				
	混在する	取替え式	全面形面体	RL3、RL2				
			半面形面体	RL3、RL2				
		使い捨て式		DL3、DL2				

※1：防じん機能を有する電動ファン付き呼吸用保護具のろ過材は、粒子捕集効率が95パーセント以上であればよい。
※2：それ以外の場所において使用する防じんマスクのろ過材は、粒子捕集効率が80パーセント以上であればよい。
※3：防じん機能を有する電動ファン付き呼吸用保護具を使用する場合は、大風量型とすること。

出典：「基発0525第3号　防じんマスク、防毒マスク及び電動ファン付き呼吸用保護具の選択、使用等について」（厚生労働省）
（https://www.mhlw.go.jp/content/11300000/001100842.pdf）

A8.1　職場の見回り〜リスクアセスメントの始まり

リスクアセスメントを実施し、許容できるまでリスク低減策を定めても、実際に対策が決めたとおりに行われていないと労働者の安全・健康を保つことはできない。そのために、定期的に職場の見回りを行い、確実に対策が実施されているか確認することが重要である。

見回りを実施する主な目的は以下が挙げられる。

・ハザード周知の確認
・リスク低減対策の実施状況確認
・安全対策機器管理の確認
・未認識ハザードの発掘

以下、それぞれの目的に応じて解説する。

A8.1.1　ハザード周知の確認

職場に存在するハザード及び、その危険性・有害性の認識がないと、人事異動等で組織の構成員が変わっていくに伴い、時間とともに作業員の対策も実行されなくなる（対策が風化する）。したがって、時間が経過してもハザード情報を伝える仕組みや努力は必要である。

そのための具体的方法としては、掲示板や教育が挙げられる。職場の見回りでは、掲示板などが情報発信に活用されているか、実際に作業者が本当にハザードを認識しているか、作業員にハザードについて尋ねてみるとよい。

ハザード情報入手源としては、SDS がその第一手段であるがゆえに、SDS 管理状況のチェックはとても重要である。例えば、以下のチェックをすることで、浸透度を確認できる。

・その作業場で使用する SDS がすべて入手されているか？
・その製品に関係する人が、必要時に速やかに SDS を見ることができるように管理されているか？
・SDS は最新版になっているか？
・SDS 更新時に、従来のリスク評価や対策に修正が必要か検討されているか？
・作業員は、実際に SDS を読んで必要な情報（危険性・有害性、保護具など）を入手可能か？

SDS と並んで重要なのがラベル表示である。製品に、内容物がわかるようにラベルが貼られているかは要注意ポイントである。特に、小分けした場合に、すべての小分けした容器に内容物がわかるようになっている必要がある。小分けした本人はわかっているかもしれないが、第三者にはその内容物がわからないと誤使用事故の原因となり得る。例えば、空きペットボトルに小分けした化学物質を、飲料と勘違いして飲んでしまう事故は跡を絶たない。

図 A8.1.1　清涼飲料水容器に小分けしたシンナーの誤飲による中毒（厚生労働省　職場の安全サイト事故事例*1 より）

＊1　https://anzeninfo.mhlw.go.jp/anzen_pg/SAI_DET.aspx?joho_no=101619

A8.1.2　リスク低減対策の実施状況確認

リスク評価結果は、確実に実施されなければならない。

A8.1.2.1　工学的対策の確認

密閉化対策をとった場合は、化学物質が外に出
てこないために、非常に有効な方法ではあるが、
密閉容器の漏えいが起きていたり、作業手順に
よっては内容物が出てくる場合もあるので確認が
必要である。見回り時に、化学物質の臭気を感じ
たり、漏えいの痕跡があれば、要注意である。こ
ういった状況の確認のため、可能であれば、見回
り時に対象化学物質を測定できる直読計や検知管
を持参することを推奨する。

図 A8.1.2　スモークテスターの例[*2]

換気により化学物質濃度を下げる方法を採用した場合は、スモークテスターを用いて空気の
流れを確認するのがよい。局所排気では、実際に化学物質を使っている場所で煙が局所排気に
吸い込まれているか、全体換気では、作業位置が化学物質使用場所の下流になっていないかを
確認することができる。

A8.1.2.2　作業手順遵守状況の確認

作業手順でリスク低減対策をとった場合は、作業手順が遵守されているか確認が必要である。
面倒だからといって本来実施すべき作業工程を省いたり（ショートカット）、昔の手順でも問
題がなかったと勝手に判断して、勝手に以前の手順で作業を実施することがあり得る。もし見
回りで、こういった手順の逸脱が起きていることを発見したら、手順を確実に遵守するための
手立てを講じる必要がある。ただし、人の行動の問題に帰着して終えるのではなく、手順が煩
雑だからルールが守られない可能性まで立ち返ってみて、リスクを高めることなく、より簡素
な手順を考え直すことも必要になるかもしれない。また、手順の逸脱は人の行動に起因する以
上、完全になくすことは不可能であるので、より根源対策として設備改造などの工学的対策を
検討する必要が出てくる。

A8.1.2.3　保護具使用状況の確認

保護具でリスク低減を行う場合には、しっかりと管理をしなければ、保護具は有効に機能し
ないために、見回りで管理状況を確認する必要がある。チェックポイントを以下に整理する。
全般
　・保護具の種類は適切か？
　　　例：有害物質ガスのある場所で防塵マスクを使用
　　　　　目に刺激がある化学物質を扱うときに、通常の安全眼鏡を使用
　・保護具は正しく着用しているか？

---

*2　スモークジェネレーター（気流検査器）SG-1（光明理化学工業株式会社）
　　（https://www.komyokk.co.jp/product/001/005/1500.html）

・不測の事態も想定して保護具を選定しているか？
　　例：液体の場合、液が顔に飛散した場合を想定して、面体・保護眼鏡、保護衣、呼吸用保護具を着用しているか？
・手袋の材質は化学物質にあった材質か？
　　例：国内には耐油手袋と称して、ポリウレタン製手袋が広く使われているが、有機溶剤には一般には適切か確認ができていない場合が多い。

呼吸用保護具

・期限内の吸収缶が使われているか？
・倉庫にある吸収缶が期限切れになっていないか？
・吸収缶の交換は、適切に行われていて、古い吸収缶を装着したままになっていないか？
・マスクのしめひもをヘルメットの上から装着するなど、不安定な装着方法をしていないか？
・ひげを生やした状態でマスクをしていないか？

図 A8.1.3　強アルカリ性廃液の薄め手順間違いにより突沸した廃液の被液及び発生したガスの吸入によるフッ化水素中毒による死亡（厚生労働省　職場の安全サイト事故事例[*3]より）

A8.1.3　緊急時対応機器管理の確認

　腐食性のある化学物質が体にかかった時の対応は、リスク対策検討の時に事前に考えておく必要があるが、見回りでは、実際に発生した場合に使用できる状況に管理されているかを確認することが必要である。

　例えば、酸が目に入った場合はすぐに洗顔器で目を洗う必要があるが、その可能性がある作業場の近くに洗顔設備がないと、速やかに洗うことができない。また、実際に水を出してみて、水量が十分か、さび等の濁りがないかなどを点検しているか、日常の管理状況の確認を行うことが望ましい。

A8.1.4　未認識ハザードの発掘

　最初にハザードを洗い出してリスクアセスメントを行った際に、ハザードを誤認識したり、うっかり漏れてしまう場合もある。また、時が経過し、新しい製品を使い始めていたが、ハザード認識がされず、リスクアセスメントが未実施のままになっていることもある。見回りでは、リスクアセスメント未実施の物質がないか確認するいい機会でもある。臭いや濡れるはずのない場所でのシミなど、五感を働かせて現場を見ると同時に、現場の人に日常作業で気になっている点をヒアリングするのがよい。

図 A8.1.4　グラインダーで金属板性缶を切断時に気化したシンナーへ火花が飛び爆発（厚生労働省　職場の安全サイト事故事例[*4] より）

[*3]　https://anzeninfo.mhlw.go.jp/anzen_pg/SAI_DET.aspx?joho_no=101631
[*4]　https://anzeninfo.mhlw.go.jp/anzen_pg/SAI_DET.aspx?joho_no=101589

　また、リスク評価をするときに、個々のハザードに着目をしていると、複数の作業が重なった時に生じるリスクに気が付かない場合がある。例えば、有機溶剤を扱う作業で、たまたま別の作業で火気を扱う作業があった場合、有機溶剤蒸気が床上に滞留し、着火・爆発するリスクも考えておく必要がある。

　実際の現場で、そのような状況を発見することも、職場の見回りの大切なポイントである。

A8.1

A9.1　労働安全衛生法における健康診断

　労働安全衛生法に基づき、労働者の健康状態を把握する健康診断は、一般健康診断と特殊健康診断に大別される（以下、労働安全衛生法は「法」、労働安全衛生規則は「規則」としている）。

A9.1

健診名	根拠条文	目的・頻度等
一般健康診断	法第66条第1項 規則で健診項目を規定	
(1) 雇入時の健康診断	規則第43条	常時使用する労働者を雇い入れた際の健康状態を把握し、適正な配置や就業後の健康管理基礎資料とする。
(2) 定期健康診断	規則第44条	常時使用する全ての労働者に定期（1年以内ごとに1回）に実施する、生活習慣病も含め経時的な変化に留意しながら疾病の早期発見と予防のための適切な管理を行う。
(3) 特定業務従事者の健康診断	規則第45条	深夜業務、重量物取扱い業務など規則に定められている「特定業務」に常時従事している労働者に対し実施する、配置替えの際及び6か月以内ごとに1回実施する。
(4) 海外派遣労働者の健康診断	規則第45条の2	労働者を海外に6か月以上派遣しようとするとき、又は海外に6か月以上派遣した労働者を国内の業務に従事させるときに実施する。
(5) 給食従業員の検便	規則第47条	食堂又は炊事場における給食の業務に従事する労働者に対し、雇入れの際又は当該業務への配置替えの際、検便を実施する。
特殊健康診断 （実施義務）	法第66条第2項及び第3項 ［(1) じん肺を除く］ 施行令で対象業務、 規則で健診項目を規定	
(1) じん肺健康診断	じん肺法第3条、第7条〜第9条の2	常時粉じん作業に従事する労働者に対して実施する、対象者の所見により1年以内ごと又は3年以内ごと
(2) 高気圧作業健康診断	施行令第22条第1項第1号 高圧則第38条	有害業務に従事する者に対する健康診断、雇入れ時又は配置替えの際及び6か月以内に1回定期に実施する。 特定化学物質の一部及び石綿など発がんのおそれがある場合には、それらの業務に従事させなくなった場合においても、その者を雇用している間は特殊健康診断の対象者とする。
(3) 電離放射線健康診断	施行令第22条第1項第2号 電離則第56条	
(4) 特定化学物質健康診断	施行令第22条第1項第3号 施行令第22条第2項 特化則第39条	
(5) 石綿健康診断	施行令第22条第1項第3号 施行令第22条第2項 石綿則第40条	

(6)　鉛健康診断	施行令第 22 条第 1 項第 4 号 鉛則第 53 条
(7)　四アルキル鉛健 康診断	施行令第 22 条第 1 項第 5 号 四アルキル鉛則第 22 条
(8)　有機溶剤健康診 断	施行令第 22 条第 1 項第 6 号 有機則第 29 条
(9)　除染等業務従事 者健康診断	施行令第 22 条第 1 項第 2 号 除染電離則第 20 条
(10)　歯科特殊健康 診断	施行令第 22 条第 3 項 規則第 48 条

特殊健康診断（指導勧奨）	関連通達
(1)　紫外線・赤外線にさらされる業務	昭 31.5.18 基発第 308 号
(2)　著しい騒音を発生する屋内作業場などにおける騒音作業	平 4.10.1 基発第 546 号
(3)　黄りんを取り扱う業務、又はりんの化合物のガス、蒸気若しくは粉じんを発散する場所における業務	昭 31.5.18 基発第 308 号
(4)　有機りん剤を取り扱う業務又はそのガス、蒸気若しくは粉じんを発散する場所における業務	昭 31.5.18 基発第 308 号
(5)　亜硫酸ガスを発散する場所における業務	昭 31.5.18 基発第 308 号
(6)　二硫化炭素を取り扱う業務又はそのガスを発散する場所における業務（有機溶剤業務に係るものを除く）	昭 31.5.18 基発第 308 号 昭 45.8.7 基発第 572 号
(7)ベンゼンのニトロアミド化合物を取り扱う業務又はそれらのガス、蒸気若しくは粉じんを発散する場所における業務	昭 31.5.18 基発第 308 号
(8)　脂肪族の塩化又は臭化化合物（有機溶剤として法規に規定されているものを除く）を取り扱う業務又はそれらのガス、蒸気若しくは粉じんを発散する場所における業務	昭 31.5.18 基発第 308 号 昭 45.8.7 基発第 572 号
(9)　砒素化合物（アルシン又は砒化ガリウムに限る）を取り扱う業務またはそのガス、蒸気若しくは粉じんを発散する場所における業務	昭 34.5.4 基発第 359 号
(10)　フェニル水銀化合物を取り扱う業務又はそのガス、蒸気若しくは粉じんを発散する場所における業務	昭 40.5.12 基発第 518 号
(11)　アルキル水銀化合物（アルキル基がメチル基又はエチル基である物を除く）を取り扱う業務又はそのガス、蒸気若しくは粉じんを発散する場所における業務	昭 40.5.12 基発第 518 号
(12)　クロルナフタリンを取り扱う業務又はそのガス、蒸気若しくは粉じんを発散する場所における業務	昭 40.5.12 基発第 518 号
(13)　沃素を取り扱う業務又はそのガス、蒸気若しくは粉じんを発散する場所における業務	昭 40.5.12 基発第 518 号
(14)　米杉、ネズコ、リョウブ又はラワンの粉じん等を発散する場所における業務	昭 45.1.7 基発第 2 号
(15)　超音波溶着機と取り扱う業務	昭 46.4.17 基発第 326 号
(16)　メチレンジフェニルイソシアネート（M.D.I）を取り扱う業務又はこのガス若しくは蒸気を発散する場所における業務	昭 40.5.12 基発第 518 号

A9.1

(17) フェザーミル等肥料製造工程における業務	昭 45.5.8 基発第 360 号
(18) クロルプロマジン等フェノチアジン系薬剤を取り扱う業務	昭 45.12.12 基発第 889 号
(19) キーパンチャーの業務	昭 39.9.22 基発第 1106 号
(20) 都市ガス配管工事業務（一酸化炭素）	昭 40.12.8 基発第 1568 号
(21) 地下駐車場における業務（排気ガス）	昭 46.3.18 基発第 223 号
(22) チェーンソー使用による身体に著しい振動を与える業務	昭 45.2.28 基発第 134 号 昭 50.10.20 基発第 610 号 平 21.7.10 基発 0710 号第 1 号
(23) チェーンソー以外の振動工具（さく岩機、チッピングハンマー等）の取扱い業務	昭 49.1.28 基発第 45 号 昭 50.10.20 基発第 609 号 昭 50.10.20 基発第 610 号 平 21.7.10 基発 0710 号第 2 号
(24) 重量物取扱い業務、介護作業等腰部に著しい負担のかかる作業	平 25.6.18 基発 0618 号第 1 号
(25) 金銭登録の業務	昭 48.3.30 基発第 188 号 昭 48.12.22 基発第 717 号
(26) 引金付工具を取り扱う作業	昭 50.2.19 基発第 94 号
(27) 情報機器作業	令 1.7.12 基発 0712 第 3 号
(28) レーザー機器を取り扱う業務又はレーザー光線にさらされる恐れのある業務	昭 50.2.19 基発第 94 号 平 17.3.25 基発 0325002 号

　健診項目の詳細な内容については規則、通達等を参照のこと。

健康診断実施後の措置：

　労働安全衛生法第 66 条の 4、第 66 条の 5 の規定により、事業者は、健康診断の結果、医師等の意見を踏まえ、労働者の健康を保持するため必要があると認めるときは、当該労働者の実情を考慮して、就業場所の変更、作業の転換、労働時間の短縮、深夜業の回数の減少、昼間勤務への転換等の措置を講ずるほか、作業環境測定の実施、施設・設備の設置又は整備、医師等の意見の衛生委員会若しくは安全衛生委員会又は労働時間等設定改善委員会への報告その他の適切な措置を講じなければならないこととされている。

　（改正 平成 29 年 4 月 14 日 健康診断結果措置指針公示第 9 号[*1]）

＊1　「健康診断結果に基づき事業者が講ずべき措置に関する指針　改正 平成 29 年 4 月 14 日 健康診断結果措置指針公示第 9 号」（厚生労働省）
　　（https://www.mhlw.go.jp/hourei/doc/kouji/K170417K0020.pdf）

A9.2　リスクアセスメント対象物健康診断ガイドライン

リスクアセスメント対象物健康診断に関するガイドライン

第1　趣旨・目的

　　本ガイドラインは、労働安全衛生規則等の一部を改正する省令（令和4年厚生労働省令第91号）による改正後の労働安全衛生規則（昭和47年労働省令第32号。以下「安衛則」という。）第577条の2第3項及び第4項に規定する医師又は歯科医師による健康診断（以下「リスクアセスメント対象物健康診断」という。）に関して、事業者、労働者、産業医、健康診断実施機関及び健康診断の実施に関わる医師又は歯科医師（以下「医師等」という。）が、リスクアセスメント対象物健康診断の趣旨・目的を正しく理解し、その適切な実施が図られるよう、基本的な考え方及び留意すべき事項を示したものである。

第2　基本的な考え方

　　リスクアセスメント対象物健康診断のうち、安衛則第577条の2第3項に基づく健康診断（以下「第3項健診」という。）は、有機溶剤中毒予防規則（昭和47年労働省令第36号）第29条に基づく特殊健康診断等のように、特定の業務に常時従事する労働者に対して一律に健康診断の実施を求めるものではなく、事業者による自律的な化学物質管理の一環として、労働安全衛生法（昭和47年法律第57号）第57条の3第1項に規定する化学物質の危険性又は有害性等の調査（以下「リスクアセスメント」といい、化学物質等による危険性又は有害性等の調査等に関する指針（令和5年4月27日付け危険性又は有害性等の調査等に関する指針公示第4号）に従って実施するものをいう。）の結果に基づき、当該化学物質のばく露による健康障害発生リスク（健康障害を発生させるおそれをいう。以下同じ。）が高いと判断された労働者に対し、医師等が必要と認める項目について、健康障害発生リスクの程度及び有害性の種類に応じた頻度で実施するものである。

　　化学物質による健康障害を防止するためには、工学的対策、管理的対策、保護具の使用等により、ばく露そのものをなくす又は低減する措置（以下「ばく露防止対策」という。）を講じなければならず、これらのばく露防止対策が適切に実施され、労働者の健康障害発生リスクが許容される範囲を超えないと事業者が判断すれば、基本的にはリスクアセスメント対象物健康診断を実施する必要はない。なお、これらのばく露防止対策を十分に行わず、リスクアセスメント対象物健康診断で労働者のばく露防止対策を補うという考え方は適切ではない。

第3　留意すべき事項

1　リスクアセスメント対象物健康診断の種類と目的

(1)　安衛則第577条の2第3項に基づく健康診断

　　第3項健診は、リスクアセスメント対象物に係るリスクアセスメントにおいて健康障害発生リスクを評価した結果、その健康障害発生リスクが許容される範囲を超えると判断された場合に、関係労働者の意見を聴き、必要があると認められた者について、当該リスクアセスメント対象物による健康影響を確認するために実施するものである。

　　なお、リスクアセスメント対象物を製造し、又は取り扱う事業場においては、安衛則
第577条の2第1項の規定により、労働者がリスクアセスメント対象物にばく露される
程度を最小限度にしなければならないとされており、労働者の健康障害発生リスクが許
容される範囲を超えるような状態で、労働者を作業に従事させるようなことは避けるべ
きであることに留意すること。

(2) 安衛則第577条の2第4項に基づく健康診断

　　安衛則第577条の2第4項に基づく健康診断（以下「第4項健診」という。）は、安
衛則第577条の2第2項に規定する厚生労働大臣が定める濃度の基準（以下「濃度基準
値」といい、労働安全衛生規則第五百七十七条の二第二項の規定に基づき厚生労働大臣
が定める物及び厚生労働大臣が定める濃度の基準（令和5年厚生労働省告示第177号。
以下「濃度基準告示」という。）に規定する八時間濃度基準値又は短時間濃度基準値を
いう。）があるリスクアセスメント対象物について、濃度基準値を超えてばく露したお
それがある労働者に対し、当該リスクアセスメント対象物による健康影響（八時間濃度
基準値を超えてばく露したおそれがある場合で急性の健康影響が発生している可能性が
低いと考えられる場合は主として急性以外の健康影響（遅発性健康障害を含む。）、短時
間濃度基準値を超えてばく露したおそれがある場合は主として急性の健康影響）を速や
かに確認するために実施するものである。

　　なお、安衛則第577条の2第2項の規定により、当該リスクアセスメント対象物につ
いて、濃度基準値を超えてばく露することはあってはならないことから、第4項健診は、
ばく露の程度を抑制するための局所排気装置が正常に稼働していない又は使用されてい
るはずの呼吸用保護具が使用されていないなど何らかの異常事態が判明した場合及び漏
洩事故等により濃度基準値がある物質に大量ばく露した場合など、労働者が濃度基準値
を超えて当該リスクアセスメント対象物にばく露したおそれが生じた場合に実施する趣
旨であること。

2　リスクアセスメント対象物健康診断の実施の要否の判断方法

　　リスクアセスメント対象物健康診断の実施の要否は、労働者の化学物質のばく露によ
る健康障害発生リスクを評価して判断する必要がある。

(1) 第3項健診の実施の要否の判断の考え方

　　第3項健診の実施の要否の判断は、リスクアセスメントにおいて、以下の状況を勘案
して、労働者の健康障害発生リスクを評価し、当該労働者の健康障害発生リスクが許容
できる範囲を超えるか否か検討することが適当である。

・当該化学物質の有害性及びその程度

・ばく露の程度（呼吸用保護具を使用していない場合は労働者が呼吸する空気中の化学
　物質の濃度（以下「呼吸域の濃度」という。）、呼吸用保護具を使用している場合は、
　呼吸用保護具の内側の濃度（呼吸域の濃度を呼吸用保護具の指定防護係数で除したも
　の）で表される。以下同じ。）や取扱量

・労働者のばく露履歴（作業期間、作業頻度、作業（ばく露）時間）

・作業の負荷の程度

・工学的措置（局所排気装置等）の実施状況（正常に稼働しているか等）

・呼吸用保護具の使用状況（要求防護係数による選択状況、定期的なフィットテストの

A9.2

実施状況）
・取扱方法（皮膚等障害化学物質等（皮膚若しくは眼に障害を与えるおそれ又は皮膚から吸収され、若しくは皮膚に侵入して、健康障害を生ずるおそれがあることが明らかな化学物質をいう。）を取り扱う場合、不浸透性の保護具の使用状況、直接接触するおそれの有無や頻度）

　第3項健診の実施の要否を判断するタイミングについて、過去にリスクアセスメントを実施して以降、作業の方法や取扱量等に変化がないこと等から、リスクアセスメントを実施していない場合は、過去に実施したリスクアセスメントの結果に基づき、実施の要否を判断する必要があるので、安衛則第577条の2第11項に基づく記録の作成（同項の規定では、リスクアセスメントの結果に基づき講じたリスク低減措置や労働者のリスクアセスメント対象物へのばく露の状況等について、1年を超えない期間ごとに1回、定期に記録を作成することが義務づけられている。）の時期に、労働者のリスクアセスメント対象物へのばく露の状況、工学的措置や保護具使用が適正になされているかを確認し、第3項健診の実施の要否を判断することが望ましい。また、過去に一度もリスクアセスメントを実施したことがない場合は、安衛則第577条の2第3項及び第4項の施行後1年以内にリスクアセスメントを実施し、第3項健診の実施の要否を判断することが望ましい。なお、第3項健診の実施の要否を判断したときは、その判断根拠について記録を作成し、保存しておくことが望ましい。

　さらに、第3項健診の実施の要否を判断した後も、安衛則第577条の2第11項に基づく記録の作成の時期などを捉え、事業者は、前回のリスクアセスメントを実施した時点の作業条件等から変化がないことを定期的に確認し、作業条件等に変化がある場合は、リスクアセスメントを再実施し、第3項健診の実施の要否を判断し直すこと。

（注1）以下のいずれかに該当する場合は、健康障害発生リスクが高いことが想定されるため、健康診断（①及び②については、経気道ばく露を想定しているため、歯科医師による健康診断を含むが、③及び④については、皮膚へのばく露を想定しているため、歯科医師による健康診断は含まない。）を実施することが望ましい。

　①濃度基準値がある物質について、労働者のばく露の程度が第4項健診の対象とならないものであっても、八時間濃度基準値を超える短時間ばく露が1日に5回以上ある場合等、濃度基準告示第3号に規定する努力義務を満たしていない場合

　②濃度基準値がない物質について、以下に掲げる場合を含めて、工学的措置や呼吸用保護具でのばく露の制御が不十分と判断される場合

　　ア　リスク低減措置（リスクアセスメントを実施し、その結果に基づき講じられる労働者の危険又は健康障害を防止するための必要な措置をいう。以下同じ。）としてばく露の程度を抑制するための工学的措置が必要とされている場合に、当該措置が適切に稼働していない（局所排気装置が正常に稼働していない等）場合

　　イ　リスク低減措置として呼吸用保護具の使用が必要とされる場合に、呼吸用保護具を使用していない場合

　　ウ　リスク低減措置として呼吸用保護具を使用している場合に、呼吸用保護具の使用方法が不適切で要求防護係数を満たしていないと考えられる場合

③不浸透性の保護手袋等の保護具を適切に使用せず、皮膚吸収性有害物質（皮膚から吸収され、又は皮膚に侵入して、健康障害を生ずるおそれがあることが明らかな化学物質をいう（皮膚吸収性有害物質の一覧については、皮膚等障害化学物質等に該当する化学物質について（令和5年7月4日付け基発0704第1号）を参照のこと。）。以下同じ。）に直接触れる作業を行っている場合

④不浸透性の保護手袋等の保護具を適切に使用せず、皮膚刺激性有害物質（皮膚又は眼に障害を与えるおそれのある化学物質をいう（皮膚刺激性有害物質を含めた一覧については、厚生労働省のホームページに掲載の「皮膚等障害化学物質（労働安全衛生規則第594条の2（令和6年4月1日施行））及び特別規則に基づく不浸透性の保護具等の使用義務物質リスト」(https://www.mhlw.go.jp/stf/seisakunitsuite/bunya/0000099121_00005.html) を参照のこと。）。以下同じ。）に直接触れる作業を行っている場合

⑤濃度基準値がない物質について、漏洩事故等により、大量ばく露した場合

　（注）この場合、まずは医師等の診察を受けることが望ましい。

⑥リスク低減措置が適切に講じられているにも関わらず、当該化学物質による可能性がある体調不良者が出るなど何らかの健康障害が顕在化した場合

（注2）濃度基準値がないリスクアセスメント対象物には、発がんが確率的影響であることから、長期的な健康影響が発生しない安全な閾値である濃度基準値を定めることが困難なため濃度基準値を設定していない発がん性物質も含まれており、このような遅発性の健康障害のおそれがある物質については、過去の当該物質のばく露履歴(ばく露の程度、ばく露期間、保護具の着用状況等)を考慮し、リスクアセスメント対象物健康診断の実施の要否について検討する必要がある。

（注3）濃度基準値がないリスクアセスメント対象物には、職業性ばく露限界値等（日本産業衛生学会の許容濃度、米国政府労働衛生専門家会議（ACGIH）のばく露限界値（TLV-TWA）等をいう。以下同じ。）は設定されているが濃度基準値が検討中であり、そのため濃度基準値が設定されていない物質も含まれている。当該物質については、濃度基準値が設定されるまでの間は、職業性ばく露限界値等を参考にリスクアセスメントを実施することが推奨されている（労働安全衛生規則等の一部を改正する省令等の施行について（令和4年5月31日付け基発0531第9号）第4の7）ため、リスクアセスメント対象物健康診断の実施の要否の判断においては、当該職業性ばく露限界値等を超えてばく露したおそれがあるか否かを判断基準とすることが望ましい。

（注4）リスクアセスメント対象物健康診断のうち、歯科領域に係るものについては、歯科領域への影響について確立されたリスク評価手法が現時点ではないこと、歯科領域のリスクアセスメント対象物健康診断の対象である5物質（クロルスルホン酸、三臭化ほう素、5,5-ジフェニル-2,4-イミダゾリジンジオン、臭化水素及び発煙硫酸）については、歯科領域への影響がそれ以外の臓器等への健康影響よりも低い濃度で発生するエビデンスが明確ではないことから、歯科領域以外の健康障害発生リスクの評価に基づいて行われるリスクアセスメント対象物健康診断の実施の要否の判断に準じて、歯科領域に関する検査の実施の要否を判断することが適切であ

　　　　る。
（注5）健康診断の実施の要否の判断に際して、産業医を選任している事業場においては、
　　　　必要に応じて、産業医の意見を聴取すること。産業医を選任していない小規模事業
　　　　場においては、本社等で産業医を選任している場合は当該産業医、それ以外の場合
　　　　は、健康診断実施機関、産業保健総合支援センター又は地域産業保健センターに必
　　　　要に応じて相談することも考えられる。その際、これらの者が事業場のリスクアセ
　　　　スメント対象物に関する状況を具体的に把握した上で助言できるよう、事業場にお
　　　　いて使用している化学物質の種類、作業内容、作業環境等の情報を提供すること。
（注6）同一の作業場所で複数の事業者が化学物質を取り扱う作業を行っている場合であっ
　　　　て、作業環境管理等を実質的に他の事業者が行っている場合等においては、作業環
　　　　境管理等に関する情報を事業者間で共有し、連携してリスクアセスメントを実施す
　　　　るなど、健康診断の実施の要否を判断するための必要な情報収集において、十分な
　　　　連携を図ること。
(2)　第4項健診の実施の要否の判断の考え方
　　　第4項健診については、以下のいずれかに該当する場合は、労働者が濃度基準値を超
　　えてばく露したおそれがあることから、速やかに実施する必要がある。
　　・リスクアセスメントにおける実測（数理モデルで推計した呼吸域の濃度が濃度基準値
　　　の2分の1程度を超える等により事業者が行う確認測定（化学物質による健康障害防
　　　止のための濃度の基準の適用等に関する技術上の指針（令和5年4月27日付け技術
　　　上の指針公示第24号））の濃度を含む。）、数理モデルによる呼吸域の濃度の推計又は
　　　定期的な濃度測定による呼吸域の濃度が、濃度基準値を超えていることから、労働者
　　　のばく露の程度を濃度基準値以下に抑制するために局所排気装置等の工学的措置の実
　　　施又は呼吸用保護具の使用等の対策を講じる必要があるにも関わらず、以下に該当す
　　　る状況が生じた場合
　　　①工学的措置が適切に実施されていない（局所排気装置が正常に稼働していない等）
　　　　ことが判明した場合
　　　②労働者が必要な呼吸用保護具を使用していないことが判明した場合
　　　③労働者による呼吸用保護具の使用方法が不適切で要求防護係数が満たされていない
　　　　と考えられる場合
　　　④その他、工学的措置や呼吸用保護具でのばく露の制御が不十分な状況が生じている
　　　　ことが判明した場合
　　・漏洩事故等により、濃度基準値がある物質に大量ばく露した場合
　　　（注）この場合、まずは医師等の診察を受けることが望ましい。
3　リスクアセスメント対象物健康診断を実施する場合の対象者の選定方法等
(1)　対象者の選定方法
　　　リスクアセスメント対象物健康診断を実施する場合の対象者の選定は、個人ごとに健
　　康障害発生リスクの評価を行い、個人ごとに健康診断の実施の要否を判断することが原
　　則であるが、同様の作業を行っている労働者についてはまとめて評価・判断することも
　　可能である。また、漏洩事故等によるばく露の場合は、ばく露した労働者のみを対象者
　　としてよいこと。

　　なお、安衛則第577条の2第3項に規定される「リスクアセスメント対象物を製造し、又は取り扱う業務に常時従事する労働者」には、当該業務に従事する時間や頻度が少なくても、反復される作業に従事している者を含むこと。

(2) 労働者に対する事前説明

　　リスクアセスメント対象物健康診断は、検査項目が法令で定められていないことから、当該健康診断を実施する際には、当該健康診断の対象となる労働者に対し、設定した検査項目について、その理由を説明することが望ましい。なお、労働者に対する説明は、労働者に対する口頭やメールによる通知のほか、事業場のイントラネットでの掲載、パンフレットの配布、事業場の担当窓口の備付け、掲示板への掲示等があり、労働者本人に認識される合理的かつ適切な方法で行う必要があること。

　　また、リスクアセスメント対象物健康診断は、健康障害の早期発見のためにも、実施が必要な労働者は受診することが重要であるから、事業者は関係労働者に対し、あらかじめその旨説明しておくことが望ましい。ただし、事業者は、当該健康診断の対象となる労働者が受診しないことを理由に、当該労働者に対して不利益な取扱いを行ってはならない。

4　リスクアセスメント対象物健康診断の実施頻度及び実施時期

(1) 第3項健診の実施頻度

　　第3項健診の実施頻度は、健康障害発生リスクの程度に応じて、産業医を選任している事業場においては産業医、選任していない事業場においては医師等の意見に基づき事業者が判断すること。具体的な実施頻度は、例えば以下のように設定することが考えられる。

① 皮膚腐食性／刺激性、眼に対する重篤な損傷性／眼刺激性、呼吸器感作性、皮膚感作性、特定標的臓器毒性（単回ばく露）による急性の健康障害発生リスクが許容される範囲を超えると判断された場合：6月以内に1回（ばく露低減対策を講じても、健康障害発生リスクが許容される範囲を超える状態が継続している場合は、継続して6月以内ごとに1回実施する必要がある。）

② がん原性物質（労働安全衛生規則第五百七十七条の二第三項の規定に基づきがん原性がある物として厚生労働大臣が定めるもの（令和4年厚生労働省告示第371号）により、がん原性があるものとして厚生労働大臣が定めるものをいう。以下同じ。）又は国が行うGHS分類の結果、発がん性の区分が区分1に該当する化学物質にばく露し、健康障害発生リスクが許容される範囲を超えると判断された場合：業務におけるばく露があり、健康障害発生リスクが高い労働者を対象とすることから、がん種によらず1年以内ごとに1回（ばく露低減対策により健康障害発生リスクが許容される範囲を超えない状態に改善した場合も、産業医を選任している事業場においては産業医、選任していない事業場においては医師等の意見も踏まえ、必要な期間継続的に実施することを検討すること。）

③ 上記①、②以外の健康障害（歯科領域の健康障害を含む。）発生リスクが許容される範囲を超えると判断された場合：3年以内ごとに1回（ばく露低減対策により健康障害発生リスクが許容される範囲を超えない状態に改善した場合も、産業医を選任している事業場においては産業医、選任していない事業場においては医師等の意見も踏ま

え、必要な期間継続的に実施することを検討すること。)

(2) 第4項健診の実施時期

　なお、第4項健診は、濃度基準値を超えてばく露したおそれが生じた時点で、事業者及び健康診断実施機関等の調整により合理的に実施可能な範囲で、速やかに実施する必要があること。また、濃度基準値以下となるよう有効なリスク低減措置を講じた後においても、急性以外の健康障害（遅発性健康障害を含む。）が懸念される場合は、産業医を選任している事業場においては産業医、選任していない事業場においては医師等の意見も踏まえ、必要な期間継続的に健康診断を実施することを検討すること。

5　リスクアセスメント対象物健康診断の検査項目

(1) 検査項目の設定に当たって参照すべき有害性情報

　リスクアセスメント対象物健康診断を実施する医師等は、事業者からの依頼を受けて検査項目を設定するに当たっては、まず濃度基準値がある物質の場合には濃度基準値の根拠となった一次文献における有害性情報（当該有害性情報は、厚生労働省ホームページに順次追加される「化学物質管理に係る専門家検討会　報告書」から入手可能）を参照すること。それに加えて、濃度基準値がない物質も含めてSDSに記載されたGHS分類に基づく有害性区分及び有害性情報を参照すること。

　その際、GHS分類に基づく有害性区分のうち、以下のア〜エに掲げるものについては、以下のとおりの取扱いとすること。

A9.2

ア　急性毒性

　GHS分類における急性毒性は定期的な検査になじまないため、急性の健康障害に関する検査項目の設定は、特定標的臓器毒性（単回ばく露）、皮膚腐食性／刺激性、眼に対する重篤な損傷性／眼刺激性、呼吸器感作性、皮膚感作性等のうち急性の健康影響を参照すること。

イ　生殖細胞変異原性及び誤えん有害性

　検査項目の設定が困難であることから、検査の対象から除外すること。

ウ　発がん性

　検査項目の設定のためのエビデンスが十分でないがん種については、対象から除外すること。

エ　生殖毒性

　職業ばく露による健康影響を確認するためのスクリーニング検査の実施方法が確立していないことから、生殖毒性に係る検査は一般的には推奨されない。なお、生殖毒性に係る検査を実施する場合は、労働者に対する身体的・心理的負担を考慮して検査方法を選択するとともに、業務とは直接関係のない個人のプライバシーに留意する必要があることから、労使で十分に話し合うことが重要であること。

　歯科領域のリスクアセスメント対象物健康診断は、GHS分類において歯科領域の有害性情報があるもののうち、職業性ばく露による歯科領域への影響が想定され、既存の健康診断の対象となっていないクロルスルホン酸、三臭化ほう素、5,5－ジフェニル－2,4－イミダゾリジンジオン、臭化水素及び発煙硫酸の5物質を対象とすること。歯科領域での検査項目の設定においては、まずは現時点でのGHS分類において記載のある歯牙及び歯肉を含む支持組織への影響を考慮することとする。

（2）検査項目の設定方法

　　リスクアセスメント対象物健康診断を実施する医師等は、検査項目を設定するに当たっては、以下の点に留意すること。

①特殊健康診断の一次健康診断及び二次健康診断の考え方を参考としつつ、スクリーニング検査として実施する検査と、確定診断等を目的とした検査との目的の違いを認識し、リスクアセスメント対象物健康診断としてはスクリーニングとして必要と考えられる検査項目を実施すること。

②労働者にとって過度な侵襲となる検査項目や事業者にとって過度な経済的負担となる検査項目は、その検査の実施の有用性等に鑑み慎重に検討、判断すべきであること。

　　以上を踏まえ、具体的な検査項目の設定に当たっては、以下の考え方を参考とすること。

（ア）第3項健診の検査項目

　　業務歴の調査、作業条件の簡易な調査等によるばく露の評価及び自他覚症状の有無の検査等を実施する。必要と判断された場合には、標的とする健康影響に関するスクリーニングに係る検査項目を設定する。

（イ）第4項健診の検査項目

　　「八時間濃度基準値」を超えてばく露した場合で、ただちに健康影響が発生している可能性が低いと考えられる場合は、業務歴の調査、作業条件の簡易な調査等によるばく露の評価及び自他覚症状の有無の検査等を実施する。ばく露の程度を評価することを目的に生物学的ばく露モニタリング等が有効であると判断される場合は、その実施も推奨される。また、長期にわたるばく露があるなど、健康影響の発生が懸念される場合には、急性以外の標的影響（遅発性健康障害を含む。）のスクリーニングに係る検査項目を設定する。

　　「短時間濃度基準値（天井値を含む。）」を超えてばく露した場合は、主として急性の影響に関する検査項目を設定する。ばく露の程度を評価することを目的に生物学的ばく露モニタリング等が有効であると判断される場合は、その実施も推奨される。

（ウ）歯科領域の検査項目

　　スクリーニングとしての歯科領域に係る検査項目は、歯科医師による問診及び歯牙・口腔内の視診とする。

6　配置前及び配置転換後の健康診断

　　リスクアセスメント対象物健康診断には、配置前の健康診断は含まれていないが、配置前の健康状態を把握しておくことが有意義であることから、一般健康診断で実施している自他覚症状の有無の検査等により健康状態を把握する方法が考えられる。

　　また、化学物質による遅発性の健康障害が懸念される場合には、配置転換後であっても、例えば一定期間経過後等、必要に応じて、医師等の判断に基づき定期的に健康診断を実施することが望ましい。配置転換後に健康診断を実施したときは、リスクアセスメント対象物健康診断に準じて、健康診断結果の個人票を作成し、同様の期間保存しておくことが望ましい。

7　リスクアセスメント対象物健康診断の対象とならない労働者に対する対応

　　リスクアセスメント対象物健康診断の対象とならない労働者としては、以下が挙げら

れる。

①リスクアセスメント対象物以外の化学物質を製造し、又は取り扱う業務に従事する労働者

②リスクアセスメント対象物に係るリスクアセスメントの結果、健康障害発生リスクが許容される範囲を超えないと判断された労働者

　これらの労働者については、安衛則第44条第1項に基づく定期健康診断で実施されている業務歴の調査や自他覚症状の有無の検査において、化学物質を取り扱う業務による所見等の有無について留意することが望ましい。また、労働者について業務による健康影響が疑われた場合は、当該労働者については早期の医師等の診察の受診を促し、②の労働者と同様の作業を行っている労働者については、リスクアセスメントの再実施及びその結果に基づくリスクアセスメント対象物健康診断の実施を検討すること。

　なお、これらの対応が適切に行われるよう、事業者は定期健康診断を実施する医師等に対し、関係労働者に関する化学物質の取扱い状況の情報を提供することが望ましい。また、健康診断を実施する医師等が、同様の作業を行っている労働者ごとに自他覚症状を集団的に評価し、健康影響の集積発生や検査結果の変動等を把握することも、異常の早期発見の手段の一つと考えられる。

8　リスクアセスメント対象物健康診断の費用負担

　リスクアセスメント対象物健康診断は、リスクアセスメント対象物を製造し、又は取り扱う業務による健康障害発生リスクがある労働者に対して実施するものであることから、その費用は事業者が負担しなければならないこと。また、派遣労働者については、派遣先事業者にリスクアセスメント対象物健康診断の実施義務があることから、その費用は派遣先事業者が負担しなければならないこと。

　なお、リスクアセスメント対象物健康診断の受診に要する時間の賃金については、労働時間として事業者が支払う必要があること。

9　既存の特殊健康診断との関係について

　特殊健康診断の実施が義務づけられている物質及び安衛則第48条に基づく歯科健康診断の実施が義務づけられている物質については、リスクアセスメント対象物健康診断を重複して実施する必要はないこと。

出典：「リスクアセスメント対象物健康診断ガイドライン」（厚生労働省）
　　　（https://www.mhlw.go.jp/content/11300000/001161296.pdf）

A9.3　がん原性物質（厚生労働省告示第三百七十一号）

○厚生労働省告示第三百七十一号

　労働安全衛生規則（昭和四十七年労働省令第三十二号）第五百七十七条の二第三項の規定に基づき、労働安全衛生規則第五百七十七条の二第三項の規定に基づきがん原性がある物として厚生労働大臣が定めるものを次のように定め、令和五年四月一日から適用する。

　令和四年十二月二十六日

　厚生労働大臣　加藤　勝信

**　労働安全衛生規則第五百七十七条の二第三項の規定に基づきがん原性がある物として厚生労働大臣が定めるもの**

　労働安全衛生規則（昭和四十七年労働省令第三十二号）第五百七十七条の二第三項の規定に基づきがん原性がある物として厚生労働大臣が定めるものは、同令第三十四条の二の七第一項第一号に規定するリスクアセスメント対象物のうち、日本産業規格Ｚ七二五二（GHSに基づく化学品の分類方法)の附属書Ｂに定める方法により国が行う化学物質の有害性の分類の結果、発がん性の区分が区分一に該当する物（エタノール及び特定化学物質障害予防規則（昭和四十七年労働省令第三十九号）第三十八条の三に規定する特別管理物質を除く。）であって、令和三年三月三十一日までの間において当該区分に該当すると分類されたものとする。ただし、事業者が当該物質を臨時に取り扱う場合においては、この限りでない。

A9.3

出典：「厚生労働省告示第三百七十一号」（厚生労働省）
　　　（https://www.mhlw.go.jp/content/11300000/001030128.pdf）

A9.4　リスクアセスメント対象物健康診断に関する Q&A

令和 5 年 12 月 21 日現在

No.	ジャンル	質問	回答
1	リスクアセスメント対象物とは	リスクアセスメント対象物とは、どのような化学物質か。事業場において取り扱っている化学物質がリスクアセスメント対象物であるか否かは、どのように確認することができるか。	リスクアセスメント対象物は、労働安全衛生法第 57 条の 3 でリスクアセスメントの実施が義務づけられている危険・有害物質です。事業場で取り扱っている化学物質がリスクアセスメント対象物であるかは、職場のあんぜんサイトの「表示・通知対象物質の一覧・検索」(https://anzeninfo.mhlw.go.jp/anzen/gmsds/gmsds640.html) により確認することができます。
2	リスクアセスメント対象物健康診断とは	リスクアセスメント対象物健康診断とは、どのような健康診断か。事業者として何をしなければならないのか。	令和 6 年 4 月 1 日から施行される、労働安全衛生規則第 577 条の 2 第 3 項及び第 4 項に基づき実施する健康診断をいいます。リスクアセスメント対象物を製造し、又は取り扱う事業場においては、リスクアセスメントの結果に基づき、関係労働者の意見を聴き、必要があると認めるときに、医師又は歯科医師が必要と認める項目について、健康診断を行わなければなりません。リスクアセスメント対象物健康診断は、従来の特殊健康診断のように実施頻度や検査項目が法令で定められていないため、事業者が、実施の要否をはじめ、対象労働者の選定、検査項目・実施頻度の設定等について判断をしなければなりません。判断に当たっては、厚生労働省が公表している「リスクアセスメント対象物健康診断に関するガイドライン」をご参照ください。
3	基本的な考え方	リスクアセスメント対象物健康診断について、具体的に留意すべき事項は何を参照すればよいか。	厚生労働省 HP（※）において、令和 5 年 10 月 17 日に「リスクアセスメント対象物健康診断に関するガイドライン」を公表し、基本的な考え方のほか、実施の要否の判断方法、対象者の選定方法、実施頻度、検査項目等について示していますので、ご参照ください。 ※厚労省 HP ＞政策について＞分野別の政策一覧＞雇用・労働＞労働基準＞安全・衛生＞職場における化学物質対策について＞化学物質による労働災害防止のための新たな規制について https://www.mhlw.go.jp/content/11300000/001161296.pdf
4	基本的な考え方	厚生労働省が公表している「リスクアセスメント対象物健康診断に関するガイドライン」は、法的拘束力があるのか。ガイドラインのとおりに健康診断を実施しないと、指導を受けるのか。	今後の化学物質の管理については、危険性・有害性が確認された全ての物質に対して、国が定める管理基準の達成を求め、達成のための手段は限定しない自律的な管理を基軸とすることとしています。ガイドラインは、リスクアセスメント対象物健康診断について、その適切な実施が図られるよう、基本的な考え方及び留意すべき事項を参考として示したものであり、法的拘束力を持つものではありません。自律的な管理においては、具体的な方法は事業者が選択・決定することを基本としており、リスクアセスメント対象物健康診断の方法が労働安全衛生規則等の一部を改正する省令(令和 4 年厚生労働省令第 91 号)による改正後の労働安全衛生規則第 577 条の 2 第 3 項及び第 4 項を遵守する妥当な方法であれば、必ずしも本ガイドラインに示した方法でなくとも差し支えありません。
5	基本的な考え方	健康障害発生リスクの評価を行わず、一律にリスクアセスメント対象物健康診断を実施することで法令上問題ないか。	化学物質による健康障害を防止するためには、工学的対策、管理的対策、保護具の使用等により、ばく露そのものをなくす又は低減する措置を講じなければならず、これらのばく露防止対策が適切に実施され、労働者の健康障害発生リスクが許容される範囲を超えないと事業者が判断すれば、基本的にはリスクアセスメント対象物健康診断を実施する必要はありません。なお、これらのばく露防止対策を十分に行わず、リスクアセスメント対象物健康診断で労働者のばく露防止対策を補うという考え方は適切ではありません。

A9.4

No.	ジャンル	質問	回答
6	第3項健診について	第3項健診について、どのタイミングで実施の要否を判断したらよいか。	安衛則第577条の2第3項に基づき、事業者は、リスクアセスメント対象物に係るリスクアセスメントの結果に基づき、関係労働者の意見を聴き、必要があると認めるときは、その結果に基づき、第3項健診の実施の要否を判断することが義務づけられています。 過去にリスクアセスメントを実施して以降、作業の方法や取扱量等に変化がないこと等からリスクアセスメントを実施していない場合は、過去に実施したリスクアセスメントの結果に基づき、安衛則第577条の2第11項に基づく記録の作成の時期に、労働者のリスクアセスメント対象物へのばく露の状況、工学的措置や保護具使用が適正になされているかを確認し、第3項健診の実施の要否を判断することが望ましいです。また、過去に一度もリスクアセスメントを実施したことがない場合は、リスクアセスメント対象物健康診断の施行後1年以内(令和7年4月1日まで)にリスクアセスメントを実施し、第3項健診の実施の要否を判断することが望ましいです。 第3項健診の実施の要否を一度判断した後も、安衛則第577条の2第11項に基づく記録の作成の時期などを捉え、前回のリスクアセスメントを実施した時点の作業条件等から変化がないことを定期的に確認し、作業条件等に変化がある場合は、リスクアセスメントを再実施し、第3項健診の実施の要否を判断し直してください。
7	第3項健診について	第3項健診について、実施不要と判断した場合、不要とした理由等の記録を保存する必要があるか。	第3項健診の実施の要否を判断したときは、その判断根拠について記録を作成し、保存しておくことが望ましいです。
8	第3項健診について	第3項健診について、健康障害発生リスクが高いと判断する根拠は、職業性ばく露限界値等を超えたばく露があったか否かの確認でよいか。その他に留意すべきことはあるか。	濃度基準値がないリスクアセスメント対象物に係るリスクアセスメント対象物健康診断の実施の要否の判断においては、職業性ばく露限界値等(日本産業衛生学会の許容濃度、米国政府労働衛生専門家会議(ACGIH)のばく露限界値(TLV-TWA)等をいう。)がある物質については、その値を超えてばく露したおそれがあるか否かを判断基準とすることが望ましいです。このほか、ガイドラインの第3の2(1)の(注1)及び(注2)に留意ください。
9	第3項健診について	第3項健診について、CREATE-SIMPLEによるリスクアセスメントを適切に実施することをもって実施不要と判断してよいか。	ガイドラインの第3の2(1)では、第3項健診の実施の要否の判断にあたっては、リスクアセスメントにおいて、7項目の状況を勘案して、労働者の健康障害発生リスクを評価し、当該労働者の健康障害発生リスクが許容できる範囲を超えるか否か検討することが適当としつつ、健康障害発生リスクが高いことが想定され、第3項健診を実施することが望ましい例についても示しています。これらの例に該当するか否かの判断には、講じるリスク低減措置が適切に実施されていること等の確認が必要になる場合があります。CREATE-SIMPLEは健康障害発生リスクの見積りのための簡易ツールであり、これによる見積り結果のみでは健康障害発生リスクを評価できない場合があると考えられます。

A9.4

No.	ジャンル	質問	回答
10	第3項健診について	第3項健診について、漏洩事故発生時以外は緊急性がないと考えられるので、安衛則第577条の2第11項第2号で規定される「従事する労働者のリスクアセスメント対象物のばく露の状況」と兼ねて実施してもよいか。	第3項健診の実施の要否を判断するタイミングについては、過去にリスクアセスメントを実施して以降、作業の方法や取扱量等に変化がないこと等の理由でリスクアセスメントをそれ以降実施していない場合は、過去に実施したリスクアセスメント結果に基づき、実施の要否を判断する必要がありますので、安衛則第577条の2第11項に基づく記録の作成(同項の規定では、リスクアセスメントの結果に基づき講じたリスク低減措置や労働者のリスクアセスメント対象物へのばく露の状況等について、1年を超えない期間ごとに1回、定期に記録することが義務づけられている。)の時期に、労働者のリスクアセスメント対象物へのばく露の状況、工学的措置や保護具使用が適正になされているかを確認し、第3項健診の実施の要否を判断することが望ましいです。また、過去に一度もリスクアセスメントを実施したことがない場合は、安衛則第577条の2第3項及び第4項の施行後一年以内にリスクアセスメントを実施し、第3項健診の実施の要否を判断することが望ましいとガイドラインで示しています。 第3項健診の実施の要否を判断した後も、安衛則第577条の2第11項に基づく記録の作成の時期などを捉え、事業者が前回のリスクアセスメントを実施した時点の作業条件等から変化がないことを定期的に確認し、作業条件等に変化がある場合は、リスクアセスメントを再実施し、第3項健診の実施の要否を判断し直してください。
11	第3項健診について	第3項健診について、施行前(令和6年3月31日以前)のリスクアセスメント結果がすでにある業務に関しては、施行後遅滞なく健診の実施の要否の判断を行うための関係労働者からの意見聴取を行わなければいけないか。	過去にリスクアセスメントを実施して以降、作業の方法や取扱量等に変化がないこと等から、リスクアセスメントを実施していない場合は、安衛則第577条の2第11項に基づく記録の作成(同項の規定では、リスクアセスメントの結果に基づき講じたリスク低減措置や労働者のリスクアセスメント対象物へのばく露の状況等について、1年を超えない期間ごとに1回、定期に記録を作成することが義務づけられています。)の時期に、労働者のリスクアセスメント対象物へのばく露の状況、工学的措置や保護具使用が適正になされているかを確認し、第3項健診の実施の要否を判断することが望ましいとガイドラインで示しています。関係労働者への意見聴取については、健診の実施の要否の判断のために行うことから、これと同じタイミングで実施すればよく、かならずしも施行後遅滞なく行わなければならないということではありません。
12	第3項健診について	施行前(令和6年3月31日以前)にリスクアセスメントを実施し、関係労働者の意見を聴いて、第3項健診の実施の要否を判断している場合でも、施行後に改めてリスクアセスメントを実施し、関係労働者の意見を聴いて、第3項健診の実施の要否を判断する必要があるか。	施行前(令和6年3月31日以前)にリスクアセスメントを実施し、関係労働者の意見を聴いて、第3項健診の実施の要否を判断している場合で、それ以降、作業の方法や取扱量等に変化がない場合は、施行後に改めてリスクアセスメントを実施し、関係労働者の意見を聴いて、第3項健診の実施の要否を判断する必要はありません。ただし、その場合でも、安衛則第577条の2第11項に基づく記録の作成(同項の規定では、リスクアセスメントの結果に基づき講じたリスク低減措置や労働者のリスクアセスメント対象物へのばく露の状況等について、1年を超えない期間ごとに1回、定期に記録を作成することが義務づけられています。)の時期に、労働者のリスクアセスメント対象物へのばく露の状況、工学的措置や保護具使用が適正になされているかを確認し、第3項健診の実施の要否を判断することが望ましいとガイドラインでは示しています。ガイドラインではさらに、第3項健診の実施の要否を判断した後も、安衛則第577条の2第11項に基づく記録の作成の時期などを捉え、事業者は、前回のリスクアセスメントを実施した時点の作業条件等から変化がないことを定期的に確認し、作業条件等に変化がある場合は、リスクアセスメントを再実施し、第3項健診の実施の要否を判断しなおすこととしています。

A9.4

No.	ジャンル	質問	回答
13	第3項健診について	遅発性の健康障害のおそれのある物質について、施行以前（令和6年3月31日以前）のばく露履歴を考慮して実施する必要があるか。また、当時の作業記録等が残っていない場合には、労働者の記憶等から職場環境を推測した上で健康診断の実施の要否を判断してもよいか。	遅発性の健康障害のおそれがある物質については、令和6年3月31日以前の当該物質のばく露履歴（ばく露の程度、ばく露期間、保護具の着用状況等）についても、可能な範囲で考慮し、リスクアセスメント対象物健康診断の実施の要否について検討する必要があります。
14	第3項健診について	ガイドライン第3の2の(1)の（注2）の「発がん性物質」とは、がん原性物質のことか、GHS分類の発がん性区分1及び2に該当するものか。	ガイドライン第3の2の(1)の（注2）でいう発がん性物質とは、GHS分類の発がん性の区分1及び区分2に該当するものをいいます。
15	第4項健診について	第4項健診について、濃度基準値を超えてばく露したおそれがあるかを判断するために、個人ばく露測定を実施する必要はあるか。	ガイドライン第3の2の(2)において、以下のいずれかに該当する場合は、労働者が濃度基準値を超えてばく露したおそれがあるため健診の実施を必要としています。 （ア）実測や推計等により濃度基準値を超えているため工学的措置の実施又は呼吸用保護具の使用等の対策を講じる必要があるにも関わらず工学的措置の不適切な実施や呼吸用保護具の不適切な使用等が判明した場合 （イ）漏洩事故等により、濃度基準値がある物質に大量ばく露した場合 （ア）では、①工学的措置の不適切な実施、②呼吸用保護具の不適切な使用等が判明した場合が規定されており、①、②を判断する上では個人ばく露測定により判断することまで求めていないところです。ただし、（ア）の①、②を判断する前提として、濃度基準値を超えているかは実測や推計等により確認する必要があり、当該確認を行う場合においては、技術上の指針（※）に基づき実測する場合は個人ばく露測定を実施する必要がありますので、念のため申し添えます。 ※化学物質による健康障害防止のための濃度の基準の適用等に関する技術上の指針（令和5年4月27日付け技術上の指針公示第24号）。
16	歯科医師による健診について	歯科領域の健康診断の実施の要否を検討するに当たっては、濃度基準値や許容濃度等が参考にならないため、使用歴があれば実施しなければならないか。	リスクアセスメント対象物健康診断のうち、歯科領域に係るものについては、歯科領域への影響について確立されたリスク評価手法が現時点ではないこと、歯科領域への影響がそれ以外の臓器等への健康影響よりも低い濃度で発生するエビデンスが明確ではないことから、歯科領域以外の健康障害発生リスクの評価に基づいて行われるリスクアセスメント対象物健康診断の実施の要否の判断に準じて、歯科領域に関する検査の実施の要否を判断することが適切と考えられます。
17	対象労働者の選定について	ガイドラインにおいて、「常時従事する労働者」には「従事する時間や頻度が少なくても反復される作業に従事している者を含む」とされているが、「反復」とは具体的にどの程度の頻度か。	対象の作業が「反復」にあたるかどうかは、個々の作業内容や取扱量等を踏まえて、事業者において個別に判断する必要があります。

A9.4

No.	ジャンル	質問	回答
18	対象労働者の選定について	短期アルバイト等の短期間・短時間労働者は、健康診断の対象とすべきか。	リスクアセスメント対象物健康診断については、業務に従事する期間や時間が短くても、反復される作業に従事している者を対象に含みます。 短期間の業務であっても、労働者がリスクアセスメント対象物にばく露される程度を最小限度にしなければなりませんので、作業内容や取扱量等を踏まえて、化学物質による健康障害リスクが高いことが懸念される場合は、当該労働者に対してリスクアセスメント対象物健康診断を実施する必要があります。 なお、その場合の健康診断の実施時期については、事業場の実情等に応じて、合理的な時期を事業者にて設定してください。
19	労働者に対する事前説明	設定した検査項目に関する労働者への説明は、安全衛生委員会で説明することで労働者全員に説明を行ったとみなされ得るか。それとも対象労働者一人一人に説明資料の配付等が必要か。	設定した検査項目に関する労働者への説明については、安全衛生委員会で説明するだけでは必ずしも十分ではなく、対象労働者本人に認識される合理的かつ適切な方法（※）で行う必要があります。 ※ガイドラインにおいて、労働者に対する説明方法として、労働者に対する口頭やメールによる通知のほか、事業場のイントラネットでの掲載、パンフレットの配布、事業場の担当窓口の備付け、掲示板への掲示等を例示しています。
20	労働者に対する事前説明	リスクアセスメント対象物健康診断は、労働者に受診義務はないのか。	リスクアセスメント対象物健康診断については、法令上、労働者に受診義務はありませんが、健康障害の早期発見のためにも、必要な労働者は受診することが重要でありますので、事業者は関係労働者に対し、あらかじめその旨説明しておくことが望ましいです。
21	労働者に対する事前説明	労働者が受診しないことを理由に不利益な取扱いを行ってはならないとあるが、受診しないことを理由にリスクアセスメント対象物を取り扱う業務から外すことで減給した場合は、不利益とは判断されないのか。	どのような取扱いが不利益な取扱いにあたるかは個別に判断されるべきですが、労働者がリスクアセスメント対象物健康診断を受診しないことをもって、当該労働者の健康確保措置の履行に必要な範囲を超えて、当該労働者に対して不利益な取扱いを行うことは適切ではありません。
22	健診結果の通知について	リスクアセスメント対象物健康診断の結果について、労働者への通知義務はあるのか。	安衛則第 577 条の 2 第 9 項に基づき、事業者は、リスクアセスメント対象物健康診断を受けた労働者に対し、遅滞なく、リスクアセスメント対象物健康診断の結果を通知しなければなりません。
23	検査項目の設定について	GHS 分類が行われず危険有害性の区分がなされていない物質はどのように健康診断を検討すればよいか。	危険有害性情報が十分ではなく、GHS 分類が行われていないものについては、標的健康影響を特定できず、検査項目を設定することができないため、リスクアセスメント対象物健康診断の対象とはしていません。 なお、リスクアセスメント対象物以外の化学物質を製造し、又は取り扱う業務に従事する労働者については、ガイドライン第 3 の 7 をご覧ください。
24	検査項目の設定について	口腔粘膜の炎症等は、医師だけでなく歯科医師も診るべきではないか。	口腔粘膜病変等については、GHS 分類における有害性区分での明確な記載が無いこと等から、検査項目の設定においては、まずは歯牙及びその支持組織への影響を考慮することとしています。
25	検査項目の設定について	検査項目について、具体的な設定方法を教えてほしい。	リスクアセスメント対象物健康診断の具体的な検査項目の設定方法の考え方について公表することを検討しています。

A9.4

No.	ジャンル	質問	回答
26	検査項目の設定について	検査項目のうち、業務歴の調査や作業条件の簡易な調査等の職場の状況について労働者が回答できなかった場合には、事業者の衛生担当者等が代理で回答することは可能か。	リスクアセスメント対象物による健康影響を確認するには、業務歴や作業条件に関する情報が重要であることから、事業者は、業務歴の調査や作業条件の簡易な調査等を行う健康診断実施機関に対し、職場状況について必要な情報を提供することが望ましいです。
27	第3項健診について	第3項健診について、遅発性の健康障害の懸念がある場合、いつまで健康診断を継続すればよいか。また、退職者に対して健康診断を受診させる必要はあるか。	どの程度の期間健康診断を継続して実施する必要があるかについては、産業医を選任している事業場においては産業医、選任していない事業場においては医師又は歯科医師の意見も踏まえて検討してください。 退職者についてはご自身で健康管理していただくことを想定しています。
28	健診結果の保存について	リスクアセスメント対象物健康診断の結果（個人票）について、事業者における保存期間は定められているか。	安衛則第577条の2第5項に基づき、事業者は、同条第3項又は第4項のリスクアセスメント対象物健康診断を行ったときは、リスクアセスメント対象物健康診断個人票を作成し、これを5年間（リスクアセスメント対象物が厚生労働大臣が定めるがん原性物質である場合は30年間）保存しなければなりません。 また、ガイドラインにおいて、配置転換後の健康診断を実施したときは、リスクアセスメント対象物健康診断に準じて、健康診断結果の個人票を作成し、同様の期間保存しておくことが望ましいとしています。
29	健診結果の保存について	リスクアセスメント対象物健康診断の結果（個人票）について、健康診断実施機関における保存期間は定められているか。	健康診断実施機関における保存の義務及び保存期間については定められていません。
30	その他	病院等における抗がん剤取扱者について、リスクアセスメント対象物健康診断は実施すべきか。	抗がん剤などの医薬品は、主として一般消費者の生活の用に供する製品としてリスクアセスメント対象物から除外されています。このため、病院等における発がん性等を有する化学物質を含有する抗がん剤等に対するばく露防止対策については、発がん性等を有する化学物質を含有する抗がん剤等に対するばく露防止対策について（平成26年5月29日付け基安化発0529第1号）に基づく措置を実施してください。 一方、抗がん剤などの医薬品である化学物質が労働安全衛生法第57条の表示対象物や同法第57条の2の通知対象物に該当する場合は、その製造過程のように、一般消費者の生活の用に供する製品の段階にないときは、当該化学物質についてリスクアセスメント等をしなければなりません。 なお、リスクアセスメント対象物以外の化学物質を製造し、又は取り扱う業務に従事する労働者については、ガイドライン第3の7をご覧ください。

A9.4

No.	ジャンル	質問	回答
31	その他	ガイドラインにおいて、リスクアセスメント対象物健康診断の対象とならない労働者に対する対応として、「事業者は定期健康診断を実施する医師等に対し、関係労働者に関する労働者の化学物質の取扱い状況の情報を提供することが望ましい」とあるが、関係労働者一人一人の個別の情報を提供する必要があるか。	「関係労働者に関する化学物質の取り扱い状況の情報」については、事業場内の全体的な情報ではなく、健康診断受診者ごとの情報が提供されることを想定しています。 なお、厚生労働省では、ガイドライン第3の7のとおり、定期健康診断において、化学物質を取り扱う業務による所見等の有無に留意いただけるよう、化学物質の取扱い状況の情報を含めた問診票の例を公表することを検討しています。
32	その他	リスクアセスメント対象物健康診断を実施して異常な所見が認められ、精密検査を実施する場合は、健診費用及び受診に要する時間の賃金は事業者が負担すべきか。	精密検査についても、それがリスクアセスメント対象物による健康影響を確認するという目的で行われる場合は、リスクアセスメント対象物健康診断の一部であると考える必要があります。したがって、この場合は精密検査の受診費及び受診に要する時間の賃金の支払いについては、事業者が負担する必要があります。
33	その他	リスクアセスメント対象物健康診断を実施して診断確定が得られた場合、その後の通院治療費の負担はどのようにすべきか。また、診断確定について、労働基準監督署への報告は必要か。	診断確定後の治療費については、原則として保険診療になります。また、原因となった疾病が労災認定された場合は労災保険から治療に要する費用が給付されます。また、診断結果について、労働基準監督署に報告する必要はありません。
34	その他	リスクアセスメント対象物健康診断の結果について、労働基準監督署等への報告義務はあるか。	リスクアセスメント対象物健康診断に係る労働基準監督署等への報告義務はありません。
35	その他	ある化学物質について6月以内ごとに1回リスクアセスメント対象物健康診断を実施している場合、当該物質に係る特定業務従事者健康診断は実施しなくてもよいか。	特定業務従事者健康診断については、安衛則第45条第1項に基づき、第13条第1項第3号に掲げる業務に常時従事する労働者に対して、健康診断を実施する必要があります。

※リスクアセスメント対象物健康診断についてのご質問は、最寄りの都道府県労働局、労働基準監督署または産業保健総合支援センターにおいて承っております。なお、個別ケースに係る健康診断実施の要否の判断や検査項目の選定は事業者において行っていただくものであることから、上記機関ではその前提でご相談を承ります。

A9.4

出典：「リスクアセスメント対象物健康診断に関するQ&A」（厚生労働省）
（https://www.mhlw.go.jp/content/11300000/001181772.pdf）をもとに一部改変

A11　用語集

あ行

用語・略語	説明	出典 ["（　）"表記のものは、参照元の情報を一部加筆修正]
安全データシート （SDS：Safety Data Sheet）	化学物質の危険性・有害性、安全上の予防措置、緊急時対応等の情報が記載された資料。化学物質を含有する製品を他の事業者に提供する際、製品ごとに配布する。化学物質排出把握管理促進法の第一種及び第二種指定化学物質、労働安全衛生法の通知対象物質、毒物及び劇物取締法の対象物質について、SDS の添付が義務付けられている。以前は「MSDS（製品安全データシート）」と呼ばれていたが、JIS Z 7253：2012 で SDS に変更された。	（NITE 用語集）
閾値	化学物質の有害性評価において、それ以下のばく露量では悪影響が生じないとされる量のうち最大の値。化学物質の有害性は閾値が存在することが多いが、遺伝毒性発がん物質による作用などでは閾値が存在しないと考えられている。	（NITE 用語集）
液体	GHS においては、50℃において 300 kPa（3 bar）以下の蒸気圧を有し、20℃、標準気圧 101.3 kPa では完全にガス状ではなく、かつ、標準気圧 101.3 kPa において融点または初留点が 20℃以下の物質をいう。固有の融点が特定できない粘性の大きい物質または混合物は、ASTM の D4359-90 試験を行うか、または危険物の国際道路輸送に関する欧州協定（ADR）の附属文書 A の 2.3.4 節に定められている流動性特定のための（針入度計）試験を行わねばならない。法律によって定義が異なる。	（GHS 改訂 9 版）
絵表示	GHS においては、化学品の危険性・有害性の内容を簡潔に伝えるマークのことで、特定の情報を伝達することを意図したシンボルと境界線、背景のパターンまたは色のような図的要素から構成されるものをいう。	（GHS 改訂 9 版）

か行

用語・略語	説明	出典 ["（　）"表記のものは、参照元の情報を一部加筆修正]
化学品	GHS 文書では、「Chemicals」は化学品と和訳されているが、定義の記載はない。一方で、JIS Z 7252：2019 では、「化学物質又は混合物」とされている。	―
化学物質	天然に存在するか、又は任意の製造過程において得られる元素及びその化合物。化学物質の安定性を保つ上で必要な添加物及び用いられる工程に由来する不純物を含有するものも含む。ただし、化学物質の安定性に影響を与えることなく、又はその組成を変化させることなく分離することが可能な溶剤は含まない。労働安全衛生法（第 2 条第 3 号の 2）においては「元素及び化合物」をいう。法律等により、定義が異なる。	（GHS 改訂 9 版、JIS Z 7252：2019、労働安全衛生法）

A11

化学物質管理者	ラベル・SDS 等の確認や管理、リスクアセスメント実施、ばく露防止措置の実施等、化学物質管理を適切に進める上で不可欠な職務を管理する担当者。これらの職務は関係者・専門家と協力して進めることが期待されている。	―
化学物質管理専門家	事業場における化学物質の管理について必要な知識及び技能を有する者として厚生労働大臣が定めるもの。具体的な要件は以下の告示に定められている。 化学物質管理専門家告示（安衛則等関係）（令和 4 年厚生労働省告示第 274 号） 化学物質管理専門家告示（粉じん則関係）（令和 4 年厚生労働省告示第 275 号）	―
化学物質の管理に係る技術的事項の管理	事業場においては、事業者が化学物質の危険性・有害性を把握し、適切に取り扱うことが求められるが、その際におけるラベル・SDS 等の作成やリスクアセスメントの実施、ばく露防止措置の実施等が適切に行われるようにすること。	―
化学物質排出把握管理促進法（化管法）	特定の有害化学物質の排出量を報告するシステム（いわゆるPRTR 制度）と、その有害化学物質に関する情報を提供するシステム（SDS 制度）の二つの制度からなる。PRTR 制度では、対象業種、対象規模、対象物質などが決められており、各事業所から都道府県知事を通じて、所管中央省庁へ、その事業所の対象物質排出量が報告され、その集計内容が公表される。SDS はこの報告のために、各事業所での取扱い物質の内容および量の把握のための有用なツールとなる。	職場のあんぜんサイト
感作性	化学物質等の吸入や皮膚への接触によってアレルギー反応を誘発する性質。ある抗原（例えば化学物質）にはじめてばく露した結果として免疫反応により抗体が体内に形成される。そのあとに再度同じ抗原にばく露されるとより強い免疫反応が生じることがあり、その反応がアレルギー反応として個体に影響を及ぼす。	―
官報公示整理番号	化学物質審査規制法（化審法）及び労働安全衛生法（安衛法）に基づいて、官報に公示された化学物質に付与された番号。	NITE 用語集
管理濃度	作業環境測定結果から当該作業場所の作業環境管理の良否を判断する際の管理区分を決定するための指標として定められたものであり、作業環境評価基準（昭和 63 年、労働省告示第 79 号）の別表にその値が示されている。職業ばく露限界値（日本産業衛生学会の「許容濃度」、米国産業衛生専門家会議（ACGIH）の「TLV」など）がばく露濃度の基準として定められているのとは性格が異なる。	（職場のあんぜんサイト）
危険性／有害性（ハザード）	化学品がもつ悪影響が生じる潜在的な特性。GHS においては、物理化学的危険性、健康有害性及び環境有害性がある。	―
気体	GHS においては、50℃において 300 kPa（絶対圧）を超える蒸気圧をもつ化学物質又は 101.3 kPa の標準気圧で、20℃において完全にガス状である化学物質。	（GHS 改訂 9 版）

A11

急性毒性（ヒトに対する健康影響の場合）	1回または短時間ばく露したときに発現する毒性のこと。GHSにおいては、ヒトや動物が化学品に1回あるいは短時間、経口、吸入又は経皮ばく露されたことによって死に至る性質をさす。	―
吸入ばく露	呼吸によって化学物質にばく露すること。	NITE 用語集
局所影響	化学物質が接触した部位に限局して起こる生体反応を指す。目や皮膚の刺激性（腐食性）。	（職場のあんぜんサイト）
許容濃度	労働現場で労働者がばく露されても、空気中濃度がこの数値以下であれば、ほとんどすべての労働者に健康上の悪影響がみられないと判断される濃度を許容濃度という。職業ばく露限界値に同じ。許容ばく露限界ともいう。 日本では日本産業衛生学会が勧告値を公表している。米国ではACGIH が勧告値を公表している。 許容濃度の勧告値としては時間加重平均（TWA；労働者が通常1日8時間、週40時間労働での許容値）、短時間ばく露限界(STEL；15分間内における平均値が超えてはならない値)、天井値（C；瞬間的にもこの値を超えてはならない上限値）、等がある。	（職場のあんぜんサイト）
経口ばく露	化学物質（混合物を含む）そのもの、あるいは食品や水などに含まれた化学物質を摂取することによって口からばく露すること。	（NITE 用語集）
経皮ばく露	皮膚との接触によって化学物質にばく露すること。	NITE 用語集
国連分類・国連番号	国連の経済社会理事会に属する危険物輸送専門家委員会が作成した「危険物輸送に関する国連勧告」による危険物のクラス分類と4桁の番号のことである。輸送上、危険有害な化学物質あるいは製品に付与される。SDS には、一般的に国連番号、品名（クラス等の名称）、国連分類、容器等級の情報が記載される。	―
個人ばく露濃度	吸入ばく露を評価する際に、労働者がばく露される濃度（個人ばく露測定により測定される呼吸域の濃度）であり、呼吸用保護具を着用している場合には、呼吸用保護具の内側の濃度を指す。	―
固体	GHS においては、液体又は気体の定義に当てはまらない化学物質又は混合物をいう。	（GHS 改訂9版）
混合物	互いに反応を起こさない二つ以上の化学物質を混合したもの。GHS では溶液も含む。また、合金は GHS における分類では混合物とみなされる。	（GHS 改訂9版、JIS Z 7252：2019）

さ行

用語・略語	説明	出典 ［"（　）"表記のものは、参照元の情報を一部加筆修正］
種差	動物の種類に対する化学物質への反応の差異。	NITE 用語集
蒸気	液体または固体の状態から放出されたガス状の物質または混合物をいう。	職場のあんぜんサイト
蒸気圧	ある温度において、化学物質の気体が液相又は固相と共存状態にあるときの気相の分圧。平衡状態にあるときを指す飽和蒸気圧を意味することが多い。	NITE 用語集

A11

職業ばく露限界値	作業環境中での化学物質について、ほとんど全ての労働者に健康上の悪影響がみられないと判断される濃度。労働衛生管理などの指針値として使われる。	(NITE 用語集)
自律的な化学物質管理	国はばく露濃度等の管理基準を定め、危険性・有害性に関する情報の伝達の仕組みを整備・拡充し、事業者はその情報に基づいてリスクアセスメントを行い、ばく露防止のために講ずべき措置を自ら選択して実行することを原則とする仕組み。	—
裾切値	製剤（混合物）中の対象物質の含有量（重量%）がその値未満の場合、例えば、ラベル表示や SDS 交付の対象とならない値のこと。	（職場のあんぜんサイト）
スロープファクター	ある物質を人が一生涯にわたって経口摂取した場合の、摂取量に対する発がんの発生確率の増加分。一日あたり体重 1kg あたり 1mg 摂取した場合の確率を表す。	NITE 用語集
成形品	各種の定義があるが、一般的には、成形されてそのまま消費者の用途に提供されるようなものを指す。その化学物質を提供する側では最終製品として位置付けていても、提供された側でさらに加工されるような場合（例えば、樹脂のフィルム）、成形品にはあたらないとされることが多い。特に、SDS 作成の観点からは、提供先でその化学製品に含まれる化学物質に労働者がばく露される可能性があるかといった点もポイントとなる。	職場のあんぜんサイト
成分	化学品を構成する化学物質か、又は単一化学物質の同定が難しい場合は、起源若しくは製法によって特定できる要素。	JIS Z 7252：2019

た行

用語・略語	説明	出典 [“（ ）”表記のものは、参照元の情報を一部加筆修正]
注意書き	GHS では、危険性・有害性のある製品へのばく露あるいは危険性・有害性のある製品の不適切な貯蔵又は取扱いから生じる有害影響を最小にするため、又は予防するために取るべき推奨措置を記述したラベル表示や SDS に示される文言（または絵表示）をいう。	職場のあんぜんサイト
毒物及び劇物取締法（毒劇法）	日常流通する有用な化学物質のうち、主として急性毒性による健康被害が発生するおそれが高い物質を毒物又は劇物に指定し、保健衛生上の見地から必要な規制を行うことを目的とした法律。毒劇法対象物質は SDS の提供が義務化されている。混合物の考え方が、他の法律とは異なり、既に毒劇法の対象となっている毒物及び劇物の指定令で定められている濃度が提供義務の裾切値となる。	—

A11

な行

用語・略語	説明	出典 ["（　）"表記のものは、参照元の情報を一部加筆修正]
日本産業衛生学会	産業衛生に関する学会。特に、職場における許容濃度について勧告値を設定している。勧告値の改訂、追加などは、総会で提案され産業衛生学雑誌で公表される。 勧告値の設定にあたっては、設定理由書を同時に公開しており、その内容は、化学物質の有害性の概要を確認するためには極めて有効。	（職場のあんぜんサイト）
日本産業規格（JIS）	JIS を参照。	—
濃度基準値	安衛法第 22 条に基づく健康障害を防止するための基準であり、一部のリスクアセスメント対象物を製造する又は取り扱う業務を屋内作業場で行う場合に、全ての労働者のばく露がそれを上回ってはならない濃度の基準。	—

は行

用語・略語	説明	出典 ["（　）"表記のものは、参照元の情報を一部加筆修正]
ばく露	人や生物が化学物質にさらされること。食品や水などの摂取による経口ばく露や、呼吸による吸入ばく露、皮膚との接触による経皮ばく露などの種類がある。	NITE 用語集
標的臓器	化学物質が体内に取り込まれたときに特異的に影響を受ける特定の臓器。	（NITE 用語集）
粉じん	ガス（通常空気）の中に浮遊する物質または混合物の固体の粒子をいう。	GHS 改訂 9 版
法令順守型	職場における化学物質管理を巡る現状認識を踏まえ、有害性の高い物質について国がリスク評価を行い、特定化学物質障害予防規則等の対象物質に追加し、ばく露防止のために講ずべき措置を国が個別具体的に法令で定めるというこれまでの仕組み。	—

ま行

用語・略語	説明	出典 ["（　）"表記のものは、参照元の情報を一部加筆修正]
慢性毒性（長期毒性）	長期間ばく露又は繰返しばく露によって現れる毒性をいい、1 回又は短時間ばく露の急性毒性、期間の比較的短い亜急性毒性と対比して用いる。被験物質を実験動物に長期間（化学物質の場合には 12 ヶ月以上）反復して投与し、その際に発現する動物の機能及び形態等の変化を観察することにより、物質による何らかの毒性影響が認められる量（毒性発現量）及び影響が発現しない量（無	（職場のあんぜんサイト）

A11

	影響量、無毒性量）を明らかにする試験を慢性毒性試験という。 無影響量 No Observed Effect Level（NOEL） 無毒性量 No Observed Adverse Effect Level（NOAEL） 12 ヶ月未満の場合は亜急性毒性試験又は亜慢性毒性試験という。	
ミスト	ガス（通常空気）の中に浮遊する物質または混合物の液滴をいう。	GHS 改訂 9 版
眼刺激性	眼の表面に試験物質をばく露した後に生じた眼の変化で、ばく露から 21 日以内に完全に回復するものをいう。	職場のあんぜんサイト

や行

用語・略語	説明	出典 ["（　）" 表記のものは、参照元の情報を一部加筆修正]
ユニットリスク	ある物質を人が一生涯にわたってある濃度で摂取（吸入、飲水）した場合の、摂取量に対する発がんの発生確率の増加分。一日あたり体重 1kg あたり、飲料水中には 1µg/L、大気中には 1µg/m³ の割合で含まれる物質にばく露し続けた場合の確率を表す。	NITE 用語集

ら行

用語・略語	説明	出典 ["（　）" 表記のものは、参照元の情報を一部加筆修正]
ラベル	危険有害な製品に関する書面、印刷またはグラフィックによる情報要素のまとまりであって、目的とする部門に対して関連するものが選択されており、危険性・有害性のある物質の容器に直接、あるいはその外部梱包に貼付、印刷または添付されるものをいう。	GHS 改訂 9 版
リスク	ある危険有害な事象が発生する可能性。化学物質の場合、それぞれの固有の影響（危険性／有害性）と化学物質に接する機会（特定事象の発生確率、ばく露可能性）によって決まる。	（職場のあんぜんサイト）
リスクアセスメント	化学物質（混合物を含む）のもつ危険性や有害性を特定し、それによる労働者への危険又は健康障害を生じるおそれの程度を見積もり、リスクの低減対策を検討すること。	―
リスクアセスメント対象物	労働安全衛生法施行令（昭和 47 年政令第 318 号）第 18 条各号に掲げる物及び法第 57 条の 2 第 1 項に規定する通知対象物のこと。「ラベル表示対象物」、「通知対象物」と同一である。ラベル表示、SDS 交付、リスクアセスメント実施が義務である。	―
量―影響関係	個体レベルでの用量（ばく露量）と影響の間の関係である。ばく露量の増加によって影響の強さを増大させたり、別の重大な影響を生じさせたりする関係のこと。	―
量―反応関係	化学物質等のばく露量又は濃度に対して、当該化学物質等にばく露された集団内で、一定の健康への影響を示す個体の割合を示す関係のこと。	（職場のあんぜんサイト）

A11

アルファベット

用語・略語	説明	出典 [" ( ) " 表記のものは、参照元の情報を一部加筆修正]
ACGIH	米国産業衛生専門家会議。米国の産業衛生専門家の組織であって、職業及び環境一般に関する保健衛生について管理及び技術的な分野を扱っている。毎年、化学物質や物理的作用の許容濃度の勧告、生物学的ばく露指標、化学物質の発がん性の分類を公表し、世界的にも重要視されており、ACGIH の勧告値が世界中の国々やその政府機関内で全面的又は部分的に採用されているため、これらの値は作業環境における汚染物質濃度の規制に強い指導力を持つに至っている。なお、Governmental の名前がついているが政府機関ではない。	職場のあんぜんサイト
A 測定	作業環境測定において、場の測定として、単位作業場所の床面上の 6 メートル以下等間隔の縦横線の交点において資料を採取する測定。	—
B 測定	作業環境測定において、場の測定として、発散源に近接した作業の場合、作業時間中最も濃度が高くなると思われる場所と時間帯に試料を 10 分間採取する測定。	—
C 測定	作業環境測定において、単位作業場所において作業に従事する全時間について、労働者の身体に試料採取機器等を装着し、測定する方法（個人サンプリング法）。	—
CAS 登録番号（CAS RN®）	アメリカ化学会（ACS）の一部門である化学情報サービス機関（CAS）が、化学物質に付与している番号。CAS 登録番号（CAS RN®）は、ハイフンにより 3 つの部分に分かれており、一番左の部分は 7 桁までの数字、真中の部分は 2 桁の数字、一番右の部分はチェック数字と呼ばれる 1 桁の数字で表される。例：ホルムアルデヒド（50-00-0）、ベンゼン（71-43-2）、トルエン（108-88-3）。	NITE 用語集をもとに加筆修正
CLP 規則	EU において、主にハザードコミュニケーションの実施を目的とする、GHS をベースとした化学品の分類、表示、包装に関する規則。正式名称は「物質及び混合物の分類、表示及び包装に関する欧州議会及び理事会規則」。	NITE 用語集
D 測定	個人サンプリング法において、発散源に近接した作業の場合、作業時間中最も濃度が高くなると思われる時間帯に 15 分間試料を採取する測定。	—
GHS	1992 年に採択されたアジェンダ 21 の第 19 章に基づいて、国、地域によって異なっている化学品の危険性や有害性の分類基準、表示内容などを統一した制度。国連危険物輸送に関する専門家小委員会（UNSCETDG）、OECD、国際労働機関（ILO）で検討され、最終的に、適切な化学物質管理のための組織間プログラム（IOMC）で調整されて 2003 年 7 月に文書としてとりまとめられた。国連 GHS 専門家委員会では 2 年に一度 GHS 文書の改訂を行っている。	(NITE 用語集)

A11

IARC	国際がん研究機関。通常『アイエーアールシー』又は『アイアーク』と呼ばれる。世界保健機関（WHO）に所属する国際的ながんの研究機関であり、フランスのリヨンにある。化学物質等の人に対する発がん性を、疫学及び動物実験、短期試験の結果に基づいて各国の専門家による会議で討議して分類評価を行っている。この分類は、1、2A、2B、3、4に分かれ、重要視されている。	職場のあんぜんサイト
JIS	日本産業規格、Japanese Industrial Standards の略。産業標準化法に基づいて主務大臣により制定される日本の鉱工業に関する国家規格。制定範囲は 19 部門に分類され、それぞれアルファベットで始まる略号で示されている（SDS の JIS 規格 Z 7253 は「Z：その他」の部門）。製品規格（形状、寸法、品質等）、方法規格（試験、分析、測定方法等）および基本規格（用語、単位等）がある。作成された規格の見直し審議は、制定、改正または確認の日から 5 年を経過する日までに行われる。	職場のあんぜんサイト
NOAEL	No Observed Adverse Effect Level（NOAEL：無毒性量）毒性試験において有害な影響が認められなかった最高のばく露量。	（職場のあんぜんサイト）
NOEL	No Observed Effect Level（NOEL：無影響量）毒性試験において影響が認められなかった最高のばく露量。	（職場のあんぜんサイト）
REACH 規則	EU において、化学物質の登録、評価、認可及び制限をひとつに統合した規則。人の健康や環境の保護のため、化学物質とその使用を管理するための欧州議会及び欧州理事会規則である。企業は、生産及び輸入する量が年間 1 トン以上の化学物質について、性状、用途、有害性情報などを専用データベースに登録する。規制当局は、登録された情報の適合性などの評価や、事業者に対してリスク評価の要請を実施する。また、発がん性、変異原性、生殖発生毒性、残留性の有機汚染物質など、高懸念物質の認可手続きを導入している。	NITE 用語集

A11

（用語集の出典）

• 職場のあんぜんサイト 有害性・GHS 関係用語解説[1]

• NITE 用語・略語集[2]

• JIS Z 7252：2019

• GHS 改訂 9 版[3]

---

[1]　https://anzeninfo.mhlw.go.jp/user/anzen/kag/kag_yogo.html

[2]　https://www.nite.go.jp/chem/hajimete/term/yougoryakugotop.html

[3]　http://www.env.go.jp/chemi/ghs/

参考関連情報	QR コード
労働安全衛生法に基づくラベル表示・SDS 交付の義務化対象物質リスト（令和 4 年 2 月 24 日改正政令公布、令和 6 年 4 月 1 日施行）（厚生労働省） https://www.mhlw.go.jp/content/11300000/001039137.xlsx	
労働安全衛生法に基づくラベル表示・SDS 交付等の義務対象物質一覧（令和 7 年 4 月 1 日施行分及び令和 8 年 4 月 1 日追加分）（厚生労働省） https://www.mhlw.go.jp/content/11300000/001168179.xlsx	
労働安全衛生規則第 577 条の 2 の規定に基づき作業記録等の 30 年間保存の対象となる化学物質の一覧（令和 5 年 4 月 1 日適用分及び令和 6 年 4 月 1 日適用分）（厚生労働省） https://www.mhlw.go.jp/content/11300000/001064830.xlsx	
皮膚等障害化学物質（労働安全衛生規則第 594 条の 2（令和 6 年 4 月 1 日施行））及び特別規則に基づく不浸透性の保護具等の使用義務物質リスト（厚生労働省） https://www.mhlw.go.jp/content/11300000/001216990.pdf	
皮膚障害等防止用保護具の選定マニュアル　（厚生労働省） https://www.mhlw.go.jp/content/11300000/001216985.pdf	
耐透過性能一覧表（厚生労働省） https://www.mhlw.go.jp/content/11300000/001216988.pdf	
・労働安全衛生法施行令第 18 条第 3 号及び第 18 条の 2 第 3 号の規定 に基づき厚生労働大臣の定める基準の適用について ・皮膚等障害化学物質等に該当する化学物質について ・厚生労働省告示第三百四号 （厚生労働省） https://jsite.mhlw.go.jp/okinawa-roudoukyoku/content/contents/001645047.pdf	

これらの情報は、日本規格協会より発行予定の「別冊資料」に収録予定です。

改訂　化学物質管理者専門的講習テキスト　総合版
―リスクアセスメント対象物製造事業場・取扱い事業場向け―

2023 年 7 月 31 日　第 1 版第 1 刷発行
2024 年 5 月 23 日　第 2 版第 1 刷発行

編 著 者　城内　博

発 行 者　朝日　弘

発 行 所　一般財団法人 日本規格協会
　　　　　〒108-0073　東京都港区三田 3 丁目 11-28
　　　　　三田 Avanti
　　　　　https://www.jsa.or.jp/
　　　　　振替　00160-2-195146

製　　作　日本規格協会ソリューションズ株式会社
印 刷 所　三美印刷株式会社

● 当会発行図書，海外規格のお求めは，下記をご利用ください．
　JSA Webdesk(オンライン注文)：https://webdesk.jsa.or.jp/
　電話：050-1742-6256　E-mail：csd@jsa.or.jp